高等职业技术学院房屋建筑工程专业系列教材

混凝土结构

（第2版）

主　编　张保善
副主编　李九宏　蔡丽朋

武汉理工大学出版社
http://www.techbook.com.cn

内容提要

本书结合我国近年来的科研成果及新颁布的《混凝土结构设计规范》(GB50010—2002)编写。主要介绍了混凝土结构的材料力学性能、设计原理，受弯构件、受压构件、受拉构件、受扭构件的正截面和斜截面承载力等的计算方法，以及预应力混凝土构件的设计原理与方法、房屋建筑的抗震设计与构造要求要点。全书以应用为主进行讲述，突出了应用型与适用性的特点，可作为高职高专房屋建筑工程专业的教科书，也可作为建筑工程专业技术人员的参考书籍。

图书在版编目(CIP)数据

混凝土结构/张保善主编. —2版. —武汉：武汉理工大学出版社，2007.8(2016.12重印)
ISBN 978-7-5629-2599-6

Ⅰ.混…　Ⅱ.张…　Ⅲ.混凝土结构　Ⅳ.TU37

中国版本图书馆CIP数据核字(2007)第138434号

项目负责人：田道全
责任编辑：田道全
责任校对：丁　冲
装帧设计：杨　涛
出版发行：武汉理工大学出版社
社　　址：武汉市洪山区珞狮路122号
邮　　编：430070
网　　址：http://www.techbook.com.cn
经　　销：各地新华书店
印　　刷：京山县德兴印刷有限公司
开　　本：787×1092　1/16
印　　张：24.5
字　　数：620千字
版　　次：2007年8月第2版
印　　次：2016年12月第8次印刷
印　　数：19501～20000册
定　　价：32.00元

凡购本书，如有缺页、倒页、脱页等印装质量问题，请向出版社发行部调换。
本社购书热线电话：027-87394412　87383695　87384729　87397097(传真)

21世纪高等职业技术教育房屋建筑工程专业系列教材

编审委员会名单

前　言

（第2版）

本书是原《混凝土结构》的修订版，主要针对原书（第1版）中的部分错误和不妥之处进行了全面修订，并对第2章及第10章的例题进行了重新编写。本书结合我国对高等职业技术学院房屋建筑工程专业的教学改革要求编写而成，主要突出了应用型、适用性的特点，以加强学生应用混凝土结构进行设计的基础理论与具体技能培养，学以致用，结合工程实际。

在教材编写中尽量做到了内容精炼，概念清楚，文字叙述简明扼要，注意由浅入深，循序渐进。本教材可作为高职高专房屋建筑工程专业的教材，也可供土木工程技术人员学习与参考。

本书共分13章，主要内容有钢筋混凝土材料力学性能，设计基本原理，受弯构件正截面、斜截面承载力计算，受弯构件变形与裂缝宽度验算，受拉、受扭、受压构件承载力计算，梁、板结构，单层工业厂房，多层框架房屋，抗震构造等。参加本书编写人员分工如下：

孙海粟　　第1章
张保善　　第2章，第13章
赵华玮　　第3章，第4.4节
和　燕　　第4.1、4.2、4.3节
蔡丽朋　　第5章，第6章
赵丽君　　第7章
王渊辉　　第8章
李乃宏　　第9.1、9.2、9.3、9.4节
李　柯　　第9.5、9.6节
李九宏　　第10章
杨　蕊　　第10.1.7节
张　玲　　第11章
何世玲　　第12章

本书由张保善担任主编，李九宏、蔡丽朋担任副主编。在编写过程中参考了汪霖祥主编的《钢筋混凝土结构及砌体结构》及《混凝土结构设计规范》GB 50010—2002等书籍，在此特表示衷心感谢！并对为本书付出辛勤劳动的编辑同志表示衷心感谢！

由于编者时间仓促，学习新规范不够，水平有限，书中难免存在不妥之处，恳请读者批评指正。

编　者

目　录

1　混凝土结构材料的力学性能

本章提要

本章主要讲述混凝土结构中钢筋和混凝土两种材料的主要物理力学性能及计算指标。

钢筋和混凝土的强度、变形以及两者共同工作时的性能，是学习钢筋混凝土构件受力性能、计算理论和设计方法的基础，本章叙述内容都是根据试验研究所观察到的现象和测定到的数据与结论，学习时要深刻理解其本质，弄清两种材料的物理力学性能。

1.1　钢　　筋

1.1.1　钢筋的化学成分、级别和品种

钢筋混凝土结构对钢筋的基本性能有以下几点要求：

① 具有较高的强度。钢筋强度高，则用钢量少，可以节约钢材。

② 具有较好的塑性。使钢筋在断裂前有较大的变形，不致使构件发生脆性破坏。衡量钢筋的塑性有两个指标，一个是钢筋的伸长率，即钢筋试件拉断后的伸长值与原长值的比率；另一个是钢筋的冷弯性能，即钢筋绕某一规定直径的辊轴弯曲，要求在达到规定的冷弯角度时钢筋不发生裂纹、起层或断裂，如图 1.1(b)。

③ 具有与混凝土良好的粘结力。良好的粘结力使钢筋和混凝土可靠粘结，共同受力，可保证钢筋充分发挥作用。

④ 具有较好的可焊性。要求钢筋焊接后不产生裂纹和过大变形，保证焊接后接头性能良好。

为了满足建筑用钢的需要，冶金工业生产了许多品种的钢筋。现行《混凝土结构设计规范》规定了选用钢筋品种的原则，即普通钢筋宜采用 HRB400 级和 HRB335 级钢筋，也可以采用 HPB235 级和 RRB400 级钢筋；预应力钢筋宜采用预应力钢绞线、钢丝，也可采用热处理钢筋。

钢筋的品种按所含元素的不同，一般可分为碳素钢和普通低合金钢两类。

碳素钢除含有铁元素外还含有少量的碳、锰、磷、硫等元素。钢筋中碳的含量增加，强度就随之提高，但塑性和可焊性降低。根据钢材中含碳量的多少，通常可分为低碳钢(含碳量少于 0.25%)、中碳钢(含碳量在 0.25%～0.6%)和高碳钢(含碳量在 0.6%～1.4%)。在低碳钢中，加入少量锰、硅、钒、钡、钛等元素，便成为普通低合金钢，如 20MnSi、45MnSiV 等。此时钢

筋强度显著提高，塑性可焊性等性能也可得到改善。

钢筋按其生产加工工艺和力学性能，可以分为热轧钢筋、冷拉钢筋、热处理钢筋和钢丝四类。

1.1.1.1 热轧钢筋

热轧钢筋按其强度由低到高分成四级：HPB235、HRB335、HRB400、RRB400，它们由冶金工厂直接热轧成型。

(1) HPB235 级热轧钢筋(Φ)

由 Q235 普通碳素钢经热轧而成的光面圆钢筋。它是一种低碳钢，质量稳定，塑性好，易焊接，易加工成形，但强度低。主要用于中小型钢筋混凝土结构构件中的受力钢筋以及各种构件的箍筋和构造钢筋。

(2) HRB335 级热轧钢筋(Φ)

主要是由 20MnSi 低合金钢经热轧而成的变形钢筋，其表面形状通常有螺纹形和月牙形两种。这种钢筋的强度较高，塑性和可焊性能都比较好，易加工成形。它主要用作大中型钢筋混凝土结构构件的主筋，特别是承受多次重复荷载、地震作用及其它振动和冲击荷载的结构构件的受力主筋和预应力混凝土构件中的非预应力钢筋。

(3) HRB400 级热轧钢筋(Φ)

由 20MnSiV、20MnSiNb、20MnTi 低合金钢经热轧而成的变形钢筋，外形为月牙纹形。其强度高且与混凝土粘结性能较好。新Φ级钢 HRB400 将作为主导钢筋。

(4) RRB400 级热轧钢筋($Φ^R$)

其代表钢种有 K20MnSi 等。由于含碳量较高，因此强度较高，但塑性和焊接性较差，一般经冷拉后作预应力钢筋。

1.1.1.2 冷拉钢筋

在常温下，对普通热轧钢筋进行张拉，使其应力超过屈服点，以提高其屈服强度。

1.1.1.3 热处理钢筋

热处理钢筋是由 40Si2Mn、48Si2Mn、45Si2Cr 热轧钢筋等经过淬火和回火处理后制成。钢筋经淬火后强度大幅度提高，但塑性和韧性相应降低。

1.1.1.4 钢丝

直径小于 6 mm 的钢筋称为钢丝。国产钢丝包括：碳素钢丝、刻痕钢丝、钢绞线及冷拔低碳钢丝四种。钢丝的直径越细，其强度越高。冷拔低碳钢丝是用直径较小的 HPB235 级热轧钢筋用冷拔机经过几次冷拔后成形的。钢丝都是用于预应力混凝土结构。预应力钢筋以钢绞线及高强钢筋作为主导钢筋。

1.1.2 钢筋的强度和变形

根据钢筋在单调受拉时应力-应变曲线特点不同，可将钢筋分为有明显屈服点和无明显屈服点两类。

1.1.2.1 有明显屈服点的钢筋

工程上将这类钢筋习惯称为软钢，软钢从加载到拉断，有四个阶段。图 1.1(a)所示为软钢的应力-应变曲线，自开始加载至应力达到 a 点之前，应力-应变呈线性关系，a 点应力称为比例极限，Oa 段属于线弹性工作阶段；应力达到 b 点后钢筋进入屈服阶段，应力不再增加而应变一直增大，产生很大的塑性变形，b 点应力称为屈服强度，在应力-应变曲线中呈现一水平线段，称为屈服台阶；超过 c 点后应力-应变关系重新表现为上升的曲线，cd 段称为强化段；曲线最高点 d 对应的应力称为抗拉强度或极限强度，此后钢筋试件产生颈缩现象，应力-应变关系成为下降曲线，应变继续增加，到达 e 点断裂，de 段称为破坏阶段。

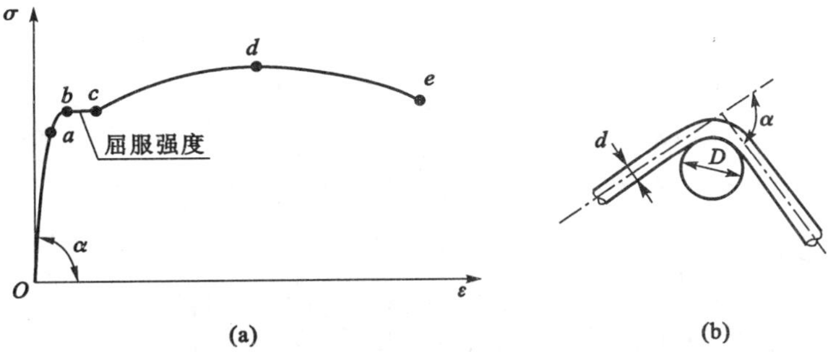

图 1.1 有明显屈服点钢筋的应力-应变曲线

钢筋断裂点 e 所对应的横坐标为伸长率，它标志钢筋的塑性，伸长率越大，塑性越好。钢筋的塑性除用伸长率标志外，还可用冷弯性能试验来检验（图 1.1(b)）。钢筋塑性越好，冷弯角 α 就越大。

屈服强度是钢筋强度标准值的依据。因为钢筋屈服后产生较大的塑性变形，这将使构件的变形与裂缝宽度大大增加，以致无法使用，所以在钢筋混凝土构件计算中采用屈服强度作为钢筋强度标准值。

1.1.2.2 无明显屈服点的钢筋

无明显屈服强度的钢筋，工程上习惯称为硬钢。硬钢强度高，但塑性差，脆性大。从加载到拉断，不像软钢那样有明显的屈服阶段，基本上不存在屈服台阶。图 1.2 所示为硬钢的应力-应变曲线。

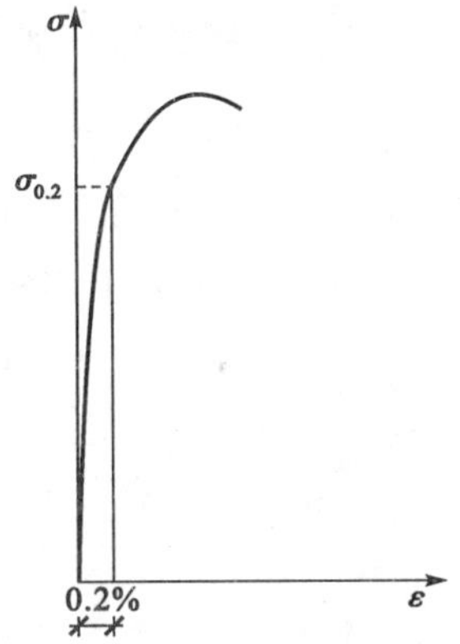

图 1.2 无明显屈服点钢筋的应力-应变曲线

由图 1.2 可知，这类钢筋中只有一个强度指标，即抗拉强度。如前所述，在设计中，一般取残余应变为 0.2% 时所对应的应力 $\sigma_{0.2}$ 作为无屈服点钢筋的强度取值，通常称为条件屈服强度。为了简化计算，《混凝土结构设计规范》统一取 $\sigma_{0.2}=0.8\sigma_b$（其中 σ_b 为无明显屈服点钢筋的抗拉强度），作为强度标准值。钢筋的强度设计值见表 1.1、表 1.2。

表 1.1 普通钢筋强度设计值（N/mm^2）

种类		符号	f_{yk}	f_y	f'_y
热轧钢筋	HPB235(Q235)	Φ	235	210	210
	HRB335(20MnSi)	Φ	335	300	300
	HRB400(20MnSiV、20MnSiNb、20MnTi)	Φ	400	360	360
	RRB400(K20MnSi)	$Φ^R$	400	360	360

注：① 在钢筋混凝土结构中，轴心受拉和小偏心受拉的钢筋抗拉强度设计值大于 300 N/mm^2 时，仍应按 300 N/mm^2 取用；
② 构件中配有不同种类的钢筋时，每种钢筋应采用各自的强度设计值。

表 1.2　预应力和钢筋强度设计值(N/mm^2)

种类		符号	f_{ptk}	f_{py}	f'_{py}
钢绞线	1×3	ϕ^S	1860	1320	390
			1720	1220	
			1570	1110	
	1×7		1860	1320	390
			1720	1220	
消除应力钢丝	光面 螺旋肋	ϕ^P ϕ^H	1770	1250	410
			1670	1180	
			1570	1110	
	刻痕	ϕ^I	1570	1110	410
热处理钢筋	40Si2Mn	ϕ^{HT}	1470	1040	400
	48Si2Mn				
	45Si2Cr				

注：当预应力钢绞线、钢丝的强度标准值不符合《混凝土结构设计规范》规定时，其强度设计值应进行换算。

1.1.3　钢筋的冷加工

为了节约钢材，在常温下对软钢进行冷拉，使钢筋的内部组织结构发生变化，从而提高钢筋的强度，但其塑性有所降低。

冷拉是在常温下，将钢筋拉伸至超过其屈服强度的某一应力值，然后卸荷至零，使其内部组织结构发生变化，从而提高其强度的方法。

冷拉只能提高钢筋的抗拉强度而不能提高钢筋的抗压强度。同时焊接时会使钢筋的强度降低，因此需要焊接钢筋时应先焊好再进行张拉。

1.2　混凝土

混凝土是用水泥、细骨料(如砂子)、粗骨料(如碎石、卵石)和水按一定比例配合搅拌后入模浇注，并经养护硬化后做成的人工石材。混凝土的种类以混凝土的强度等级加以区分。混凝土的强度与组成混凝土材料的质量、配合比、养护条件、龄期以及测定其强度时所采用的试件形状、尺寸、试验方法等都有着密切的关系。在实际工程中常用的混凝土强度有立方体抗压强度、轴心抗压强度、轴心抗拉强度等。

1.2.1　混凝土强度

1.2.1.1　混凝土立方体抗压强度 f_{cu}

我国现行《混凝土结构设计规范》规定以立方体抗压强度标准值作为衡量混凝土强度等级的指标，用 f_{cuk} 表示。立方体抗压强度的标准值系指按照标准方法制作养护(在温度为 20℃±3℃，相对湿度在 90%以上的潮湿空气中养护)的边长为 150 mm 的立方体试块，在 28 d 龄期用标准试验方法测得的具有 95%保证率的抗压强度。现行《混凝土结构设计规范》将混凝土强度等级分为 14 级，它是按立方体抗压强度标准值的大小划分的，即 C15、C20、C25、C30、C35、C40、C45、C50、C55、C60、C65、C70、C75、C80，各个等级中的数字单位都以 N/mm^2 表示，称为立方体抗压强度标准值。钢筋混凝土结构的混凝土强度等级不应低于 C15，当采用 HRB335 级钢筋时，混凝土强度等级不宜低于 C20；当采用 HRB400 和 RRB400 级钢筋以及承受重复荷载的构件，混凝土强度等级不得低于 C20。预应力混凝土结构的混凝土强度等级不应低于 C30，当采用钢绞线、钢丝、热处理钢筋作预应力钢筋时，混凝土的强度等级不宜低于 C40。

试验表明，混凝土在压力机上受压，试件纵向压缩，横向膨胀，由于压力机上下压板与试件上下端表面间有摩擦力存在，试件两端表面不能自由横向扩张，试件实际上处于三向受力状态。若在试件表面涂以润滑剂，摩擦力将大为减少，所得混凝土抗压强度的数值比不涂润滑剂者小得多。

这两种试验方法所得出的立方体试件破坏特性也不相同，如图 1.3 所示。不涂润滑剂者(图 1.3(a))破坏时块体四周剥落，成两个锥形体；涂润滑剂者(图 1.3(b))破坏时则出现与加载方向平行的竖向裂缝而破坏。这种外部材料有效地限制内部材料的横向变形，从而使内部材料处于三向受压状态而提高抗压强度的作用，可称为套箍作用。

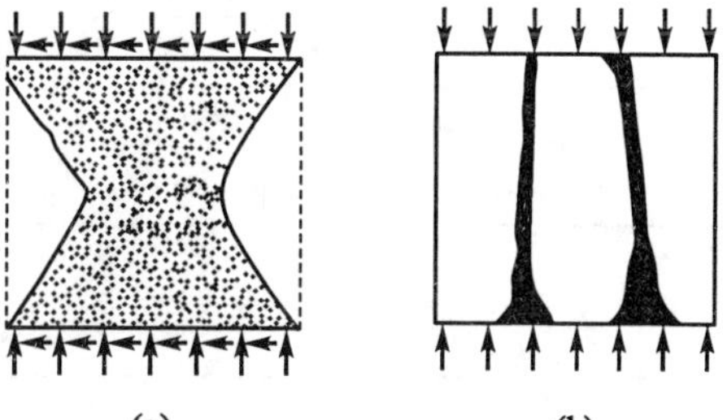

图 1.3　混凝土试块的破坏情况

(a) 不涂润滑剂者；(b) 涂润滑剂者

混凝土的立方体抗压强度还与试块的尺寸和形状有关。试块尺寸越大，实测破坏强度越低，反之越高，这种现象称为尺寸效应。对 100 mm 的立方体试块，立方体抗压强度换算系数为 0.95；对 200 mm 的立方体试块，立方体抗压强度的换算系数为 1.05。

由于混凝土内部水泥的水化作用与时间有关，所以龄期越长，其强度越高。但随着龄期的增长，强度增加的幅度较小。

1.2.1.2　*混凝土轴心抗压强度 f_c(棱柱体抗压强度)*

混凝土轴心抗压强度又称为棱柱体抗压强度。该强度的大小与试块的高度 h 和截面宽度 b 之比有关。h/b 越大，其承载力比立方体强度降低得越多。当 h/b 大于 3 时，其强度趋于稳定。常用的试件有 150 mm×150 mm×450 mm、100 mm×100 mm×300 mm 等尺寸。试验所得到的抗压强度极限值，即为混凝土轴心抗压强度。设计时称为抗压强度标准值。

经试验分析可知，轴心抗压强度平均值 μ_{fc} 与立方体抗压强度平均值 μ_{fcu} 之间的关系为

$$\mu_{fc} = 0.76\mu_{fcu}$$

因考虑到试验室试验条件与工程实际情况的差异及构件尺寸的不同等因素，《混凝土结构设计规范》取

$$\mu_{fc} = 0.67\mu_{fcu} \tag{1.1}$$

1.2.1.3　*混凝土轴心抗拉强度 f_t*

混凝土的抗拉强度很低，一般只有抗压强度的 1/8～1/18，不与抗压强度成正比。在钢筋混凝土构件的破坏阶段，处于受拉状态的混凝土一般早已开裂，故在构件承载力计算中，多数情况下是不考虑受拉混凝土的工作的，但是混凝土的抗拉强度对钢筋混凝土构件多方面的工

作性能是有重要影响的，是计算构件抗裂强度的重要指标。

由于影响因素较多，所以测定混凝土抗拉强度的试验方法没有统一。现在，常用的有直接轴心受拉试验、劈裂试验及弯折试验三种。

根据我国采用直接拉伸试验方法测得的混凝土轴心抗拉强度的试验结果，混凝土轴心抗拉强度的试验统计平均值 μ_{ft} 与立方体抗压强度的试验统计平均值 μ_{fcu} 之间的关系为

$$\mu_{ft} = 0.26\mu_{fcu}^{2/3}$$

现行《混凝土结构设计规范》考虑到实际构件与试验的差异，采用

$$\mu_{ft} = 0.23\mu_{fcu}^{2/3} \tag{1.2}$$

混凝土标准值和设计值见表 1.3、表 1.4。

表 1.3　混凝土强度标准值(N/mm^2)

强度种类	混凝土强度等级													
	C15	C20	C25	C30	C35	C40	C45	C50	C55	C60	C65	C70	C75	C80
轴心抗压 f_{ck}	10.0	13.4	16.7	20.1	23.4	26.8	29.6	32.4	35.5	38.5	41.5	44.5	47.4	50.2
轴心抗拉 f_{tk}	1.27	1.54	1.78	2.01	2.20	2.40	2.51	2.65	2.74	2.85	2.93	3.00	3.05	3.10

表 1.4　混凝土强度设计值(N/mm^2)

强度种类	混凝土强度等级													
	C15	C20	C25	C30	C35	C40	C45	C50	C55	C60	C65	C70	C75	C80
轴心抗压 f_c	7.2	9.6	11.9	14.3	16.7	19.1	21.2	23.1	25.3	27.5	29.7	31.8	33.8	35.9
轴心抗拉 f_t	0.91	1.10	1.27	1.43	1.57	1.71	1.80	1.89	1.96	2.04	2.09	2.14	2.18	2.22

注：(1) 计算现浇钢筋混凝土轴心受压及偏心受压构件时，如截面的长边或直径小于 300 mm，则表中混凝土的强度设计值应乘以系数 0.8；当构件质量(如混凝土成形、截面和轴线尺寸等)确有保证时，可不受此限制；

(2) 离心混凝土的强度设计值应按有关专门标准取用。

1.2.1.4　复杂应力状态下混凝土的强度

在钢筋混凝土结构中，混凝土很少处于单向受力状态，一般都处于复合应力状态。由于混凝土材料的特点，对于复合应力状态下的强度至今尚未建立完善的强度理论。

对于双向应力状态，如在两个互相垂直的平面上作用着法向应力 σ_1 和 σ_2，第三平面上的应力为零，这时双向应力状态下混凝土强度的变化曲线如图 1.4 所示。

可以看出，双向受压时，一向的强度随另一向压应力的增加而增加，当横向压应力与轴向压应力之比为 0.5 时，其强度比单向受压提高约 27%。而在两向压应力相等的情况下强度提高仅为 16%。当双向受拉时，一向抗拉强度基本上与另一向拉应力大小无关。当一向受拉，另一向受压时，其抗压强度随拉应力增加而降低。

如果在单元体上，除作用着剪应力 τ 外，还在一个平面上同时作用着法向应力 σ，就形成压剪或拉剪复合应力状态，这时，其强度曲线如图 1.5 所示。

图 1.5 表明，混凝土的抗压强度由于剪应力的存在而降低，当 $\frac{\sigma}{f_c} < (0.5 \sim 0.6)$ 时，抗剪强度随混凝土压应力的增大而增大；当 $\frac{\sigma}{f_c} > (0.5 \sim 0.6)$ 时，抗剪强度随压应力的增大而减小。

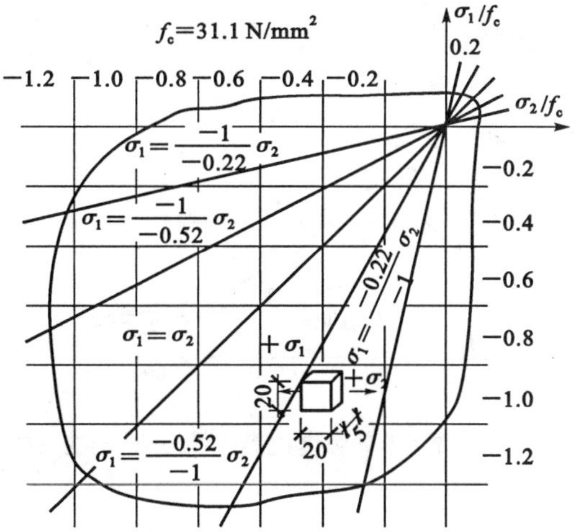

图 1.4 混凝土双向受力曲线

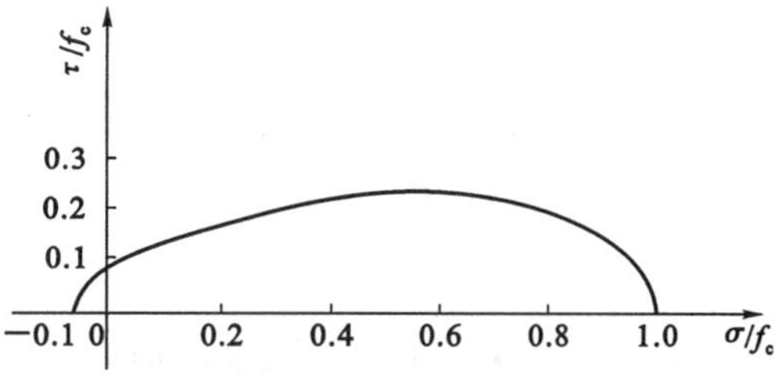

图 1.5 混凝土在 τ 与 σ 作用下的复合强度曲线

当混凝土三向受压时，混凝土一向抗压强度随另两向压应力的增加而增加，并且混凝土的极限压应变也大大增加。

在工程实践中，为了进一步提高混凝土的抗压强度和变形能力，常常采用横向钢筋约束的混凝土。

1.2.2 混凝土变形

混凝土的变形可以分成两类：一类是由荷载产生的变形，包括一次短期加荷时的变形、长期荷载作用下的变形以及重复荷载作用下的变形；另一类为混凝土的体积变形，包括混凝土的收缩变形以及温度、湿度变化产生的变形。

1.2.2.1 混凝土在一次短期加荷时的变形性能

混凝土一次加荷时的变形性能，通常采用 $\frac{h}{b}=3\sim4$ 的棱柱体试件来测定，一次加载的应力-应变曲线如图 1.6 所示。曲线可分为上升段 Oc 和下降段 ca'，在上升段曲线开始部分的 Oa 段（$\sigma<0.3\sigma_0$）时为直线段，混凝土处于弹性阶段，应力与应变呈正比；在 ab 段（约 $\sigma<0.8\sigma_0$）时，混凝土内部微裂缝发展，产生塑性变形。变形增长速率加快，表现出混凝土的塑性变形特征。此后，随荷载增加，裂缝发展加快，宽度增加，塑性变形急剧增大，很快达到峰值应力 σ_0，此时对应的应变为 ε_0。此后，由于变形急剧发展承载力下降，而出现下降段，当达到 d' 时，混凝土已被压碎。此时混凝土的应变为极限压应变 ε_{cmax}。但由于各碎块间的机械咬合力与摩擦力存在，仍能承担一定荷载。如继续加载，混凝土的变形继续发展。

对于不同强度等级的混凝土，其相应的应力-应变曲线有着相似的形状，但也有区别。如图 1.7 所示，随着混凝土强度的提高，曲线上升段和峰值应变的变化不很显著，而下降段形状有较大的差异。强度越高，下降段越陡。

1.2.2.2 混凝土的横向变形系数 μ

混凝土在纵向受压变形时，纵向产生压缩应变 ε_{cv}，而横向产生膨胀应变 ε_{ch}。则横向变形

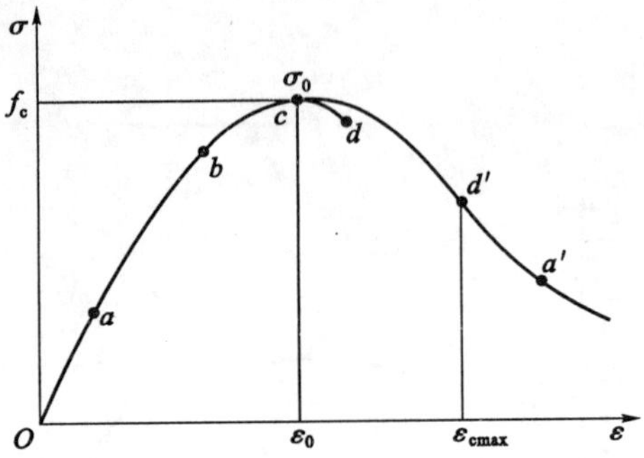

图 1.6　混凝土受压应力-应变曲线

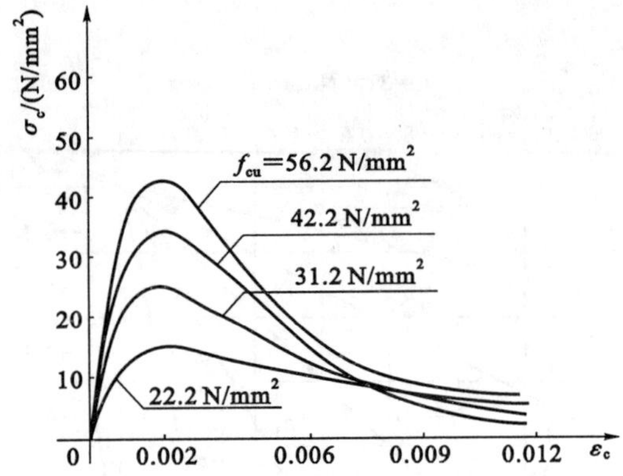

图 1.7　不同强度混凝土的应力-应变曲线

系数可以表示为

$$\mu = \frac{\varepsilon_{ch}}{\varepsilon_{cv}} \tag{1.3}$$

1.2.2.3　混凝土受约束时的变形特点

由套箍作用可知，当混凝土受到约束时，其内部混凝土的强度和延性均有所提高，其抗压性能有较大的改善。

如图 1.8 所示，在混凝土接近抗压强度以前，箍筋起不到约束作用；当应力超过单轴抗压强度后，混凝土套箍作用增强，强度和延性明显提高。箍筋越密，强度提高越多。但最多不超过 20%，而变形能力却大幅度增长。

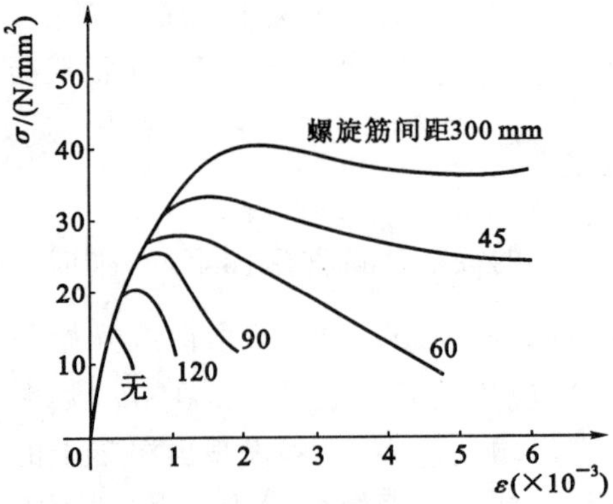

图 1.8　用螺旋筋约束混凝土的应力-应变曲线

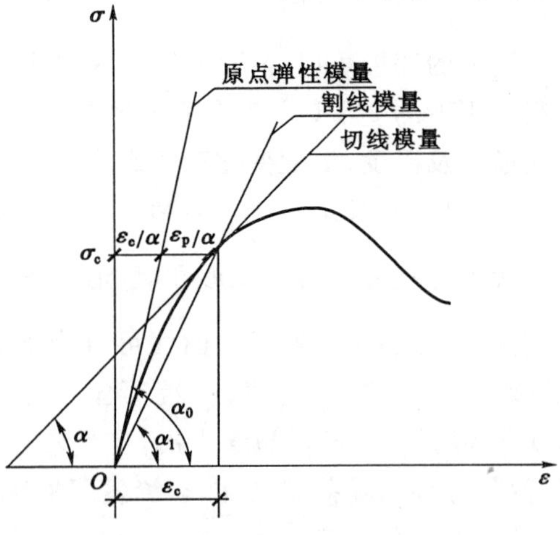

图 1.9　混凝土的应力-应变曲线

1.2.2.4　混凝土的弹性模量和变形模量

混凝土在不同应力阶段，描述应力-应变关系的材料模量是一个变数，称为变形模量。由混凝土棱柱体受压资料，可以描绘出混凝土的应力-应变典型曲线如图 1.9 所示。

图中 ε_c 是当混凝土压应力为 σ_c 时的总应变，但其应变又分为弹性应变和塑性应变两部分，即

$$\varepsilon_c = \varepsilon_e + \varepsilon_p \tag{1.4}$$

式中　ε_e——混凝土弹性应变部分；

ε_p——混凝土塑性应变部分。

为了描述混凝土受压时应力与应变之间的关系，混凝土的受压变形模量有三种表示方法：

(1) 混凝土的原点弹性模量

混凝土棱柱体受压时，在应力-应变曲线的原点，即图中 O 点，并过 O 点作一切线，则其斜率称为混凝土的原点切线模量或简称弹性模量，以 E_c(N/mm^2)表示。从图 1.9 可以看出

$$E_c = \frac{\sigma_c}{\varepsilon_e}$$

或

$$E_c = \tan\alpha_0 \tag{1.5}$$

式中　α_0——混凝土应力-应变曲线在原点的切线与横坐标的夹角。

根据中国建筑科学研究院等单位的试验结果，混凝土的弹性模量与混凝土的立方体抗压强度之间存在如下关系

$$E_c = \frac{10^5}{2.2 + \dfrac{34.7}{f_{cuk}}} \tag{1.6}$$

《混凝土结构设计规范》规定 E_c 取值见表 1.5。

表 1.5　混凝土弹性模量 E_c($\times 10^4$ N/mm^2)

强度等级	C15	C20	C25	C30	C35	C40	C45	C50	C55	C60	C65	C70	C75	C80
E_c	2.20	2.55	2.80	3.00	3.15	3.25	3.35	3.45	3.55	3.60	3.65	3.70	3.75	3.80

(2) 混凝土的割线模量

在图 1.9 中，连接 O 点至曲线任意一点应力为 σ_c 处割线的斜率，称为割线模量或称为变形模量，它的表达式为

$$E_c' = \frac{\sigma_c}{\varepsilon_c}$$

或

$$E_c' = \tan\alpha_1 \tag{1.7}$$

或

$$E_c' = \frac{\sigma_c}{\varepsilon_c} = \frac{\varepsilon_e}{\varepsilon_c} \cdot \frac{\sigma_c}{\varepsilon_e} = \nu E_c \tag{1.8}$$

式中 $\nu = \dfrac{\varepsilon_e}{\varepsilon_c}$，表示混凝土弹性应变与总应变的比值，可称为混凝土受压时弹性特征系数。

当 $\sigma_c = 0.5\sigma_0$ 时，$\nu = 0.8 \sim 0.9$；当 $\sigma_c = 0.9\sigma_0$ 时，$\nu = 0.4 \sim 0.8$，通常混凝土强度等级越高，ν 值越大。

由于总变形 ε_c 中包含弹性变形和塑性变形两部分，由此所确定的模量又称为弹塑性模量。

(3) 混凝土的切线模量

在混凝土应力-应变曲线上某一应力 σ_c 处作切线，其应力增量与应变增量之比值，称为相应于应力为 σ_c 时混凝土的切线模量 E_c''，即

$$E_c'' = \tan\alpha \tag{1.9}$$

或

$$E_c'' = \frac{d\sigma_c}{d\varepsilon_c} \tag{1.10}$$

由于混凝土塑性变形的发展，混凝土的切线模量也是一个变值，它随着混凝土的应力增大而减小。

1.2.2.5　混凝土在重复荷载作用下的变形性能

混凝土棱柱体在重复荷载作用下，混凝土的变形性能有明显的变化。由于混凝土是弹塑性体，故经过一次加荷与卸荷后，将有一部分塑性变形不能恢复。多次重复荷载循环过程中，塑性变形逐渐积累，每一次加荷循环时产生的塑性变形将逐渐减少，如图 1.10(a)所示。如果施加的重复应力高于某一应力值(疲劳强度 f_c^f)，随着重复次数的增加，其加荷段的应力-应变曲线由凸向应力轴到直线再到凸向应变轴，当重复到某一次数时，混凝土因严重开裂或变形过大而破坏，如图 1.10(b)所示。疲劳强度是由于混凝土内部应力集中，微裂缝发展，塑性变形的积累而造成的。

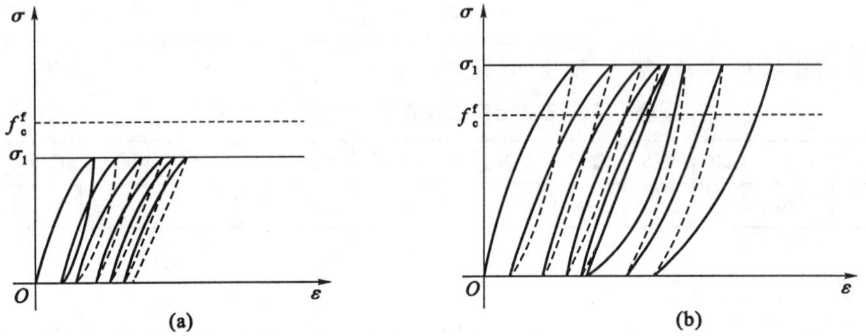

图 1.10　重复荷载下混凝土的应力-应变曲线

(a) $\sigma_1 < f_c^f$；(b) $\sigma_1 > f_c^f$

1.2.2.6　混凝土在长期持续荷载作用下的变形——徐变

混凝土在长期荷载作用下，应力即使不变，变形也会随时间而增长，这种现象称为混凝土的徐变。

关于徐变产生的原因，目前尚无统一的解释，通常可以这样理解：一是混凝土中的水泥凝胶体在荷载作用下产生粘性流动，并把它所承受的压力逐渐传递给骨料颗粒，使骨料压应力增大，试件变形也随之增大；二是混凝土内部的微裂缝在荷载长期作用下不断发展和增加，也使徐变增大。当应力不大时，徐变的发展以第一种原因为主；当应力较大时，则以第二种原因为主。试验指出，混凝土的徐变与混凝土的压应力有密切的关系，应力越大，徐变越大；加荷时混凝土的龄期越短，徐变也越大。另外，水泥用量越多，徐变越大；水灰比越大，徐变也越大。混凝土养护时相对湿度高，徐变会显著减少。

1.2.2.7　混凝土的收缩和膨胀变形

混凝土在空气中硬结时体积减小的现象称为收缩。当混凝土在水中硬结时，其体积略有膨胀。一般来说，混凝土的收缩值比膨胀值大得多。

引起混凝土收缩的原因主要有两种：在硬化初期，水泥与水的水化作用，形成一种水泥晶体，而这种水泥晶体化合物较原材料的体积小，宏观上引起混凝土的收缩，通常把这种收缩称为凝缩；另一原因是后期混凝土内自由水分的蒸发而引起的干缩。

收缩对钢筋混凝土的危害很大。对一般构件来说，收缩会引起初始应力，甚至产生早期收缩裂缝。因此，应采取措施减少混凝土的收缩。其办法是：

① 加强养护。在养护期内使混凝土保持潮湿环境。

② 减小水灰比。水灰比大，会使混凝土收缩量大大增加。

③ 减小水泥用量。水泥含量减少，骨料含量相对增加，骨料的体积稳定性比砂浆好，减少混凝土的收缩。

④ 加强振捣。混凝土捣固得愈密实，内部孔隙量愈少，收缩量也就愈小。

1.3 钢筋和混凝土之间的粘结

1.3.1 概述

钢筋与混凝土能共同工作的基本前提是两者间具有足够的粘结强度，能够承受由于变形差（相对滑移）沿钢筋与混凝土接触面上产生的剪应力，通常把这种剪应力称为粘结应力，而粘结强度则指粘结失效（钢筋被拔出或混凝土被劈裂）时的最大平均粘结应力。通过粘结应力来传递二者间的应力，使钢筋与混凝土共同受力。

钢筋混凝土构件中的粘结应力，按其作用性质可分为两类：一是锚固粘结应力，如钢筋伸入支座（图 1.11(a)）或支座负弯矩钢筋在跨间截断时（图 1.11(b)），必须有足够的锚固长度或延伸长度，将钢筋锚固在混凝土中，而不致使钢筋在未充分发挥作用前就拔出；二是裂缝附近的局部粘结应力，如受弯构件跨间某截面开裂后，开裂截面的钢筋应力通过裂缝两侧的粘结应力部分地向混凝土传递（图 1.11(c)），这类粘结应力的大小反映了混凝土参与受力的程度。

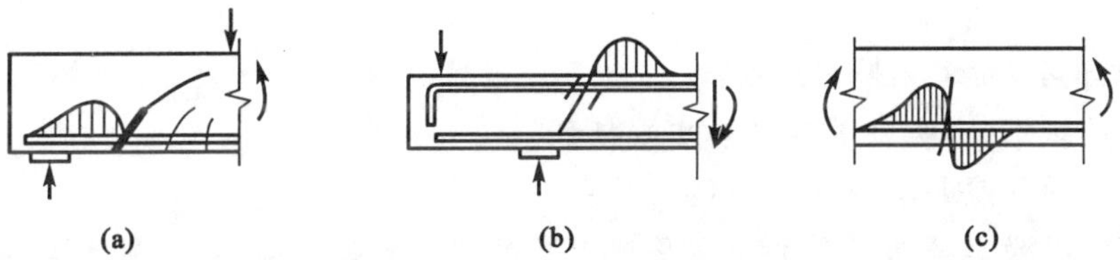

图 1.11 锚固粘结应力和局部粘结应力

钢筋与混凝土之间的粘结力，主要由以下三方面组成：

(1) 化学胶结力：混凝土在结硬过程中，水泥胶体与钢筋间产生吸附胶着作用。混凝土强度等级越高，胶结力也越高。

(2) 摩擦力：由于混凝土的收缩，使钢筋周围的混凝土握裹在钢筋上，当钢筋和混凝土之间出现相对滑动的趋势，则此接触面上将产生摩擦力。

(3) 机械咬合力：由于钢筋表面粗糙不平（变形钢筋）所产生的机械咬合作用。

1.3.2 粘结破坏的过程

对于光面钢筋来说，当外力较小时，钢筋与混凝土表面的粘结力主要是以化学胶结力为主，钢筋与混凝土表面无相对滑移。随着外力的增加，胶结力被破坏，钢筋与混凝土之间有明显的相对滑移，这时粘结力主要是钢筋与混凝土之间的摩擦力。如果继续加载，嵌入钢筋中的混凝土将继续被剪碎，最后可把钢筋拔出而破坏。试验表明，影响光面钢筋胶结力的主要因素是混凝土强度和钢筋的表面状态。

对于变形钢筋来说，粘结力主要是摩擦力和机械咬合力。钢筋表面凸出的肋与混凝土之间形成楔的作用。其径向分力使混凝土环向受拉，而水平分力和摩擦力一起构成了胶结力。如图 1.12 所示，随着拉拔力的增加，机械咬合力的径向分力增加，则混凝土的环向拉力增加，而产生径向裂缝或斜向锥形裂缝；继续加载，开始出现纵向劈裂裂缝，产生相对滑移，裂缝有明显增加，最后钢筋被拔出而破坏。试验表明，影响胶结力的主要因素有：

(1) 混凝土强度越高，胶结力也越高。

(2) 混凝土保护层越薄，相应的胶结力也越低。

(3) 钢筋的外形特征越粗糙，胶结力越大。

胶结力还与配箍情况、混凝土浇注状况以及锚固受力情况等有关。

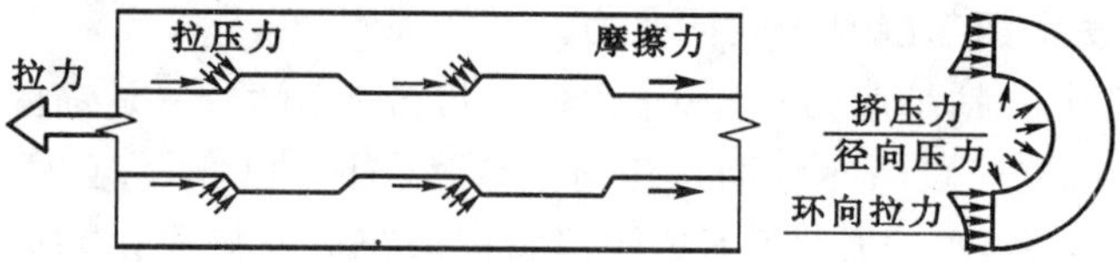

图 1.12 变形钢筋与混凝土之间的胶结力

小　　结

通过本章学习，应掌握如下几点：

(1) 钢筋的级别、分类及其强度和变形性能。

(2) 混凝土的强度指标与变形性能。

(3) 钢筋和混凝土共同工作的基本原理。针对不同建筑结构，应如何选定钢筋和混凝土。

复习思考题

1.1 软钢和硬钢的应力-应变曲线有什么不同？各有什么特点？

1.2 钢筋冷加工的目的是什么？对塑性有何影响？

1.3 混凝土的物理力学指标有哪些？它们是怎样取值的？

1.4 什么叫混凝土徐变？混凝土的收缩和徐变有什么本质区别？

1.5 钢筋与混凝土之间的粘结力是如何产生的？

1.6 钢筋混凝土结构中对使用的钢筋及混凝土各有什么要求？

2 混凝土结构基本计算原则

本章提要

本章依据《建筑结构可靠度设计统一标准》和《建筑结构荷载规范》讲述混凝土结构的功能要求、极限状态、结构上的作用与荷载取值、结构构件抗力及极限状态设计表达式。通过本章学习，掌握荷载效应的组合原则，了解结构功能要求与可靠性之间的关系。

2.1 结构极限状态设计法的基本概念

2.1.1 结构的功能要求

设计任何工程结构，都必须使结构建成后能满足各项预定的“功能要求”。概括为下列三个方面：

(1) 安全性　要求结构构件能承受在正常施工及使用条件下可能出现的各种不利作用，以及在偶然事件中及事后保持必须的整体稳定性。

(2) 适用性　要求结构正常使用时，具有良好的工作性能，不出现过大变形和过宽裂缝，(有的结构不许出现裂缝)，不妨碍正常使用。

(3) 耐久性　要求在正常维护下，具有足够的耐久性能，不致腐蚀和风化。

安全性、适用性、耐久性是衡量结构可靠的标志，总称为结构的可靠性。

2.1.2 结构的设计使用年限

结构的设计使用年限，是指设计规定的结构或结构构件不需进行大修即可按其预定目的使用的时期。根据《建筑结构可靠度设计统一标准》(GB 50068—2001)的规定，设计使用年限分为四类，具体规定见表 2.1。需要说明的是，当结构的实际使用年限达到并超过结构的设计使用年限后，并不意味结构不能继续使用或应该拆除重建，而是指它的可靠性水平下降，结构仍然可以继续使用。

表 2.1　设计使用年限分类

类　别	设计使用年限(年)	示　　例
1	5	临时性结构
2	25	易于替换的结构构件
3	50	普通房屋和构筑物
4	100	纪念性建筑和特别重要的建筑结构

2.1.3 结构的可靠性

结构的可靠性是指结构在规定的时间内，在规定的条件下，完成预定功能的能力。

规定的时间，即指设计基准期（为确定可变作用及与时间有关的材料性能等取值而选用的时间参数），我国规定为50年。规定的条件是指结构正常的设计、施工、使用和维护的条件，即不包括错误设计、错误施工和违反规定的使用情况。预定的功能是指结构的安全性、适用性、耐久性。

2.1.4 建筑结构的安全等级

成功的结构设计应合理地考虑可靠性与经济性。将结构的可靠度水平定得过高，会提高工程造价，与经济原则相违背。但若强调经济性，又不利于可靠性。所以设计时应根据结构破坏后果的严重性对不同的建筑结构采用不同的安全等级。我国《建筑结构可靠度设计统一标准》对建筑结构的安全等级划分为三级（见表2.2）。

表2.2 建筑结构的安全等级

安全等级	破坏后果	建筑物重要性	设计使用年限	结构重要性系数 γ_0
一级	很严重	重要的建筑物	100年及以上	≥1.1
二级	严重	一般的	50年	≥1.0
三级	不严重	次要的	5年以下	≥0.9

注：对设计使用年限为25年的结构构件，各类材料结构设计规范可根据各自情况确定结构重要性系数 γ_0 的取值。

建筑物中各类结构构件的安全等级，宜与整个结构的安全等级相同。对其中部分结构构件的安全等级，可根据其重要程度适当调整，但不得低于三级。

2.1.5 作用

结构上的作用是指施加在结构上的集中力或分布力（直接作用，也称为荷载）和引起结构外加变形或约束变形的原因（间接作用）的总称。结构上的作用可按随时间、空间的变异和结构的反应进行划分。

(1) 作用按随时间变异划分

① 永久作用。永久作用是指在设计基准期内量值不随时间变化，或其变化与平均值相比可以忽略不计的作用，如结构自重、土压力、预加应力、基础沉降、焊接等。

② 可变作用。可变作用是指在设计基准期内其量值随时间变化，且其变化与平均值相比不可忽略的作用，如安装荷载、楼面和屋面活荷载、风荷载、雪荷载、吊车荷载、温度变化等。

③ 偶然作用。偶然作用是指在设计基准期内不一定出现，而一旦出现其量值很大且持续时间很短的作用，如地震、爆炸、撞击等。

(2) 作用按随空间位置变异划分，可分为固定作用和不固定作用。

(3) 作用按结构反应划分，可分为静态作用和动态作用。

2.1.6 作用效应

作用效应是指由作用引起的结构或结构构件的反应，例如内力、变形和裂缝等。内力包括弯矩、剪力、轴力和扭矩；变形包括挠度、侧移和转角。作用效应常用大写字母 S 表示。

工程实际设计中，结构或构件上的直接作用（即荷载）应用最多，在一般情况下，其作用效应 S 与荷载（永久荷载 G 或可变荷载 Q），两者之间有如下对应关系

$$S = CG \quad 或 \quad S = CQ \tag{2.1}$$

式中 C——荷载效应系数，由力学计算求得；

S——荷载引起结构或结构构件的内力、变形等，统称荷载效应。

以受均布荷载 q 的简支梁为例，梁的内力之一，跨中弯矩 $M=\frac{1}{8}ql^2$，其中弯矩 M 称为荷载效应（S），$\frac{1}{8}l^2$ 为对应的荷载效应系数（C），q 为（直接）作用。梁的另一种内力，支座剪力 $V=\frac{1}{2}ql$，其中剪力 V 称为荷载效应（S），$\frac{1}{2}l$ 为对应的荷载效应系数（C），q 为（直接）作用。

2.1.7 结构的抗力

结构的抗力，是指结构或构件承受作用效应的能力，如结构构件承载力（轴力、剪力、弯矩、扭矩）、抵抗变形（挠度）、抗裂等的统称。与作用效应一样，结构构件的抗力 R_K 的变化规律，受混凝土、钢筋材料性能（强度标准值 f_{ck}、f_{yk}）、几何参数（a_k）和计算模式的精确性等的影响，也是随机变量，其标准值 $R_K=R(f_{ck},f_{yk},a_k,\cdots)$。$R_K$ 的计算将随不同构件受力类别而不同。

2.1.8 极限状态的概念及分类

结构是否满足功能要求，应有明确的判别标准。结构满足功能要求，则处于可靠或有效状态；否则，则称为结构不可靠或“失效”，区分结构可靠或失效的标志称为“极限状态”。因此，定义整个结构或结构的一部分超过某一特定状态（如达到极限承载力、失稳或变形、裂缝宽度超过某一规定限值等）而不能满足规定的某一功能要求时，此特定状态称为该功能的极限状态。

我国《建筑结构可靠度设计统一标准》将结构的极限状态分为下列两类：

（1）承载能力极限状态

这类极限状态是对应于结构或结构构件达到了最大承载能力，或者产生了不适于继续承载的过大变形。当结构或结构构件出现了下列状态之一时，即认为超过了承载能力的极限状态：

① 整个结构或结构的一部分作为刚体失去平衡，如雨篷压重不足而倾覆、烟囱抗风不足而倾倒、挡土墙抗滑不足在土压力作用下而整体滑移。

② 结构构件或其连接因超过材料强度而破坏（包括疲劳破坏），如轴心受压构件中混凝土达到了轴心抗压强度、构件的长度因锚固长度不足而被拔出、加荷应力大于疲劳强度时的重复荷载构件，或者因为塑性变形过大而不适于继续承受荷载。

③ 结构转变为机动体系，如构件发生三铰共线而形成机动体系，丧失承载能力。

④ 结构或构件丧失稳定，如细长杆到达临界荷载后压屈失稳而破坏。

（2）正常使用极限状态

这类极限状态是对应于结构或结构构件达到正常使用或耐久性能的某项规定限值。当出现下列状态之一时，即认为结构或结构构件超过了正常使用极限状态：

① 影响正常使用或有碍观瞻的变形，如吊车梁变形过大致使吊车不正常行驶，梁挠度过大影响观瞻或导致非结构构件的开裂等。

② 影响正常使用或耐久性的局部损坏，如水池池壁开裂漏水不能正常使用、裂缝过宽导致钢筋锈蚀。

③ 影响正常使用的振动，如由于机器振动而导致结构的振幅超过按正常使用要求所规定的限值。

④ 影响正常使用的其它特定状态，如相对沉降量过大等。

2.1.9 结构的可靠度和可靠度指标

对结构可靠性的定量描述就是结构可靠度。结构可靠度是指结构在规定的时间内，在规定的条件下，完成预定功能的概率。

根据概率理论，设 R 为结构抗力，S 为结构作用，则其功能函数 Z 为：

$$Z = R - S \tag{2.2}$$

当 $Z<0$ 时，结构处于失效状态。

当 $Z>0$ 时，结构处于可靠状态。

当 $Z=0$ 时，结构处于极限状态。

结构能够完成预定功能的概率，称为可靠概率 P_s；反之，称为失效概率 P_f。以 P_s 或 P_f 来度量结构的可靠性，一般较多使用后者，$P_s+P_f=1$。

由于计算失效概率 P_f 在数学上要进行多维积分，比较复杂。为简化问题，引入可靠度指标 β。可靠度指标 β 与结构失效概率 P_f 之间存在的对应关系见表 2.3。

表 2.3 可靠度指标与失效概率之间的对应关系($\beta \sim P_f$)

β	1	1.5	2	2.5	2.7	3	3.2	3.5	3.7	4	4.2
P_f	1.59×10^{-1}	6.68×10^{-2}	2.28×10^{-2}	6.21×10^{-3}	3.50×10^{-3}	1.35×10^{-3}	6.90×10^{-4}	2.33×10^{-4}	1.10×10^{-4}	3.17×10^{-5}	1.30×10^{-5}

可靠度指标 β 为结构功能函数 Z 的平均值 μ_Z 与其标准差 σ_Z 之比，即

$$\beta = \frac{\mu_Z}{\sigma_Z} \tag{2.3}$$

为使结构构件既安全可靠又经济合理，必须确定一个公众能够接受的结构构件失效概率或可靠度指标，此值分别称为允许失效概率$[P_f]$或目标可靠度指标$[\beta]$，要求 $P_f\leqslant[P_f]$或 $\beta\geqslant[\beta]$，并尽量接近。

确定目标可靠度指标，一般考虑下列因素：

(1) 结构构件的安全等级越高，目标可靠度指标越大。

(2) 与结构构件的破坏类型有关，脆性破坏时，目标可靠指标应较高。

(3) 与过去设计的结构构件的可靠度指标大体相当。

对于结构的承载能力极限状态，我国《建筑结构可靠度设计统一标准》采用的目标可靠指标见表 2.4。

结构构件正常使用极限状态的可靠度指标，根据其可逆程度宜取 0～1.5。

表 2.4 结构构件承载能力极限状态的目标可靠度指标[β]

破坏类型	安全等级		
	一 级	二 级	三 级
延性破坏	3.7	3.2	2.7
脆性破坏	4.2	3.7	3.2

2.2 荷载分类和荷载效应组合

2.2.1 荷载分类

结构上的荷载可分为下列三类：

(1) 永久荷载,例如结构自重、土压力、预应力等。

(2) 可变荷载,例如楼面活荷载、屋面活荷载和积灰荷载、吊车荷载、风荷载、雪荷载等。

(3) 偶然荷载,例如爆炸力、撞击力等。

2.2.2 荷载代表值

建筑结构设计时,对不同荷载应采用不同的代表值。

对永久荷载应采用标准值作为代表值。

对可变荷载应根据设计要求采用标准值、组合值、频遇值或准永久值作为代表值。

对偶然荷载应按建筑结构使用的特点确定其代表值。

(1) 永久荷载标准值

对结构自重,可按结构构件的设计尺寸与材料单位体积的自重计算确定。对于自重变异较大的材料和构件(如现场制作的保温材料、混凝土薄壁构件等),自重的标准值应根据对结构的不利状态,取上限值或下限值。

常用材料和构件可参考《建筑结构荷载规范》(GB 50009—2001)附录 A 采用。表2.5中列出了部分常用材料或构造做法的自重,供设计时使用。

表 2.5 部分常用材料或构造做法的自重

名 称	自重 (kN/m^3)	备 注	名 称	自重 (kN/m^2)	备 注
素混凝土	22～24		贴瓷砖墙面	0.5	包括水泥砂浆打底,共厚 25 mm
钢筋混凝土	24～25		外墙拉毛墙面	0.7	包括水泥砂浆打底,共厚 25 mm
粉煤灰加气混凝土	6～6.5		地板格栅	0.2	仅格栅自重
水泥砂浆	20		硬木地板	0.2	厚 25 mm,不包括格栅
石灰砂浆、混合砂浆	17		小瓷砖地面	0.55	包括水泥粗砂打底
普通砖	18		水磨石地面	0.65	10 mm 面层,20 mm 水泥砂浆打底
蒸压粉煤灰砖	14～16	干重度	木框玻璃窗	0.2～0.3	
普通玻璃	25.6		玻璃幕墙	1.0～1.5	可按单位面积玻璃自重增大 20%～30%

(2) 可变荷载标准值

应按《建筑结构荷载规范》(GB 50009—2001)各章中的规定采用。楼面活荷载标准值见表2.6,屋面活荷载见表2.7。

(3) 可变荷载组合值

承载能力极限状态设计或正常使用极限状态按标准组合设计时,对可变荷载应按组合规定采用标准值或组合值作为代表值。

可变荷载组合值应为可变荷载标准值 Q_k 乘以荷载组合值系数 ψ_c。

(4) 可变荷载频遇值

可变荷载频遇值应取可变荷载标准值 Q_k 乘以荷载频遇值系数 ψ_f。

(5) 可变荷载准永久值

可变荷载准永久值应取可变荷载标准值 Q_k 乘以荷载准永久值系数 ψ_q。

正常使用极限状态按频遇组合设计时,应采用频遇值、准永久值作为可变荷载的代表值;按准永久组合设计时,应采用准永久值作为可变荷载的代表值。

荷载组合值系数 ψ_c、荷载频遇值系数 ψ_f、荷载准永久值系数 ψ_q 见表2.6和表2.7。

表2.6 民用建筑楼面均布活荷载标准值及其组合值、频遇值和准永久值系数

项次	类别	标准值 (kN/m²)	组合值系数 ψ_c	频遇值系数 ψ_f	准永久值系数 ψ_q
1	(1) 住宅、宿舍、旅馆、办公楼、医院病房、托儿所、幼儿园 (2) 教室、试验室、阅览室、会计室、医院门诊室	2.0	0.7 0.7	0.5 0.6	0.4 0.5
2	食堂、餐厅、一般资料档案室	2.5	0.7	0.6	0.5
3	(1) 礼堂、剧场、影院、有固定座位的看台 (2) 公共洗衣房	3.0 3.0	0.7 0.7	0.5 0.6	0.3 0.5
4	(1) 商店、展览厅、车站、港口、机场大厅及其旅客等候室 (2) 无固定座位的看台	3.5 3.5	0.7 0.7	0.6 0.5	0.5 0.3
5	(1) 健身房、演出舞台 (2) 舞厅	4.0 4.0	0.7 0.7	0.6 0.6	0.5 0.3
6	(1) 书库、档案库、贮藏室 (2) 密集柜书库	5.0 12.0	0.9	0.9	0.8
7	通风机房、电梯机房	7.0	0.9	0.9	0.8
8	汽车通道及停车库: (1) 单向板楼盖(跨度小于2m) 客车 消防车 (2) 双向板楼盖和无梁楼盖(柱网尺寸小于6m×6m) 客车 消防车	 4.0 35.0 2.5 20.0	 0.7 0.6 0.7 0.7	 0.7 0.6 0.7 0.7	 0.7 0.6 0.6 0.6
9	厨房: (1) 一般的 (2) 餐厅的	 2.0 4.0	 0.7 0.7	 0.6 0.7	 0.5 0.7
10	浴室、厕所、盥洗室: (1) 第1项中的民用建筑 (2) 其它民用建筑	 2.0 2.5	 0.7 0.7	 0.5 0.6	 0.4 0.5

续表 2.6

项次	类　别	标准值(kN/m²)	组合值系数 ψ_c	频遇值系数 ψ_f	准永久值系数 ψ_q
11	走廊、门厅、楼梯： (1) 宿舍、旅馆、医院病房、托儿所、幼儿园、住宅 (2) 办公楼、教室、餐厅，医院门诊部 (3) 消防疏散楼梯，其它民用建筑	 2.0 2.5 3.5	 0.7 0.7 0.7	 0.5 0.6 0.5	 0.4 0.5 0.3
12	阳台： (1) 一般情况 (2) 当人群有可能密集时	 2.5 3.5	0.7	0.6	0.5

注：(1) 本表所给各项活荷载适用于一般使用条件，当使用荷载较大或情况特殊时，应按实际情况采用。
(2) 第 6 项书库活荷载当书架高度大于 2 m 时，书库活荷载尚应按每米书架高度不小于 2.5 kN/m² 确定。
(3) 第 8 项中的客车活荷载只适用于停放载人少于 9 人的客车；消防车活荷载是适用于满载总重为 300 kN 的大型车辆；当不符合本表的要求时，应将车轮的局部荷载按结构效应的等效原则，换算为等效均布荷载。
(4) 第 11 项楼梯活荷载，对预制楼梯踏步平板，尚应按 1.5 kN 集中荷载验算。
(5) 本表各项荷载不包括隔墙自重和二次装修荷载。对固定隔墙的自重应按恒荷载考虑，当隔墙位置可灵活自由布置时，非固定隔墙的自重应取每延米长墙重(kN/m)的 1/3 作为楼面活荷载的附加值(kN/m²)计入，附加值不小于 1.0 kN/m²。

表 2.7　屋面均布活荷载标准值及其组合值、频遇值和准永久值系数

项次	类　别	标准值(kN/m²)	组合值系数 ψ_c	频遇值系数 ψ_f	准永久值系数 ψ_q
1	不上人屋面	0.5	0.7	0.5	0
2	食堂、餐厅、一般资料档案室	2.0	0.7	0.5	0.4
3	屋顶花园	3.0	0.7	0.6	0.5

注：(1) 不上人的屋面，当施工或维修荷载较大时，应按实际情况采用；对不同结构应按有关设计规范的规定，将标准值作 0.2 kN/m² 的增减。
(2) 上人的屋面，当兼作其它用途时，应按相应楼面活荷载采用。
(3) 对于因屋面排水不畅、堵塞等引起的积水荷载，应采取构造措施加以防止；必要时，应按积水的可能深度确定屋面活荷载。
(4) 屋顶花园活荷载不包括花圃土石等材料自重。

2.3　结构按半概率极限状态计算的实用表达式

建筑结构设计应根据使用过程中在结构上可能同时出现的荷载，按承载能力极限状态和正常使用极限状态分别进行荷载效应组合，并应取各自的最不利的效应组合进行设计。我国规范采用以概率理论(或称为可靠度理论)为基础的极限状态设计法，用多个分项系数表达的设计式进行设计。

2.3.1　承载能力极限状态设计表达式

(1) 基本设计表达式

$$\gamma_0 S \leqslant R \tag{2.4}$$

式中　γ_0——结构重要性系数，根据建筑结构的安全等级取值，见表 2.2，抗震设计中，不考虑结构构件的重要性系数；

S——荷载效应组合的设计值，kN/m^2；

R——结构构件抗力的设计值，kN/m^2，应按各有关建筑结构设计规范的规定确定。

(2) 荷载效应组合的设计值 S

对于基本组合，荷载效应组合的设计值 S 应从下列组合值中取最不利值确定：

① 由可变荷载效应控制的组合

$$S = \gamma_G S_{Gk} + \gamma_{Q1} S_{Q1k} + \sum_{i=2}^{n} \gamma_{Qi} \psi_{ci} S_{Qik} \tag{2.5}$$

式中 γ_G——永久荷载的分项系数；

γ_{Qi}——第 i 个可变荷载的分项系数，其中 γ_{Q1} 为可变荷载 Q_1 的分项系数；

S_{Gk}——按永久荷载标准值 G_k 计算的荷载效应值，kN/m^2；

S_{Qik}——按可变荷载标准值 Q_{ik} 计算的荷载效应值，kN/m^2，其中 S_{Q1k} 为诸可变荷载效应中起控制作用者；

ψ_{ci}——可变荷载 Q_i 的组合系数，分别按《建筑结构荷载规范》规定采用，见表 2.6 和表 2.7；

n——参与组合的可变荷载数。

② 由永久荷载效应控制的组合

$$S = \gamma_G S_{Gk} + \sum_{i=1}^{n} \gamma_{Qi} \psi_{ci} S_{Qik} \tag{2.6}$$

注：1. 基本组合中的设计值仅适用于荷载与荷载效应为线性的情况。

2. 当对 S_{Q1k} 无法明显判断时，依次以各可变荷载效应为 S_{Q1k}，选其中最不利的荷载效应组合。

3. 当考虑以竖向的永久荷载效应控制的组合时，参与组合的可变荷载仅限于竖向荷载。

③ 对于一般排架、框架结构，基本组合可采用简化规则，并应按下列组合值中取最不利值确定

由可变荷载效应控制的组合：

$$S = \gamma_G S_{Gk} + \gamma_{Q1} S_{Q1k} \tag{2.7}$$

$$S = \gamma_G S_{Gk} + 0.9 \sum_{i=2}^{n} \gamma_{Qi} S_{Qik} \tag{2.8}$$

由永久荷载效应控制的组合仍按式(2.6)采用。

(3) 基本组合的荷载分项系数

基本组合的荷载分项系数，应按下列规定采用：

① 永久荷载的分项系数

1) 当其效应对结构不利时

对由可变荷载效应控制的组合，应取 1.2；对由永久荷载效应控制的组合，应取 1.35。

2) 当其效应对结构有利时

一般情况下应取 1.0；对结构的倾覆、滑移或漂浮验算，应取 0.9。

② 可变荷载的分项系数

一般情况下应取 1.4；对标准值大于 4 kN/m^2 的工业房屋楼面结构的活荷载应取 1.3。

注：对于某些特殊情况，可按建筑结构有关设计规范的规定确定。

2.3.2 正常使用极限状态设计表达式

对于正常使用极限状态，应根据不同的设计要求，采用荷载的标准组合、频遇组合或准永

久组合，并应按下列设计表达式进行设计：

$$S \leqslant C \tag{2.9}$$

式中 C——结构或结构构件达到正常使用要求的规定限值，例如变形、裂缝、振幅、加速度、应力等的限值，应按各有关建筑结构设计规范的规定采用。

（1）对于标准组合，荷载效应组合的设计值 S 应按下式采用

$$S = S_{Gk} + S_{Q1k} + \sum_{i=2}^{n} \psi_{ci} S_{Qik} \tag{2.10}$$

（2）对于频遇组合，荷载效应组合的设计值 S 应按下式采用

$$S = S_{Gk} + \psi_{f1} S_{Q1k} + \sum_{i=2}^{n} \psi_{qi} S_{Qik} \tag{2.11}$$

式中 ψ_{f1}——可变荷载 Q_1 的频遇值系数，应按相关规定采用，见表 2.6 和表 2.7；

ψ_{qi}——可变荷载 Q_i 的准永久值系数，应按相关规定采用，见表 2.6 和表 2.7。

（3）对于准永久组合，荷载效应组合的设计值 S 可按下式采用

$$S = S_{Gk} + \sum_{i=1}^{n} \psi_{qi} S_{Qik} \tag{2.12}$$

【例 2.1】 某办公楼楼面，楼面做法：30 mm 厚水磨石面层；120 mm 厚空心板结构层（自重为 2.2 kN/m^2，包括灌缝重）；板底 15 mm 厚石灰砂浆。预制板宽 600 mm，跨度 3.6 m，简支在钢筋混凝土屋面梁上。

求：（1）预制板在承载能力极限状态下的荷载效应（跨中弯矩）设计值。

（2）预制板在正常使用极限状态下的荷载效应（跨中弯矩）设计值。

【解】 （1）计算参数

查表 2.5，石灰砂浆自重 17 kN/m^3，水磨石面层自重 0.65 kN/m^2。

查表 2.6，楼面活荷载为 2.0 kN/m^2，组合值系数 $\psi_c = 0.7$，频遇值系数 $\psi_f = 0.5$，准永久值系数 $\psi_q = 0.4$。

（2）荷载计算

① 永久荷载

30 mm 厚水磨石面层	0.65 kN/m^2
120 mm 厚空心板	2.20 kN/m^2
15 mm 厚石灰砂浆	17×0.015=0.255 kN/m^2
楼面均布永久荷载标准值	$G_k = 3.105$ kN/m^2
线性均布永久荷载标准值	$g_k = 3.105 \times 0.6 = 1.863$ kN/m

② 可变荷载

预制板承受的楼面均布可变荷载标准值	$Q_k = 2.0$ kN/m^2
预制板承受的线性均布可变荷载标准值	$q_k = 2.0 \times 0.6 = 1.2$ kN/m

（3）标准荷载作用下荷载效应（跨中弯矩）设计值

$$M_{Gk} = \frac{1}{8} g_k l^2 = \frac{1}{8} \times 1.863 \times 3.6^2 = 3.018 \text{ kN} \cdot \text{m}$$

$$M_{Qk} = \frac{1}{8} q_k l^2 = \frac{1}{8} \times 1.2 \times 3.6^2 = 1.944 \text{ kN} \cdot \text{m}$$

(4) 承载能力极限状态下的荷载效应(跨中弯矩)设计值

① 由可变荷载效应控制的组合,由式(2.7)得

$$M = \gamma_G M_{Gk} + \gamma_Q M_{Qk} = 1.2 \times 3.018 + 1.4 \times 1.944 = 6.34 \text{ kN} \cdot \text{m}$$

② 由永久荷载效应控制的组合,由式(2.6)得

$$M = \gamma_G M_{Gk} + \gamma_Q \psi_c M_{Qk} = 1.35 \times 3.018 + 1.4 \times 0.7 \times 1.944 = 5.98 \text{ kN} \cdot \text{m}$$

取两者最大值,即承载能力极限状态下的荷载效应(跨中弯矩)设计值 M=6.34 kN · m。

(5) 正常使用极限状态下的荷载效应(跨中弯矩)设计值

① 标准组合时,由式(2.10)得跨中弯矩设计值

$$M = M_{Gk} + M_{Qk} = 3.018 + 1.944 = 4.962 \text{ kN} \cdot \text{m}$$

② 频遇组合时,由式(2.11)得跨中弯矩设计值

$$M = M_{Gk} + \psi_f M_{Qk} = 3.018 + 0.5 \times 1.944 = 3.99 \text{ kN} \cdot \text{m}$$

③ 准永久组合时,由式(2.12)得跨中弯矩设计值

$$M = M_{Gk} + \psi_q M_{Qk} = 3.018 + 0.4 \times 1.944 = 3.80 \text{ kN} \cdot \text{m}$$

2.3.3 结构构件达到正常使用要求的规定限值

(1) 受弯构件的挠度限值

受弯构件的最大挠度应按荷载效应的标准组合并考虑荷载长期作用影响进行计算,其计算值不应超过表 2.8 规定的挠度限值。

表 2.8 受弯构件的挠度限值

构件类型	挠度限值(以计算跨度 l_0 计算)
吊车梁:	
手动吊车	$l_0/500$
电动吊车	$l_0/600$
屋盖、楼盖及楼梯构件:	
当 $l_0<7$ m 时	$l_0/200(l_0/250)$
当 7 m$\leqslant l_0 \leqslant$9 m 时	$l_0/250(l_0/300)$
当 $l_0>9$ m 时	$l_0/300(l_0/400)$

注:(1) 表中 l_0 为构件的计算跨度;
(2) 表中括号内的数值适用于使用上对挠度有较高要求的构件;
(3) 如果构件制作时预先起拱,且使用上也允许,则在验算挠度时,可将计算所得的挠度值减去起拱值;对预应力混凝土构件,尚可减去预加力所产生的反拱值;
(4) 计算悬臂构件的挠度限值时,其计算跨度 l_0 按实际悬臂长度的 2 倍取用。

(2) 正截面的裂缝控制

结构构件正截面的裂缝控制等级分为三级。裂缝控制等级的划分应符合下列规定;

1) 一级:严格要求不出现裂缝的构件,按荷载效应标准组合计算时,构件受力边缘混凝土不应产生拉应力。

2) 二级:一般要求不出现裂缝的构件,按荷载效应标准组合计算时,构件受拉边缘混凝土拉应力不应大于混凝土抗拉强度标准值;而按荷载效应永久组合计算时,构件受拉边缘混凝土不宜产生拉应力,当有可靠经验时可适当放松。

3) 三级:允许出现裂缝的构件,按荷载效应标准组合并考虑长期作用影响计算时,构件的

最大裂缝宽度不应超过表 2.9 规定的最大裂缝宽度限值。

表 2.9　结构构件的裂缝控制等级和最大裂缝宽度限值(mm)

环境类别	钢筋混凝土结构		预应力混凝土结构	
	裂缝控制等级	最大裂缝宽度限值	裂缝控制等级	最大裂缝宽度限值
一	三	0.3(0.4)	三	0.2
二	三	0.2	二	—
三	三	0.2	一	—

注:(1) 表中规定适用于采用热轧钢筋混凝土构件和采用预应力钢丝、刚绞线及热处理钢筋的预应力混凝土构件,当采用其它类别的钢丝或钢筋时,其裂缝控制要求可参照专门规范确定。

(2) 在一类环境条件下,对于钢筋混凝土屋架、托梁及需作疲劳验算的吊车梁,其最大裂缝宽度限值应取为 0.2 mm。

(3) 在一类环境下,对于预应力混凝土屋面梁、托梁、屋架、托架和民用房屋的楼板,按荷载效应的标准组合计算时,其受拉边缘混凝土拉应力不应大于混凝土抗拉强度标准值;在一类和二类环境条件下,对于需作疲劳验算的预应力混凝土吊车梁,按荷载效应的标准组合计算时,其受拉边缘混凝土不应产生拉应力。

2.3.4　混凝土结构的耐久性要求

混凝土结构的耐久性是指正常维护条件下,在预计的使用时期内,在指定的工作环境中保证结构满足既定的功能要求。

(1) 混凝土结构的环境类别

混凝土结构使用环境,是指建筑物所在地区的环境及工业生产形成的环境。混凝土结构的环境类别分为五类,详见表 2.10。

表 2.10　混凝土结构的环境类别

环境类别		说　明
一		室内正常环境
二	a	室内潮湿环境、非严寒和寒冷地区的露天环境、与无侵蚀的水或土壤直接接触的环境
	b	严寒和寒冷地区的露天环境、与无侵蚀的水或土壤直接接触的环境
三		使用除冰盐环境、严寒和寒冷地区冬季水位变动环境、滨海室外环境
四		海水环境
五		受人为或自然的侵蚀性物质影响的环境

注:严寒和寒冷地区的划分应符合国家现行标准《民用建筑热工设计规程》JGJ24 的规定。

(2) 耐久性对混凝土质量的主要要求

混凝土材料浇注时的等级、水泥用量、水灰比、氯离子含量、碱含量有具体要求。一类、二类和三类环境中,设计使用年限为 50 年的结构混凝土应符合表 2.11 的要求。

一类环境中,设计使用年限为 100 年的结构混凝土应符合下列规定:

① 钢筋混凝土结构的最低混凝土强度等级为 C30,预应力混凝土结构的最低混凝土强度等级为 C40;

② 混凝土中的最大氯离子含量为 0.06%;

③ 宜使用非碱活性骨料,当使用碱活性骨料时,混凝土中的最大碱含量为 3.0 kg/m^3;

④ 混凝土保护层厚度应按规范中表 9.2.1 的规定增加 40%,当采取有效的表面防护措施

时，混凝土保护层厚度可适当减小；

表 2.11 混凝土结构耐久性基本要求

环境类别		水灰比 不大于	水泥用量(kg/m^3) 不小于	混凝土强度等级 不小于	氯离子含量(%) 不大于	碱含量(kg/m^3) 不大于
一		0.65	200	C20	1.00	不限制
二	a	0.60	225	C25	0.30	3.0
	b	0.55	250	C30	0.30	3.0
三		0.50	275	C30	0.15	3.0

注：(1) 氯离子含量按水泥总质量分数计算；

(2) 预应力构件混凝土中的最大氯离子含量为 0.06%，最小水泥用量为 300 kg/m^3，最低混凝土强度等级应按表中规定提高两个等级；

(3) 素混凝土构件的最小水泥用量不应小于表中数值减 25 kg/m^3；

(4) 当混凝土中加入活性掺和料或能提高耐久性的外加剂时，可适当降低最小水泥用量；

(5) 当有可靠工程经验时，处于一类和二类环境中的最低混凝土强度等级可降低一个等级；

(6) 当使用非碱活性骨料时，可不对混凝土中的碱含量进行限制。

⑤ 在使用过程中，应定期维护。

二类和三类环境中，设计使用年限为 100 年的混凝土结构，应采取专门有效措施。

严寒及寒冷地区的潮湿环境中，结构混凝土应满足抗冻要求，混凝土抗冻等级应符合有关标准的要求。

有抗渗要求的混凝土结构，混凝土的抗渗等级应符合有关标准的要求。

三类环境中的结构构件，其受力钢筋宜采用环氧树脂涂层带肋钢筋；对预应力钢筋，锚具及连接器，应采取专门防护措施。

四类和五类环境中的混凝土结构，其耐久性要求应符合有关标准的规定。

对临时性混凝土结构，可不考虑混凝土的耐久性要求。

小　　结

(1) 设计任何工程结构，都必须使结构建成后能满足“安全性、适用性、耐久性”三方面功能要求。

(2) 为了满足建筑结构的功能要求，且合理地考虑可靠性与经济性，我国《建筑结构可靠度设计统一标准》对建筑结构的安全等级划分为三级。在工程实践中通过结构重要性系数 γ_0 来加以区分和考虑，使结构在相应原设计使用年限内满足预定的可靠性概率。

(3) 结构的抗力达到或超过某预定状态时结构是安全的，这个状态称为极限状态。根据功能要求不同，极限状态分为承载能力极限状态和正常使用极限状态两类。

(4) 结构上的作用分为直接作用和间接作用。直接作用也称为荷载，可分为永久荷载(恒荷载)、可变荷载(活荷载)、偶然荷载三类。建筑结构设计时，对不同荷载应采用不同的代表值。对永久荷载应采用标准值作为代表值。对可变荷载应根据设计要求采用标准值、组合值、频遇值或准永久值作为代表值。对偶然荷载应按建筑结构使用的特点确定其代表值，不论直接作用或间接作用。

(5) 直接作用或间接作用施加在结构上，使结构产生相应原反应，称为作用效应 S，例如内力、变形和裂缝等。根据不同的极限状态的要求，永久荷载和可变荷载对结构产生的荷载效

应 S，其荷载分项系数和不同的荷载组合系数应按《建筑结构荷载规范》规定的原则进行组合。

(6) 正常使用极限状态下，结构构件的变形、裂缝宽度应控制在规定的范围内。混凝土结构的耐久性与所处的环境类别和混凝土材料有密切的联系。在恶劣的环境中工作的混凝土一味增大混凝土保护层厚度是不经济的，效果也不好，还不如采取防护涂层覆面，并规定定期重涂的年限。

复习思考题

2.1 结构的功能要求是什么?《建筑结构可靠度设计统一标准》对建筑结构的设计使用年限和安全等级是如何划分的? 结构的重要性系数如何取值?

2.2 什么是结构上的作用? 如何分类?

2.3 什么是结构上的作用效应 S? 其表现形式有哪些?

2.4 什么是结构的抗力 R? $S<R$、$S=R$、$S>R$ 分别表示什么意义?

2.5 什么是结构的极限状态? 如何分类?

2.6 什么是荷载? 荷载的分类如何? 荷载代表值的表现形式是什么? 荷载标准值与荷载设计值之间有如何的关系?

2.7 正常使用极限状态中挠度限值与裂缝控制等级是如何划分的?

2.8 已知一钢筋混凝土简支梁，截面尺寸 $b\times h=200\ \text{mm}\times 500\ \text{mm}$，计算跨度 $l_0=4\ \text{m}$，梁净跨 $l_n=3.76\ \text{m}$，梁上承受的恒荷载标准值 $g_k=15\ \text{kN/m}$(含梁自重)，活荷载标准值 $q_k=8\ \text{kN/m}$，组合值系数 $\psi_c=0.7$，频遇值系数 $\psi_f=0.6$，准永久值系数 $\psi_q=0.5$。

求：(1) 承载能力极限状态和正常使用极限状态下跨中弯矩设计值。

(2) 承载能力极限状态下支座剪力设计值。

3 钢筋混凝土受弯构件正截面承载力计算

本章提要

本章将首先介绍梁、板的构造要求，然后通过梁受弯性能的研究、分析说明梁的受力阶段、截面应力状态、破坏特征，讨论正截面承载力计算的基本假定、基本公式及适用条件，最后说明如何运用基本公式进行截面设计和校核。本章的学习要求：

(1) 了解配筋率对受弯构件破坏特征的影响，适筋受弯构件在各个工作阶段的受力特点，正截面承载力计算的基本假定以及等效矩形应力图；

(2) 掌握单筋矩形截面、双筋矩形截面及T形截面正截面承载力计算方法；

(3) 熟悉受弯构件正截面的一般构造要求。

3.1 概　　述

建筑工程中常见的梁、板是典型的受弯构件。梁和板的区别在于：梁的截面高度一般都大于其宽度，而板的截面高度则远小于其宽度。在荷载作用下，受弯构件一般同时受到弯矩和剪力的作用。所以，钢筋混凝土梁的设计通常包括：

(1) 正截面受弯承载力计算——按控制截面的弯矩设计值确定截面尺寸及纵向受力钢筋的数量；

(2) 斜截面受剪承载力计算——按剪力设计值复核截面尺寸，并确定抗剪所需的箍筋和弯起钢筋的数量；

(3) 钢筋布置——按 M 图、V 图及粘结锚固的要求进行钢筋布置，并绘制配筋图。

本章讨论受弯构件正截面承载力计算，斜截面承载力计算及钢筋布置将在第 4 章中讨论。

钢筋混凝土梁、板可分为预制梁板和现浇梁板两大类。现浇钢筋混凝土梁的截面形式多采用矩形 、T 形截面，现浇板可按宽度为 1 m、高度为板厚 h 的矩形截面计算(图 3.1)。预制梁板可采用较复杂的截面形状，如图 3.1 中的圆孔空心板、槽形板、I 形截面梁，以及由预制 T 形截面和后浇混凝土组成的十字形叠合梁。

梁中的钢筋一般有受力钢筋、构造钢筋和箍筋等。沿梁纵向轴线配置的钢筋统称为纵向钢筋，它与箍筋绑扎在一起形成梁的钢筋骨架。仅在梁的受拉区配置纵向受力钢筋的梁，称为单筋梁；在梁的受拉区和受压区均配置纵向受力钢筋的梁，则称为双筋梁。

为了使混凝土浇筑密实，保证结构的耐久性及钢筋与混凝土的有效粘结，在进行截面钢筋布置时，必须留有足够的混凝土保护层厚度和钢筋净间距。对处于室内正常环境的梁、板构件，国家现行规范规定如图 3.2 所示。其中，c 为混凝土保护层厚度，一般情况下梁的保护层

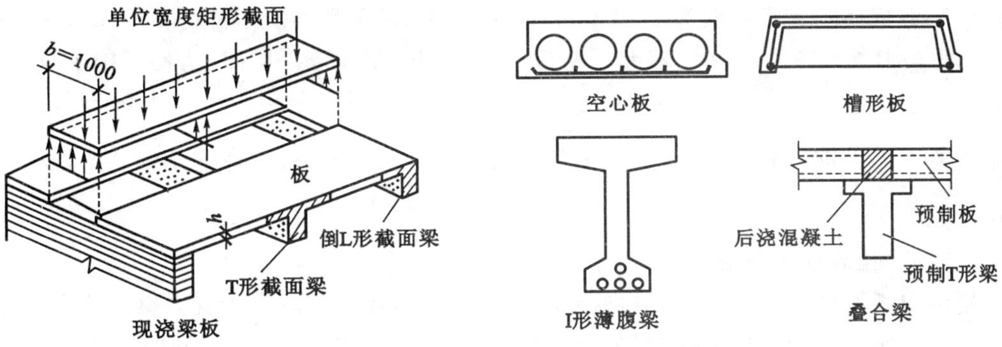

图 3.1　受弯构件的截面形式

厚度取 $c=25$ mm，板的保护层厚度取 $c=15$ mm，当混凝土强度等级不大于 C20 时，梁取 $c=30$ mm，板取 $c=20$ mm，且不应小于钢筋直径 d；h_0 为截面的有效高度，$h_0=h-a_s$，h 为截面高度，a_s 为受拉区边缘到受拉钢筋合力作用点的距离，当梁的纵向受力钢筋按一排布置时，$h_0=h-c-\dfrac{d}{2}$（d 为纵向受拉钢筋直径），当梁的纵向受力钢筋按两排布置时，$h_0=h-c-25-\dfrac{d}{2}$，在设计梁、板时，应满足一定构造要求。

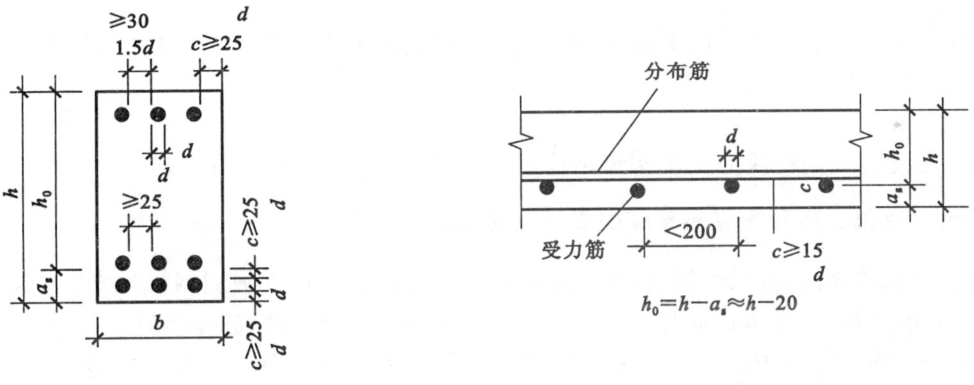

图 3.2　截面配筋构造要求

(a) 梁；(b) 板

3.1.1　板的一般构造要求

3.1.1.1　*板的厚度*

板的厚度与板的跨度及其所承受的荷载的大小有关。根据工程实践经验，单跨简支板的厚度不小于$\dfrac{l_1}{35}$（l_1为计算跨度），且不大于 60 mm（民用建筑）或 70 mm（工业建筑），并应满足刚度要求；多跨连续板的厚度不小于$\dfrac{l_1}{40}$，悬挑板厚度不小于$\dfrac{l_1}{15}$；双向板厚度不小于$\dfrac{l_1}{45}$（l_1 为短边计算跨度），且不小于 80 mm。

3.1.1.2 板的受力钢筋布置

板中受力钢筋的直径一般为6～12 mm。受力钢筋的间距：当板厚$h \leqslant 150$ mm时，不大于200 mm；当板厚$h > 150$ mm时，不大于1.5h且不大于250 mm。同时，为便于施工，板中受力钢筋间距一般不小于70 mm。板中伸入支座的下部钢筋，其间距不应大于400 mm，截面面积不应小于跨中受力钢筋截面的$\frac{1}{3}$，其锚固长度l_{as}不应小于$5d$。板中弯起钢筋与梁轴线的夹角不宜小于30°。

3.1.1.3 板的分布钢筋

当按单向板设计时，除沿受力方向布置受力钢筋外，还应在垂直于受力钢筋的方向外设置分布钢筋。分布钢筋的作用是固定受力筋并将荷载分布到各受力筋上，同时承受沿板长边方向实际存在(计算中未加考虑)的弯矩以及混凝土收缩及温度应力。单位长度上分布钢筋的截面面积不应小于单位宽度上受力钢筋截面面积的15%，且不应小于该方向板截面积的0.15%，分布钢筋直径不宜小于6 mm，间距不宜大于250 mm；对于集中荷载较大的情况，分布钢筋的截面面积应适当增加，其间距不宜大于200 mm。

3.1.1.4 板中其它构造钢筋

对于嵌固在砖墙内的现浇板，在板的上部应配置构造钢筋，并应符合下列规定：

(1) 钢筋间距不应大于200 mm，直径不宜小于8 mm(包括弯起钢筋在内)，其伸出墙边的长度不应小于$\frac{l_1}{7}$(l_1为单向板的跨度或双向板的短边跨度)；

(2) 对两边均嵌固在墙内的板角部分，应双向配置上部构造钢筋，其伸出墙边的长度不应小于$\frac{l_1}{4}$；

(3) 沿受力方向配置的上部构造钢筋，直径不宜小于8 mm，间距不宜大于200 mm，且单位长度内的总截面面积不应小于跨中受力钢筋截面面积的$\frac{1}{3}$。

在温度和收缩应力较大的现浇板区域内尚应布置附加钢筋。附加钢筋的数量可按工程经验确定，并沿板的上、下表面布置。沿一个方向增加的附加钢筋配筋率不宜小于0.1%，其直径不宜过大，间距宜取150～200 mm，并应按受力钢筋确定该附加钢筋伸入支座的锚固长度。

3.1.2 梁的一般构造要求

3.1.2.1 梁的截面尺寸

梁的截面高度可根据使用要求及高跨比($\frac{h}{l}$)来估计，如矩形截面独立梁的截面高度，简支时不宜小于$\frac{l}{12}$，连续时不宜小于$\frac{l}{15}$；整体肋形楼盖的次梁高度不宜小于($\frac{1}{12}$～$\frac{1}{18}$)l，主梁不宜小于($\frac{1}{8}$～$\frac{1}{14}$)l。截面高宽比($\frac{h}{b}$)，矩形截面为2～3.5，T形截面为2.5～4.0。为了便于施工，梁宽b通常取120 mm、150 mm、180 mm、200 mm、220 mm、250 mm，250 mm以上以50 mm为模数；梁高h通常在250～800 mm之间，以50 mm为模数，800 mm以上以100 mm为模数。

3.1.2.2 梁内纵向钢筋布置

梁内受力钢筋直径一般选用12～25 mm。若配不同直径的钢筋，直径相差以2 mm为宜。伸入梁支座范围内的纵向受力钢筋一般不应少于2根，仅当梁宽小于100 mm时可为1根。

3.1.2.3 构造钢筋的选用要求

梁内架立钢筋的直径，当梁跨小于4 m时，不宜小于8 mm；当梁跨为4～6 m时，不宜小于10 mm；当梁跨大于6 m时，不宜小于12 mm。当梁的腹板高度$h_w \geq 450$ mm时，在梁的两个侧面应沿高度配置纵向构造钢筋，纵向构造钢筋的间距不宜大于200 mm，每侧纵向构造钢筋(不包括受力筋及架立筋)的截面面积不应小于腹板截面面积bh_w的0.1%(腹板高度h_w按第4章规定选用)。

梁内箍筋的间距和直径应按第4章表4.1、表4.2选用。

3.2 单筋矩形截面梁受力状态

3.2.1 单筋矩形截面梁正截面受力状态的试验研究

为了建立受弯构件正截面承载力的计算公式，必须通过实验了解钢筋混凝土受弯构件截面的应力分布及其破坏过程。

图3.3所示为钢筋混凝土简支梁。为了消除剪力对正截面应力分布的影响，采用两点对称加载方式，使两个对称集中荷载之间的一段梁成为纯弯段，我们可以从纯弯段实测得到所需要的正截面应力分布及破坏过程的一些数据。试验时，荷载以零逐级加载。每加一级荷载后，用仪表测量混凝土和钢筋的应变以及梁的挠度，并观察梁的外观变化，直至梁破坏为止。

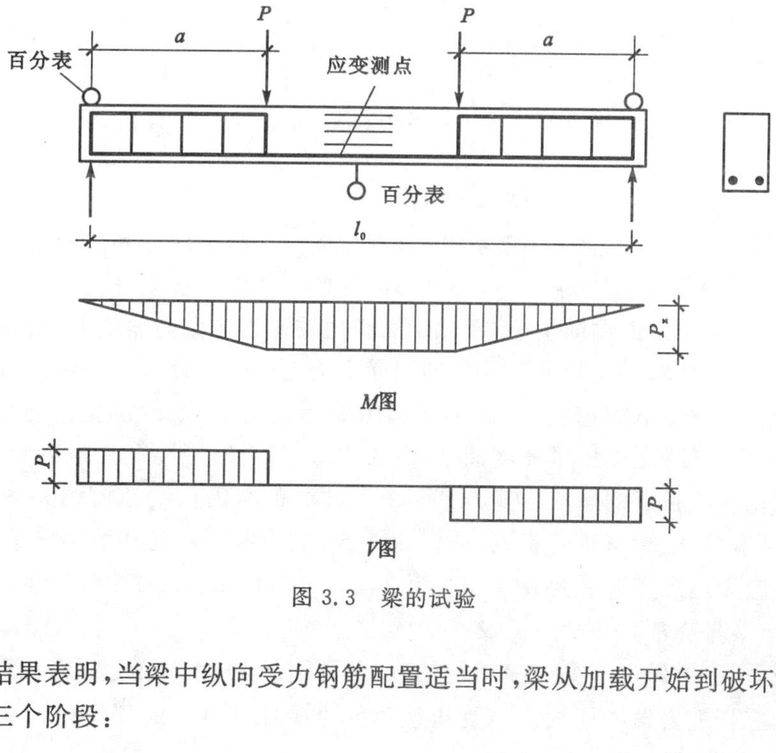

图3.3 梁的试验

大量试验结果表明，当梁中纵向受力钢筋配置适当时，梁从加载开始到破坏为止其正截面受力状态可分三个阶段：

3.2.1.1　第Ⅰ阶段——弹性工作阶段

从开始加载至梁受拉区即将出现第一条裂缝的整个受力过程，称为第Ⅰ阶段。加荷初期，由于荷载很小，纯弯段截面弯矩很小，因而截面上的应力也就很小。这时，混凝土处于弹性工作阶段，梁正截面上各点的应力与应变成正比，各点的应变与其到中和轴的距离成线性比例关系，受压区与受拉区混凝土应力图形均为三角形，受拉区的拉力由混凝土和钢筋共同承担。随着荷载的增加，当受拉区边缘混凝土应力接近其抗拉强度时，受拉区边缘混凝土表现出塑性变形特点，其应变增长较应力增长为快，受拉区应力图呈曲线变化，而受压区混凝土却仍处于弹性工作阶段，压应力图形仍为三角形。当荷载增加到使梁受拉区最外边缘混凝土的应变达到其极限拉应变时，相应的混凝土也达到了其抗拉强度 f_t，此时梁处于即将开裂的极限状态，称为Ⅰ$_a$阶段。Ⅰ$_a$阶段承受的弯矩为开裂弯矩 M_{cr}。

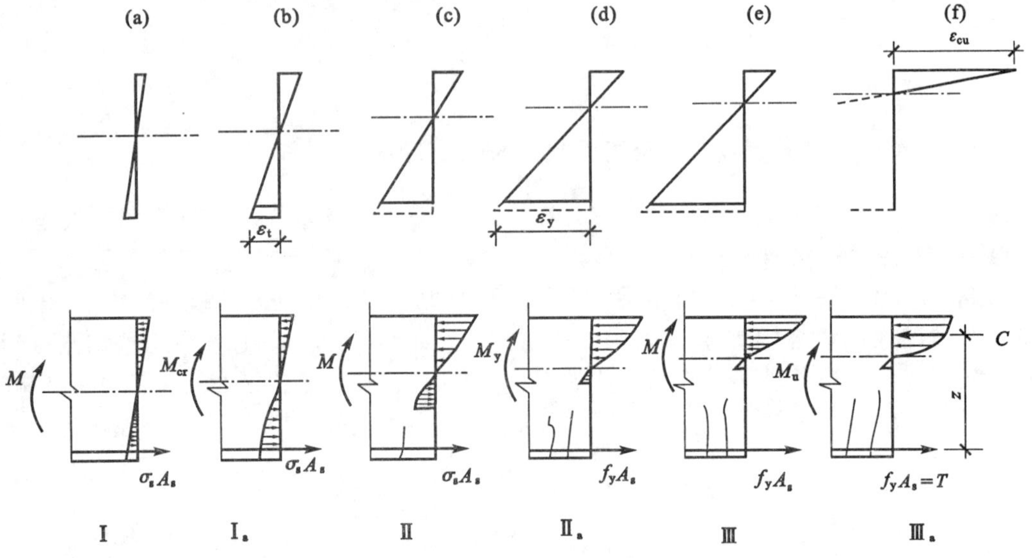

图 3.4　梁在各受力阶段的应力、应变图

3.2.1.2　第Ⅱ阶段——带裂缝工作阶段

从梁受拉区混凝土出现第一条裂缝开始，到梁受拉区钢筋即将屈服的整个受力过程，称为第Ⅱ阶段。梁的受拉区一旦出现裂缝，裂缝即有一定的宽度和长度，裂缝截面处已开裂的混凝土不再承受拉力，其拉力由钢筋承担，因此钢筋应力较开裂前会突然增大。开裂截面处的中和轴也随之上移，中和轴附近受拉区未开裂的混凝土仍能承受部分拉力。随着荷载的继续增加，梁受拉区钢筋应力随之增加，梁受拉区的裂缝数量不断增多，裂缝的宽度继续增大并向上发展，使中和轴上移，混凝土受压区高度减小、压应力增加，受压区混凝土塑性变形增加，压应力图形呈曲线变化。但各点的平均应变与其到中和轴的距离仍呈线性比例关系（符合平截面假定）。荷载继续增加，裂缝将进一步发展，中和轴继续上移，使钢筋和混凝土的应力不断增大，当受拉钢筋的应力达到其屈服强度 f_y 时，第Ⅱ阶段即告结束，此时可称之为Ⅱ$_a$阶段。

3.2.1.3　第Ⅲ阶段——破坏阶段

钢筋屈服后，应力保持不变（f_y），而应变 ε_s 急剧增加，中和轴迅速上移，压区高度减小，受压区混凝土的应变随之急剧增大。当受压区最外边缘处混凝土的压应变达到极限压应变 ε_{cu}

时，混凝土被压碎，截面发生破坏，梁达到最大承载能力 M_u。此时称为Ⅲ$_a$ 阶段。

试验同时表明，从开始加载到构件破坏的整个受力过程中，变形前的平面，变形后仍保持平面。

进行受弯构件正截面各受力阶段的分布，不但可以使我们详细地了解截面受力的全过程，而且为裂缝、变形以及承载力的计算提供了依据。通过以后的学习将会了解到，截面抗裂验算是建立在Ⅰ$_a$ 阶段的基础之上，构件使用阶段的变形和裂缝宽度验算是建立在第Ⅱ阶段的基础之上，而Ⅲ$_a$ 阶段则是梁正截面承载力计算的依据。

3.2.2 适筋梁的破坏特征

上述由于受拉钢筋首先到达屈服，然后混凝土受压破坏的梁称为适筋梁。这种梁的破坏特征是：在钢筋屈服处出现一条迅速向梁顶发展的临界裂缝，梁的挠度急剧增加，顶部压区混凝土产生很大局部变形，最终因受压区外边缘处混凝土的压应变达到极限压应变而破坏。构件在破坏前裂缝开展很快，挠度较大，是梁即将破坏的明显预兆（见图 3.5），这种破坏称为“塑性破坏”。由于适筋梁受力合理，可以充分发挥材料强度，所以，实际工程中的钢筋混凝土都应设计成适筋梁。

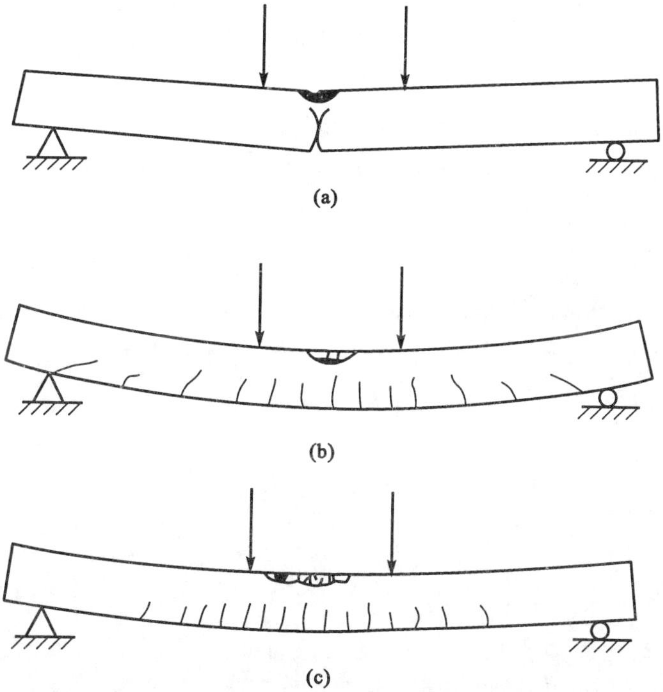

图 3.5 少筋梁、适筋梁和超筋梁的破坏形态

(a) 少筋梁；(b) 适筋梁；(c) 超筋梁

3.2.3 配筋率对破坏特征的影响

上述适筋梁的破坏特征是有条件的，即梁的配筋率需在一定的范围之内。对于给定截面尺寸和材料强度的钢筋混凝土梁，受拉钢筋截面面积 A_s（或配筋率 $\rho=\dfrac{A_s}{bh_0}$）过大或过小都将改

变梁的破坏特征。

3.2.3.1　超筋梁、界限配筋率

当截面尺寸和材料强度一定时，受拉钢筋面积越大，钢筋应力增长越缓慢。故 ρ 越大，钢筋到达屈服的弯矩 M_y 越接近于极限弯矩 M_u。当配筋率 ρ 增大到使钢筋的屈服与压区的混凝土破坏同时发生时，即 $M_y=M_u$，这种破坏状态称为平衡破坏。若再增大配筋率将发生另一种破坏形式：钢筋应力未达到屈服，压区混凝土即发生受压破坏，这种梁称为超筋梁。显然，平衡破坏是适筋破坏和超筋破坏的界限情况，因此平衡破坏又可称为界限破坏，其相应的配筋率称为界限配筋率，它是保证受拉钢筋到达屈服的最大配筋率 ρ_{max}。

超筋梁的破坏特征与适筋梁有本质的不同。超筋梁由于钢筋过多（ρ 过大），钢筋应力增长缓慢，受压区混凝土的压应变随荷载的增加发展较快，当钢筋应力尚未达到屈服强度时，受压区混凝土因达到极限压应变而破坏。破坏时梁受拉区的裂缝因受到钢筋的抑制作用开展不大，梁的挠度亦较小（见图 3.5），故破坏带有一定的突然性，缺乏必要的预兆，具有脆性破坏的性质，故工程实际中不允许采用超筋梁。

超筋梁的破坏是由于混凝土抗压强度的耗尽，钢筋强度没有得到充分利用。因此，超筋梁的极限承载力（M_u）与钢材的强度无关，仅取决于混凝土的抗压强度。

3.2.3.2　少筋梁、最小配筋率

当截面尺寸和材料强度一定时，减少受拉钢筋截面面积 A_s（ρ 减小），截面开裂后钢筋应力的增量增大，ρ 越小，裂缝出现后钢筋应力越接近于屈服强度 f_y。当 ρ 减小到使构件的开裂弯矩 M_{cr} 与钢筋屈服时的弯矩 M_y 相等时，裂缝一出现钢筋应力即达到屈服，这时的配筋率是理论上的最小配筋率 ρ_{min}。《混凝土结构设计规范》规定，混凝土受弯构件纵向受力钢筋的最小配筋率 ρ_{min} 取 0.002 和 $0.45\dfrac{f_t}{f_y}$ 中较大者。

配筋率低于 ρ_{min} 的梁称为少筋梁，这种梁一旦开裂，钢筋应力将经过流幅进入强化段（在极端情况下，钢筋甚至可能被拉断）而使梁破坏（见图 3.5）。少筋梁的极限承载力取决于混凝土的抗拉强度，因此是不经济的；破坏缺乏必要的预兆属于脆性破坏，因而也是不安全的。故在建筑结构中严禁使用少筋梁。

3.3　单筋矩形截面受弯构件承载力计算

3.3.1　基本假定

钢筋混凝土受弯构件的承载力计算，是以适筋梁Ⅲ$_a$ 阶段为依据的。根据大量的试验研究，我国《混凝土结构设计规范》对正截面承载力计算采用下列基本假定：

（1）截面应变保持平面，即变形前的平面变形后仍为平面，截面上各点的应变保持线性变化关系。

（2）不考虑混凝土的抗拉强度，全部拉力由纵向受拉钢筋承担。

（3）受压区混凝土的应力与应变关系采用图 3.6 所示 σ-ε 曲线。其表达式为

当 $\varepsilon_c \leqslant \varepsilon_0$ 时

$$\sigma_c = f_c\left[1-\left(1-\frac{\varepsilon_c}{\varepsilon_0}\right)^n\right]$$

当 $\varepsilon_0 < \varepsilon_c \leqslant \varepsilon_{cu}$ 时

$$\sigma_c = f_c$$

其中

$$n = 2 - \frac{1}{60}(f_{cu,k} - 50)$$

$$\varepsilon_0 = 0.002 + 0.5(f_{cu,k} - 50) \times 10^{-5}$$

$$\varepsilon_{cu} = 0.0033 - (f_{cu,k} - 50) \times 10^{-5}$$

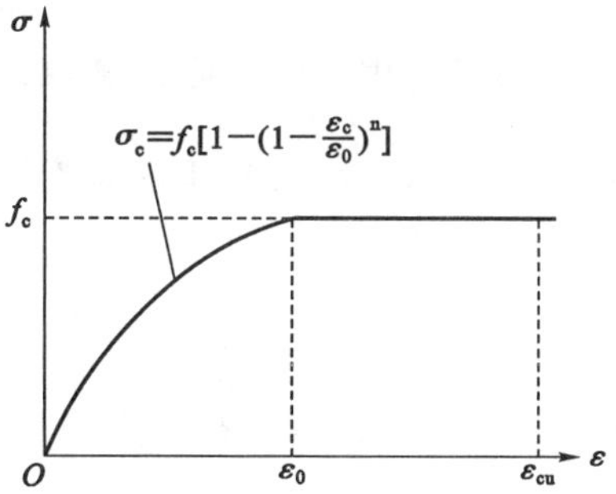

图 3.6 混凝土应力-应变关系曲线

式中 σ_c——对应于混凝土压应变为 ε_c 时的混凝土压应力，N/mm^2；

ε_0——对应于混凝土压应力刚达到 f_c 时混凝土压应变，当计算的 ε_0 值小于 0.002 时，应取 $\varepsilon_0 = 0.002$；

ε_{cu}——正截面处于非均匀受压时的混凝土极限压应变，当计算的 ε_{cu} 值大于 0.0033 时，应取 $\varepsilon_{cu} = 0.0033$；

n——系数，当计算的 n 值大于 2.0 时，应取 $n = 2.0$；

$f_{cu,k}$——混凝土立方体抗压强度标准值，N/mm^2。

(4) 钢筋应力取钢筋应变与其弹性模量的乘积，但其绝对值不应大于其强度设计值。受拉钢筋的极限拉应变取 0.01。

3.3.2 等效矩形应力图

根据基本假定，极限状态时受弯构件受压区混凝土的应力图形如图 3.7(a)所示。在正截面承载力计算中，实际上并不需要采用精确的混凝土应力分布图形，只要能够确定 $\varepsilon_c = \varepsilon_{cu}$ 时混凝土压应力合力及其作用位置就已经足够了。因此，为了简化计算，可以设想在保持压区混凝土合力 N_c 的大小及其作用位置不变的条件下，用等效矩形应力图来代替实际的混凝土压应力图形，如图 3.7(b)所示。其受压区高度 $x = \beta_1 x_c$，平均压应力为 $\alpha_1 f_c$。当混凝土强度等级不超过 C50 时，$\beta_1 = 0.8$，$\alpha_1 = 1.0$；当混凝土强度等级为 C80 时，$\beta_1 = 0.74$，$\alpha_1 = 0.94$；混凝土强度等级在 C50～C80 之间时，β_1 及 α_1 按直线内插法取用。

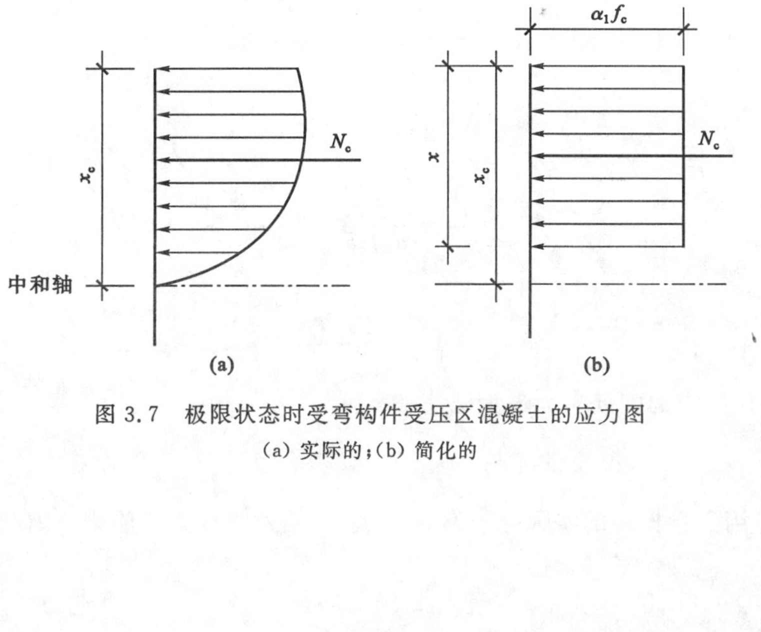

图 3.7 极限状态时受弯构件受压区混凝土的应力图

(a) 实际的；(b) 简化的

3.3.3 相对受压区高度及其与配筋率的关系

3.3.3.1 相对受压区高度

定义正截面混凝土受压区高度 x 与截面有效高度 h_0 的比值为相对受压区高度 ξ，即 $\xi=\frac{x}{h_0}$。

处于界限破坏状态的梁正截面混凝土受压区高度 x_b 与截面有效高度 h_0 的比值为 ξ_b，称为相对界限受压区高度，即 $\xi_b=\frac{x_b}{h_0}$。《混凝土结构设计规范》规定对有屈服点的钢筋 ξ_b 按下式计算

$$\xi_b=\frac{\beta_1}{1+\frac{f_y}{E_s\varepsilon_{cu}}} \tag{3.1}$$

式中 f_y——钢筋抗拉强度设计值，N/mm^2；

E_s——钢筋的弹性模量，N/mm^2。

当混凝土强度等级不超过 C50 时，$\beta_1=0.8$，$\varepsilon_{cu}=0.0033$，可求出 ξ_b 值，见表 3.1。

表 3.1 不同级别钢筋的 ξ_b 值及 $\alpha_{s,max}$ 值

钢筋种类	f_y(N/mm^2)	ξ_b	$\alpha_{s,max}$
HPB235	210	0.614	0.426
HRB335	300	0.550	0.399
HRB400 RRB400	360	0.518	0.384

3.3.3.2 配筋率与相对受压区高度的关系

前已述及，配筋率 $\rho=\frac{A_s}{bh_0}$，若用等效矩形应力图形代替受压区混凝土压应力图形，并忽略受拉区混凝土的作用，由正截面上内力平衡条件（受压区混凝土的压力与受拉区钢筋的拉力相等）可得

$$\alpha_1 f_c bx = f_y A_s$$

从而求得 ξ 和 ρ 的关系为

$$\xi=\frac{x}{h_0}=\frac{f_y A_s}{\alpha_1 f_c bh_0}=\rho\frac{f_y}{\alpha_1 f_c} \tag{3.2}$$

即

$$\rho=\xi\frac{\alpha_1 f_c}{f_y} \tag{3.3}$$

当 $\xi=\xi_b$ 时，相应的配筋率为最大配筋率 ρ_{max}。

$$\rho_{max}=\xi_b\frac{\alpha_1 f_c}{f_y} \tag{3.4}$$

显而易见，当受弯构件的实际配筋率 $\rho>\rho_{max}$ 时，构件将成为超筋梁。因此 ρ_{max} 是防止超筋

破坏的一个特征值。若实际配筋率 $\rho \leqslant \rho_{max}$，且 $\rho \geqslant \rho_{min}$ 时，属于适筋梁。

工程实际中的梁都设计成适筋梁，但在适筋梁范围内，截面尺寸仍可能有各种不同的选择，钢筋用量也随之发生相应的变化。总结工程设计经验，当梁、板内的配筋率在一定范围内时，整个构件的造价比较经济，这个范围内的配筋率称为经济配筋率。根据我国的设计经验，矩形截面梁的经济配筋率一般为 0.6%～1.5%，T 形截面梁的经济配筋率一般为 0.8%～1.8%，板的经济配筋率一般为 0.4%～0.8%。为取得良好的经济效益，应尽可能使梁、板的配筋率 ρ 在经济配筋率范围内。同时应该说明的是经济配筋率是一个比较复杂的问题，它涉及的因素很多，如结构形式、材料单价、施工条件等，因此，不能把它绝对化。

3.3.4 计算公式及适用条件

根据基本假定，并用等效矩形应力图代替受压混凝土实际应力图形，可得到如图 3.8 所示的单筋矩形截面梁正截面承载力计算简图。

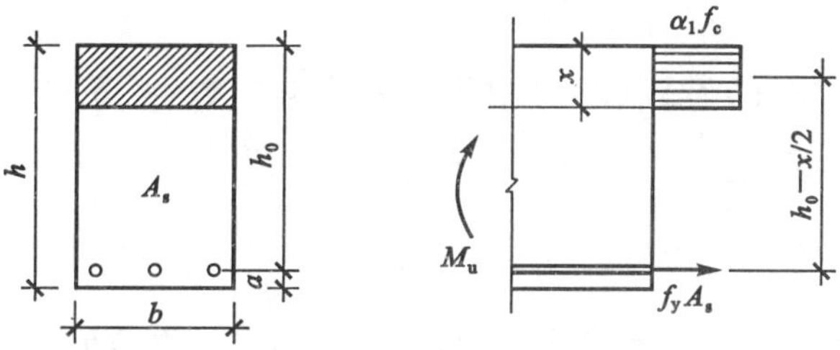

图 3.8 单筋矩形截面

按照第 2 章所述承载能力极限状态计算的规定，梁所能承担的极限弯矩 M_u（结构抗力）应不小于弯矩设计值 M（荷载效应）。因此，由静力平衡条件可得单筋矩形截面的受弯承载力计算公式如下：

$\sum N = 0$

$$f_y A_s = \alpha_1 f_c bx \tag{3.5}$$

$\sum M = 0$

$$M \leqslant M_u = \alpha_1 f_c bx\left(h_0 - \frac{x}{2}\right) \tag{3.6a}$$

或

$$M \leqslant M_u = f_y A_s\left(h_0 - \frac{x}{2}\right) \tag{3.6b}$$

式(3.6a)可改写为：

$$M \leqslant M_u = \alpha_s \alpha_1 f_c bh_0^2 \tag{3.6c}$$

为了符合适筋梁的要求，应用式(3.5)及式(3.6)时必须满足下列条件：

(1) 防止发生超筋破坏。

$$x \leqslant \xi_b h_0 \tag{3.7a}$$

$$\xi \leqslant \xi_b \tag{3.7b}$$

$$\rho \leqslant \rho_{max} \tag{3.7c}$$

$$\alpha_s \leqslant \alpha_{s,\max} \tag{3.7d}$$

其中 $\alpha_s=\xi(1-0.5\xi)$，$\alpha_{s,\max}=\xi_b(1-0.5\xi_b)$。

式(3.7)的四个公式是同一意义，目的都是保证纵向受拉钢筋应力达到 f_y，防止纵筋过多形成超筋梁。只要满足其中任何一个条件，其余的条件必定满足。

(2) 防止发生少筋破坏。

$$A_s \geqslant \rho_{\min} bh \tag{3.8a}$$

$$\rho \geqslant \rho_{\min} \tag{3.8b}$$

式(3.8)的两个公式是为了防止配置的纵向钢筋过少而形成少筋梁。

3.3.5 基本公式的应用

基本公式的应用有两类：一类是承载力校核，另一类是截面设计。

3.3.5.1 *承载力校核(截面复核)*

承载力校核是在截面尺寸 b、$h(h_0)$、材料强度 f_c、f_y 及纵向受力钢筋截面面积 A_s 均为已知的情况下，求此截面所能承受的极限弯矩 M_u，验算 M_u 是否大于荷载设计值产生的作用效应 M。此时，基本公式(3.5)及式(3.6)中只有两个未知数：受压区高度 x 及截面极限弯矩 M_u，故可求得唯一的解。

基本步骤：

(1) 验算 $A_s \geqslant \rho_{\min} bh$。

若 $A_s < \rho_{\min} bh$，则原截面设计不合理。对已建成工程，可近似取 $M_u=M_{cr}=0.292 f_t bh^2$，并将其受弯承载力降低使用；对未建工程进行修改设计。

(2) $A_s \geqslant \rho_{\min} bh$ 时，由式(3.5)求出 x。

$$x=\frac{f_y A_s}{\alpha_1 f_c b} \tag{3.9}$$

(3) 求承载力。

若 $x \leqslant \xi_b h_0$，说明梁将发生适筋破坏，则 $M_u=\alpha_1 f_c bx(h_0-\frac{x}{2})$。

若 $x > \xi_b h_0$，说明该梁属超筋梁，取 $x=\xi_b h_0$(即 $\alpha_s=\alpha_{s,\max}$)，此时，

$$M_u=\alpha_{s,\max}\alpha_1 f_c bh_0^2 \tag{3.10}$$

(4) 当 $M_u \geqslant M$ 时，截面承载力满足要求。

【例 3.1】 已知矩形截面梁的截面尺寸 $b=200$ mm，$h=450$ mm，混凝土强度等级为 C20，采用 HRB335 级钢筋。试按下列条件确定梁能承受的最大弯矩设计值。

(a) 配置 3Φ18($A_s=763\ \text{mm}^2$)纵向受拉钢筋；

(b) 配置 5Φ22($A_s=1900\ \text{mm}^2$)纵向受拉钢筋。

【解】 由已知条件知 $c=30$ mm，$f_c=9.6\ \text{N/mm}^2$，$\alpha_1=1.0$，$\xi_b=0.55$，$f_y=300\ \text{N/mm}^2$，$\rho_{\min}=0.2\%$。

(a) 配置 3Φ18 纵向受拉钢筋时，所需最小梁宽为

$$\begin{aligned} b_{\min} &= 2c+nd+(n-1)\times 25 = 2\times 30+3\times 18+(3-1)\times 25 \\ &= 164\ \text{mm} < b = 200\ \text{mm} \end{aligned}$$

受力钢筋可一排布置，则

$$h_0 = h - c - \frac{d}{2} = 450 - 30 - \frac{18}{2} = 411\ \text{mm}$$

由于

$$A_{s,\min} = \rho_{\min} bh = 0.002 \times 200 \times 450 = 180\ \text{mm}^2 < A_s = 763\ \text{mm}^2$$

故满足最小配筋率要求，不会发生少筋破坏。

$$x = \frac{f_y A_s}{\alpha_1 f_c b} = \frac{300 \times 763}{1.0 \times 9.6 \times 200} = 119.2\ \text{mm}$$

由于 $x < \xi_b h_0 = 0.55 \times 411 = 226$ mm，所以不会发生超筋破坏。

则梁能承受最大弯矩设计值为

$$\begin{aligned} M_u &= \alpha_1 f_c bx \left(h_0 - \frac{x}{2}\right) \\ &= 1.0 \times 9.6 \times 200 \times 119.2 \times \left(411 - \frac{119.2}{2}\right) \\ &= 80.4 \times 10^6\ \text{N} \cdot \text{mm} \\ &= 80.4\ \text{kN} \cdot \text{m} \end{aligned}$$

(b) 配置 5ϕ22 纵向受拉钢筋时，所需最小梁宽为

$$\begin{aligned} b_{\min} &= 2c + nd + (n-1) \times 25 = 2 \times 30 + 5 \times 22 + (5-1) \times 25 \\ &= 270\ \text{mm} > b = 200\ \text{mm} \end{aligned}$$

受力钢筋需按二排布置，则

$$h_0 = h - c - \frac{d}{2} - 25 = 450 - 30 - \frac{22}{2} - 25 = 384\ \text{mm}$$

由于

$$\begin{aligned} A_{s,\min} &= \rho_{\min} bh = 0.002 \times 200 \times 450 = 180\ \text{mm}^2 \\ &< A_s = 1900\ \text{mm}^2 \end{aligned}$$

故满足最小配筋率要求，不会发生少筋破坏。

$$x = \frac{f_y A_s}{\alpha_1 f_c b} = \frac{300 \times 1900}{1.0 \times 9.6 \times 200} = 296.9\ \text{mm}$$

由于 $x > \xi_b h_0 = 0.55 \times 384 = 211.2$ mm，所以会发生超筋破坏。

则令 $x = x_b = \xi_b h_0 = 0.55 \times 384 = 211.2$ mm，梁能承受的最大弯矩设计值为

$$\begin{aligned} M_u &= \alpha_1 f_c bx_b \left(h_0 - \frac{x_b}{2}\right) \\ &= 1.0 \times 9.6 \times 200 \times 211.2 \times \left(384 - \frac{211.2}{2}\right) \\ &= 112.9 \times 10^6\ \text{N} \cdot \text{mm} \\ &= 112.9\ \text{kN} \cdot \text{m} \end{aligned}$$

或

$$\begin{aligned} M_u &= \alpha_{s,\max} \alpha_1 f_c bh_0^2 = 0.399 \times 1.0 \times 9.6 \times 200 \times 384^2 \\ &= 112.9 \times 10^6\ \text{N} \cdot \text{m} \text{m} \\ &= 112.9\ \text{kN} \cdot \text{m} \end{aligned}$$

3.3.5.2　截面设计

截面设计时，截面承受的弯矩设计值 M 为已知，而材料强度等级及截面尺寸可由设计者

选用，要求确定所需配置的纵向受拉钢筋。由于 b、h、f_c 及 f_y 可由设计者选定，因此就可能出现各种不同情况的组合，所以截面设计问题的解答不是唯一的。但当设计者按第 3.1 节之有关规定确定材料强度和截面尺寸后，基本公式(3.5)及公式(3.6)中只有两个未知数，利用下述两种方法，均可求得唯一的解。

方法一：基本公式法

(1) 根据式(3.6)，利用求根公式求出 x

$$x = h_0 - \sqrt{h_0^2 - \frac{2M}{\alpha_1 f_c b}} \tag{3.11}$$

若根号内出现负值，或 $x > \xi_b h_0$，应加大截面尺寸或提高混凝土强度等级(其中以加大截面高度 h 最为有效)后重新设计。

(2) 当 $x \leqslant \xi_b h_0$ 时，由式(3.5)求 A_s

$$A_s = \frac{\alpha_1 f_c b x}{f_y} \tag{3.12}$$

(3) 验算最小配筋率 $A_s \geqslant \rho_{min} bh$。

若 $A_s < \rho_{min} bh$，应取 $A_s = \rho_{min} bh$。

(4) 参照有关构造要求，查表 3.2、表 3.3 选择钢筋的根数和直径。

表 3.2 钢筋的计算截面面积及公称质量表

直径 d (mm)	当根数 n 为下列数值时的计算截面面积(mm^2)									单根钢筋公称质量 (kg/m)
	1	2	3	4	5	6	7	8	9	
3	7.1	14.1	21.2	28.3	35.3	42.4	49.5	56.5	63.6	0.055
4	12.6	25.1	37.7	50.2	62.8	75.4	87.9	100.5	113	0.099
5	19.6	39	59	79	98	118	138	157	177	0.154
6	28.3	57	85	113	142	170	198	226	255	0.222
6.5	33.2	66	100	133	166	199	232	265	299	0.260
8	50.3	101	151	201	252	302	352	402	453	0.395
8.2	52.8	106	158	211	264	317	370	423	475	0.432
10	78.5	157	236	314	393	471	550	628	707	0.617
12	113.1	226	339	452	565	678	791	904	1017	0.888
14	153.9	308	461	615	769	923	1077	1230	1387	1.21
16	201.1	402	603	804	1005	1206	1407	1608	1809	1.58
18	254.5	509	763	1017	1272	1526	1780	2036	2290	2.00
20	314.2	628	941	1256	1570	1884	2200	2513	2827	2.47
22	380.1	760	1140	1520	1900	2281	2661	3041	3421	2.98
25	490.9	982	1473	1964	2454	2945	3436	3927	4418	3.85
28	615.3	1232	1847	2463	3079	3695	4310	4926	5542	4.85
32	804.3	1609	2418	3217	4021	4826	5630	6434	7238	6.31
36	1017.9	2036	3054	4072	5039	6107	7125	8143	9161	7.99
40	1256.1	2513	3770	5027	6283	7540	8796	10053	11310	9.87

注：表中直径 d=8.2 mm 的计算截面面积及公称质量仅适用于有纵肋的热处理钢筋。

表 3.3 每米板宽各种钢筋间距时的钢筋截面面积

钢筋间距(mm)	当钢筋直径(mm)为下列数值时的钢筋截面面积(mm^2)													
	3	4	5	6	6/8	8	8/10	10	10/12	12	12/14	14	14/16	16
70	101	179	281	404	561	719	920	1121	1369	1616	1908	2199	2536	2872
75	94.3	167	262	377	524	671	859	1047	1277	158	1780	2053	2367	2681
80	88.4	157	245	354	491	629	805	981	1198	1414	1669	1924	2218	2513
85	83.2	148	231	333	462	592	758	924	1127	1331	1571	1811	2088	2365
90	78.5	140	218	314	437	559	716	872	1064	1257	1484	1710	1972	2234
95	74.5	132	207	298	414	529	678	826	1008	1190	1405	1620	1868	2116
100	70.6	126	196	283	393	503	644	785	958	1131	1335	1539	1775	2011
110	64.2	114	178	257	357	457	585	714	871	1028	1214	1399	1614	1828
120	58.9	105	163	236	327	419	537	654	798	942	1112	1283	1480	1676
125	56.5	100	157	226	314	402	515	628	766	905	1068	1232	1420	1608
130	54.4	96.6	151	218	302	387	495	604	737	870	1027	1184	1366	1547
140	50.5	89.7	140	202	281	359	460	561	684	808	954	1100	1268	1436
150	47.1	83.8	131	189	262	335	429	523	639	754	890	1026	1183	1340
160	44.1	78.5	123	177	246	314	403	491	599	707	834	962	1110	1257
170	41.5	73.9	115	166	231	296	379	462	564	665	786	906	1044	1183
180	39.2	69.8	109	157	218	279	358	436	532	628	742	855	985	1117
190	37.2	66.1	103	149	207	265	339	413	504	595	702	810	934	1058
200	35.3	62.8	98.2	141	196	251	322	393	479	565	668	770	888	1005
220	32.1	57.1	89.3	129	178	228	292	357	436	514	607	700	807	914
240	29.4	52.4	81.9	118	164	209	268	327	399	471	556	641	740	838
250	28.3	50.2	78.5	113	157	201	258	314	383	452	534	616	710	804
260	27.2	48.3	75.5	109	151	193	248	302	368	435	514	592	682	773
280	25.2	44.9	70.1	101	140	180	230	281	342	404	477	550	634	718
300	23.6	41.9	66.5	94	131	168	215	262	320	377	445	513	592	670
320	22.1	39.2	61.4	88	123	157	201	245	299	353	417	481	554	628

注:表中钢筋直径中的 6/8、8/10、…系指两种直径的钢筋间隔放置。

方法二:表格法

采用基本公式法进行截面设计时,需求解 x 的二次方程,比较繁琐且容易出错。为了简化计算,可引用一些参数编制成表格,称为表格法。基本公式(3.5)及式(3.6)可改写成

$$f_y A_s = \alpha_1 f_c b h_0 \xi \tag{3.13}$$

$$M \leqslant \alpha_s \alpha_1 f_c b h_0^2 \tag{3.14a}$$

$$M \leqslant f_y A_s \gamma_s h_0 \tag{3.14b}$$

式中

$$\alpha_s = \xi(1-0.5\xi) \tag{3.15}$$

$$\gamma_s = 1-0.5\xi \tag{3.16}$$

显然,参数 ξ、α_s、γ_s 之间存在一一对应关系。按式(3.15)、式(3.16) 可编制成表 3.4。利用表 3.4 求 ξ 及 γ_s 有时要用到插入法,这时 ξ 及 γ_s 也可直接按下列公式计算

$$\xi = 1-\sqrt{1-2\alpha_s} \tag{3.17}$$

$$\gamma_s = 0.5(1+\sqrt{1-2\alpha_s}) \tag{3.18}$$

利用表 3.4 进行截面设计的步骤如下:

(1) 由式(3.14a)求 α_s

$$\alpha_s = \frac{M}{\alpha_1 f_c b h_0^2} \tag{3.19}$$

若 $\alpha_s > \alpha_{s,max}$，应加大截面尺寸或提高混凝土强度等级(其中以加大截面高度 h 最为有效)后重新设计。

(2) 当 $\alpha_s \leqslant \alpha_{s,max}$ 时，查表 3.4 可得出相应的 ξ(或 γ_s)。

(3) 由式(3.13)可求出 A_s

$$A_s = \frac{\alpha_1 f_c b h_0 \xi}{f_y} \tag{3.20}$$

或由式(3.14b)求得 A_s

$$A_s = \frac{M}{f_y \gamma_s h_0} \tag{3.21}$$

表 3.4　矩形和 T 形截面受弯构件正截面强度计算表

ξ	γ_s	α_s	ξ	γ_s	α_s
0.01	0.995	0.010	0.33	0.835	0.276
0.02	0.990	0.020	0.34	0.830	0.282
0.03	0.985	0.030	0.35	0.825	0.289
0.04	0.980	0.039	0.36	0.820	0.295
0.05	0.975	0.049	0.37	0.815	0.302
0.06	0.970	0.058	0.38	0.810	0.308
0.07	0.965	0.068	0.39	0.805	0.314
0.08	0.960	0.077	0.40	0.800	0.320
0.09	0.955	0.086	0.41	0.795	0.326
0.10	0.950	0.095	0.42	0.790	0.332
0.11	0.945	0.104	0.43	0.785	0.338
0.12	0.940	0.113	0.44	0.780	0.343
0.13	0.935	0.122	0.45	0.775	0.349
0.14	0.930	0.130	0.46	0.770	0.354
0.15	0.925	0.139	0.47	0.765	0.360
0.16	0.920	0.147	0.48	0.760	0.365
0.17	0.915	0.156	0.49	0.755	0.370
0.18	0.910	0.164	0.50	0.750	0.375
0.19	0.905	0.172	0.51	0.745	0.380
0.20	0.900	0.180	0.52	0.740	0.385
0.21	0.895	0.188	0.528	0.736	0.389
0.22	0.890	0.196	0.53	0.735	0.390
0.23	0.885	0.204	0.54	0.730	0.394
0.24	0.880	0.211	0.544	0.728	0.396
0.25	0.875	0.219	0.55	0.725	0.399
0.26	0.870	0.226	0.556	0.722	0.401
0.27	0.865	0.234	0.56	0.720	0.403
0.28	0.860	0.241	0.57	0.715	0.408
0.29	0.855	0.248	0.58	0.710	0.412
0.30	0.850	0.255	0.59	0.705	0.416
0.31	0.845	0.262	0.60	0.700	0.420
0.32	0.840	0.269	0.614	0.693	0.426

注：$M=\alpha_s \alpha_1 f_c b h_0^2$，$\xi=\frac{x}{h_0}=\frac{f_y A_s}{\alpha_1 f_c b h_0}$，$A_s=\frac{M}{\gamma_s h_0 f_y}$ 或 $A_s=\frac{\xi b h_0 \alpha_1 f_c}{f_y}$。

(4) 验算最小配筋率 $A_s \geqslant \rho_{min} bh$，若 $A_s < \rho_{min} bh$，取 $A_s = \rho_{min} bh$。

(5) 参照有关构造要求，选择钢筋的根数和直径。

【例 3.2】 某办公楼中的一矩形截面钢筋混凝土简支梁，计算跨高 $l_0=6$ m，板传来的永久荷载及梁的自重标准值为 $g_k=15.6$ kN/m，板传来的楼面活荷载标准值为 $q_k=10.7$ kN/m。梁的截面尺寸为 200 mm×500 mm，混凝土强度等级为 C20，钢筋为 HRB335 级钢筋。试求所需纵向受力钢筋截面面积 A_s 并选配钢筋。

【解】 (1) 求跨中截面弯矩设计值 M

由第 2 章可知，永久荷载分项系数 $\gamma_G=1.2$，楼面活荷载的分项系数 $\gamma_Q=1.4$，结构重要性系数 $\gamma_0=1.0$。

$$M=\gamma_0(\gamma_G M_{Gk}+\gamma_Q M_{Qk})=\gamma_0\times\frac{1}{8}(\gamma_G g_k+\gamma_Q q_k)l_0^2$$

$$=1.0\times\frac{1}{8}\times(1.2\times15.6+1.4\times10.7)\times6^2$$

$$=151.65\ \text{kN}\cdot\text{m}$$

(2) 配筋计算

由题意知：$\alpha_1=1.0$，$f_c=9.6\ \text{N/mm}^2$，$f_y=300\ \text{N/mm}^2$，$\xi_b=0.550$，$\rho_{min}=0.002$。假定纵向受力钢筋按一排布置，则 $h_0=h-40=460$ mm。

方法一：基本公式法

$$x=h_0-\sqrt{h_0^2-\frac{2M}{\alpha_1 f_c b}}=460-\sqrt{460^2-\frac{2\times151.65\times10^6}{1.0\times9.6\times200}}=228.4\ \text{mm}$$

$$<\xi_b h_0=0.550\times460=253\ \text{mm}$$

$$A_s=\frac{\alpha_1 f_c bx}{f_y}=\frac{1.0\times9.6\times200\times228.4}{300}=1462\ \text{mm}^2$$

$$\rho_{min}bh=0.002\times200\times500=200\ \text{mm}^2$$

$A_s>\rho_{min}bh$，满足最小配筋率的要求。

查表 3.2，选 3Φ25（$A_s=1473\ \text{mm}^2$），纵筋按一排布置时

$$\text{钢筋净间距}=\frac{200-3\times25-2\times30}{2}=32.5\ \text{mm}>25\ \text{mm}$$

$d=25$ mm 与假设一致。

方法二：表格法

由表 3.1 查得 $\alpha_{s,max}=0.399$

$$\alpha_s=\frac{M}{\alpha_1 f_c bh_0^2}=\frac{151.65\times10^6}{1.0\times9.6\times200\times460^2}=0.3733<\alpha_{s,max}=0.399$$

查表 3.4 得 $\xi=0.493$

$$A_s=\frac{\alpha_1 f_c bh_0\xi}{f_y}=\frac{1.0\times9.6\times200\times460\times0.493}{300}=1451\ \text{mm}^2$$

$$>\rho_{min}bh=0.002\times200\times500=200\ \text{mm}^2$$

选配钢筋同方法一。

【例 3.3】 承受均布荷载的矩形截面简支梁，计算跨度及板传来的荷载设计值如图 3.9 所示。试按正截面受弯承载力确定此梁的截面尺寸、材料强度等级及纵向受拉钢筋。

【解】 (1) 选用材料，确定截面尺寸

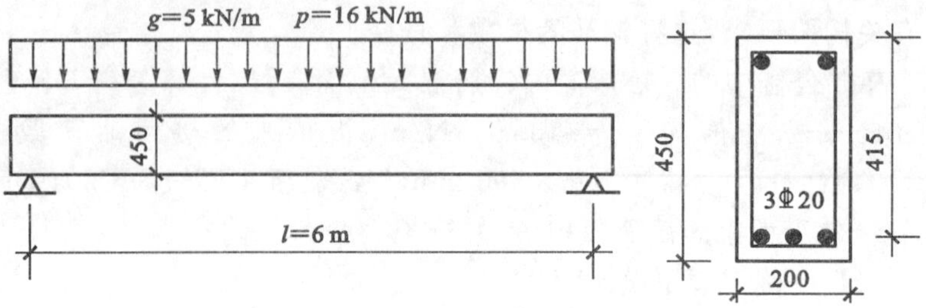

图 3.9 例 3.3 图

采用 C25 混凝土，$\alpha_1=1.0$，$f_c=11.9\ \text{N/mm}^2$，HRB400 级钢筋，$f_y=360\ \text{N/mm}^2$，设 $h=\frac{l}{14}=\frac{6000}{14}=429\ \text{mm}$，取 $h=450\ \text{mm}$。按 $b=\left(\frac{1}{2}\sim\frac{1}{2.5}\right)h$，取 $b=200\ \text{mm}$，初步估计纵向受拉钢筋按一排布置，$h_0=450-35=415\ \text{mm}$。

(2) 求跨中截面弯矩设计值 M

梁自重

$$g_{自}=1.2\times0.2\times0.45\times25=2.7\ \text{kN/m}$$

跨中弯矩

$$M=\frac{1}{8}(g+p+g_{自})l^2=\frac{1}{8}\times(5+16+2.7)\times6^2=106.65\ \text{kN}\cdot\text{m}$$

(3) 配筋计算，由表 3.1 查得 $\alpha_{s,\max}=0.384$

$$\alpha_s=\frac{M}{\alpha_1 f_c b h_0^2}=\frac{106.65\times10^6}{1.0\times11.9\times200\times415^2}=0.260<\alpha_{s,\max}$$

查表 3.4 得 $\gamma_s=0.8465$

$$A_s=\frac{M}{f_y\gamma_s h_0}=\frac{106.65\times10^6}{360\times0.8465\times415}=843\ \text{mm}^2$$

$$>\rho_{\min}bh=0.002\times200\times450=180\ \text{mm}^2\text{，可以。}$$

选用 3 Φ 20($A_s=941\ \text{mm}^2$)，钢筋净间距 $=\frac{200-3\times20-2\times25}{2}=45\ \text{mm}>25\ \text{mm}$，$d=25\ \text{mm}$。

【例 3.4】 图 3.10(a)所示为简支在砖墙上的现浇钢筋混凝土平板，板上作用的均布活荷载标准值为 $q_k=2\ \text{kN/m}$。水磨石地面及细石混凝土垫层共 30 mm 厚(重力密度为 22 kN/m^3)，板底粉刷白灰砂浆 12 mm 厚(重力密度为 17 kN/m^3)。混凝土强度等级选用 C15，纵向受拉钢筋采用 HPB235 级钢。试确定板厚及所需配置的钢筋。

【解】 (1) 截面尺寸

取 1 m 宽板带作为计算单元，即 $b=1000\ \text{mm}$，$h=80\ \text{mm}$。

$$h_0=h-a_s=80-25=55\ \text{mm}$$

(2) 计算跨度

根据第 9 章计算跨度的有关规定，对于此简支板，计算跨度等于板的净跨加板的厚度。因此有

$$l_0=l_n+h=2260+80=2340\ \text{mm}$$

(3) 荷载设计值

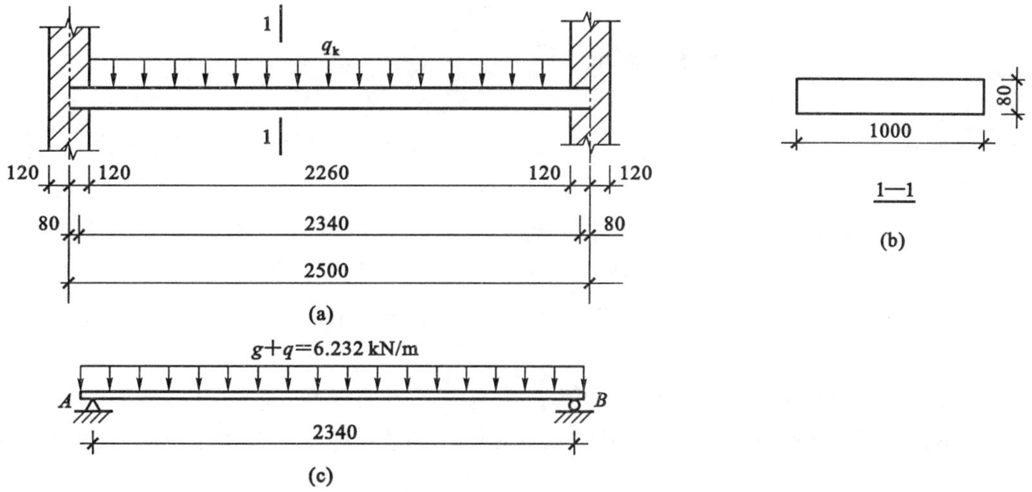

图 3.10　例 3.4 钢筋混凝土平板

恒荷载标准值：水磨石地面　　　　0.03×22=0.66 kN/m

钢筋混凝土板自重　0.08×25=2.0 kN/m

白灰砂浆粉刷　　　0.012×17=0.204 kN/m

g_k=0.66+2.0+0.204=2.864 kN/m

活荷载标准值：　　　　　　　　　q_k=2.0 kN/m

恒荷载设计值　　　　　　　　　　g=1.2×2.864=3.432 kN/m

活荷载设计值　　　　　　　　　　q=1.4×2.0=2.80 kN/m

(4) 弯矩设计值 M

$$M=\frac{1}{8}(g+q)l_0^2=\frac{1}{8}(3.432+2.80)\times 2.34^2=4.265\ \text{kN}\cdot\text{m}$$

(5) 配筋计算

C15 混凝土 $f_c=7.2\ \text{N/mm}^2$，$\alpha_1=1.0$，$f_y=210\ \text{N/mm}^2$，$\alpha_{s,\max}=0.426$

$$\alpha_s=\frac{M}{\alpha_1 f_c b h_0^2}=\frac{4.265\times 10^6}{1.0\times 7.2\times 1000\times 55^2}=0.1958<\alpha_{s,\max}$$

查表 3.4 得 $\xi=0.218$。

$$A_s=\alpha_1 f_c b h_0 \xi / f_y=1.0\times 7.2\times 1000\times 55\times 0.218/210=411\ \text{mm}^2$$

$$>\rho_{\min} bh=0.02\times 1000\times 80=160\ \text{mm}^2$$

查表 3.2，选用Φ 8@120 mm(A_s=419 mm²)，配筋见图 3.11。

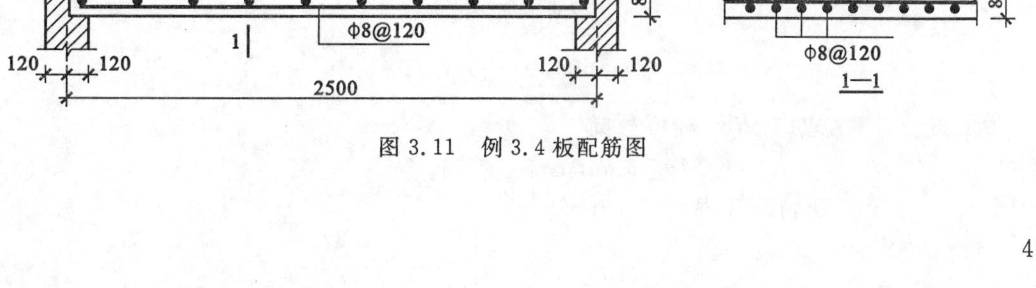

图 3.11　例 3.4 板配筋图

3.4 双筋矩形截面梁正截面承载力计算

在截面受压区配置有纵向受压钢筋的梁，称为双筋矩形截面梁。由于双筋矩形截面梁用一部分钢筋承受压力，总用钢量较大，是不经济的。但是，在工程实践中，当截面承受的弯矩设计值 M 较大，采用单筋矩形截面不能满足适用条件式(3.7)的要求，而截面尺寸受到使用要求的限制不能增大，同时混凝土强度等级又受到施工条件限制不便提高时，可采用双筋矩形截面梁。即在受压区配置纵向受压钢筋以补充混凝土抗压能力的不足，提高梁的抗弯承载力。双筋矩形截面也出现在下列情形中：

构件的同一截面在不同的荷载组合下承受异号弯矩的作用，这种构件需要在截面的顶部及底部均配置纵向受力钢筋，因而形成了双筋截面。此外，配置一定数量的受压钢筋，可以改善截面的变形能力，有利于提高截面的延性，因而抗震设计中要求框架梁必须配置一定比例的纵向受压钢筋。

3.4.1 基本公式及适用条件

双筋矩形截面与单筋矩形截面的基本假定相同，且普通受压钢筋 A_s' 的抗压设计强度 f_y' 与其抗拉设计强度 f_y 相同，但应该采取相应措施保证受压钢筋充分发挥其作用。

试验表明，只要满足适筋梁的条件，双筋截面梁的破坏形式与单筋矩形截面适筋梁塑性破坏特征基本相同，即受拉钢筋首先屈服，随后受压区边缘混凝土达到极限压应变而被压碎。

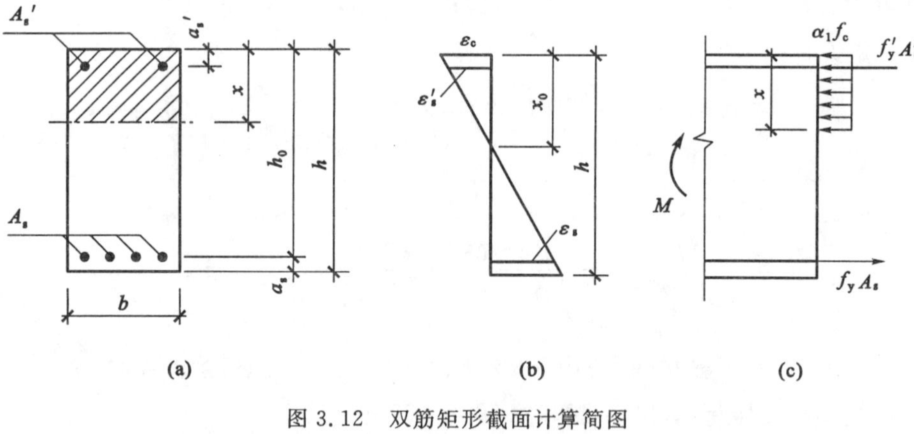

图 3.12 双筋矩形截面计算简图

双筋矩形截面受弯构件到达受弯承载力极限状态时的截面应力状态如图 3.12 所示。其正截面受弯承载力可按下列公式计算

$$f_y A_s = \alpha_1 f_c bx + f_y' A_s' \tag{3.22}$$

$$M \leqslant \alpha_1 f_c bx\left(h_0 - \frac{x}{2}\right) + f_y' A_s'(h_0 - a_s') \tag{3.23a}$$

为了方便计算，式(3.23a)也可写成

$$M \leqslant \alpha_s \alpha_1 f_c bh_0^2 + f_y' A_s'(h_0 - a_s') \tag{3.23b}$$

式中 f_y'——受压钢筋设计强度，N/mm^2；

A_s'——受压钢筋的截面面积，mm^2；

a_s'——受压钢筋合力作用点至截面受压区边缘的距离，mm。

适用条件：

(1) 为了防止超筋破坏，保证受拉钢筋应力到达其抗拉强度设计值 f_y，必须满足

$$x \leqslant \xi_b h_0 \tag{3.24a}$$

或

$$\alpha_s \leqslant \alpha_{s,\max} \tag{3.24b}$$

(2) 为保证受压钢筋应力到达其抗压设计强度 f_y'，必须满足

$$x \geqslant 2a_s' \tag{3.25}$$

当不满足式(3.25)时，受压钢筋的应变 ε_s'很小，受压钢筋的应力 σ_s'达不到 f_y'而成为未知数。为了简化计算，当 $x<2a_s'$时，可近似地取 $x=2a_s'$(这样做是偏于安全的)。将各力对受压钢筋的合力中心取矩，得

$$M \leqslant f_y A_s (h_0 - a_s') \tag{3.26}$$

用式(3.26)可以直接确定纵向受拉钢筋的截面面积 A_s。这样有可能使求得的 A_s 比不考虑受压钢筋的存在而按单筋矩形截面计算的 A_s 还大，这时应按单筋截面的计算结果配筋。

双筋截面一般不需要验算最小配筋率。

3.4.2 基本公式的应用

3.4.2.1 截面复核

截面复核是在截面尺寸 b、$h(h_0)$，材料强度 f_c、f_y、f_y'，纵向受拉及受压钢筋截面面积 A_s 与 A_s'均已知的情况下，求此截面所能承受的极限弯矩 M_u，验算 M_u 是否大于荷载设计值产生的作用效应 M。基本步骤如下：

(1) 由式(3.22)求出 x

$$x = \frac{f_y A_s - f_y' A_s'}{\alpha_1 f_c b} \tag{3.27}$$

(2) 验算 $2a_s' \leqslant x \leqslant \xi_b h_0$

(3) 求 M_u

情形一：$2a_s' \leqslant x \leqslant \xi_b h_0$，由式(3.23a)求出 M_u，

$$M_u = \alpha_1 f_c b x \left(h_0 - \frac{x}{2}\right) + f_y' A_s' (h_0 - a_s')$$

情形二：$x > \xi_b h_0$，取 $x = \xi_b h_0$(即 $\alpha_s = \alpha_{s,\max}$)，由式(3.23b)得

$$M_u = \alpha_{s,\max} \alpha_1 f_c b h_0^2 + f_y' A_s' (h_0 - a_s') \tag{3.28}$$

情形三：$x < 2a_s'$，取 $x = 2a_s'$，由式(3.26)得

$$M_u = f_y A_s (h_0 - a_s')$$

(4) 当 $M_u \geqslant M$ 时，截面承载力满足要求。

【例 3.5】 已知某矩形截面梁 $b=200$ mm，$h=450$ mm，混凝土强度等级为 C20，纵筋为 HRB335 级钢，配置 3Φ25 纵向受拉钢筋($A_s=1473$ mm^2)，2Φ20 受压钢筋($A_s'=628$ mm^2)。求此截面所能承受的极限弯矩。

【解】 $f_c=9.6$ N/mm^2，$f_y=f_y'=300$ N/mm^2，$\alpha_1=1.0$，$\xi_b=0.550$，$h_0=410$ mm

$$x=\frac{f_yA_s-f_y'A_s'}{\alpha_1f_cb}=\frac{300\times1473-300\times628}{1.0\times9.6\times200}=132\ \text{mm}$$

$$2a_s'=2\times40=80\ \text{mm}\qquad \xi_bh_0=0.550\times410=225.5\ \text{mm}$$

$x>2a_s'$且$x<\xi_bh_0$，满足要求。

$$M_u=\alpha_1f_cbx\left(h_0-\frac{x}{2}\right)+f_y'A_s'(h_0-a_s')$$

$$=1.0\times9.6\times200\times132\times\left(410-\frac{132}{2}\right)+300\times628\times(410-40)$$

$$=156.89\times10^6\ \text{N}\cdot\text{mm}=156.89\ \text{kN}\cdot\text{m}$$

【例 3.6】 已知管道支架横梁截面尺寸，$b=200$ mm，$h=350$ mm，采用 C25 混凝土，纵筋为 HRB335 级钢，在风荷载作用下梁承受的变号弯矩数值相同，由于梁自重产生的弯矩很小，故采用对称配筋，梁顶及梁底各配 2 Φ 16 纵筋（$A_s=A'_s=402\ \text{mm}^2$）。试验算此梁承受 30 kN·m的弯矩时是否安全。

【解】 $f_c=11.9\ \text{N/mm}^2$，$\alpha_1=1.0$，$f_y=f_y'=300\ \text{N/mm}^2$，$h_0=315$ mm

$$x=\frac{f_yA_s-f_y'A_s'}{\alpha_1f_cb}=0<2a_s'$$

故应按截面复核情形三的计算公式求极限弯矩 M_u：

$$M_u=f_yA_s(h_0-a_s')=300\times402\times(315-35)=33.8\times10^6\ \text{N}\cdot\text{mm}=33.8\ \text{kN}\cdot\text{m}$$

$M_u>M=30$ kN·m，该梁安全。

3.4.2.2 截面设计

设计双筋梁时，一般可能有下面两种情况：

情形一：已知截面尺寸 $b\times h$，材料强度 f_c、f_y、f_y'，弯矩设计值 M。求受压钢筋和受拉钢筋截面面积 A_s'及 A_s。

在这种情况下，首先要判明是否需要配置受压钢筋。为此，先按单筋矩形截面计算 $\alpha_s=\frac{M}{\alpha_1f_cbh_0^2}$，若 $\alpha_s\leqslant\alpha_{s,max}$，说明不需要配受压钢筋，可按单筋矩形截面计算 A_s；若 $\alpha_s>\alpha_{s,max}$，说明计算上需要配受压钢筋。这时，两个基本公式(3.22)、式(3.23)中有三个未知数 x、A_s 及 A_s'，因此可有不同的解。理论上应根据使总用钢量(A_s+A_s')为最小的原则进行截面配筋计算，为此，应充分发挥混凝土的抗压能力，引入补充方程 $\xi=\xi_b$，即 $x=\xi_bh_0$，$\alpha_s=\alpha_{s,max}$。则可由式(3.23)求得 A_s'，再由式(3.22)求得 A_s。基本步骤如下：

(1) 按单筋矩形截面求 $\alpha_s=\frac{M}{\alpha_1f_cbh_0^2}$，若 $\alpha_s\leqslant\alpha_{s,max}$，按单筋矩形截面求 A_s；

(2) 若 $\alpha_s>\alpha_{s,max}$，引入补充方程 $\alpha_s=\alpha_{s,max}$；

(3) 由式(3.23)求出 A_s'

$$A_s'=\frac{M-\alpha_{s,max}\alpha_1f_cbh_0^2}{f_y'(h_0-a_s')}\tag{3.29}$$

(4) 由式(3.22)求得 A_s

$$A_s=\frac{\alpha_1f_cb\xi_bh_0+f_y'A_s'}{f_y}\tag{3.30}$$

情形二：已知截面尺寸 $b\times h$，弯矩设计值 M，材料强度 f_c、f_y、f_y'以及所配受压钢筋面积 A_s'，求受拉钢筋截面面积 A_s。

在这种情况下，未知数个数与基本方程个数相等，可直接利用式(3.23)求出 α_s，再由式(3.22)求出 A_s。基本步骤如下：

(1) 由式(3.23)求 α_s

$$\alpha_s = \frac{M - f'_y A'_s (h_0 - a'_s)}{\alpha_1 f_c b h_0^2} \tag{3.31}$$

(2) 验算 $\alpha_s \leqslant \alpha_{s,max}$

若 $\alpha_s > \alpha_{s,max}$，说明给定的 A'_s 尚不足，应按 A'_s 为未知的情形一计算 A'_s 及 A_s；

(3) 当 $\alpha_s \leqslant \alpha_{s,max}$ 时，由 α_s 查表3.4得到相应的 ξ 值；

(4) $x = \xi h_0$，验算 $x \geqslant 2a'_s$ 的条件；

(5) 求 A_s

当 $x \geqslant 2a'_s$ 时，由式(3.22)求得 A_s

$$A_s = \frac{\alpha_1 f_c b x + f'_y A'_s}{f_y} \tag{3.32}$$

若 $x < 2a'_s$，由式(3.26)求得 A_s

$$A_s = \frac{M}{f_y (h_0 - a'_s)} \tag{3.33}$$

【例 3.7】 已知梁截面尺寸 $b \times h = 200\ \text{mm} \times 500\ \text{mm}$，采用混凝土强度等级为 C25，纵筋采用 HRB335 级钢筋，承受弯矩设计值为 220 kN·m。当上述基本条件不能改变时，求截面所需受力钢筋的截面面积。

【解】 $\alpha_1 = 1.0$，$f_c = 11.9\ \text{N/mm}^2$，$f_y = f'_y = 300\ \text{N/mm}^2$，$\alpha_{s,max} = 0.399$，$M = 220\ \text{kN}\cdot\text{m}$，假设纵向受拉钢筋按两排布置，则 $h_0 = h - 60 = 440\ \text{mm}$。

(1) 判别是否需要设计成双筋截面

按单筋矩形截面求 α_s：

$$\alpha_s = \frac{M}{\alpha_1 f_c b h_0^2} = \frac{220 \times 10^6}{1.0 \times 11.9 \times 200 \times 440^2} = 0.4775 > \alpha_{s,max} = 0.399$$

需设计成双筋梁。

(2) 计算所需受拉和受压纵向受力钢筋截面面积

引入补充方程 $\alpha_s = \alpha_{s,max}(\xi = \xi_b)$，则有

$$A'_s = \frac{M - \alpha_{s,max}\alpha_1 f_c b h_0^2}{f'_y (h_0 - a'_s)} = \frac{220 \times 10^6 - 0.399 \times 1.0 \times 11.9 \times 200 \times 440^2}{300 \times (440 - 35)} = 298\ \text{mm}^2$$

$$A_s = \frac{\alpha_1 f_c b h_0 \xi_b + f'_y A'_s}{f_y} = \frac{1.0 \times 11.9 \times 200 \times 0.55 \times 440 + 300 \times 298}{300} = 2217\ \text{mm}^2$$

查表3.2，选配 2Φ14 受压钢筋($A'_s = 308\ \text{mm}^2$)，选配 3Φ25+2Φ22 受拉钢筋($A_s = 2233\ \text{mm}^2$)。

【例 3.8】 基本情况同例3.2的梁，但已在受压区配置 2Φ20($A'_s = 628\ \text{mm}^2$)的受压钢筋，求截面所需配置的受拉钢筋截面面积 A_s。

【解】 $M = 151.65\ \text{kN}\cdot\text{m}$，$\alpha_1 = 1.0$，$f_c = 9.6\ \text{N/mm}^2$，$f_y = f'_y = 300\ \text{N/mm}^2$，$\xi_b = 0.550$，假定纵向钢筋按一排布置，则 $h_0 = h - 40 = 500 - 40 = 460\ \text{mm}$。

$$\alpha_s = \frac{M - f'_y A'_s (h_0 - a'_s)}{\alpha_1 f_c b h_0^2} = \frac{151.65 \times 10^6 - 300 \times 628 \times (460 - 40)}{1.0 \times 9.6 \times 200 \times 460^2} = 0.178 < \alpha_{s,max} = 0.399$$

查表 3.4 得 $\xi=0.198$。

$$x=\xi h_0=0.198\times460=91.08\ \text{mm}>2a_s'=2\times40=80\ \text{mm}$$

$$A_s=\frac{\alpha_1 f_c bx+f_y'A_s'}{f_y}=\frac{1.0\times9.6\times200\times91.08+300\times628}{300}=1211\ \text{mm}^2$$

查表 3.2,选用 4Φ20($A_s=1256\ \text{mm}^2$)。

将例 3.2 与例 3.8 比较,两者截面尺寸、材料强度以及承受的弯矩设计值完全相同,但前者为单筋截面,受力钢筋截面面积只需 1462 mm^2,而后者为双筋截面,总的受力钢筋面积需要 $628+1211=1839\ \text{mm}^2$,比单筋截面所需的受力钢筋面积增加 26.0%,由此可见,充分发挥混凝土的抗压能力,可节约钢筋。

3.5 T 形截面承载力计算

3.5.1 概述

如前所述,在矩形截面受弯构件的正截面承载力计算中,没有考虑受拉区混凝土的抗拉强度。因此,对于尺寸较大的矩形截面构件,可将受拉区两侧混凝土挖去一部分,形成如图 3.13(a)所示的 T 形截面,以节省混凝土,减轻构件自重,取得较好的经济效果。

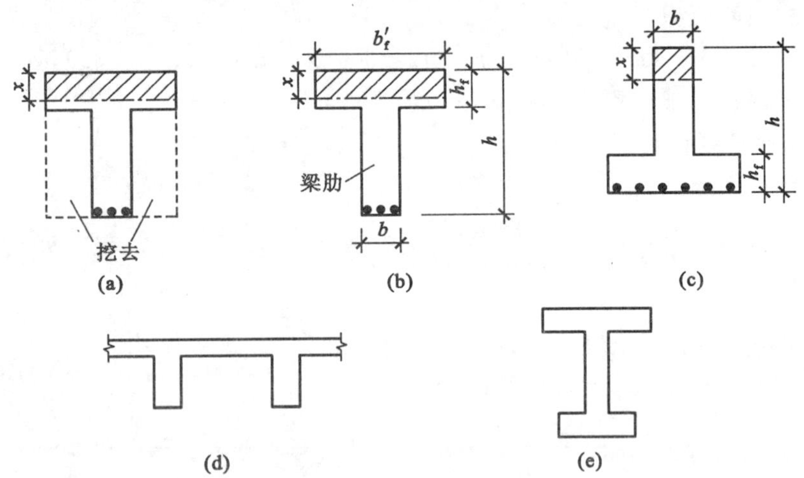

图 3.13 T 形梁截面形式

图 3.13(b)中,T 形截面的伸出部分称为翼缘,其宽度为 b_f',厚度为 h_f';翼缘以下部分称为肋,肋的宽度用 b 表示,T 形总高用 h 表示。有时为了需要,也可采用翼缘在受拉区的倒 T 形截面或 I 形截面。由于不考虑受拉区翼缘混凝土受力(图 3.13(c)、(e)),因此倒 T 形截面按宽度为 b 的矩形截面计算,I 形截面按 T 形截面计算。工程实际中的槽形板、圆孔空心板、肋形楼盖中的梁等均为 T 形截面受弯构件。梁板整件现浇楼盖肋形楼盖中的连续梁,其翼缘是由板形成的;对于跨中截面,翼缘位于截面受压区,按 T 形截面计算;而支座截面处由于承受负弯矩,翼缘位于截面受拉区,应按矩形截面计算。

试验及理论分析表明,T 形截面受力后,翼缘的压应力沿翼缘宽度方向的分布是不均匀的，距肋部越远翼缘参与受力越小，如图 3.14(a)所示。因此，与肋部共同工作的翼缘宽度是有限的。为了简化计算，假定距肋部一定范围以内的翼缘全部参与工作，且在此宽度范围内的应力分布是均匀的，而在此范围以外部分，完全不参与受力(图 3.14(b))，这个宽度称为翼缘的计算宽度 b_f'。《混凝土结构设计规范》规定，b_f'应按表 3.5 中有关规定的最小值取用。

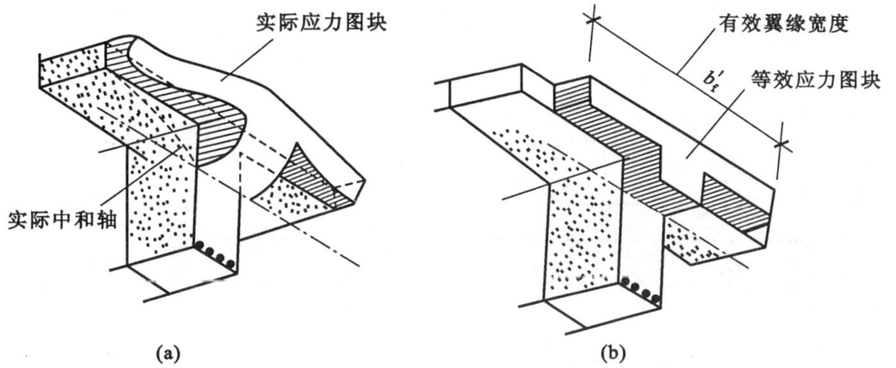

图 3.14　T 形截面压应力分布及计算简图

(a) T 形截面压应力分布；(b) 简化计算图形

表 3.5　T 形及倒 L 形截面受弯构件翼缘计算宽度 b_f'

考虑情况		T 形截面		倒 L 形截面
		肋形梁(板)	独立梁	肋形梁(板)
按计算跨度 l_0 考虑		$\frac{1}{3}l_0$	$\frac{1}{3}l_0$	$\frac{1}{6}l_0$
按梁(肋)净距 s_0 考虑		$b+s_0$	—	$b+\frac{s_0}{2}$
按翼缘高度 h_f' 考虑	当 $h_f'/h_0\geqslant 0.1$	—	$b+12h_f'$	—
	当 $0.1>h_f'/h_0\geqslant 0.05$	$b+12h_f'$	$b+6h_f'$	$b+5h_f'$
	当 $h_f'/h_0<0.05$	$b+12h_f'$	b	$b+5h_f'$

注：① 表中 b 为梁的腹板宽度；

② 如肋形梁在梁跨度内设有间距小于纵肋间距的横肋时，则可不遵守表列第三种情况的规定；

③ 对有加腋的 T 形和倒 L 形截面，当受压加腋的高度 $h_h\geqslant h_f'$且加腋的宽度 $b_h\leqslant 3h_h$ 时，则其翼缘计算宽度可按表列第三种情况规定分别增加 $2b_h$(T 形截面)和 b_h(倒 L 形截面)；

④ 独立梁受压区的翼缘板在荷载作用下经验算沿纵肋方向可能产生裂缝时，其计算宽度应取腹板宽度 b。

3.5.2　基本公式

3.5.2.1　T 形截面的类型

T 形截面按中和轴所在位置不同可分为两类：

(1) 第一类 T 形截面，中和轴在翼缘内，$x\leqslant h_f'$，受压区面积为矩形(图 3.15(a))；

(2) 第二类 T 形截面，中和轴进入梁肋，$x>h_f'$，受压区面积为 T 形(图 3.15(b))。

进行 T 形截面受弯构件承载力计算时，首先应判别在给定条件下属于哪一类 T 形截面。当受压区高度 x 恰好等于翼缘厚度 h_f'时，为两类 T 形截面的界限情况(图 3.15(c)、(d))。由平衡条件可得

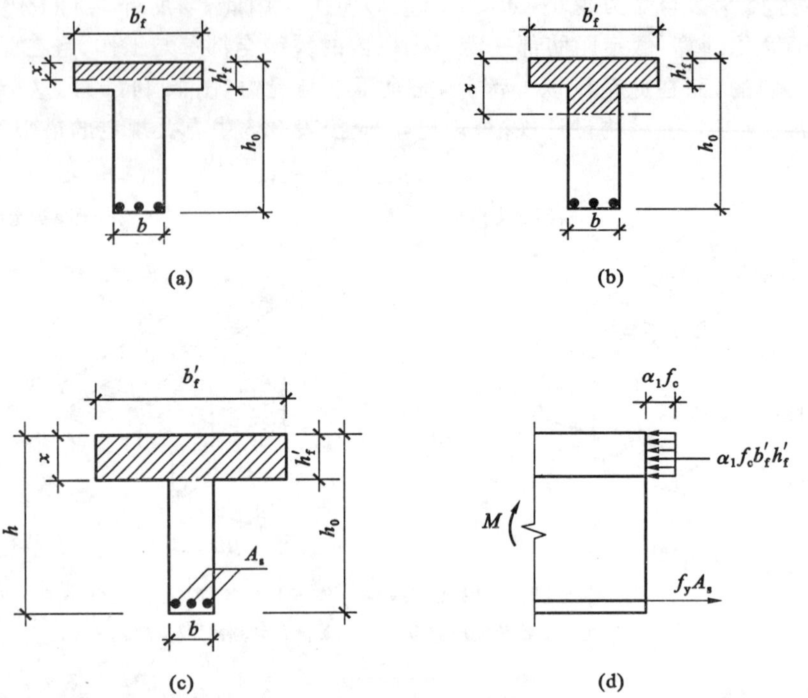

图 3.15　T 形截面受力类型

(a) 第一种类型 $x<h_f'$;(b)第二种类型 $x>h_f'$;(c) 界限情况 $x=h_f'$;(d) 界限情况时截面受力图

$$f_y A_s = \alpha_1 f_c b_f' h_f' \tag{3.34}$$

$$M = \alpha_1 f_c b_f' h_f' (h_0 - 0.5h_f') \tag{3.35}$$

因此,若

$$f_y A_s \leqslant \alpha_1 f_c b_f' h_f' \tag{3.36a}$$

或

$$M \leqslant \alpha_1 f_c b_f' h_f' (h_0 - 0.5h_f') \tag{3.36b}$$

此时中和轴在翼缘内,即 $x \leqslant h_f'$,截面属于第一类 T 形截面。

若

$$f_y A_s > \alpha_1 f_c b_f' h_f' \tag{3.37a}$$

或

$$M > \alpha_1 f_c b_f' h_f' (h_0 - 0.5h_f') \tag{3.37b}$$

此时中和轴已进入肋部,即 $x>h_f'$,为第二类 T 形截面。

3.5.2.2　第一类 T 形截面

中和轴在翼缘内($x \leqslant h_f'$),受压区为高为 x、宽为 b_f' 的矩形,故第一类 T 形截面的受弯承载力计算相当于宽度为 b_f' 的矩形截面受弯承载力计算。

第一类 T 形截面梁的正截面受弯时的计算简图如图 3.16 所示,由平衡条件可得

$$f_y A_s = \alpha_1 f_c b_f' x \tag{3.38}$$

$$M \leqslant \alpha_1 f_c b_f' x \left(h_0 - \frac{x}{2}\right) \tag{3.39}$$

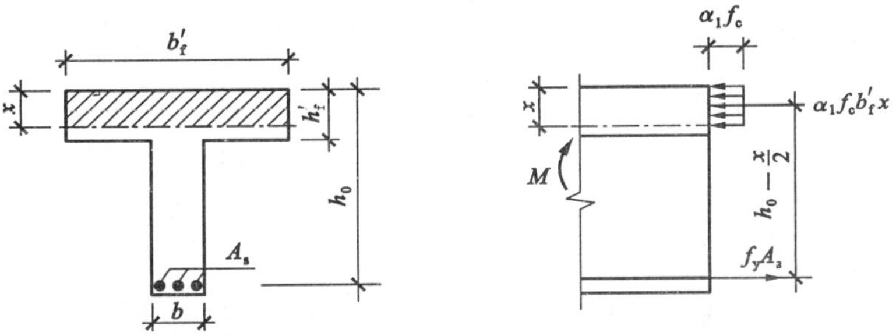

图 3.16　第一类 T 形截面计算简图

适用条件：(1) $A_s \geqslant \rho_{min} bh$；

(2) $x \leqslant \xi_b h_0$，此条件一般情况下均能满足，可不验算。

应该指出的是，对于 T 形截面，验算截面最小配筋率时应采用截面的肋部宽 b，而不是受压面积的宽度 b'_f。这是因为，受弯构件纵向受拉钢筋的 ρ_{min} 是根据钢筋混凝土梁的极限弯矩 M_u 等于同样截面、同样混凝土强度等级的素混凝土梁的开裂弯矩 M_{cr} 这一条件确定的。而混凝土梁 M_{cr} 主要取决于拉区混凝土面积。T 形截面混凝土梁的 M_{cr} 接近于高度为 h、宽度为肋宽 b 的矩形截面混凝土梁的 M_{cr}。为了简化计算，T 形截面受弯构件的最小配筋率按宽度为肋宽的矩形截面($b \times h$)计算。

3.5.2.3　第二类 T 形截面

第二类 T 形截面梁的正截面受弯承载力计算简图如图 3.17 所示。受压区为 T 形，为了便于计算，可将受压区混凝土划分为翼缘伸出部分混凝土和肋部矩形截面混凝土两部分。

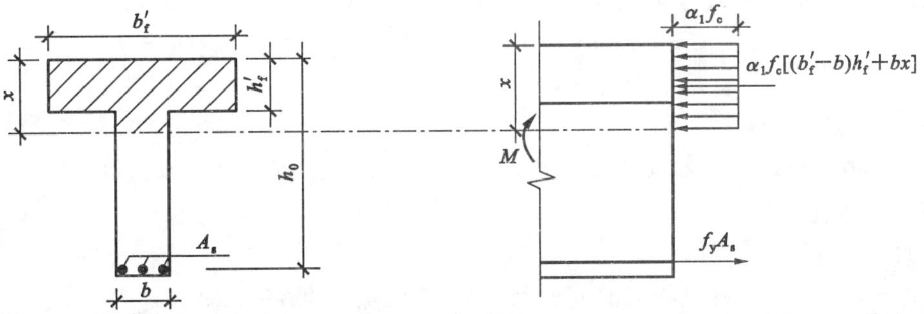

图 3.17　第二类 T 形截面计算简图

由平衡条件得

$$f_y A_s = \alpha_1 f_c bx + \alpha_1 f_c (b'_f - b) h'_f \tag{3.40}$$

$$M \leqslant \alpha_1 f_c bx \left(h_0 - \frac{x}{2}\right) + \alpha_1 f_c (b'_f - b) h'_f \left(h_0 - \frac{h'_f}{2}\right) \tag{3.41a}$$

为计算方便，式(3.41a)可写成

$$M \leqslant \alpha_s \alpha_1 f_c b h_0^2 + \alpha_1 f_c (b'_f - b) h'_f \left(h_0 - \frac{h'_f}{2}\right) \tag{3.41b}$$

适用条件：(1) $A_s \geqslant \rho_{min} bh$，一般情况下均能满足，不必验算；

（2）$x \leqslant \xi_b h_0$ 或 $\alpha_s \leqslant \alpha_{s,max}$。

3.5.3 基本公式的应用

3.5.3.1 承载力校核

已知截面尺寸 b、h 及 b_f'、h_f'，材料强度 f_c、f_y 及纵向受拉钢筋截面面积 A_s，要求计算截面所能承受的极限弯矩。基本步骤如下：

（1）判定截面类型

若 $f_y A_s \leqslant \alpha_1 f_c b_f' h_f'$，属第一类 T 形截面，可按 $b_f' \times h$ 的单筋矩形截面计算；

当 $f_y A_s > \alpha_1 f_c b_f' h_f'$ 时，为第二类 T 形截面。

（2）对于第二类 T 形截面，先由公式(3.40)求出 x

$$x = \frac{f_y A_s - \alpha_1 f_c (b_f' - b) h_f'}{\alpha_1 f_c b} \tag{3.42}$$

（3）验算 $x \leqslant \xi_b h_0$

（4）求 M_u

当 $x \leqslant \xi_b h_0$ 时，由式(3.41a)求得 M_u

$$M_u = \alpha_1 f_c b x \left(h_0 - \frac{x}{2}\right) + \alpha_1 f_c (b_f' - b) h_f' \left(h_0 - \frac{h_f'}{2}\right)$$

若 $x > \xi_b h_0$，取 $\alpha_s = \alpha_{s,max}$，代入式(3.41b)得

$$M_u = \alpha_{s,max} \alpha_1 f_c b h_0^2 + \alpha_1 f_c (b_f' - b) h_f' \left(h_0 - \frac{h_f'}{2}\right) \tag{3.43}$$

【例 3.9】 已知一 T 形截面梁的截面尺寸，$b=250$ mm、$h=700$ mm、$b_f'=600$ mm、$h_f'=100$ mm，截面配有 8 Φ 22($A_s=3041$ mm^2)纵向受拉钢筋，采用 HRB335 级钢筋，混凝土强度等级为 C20，梁截面的最大弯矩设计值 $M=490$ kN·m，试校核该梁是否安全。

【解】 $\alpha_1=1.0$，$f_c=9.6$ N/mm^2，$f_y=300$ N/mm^2，$\xi_b=0.550$，$h_0=h-65=700-65=635$ mm。

（1）判别截面类型

$f_y A_s = 300 \times 3041 = 912300$ N $> \alpha_1 f_c b_f' h_f' = 1.0 \times 9.6 \times 600 \times 100 = 576000$ N

属第二类 T 形截面。

（2）求 x

$$x = \frac{f_y A_s - \alpha_1 f_c (b_f' - b) h_f'}{\alpha_1 f_c b} = \frac{300 \times 3041 - 1.0 \times 9.6 \times (600-250) \times 100}{1.0 \times 9.6 \times 250} = 240.1 \text{ mm}$$

$$< \xi_b h_0 = 0.550 \times 635 = 349 \text{ mm}$$

（3）求 M_u

$$\begin{aligned} M_u &= \alpha_1 f_c b x \left(h_0 - \frac{x}{2}\right) + \alpha_1 f_c (b_f' - b) h_f' \left(h_0 - \frac{h_f'}{2}\right) \\ &= 1.0 \times 9.6 \times 250 \times 240.1 \times \left(635 - \frac{240.1}{2}\right) + 1.0 \times 9.6 \times (600-250) \\ &\quad \times 100 \times \left(635 - \frac{100}{2}\right) \\ &= 493.3 \times 10^6 \text{ N·mm} = 493.3 \text{ kN·m} > M = 490 \text{ kN·m，安全。} \end{aligned}$$

3.5.3.2　截面设计

已知截面尺寸 b、h、b_f'、h_f'，材料强度 f_c、f_y 及弯矩设计值 M，要求计算截面需配置的纵向受拉钢筋 A_s，基本步骤如下：

(1) 判别截面类型

若 $M \leqslant \alpha_1 f_c b_f' h_f' \left(h_0 - \frac{h_f'}{2}\right)$ 时，为第一类 T 形截面，按宽度为 b_f' 的单筋矩形截面进行配筋计算；

若 $M > \alpha_1 f_c b_f' h_f' \left(h_0 - \frac{h_f'}{2}\right)$ 时，为第二类 T 形截面。

(2) 求 α_s

对第二类 T 形截面

$$\alpha_s = \frac{M - \alpha_1 f_c (b_f' - b) h_f' \left(h_0 - \frac{h_f'}{2}\right)}{\alpha_1 f_c b h_0^2} \tag{3.44}$$

(3) 验算 $\alpha_s \leqslant \alpha_{s,max}$

若 $\alpha_s > \alpha_{s,max}$，可采取的措施：

① 加大截面尺寸或提高混凝土强度等级；

② 配置受压钢筋。

(4) 求 A_s

当 $\alpha_s \leqslant \alpha_{s,max}$ 时，查表 3.4 可求得相应的 ξ 值，则

$$A_s = \frac{\alpha_1 f_c (b_f' - b) h_f' + \alpha_1 f_c b h_0 \xi}{f_y} \tag{3.45}$$

【例 3.10】 预制双孔空心板截面尺寸如图 3.18 所示。板的计算跨度 $l_0 = 5$ m，楼面荷载标准值：恒荷载(包括板自重)$g_k = 3.8$ kN/m²，活荷载 $p_k = 4$ kN/m²，混凝土强度等级为 C20，纵筋采用 HRB335 级钢筋，求该板需配置的纵向受拉钢筋。

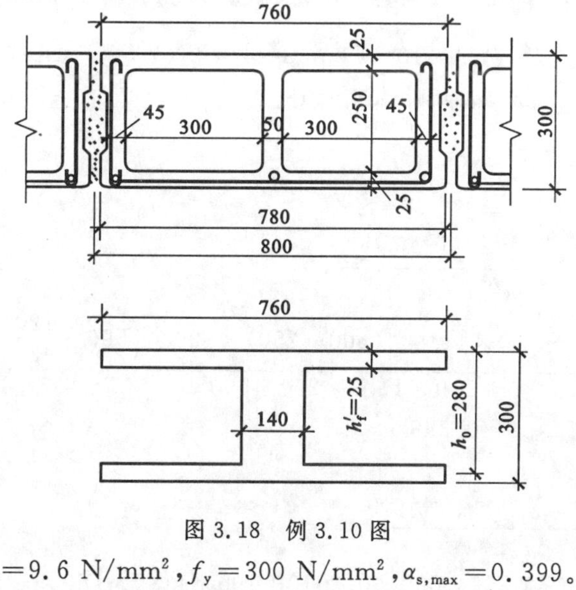

图 3.18　例 3.10 图

【解】 $\alpha_1 = 1.0$，$f_c = 9.6$ N/mm²，$f_y = 300$ N/mm²，$\alpha_{s,max} = 0.399$。取一块板作为计算单元，$b = 140$ mm，$h = 300$ mm，$b_f' = 760$ mm，$h_f' = 25$ mm，每块板的受荷宽为 800 mm。设纵筋按

一排布置，$h_0=h-20=300-20=280$ mm。

(1) 求弯矩设计值 M

$$q=g+p=0.8\times(1.2\times3.8+1.3\times4)=7.808\ \text{kN/m}$$

$$M=\frac{1}{8}ql_0^2=\frac{1}{8}\times7.808\times5^2=24.4\ \text{kN}\cdot\text{m}$$

(2) 判别截面类型

$$\alpha_1 f_c b_f' h_f'(h_0-0.5h_f')=1.0\times9.6\times760\times25\times(280-0.5\times25)$$
$$=50.6\times10^6\ \text{N}\cdot\text{mm}=50.6\ \text{kN}\cdot\text{m}>M=24.4\ \text{kN}\cdot\text{m}$$

为第一类 T 形截面。

(3) 求 A_s

$$\alpha_s=\frac{M}{\alpha_1 f_c b_f' h_0^2}=\frac{24.4\times10^6}{1.0\times9.6\times760\times280^2}=0.0427<\alpha_{s,\max}=0.399$$

查表 3.4 得 $\xi=0.0435$。

$$A_s=\frac{\alpha_1 f_c b_f' h_0\xi}{f_y}=\frac{1.0\times9.6\times760\times280\times0.0435}{300}=296.2\ \text{mm}^2$$

验算最小配筋率：

$\rho_{\min}[hb+(b_f'-b)h_f']=0.002\times[140\times300+(760-140)\times25]=135\ \text{mm}^2<A_s$，可以。

选用 3Φ12，$A_s=339\ \text{mm}^2$。

【例 3.11】 某 T 形截面梁 $b\times h=250\ \text{mm}\times650\ \text{mm}$，$b_f'=600$ mm，$h_f'=120$ mm，混凝土强度等级为 C25，采用 HRB335 级钢筋，弯矩设计值 $M=515\ \text{kN}\cdot\text{m}$，试求该梁需配置的纵向受拉钢筋。

【解】 $\alpha_1=1.0$，$f_c=11.9\ \text{N/mm}^2$，$f_y=300\ \text{N/mm}^2$，$\alpha_{s,\max}=0.399$。设纵筋按两排布置，$h_0=h-60=650-60=590$ mm。

(1) 判别截面类型

$$\alpha_1 f_c b_f' h_f'\left(h_0-\frac{h_f'}{2}\right)=1.0\times11.9\times600\times120\times\left(590-\frac{120}{2}\right)$$
$$=454\times10^6\ \text{N}\cdot\text{mm}=454\ \text{kN}\cdot\text{m}$$
$$<M=515\ \text{kN}\cdot\text{m}$$

属第二类 T 形截面。

(2) 求 A_s

$$\alpha_s=\frac{M-\alpha_1 f_c(b_f'-b)h_f'\left(h_0-\frac{h_f'}{2}\right)}{\alpha_1 f_c b h_0^2}$$
$$=\frac{515\times10^6-1.0\times11.9\times(600-250)\times120\times\left(590-\frac{120}{2}\right)}{1.0\times11.9\times250\times590^2}$$
$$=0.2415<\alpha_{s,\max}=0.399$$

查表 3.4 得 $\xi=0.2810$。

$$A_s=\frac{\alpha_1 f_c b h_0\xi+\alpha_1 f_c(b_f'-b)h_f'}{f_y}$$
$$=\frac{1.0\times11.9\times250\times590\times0.2810+1.0\times11.9\times(600-250)\times120}{300}$$

$=3310 \text{ mm}^2$

选用 7Φ25，$A_s=3436 \text{ mm}^2$。

小　　结

(1) 由钢筋和混凝土两种材料组成的钢筋混凝土梁由于配筋率不同，有超筋梁、少筋梁和适筋梁三种破坏形态，如表 3.6。

表 3.6　三种梁破坏情况的比较

破坏形态＼破坏情况	破坏原因	破坏性质	材料强度利用情况
少筋梁	混凝土开裂	脆　性	不能利用
适筋梁	钢筋达到屈服后，压区混凝土被压碎	塑　性	钢筋抗拉强度及混凝土抗压强度均能充分利用
超筋梁	压区混凝土先压碎	脆　性	钢筋抗拉强度未被充分利用

超筋梁和少筋梁的受弯承载力取决于混凝土的强度，而混凝土强度变异性较大，无论是受拉或受压破坏均具有突然性，因此为了构件在破坏前具有足够的预兆和必要的延性，在设计中不允许出现超筋梁和少筋梁的情况，所以《混凝土结构设计规范》要求受弯构件配筋率 ρ 应控制在 ρ_{max} 和 ρ_{min} 的范围以内，这是两种材料组成的钢筋混凝土构件所特有的问题。因此，在学习钢筋混凝土构件的性能、分析和设计方法时，必须注意决定构件破坏特征及计算公式适用范围的某些配筋率的界限。

(2) 适筋梁的破坏经历三个阶段。受拉区混凝土开裂和纵向受拉钢筋屈服是划分三个受力阶段的界限状态。I_a 为受弯构件抗裂度验算的依据；II_a 是一般钢筋混凝土受弯构件的正常使用阶段，同时也是裂缝宽度和变形验算的依据；III_a 是受弯构件正截面承载力计算的依据。

(3) 钢筋混凝土受弯构件正截面承载力计算公式是在基本假定的基础上，用等效矩形应力图形代替实际的混凝土压应力图形，根据平衡条件得到的。在实际应用中，应注意验算基本公式相应的适用条件。

(4) 双筋矩形截面、第一类 T 形截面及第二类 T 形截面与单筋矩形截面间的内在联系，见图 3.19 所示。

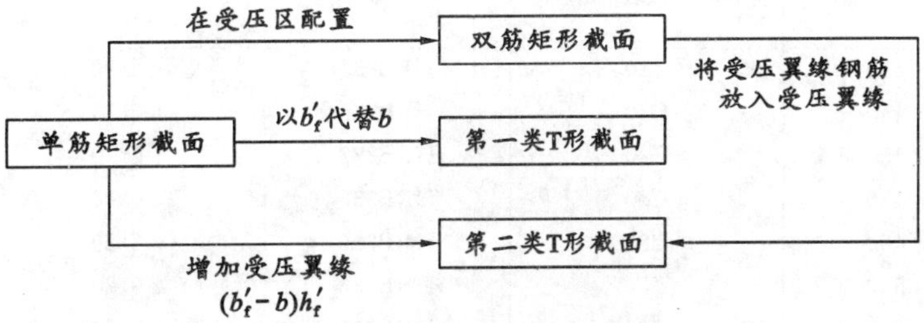

图 3.19　各类截面间的内在联系

(5) 在设计截面尺寸，选择材料强度、钢筋直径时，应注意满足《混凝土结构设计规范》的有关规定。

复习思考题

3.1 适筋梁从加载开始直到破坏可划分为哪几个受力阶段？各阶段主要特征是什么？

3.2 超筋梁、适筋梁与少筋梁破坏特征有何区别？

3.3 什么叫配筋率？配筋量对梁的正截面承载力有何影响？最大配筋率(ρ_{max})是什么含义？最小配筋率(ρ_{min})理论上应怎样确定？

3.4 受弯构件正截面承载力计算有哪些基本假定？等效矩形应力图形的等效原则是什么？

3.5 什么是双筋截面梁？何时采用双筋截面？

3.6 受拉钢筋、受压钢筋的抗压强度值得到充分利用的条件各是什么？

3.7 对双筋矩形截面进行承载力校核时，若 $x<2a_s'$，说明什么问题？此时应如何求得截面极限弯矩 M_u？

3.8 T 形截面有何优点？两类 T 形截面梁如何判别？

3.9 当构件承受的弯矩和截面高度都相同时，图 3.20 所示的四种截面的正截面承载力需要的钢筋截面面积 A_s 是否一样？为什么？

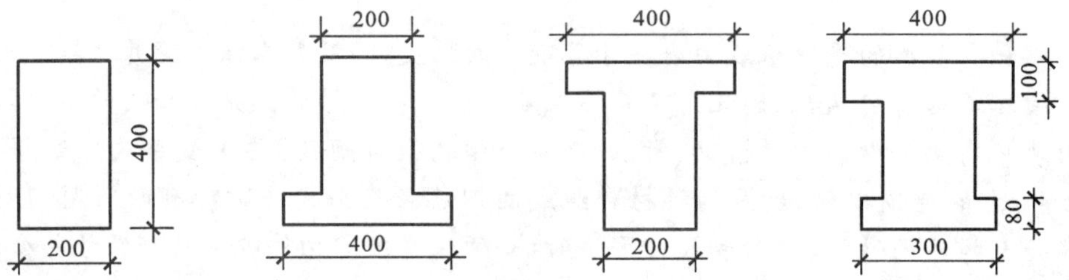

图 3.20 复习思考题 3.9 附图

3.10 验算 T 形截面最小配筋率时，计算配筋率 ρ 为什么要用腹板宽度 b 而不用翼缘宽度 b_f'？

3.11 给定受压钢筋 A_s'的 T 形截面，如何判别它属于哪一类 T 形截面？

习 题

3.1 计算表 3.7 所示钢筋混凝土矩形截面梁所能承受的弯矩设计值 M，并通过计算结果分析截面尺寸、混凝土强度、钢筋强度及钢筋截面面积 A_s 对钢筋混凝土受弯构件正截面承载力的影响。

表 3.7 习题 3.1 计算表

项目	截面尺寸 $b\times h$ (mm²)	混凝土强度等级	钢筋级别	钢筋截面面积 A_s (mm²)	最大弯矩设计值 M (kN·m)
1	200×450	C20	HPB235	3Φ20	
2	200×450	C20	HPB235	6Φ20	
3	200×450	C20	HRB335	6Φ20	
4	200×450	C20	HRB335	3Φ20	
5	200×450	C25	HRB335	3Φ20	
6	200×500	C20	HRB335	3Φ20	
7	250×450	C20	HRB335	3Φ20	

3.2 已知矩形截面梁，$b=250$ mm，$h=500$ mm，$c=30$ mm，弯矩设计值 $M=150$ kN·m，试按下列条件计算梁的纵向受拉钢筋截面面积 A_s，并根据计算结果分析混凝土强度等级及钢筋级别对钢筋混凝土受弯构件截面配筋 A_s 的影响。

(1) 混凝土强度等级为 C20，纵筋为 HPB235 级钢；

(2) 混凝土强度等级为 C20，纵筋为 HRB335 级钢；

(3) 混凝土强度等级为 C30，纵筋为 HRB335 级钢；

(4) 混凝土强度等级为 C30，纵筋为 HRB400 级钢。

3.3 某教学楼内走廊为现浇钢筋混凝土简支板，计算跨度 $l=2.20$ m，承受均布荷载设计值 6 kN/m^2（包括自重），采用 C20 混凝土，HPB235 级钢筋。试确定板的厚度 h，计算所需受力钢筋截面面积，并画出配筋图。

3.4 如图 3.21 所示雨篷板，板厚 $h=60$ mm，板面上有 20 mm厚水泥砂浆（容重为 20 kN/m^3），板面上抹 20 mm 厚混合砂浆（容重为 20 kN/m^3），板底抹 20 mm 厚混合砂浆（容重为 20 kN/m^3）。板上活荷载标准值为 0.5 kN/m^2，混凝土强度等级为 C20，纵筋采用 HPB235 级钢筋。试求受拉钢筋截面面积 A_s，并画出配筋图。

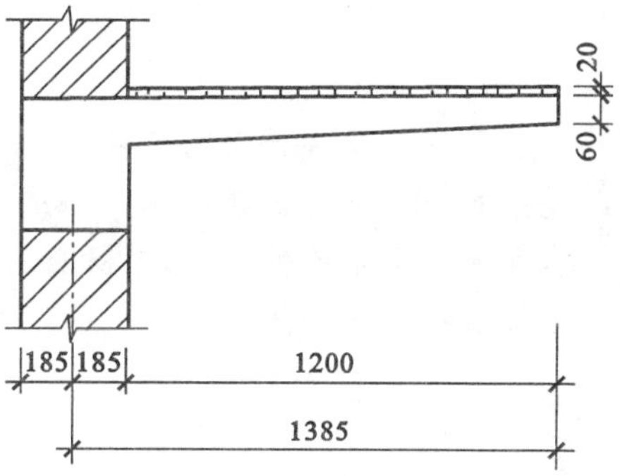

图 3.21 习题 3.4 附图

3.5 钢筋混凝土矩形截面简支梁，计算跨度 $l=5$ m，梁上作用的均布荷载设计值 $q=20$ kN/m（不包括梁自重）。试选择此梁的截面尺寸、材料强度等级，并计算所需的纵向受力钢筋。

3.6 已知钢筋混凝土矩形截面梁 $b\times h=200$ mm$\times$500 mm，梁承受的弯矩设计值 $M=260$ kN·m，混凝土强度等级为 C25，纵筋为 HRB335 级钢。已配有 6Φ20 纵向受拉钢筋，试复核该梁是否安全？若不安全，则重新设计，但不改变截面尺寸和混凝土强度等级。

3.7 已知一双筋矩形截面梁 $b\times h=200$ mm$\times$450 mm，混凝土强度等级为 C20，纵筋采用 HRB335 级钢筋。配置 2Φ14 受压钢筋，5Φ22 受拉钢筋，试求该截面所能承受的最大弯矩设计值 M。

3.8 已知矩形截面梁 $b\times h=200$ mm$\times$450 mm，此梁受到变号弯矩的作用，其设计值 $-M=8$ kN·m，$+M=120$ kN·m，设混凝土为 C20，纵筋采用 HRB335 级钢筋，$a_s=a_s'=35$ mm。要求：

(1) 按单筋矩形截面计算此梁在 $-M$ 作用下需配置的梁顶面受拉钢筋 A_s'；

(2) 将(1)计算结果选用的 A_s' 作为已知的受压钢筋，按双筋矩形截面计算此梁在 $+M$ 作用下需配置的梁底部受拉钢筋 A_s；

(3) 不考虑(1)中计算出的 A_s' 作为受压钢筋，按单筋矩形截面计算此梁在 $+M$ 作用下需配置的受拉钢筋 A_s；

(4) 将(2)、(3)两种计算方法求得的梁所需配置的全部纵向受力钢筋用量进行比较。

3.9 某 T 形截面梁，$b=200$ mm，$h=600$ mm，$b_f'=1200$ mm，$h_f'=80$ mm，混凝土强度等级为 C25，纵筋采用 HRB335 级钢筋，配有 4Φ18 受拉纵筋，当弯矩设计值 $M=120$ kN·m 时，该梁是否安全？

3.10 某 T 形截面梁，$b=200$ mm，$h=600$ mm，$b_f'=400$ mm，$h_f'=100$ mm，混凝土强度等级为 C20，配有 6Φ20HRB335 级纵向受拉钢筋，试计算该梁能承受的最大弯矩设计值 M。

3.11 某 T 形截面梁，$b=200$ mm，$h=500$ mm，$b_f'=500$ mm，$h_f'=100$ mm，混凝土强度等级为 C25，纵筋采用 HRB335 级钢筋，保护层厚度 $c=25$ mm。梁承受的弯矩设计值分别为 $M=150$ kN·m 和 $M=300$ kN·m时，试分别求纵向受拉钢筋截面面积。

4 钢筋混凝土受弯构件斜截面承载力计算

本章提要

本章结合试验研究结果，讨论了钢筋混凝土受弯构件斜截面承载力的破坏形态及影响承载力的主要因素；研究了钢筋混凝土无腹筋梁和有腹筋梁斜截面抗剪承载力的计算公式及其适用条件；介绍了防止斜截面破坏的工程实例和主要构造措施；阐述了抵抗弯矩图的概念及其作法。

4.1 概 述

钢筋混凝土受弯构件在承受荷载后，会产生弯矩和剪力。在主要承受弯矩的区段内将产生垂直裂缝，如果构件抗弯能力不足，将沿正截面发生破坏，因此，在设计构件时必须进行正截面承载力的计算。但是，试验研究和工程实践证明，即使在正截面承载力有充分保证的条件下，在弯矩和剪力共同作用并且以剪力为主的区段内也常常产生斜裂缝，发生斜截面破坏。由于这种破坏往往带有脆性破坏的性质，无明显的预兆，在实际工程中应当防止，设计时必须同时进行斜截面的承载力计算。

根据工程实践，为了防止梁沿斜裂缝截面的强度破坏，应使梁具有合理的截面尺寸和混凝土强度等级，并配置箍筋和由纵筋弯起而成的弯起钢筋。箍筋和弯起钢筋统称为腹筋。在受弯构件内，纵向钢筋、箍筋和弯起钢筋以及绑扎箍筋所需的架立钢筋组成梁的钢筋骨架，如图4.1所示。

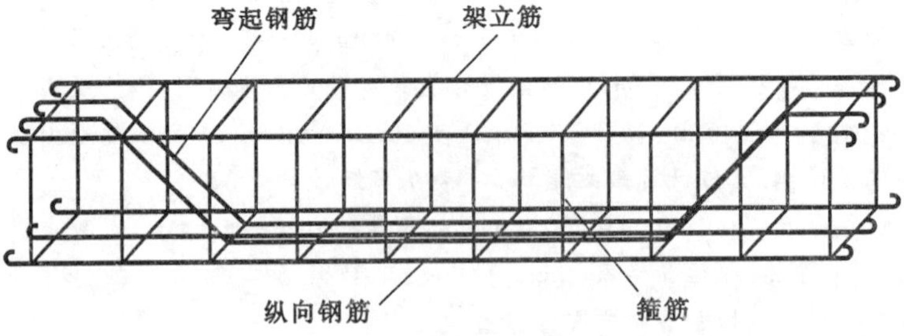

图 4.1 钢筋骨架

有纵筋和腹筋的梁称为有腹筋梁，仅设置纵筋没有箍筋和弯起钢筋的梁称为无腹筋梁。在实际工程中，梁一般设计为有腹筋梁。在本章，为便于讲述，首先讨论无腹筋梁的特性，然后再讨论有腹筋梁的受力性能及计算。

4.2 斜截面破坏形态

4.2.1 无腹筋梁斜裂缝出现前后的应力状态及截面破坏形态

为了了解工程中梁的斜裂缝出现的原因，先对无腹筋梁进行实验，来分析斜裂缝出现前后的应力状态。

4.2.1.1 裂缝前后应力变化

图 4.2 为一矩形截面钢筋混凝土试验梁在两个对称集中荷载作用下的弯矩、剪力图，其中 CD 段为纯弯段，只有弯矩作用，没有剪力作用。AC、DB 段为剪弯段，同时存在剪力和弯矩。在荷载较小、梁内尚未产生裂缝之前，可将钢筋混凝土梁视为匀质弹性梁。此时，截面上任一点的正应力和剪应力可分别用下式计算

$$\sigma = \frac{My_0}{I_0} \tag{4.1}$$

$$\tau = \frac{VS_0}{bI_0} \tag{4.2}$$

式中 M——荷载作用下截面上产生的弯矩，N·mm；

y_0——计算点至换算截面形心轴的距离，mm；

I_0——将纵筋换算成等效混凝土形成的换算截面的惯性矩，mm^4；

V——截面上产生的剪力，N；

S_0——通过计算点且平行于形心轴的直线所切出的部分换算截面面积对形心轴的面积矩，mm^3。

按“材料力学”中的规定，剪弯段内混凝土各点的主应力可用下式计算：

主拉应力

$$\sigma_{tp} = \frac{\sigma}{2} + \sqrt{\frac{\sigma^2}{4} + \tau^2} \tag{4.3}$$

主压应力

$$\sigma_{cp} = \frac{\sigma}{2} - \sqrt{\frac{\sigma^2}{4} + \tau^2} \tag{4.4}$$

主应力的作用方向与梁纵轴夹角 α 可用下式确定

$$\tan 2\alpha = -\frac{2\tau}{\sigma} \tag{4.5}$$

图 4.2(a)给出了主应力的轨迹线，实线为主拉应力 σ_{tp}，虚线为主压应力 σ_{cp}。梁内点 1、点 2 和点 3 的应力状态各不相同，其特点为：点 1，位于中和轴处，正应力 σ 为零，剪应力 τ 最大，σ_{tp} 和 σ_{cp} 与梁轴线成 45°角；点 2，在受压区内，由于压应力 σ_c 的存在，主拉应力 σ_{tp} 减少，主压应力 σ_{cp} 增大，σ_{tp} 的方向与梁轴线的夹角大于 45°；点 3，在受拉区内，由于拉应力 σ_t 的存在，主拉应力 σ_{tp} 增大，主压应力 σ_{cp} 减小，σ_{tp} 的方向与梁轴线夹角小于 45°。

当增加荷载时，梁内各点的主应力也增加，由于混凝土的抗拉强度很低，在梁受拉区内，当主拉应力和主压应力的组合作用超过混凝土的两向拉压组合强度时，会出现斜裂缝。根据试验可知，在集中荷载作用下，无腹筋简支梁的斜裂缝有两种典型情况：一种是梁底首先因弯矩

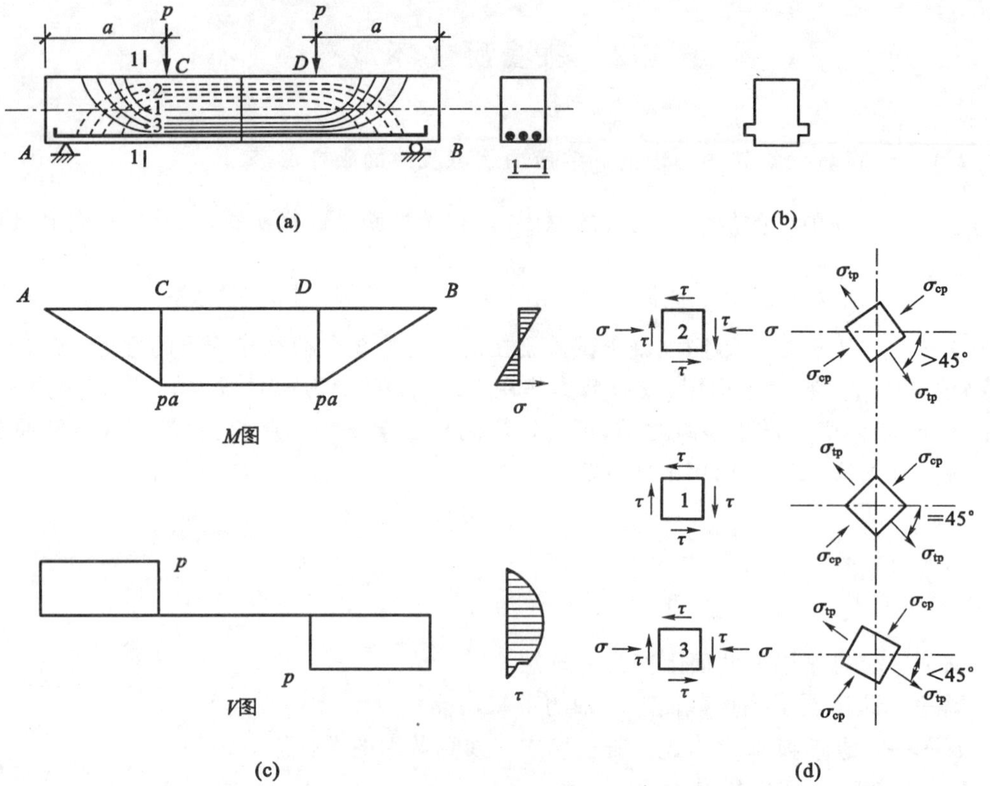

图 4.2 梁斜截面破坏试验图

(a) 主应力迹线；(b) 换算截面；(c) 内力图；(d) 应力状态

作用而出现垂直裂缝，随着荷载的增加逐渐向上发展，向集中荷载作用点延伸，此为弯剪斜裂缝，下宽上细(见图 4.3(a))；另一种是首先在梁中和轴附近出现大致与中和轴成 45°角的斜裂缝，随着荷载的增加，沿主压应力迹线分别向支座和集中荷载作用点延伸。此为腹剪斜裂缝，两头细，中间粗(见图 4.3(b))。

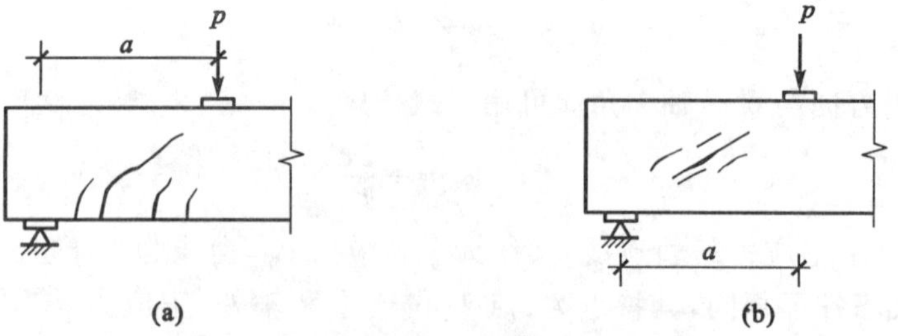

图 4.3 弯剪斜裂缝和腹剪斜裂缝

(a) 弯剪斜裂缝；(b) 腹剪斜裂缝

出现斜裂缝后，无腹筋梁的受力状态发生质变，应力重新分布。这时梁不再为匀质弹性体，截面上的应力也不能再用前边公式计算。

为研究斜裂缝出现后的应力状态，可取隔离体如图 4.4 所示。该隔离体沿斜裂缝 EF 切

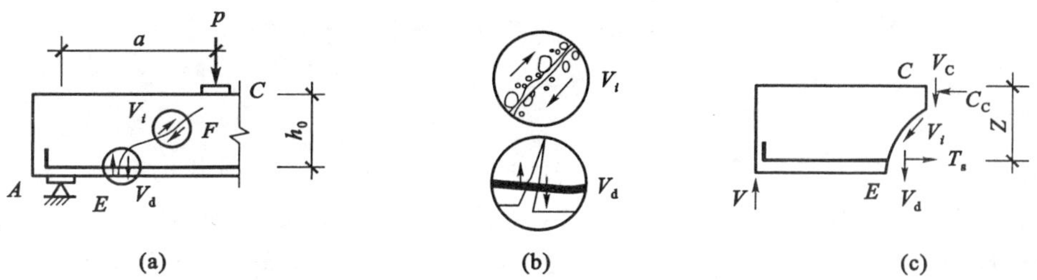

图 4.4　斜裂缝出现后的受力状态

(a) 出现斜裂缝的梁；(b) 斜裂缝处的骨料咬合力和纵筋销栓力；(c) 隔离体的受力图

开，作用有剪力 V、压区混凝土截面承受的剪力 V_C 及压力 C_C、纵向钢筋的拉力 T_s 以及纵向钢筋的销栓力 V_d 和斜裂缝间的骨料咬合力 V_i。由于纵向钢筋下面混凝土的保护层厚度不大，在销栓力 V_d 作用下可能产生的劈裂裂缝使销栓作用大大降低。又由于斜裂缝的开展会减少咬合力，在极限状态下，V_d 和 V_i 可不予考虑。由隔离体的平衡条件，有如下公式

$$\sum X = 0 \qquad C_C = T_s \tag{4.6}$$

$$\sum Y = 0 \qquad V_C = V \tag{4.7}$$

$$\sum M = 0 \qquad T_s Z = Va \tag{4.8}$$

其中，Z 为 T_s 与 C_C 间的内力臂。由此可知，在斜裂缝出现以后，梁内的应力状态发生了如下变化：

(1) 斜裂缝出现前，剪力由梁全截面承受，但在裂缝出现后，剪力 V 转由斜裂缝上端混凝土来承受。同时，V 和 V_C 组成的力偶由纵向钢筋的拉力 T_s 和混凝土的压力 C_C 组成的力偶来平衡，由于剪力使裂缝上端混凝土既受剪又受压，故称为剪压区。由于剪压区的面积比梁全截面面积减少许多，和裂缝出现前相比，剪压区的剪应力 τ_c 和压应力 σ 都将显著增大。

(2) 斜裂缝出现前，在剪弯段某截面 E 处纵筋的拉应力由该截面弯矩 M_E 确定，斜裂缝出现后，由式 $T_s=\sigma_s A_s$ 及式(4.8)决定，有

$$\sigma_s = \frac{Va}{A_s Z} = \frac{M_C}{A_s Z} \tag{4.9}$$

即此时 E 处纵筋应力由 C 处弯矩决定。由于 $M_C > M_E$，斜裂缝出现后 E 处纵筋拉应力突然增大，使斜裂缝延伸开展，压区残留面积减小，裂缝宽度增大。随着斜裂缝的开展，V_i 与 V_d 消失，剪力由残留的压区面积承受。在裂缝上端混凝土截面形成很大的剪应力和压应力的集中。当混凝土不能适应受力状态的变化时，就将发生斜截面的强度破坏。

4.2.1.2　*无腹筋梁斜面的破坏形态*

众多试验研究表明，斜裂缝的出现有一个发生、发展的过程。第一条斜裂缝可能由构件受拉边缘的垂直裂缝发展而成，也可能在中和轴附近出现。随着荷载增加，将出现许多新裂缝，其中一条迅速延伸加宽，最后导致斜截面破坏。这条裂缝称为临界斜裂缝，是斜截面破坏的显著特征。斜截面主要破坏形态有下述三种：

(1) 斜拉破坏

集中荷载下的简支梁，当剪跨比 $\lambda > 3$(均布荷载跨高比 $l/h > 9$)时，斜裂缝一出现就很快向梁顶发展，形成临界裂缝，并将残余混凝土斜劈成两半，梁被斜向拉断而破坏。这种破坏是

突然的脆性破坏(见图 4.5(a))。这种梁的强度取决于混凝土在复合受力下的抗拉强度,承载力很低。

(2) 剪压破坏

当剪跨比 $1<\lambda<3$(均布荷载 $3<l/h<9$)时,在斜裂缝出现后,荷载仍有较大增长,并继续出现其它斜裂缝。逐渐形成一条主裂缝,向梁顶发展,达到破坏荷载时,斜裂缝上端混凝土被压碎。这种破坏主要是由于残余截面的混凝土在 σ、τ 和荷载的局部竖向压应力的共同作用下发生的主压应力的破坏,称为剪压破坏,承载力高于斜拉破坏(图 4.5(b))。

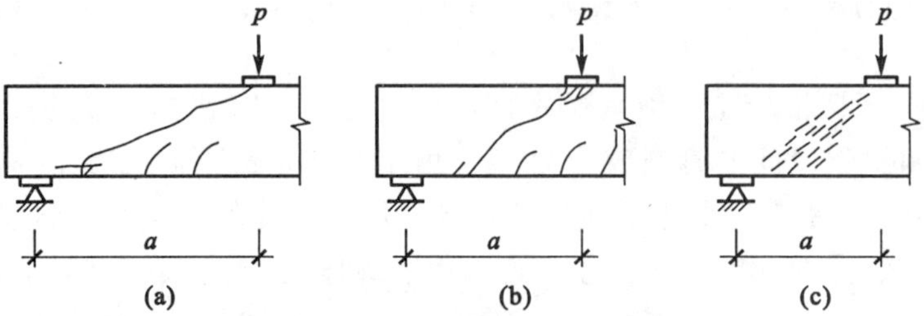

图 4.5 斜截面破坏的三种主要形态

(a) 斜拉破坏;(b) 剪压破坏;(c) 斜压破坏

(3) 斜压破坏

当剪跨比 $\lambda<1$(均布荷载 $l/h<3$)时,集中荷载作用点距支座较近,荷载与支座之间有如一斜向受压短柱。破坏时裂缝多而密,将梁腹分割成数个倾斜的受压杆件,最后混凝土被斜向压坏,故称为斜压破坏。这种破坏取决于混凝土的抗压强度,承载力高于剪压破坏。

无腹筋梁除上述三种主要破坏形态外,还可能出现其它破坏形态,如局部挤压破坏、纵筋的锚固破坏等。

总之,剪跨比不同,无腹筋梁的破坏形态不同,承载力也不同,但达到承载力时梁的挠度均不大,破坏后荷载均急剧下降,且均为脆性破坏,其中以斜拉破坏最为明显。

4.2.2 有腹筋梁斜截面的受力特点及破坏形态

为了提高梁的抗剪能力,防止梁沿斜截面的脆性破坏,在实际工程结构中梁一般均配有腹筋。与无腹筋梁相比,有腹筋梁的受力特点、破坏形态有许多相似之处和不同之处。有腹筋梁在荷载较小、斜裂缝出现以前,腹筋的应力很小,其作用也不明显,对斜裂缝出现时的荷载影响不大,其受力性能与无腹筋梁基本相近。但在斜裂缝出现以后,由于与斜裂缝相交的箍筋或弯筋可通过悬吊作用直接承担部分剪力,腹筋可以限制斜裂缝的开展、延伸,增大剪压区的面积,提高剪压区的抗剪能力。腹筋的传力图如图 4.6 所示。

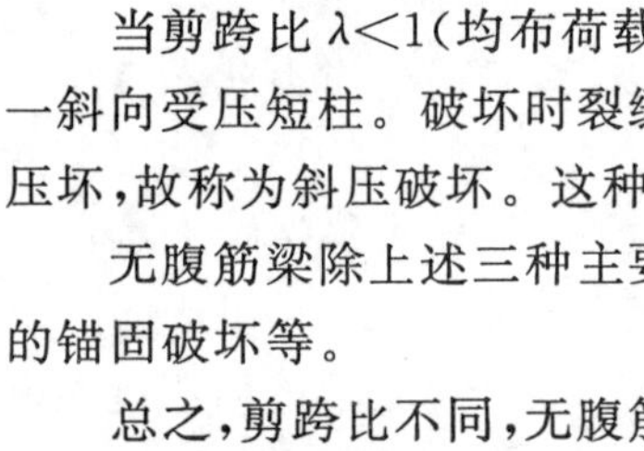

图 4.6 腹筋的传力图

当腹筋设置适当时,随着荷载增加,与斜裂缝相交的箍筋应力达到屈服强度,剪压混凝土被压碎而破坏,梁破坏前有明显预兆,属剪压破坏。箍筋数量过多时,箍筋应力较小,斜裂缝发展缓慢。在箍筋应力未达到屈服强度时,斜裂缝之间的混凝土就会被斜向压碎而破坏。此时斜裂缝较小,破坏有脆性性质,属斜压破坏。箍筋设置过少时,斜裂缝一旦出现,与裂缝相交的箍筋所受的拉力就会突然增大,很快达到屈服强度,箍筋不能再抑制斜裂缝的开展，梁发生无明显预兆的突然破坏，与无腹筋梁的斜拉破坏类似。

由此可知，有腹筋梁的破坏类型与无腹筋梁类似，也有剪压、斜压、斜拉三种破坏情况。其中，斜压破坏与斜拉破坏有突然性，在工程中应该避免。

4.2.3 影响斜截面承载力的主要因素

影响受弯构件斜截面承载力的因素有很多，主要有剪跨比、配箍率及箍筋强度、纵筋配筋率及其强度、混凝土强度等级、截面形状等。

(1) 剪跨比

剪切破坏截面的弯矩 M 与剪力 V 和截面有效高度 h_0 乘积的比值，是广义剪跨比，有

$$\lambda = \frac{M}{Vh_0} \tag{4.10}$$

对集中荷载下的简支梁，剪切破坏截面一般在荷载作用点，有 $\lambda=\frac{M}{V h_0}=\frac{a}{h_0}$，其中 a 为剪跨，是集中荷载至支座的距离，所以又称$\frac{a}{h_0}$为剪跨比。试验表明：对于无腹筋梁，梁斜截面破坏形态随着剪跨比增大发生显著的变化，抗剪能力也显著降低。当 $\lambda<1$ 时，多为斜压破坏，抗剪能力很高；$1<\lambda<3$ 时，为剪压破坏，抗剪能力次之；$\lambda>3$ 时，剪跨比对剪切承载力的影响已不明显，为斜拉破坏。

对均布荷载下的无腹筋梁，剪切破坏位置不在剪力最大的支座截面，而与跨高比 l/h_0 有关。当跨高比值较小时，破坏位置靠近跨中；反之，则靠近支座。一般情况下，破坏多在离支座 1/4 跨度附近。

对有腹筋梁，高配箍时剪跨比的影响较小，低配箍时剪跨比的影响较大，中等配箍时剪跨比的影响居中。

(2) 配箍率与箍筋强度

试验表明，有腹筋梁在斜裂缝出现前，箍筋应力很小，斜裂缝出现后，箍筋承受的应力迅速增加。同时箍筋可以有效地抑制裂缝的开展和延伸，提高混凝土的抗剪能力。当配箍量适当时，梁的抗剪能力随配箍量的增多、箍筋强度的提高有较大幅度的增长。

配箍量一般用配箍率 ρ_{sv} 表示，为箍筋截面面积与对应的混凝土面积的比值，表示为

$$\rho_{sv} = \frac{A_{sv}}{bs} = \frac{nA_{sv1}}{bs} \tag{4.11}$$

式中 A_{sv}——配置在同一截面内箍筋各肢的截面面积总和，mm^2；

A_{sv1}——单肢箍筋的截面面积，mm^2；

n——同一截面内箍筋的肢数；

b——梁宽，mm；

s——箍筋间距，mm。

(3) 纵筋配筋率 ρ

纵向钢筋能抑制斜裂缝的扩展，增大斜裂缝上端的剪压区面积，从而提高梁的抗剪能力。此外，纵筋因有销栓的作用承担部分剪力，所以纵向钢筋的配筋率越大，梁的抗剪能力越强。根据试验结果，纵筋的配筋率 ρ 对无腹筋梁承载力的影响可用系数 $\beta_\rho=0.7+20\rho$ 表示。在 $\rho>1.5\%$时，影响较为明显。

(4) 混凝土强度等级

试验研究表明，混凝土的强度等级对梁的抗剪能力影响很大。梁的抗剪能力随混凝土强度的提高而提高，大致呈线性关系。另外，梁斜截面破坏的形态不同，混凝土强度的影响程度也不相同。如 $\lambda<1.0$ 时为斜压破坏，梁的抗剪能力取决于混凝土的抗压强度，随着混凝土强度等级的提高，梁的抗剪能力提高得较多；$\lambda>3.0$ 时为斜拉破坏，由于混凝土强度等级提高，抗拉强度提高较少，梁的抗剪能力提高得较少。

(5) 截面形状

根据国内外的试验结果，不配箍筋的钢筋混凝土板的受剪承载力的计算可用系数 β_h 来反应截面形状的影响($\beta_h=\sqrt[4]{800/h_0}$)。当截面高度超过 2000 mm 后，受剪承载力进一步降低，因此工程中一般限定截面高度适应范围不大于 2000 mm。对于仅配箍筋的一般受弯构件，混凝土抗剪承载力受截面高度的影响减弱，当高度小于 800 mm 时，可忽略此项。

4.3 受弯构件斜截面承载力计算

4.3.1 基本计算公式

如图 4.7 所示，当梁达到剪切承载力的极限状态时，可取出被破坏斜截面左侧的隔离体来研究，根据隔离体的平衡条件 $\sum Y=0$，可建立斜截面受剪承载力的计算公式

$$V \leqslant V_u = V_C + V_{sv} + V_{sb} = V_{cs} + V_{sb} \tag{4.12}$$

式中 $V_{cs}=V_C+V_{sv}$；

V_u——构件所能承受的极限剪切力，N；

V_C——剪压面上混凝土承担的剪力，N；

V_{sv}——与斜截面相交的箍筋承担的剪力总和，N；

V_{sb}——与斜截面相交的弯起钢筋承担的剪力总和，N。

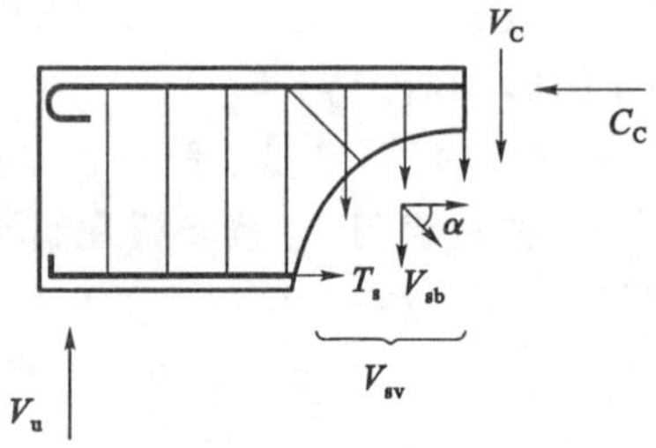

图 4.7 破坏斜截面隔离体受力图

4.3.1.1 无腹筋构件受剪承载力的计算公式

对不配置箍筋和弯起钢筋的一般板类受弯构件，斜截面受剪承载力可按下列公式计算

$$V \leqslant V_C = 0.7\beta_h f_t b h_0 \tag{4.13}$$

式中 V——斜截面上最大剪力设计值，N；

f_t——混凝土的轴心抗拉强度设计值，N/mm^2；

β_h——截面高度影响系数。

$\beta_h=\sqrt[4]{800/h_0}$，当 $h_0<800$ mm 时，取 $h_0=800$ mm；当 $h_0\geqslant 2000$ mm 时，取 $h_0=2000$ mm。

对集中荷载作用下的独立梁(包括作用有多种荷载，且集中荷载在支座截面边缘产生的剪力值占总剪力值 75%以上的情况)，改按下式计算

$$V \leqslant V_C = \frac{1.75}{\lambda+1} f_t b h_0 \tag{4.14}$$

式中 λ——计算截面的剪跨比。当 $\lambda<1.5$ 时，取 $\lambda=1.5$；当 $\lambda>3$ 时，取 $\lambda=3$。计算截面取集中荷载作用点处的截面，计算截面至支座间的箍筋应均匀布置。

4.3.1.2　有腹筋梁受剪承载力的计算公式

(1) 规范规定，对仅配有箍筋的矩形、T形和I形截面的一般受弯构件，受剪承载力可按下式计算

$$V \leqslant V_{cs} = 0.7 f_t b h_0 + 1.25 f_{yv} \frac{A_{sv}}{s} h_0 \tag{4.15}$$

式中　V——斜截面上最大剪力设计值，N；

V_{cs}——斜截面上剪压区混凝土和箍筋的受剪承载力设计值，N；

A_{sv}——在同一截面内配置的箍筋全部截面面积，mm^2，$A_{sv}=nA_{sv1}$；

n——在同一截面内箍筋的肢数；

A_{sv1}——单肢箍筋的截面面积，mm^2；

s——沿构件长度方向上箍筋的间距，mm；

f_{yv}——箍筋抗拉强度设计值，N/mm^2。

对集中荷载作用下的独立梁(包括作用有多种荷载，并且集中荷载在支座截面边缘所产生的剪力占总剪力值的75%以上的情况)，改为下式计算

$$V \leqslant V_{cs} = \frac{1.75}{\lambda + 1.0} f_t b h_0 + f_{yv} \frac{A_{sv}}{s} h_0 \tag{4.16}$$

(2) 由图4.8可知，弯起钢筋的受剪承载力 V_{sb} 为与斜截面相交的所有弯起钢筋拉力合力的竖向分力。考虑到距剪压区较近的某些弯起钢筋不能充分发挥抗拉强度作用，当梁达到剪切极限状态时，可将弯起钢筋的受剪承载力总和乘上折减系数0.8，故有弯起钢筋受剪的承载力为

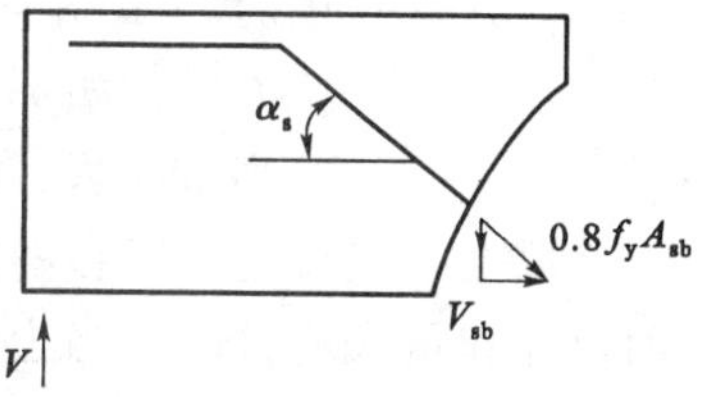

图4.8　弯起钢筋的受力图

$$V_{sb} = 0.8 f_y A_{sb} \sin\alpha_s \tag{4.17}$$

式中　A_{sb}——同一弯起平面内的非预应力弯起钢筋的截面面积，mm^2；

f_y——弯起钢筋抗拉强度设计值，N/mm^2；

α_s——弯起钢筋与构件水平轴线的夹角。

因此，对于既配有箍筋又配有弯起钢筋的矩形、T形、I形截面的受弯构件，其斜截面的受剪承载力可按下式计算

$$V \leqslant V_{cs} + V_{sb} = 0.7 f_t b h_0 + 1.25 f_{yv} \frac{A_{sv}}{s} h_0 + 0.8 f_y A_{sb} \sin\alpha_s \tag{4.18}$$

对于集中荷载作用下的独立梁，可按下式计算

$$V \leqslant V_{cs} + V_{sb} = \frac{1.75}{\lambda + 1.0} f_t b h_0 + f_{yv} \frac{A_{sv}}{s} h_0 + 0.8 f_y A_{sb} \sin\alpha_s \tag{4.19}$$

4.3.2　公式适用条件

(1) 上限值——最小截面尺寸和最大配箍率

由式(4.15)和式(4.16)可知，对于仅配箍筋的梁，其斜截面受剪承载力由箍筋受剪承载力和剪压区混凝土承载力组成，但当梁截面尺寸确定后，随着配箍量增大，受剪承载力并不无限提高，当配箍量超过一定数值后，梁的承载力基本不再增加，箍筋应力达不到屈服强度就会发生破坏。此时，梁的受剪承载力取决于混凝土的抗压强度 f_c 和梁的截面尺寸。为了避免这种情况发生，《混凝土结构设计规范》规定：矩形、T形和I形截面的受弯构件受剪截面应符合

下述条件：

当$\frac{h_w}{b}\leqslant 4$时，对一般梁有

$$V\leqslant 0.25\beta_c f_c b h_0 \tag{4.20}$$

对T形或I形截面梁，当有实践经验时，可改为

$$V\leqslant 0.3\beta_c f_c b h_0 \tag{4.21}$$

当$\frac{h_w}{b}\geqslant 6$时，要求

$$V\leqslant 0.2\beta_c f_c b h_0 \tag{4.22}$$

当$4<\frac{h_w}{b}<6$时，按直线内插法取用。

式中 V——构件斜截面的最大剪力设计值，N；

β_c——混凝土强度影响系数，当混凝土强度等级不超过C50时，取$\beta_c=1.0$；当混凝土强度等级为C80时，取$\beta_c=0.8$；中间按线性内插法确定；

b——矩形截面的宽度、I形截面或T形截面的腹板宽度，mm；

h_w——截面的腹板高度，矩形截面取有效高度h_0，I形截面取腹板净高，T形截面取有效高度减去翼缘高度，mm。

以上各式规定了梁在各种情况下斜截面受剪承载力的上限值，相当于限制了梁的最小截面尺寸和最大配箍率。当上述条件不满足时，应加大截面尺寸或提高混凝土的强度等级。

(2) 下限值——最小配箍率

梁内出现斜裂缝后，原来由混凝土承受的拉力将由箍筋承担，使箍筋的拉应力突然增大。如果梁内箍筋过少，斜裂缝一出现，箍筋的应力很快就达到屈服强度，不能有效地抑制裂缝的发展，甚至会使箍筋拉断梁发生斜拉破坏。为了防止这种情况发生，《混凝土结构设计规范》规定了梁内的最小配箍率为

$$\rho_{sv,\min}=\left(\frac{nA_{sv1}}{bs}\right)_{\min}=\frac{0.24f_t}{f_{yv}} \tag{4.23}$$

满足最小配箍率后，如果箍筋较粗，间距过大，可能在两根箍筋之间出现不与箍筋相交的斜裂缝，使箍筋不能发挥抑制裂缝开展的作用。因此，《混凝土结构设计规范》规定了箍筋的最大间距$s_{\max}$（见表4.1），弯起钢筋的间距也不应超过$s_{\max}$（图4.9）。另外，为了使钢筋骨架便于制作安装，箍筋直径也不应太小。《混凝土结构设计规范》也规定了最小箍筋直径，见表4.2。

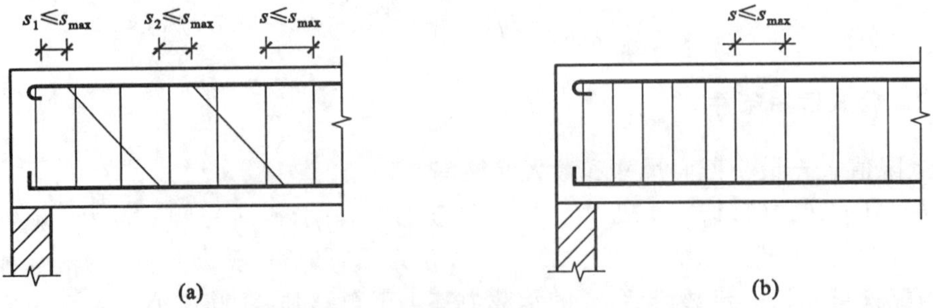

图4.9 箍筋和弯筋间距

(a) 配箍筋和弯筋的梁；(b) 仅配箍筋的梁

表 4.1　梁中箍筋的最大间距 s_{max}(mm)

梁高 h(mm)	$V>0.7f_tbh_0$	$V\leqslant 0.7f_tbh_0$
$150<h\leqslant 300$	150	200
$300<h\leqslant 500$	200	300
$500<h\leqslant 800$	250	350
$h>800$	300	400

表 4.2　箍筋最小直径

梁高 h(mm)	箍筋直径(mm)
$h\leqslant 800$	6
$h>800$	8

当梁承受的剪力满足下列条件即可不进行斜截面受剪承载力的计算，仅配置构造钢筋。

对于矩形、T形和I形截面的一般受弯构件

$$V\leqslant 0.7f_tbh_0 \tag{4.24}$$

对于集中荷载作用下的矩形截面简支梁

$$V\leqslant \frac{1.75}{\lambda+1}f_tbh_0 \tag{4.25}$$

4.3.3　计算截面位置

实际工程中，构件上可能出现多种复杂的受力情况，规范规定应取构件斜截面上的最大剪力为剪力设计值。根据危险截面确定斜截面抗剪承载力的计算位置。如计算弯起钢筋时，剪力设计值按下列规定：当计算第一排(对支座而言)弯起钢筋时，取支座边缘处的剪力值；计算以后的每一排弯起钢筋时，取前一排弯起钢筋弯起点处的剪力值。

危险截面一般有以下几种(见图 4.10)：

(1) 支座边缘处的截面 1—1；

(2) 受拉区钢筋弯起点处的截面 2—2、3—3；

(3) 箍筋截面面积或间距改变处的截面 4—4；

(4) 腹板宽度改变处的截面 5—5。

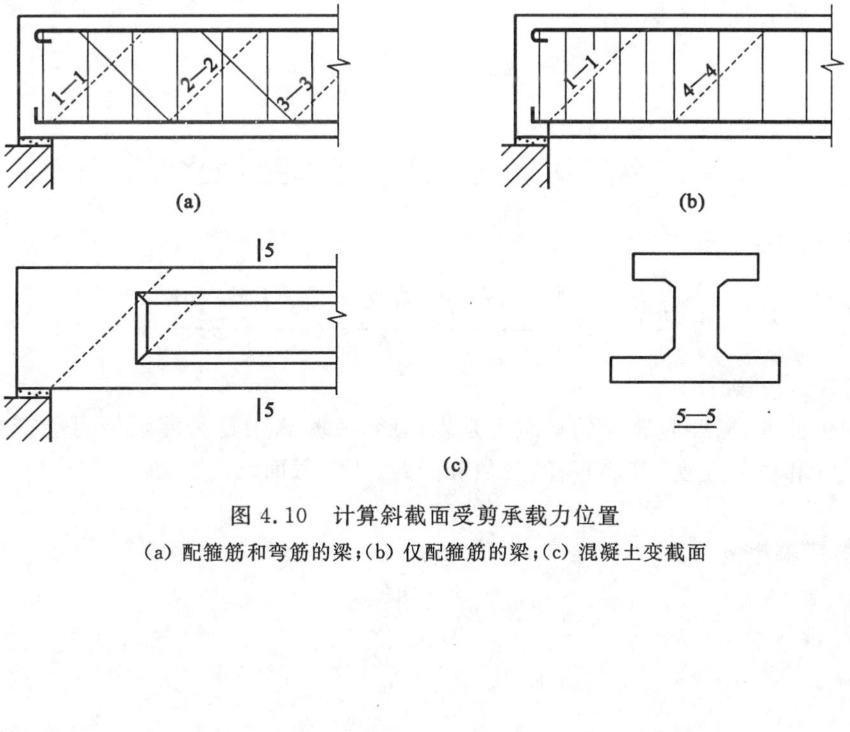

图 4.10　计算斜截面受剪承载力位置

(a) 配箍筋和弯筋的梁；(b) 仅配箍筋的梁；(c) 混凝土变截面

这些截面均为斜截面承载力比较薄弱的地方，应进行计算，且应取这些斜截面范围内的最大剪力，即斜截面起始端的剪力作为设计剪力。

对其它受弯构件，还应包括梁的高度开始变化处、集中荷载作用点处和其它一些不利截面。

4.3.4 设计计算方法

梁斜截面承载力计算可能有两种情况：截面设计和承载力校核。

(1) 截面设计

已知荷载情况，需要确定截面尺寸及腹筋。一般是在正截面承载力计算后进行，这时截面尺寸已知，仅需确定腹筋。

步骤：

① 验算截面尺寸和构造配筋条件

若 V 满足 $V\leqslant 0.25\beta_c f_c bh_0\left(\frac{h_w}{b}\leqslant 4\text{ 时}\right)$ 或 $V\leqslant 0.2\beta_c f_c bh_0\left(\frac{h_w}{b}\geqslant 6\text{ 时}\right)$ 要求，可按②进行箍筋和弯筋计算；若不满足要求，应增大截面尺寸或提高混凝土强度等级。

若 V 满足 $V\leqslant 0.7f_t bh_0$ 或 $V\leqslant\frac{1.75}{\lambda+1}f_t bh_0$ 要求，按构造要求配置箍筋。

② 仅配箍筋时，可按下式计算

$$\frac{nA_{sv1}}{s}\geqslant\frac{V-0.7f_t bh_0}{1.25f_{yv}h_0}\quad\text{或}\quad\frac{nA_{sv1}}{s}\geqslant\frac{V-\frac{1.75}{\lambda+1}f_t bh_0}{f_{yv}h_0}$$

根据 $\frac{nA_{sv1}}{s}$，先确定箍筋肢数和箍筋直径，然后计算箍筋间距 s。应符合表 4.1 和表 4.2 的规定。

既有箍筋又有弯筋时，先按表 4.1 和表 4.2 选定箍筋的肢数、直径和间距，确定 V_{cs}，然后计算出弯起钢筋的截面面积

$$A_{sb}\geqslant\frac{V-V_{cs}}{0.8f_y\sin\alpha_s}$$

若先选定弯起钢筋，可用下式计算

$$\frac{nA_{sv1}}{s}\geqslant\frac{V-0.7f_t bh_0-0.8f_y A_{sb}\sin\alpha}{1.25f_{yv}h_0}$$

或

$$\frac{nA_{sv1}}{s}\geqslant\frac{V-\frac{1.75}{\lambda+1.0}f_t bh_0-0.8f_y A_{sb}\sin\alpha}{f_{yv}h_0}$$

(2) 承载力校核

对已施工的梁，需要验算梁的承载力是否足够，或验算梁是否能承受可能产生的荷载，此时梁截面尺寸和材料强度、箍筋直径、肢数和间距、弯筋截面均为已知。

步骤：

① 计算配箍率 ρ_{sv}

$$\rho_{sv}=\frac{nA_{sv1}}{bs}$$

② 选择计算公式

当 $\rho_{sv} \leqslant \rho_{sv,\min} = 0.24 f_t / f_{yv}$ 时，取斜截面最大受剪承载力

$$V_u = 0.7 f_t b h_0 \quad 或 \quad V_u = \frac{1.75}{\lambda + 1} f_t b h_0$$

当 $\rho_{sv} > \rho_{sv,\min}$ 时，可直接按下式计算

$$V_u = V_{cs} + V_{sb} = 0.7 f_t b h_0 + 1.25 f_{yv} \frac{A_{sv}}{s} h_0 + 0.8 f_y A_{sb} \sin\alpha_s$$

或

$$V_u = V_{cs} + V_{sb} = \frac{1.75}{\lambda + 1} f_t b h_0 + f_{yv} \frac{A_{sv}}{s} h_0 + 0.8 f_y A_{sb} \sin\alpha_s$$

③ 判断截面是否安全

如果 $V_u \geqslant V_{u,\max} = 0.2\beta_c f_c b h_0$（或 $0.25\,\beta_c f_c b h_0$）时，取 $V_u = V_{u,\max}$；

当 $V \leqslant V_u$ 时，截面安全。

4.3.5 计算实例

【例 4.1】 一钢筋混凝土简支梁，两端搁在 240 mm 厚的砖墙上，净跨 $l_0 = 3.76$ m，梁上承受均布荷载 $q = 72$ kN/m；截面尺寸 $b \times h = 200$ mm×500 mm，采用 C20 混凝土，HPB235 级箍筋，HRB335 级纵筋。试进行斜截面承载力计算。

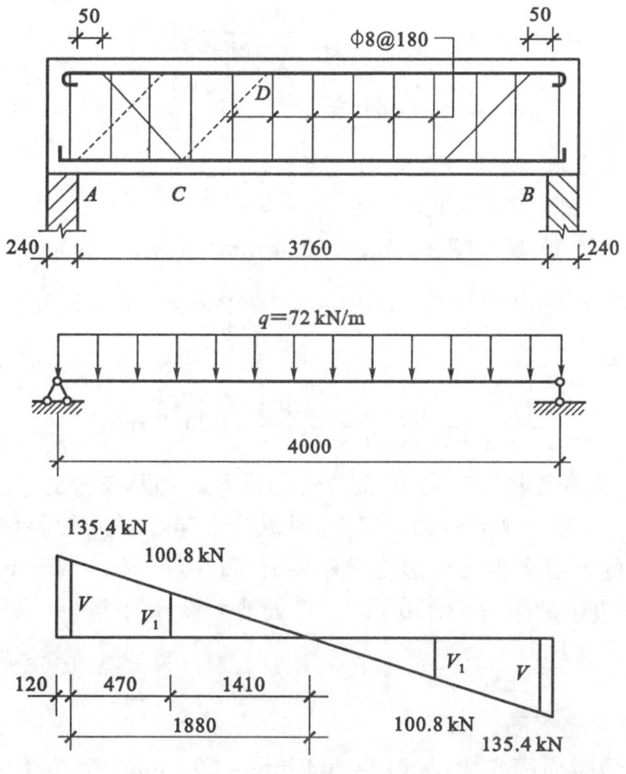

图 4.11 例 4.1 附图

【解】 (1) 已知条件:净跨 $l_0=3.76$ m ,$b=200$ mm,$h_0=h-40=460$ mm,C20 级混凝土,$\beta_c=1.0$,$f_c=9.6\ \text{N/mm}^2$,$f_t=1.1\ \text{N/mm}^2$,$f_{yv}=210\ \text{N/mm}^2$,$f_y=300\ \text{N/mm}^2$。

(2) 计算剪力:最危险的截面在支座边缘处,该处的剪力设计值为

$$V=\frac{1}{2}\times 72\times 3.76=135.4\ \text{kN}$$

(3) 验算截面尺寸及配箍条件:

因 $$\frac{h_w}{b}=\frac{h_0}{b}=\frac{460}{200}=2.3<4$$

$$0.25\beta_c f_c bh_0=0.25\times 1.0\times 9.6\times 200\times 460=220.8\ \text{kN}>V=135.4\ \text{kN}$$

截面尺寸满足要求。

又因 $0.7f_t bh_0=0.7\times 1.1\times 200\times 460=70.8\ \text{kN}<V=135.4\ \text{kN}$

需要按计算配置腹筋。

(4) 第一种做法——只配箍筋不配弯筋

$$\frac{nA_{sv1}}{s}\geqslant\frac{V-0.7f_t bh_0}{1.25f_{yv}h_0}=\frac{135.4\times 10^3-70.8\times 10^3}{1.25\times 210\times 460}=0.535$$

选箍筋为φ 8 双肢箍,则 $n=2$,$A_{sv1}=50.3\ \text{mm}^2$,可求 s 如下

$$s\leqslant\frac{2\times 50.3}{0.535}=188.0\ \text{mm}$$

取 $s=180$ mm,符合 $s\leqslant s_{max}=200$ mm 的要求。

配箍率 $$\rho_{sv}=\frac{nA_{sv1}}{bs}=\frac{2\times 50.3}{200\times 180}=0.28\%$$

$$\rho_{sv,min}=0.24\frac{f_t}{f_{yv}}=0.24\times\frac{1.1}{210}=0.13\%$$

有 $\rho>\rho_{sv,min}$,所以符合要求,箍筋沿全梁均匀布置。

(5) 第二种做法——既配箍筋又配弯筋

按构造要求选φ 8 @200 双肢箍筋,$A_{sv1}=50.3\ \text{mm}^2$,$n=2$,$s=200$ mm,则

$$V_{cs}=0.7f_t bh_0+1.25\ f_{yv}\frac{A_{sv}}{s}h_0=0.7\times 1.1\times 200\times 460+1.25\times 210\times\frac{2\times 50.3}{200}\times 460$$
$$=131.58\ \text{kN}$$

$$A_{sb}=\frac{V-V_{cs}}{0.8f_y\sin\alpha}=\frac{(135.4-131.58)\times 1000}{0.8\times 300\times 0.707}=20.2\ \text{mm}^2$$

实际可选 1Φ12 纵筋弯起,则 $A_{sb}=113\ \text{mm}^2$,满足。即从支座边缘 A 处向上发展的裂缝已经被考虑(图 4.11)。为了保证全梁的安全,对纵筋弯起点 C 处的斜截面 CD 也应验算。根据图 4.11,弯起钢筋的上弯点到支座边缘的距离 $s_1\leqslant s_{max}$,可取 $s_1=50$ mm。由 $\alpha=45°$,可求出弯筋的下弯点距支座边缘的距离为 470 mm。C 处剪力设计值为

$$V=\frac{1880-470}{1880}\times 135.4=101.55\ \text{kN}<131.58\ \text{kN}$$

不需要再配置第二排弯起钢筋。

【例 4.2】 某矩形截面简支梁($b\times h=200\ \text{mm}\times 500\ \text{mm}$)荷载及支撑情况如图 4.12 所示。混凝土强度采用 C20,箍筋用 HPB235 级钢,$h_0=460$ mm。求此梁所需配置的箍筋数量。

【解】 (1) 计算支座边剪力设计值

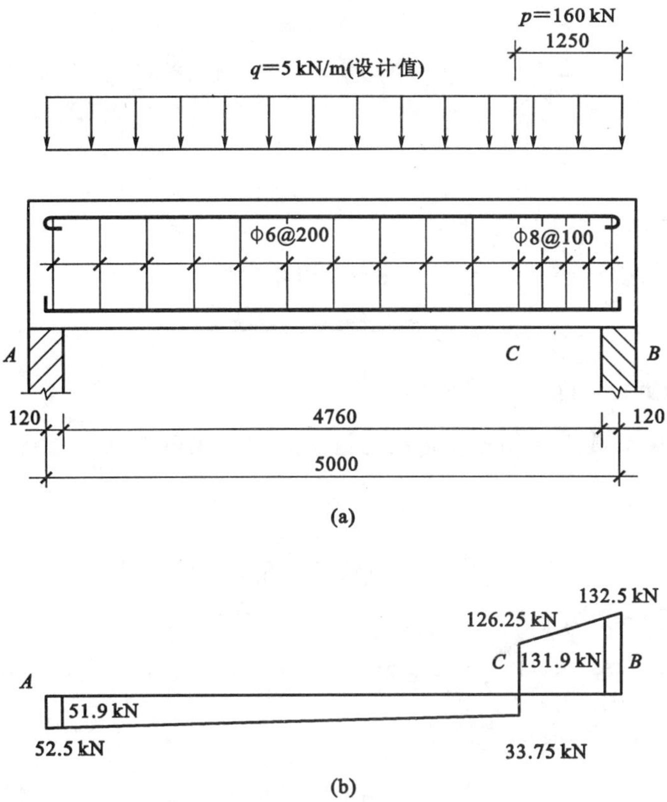

图 4.12 例 4.2 附图

(a) 梁荷载及支撑情况图;(b) 简支梁 V 图

净跨 $l_n=4.76$ m。

$$V_A=\frac{1}{4}p+\frac{1}{2}q\,l_n=\frac{1}{4}\times160+\frac{1}{2}\times5\times4.76=40+11.9=51.9\ \text{kN}$$

$$V_B=\frac{3}{4}p+\frac{1}{2}q\,l_n=\frac{3}{4}\times160+\frac{1}{2}\times5\times4.76=120+11.9=131.9\ \text{kN}$$

(2) 验算截面尺寸

$\beta_c=1.0$，$f_c=9.6\ \text{N/mm}^2$，$f_t=11\ \text{N/mm}^2$，$b=200$ mm，$h_0=460$ mm。支座最大剪力设计值 $V_B=131.9$ kN。

$$0.25\beta_c f_c bh_0=0.25\times1.0\times9.6\times200\times460=220.8\ \text{kN}$$

有 $V_B<0.25\beta_c f_c bh_0$，截面合适。

(3) AC 段：集中荷载产生的支座边剪力占总剪力的比值为 $\frac{40}{51.9}=77\%>75\%$，需要考虑剪弯比的影响。

计算截面 C 处的弯矩为

$$M_C=52.5\times3.75-\frac{1}{2}\times5\times3.75^2=161.72\ \text{kN}\cdot\text{m}$$

其剪跨比为

$$\lambda=\frac{M_C}{Vh_0}=\frac{161.72\times10^6}{33.75\times460\times10^3}=10.42>3$$

应取 $\lambda=3$。

又因 $\frac{1.75}{\lambda+1}f_t bh_0=\frac{1.75}{4}\times 1.1\times 200\times 460=44.28\ \text{kN}<V=51.9\ \text{kN}$

应计算配箍。

$$\frac{nA_{sv1}}{s}\geqslant\frac{V-\frac{1.75}{\lambda+1}f_t bh_0}{f_{yv}h_0}=\frac{51.9\times 10^3-\frac{1.75}{4}\times 1.1\times 200\times 460}{210\times 460}=0.079$$

选箍筋为Φ 6 双肢箍，则 $n=3$，$A_{sv1}=28.3\ \text{mm}^2$，可求 s 为

$$s\leqslant\frac{2\times 28.3}{0.079}=716\ \text{mm}$$

又规范要求 $s\leqslant 200$ mm，可取 $s=200$ mm。

(4) BC 段：集中荷载产生的支座边剪力占总剪力的比值为 $\frac{120}{131.9}=91\%>75\%$，需要考虑剪跨比 λ。

$$\lambda=\frac{M_C}{Vh_0}=\frac{161.72\times 10^6}{126.25\times 460\times 10^3}=2.78$$

因为 $1.5<\lambda<3$，取 $\lambda=2.78$。

$$\frac{1.75}{\lambda+1}f_t bh_0=\frac{1.75}{3.78}\times 1.1\times 200\times 460=468.5\times 10^2\ \text{N}=46.85\ \text{kN}$$

$V=131.9\ \text{kN}>46.85\ \text{kN}$，需配箍筋。

$$\frac{nA_{sv1}}{s}\geqslant\frac{V-\frac{1.75}{\lambda+1}f_t bh_0}{f_{yv}h_0}=\frac{131.9\times 10^3-46.85\times 10^3}{210\times 460}=0.88$$

选箍筋为Φ 8 双肢箍，则 $n=2$，$A_{sv1}=50.3\ \text{mm}^2$，可求 s 为

$$s\leqslant\frac{2\times 50.3}{0.88}=114.32\ \text{mm}$$

取 $s=100$ mm，满足要求。

配箍率 $\rho_{sv}=\frac{nA_{sv1}}{bs}=\frac{2\times 50.3}{200\times 100}=0.5\%>\rho_{sv,\min}=0.24\frac{f_t}{f_{yv}}=0.13\%$

即在左段梁按Φ 6@200 均匀配箍，在右段梁按Φ 8@100 均匀配箍。

【例 4.3】 某矩形截面简支梁，截面尺寸 $b\times h=200\ \text{mm}\times 600\ \text{mm}$，选用 C20 混凝土，HPB235 级箍筋，HRB335 级纵筋，单排纵向受力筋，配置箍筋为Φ 8@200，支座边缘计算截面配弯起钢筋 2Φ18($A_{sb}=509\ \text{mm}^2$)，弯起角度为 45°，弯起点距支座边缘距离为 580 mm，梁净跨为 5.4 m，试按斜截面受剪承载力确定该梁能承受外载 q 的设计值为多少。

【解】 (1) 验算最小配箍率

$$\rho_{sv}=\frac{nA_{sv1}}{bs}=\frac{2\times 50.3}{200\times 200}=0.25\%$$

$$\rho_{sv,\min}=0.24\frac{f_t}{f_{yv}}\times 100\%=0.24\times\frac{1.1}{210}\times 100\%=0.13\%$$

因为 $\rho_{sv}>\rho_{sv,\min}$，满足要求。

(2) 计算支座截面受剪承载力 V_1

$$V_1=0.7f_t bh_0+1.25f_{yv}\frac{A_{sv}}{s}h_0+0.8f_y A_{sb}\sin\alpha$$

$$=0.7\times1.1\times200\times560+1.25\times210\times\frac{2\times50.3}{200}\times560+0.8\times300\times509\times0.707$$

$$=246.55\times10^3\ \text{N}=246.55\ \text{kN}$$

$$<0.25\beta_c f_c bh_0=0.25\times1.0\times9.6\times200\times560$$

$$=268.8\times10^3\ \text{N}=268.8\ \text{kN}$$

所以可计算求得

$$q_1=\frac{2V}{l_n}=\frac{2\times246.55}{5.4}=91.31\ \text{kN/m}$$

(3) 计算弯起点处斜截面受剪承载力 V_2

$$V_2=0.7f_t bh_0+1.25\ f_{yv}\frac{A_{sv}}{s}h_0=0.7\times1.1\times200\times560+1.25\times210\times\frac{2\times50.3}{200}\times560$$

$$=160.18\times10^3\ \text{N}=160.18\ \text{kN}$$

因

$$q_2=\frac{2V_2}{5.4-2\times0.58}=\frac{2\times160.18}{5.4-1.16}=75.56<q_1$$

所以应取均匀荷载设计值为

$$q=q_2=75.56\ \text{kN/m}$$

4.4 受弯构件的钢筋布置

4.4.1 抵抗弯矩图

按照实际的纵向钢筋布置绘制的沿梁纵轴各正截面所能承担的弯矩图,称为抵抗弯矩图(M_R 图)。

如图 4.13 所示钢筋混凝土梁,在均布荷载 q 作用下的跨中最大弯矩 $M_{max}=\frac{1}{8}ql^2$。根据 M_{max} 已求得跨中截面所需钢筋面积 $A_s=1290\ \text{mm}^2$,对应于图中的 o 点,而实际钢筋面积 $A_{s1}=1362\ \text{mm}^2$(2Φ25+1Φ22)。跨中截面所能承担的极限弯矩(抵抗弯矩)$M_1=\frac{A_{s1}}{A_s}M_{max}=1.06M_{max}$。如果全部纵向钢筋沿梁长既不截断,也不弯起,且伸入支座有足够的锚固长度时,梁的任一截面受弯承载力必然得到保证,沿梁纵轴各正截面所能承担的弯矩均为 M_1,如图 4.13 中水平线 $a'b'$ 所示,因此图 4.13 中竖距为 M_1 的矩形图 $aa'b'b$ 即为该梁的抵抗弯矩图。纵向钢筋沿梁的全长直通,虽然构造简单,但钢筋强度没有得到充分利用,即除跨中截面外,其余截面处钢筋应力均未达到其抗拉强度 f_y,显然是不经济的。这种纵筋沿梁全长直通的配筋方式,只适用于跨度较小的构件。对于跨度较大的构件,为了节约钢筋,可将一部分纵筋在受弯承载力不需要处弯起(用作受剪的弯筋)或截断。为了保证梁正截面抗弯承载力的要求,按实际钢筋布置绘出的抵抗弯矩图(M_R

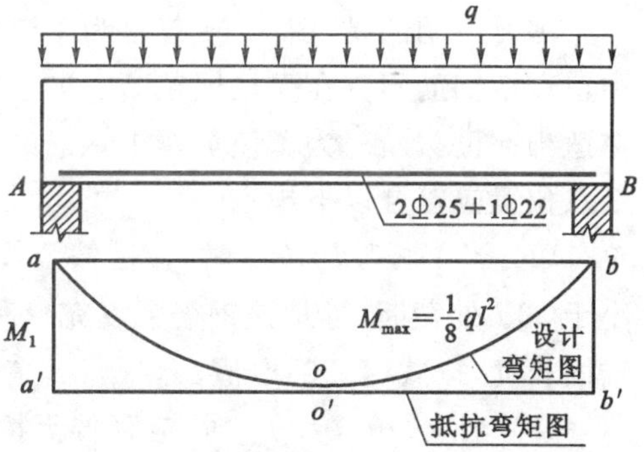

图 4.13 设计弯矩图与抵抗弯矩图

图)必须将荷载作用产生的弯矩 M 图包括在内。

4.4.2 纵向钢筋截断在抵抗弯矩图中的表示方法及构造要求

截断钢筋在 M_R 图上的表示方法:

(1) 将跨中截面纵筋的抵抗弯矩 M_1 近似按钢筋截面面积的比例划分出每根钢筋所能抵抗的弯矩。此处忽略了内力臂的变化,取 M_u 与 A_s 成正比。如图 4.14 中 1、2、3 各点,竖距 $n3$、32、$2m$ 分别代表①号、②号及③号钢筋所抵抗的弯矩。

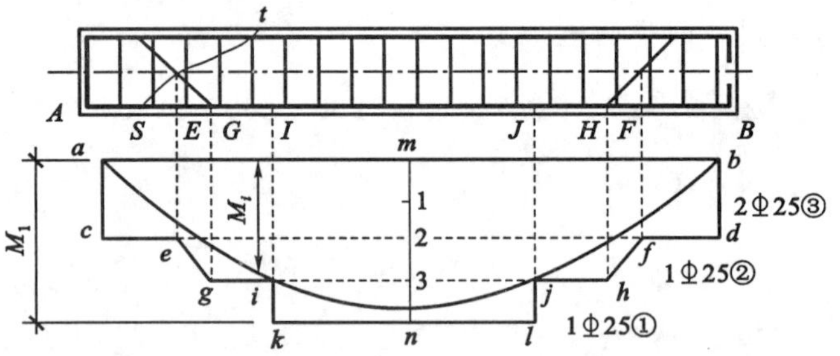

图 4.14 纵筋截断及弯起在 M_R 图上的表示方法

(2) 过各分点画水平线与荷载产生的弯矩图(M 图)相交。如过点 3 所画水平线与 M 图的交点为 i、j,其对应的截面为 I、J,表明理论上在 I、J 截面处①号钢筋可退出工作,剩下的②号及③号钢筋已足以抵抗荷载产生的弯矩。i、j 称为①号钢筋的"理论断点";同时 i、j 也是余下的②号及③号钢筋的"充分利用点",因为在 i、j 处梁的抵抗弯矩恰好与荷载产生的弯矩相等,需要这些钢筋在该处发挥其全部抗拉强度。

(3) 如果在 i、j 处考虑将①号钢筋按截断钢筋处理,反映在 M_R 图上为台阶 ki 与 lj,表明该处钢筋发生突变。

需要说明的是:图 4.14 仅是为了说明截断钢筋在 M_R 图中的表示方法,实际工程中梁跨中正弯矩钢筋不宜在受拉区截断。连续梁和框架梁支座截面负弯矩受拉钢筋,可根据弯矩图在适当部位截断。为了使负弯矩钢筋的截断不影响它在各截面中发挥所需的抗弯能力,其截断点位置应符合以下规定:

(1) 当 $V \leqslant 0.7 f_t b h_0$ 时,应延伸至按正截面受弯承载力计算,不需要该钢筋的截面以外不小于 $20d$ 处截断,且从该钢筋强度充分利用截面伸出的长度不应小于 $1.2l_a$,l_a 为受拉钢筋的锚固长度,按式(4.26)取值;

(2) 当 $V > 0.7 f_t b h_0$ 时,应延伸至按正截面受弯承载力计算,不需要该钢筋的截面以外不小于 h_0 且不小于 $20d$ 处截断,且从该钢筋强度充分利用截面伸出的长度不应小于 $1.2l_a + h_0$;

(3) 若按上述规定确定的截断点仍位于负弯矩受拉区内,则应延伸至按正截面受弯承载力计算,不需要该钢筋的截面以外不小于 $1.3h_0$ 且不小于 $20d$ 处截断,且从该钢筋强度充分利用截面伸出的延伸长度不小于 $1.2l_a + 1.7h_0$,如图 4.15 所示。

4.4.3 弯起钢筋在抵抗弯矩图上的表示方法及构造要求

(1) 弯起钢筋在 M_R 图上的表示方法

如图 4.14,如果将②号钢筋在 G 和 H 截面处开始弯起,弯起后由于内力臂减小,该钢筋

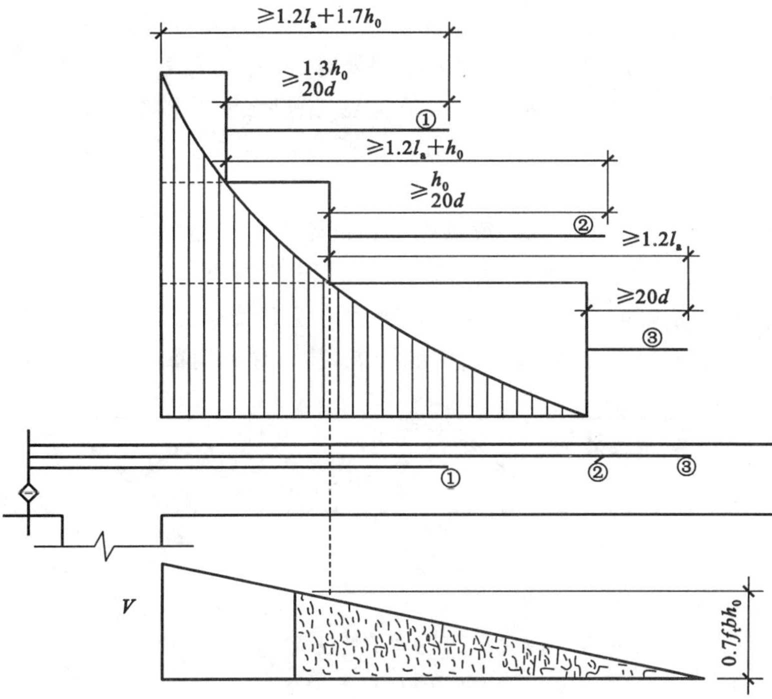

图 4.15 《混凝土结构设计规范》对截断钢筋延伸长度的规定

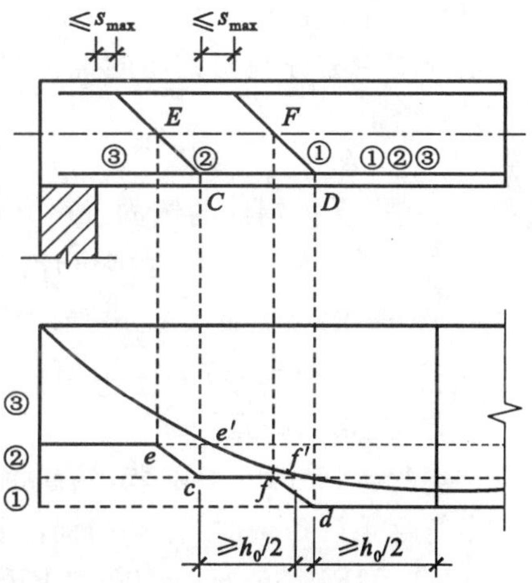

图 4.16 弯筋位置的构造要求

的正截面抵抗弯矩将减小。由于弯起过程中力臂是逐渐减小的，所以弯起钢筋反映在 M_R 图上不是台阶形的突变，而是线性渐变。弯起钢筋的所能抵抗的弯矩从弯起点截面（G、H 截面）开始减小，直到弯起钢筋与梁轴线的交点处截面（E、F 截面），认为弯筋已进入受压区，其抵抗弯矩消失。因此，在 M_R 图上对应于 E、F 截面的竖距减少为 2 m，即②号筋已不参与正截面抗弯。斜线 ge 及 hf 反映了②号钢筋抵抗弯矩值的变化。为保证正截面受弯承载力的要求，弯起钢筋的 M_R 图应位于荷载作用产生的弯矩图（M 图）以外（如图4.16中的 ec、fd）。

(2) 弯起钢筋的构造要求

① 在混凝土梁的受拉区中，弯起钢筋弯起点与按计算充分利用该钢筋的截面之间的距离不应小于$\frac{h_0}{2}$（如图4.16中的 c、d 点）。

② 为防止弯筋间距过大以致出现不与弯筋相交的斜裂缝，《混凝土结构设计规范》规定当按计算需设置多排弯筋时，前一排（对支座而言）弯筋的弯起点至后一排的弯终点的距离不应大于表 4.1 中“$V>0.7f_tbh_0$”一项规定的箍筋最大间距；同时，第一排（对支座而言）弯筋的弯终点（对梁、悬臂梁而言为承受负弯筋钢筋的下弯点）到支座边缘的距离也不应大于表 4.1 中“$V>0.7f_tbh_0$”一项规定的箍筋最大间距。

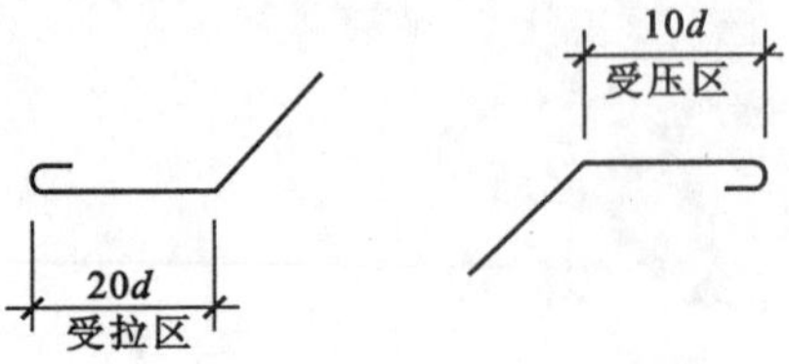

图 4.17　弯筋端部构造

③ 在混凝土梁中，宜采用箍筋作为承受剪力的钢筋。当采用弯起钢筋时，其弯起角宜取 45°或 60°；在弯起钢筋的弯终点外应留有平行于梁轴线方向的锚固长度（如图 4.17所示），在受拉区不应小于 $20d$，在受压区不应小于 $10d$，此处，d 为弯起钢筋的直径；梁底的角部钢筋不应弯起，梁顶角部钢筋不应弯下。

④ 当纵筋的弯起不能满足受弯承载力要求时，可设置如图 4.18(a)所示的"鸭筋"或"吊筋"作为受剪的弯起钢筋，不能采用图 4.18(b)所示的仅在受拉区有较短水平段的"浮筋"，以防止由于弯筋发生较大滑移使斜裂缝有过大的开展，甚至导致斜截面受剪承载力的降低。

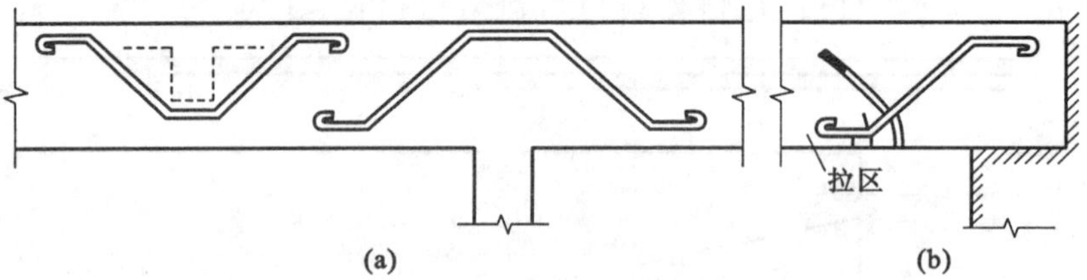

图 4.18　单独弯筋的设置方式

(a) 鸭筋；(b) 浮筋

4.4.4　纵向钢筋的其它构造要求

(1) 纵向钢筋的锚固

当计算中充分利用钢筋的抗拉强度时，受拉钢筋的锚固长度应按下式计算

$$l_a = \alpha \frac{f_y}{f_t} d \tag{4.26}$$

式中　l_a——受拉钢筋的锚固长度，mm；

f_y——钢筋的抗拉强度设计值，N/mm^2；

f_t——混凝土轴心抗拉强度设计值，N/mm^2，按表 1.4 采用；当混凝土强度等级高于 C40 时，按 C40 取值；

d——钢筋的直径，mm；

α——钢筋的外形系数，光面钢筋 α 为 0.16，带肋钢筋 α 为 0.14。

当符合下列条件时，计算的锚固长度应进行修正：

(a) 当 HRB335、HRB400 和 RRB400 级钢筋的直径大于 25 mm 时，其锚固长度应乘以修正系数1.1；

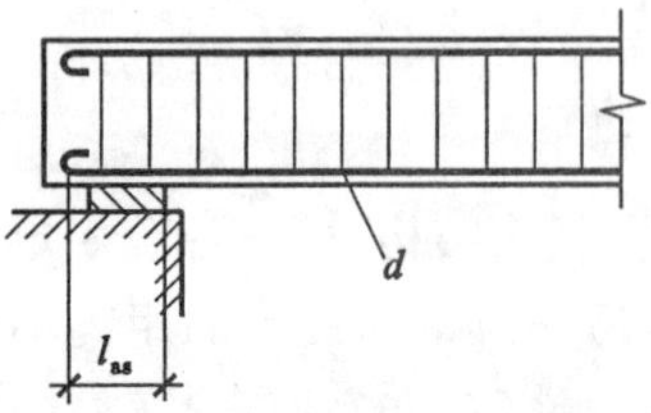

图 4.19　简支梁支座纵筋锚固

(b) 当钢筋在混凝土施工过程中易受扰动（如滑模施工）时，其锚固长度应乘以修正系数1.1。

(2) 纵向钢筋在简支支座处的锚固

钢筋混凝土简支梁和连续梁简支端的下部纵向受力钢筋，其伸入梁支座范围内的锚固长度 l_{as}（图 4.19）应符合下列规定：

(a) 当 $V \leqslant 0.7 f_t b h_0$ 时

$$l_{as} \geqslant 5d$$

(b) 当 $V > 0.7f_t bh_0$ 时

带肋钢筋 $l_{as} \geqslant 12d$

光面钢筋 $l_{as} \geqslant 15d$

此处，d 为纵向受力钢筋的直径。

若纵向受力钢筋伸入梁支座范围的锚固长度不符合上述要求，应采取在钢筋上加焊锚固钢板或将钢筋端部焊接在梁端预埋件上等有效锚固措施。

支撑在砌体结构上的钢筋混凝土独立梁，在纵向受力钢筋的锚固长度 l_{as} 范围内应配置不少于两个箍筋，其直径不宜小于纵向受力钢筋最大直径的 0.25 倍，间距不宜大于纵向受力钢筋最小直径的 10 倍。

(3) 梁中纵向钢筋在梁柱节点的锚固

框架梁上部纵向钢筋伸入中间层端节点的锚固长度，当采用直线锚固形式时，不应小于 l_a，且伸过柱中心线不宜小于 $5d$，d 为梁上部纵向钢筋的直径。当柱截面尺寸不足时，梁上部纵向钢筋应伸至节点对边并向下弯折，其包含弯弧段在内的水平投影长度不应小于$0.4l_a$，包含弯弧段在内的竖直投影长度应取为 $15d$。如图 4.20。

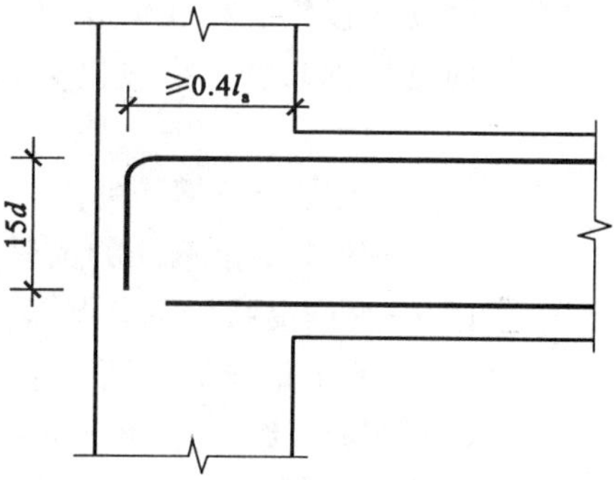

图 4.20 梁上部纵向钢筋在框架中间层端节点内的锚固

框架梁或连续梁的上部纵向钢筋应贯穿中间节点或中间支座范围。

框架梁或连续梁下部纵向钢筋在端节点、中间节点或中间支座处应满足下列锚固要求：

① 当计算中不利用该钢筋的强度时，其伸入节点或支座的锚具长度可按 $V > 0.7f_t bh_0$ 时的简支支座情况处理。

② 当计算中充分利用钢筋的抗拉强度时，下部纵向钢筋应锚固在节点或支座内，采用直线锚固形式(图 4.21(a))时，锚固长度不小于式(4.26)确定的受拉钢筋锚固长度 l_a；下部纵筋也可采用带 90°弯折的锚固形式(图 4.21(b))；下部纵向钢筋也可伸过节点或支座范围，并在梁中弯矩较小处设置搭接接头(图 4.21(c))。l_l 为纵向受拉钢筋的搭接长度，按式(4.27)确定。

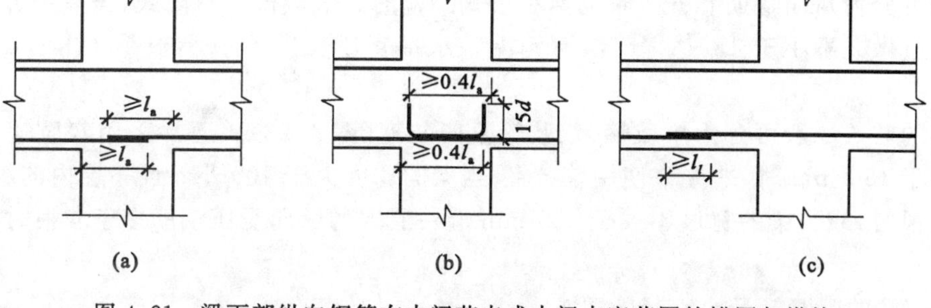

图 4.21 梁下部纵向钢筋在中间节点或中间支座范围的锚固与搭接

(a) 节点中的直线锚固；(b) 节点中的弯折锚固；(c) 节点或支座范围外的搭接

③ 当计算中充分利用钢筋的抗压强度时，下部纵向钢筋应按受压钢筋锚固在中间节点或中间支座内，此时，其直线锚固长度不应小于 $0.7l_a$；下部纵向钢筋也可伸过节点或支座范围，并在梁中弯矩较小处设置搭接接头。

(4) 纵向受力钢筋的连接

由于钢筋长度不足或设置施工缝的要求需采用钢筋接头时，应优先采用机械连接或焊接，机械连接接头和焊接接头的类型及质量应符合国家现行有关标准的规定。

当受拉钢筋的直径大于 28 mm 及受压钢筋的直径大于 32 mm 时，不宜采用绑扎搭接接头。轴心受拉、小偏心受拉杆件以及需进行疲劳验算的构件，其纵向受拉钢筋不得采用绑扎搭接接头。

受力钢筋的接头宜设置在受力较小处。在同一根钢筋上宜少设接头。同一构件中相邻纵向受力钢筋的接头宜相互错开。

纵向受拉钢筋绑扎搭接接头的搭接长度应按下式计算

$$l_l = \zeta l_a \tag{4.27}$$

式中 l_l——纵向受拉钢筋的搭接长度，mm；

l_a——纵向受拉钢筋的锚固长度，mm，按式(4.26)确定；

ζ——纵向受拉钢筋搭接长度修正系数。当位于同一连接区段内的钢筋搭接接头面积低于钢筋截面面积的 25%时，$\zeta=1.2$。

粗、细钢筋搭接时，按粗钢筋截面积计算接头面积百分率，按细钢筋直径计算搭接长度。

在任何情况下，纵向受拉钢筋绑扎搭接接头的搭接长度均不应小于 300 mm。

构件中的纵向受压钢筋，当采用搭接连接时，其受压搭接长度不应小于 $0.7l_l$，且在任何情况下不应小于 200 mm。

在纵向受力钢筋搭接长度范围内应配置箍筋，其直径不应小于搭接钢筋较大直径的 0.25 倍。当钢筋受拉时，箍筋间距不应大于搭接钢筋较小直径的 5 倍，且不应大于 100 mm；当钢筋为受压时，箍筋间距不应大于搭接钢筋较小直径的 10 倍，且不应大于 200 mm。当受压钢筋直径 $d>25$ mm 时，尚应在搭接接头两个端面外 100 mm 范围内各设置两个箍筋，以防止产生局部挤压裂缝。

4.4.5 箍筋的构造要求

(1) 箍筋的形式与肢数

箍筋可分为封闭箍筋和开口箍筋两种形式。箍筋一般应做成封闭式，当采用绑扎骨架时，箍筋末端应做成不小于 135°的弯钩，弯钩端头水平直段长度不应小于 $5d$(此处 d 为箍筋直径)。

箍筋的肢数一般可分为单肢箍、双肢箍及四肢箍(图 4.22)。通常采用双肢箍，只有当梁的宽度小于 150 mm 时，才允许使用单肢箍；当梁的宽度大于 400 mm 且一层内的纵向受压钢筋多于 3 根时，或当梁的宽度不大于 400 mm 但一层内的纵向受压钢筋多于 4 根时，应设置复合箍筋。

(2) 箍筋的间距及最小直径的要求

箍筋的间距除应按计算确定外，尚应符合下列规定：

① 梁中箍筋的最大间距宜符合表 4.1 的规定。当 $V>0.7f_tbh_0$ 时，箍筋的配筋率 ρ_{sv} 尚不

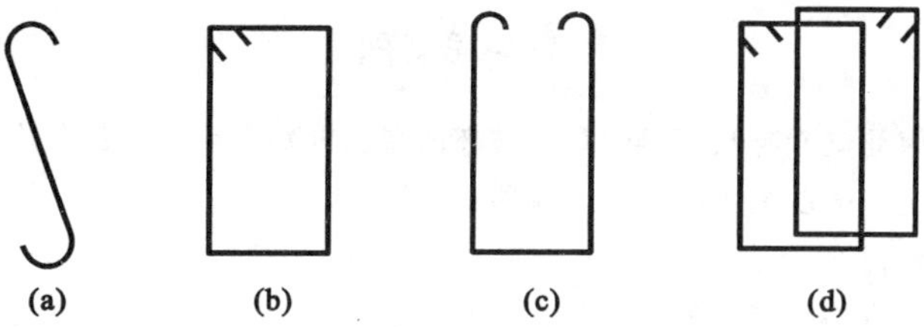

图 4.22　箍筋的形式

(a) 单肢箍；(b) 封闭双肢箍；(c) 开口双肢箍；(d) 四肢箍

应小于 $0.24f_t/f_{yv}$。

② 当梁中配有按计算需要的纵向受压钢筋时，箍筋应做成封闭式，其间距不应大于 $15d$（此处 d 为纵向受压钢筋的最小直径），同时不应大于 400 mm；当一层内的纵向受压钢筋多于 5 根且直径大于 18 mm 时，箍筋的间距不应大于 $10d$。

梁中纵向受力钢筋搭接长度范围内的箍筋间距应符合第 4.4.4 节的有关规定。

箍筋的最小直径参见表 4.2，但当梁内配有计算需要的纵向受压钢筋时，箍筋直径尚不小于 $0.25d$（此处 d 为受压纵筋的最大直径）。

(3) 箍筋的设置

按计算不需要箍筋的梁，当截面高度 $h>300$ mm 时，应沿梁全长设置箍筋；当截面高度 $h=150\sim300$ mm时，可仅在构件端部各四分之一跨度范围内设置箍筋；但当在构件中部二分之一跨度范围内有集中荷载作用时，则应沿梁全长设置箍筋；当截面高度$h<150$ mm时，可不设箍筋。

小　　结

(1) 钢筋混凝土受弯构件按剪跨比和配筋率的不同，斜截面主要有斜拉、剪压和斜压三种破坏形态。它们均为脆性破坏，其中斜拉和斜压破坏形态不允许采用，设计时应通过构造措施加以防止。受剪承载力计算公式仅适用于剪压破坏形态。

(2) 影响斜截面承载力的主要因素有剪跨比 λ（跨高比 l/h），纵筋配筋率 ρ，配箍率 ρ_{sv}及混凝土强度 f_c、f_t等。通过试验得出抗剪强度与各因素的关系式，从而可建立受剪承载力计算公式(4.18)和式(4.19)。

(3) 受剪承载力计算公式的适用条件为：截面尺寸应符合公式(4.20)和式(4.22)，否则应加大截面。计算所得的配箍率应满足最小配箍率式(4.23)的要求。

(4) 受弯构件通过正截面抗弯计算和斜截面抗剪计算，只是从理论上保证了强度，在实践工程中，还应该考虑经验和经济合理等因素，采取构造措施来保证质量。

(5) 斜截面受剪承载力计算公式是以剪压破坏的受力特征为依据建立的，因此应采取相应构造措施防止斜压破坏和斜拉破坏的发生，即截面尺寸不能太小，箍筋的最大间距、最小直径及配箍率应满足构造要求。

(6) 钢筋混凝土受弯构件的设计，不仅要满足计算要求，而且应采取必要的构造措施来满足受弯、受剪及粘结锚固的要求。弯起钢筋的弯起点位置、纵筋的截断位置以及有关纵筋的锚固与搭接、箍筋的构造要求等，在设计中均应予以足够的重视。

复习思考题

4.1 钢筋混凝土无腹筋梁和有腹筋梁斜截面破坏的特点分别是什么？各有几种类型？

4.2 影响梁斜截面抗剪强度的主要因素有哪些？

4.3 剪跨比是什么？何时考虑？

4.4 无腹筋梁计算斜截面承载力的公式是什么？

4.5 有腹筋梁计算斜截面承载力的公式是什么？

4.6 为什么梁一般在跨中产生垂直裂缝而在支座附近产生斜裂缝？

4.7 将梁中一部分纵筋弯起用于抗剪时，应考虑哪些问题？

4.8 如何确定连续梁或框架梁中负弯矩钢筋的截断位置？

4.9 试绘出图 4.23 中所示梁的斜裂缝的大致位置和方向。

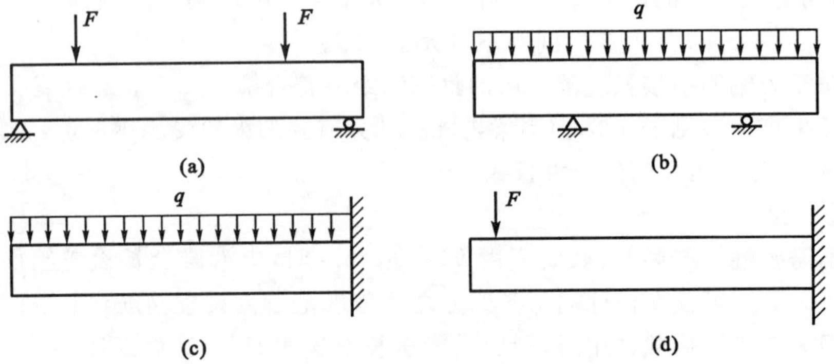

图 4.23 复习思考题 4.9 附图

(a) 简支梁；(b) 双伸臂梁；(c) 、(d) 悬臂梁

4.10 为什么受力纵筋伸入支座内的长度不应小于锚固长度 l_{as}？

习 题

4.1 矩形截面悬臂梁，截面尺寸 $b\times h=200$ mm×600 mm，$h_0=565$ mm。在距支座边缘截面 1.8 m 处，作用有集中荷载 $p=50$ kN(设计值)，混凝土强度等级为 C20，箍筋用 HPB235 级，求此梁所需配置的箍筋。

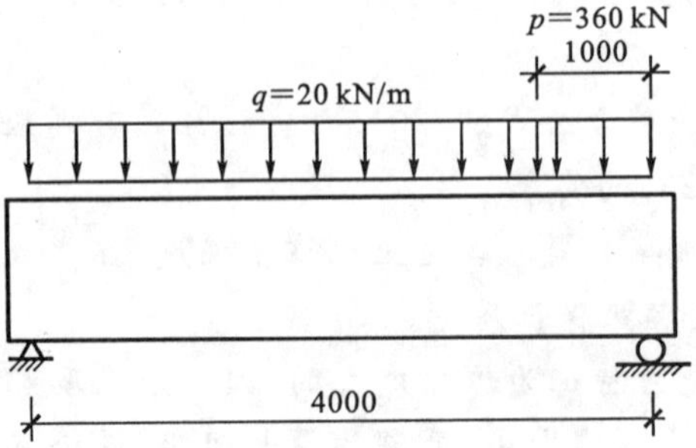

图 4.24 习题 4.2 附图

4.2 矩形截面简支梁，截面尺寸 $b\times h=300$ mm×600 mm，荷载见图 4.24。集中荷载设计值 $p=360$ kN，均布荷载设计值 $q=20$ kN/m。混凝土强度等级为 C20，纵向钢筋采用 HRB335 级，箍筋用 HPB235 级，要求：(a) 仅配箍筋，计算箍筋直径及间距；(b) 若既配箍筋又配弯筋，如何配置？

4.3 钢筋混凝土 T 形简支梁，跨度为 5 m，截面尺寸如图 4.25 所示。承受集中荷载设计值为 500 kN(包含自重)，混凝土为 C30，箍筋用 HPB235 级，试求箍筋数量。

4.4 矩形截面简支梁，截面尺寸 $b=250$ mm，$h=600$ mm，净跨 $l_n=6300$ mm，梁上承受均布荷载 $q=56$ kN/m(包括梁自重)。纵筋采用 HRB335 级钢筋，箍筋采用 HPB235 级钢筋，混凝土强度等级为 C25，经正截面承载力计算已配纵向受力钢筋 4Φ22+2Φ20。试确定腹筋的数量。

4.5 截面尺寸、净跨、混凝土强度等级、所配纵筋均同习题 4.4 的梁。试求当配置箍筋分别为ϕ8@150

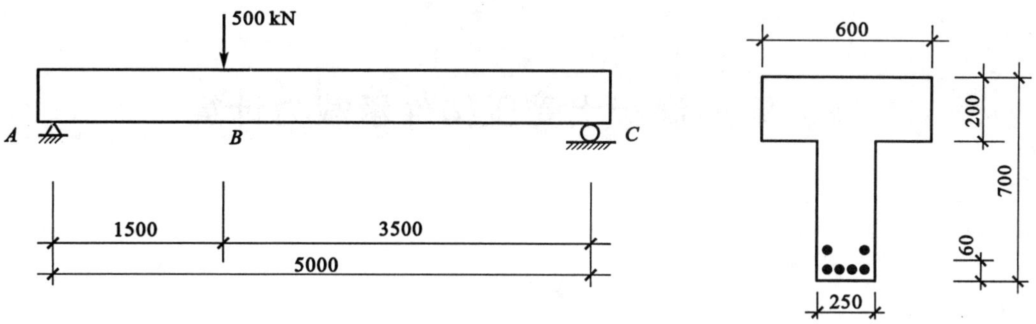

图 4.25　习题 4.3 附图

及Φ 6 @200 时，该梁所能承受的均布荷载设计值 q 各为多少？

4.6　对于习题 4.4 的梁，当箍筋通长配置Φ 6 @150 时，试确定梁的纵向弯起钢筋，并绘出梁的抵抗弯矩图、梁的配筋图及钢筋表。

5 钢筋混凝土受压构件承载力计算

本章提要

(1) 掌握轴心受压构件的正截面承载力计算和构造要求。

(2) 掌握偏心受压构件的破坏特征、纵向弯曲对偏心受压构件的影响。

(3) 掌握矩形截面(对称配筋和非对称配筋)偏心受压构件的正截面承载力计算和构造要求。

(4) 了解I形截面的承载力计算公式。

(5) 掌握偏心受压构件的斜截面承载力计算。

土建结构中以承受纵向压力为主的构件称为受压构件。钢筋混凝土构件中最常见的受压构件为钢筋混凝土柱,另外高层建筑中的剪力墙,屋架的受压弦杆、腹杆等也属于受压构件。

钢筋混凝土受压构件按照纵向压力作用位置的不同,分为轴心受压和偏心受压两种类型。当纵向压力 N 的作用线与构件截面形心轴线重合时称为轴心受压构件(见图 5.1(a));当纵向压力 N 的作用线与构件截面形心轴线不重合或构件截面上既有轴心压力,又有弯矩、剪力作用时称为偏心受压构件(见图 5.1(b))。在构件截面上,当弯矩 M 和轴力 N 共同作用时,可看成为是具有偏心距为 e_0($e_0=M/N$)的纵向压力 N 作用的偏心受压构件。

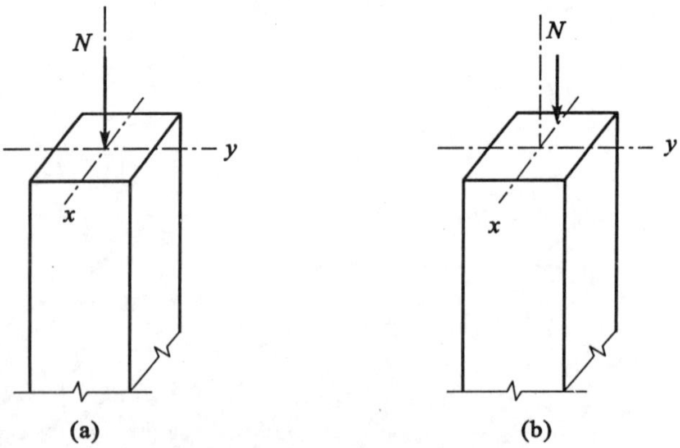

图 5.1 受压构件的类型

(a) 轴心受压构件;(b) 偏心受压构件

5.1 轴心受压构件正截面承载力计算

钢筋混凝土轴心受压柱按箍筋的形式不同分为两种类型，配置普通箍筋柱和配置螺旋箍筋（或环式焊接箍筋）柱（见图 5.2）。轴心受压构件中纵筋的作用是帮助混凝土共同承担压力，并承受由于荷载的偏心或其它因素引起的弯矩。箍筋的主要作用是与纵筋形成空间骨架，防止纵筋在混凝土压碎前屈服，保证纵筋与混凝土共同工作。螺旋形箍筋由于对混凝土有较强的环向约束，还可提高构件的承载力和延性。

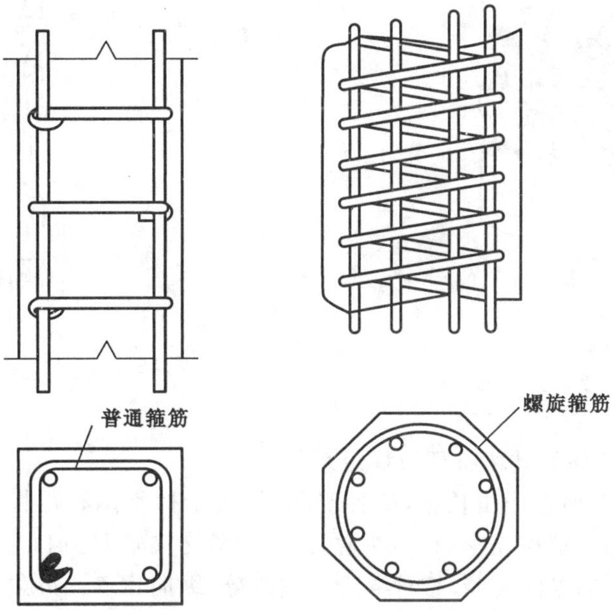

图 5.2　普通箍筋柱和螺旋箍筋柱

5.1.1　配置普通箍筋的轴心受压构件

5.1.1.1　试验研究分析

根据构件长细比（构件计算长度 l_0 与构件截面回转半径 i 之比）的不同，轴心受压柱分为短柱（对一般截面，$\frac{l_0}{i}\leqslant 28$；对矩形截面，$\frac{l_0}{b}\leqslant 8$，$b$ 为截面宽度）和长柱。

(1) 轴心受压短柱的受力特点及破坏特征

试验证明：配有纵筋和箍筋的短柱，在荷载作用下整个截面的应变分布是均匀的，随着荷载增加应变也迅速增加。最后构件的混凝土达到极限压应变，柱子出现纵向裂缝，箍筋间的纵向钢筋向外凸出，构件因混凝土的压碎而破坏。

在长期荷载试验中，短柱破坏时一般是纵筋先达到屈服强度，此时荷载仍可继续增加，最后混凝土达到极限压应变，构件破坏。在采用高强钢筋时，可能在混凝土达到极限压应变 0.002 mm时，钢筋还没有达到屈服强度。短柱破坏时钢筋的最大压应力 $\sigma_s'=0.002\ E_s=0.002\times 2\times 10^5=400\ \text{N/mm}^2$，对于屈服强度高于 400 N/mm^2 的钢筋，其抗压强度设计值只能取$f'_y=400\ N/mm^2$，钢筋的强度没有被充分利用。因此，在轴心受压柱中采用高强度钢筋是不经济的。

总之，在轴心受压短柱中，不论受压钢筋在构件破坏时是否屈服，构件的最终承载力都是由混凝土的压碎来控制的。在临近破坏时，短柱四周出现明显的纵向裂缝，箍筋间的纵向钢筋发生压曲外鼓，呈灯笼状(见图5.3)，最终以混凝土被压碎而告破坏。

图5.3 轴心受压短柱的破坏形态

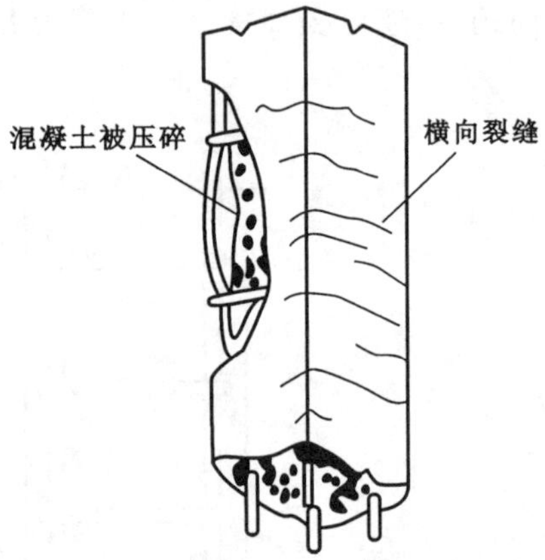

图5.4 轴心受压长柱的破坏形态

(2) 轴心受压长柱的破坏特征及稳定系数φ

对于钢筋混凝土轴心受压长柱，构件受荷后，由于初始偏心距将产生附加弯矩和侧向挠度，侧向挠度和附加弯矩相互影响，不断增大，长柱最终在轴向力和弯矩共同作用下破坏。破坏时，首先从凹边出现纵向裂缝，接着混凝土被压碎，纵向钢筋向外鼓出，挠度急速发展，柱失去平衡状态发生破坏(见图5.4)。

试验证明：长柱的破坏荷载低于相同条件下短柱的破坏荷载。《混凝土结构设计规范》采用一个降低系数φ来反映这种承载力随长细比增大而降低的现象，称之为"稳定系数"。稳定系数φ的大小与构件的长细比有关，表5.1给出了稳定系数φ的数值。

表5.1 钢筋混凝土轴心受压构件的稳定系数φ

l_0/b	≤8	10	12	14	16	18	20	22	24	26	28
l_0/d	≤7	8.5	10.5	12	14	15.5	17	19	21	22.5	24
l_0/i	≤28	35	42	48	55	62	69	76	83	90	97
φ	1.0	0.98	0.95	0.92	0.87	0.81	0.75	0.70	0.65	0.60	0.56
l_0/b	30	32	34	36	38	40	42	44	46	48	50
l_0/d	26	28	29.5	31	33	34.5	37.5	38	40	41.5	43
l_0/i	104	111	118	125	132	139	146	153	160	167	174
φ	0.52	0.48	0.44	0.40	0.36	0.32	0.29	0.26	0.23	0.21	0.19

注：表中l_0为构件的计算长度；b为矩形截面的短边尺寸；d为圆形截面的直径；i为截面最小回转半径。

构件的计算长度 l_0 可按《混凝土结构设计规范》第 7.3.11 条的规定采用。

对于一般多层房屋中梁柱为刚接的框架结构各层柱段，其计算长度 l_0 按表 5.2 的规定取用。

表 5.2　框架结构各层柱段的计算长度

楼盖类型	柱的类别	计算长度
现浇楼盖	底层柱	$1.0H$
	其余各层柱	$1.25H$
装配式楼盖	底层柱	$1.25H$
	其余各层柱	$1.5H$

注：表中 H 对底层柱为从基础顶面到一层楼盖顶面的高度；对其余各层柱为上、下两层楼盖顶面之间的高度。

5.1.1.2　正截面承载力计算公式

轴心受压构件的正截面承载力按下式计算

$$N \leqslant 0.9\varphi(f_c A + f_y' A_s') \tag{5.1}$$

式中　N—— 轴向压力设计值，N；

φ——钢筋混凝土构件的稳定系数，按表 5.1 取用；

f_c——混凝土轴心抗压强度设计值，N/mm^2；

A_s'——全部纵向钢筋的截面面积，mm^2；

A—— 构件截面面积，mm^2。

当纵向受压钢筋配筋率 ρ' 大于 3%时，公式(5.1)中 A 应改用($A-A_s'$)代替。

5.1.1.3　构造要求

(1) 材料强度等级

混凝土强度等级对受压构件承载力影响较大，宜采用高强度混凝土，一般柱中采用 C20 或 C20 以上等级混凝土。对于高层建筑的底层柱，必要时采用更高强度等级的混凝土。受压构件不宜采用高强度钢筋，一般采用 HPB235 级、HRB335 级或 HRB400 级钢筋。

(2) 截面形式及尺寸

轴心受压构件一般采用方形截面，也可根据需要采用矩形截面、圆形截面等。柱截面最小边长不宜小于 350 mm，构件长细比 $\frac{l_0}{b} \leqslant 30$。此外，为了施工方便，当截面尺寸小于等于 800 mm时，以 50 mm 为模数；当截面尺寸大于 800 mm 时，以 100 mm 为模数。

(3) 纵向钢筋

柱中全部纵向受力钢筋的配筋率不宜大于 5%，纵向受力钢筋的直径 d 不宜小于 12 mm，圆柱中纵向钢筋宜沿周边均匀布置，根数不宜多于 8 根，且不应少于 6 根。当偏心受压柱的截面高度 $h \geqslant 600$ mm 时，在柱的侧面上应设置直径为 10～16 mm 的纵向构造钢筋，并相应设置复合箍筋或拉筋。柱中纵向受力钢筋的净间距不应小于 50 mm，对水平浇筑的预制柱，其纵向钢筋的最小净间距可按梁的有关规定取用。在偏心受压柱中，垂直于弯矩作用平面的侧面上的纵向受力钢筋以及轴心受压柱中各边的纵向受力钢筋，其中距不应大于 300 mm。

(4) 箍筋

箍筋应采用封闭式，以保证构件在破坏阶段箍筋对混凝土和纵向钢筋的侧向约束作用。

箍筋采用热轧钢筋时，其直径不应小于 6 mm，且不应小于$\frac{d}{4}$；采用冷拔低碳钢丝时，不应小于 5 mm，且不应小于$\frac{d}{5}$（d 为纵向钢筋的最小直径）。

箍筋的间距 s 不应大于截面短边尺寸，且不大于 400 mm，同时不应大于 $15d$（d 为纵向钢筋的最小直径）。当柱中全部纵向钢筋配筋率大于 3%时，箍筋直径不应小于 8 mm，间距不应大于 $10d$，且不大于 200 mm。

当柱每边的纵向受力钢筋不多于 3 根（或当柱短边尺寸 $b \leqslant 400$ mm 而纵筋不多于 4 根）时，可采用单个箍筋；否则应设复合箍筋，见图 5.5。

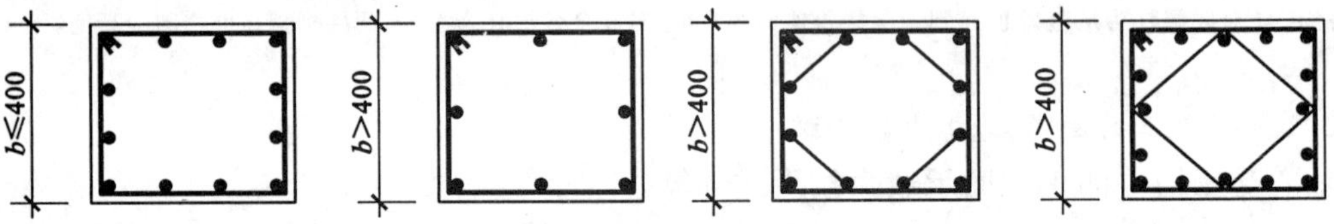

图 5.5　轴心受压构件的箍筋

5.1.1.4　*设计计算方法及实例*

(1) 截面设计

已知：轴向力设计值 N，柱的计算长度 l_0 和材料的强度等级 f_c、f_y'。计算柱的截面尺寸 $b \times h$ 及配筋 A_s'。

此时，A_s'、A、φ 均为未知数，有许多组解答。求解时先假设 $\varphi=1$，$\rho'=0.6\%\sim2\%$，估算出 A，然后利用式(5.1)确定出 A_s'。

【例 5.1】　某钢筋混凝土柱，承受轴心压力设计值 $N=2400$ kN，柱的计算长度 $l_0=4.8$ m，选用 C30 混凝土（$f_c=14.3$ N/mm²），HRB335 级纵向钢筋（$f_y'=300$ N/mm²），HPB235 级箍筋。试设计该柱的截面并配置钢筋。

【解】　(1) 估算截面尺寸

设 $\varphi=1$，$\rho'=1\%$，查得 $f_c=14.3$ N/mm²，$f_y'=300$ N/mm²，由式(5.1)得

$$A=\frac{N}{0.9\varphi(f_c+f_y'\rho')}=\frac{2400\times10^3}{0.9\times1\times(14.3+300\times1\%)}=154142.6\ \text{mm}^2$$

方形截面边长 $b=h=\sqrt{154142.6}=392.6$ mm，取 $b=400$ mm。

(2) 求稳定系数 φ

$\frac{l_0}{b}=\frac{4800}{400}=12$，查表 5.1 得 $\varphi=0.95$。

(3) 计算纵向钢筋

$$A_s'=\frac{\frac{N}{0.9\varphi}-f_cA}{f_y'}=\frac{\frac{2400\times10^3}{0.9\times0.95}-14.3\times400\times400}{300}$$
$$=1730\ \text{mm}^2$$

纵向受压钢筋选 4 Φ 18＋4 Φ 16（$A_s'=1017+804=1821$ mm²），$\rho'=\frac{A_s'}{A}=\frac{1821}{400\times400}=$

1.14%>0.6%且<3%。箍筋选用Φ6@300双肢箍，符合构造要求。柱的配筋图见图5.6。

(2) 承载力校核

已知：柱的截面尺寸 $b \times h$ 及配筋 A_s'，柱的计算长度 l_0，材料强度等级 f_c、f_y'。求柱所能承担的轴向压力设计值 N_u。

直接用式(5.1)求解。

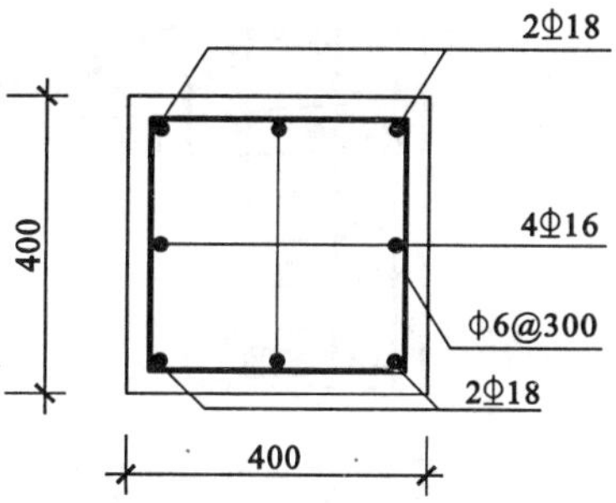

图5.6　例5.1配筋图

【例5.2】　某多层框架二层钢筋混凝土轴心受压柱(装配式楼盖)，二层层高为3.6 m。柱的截面尺寸为350 mm×350 mm，混凝土强度等级为C25($f_c=11.9\ \text{N/mm}^2$)，已配置4Φ20($A_s'=1256\ \text{mm}^2$，$f_y'=300\ \text{N/mm}^2$)纵向受力钢筋。求该柱所能承担的轴向压力设计值 N_u。

【解】　(1) 求稳定系数 φ

查表5.2，柱的计算长度 $l_0=1.5\times3.6=5.4$ m。

$\dfrac{l_0}{b}=\dfrac{5400}{350}=15.4$，查表5.1得 $\varphi=0.885$。

(2) 求轴向压力设计值 N_u

$$\rho'=\frac{A_s'}{A}=\frac{1256}{350\times350}=1.03\%>0.6\%\text{且}<3\%$$

$$N_u=0.9\varphi(f_cA+f_y'A_s')=0.9\times0.885\times(11.9\times350\times350+300\times1256)$$
$$=1.461\times10^6\ \text{N}=1461\ \text{kN}$$

5.1.2　配置螺旋箍筋的轴心受压构件

当柱承受较大的轴向受压荷载，且截面尺寸受到限制，按照配置普通箍筋的柱来计算，即使提高了混凝土的强度等级和增加了纵筋配筋量也不能满足承载力要求时，可考虑采用螺旋式箍筋(或焊接环式箍筋)柱来提高构件的承载力。配置螺旋式箍筋(或焊接环式箍筋)柱由于施工较麻烦，一般较少采用。

5.1.2.1　*正截面承载力计算公式*

《混凝土结构设计规范》规定，配置螺旋式箍筋(或焊接环式箍筋)的轴心受压构件，如图5.7所示，其正截面承载力按下列公式计算：

$$N\leqslant0.9(f_cA_{cor}+f_y'A_s'+2\alpha f_yA_{ss0})\tag{5.2}$$

$$A_{ss0}=\frac{\pi d_{cor}A_{ss1}}{s}\tag{5.3}$$

式中　f_y——间接钢筋(箍筋)的抗拉强度设计值，N/mm²；

A_{cor}——构件的核心截面面积：间接钢筋内表面范围内的混凝土面积，mm²；

A_{ss0}——间接钢筋的换算截面面积，mm；

d_{cor}——构件的核心截面直径：间接钢筋内表面的距离，mm；

A_{ss1}——单根间接钢筋(箍筋)的截面面积，mm；

s——间接钢筋(箍筋)沿构件轴线方向的间距，mm；

α——间接钢筋对混凝土约束的折减系数：当混凝土强度等级不超过C50时，取1.0；当混凝土强度等级为C80时，取0.85；其间按线性内插法取用。

5.1.2.2 注意事项及构造要求

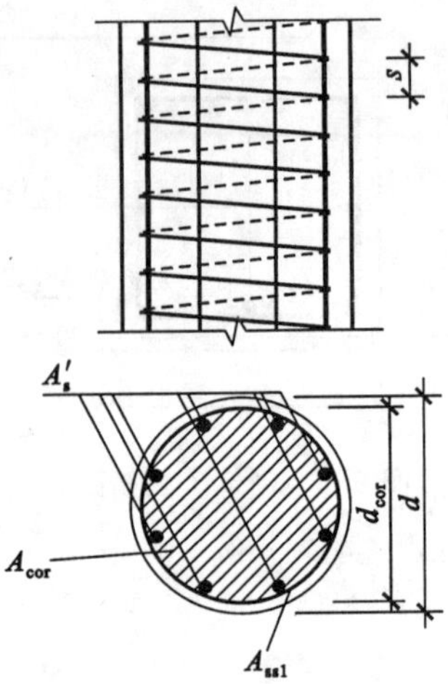

图 5.7 配置螺旋式箍筋的轴心受压构件截面

(1) 为防止混凝土保护层过早剥落，《混凝土结构设计规范》规定，按式(5.2)算得的构件受压承载力设计值不应大于按公式(5.1)算得的构件受压承载力设计值的 1.5 倍。

(2) 当遇到下列任一种情况时，不应计入间接钢筋的影响，应按式(5.1)进行计算：

① 当 $l_0/d>12$ 时；

② 当按公式(5.2)算得的构件受压承载力小于按公式(5.1)算得的构件受压承载力时；

③ 当间接钢筋的换算截面面积 A_{ss0} 小于纵向钢筋的全部截面面积的 25%时。

(3) 螺旋式箍筋柱的截面尺寸常做成圆形或正多边形，纵向钢筋可选用 6～8 根沿截面周边均匀布置：螺旋箍筋的间距不应大于 80 mm 及 $d_{cor}/5$，且不宜小于 40 mm。

5.1.2.3 设计实例

【例 5.3】 某钢筋混凝土轴心受压圆形截面柱，柱直径 $d=500$ mm，柱的计算长度 $l_0=5.25$ m。承受轴向压力设计值 $N=2800$ kN，混凝土强度等级为 C25($f_c=11.9$ N/mm²)，采用 HRB335 级纵向钢筋($f_y'=300$ N/mm²)，HPB235 级螺旋箍筋($f_y=210$ N/mm²)，柱混凝土保护层厚度为 25 mm。求该螺旋箍筋柱的配筋。

【解】 (1) 计算 A_{cor} 及 A_{ss0}

$$d_{cor}=500-2\times25=450\ \text{mm}$$

$$A_{cor}=\pi d_{cor}^2/4=3.14\times450^2/4=158963\ \text{mm}^2$$

选用螺旋箍筋φ8($A_{ss1}=50.3$ mm²)，间距 $s=60$ mm>40 mm

$$<80\ \text{mm 且}<\frac{d_{cor}}{5}=90\ \text{mm}$$

$$A_{ss0}=\frac{\pi d_{cor}A_{ss1}}{s}=\frac{3.14\times450\times50.3}{60}=1185\ \text{mm}^2$$

(2) 计算纵向钢筋面积

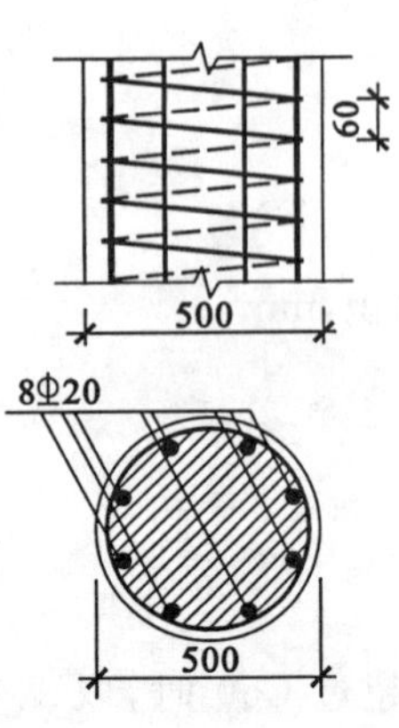

图 5.8 例 5.3 配筋图

$$A_s'=\frac{\frac{N}{0.9}-f_cA_{cor}-2\alpha f_yA_{ss0}}{f_y'}$$

$$=\frac{\frac{2800\times10^3}{0.9}-11.9\times158963-2\times1\times210\times1185}{300}$$

$$=2406\ \text{mm}^2$$

选 8Φ20($A_s'=2513$ mm²)。

(3) 验算

$$\rho'=\frac{A_s'}{A}=\frac{2513\times4}{3.14\times350\times350}=1.3\%>0.6\%\ \text{且}<5\%$$

$$A_{ss0}=1185\ \text{mm}^2>25\%\times2513=628\ \text{mm}^2$$

$\frac{l_0}{d}=\frac{5.25}{0.5}=10.5$，查表 5.1 得 $\varphi=0.95$。

$$N=2800\ \text{kN}>0.9\varphi(f_cA+f_y'A_s')$$
$$=0.9\times0.95\times\left(11.9\times\frac{3.14\times500^2}{4}+300\times2513\right)$$
$$=2.641\times10^6\ \text{N}=2641\ \text{kN}$$

且
$$<1.5\times0.9\varphi(f_cA+f_y'A_s')$$
$$=1.5\times0.9\times0.95\times\left(11.9\times\frac{3.14\times500^2}{4}+300\times2513\right)$$
$$=3.962\times10^6\ \text{N}=3962\ \text{kN}$$

柱的配筋图见图 5.8。

5.2 偏心受压构件的受力性能

5.2.1 偏心受压构件的破坏特征

试验证明：偏心受压构件的最终破坏都是由于受压区混凝土被压碎而造成的。由于引起混凝土被压碎的原因不同，其破坏特征也不同，因此可将偏心受压构件的破坏特征分为两类：大偏心受压破坏和小偏心受压破坏。

(1) 大偏心受压破坏(受拉破坏)

当偏心距较大且受拉钢筋配置不太多时发生大偏心受压破坏。在偏心压力 N 的作用下，离压力较远的一侧的截面受拉，离压力较近的一侧的截面受压。随着压力 N 的增加，首先在混凝土受拉区出现横向裂缝，裂缝不断发展和加宽，裂缝截面处拉力完全由钢筋承担，受拉钢筋先达到屈服。随着荷载继续增加，裂缝逐渐加宽并向受压一侧延伸，受压区高度缩小。最后，受压边缘混凝土达到极限压应变 ε_{cu}，出现纵向裂缝，受压区混凝土被压碎而导致构件破坏。破坏时，混凝土压碎区较短，受压钢筋一般都能屈服。

从以上分析可以看出，大偏心受压构件的破坏形态与适筋受弯构件的破坏形态完全相同：受拉钢筋首先达到屈服，然后是受压钢筋达到屈服，最后由于受压区混凝土压碎而导致构件破坏。构件破坏前有明显预兆，裂缝开展显著，变形急剧增大，其破坏属于塑性破坏。由于这种破坏是从受拉区开始的，故又称为“受拉破坏”。

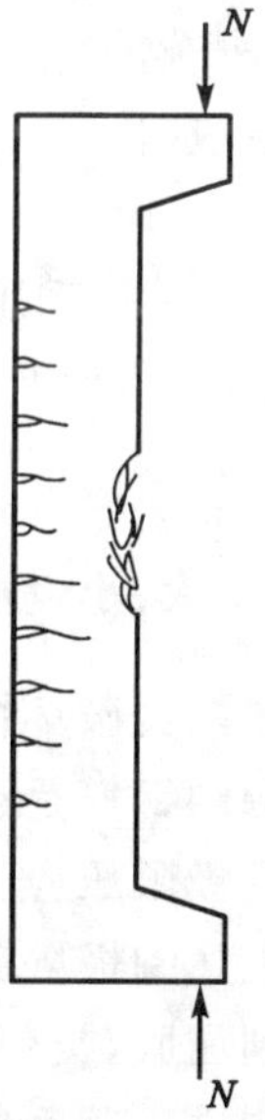

图 5.9 大偏心受压破坏形态

大偏心受压构件的破坏形态见图 5.9 所示。

(2) 小偏心受压破坏(受压破坏)

当荷载的偏心距较小或者偏心距较大但受拉钢筋配置过多时，构件将发生小偏心受压破坏。发生小偏心受压破坏的截面应力状态有两种类型：

第一种是偏心距很小，构件全截面受压。此时离纵向压力 N 较近一侧的混凝土压应力较大，离纵向压力 N 较远一侧的混凝土压应力较小。构件的破坏是由于受压较大一侧的混凝土压碎而引起的，构件破坏时离纵向压力较近一侧的受压钢筋达到屈服，离纵向压力较远一侧的受压钢筋没有达到屈服。

图 5.10　小偏心受压破坏形态

第二种是当偏心距较小或者偏心距较大但受拉钢筋配置过多时，截面处于大部分受压而小部分受拉的状态。随着荷载的增加，构件受拉区虽然会出现横向裂缝但发展较为缓慢，构件的破坏是由于受压区混凝土的压碎而引起的(压碎区域较大)，构件破坏时受压一侧的纵向受压钢筋达到屈服，而受拉一侧的纵向受拉钢筋没有达到屈服。

上述两种小偏心受压破坏的共同特征是：构件破坏都是由受压区混凝土压碎引起的，离纵向压力较近一侧的受压钢筋达到屈服，离纵向压力较远一侧的钢筋无论是受压还是受拉，均没有达到屈服。构件破坏前没有明显预兆，属于脆性破坏，并且混凝土强度越高，破坏越突然。由于这种破坏是从受压区开始的，故又称为“受压破坏”。

小偏心受压构件的破坏形态见图 5.10 所示。

小偏心受压构件中离纵向力较远一侧钢筋在构件破坏时的应力，可采用下列近似公式进行计算

$$\sigma_s = \frac{f_y(\xi - 0.8)}{\xi_b - 0.8} \tag{5.4}$$

式中　ξ——截面的相对受压区高度，mm；

　　　ξ_b——截面的界限相对受压区高度，mm。

钢筋应力还应符合：

$$-f_y' \leqslant \sigma_s \leqslant f_y \tag{5.5}$$

式中　f_y'、f_y——受压钢筋和受拉钢筋的强度设计值，N/mm^2。

当 σ_s 为拉应力且其值大于 f_y 时，取 $\sigma_s = f_y$；当 σ_s 为压应力且其绝对值大于 f_y 时，取 $\sigma_s = -f_y'$。

5.2.2　大、小偏心受压破坏的界限

从上述两类破坏情况可见，大、小偏心受压之间的根本区别是：构件截面破坏时，离纵向压力较远一侧的钢筋是否达到屈服。大偏心受压时，受拉钢筋先屈服，而后受压钢筋达到屈服及混凝土达到极限压应变而破坏，犹如受弯构件正截面适筋破坏；小偏心受压时，受压钢筋屈服，受压混凝土达到极限压应变而破坏，而离纵向压力较远一侧的钢筋，可能受拉，也可能受压，但均没有达到屈服，类似与受弯构件正截面的超筋破坏。因此，大、小偏心受压破坏的界限，仍可采用受弯构件正截面中的超筋与适筋的界限予以划分，即界限破坏时，$\xi = \xi_b$。

把界限破坏归类于大偏心受压破坏，则：

当 $\xi \leqslant \xi_b$ 或 $x \leqslant \xi_b h_0$ 时，为大偏心受压破坏；

当 $\xi > \xi_b$ 或 $x > \xi_b h_0$ 时，为小偏心受压破坏。

5.2.3 附加偏心距 e_a

由于荷载作用位置的不准确性、混凝土质量的非均匀性、配筋的不对称以及施工偏差等原因，构件往往会产生附加的偏心距 e_a，这种附加偏心距对受压构件承载力影响较大。因此，《混凝土结构设计规范》规定：在偏心受压构件的正截面承载力计算中，应考虑轴向压力在偏心方向存在的附加偏心距 e_a，其值应取 20 mm 或偏心方向截面尺寸的 1/30 两者中的较大值。

考虑附加偏心距后，在计算偏心受压构件正截面承载力时，应将轴向力作用点至截面形心的偏心距离取为 e_i，e_i 称为初始偏心距，即

$$e_i = e_0 + e_a \tag{5.6}$$

5.2.4 偏心距增大系数 η

钢筋混凝土柱在承受偏心受压荷载后，会产生纵向弯曲变形，其侧向挠度为 a_f（见图 5.11），侧向挠度还会产生附加弯矩。因此，在承载力计算时应考虑构件挠曲产生的附加弯矩对纵向压力偏心距的影响，将纵向压力的初始偏心距 e_i 乘以偏心距增大系数 η。

钢筋混凝土偏心受压柱，按长细比的不同分为短柱、长柱和细长柱。

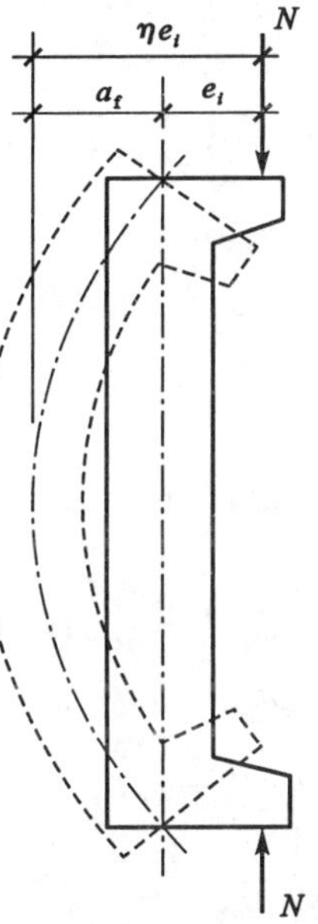

图 5.11 偏心受压柱侧向挠曲

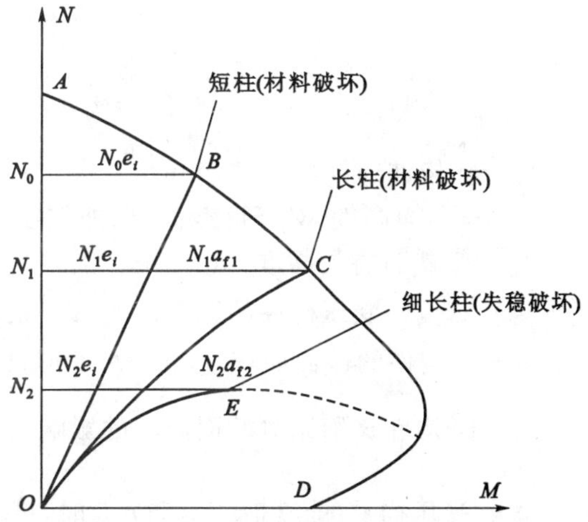

图 5.12 偏心受压柱的各种破坏

(1) 短柱 《混凝土结构设计规范》规定：对矩形、T 形和 I 形截面偏心受压构件，当 $\frac{l_0}{h} \leqslant 8$（$l_0$ 为构件的计算长度，h 为弯矩作用平面的截面高度）时，属于短柱。短柱由于长细比较小，侧向挠度 a_f 和初始偏心距 e_i 相比可忽略不计，可以不考虑纵向弯曲引起的附加偏心距的影响。短柱的 M 与 N 为线性关系（见图 5.12 中曲线 OB），当曲线与截面强度曲线相交时（B 点），材料达到极限强度，构件破坏。

(2) 长柱 当 $8 < \frac{l_0}{h} \leqslant 30$ 时，属于长柱。长柱的长细比较大，侧向挠度 a_f 产生的附加弯矩不能忽略。长柱的 M 较 N 增长快，M 与 N 不为线性关系（见图 5.12 中曲线 OC），当曲线与

截面强度曲线相交时(C点),材料到达极限强度,构件破坏。长柱的破坏仍属于材料破坏,但受压承载力比短柱低,且长细比越大,受压承载力降低越多。

(3) 细长柱　当$\frac{l_0}{h}>30$时,属于细长柱。细长柱的N-M相关曲线在与截面强度曲线相交以前,纵向压力N已达到最大值(见图5.12中曲线OE),构件破坏。细长柱破坏时,材料应力远没有达到极限强度,构件破坏不是由于材料破坏引起的,而是由于构件纵向弯曲失去平衡引起破坏,这种破坏称为失稳破坏。

图5.12中,短柱(OB)、长柱(OC)及细长柱(OE)的截面尺寸、配筋、材料强度及初始偏心距是完全相同的,但随着长细比的增大,其承载力依次降低,即$N_2<N_1<N_0$。从破坏类型上看,短柱、长柱属于材料破坏,而细长柱为失稳破坏。

在实际工程中,必须避免细长柱的失稳破坏,因为其破坏具有突然性,且材料强度未充分发挥;对于短柱可忽略纵向弯曲的影响;对于长柱采用把初始偏心距e_i乘以一个偏心距增大系数η的方法来解决纵向弯曲的影响。

《混凝土结构设计规范》规定:对矩形、T形、I形和圆形截面偏心受压构件,其偏心距增大系数可按下列公式计算

$$\eta = 1 + \frac{1}{1400\frac{e_i}{h_0}}\left(\frac{l_0}{h}\right)^2 \zeta_1 \zeta_2 \tag{5.7}$$

$$\zeta_1 = \frac{0.5 f_c A}{N} \tag{5.8}$$

$$\zeta_2 = 1.15 - 0.01\frac{l_0}{h} \tag{5.9}$$

式中　l_0——构件的计算长度,mm;

h——截面高度,对环形截面,取外直径;对圆形截面,取直径,mm;

h_0——截面有效高度,mm;

ζ_1——偏心受压构件的截面曲率修正系数,当$\zeta_1>1.0$时,取$\zeta_1=1.0$;

A——构件的截面面积,mm^2,对T形、I形截面,均取$A=bh+2(b_f'-b)h_f'$;

ζ_2——构件长细比对截面曲率的影响系数,当$\frac{l_0}{h}<15$时,取$\zeta_2=1.0$。

当偏心受压构件的长细比$\frac{l_0}{i}\leqslant 17.5$时,可取$\eta=1.0$。

5.3　矩形截面偏心受压构件正截面承载力计算

5.3.1　基本假定

与受弯构件相似,偏心受压构件正截面承载力计算也采用下列基本假定:

(1) 截面应变保持平面;

(2) 不考虑混凝土的抗拉强度;

(3) 混凝土的极限压应变$\varepsilon_{cu}=0.0033$;

(4) 混凝土的应力图形为矩形，其设计强度为 $\alpha_1 f_c$。当混凝土强度等级不超过 C50 时，α_1 取 1.0；当混凝土强度等级为 C80 时，α_1 取 0.94，其间按线性内插法取用。

5.3.2 承载力计算公式

(1) 大偏心受压($\xi \leqslant \xi_b$)

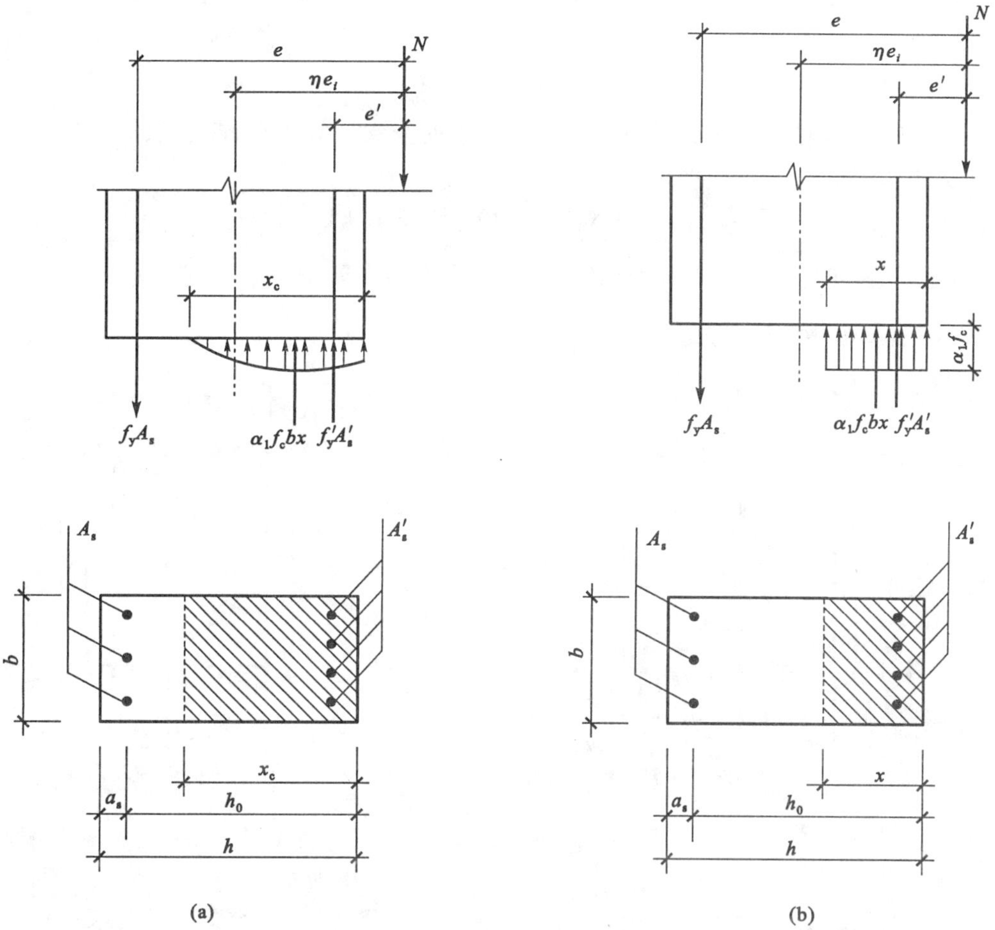

图 5.13 大偏心受压计算图形

(a) 实际应力分布图；(b) 承载力计算简图

大偏心受压构件破坏时的应力计算图形见图 5.13 所示，由平衡条件，可写出基本计算公式为

$$N = \alpha_1 f_c bx + f_y' A_s' - f_y A_s \tag{5.10}$$

$$Ne = \alpha_1 f_c bx \left(h_0 - \frac{x}{2}\right) + f_y' A_s' (h_0 - a_s') \tag{5.11}$$

式中 N——轴向压力设计值，N；

f_c——混凝土轴心抗压强度设计值，N/mm²；

b——截面宽度，mm；

x——混凝土的受压区高度，mm；

h_0——截面的有效高度，mm；

a_s'——受压钢筋的合力作用点到截面受压边缘的距离，mm；

f_y、f_y'——纵向受拉钢筋和受压钢筋的强度设计值，N/mm²；

A_s、A_s'——纵向受拉钢筋和受压钢筋的截面面积，mm²；

e——纵向压力作用点至受拉钢筋 A_s 合力点的距离，mm，$e=\eta e_i+\dfrac{h}{2}-a_s$。

式(5.10)、式(5.11)的适用条件为

$$2a_s' < x \leqslant \xi_b h_0$$

当 $x\leqslant 2a_s'$时，受压钢筋 A_s'不能屈服，为偏于安全和计算方便起见，取 $x=2a_s'$，并对受压钢筋合力点取矩，得

$$Ne' = f_y A_s (h_0 - a_s') \tag{5.12}$$

式中 e'——纵向压力作用点至受压钢筋 A_s'合力点的距离，$e'=\eta e_i-\dfrac{h}{2}+a_s'$。

(2) 小偏心受压($\xi>\xi_b$)

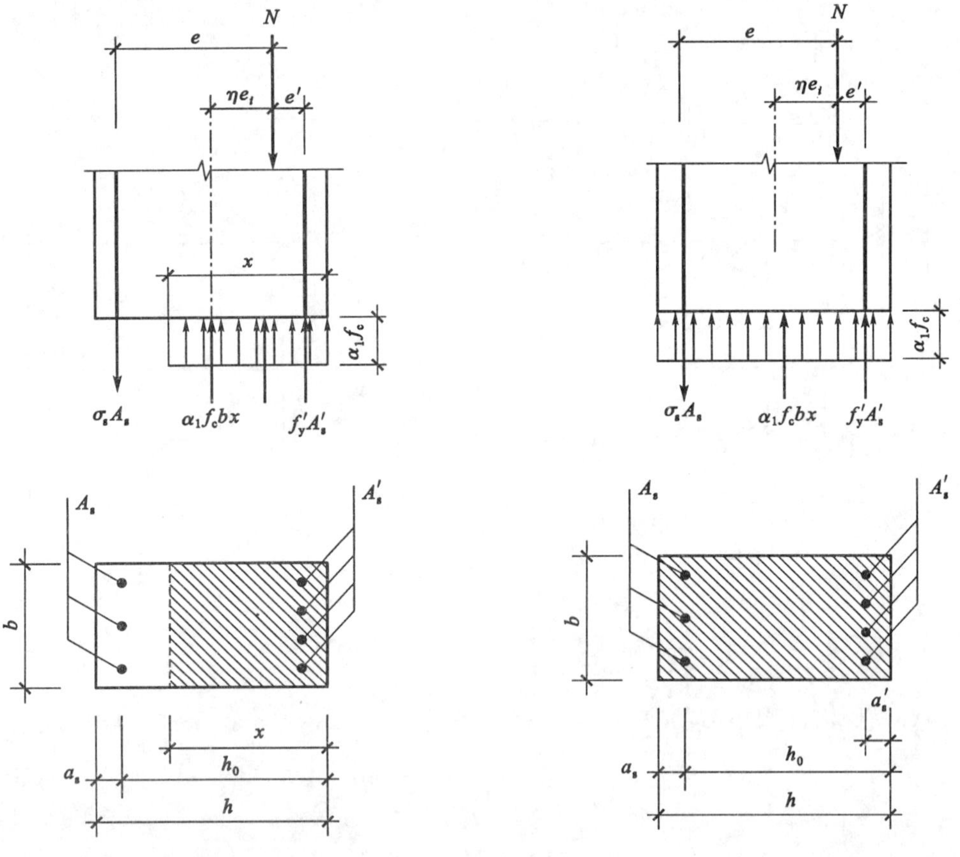

图 5.14 小偏心受压的承载力计算图形

(a) A_s 受拉；(b) A_s 受压

小偏心受压构件破坏时的应力计算图形见图 5.14 所示，由平衡条件，可写出基本计算公式为

$$N = \alpha_1 f_c bx + f_y{}' A_s{}' - \sigma_s A_s \tag{5.13}$$

$$Ne = \alpha_1 f_c bx\left(h_0 - \frac{x}{2}\right) + f_y{}' A_s{}'(h_0 - a_s{}') \tag{5.14}$$

式中　σ_s——离纵向力较远一侧钢筋的应力，N/mm²，$\sigma_s = \frac{f_y(\xi - 0.8)}{\xi_b - 0.8}$，当 σ_s 为正值时，钢筋受拉；当σ_s为负值时，钢筋受压。

其它符号含义同大偏心受压情况。

5.3.3　垂直于弯矩作用平面的承载力验算

《混凝土结构设计规范》规定：偏心受压构件除应计算弯矩作用平面的受压承载力外，尚应按轴心受压构件验算垂直于弯矩作用平面的受压承载力，此时，可不考虑弯矩的作用，但应考虑稳定系数 φ 的影响。垂直于弯矩作用平面的受压承载力计算公式为

$$N \leqslant 0.9\varphi[f_c A + f_y{}'(A_s{}' + A_s)] \tag{5.15}$$

式中　φ——构件的稳定系数，按表 5.1 采用。

一般情况下，小偏心受压构件需要进行验算；对于$\frac{l_0}{h}\leqslant 24$ 的大偏心受压构件，可不进行此项验算。

5.3.4　偏心受压构件的构造要求

偏心受压构件除应满足轴心受压构件的构造要求外，还需满足以下构造要求：

(1) 截面形式及截面尺寸

偏心受压柱的截面形式以矩形截面为主，截面尺寸可根据实践经验来确定，其截面最小尺寸不宜小于 250 mm。为了避免长细比太大而过多降低构件承载力，一般取构件长细比$\frac{l_0}{b}\leqslant 30$ 及$\frac{l_0}{h}\leqslant 25$（$l_0$ 为柱的计算长度，b 和 h 分别为截面的宽度和高度）。

当采用的矩形截面尺寸较大时，宜将矩形截面改为 I 形截面，I 形截面的翼缘厚度不宜小于 120 mm，腹板厚度不宜小于 100 mm。

(2) 纵向受力钢筋

偏心受压构件的纵向钢筋应布置在弯矩作用方向的两对边，通常沿柱的短边方向设置，钢筋间距不应大于 300 mm。当柱的截面高度 $h\geqslant 600$ mm 时，在侧面应设置直径为 10～16 mm 的纵向构造钢筋，并相应地设置复合箍筋或拉筋（见图 5.15），以保证钢筋骨架的稳定性。

纵向受力钢筋的配筋率应满足最小配筋率的要求，即 $\rho = \frac{A_s(A_s{}')}{A} \geqslant \rho_{min}$。《混凝土结构设计规范》规定，偏心受压构件每侧纵向受力钢筋的最小配筋率 ρ_{min} 取 0.2%。

(3) 箍筋

偏心受压构件中的箍筋应采用封闭式，箍筋的直径、间距要求，与轴心受压构件相同。当柱每边的纵向受力钢筋不多于 3 根（或当柱短边尺寸 $b\leqslant 400$ mm 而纵筋不多于 4 根）时，可采用单个箍筋；否则应设复合箍筋。常用的偏心受压矩形截面柱的箍筋构造见图 5.15((a)～(f))所示。当构件截面有缺角时，不得采用内折角式的箍筋（见图 5.15(h)），而应采用分离式箍筋（见图 5.15(g)）。

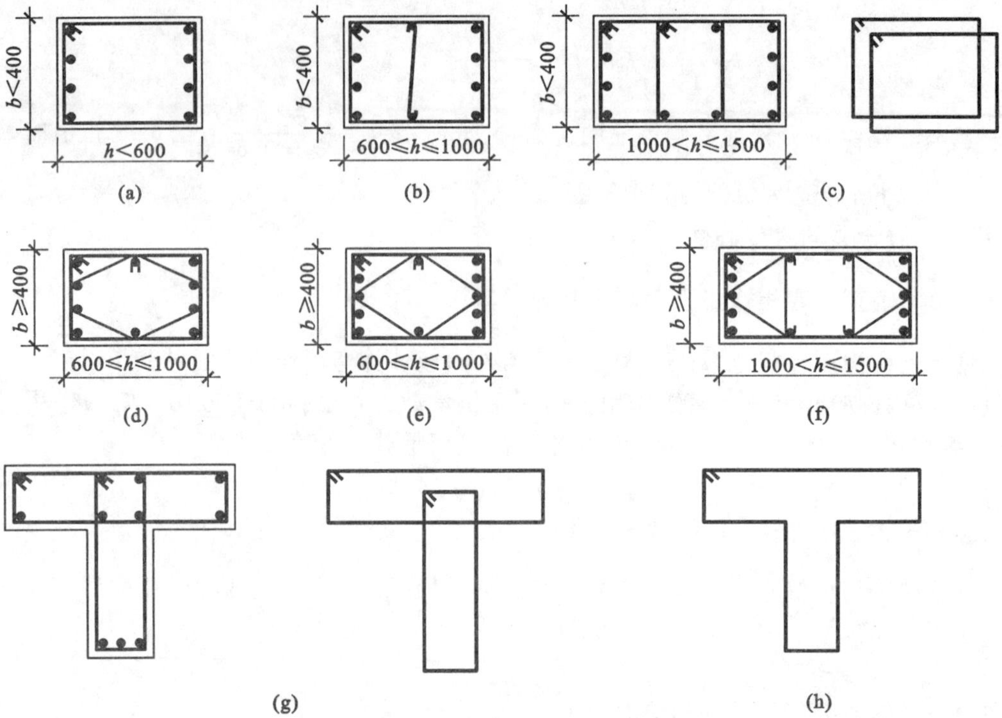

图 5.15 偏心受压构件的箍筋和附加箍筋

5.3.5 非对称配筋的设计计算方法及实例

5.3.5.1 截面设计

已知：轴向压力和弯矩设计值 N、M，构件的截面尺寸 $b\times h$，材料强度设计值 f_c、f_y、f_y'。求钢筋面积 A_s 和 A_s'。

(1) 大、小偏心受压的判别

如前所述，区分两类偏心受压情况的基本条件是：当 $\xi\leqslant\xi_b$ 时为大偏心受压破坏；当 $\xi>\xi_b$ 时为小偏心受压破坏。但在截面设计时，A_s 和 A_s' 均未知，无法计算 ξ，不能用上述条件判别。根据常用的材料强度及统计资料可知：在一般情况下，当 $\eta e_i>0.3h_0$ 时，可按大偏心受压情况计算；当 $\eta e_i\leqslant 0.3h_0$ 时，可按小偏心受压情况计算。因此，在截面设计计算时，可按下列条件判别大、小偏压：

当 $\eta e_i>0.3h_0$ 时，按大偏心受压计算；

当 $\eta e_i\leqslant 0.3h_0$ 时，按小偏心受压计算。

(2) 大偏心受压构件（$\eta e_i>0.3h_0$）

情形 1 受压钢筋 A_s' 和受拉钢筋 A_s 均未知。

在这种情况下，式(5.10)、式(5.11)中有三个未知数 A_s'、A_s 和 x，不能求得唯一解，需补充一个条件。为了节约钢筋，减少用钢量，充分发挥混凝土的受压性能，可取 $x=\xi_b h_0$。

由式(5.11)得

$$A_s'=\frac{Ne-\alpha_1 f_c b h_0^2\xi_b(1-0.5\xi_b)}{f_y'(h_0-a_s')}\geqslant \rho_{\min}bh$$

由式(5.10)得

$$A_s=\frac{\alpha_1 f_c b\xi_b h_0+f_y{}'A_s{}'-N}{f_y}\geqslant \rho_{min}bh$$

若计算出 $A_s{}'<\rho_{min}bh$，应取 $A_s{}'=\rho_{min}bh$，按 $A_s{}'$为已知(即情形 2)计算。

情形 2 已知受压钢筋 $A_s{}'$，求受拉钢筋 A_s。

在这种情况下，式(5.10)、式(5.11)中只有两个未知数 A_s 和 x，可直接求唯一的解。

由式(5.11)求得

$$x=h_0-\sqrt{h_0^2-\frac{2[Ne-f_y{}'A_s{}'(h_0-a_s{}')]}{\alpha_1 f_c b}}$$

此时，x 可能出现以下情况：

若 $2a_s{}'<x\leqslant\xi_b h_0$，由式(5.10)得

$$A_s=\frac{\alpha_1 f_c bx+f_y{}'A_s{}'-N}{f_y}\geqslant\rho_{min}bh$$

若 $x\leqslant 2a_s{}'$，取 $x=2a_s{}'$，由式(5.12)得

$$A_s=\frac{Ne'}{f_y(h_0-a_s{}')}\geqslant\rho_{min}bh$$

若 $x>\xi_b h_0$，说明受压钢筋 $A_s{}'$太小，应按 $A_s{}'$未知(即情形 1)重新计算 $A_s{}'$和 A_s。

(3) 小偏心受压构件($\eta e_i\leqslant 0.3h_0$)

情形 1 受压钢筋 $A_s{}'$和受拉钢筋 A_s 均未知。

在这种情况下，式(5.13)、式(5.14)中有三个未知数 $A_s{}'$、A_s 和 ξ，不能求得唯一解。在小偏心受压时，由于远离纵向力一侧的钢筋 A_s 无论是受压还是受拉均未达到屈服强度，一般可取 A_s 为按最小配筋率计算出的钢筋面积，这样得出的总用钢量为最少，即取 $A_s=\rho_{min}bh$。

当 A_s 确定后，式(5.13)、式(5.14)中只有两个未知量 $A_s{}'$和 ξ，可求得唯一解。此解过程极其繁琐，可采用下列公式来求 ξ。

$$\xi=\sqrt{B_2^2+2\left(\frac{N}{\alpha_1 f_c bh_0}+0.8B_1\right)\left(1-\frac{a_s{}'}{h_0}\right)-\frac{2Ne}{\alpha_1 f_c bh_0^2}}+B_2 \tag{5.16}$$

式中 $B_1=\dfrac{f_y A_s}{(0.8-\xi_b)\alpha_1 f_c bh_0}$，$B_2=\dfrac{a_s{}'}{h_0}(1+B_1)-B_1$。

应当注意：按式(5.16)计算的 $\xi>\dfrac{h}{h_0}$时(即 $x>h$ 时)，应当取 $\xi=\dfrac{h}{h_0}$。

由式(5.14)得

$$A_s{}'=\frac{Ne-\alpha_1 f_c bh_0^2\xi(1-0.5\xi)}{f_y{}'(h_0-a_s{}')}\geqslant\rho_{min}bh$$

情形 2 已知受压钢筋 $A_s{}'$，求 A_s；或已知 A_s，求受压钢筋 $A_s{}'$。

在这种情况下，式(5.13)、式(5.14)中只有两个未知数 $A_s{}'$(或 A_s)和 ξ，可直接求出 ξ 和 $A_s{}'$(或 A_s)。

计算出的钢筋面积 A_s 或 $A_s{}'$，均要满足：$A_s{}'\geqslant\rho_{min}bh$，$A_s\geqslant\rho_{min}bh$。

【例 5.4】 某矩形截面钢筋混凝土框架柱，截面尺寸为 $b\times h=400\ \text{mm}\times 600\ \text{mm}$，柱的计算高度 $l_0=6.3\ \text{m}$，承受轴向压力设计值 $N=1000\ \text{kN}$，弯矩设计值 $M=500\ \text{kN}\cdot\text{m}$。混凝土

的强度等级为 C30($f_c=14.3\ \text{N/mm}^2$，$f_t=1.43\ \text{N/mm}^2$)，采用 HRB335 级纵向受力钢筋($f_y=f_y'=300\ \text{N/mm}^2$，$\xi_b=0.550$)，取 $a_s=a_s'=40$ mm。求该柱所需的纵向钢筋截面面积 A_s 和 A_s'，并绘出截面配筋图。

【解】 (1) 求偏心距增大系数 η

$$h_0=600-40=560\ \text{mm}$$

$$e_0=\frac{M}{N}=\frac{500\times10^3}{1000}=500\ \text{mm}$$

e_a 取 20 mm 和 $\frac{h}{30}=\frac{600}{30}=20$ mm 中较大者，故取 $e_a=20$ mm。

$$e_i=e_0+e_a=500+20=520\ \text{mm}$$

$$\zeta_1=\frac{0.5f_cA}{N}=\frac{0.5\times14.3\times400\times600}{1000\times10^3}=1.7>1.0$$

取 $\zeta_1=1.0$。

$$\zeta_2=1.15-0.01\frac{l_0}{h}=1.15-0.01\times\frac{6300}{600}=1.05>1.0$$

取 $\zeta_2=1.0$。

$$\eta=1+\frac{1}{\frac{1400e_i}{h_0}}\left(\frac{l_0}{h}\right)^2\zeta_1\zeta_2=1+\frac{1}{\frac{1400\times520}{560}}\times\left(\frac{6300}{600}\right)^2\times1.0\times1.0=1.08$$

(2) 判别大小偏压

$$\eta e_i=1.08\times520=561.6\ \text{mm}>0.3h_0=0.3\times560=168\ \text{mm}$$

故为大偏心受压。

$$e=\eta e_i+\frac{h}{2}-a_s=561.6+300-40=821.6\ \text{mm}$$

(3) 求钢筋面积 A_s 和 A_s'

取 $x=\xi_bh_0$，由式(5.11)得

$$A_s'=\frac{Ne-\alpha_1f_cbh_0^2\xi_b(1-0.5\xi_b)}{f_y'(h_0-a_s')}$$

$$=\frac{1000\times10^3\times821.6-1\times14.3\times400\times560^2\times0.550\times(1-0.5\times0.550)}{300\times(560-40)}$$

$$=682\ \text{mm}^2>0.2\%bh=0.2\%\times400\times600=480\ \text{mm}^2$$

由式(5.10)得

$$A_s=\frac{\alpha_1f_cb\xi_bh_0+f_y'A_s'-N}{f_y}=\frac{1\times14.3\times400\times0.550\times560+300\times682-1000\times10^3}{300}$$

$$=3221\ \text{mm}^2>\rho_{min}bh=480\ \text{mm}^2$$

选用受压钢筋为 3Φ18($A_s'=763\ \text{mm}^2$)，选用受拉钢筋为 7Φ25($A_s=3436\ \text{mm}^2$)。

箍筋按构造要求选用Φ8@250，配筋图见图 5.16。

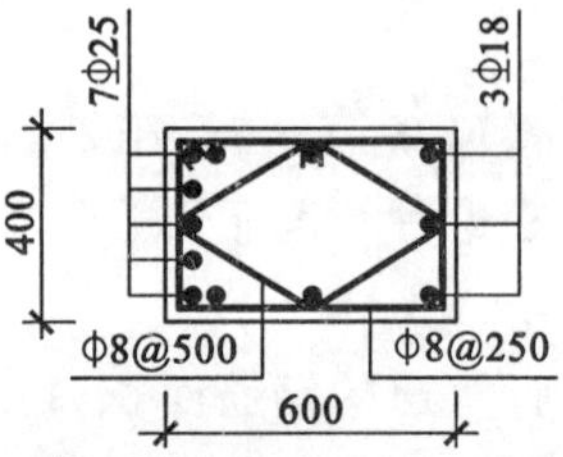

图 5.16　例 5.4 配筋图

【例 5.5】 已知条件同例 5.4，但已配置受压钢筋3Φ22($A_s'=1140\ \text{mm}^2$)，求受拉钢筋的截面面积 A_s。

【解】 步骤(1)、(2)同例 5.4。

(3) 求受压区高度 x

$$x=h_0-\sqrt{h_0^2-\frac{2[Ne-f_y'A_s'(h_0-a_s')]}{\alpha_1 f_c b}}$$

$$=560-\sqrt{560^2-\frac{2\times[1000\times10^3\times821.6-1140\times300\times(560-40)]}{1\times14.3\times400}}$$

$$=262.5\ \text{mm}>2a_s'=80\ \text{mm}\ 且<\xi_b h_0=0.550\times560=308\ \text{mm}$$

(4) 求受拉钢筋 A_s

$$A_s=\frac{\alpha_1 f_c bx+f_y'A_s'-N}{f_y}=\frac{1\times14.3\times400\times262.5+300\times1140-1000\times10^3}{300}$$

$$=2812\ \text{mm}^2>\rho_{\min}bh=480\ \text{mm}^2$$

【例 5.6】 一矩形截面预制偏心受压短柱，$b\times h=400\ \text{mm}\times600\ \text{mm}$，承受轴向压力设计值 $N=2800\ \text{kN}$，弯矩设计值 $M=168\ \text{kN}\cdot\text{m}$。混凝土为 C25（$f_c=11.9\ \text{N/mm}^2$，$f_t=1.27\ \text{N/mm}^2$），采用 HRB335 级纵向受力钢筋（$f_y=f_y'=300\ \text{N/mm}^2$，$\xi_b=0.550$），$a_s=a_s'=40\ \text{mm}$。求该柱所需的纵向钢筋截面面积 A_s 和 A_s'，并绘出截面配筋图。

【解】 (1) 判别大小偏压

$$h_0=600-40=560\ \text{mm}$$

$$e_0=\frac{M}{N}=\frac{168\times10^3}{2800}=60\ \text{mm}$$

e_a 取 20 mm 和 $\frac{h}{30}=\frac{600}{30}=20\ \text{mm}$ 中较大者，故取 $e_a=20\ \text{mm}$。

$$e_i=e_0+e_a=60+20=80\ \text{mm}$$

因为该柱为短柱，故取 $\eta=1.0$。

$\eta e_i=1.0\times80=80\ \text{mm}<0.3h_0=0.3\times560=168\ \text{mm}$，故为小偏心受压。

(2) 求受拉钢筋 A_s

$$取\ A_s=\rho_{\min}bh=0.2\%\times400\times600=480\ \text{mm}^2$$

(3) 求受压钢筋 A_s'

$$e=\eta e_i+\frac{h}{2}-a_s=80+300-40=340\ \text{mm},\ \xi_b=0.550$$

$$B_1=\frac{f_y A_s}{(0.8-\xi_b)\alpha_1 f_c bh_0}=\frac{300\times480}{(0.8-0.550)\times1.0\times11.9\times400\times560}=0.216$$

$$B_2=\frac{a_s'}{h_0}(1+B_1)-B_1=\frac{40\times(1+0.216)}{560}-0.216=-0.129$$

$$\xi=\sqrt{B_2^2+2\left(\frac{N}{\alpha_1 f_c bh_0}+0.8B_1\right)\left(1-\frac{a_s'}{h_0}\right)-\frac{2Ne}{\alpha_1 f_c bh_0^2}}+B_2$$

$$=\sqrt{(-0.129)^2+2\left(\frac{2800\times10^3}{1\times11.9\times400\times560}+0.8\times0.216\right)\left(1-\frac{40}{560}\right)-\frac{2\times2800\times10^3\times340}{1\times11.9\times400\times560^2}}-0.129$$

$$=0.867$$

$$A_s'=\frac{Ne-\alpha_1 f_c bh_0^2\xi(1-0.5\xi)}{f_y'(h_0-a_s')}$$

$$=\frac{2800\times10^3\times340-1\times11.9\times400\times560^2\times0.867\times(1-0.5\times0.867)}{300\times(560-40)}$$

$=1403\ mm^2>\rho_{min}bh=0.2\%\times400\times600=480\ mm^2$

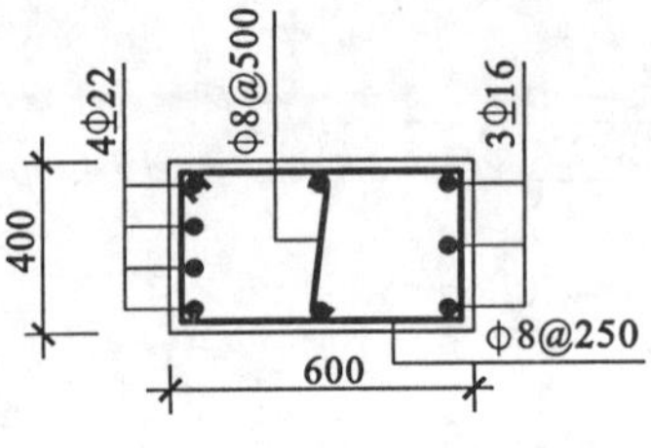

图 5.17　例 5.6 配筋图

选用受拉钢筋 A_s 为 3Φ16($A_s=603\ mm^2$)，选用受压钢筋 A_s' 为 4Φ22($A_s'=1520\ mm^2$)。

(4) 按轴心受压验算垂直弯矩作用平面承载力

因为该柱为短柱，故取 $\varphi=1.0$。

$0.9\varphi[f_cA+f_y'(A_s'+A_s)]$

$=0.9\times1\times[11.9\times400\times600+300\times(1520+603)]$

$=3144\ kN>N=2800\ kN$

故满足要求。

截面配筋图见图 5.17。

5.3.5.2　承载力校核

已知：构件的截面尺寸 $b\times h$，钢筋面积 A_s 和 A_s'，材料强度设计值 f_c、f_y、f_y' 以及偏心距 e_0。求该构件所能承受的轴向压力设计值 N_u 和弯矩设计值 M_u($M_u=N_ue_0$)。

需要解答的未知数为 ξ 和 N，可直接利用方程求解。一般先按大偏心受压的基本公式(5.12)、式(5.13)中消去 N，求出 ξ。若 $\xi\leqslant\xi_b$，为大偏心受压，即可用 ξ 进而求出 N；若 $\xi>\xi_b$，为小偏心受压，则应按小偏心受压重新计算 ξ，最后求出 N。

【例 5.7】　一矩形截面偏心受压柱，$b\times h=400\ mm\times600\ mm$，柱的计算长度 $l_0=4.8$ m。采用 HRB335 级纵向受力钢筋($f_y=f_y'=300\ N/mm^2$，$\xi_b=0.550$)，已配置受压钢筋 3Φ18($A_s'=763\ mm^2$)，受拉钢筋 4Φ22($A_s=1520\ mm^2$)，混凝土为 C25($f_c=11.9\ N/mm^2$)，取 $a_s=a_s'=40$ mm。求当 $e_0=400$ mm 时该柱所能承受的轴向压力设计值 N_u 和弯矩设计值 M_u。

【解】　(1) 计算有关数据

$$h_0=600-40=560\ mm$$

e_a 取 20 mm 和 $\frac{h}{30}=\frac{600}{30}=20$ mm 中较大者，故取 $e_a=20$ mm。

$$e_i=e_0+e_a=400+20=420\ mm$$

$\frac{l_0}{h}=\frac{4800}{600}=8$，为短柱，取偏心距增大系数 $\eta=1.0$。

$$e=\eta e_i+\frac{h}{2}-a_s=420+300-40=680\ mm$$

(2) 按大偏心受压公式计算 ξ

利用式(5.10)、式(5.11)，有

$$N=1\times11.9\times400\times560\times\xi+300\times763-300\times1520$$

$$680\ N=1\times11.9\times400\times560^2\times\xi(1-0.5\xi)+300\times763\times(560-40)$$

消去 N 整理得

$$746368\xi^2+319872\xi-273465=0$$

解得 $\xi=0.428<\xi_b=0.550$，与假定相符。

(3) 求 N_u 和 M_u

将 $\xi=0.428$ 代入公式(5.10)，可得

$$N_u=1\times11.9\times400\times560\times0.428+300\times763-300\times1520=9.138\times10^5\ N=913.8\ kN$$

$$M_u=N_ue_0=9.138\times10^5\times400=3.655\times10^8\ N\cdot mm=365.5\ kN\cdot m$$

5.3.6 矩形截面对称配筋的承载力计算

非对称配筋的偏心受压构件，是在充分利用混凝土强度的前提下，按受压和受拉的不同需要计算出 A_s 和 A_s'（$A_s \neq A_s'$），这种非对称配筋方式可以节省钢筋，但缺点是施工不便，容易把 A_s 和 A_s' 的位置放错。为了便于施工，在实际工程中常采用对称配筋，即：$A_s = A_s'$，$f_y = f_y'$，$a_s = a_s'$。对称配筋的柱，虽然多用了一些钢筋，但构造简单，施工方便，尤其适用于构件在承受不同荷载时可能产生不同符号弯矩的情况，如单层厂房排架柱、多层框架偏心受压柱等。

由于对称配筋是非对称配筋的特殊情形，因此偏心受压构件的基本公式仍可应用。但由于对称配筋的特点，这些公式均可简化。大偏心受压的计算公式(5.10)可简化为 $N = \alpha_1 f_c bx$，其它的计算公式同非对称配筋。

对称配筋的计算同样包括截面设计和承载力校核两方面内容。

5.3.6.1 截面设计

已知：轴向压力和弯矩设计值 M、N，构件的截面尺寸 $b \times h$，材料强度设计值 f_c、f_y、f_y'。求钢筋面积 A_s、A_s'。

(1) 大、小偏心受压的判别

当 $x = \dfrac{N}{\alpha_1 f_c b} \leqslant \xi_b h_0$ 时，按大偏心受压计算；

当 $x = \dfrac{N}{\alpha_1 f_c b} > \xi_b h_0$ 时，按小偏心受压计算。

(2) 大偏心受压

若 $x > 2a_s'$，由式(5.11)得

$$A_s = A_s' = \frac{Ne - \alpha_1 f_c bx\left(h_0 - \dfrac{x}{2}\right)}{f_y'(h_0 - a_s')} \geqslant \rho_{\min} bh$$

若 $x \leqslant 2a_s'$，由式(5.12)得

$$A_s = A_s' = \frac{Ne'}{f_y(h_0 - a_s')} \geqslant \rho_{\min} bh$$

其中 $e = \eta e_i + \dfrac{h}{2} - a_s$，$e' = \eta e_i - \dfrac{h}{2} + a_s'$。

(3) 小偏心受压

由基本公式(5.16)，取 $A_s = A_s'$、$f_y = f_y'$、$a_s = a_s'$，可得到 ξ 的三次方程，直接求解 ξ 极为不便。可近似采用下式计算 ξ

$$\xi = \frac{N - \xi_b \alpha_1 f_c bh_0}{\dfrac{Ne - 0.43\alpha_1 f_c bh_0^2}{(\beta_1 - \xi_b)(h_0 - a_s')} + \alpha_1 f_c bh_0} + \xi_b \tag{5.17}$$

式中 β_1——截面中和轴高度修正系数。当混凝土强度等级不超过 C50 时，取 $\beta_1 = 0.8$；当混凝土强度等级为 C80 时，取 $\beta_1 = 0.74$；其间按线性内插法取用。

将 ξ 代入式(5.11)得

$$A_s = A_s' = \frac{Ne - \alpha_1 f_c b\xi h_0^2(1 - 0.5\xi)}{f_y'(h_0 - a_s')} \geqslant \rho_{\min} bh$$

【例 5.8】 对例 5.4 按对称配筋计算所需的纵向钢筋截面面积 A_s 和 A_s'。

【解】 (1) 由例 5.4 知，$\eta=1.08$，$e=821.6$ mm。

(2) 判别大小偏压

$$x=\frac{N}{\alpha_1 f_c b}=\frac{1000\times10^3}{1.0\times14.3\times400}=174.8\ \text{mm}<\xi_b h_0=0.550\times560=308\ \text{mm}$$

为大偏心受压。

(3) 求钢筋面积 A_s 和 A_s'

因为 $x>2a_s'=80$ mm，故

$$A_s=A_s'=\frac{Ne-\alpha_1 f_c bx(h_0-\frac{x}{2})}{f_y'(h_0-a_s')}$$

$$=\frac{1000\times10^3\times821.6-1\times14.3\times400\times174.8\times(560-0.5\times174.8)}{300\times(560-40)}$$

$$=2238\ \text{mm}^2>0.2\%bh=0.2\%\times400\times600=480\ \text{mm}^2$$

每边均选用钢筋 3Φ25+3Φ20($A_s+A_s'=1473+941=2414$ mm²)。

将上例计算结果与例 5.4 的计算结果比较可知，在其它条件相同的情况下，按对称配筋计算的钢筋面积 $A_s+A_s'=2\times2414=4828$ mm² 与非对称配筋计算的钢筋面积 $A_s+A_s'=763+3436=4199$ mm² 比较，总用钢量增加为$\frac{4828-4199}{4199}\times100\%=15\%$。

【例 5.9】 一矩形截面偏心受压短柱，$b\times h=400$ mm×500 mm，承受轴向压力设计值 $N=2500$ kN，弯矩设计值 $M=175$ kN·m。混凝土为 C30($f_c=14.3$ N/mm²，$f_t=1.43$ N/mm²)，采用 HRB335 级纵向受力钢筋($f_y=f_y'=300$ N/mm²，$\xi_b=0.550$)，$a_s=a_s'=40$ mm。求当该柱采用对称配筋时所需的纵向钢筋截面面积 A_s 和 A_s'，并绘出截面配筋图。

【解】 (1) 判别大小偏压

因为该柱为短柱，故取 $\eta=1.0$。

$$e_0=\frac{M}{N}=\frac{175\times10^3}{2500}=70\ \text{mm}$$

e_a 取 20 mm 和$\frac{h}{30}=\frac{500}{30}=16.7$ mm 中较大者，故取 $e_a=20$ mm。

$$e_i=e_0+e_a=70+20=90\ \text{mm}$$

$$e=\eta e_i+\frac{h}{2}-a_s=1\times90+250-40=300\ \text{mm}$$

$$x=\frac{N}{\alpha_1 f_c b}=\frac{2500\times10^3}{1.0\times14.3\times400}=437.1\ \text{mm}>\xi_b h_0=0.550\times460=253\ \text{mm}$$

故为小偏心受压。

(2) 计算 ξ

$$\xi=\frac{N-\xi_b\alpha_1 f_c bh_0}{\frac{Ne-0.43\alpha_1 f_c bh_0^2}{(\beta_1-\xi_b)(h_0-a_s')}+\alpha_1 f_c bh_0}+\xi_b$$

$$=\frac{2500\times10^3-0.550\times1\times14.3\times400\times460}{\frac{2500\times10^3\times300-0.43\times1\times14.3\times400\times460^2}{(0.8-0.550)\times(460-40)}+1\times14.3\times400\times460}+0.550$$

$$=0.769$$

(3) 计算钢筋面积 A_s 和 A_s'

$$A_s = A_s' = \frac{Ne - \alpha_1 f_c b\xi h_0^2\left(1-\dfrac{\xi}{2}\right)}{f_y'(h_0 - a_s')}$$

$$= \frac{2500\times10^3\times300 - 1\times14.3\times400\times0.769\times460^2\times(1-0.5\times0.769)}{300\times(460-40)}$$

$$=1406\ \text{mm}^2 > 0.2\%bh = 0.2\%\times400\times500 = 400\ \text{mm}^2$$

每边均选用钢筋 4 Φ 22($A_s = A_s' = 1520\ \text{mm}^2$)。

(4) 验算垂直弯矩作用平面承载力

因为该柱为短柱,故取 $\varphi=1.0$。

$$0.9\varphi[f_cA + f_y'(A_s' + A_s)]$$

$$=0.9\times1\times[14.3\times400\times500+300\times(1520+1520)]$$

$$=3394800\ \text{N}=3394.8\ \text{kN} > N=2500\ \text{kN}$$

故满足要求。

柱的截面配筋图见图 5.18。

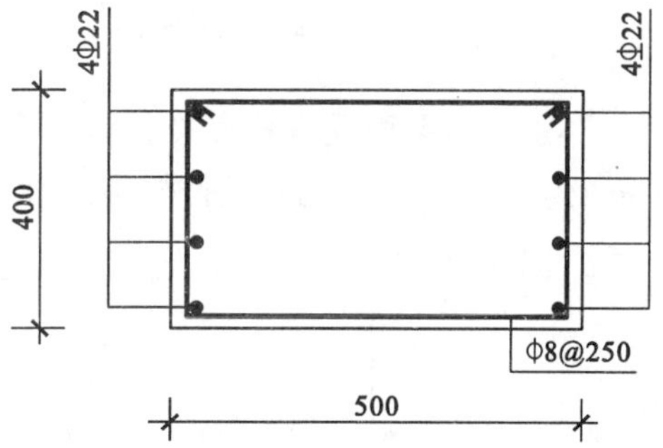

图 5.18　例 5.9 配筋图

5.3.6.2　*承载力校核*

对称配筋偏心受压构件的承载力校核,可按不对称配筋偏心受压构件的方法和步骤进行计算,此时应取 $f_yA_s = f_y'A_s'$。

【例 5.10】　一矩形截面偏心受压柱,$b\times h=500\ \text{mm}\times500\ \text{mm}$,柱的计算长度 $l_0=3.9$ m。采用 C25 混凝土($f_c=11.9\ \text{N/mm}^2$),HRB335 级纵向受力钢筋($f_y=f_y'=300\ \text{N/mm}^2$,$\xi_b=0.550$),每侧均配置 5 Φ 20($A_s=A_s'=1570\ \text{mm}^2$)受力钢筋,$a_s=a_s'=40$ mm。求当 $e_0=500$ mm时该柱所能承受的轴向压力设计值 N_u。

【解】　(1) 计算有关数据

$$h_0=500-40=460\ \text{mm}$$

e_a 取 20 mm 和$\dfrac{h}{30}=\dfrac{500}{30}=16.7$ mm 中较大者,故取 $e_a=20$ mm。

$$e_i=e_0+e_a=500+20=520\ \text{mm}$$

$\dfrac{l_0}{h}=\dfrac{3900}{500}=7.8<8$,为短柱,取偏心距增大系数 $\eta=1.0$。

$$e=\eta e_i+\frac{h}{2}-a_s=520+250-40=730\ \text{mm}$$

(2) 按大偏心受压公式计算 ξ

利用式(5.10)、式(5.11),有

$$N=1\times11.9\times500\times460\times\xi$$

$$730\ N=1\times11.9\times500\times460^2\times\xi(1-0.5\xi)+300\times1570\times(460-40)$$

消去 N 整理得

$$62951\xi^2+73899\xi-17982=0$$

解得 $\xi=0.207<\xi_b=0.550$,与假定相符。

(3) 求 N_u

$$N_u=1\times11.9\times500\times460\times0.207=5.67\times10^5\ \text{N}=567\ \text{kN}$$

5.4 对称配筋I形截面偏心受压构件正截面承载力计算

在单层工业厂房中，为了节省材料和减轻构件自重，对于截面尺寸较大的柱可采用I形截面。I形截面柱的破坏特征、计算原则和计算方法与矩形截面一致，在计算时仅需考虑截面形状的影响。I形截面柱一般都采用对称配筋，因此只讲述对称配筋的计算方法。

5.4.1 大偏心受压计算($\xi \leqslant \xi_b$)

与T形截面受弯构件类似，I形截面偏心受压构件有中和轴在翼缘内($x \leqslant h_f'$)和中和轴在腹板内($h_f' < x \leqslant \xi_b h_0$)两种情况(见图5.19)。

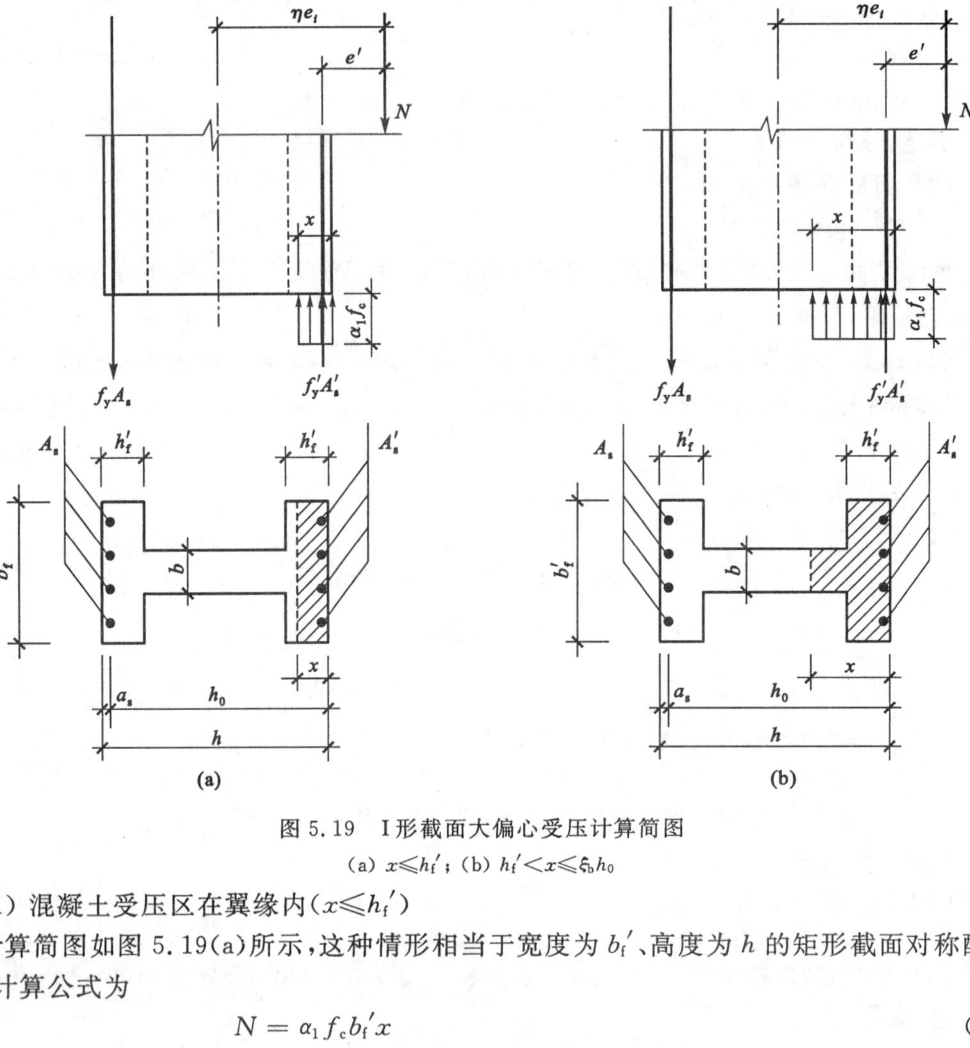

图5.19 I形截面大偏心受压计算简图

(a) $x \leqslant h_f'$；(b) $h_f' < x \leqslant \xi_b h_0$

(1) 混凝土受压区在翼缘内($x \leqslant h_f'$)

计算简图如图5.19(a)所示，这种情形相当于宽度为b_f'、高度为h的矩形截面对称配筋的计算，计算公式为

$$N = \alpha_1 f_c b_f' x \tag{5.18}$$

$$Ne = \alpha_1 f_c b_f' x\left(h_0 - \frac{x}{2}\right) + f_y' A_s'(h_0 - a_s') \tag{5.19}$$

当$x < 2a_s'$时，取$x = 2a_s'$，有

$$Ne' = f_y A_s(h_0 - a_s')$$

(2) 混凝土受压区进入腹板($h_f'<x\leqslant\xi_b h_0$)

计算简图如图 5.19(b)所示,计算公式为

$$N=\alpha_1 f_c b_f' x+\alpha_1 f_c(b_f'-b)h_f' \tag{5.20}$$

$$Ne=\alpha_1 f_c b_f' x\left(h_0-\frac{x}{2}\right)+\alpha_1 f_c(b_f'-b)\ h_f'\left(h_0-\frac{h_f'}{2}\right)+f_y'A_s'(h_0-a_s') \tag{5.21}$$

5.4.2 小偏心受压计算($\xi>\xi_b$)

小偏心受压的中和轴已进入腹板,有图 5.20 所示两种情况。

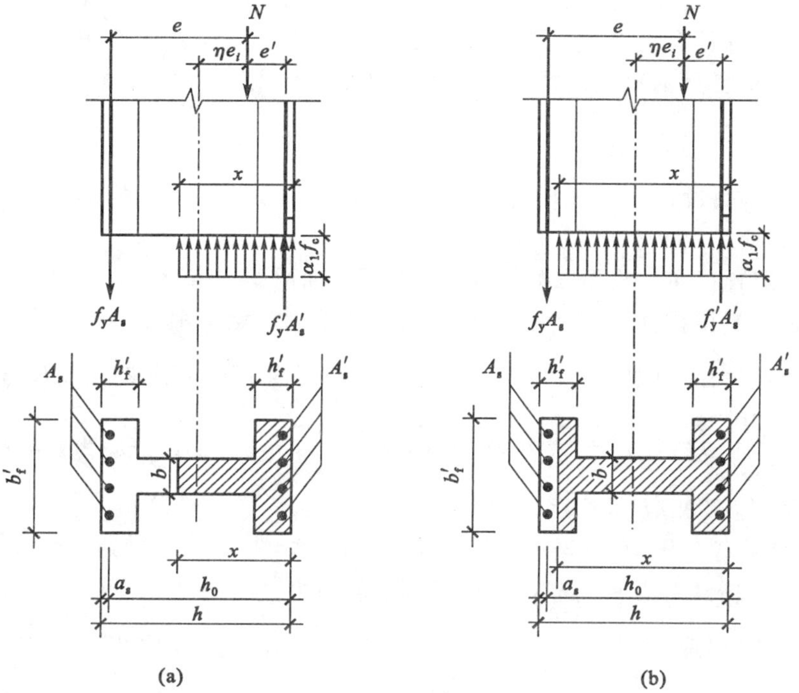

图 5.20 I形截面小偏心受压计算简图

(a) $\xi_b h_0<x\leqslant h-h_f'$;(b) $x>h-h_f'$

(1) 中和轴在腹板内($\xi_b h_0<x\leqslant h-h_f'$)

计算简图如图 5.19(a)所示,计算公式为

$$N=\alpha_1 f_c b_f' x+\alpha_1 f_c(b_f'-b)h_f'+f_y'A_s'-\sigma_s A_s \tag{5.22}$$

$$Ne=\alpha_1 f_c b_f' x\left(h_0-\frac{x}{2}\right)+\alpha_1 f_c(b_f'-b)h_f'\left(h_0-\frac{h_f'}{2}\right)+f_y'A_s'(h_0-a_s') \tag{5.23}$$

(2) 中和轴在受压较小一侧翼缘内($x>h-h_f'$)

计算简图如图 5.20(b)所示,计算公式为

$$N=\alpha_1 f_c b_f' x+\alpha_1 f_c(b_f'-b)h_f'+\alpha_1 f_c(b_f'-b)(x-h+h_f')+f_y'A_s'-\sigma_s A_s \tag{5.24}$$

$$\begin{aligned}Ne=&\alpha_1 f_c b_f' x\left(h_0-\frac{x}{2}\right)+\alpha_1 f_c(b_f'-b)h_f'\left(h_0-\frac{h_f'}{2}\right)\\&+\alpha_1 f_c(b_f'-b)(x-h+h_f')\left(h_f'-a_s-\frac{x-h+h_f'}{2}\right)+f_y'A_s'(h_0-a_s')\end{aligned} \tag{5.25}$$

在小偏心受压时具体计算与矩形截面相似,为避免解 ξ 的三次方程,可近似按下式解 ξ。

$$\xi = \frac{N - \alpha_1 f_c[\xi_b b h_0 + (b_f' - b)h_f']}{\frac{Ne - \alpha_1 f_c[0.45bh_0^2 + (b_f' - b)h_f'(h_0 - 0.5h_f')]}{(\beta_1 - \xi_b)(h_0 - a_s')} + \alpha_1 f_c b h_0} + \xi_b \tag{5.26}$$

即可计算 $x=\xi h_0$，再按式(5.23)或式(5.25)计算出 $A_s = A_s'$。

5.5 偏心受压构件斜截面承载力计算

偏心受压构件除了作用有轴向力 N 和弯矩 M 外，还有可能作用有较大的剪力 V(如地震作用的框架柱)，需要验算其斜截面受剪承载力。由于轴向压力 N 的存在，延缓了斜裂缝的出现和开展，使截面保留有较大的混凝土剪压区面积，可以提高斜截面承载力。《混凝土结构设计规范》规定：矩形截面的钢筋混凝土偏心受压构件，其斜截面受剪承载力按下式计算

$$V \leqslant \frac{1.75}{\lambda+1} f_t b h_0 + f_{yv} \frac{A_{sv}}{s} h_0 + 0.07N \tag{5.27}$$

式中 N——与剪力设计值 V 相应的轴向压力设计值，N，当 $N > 0.3f_cA$ 时，取 $N = 0.3f_cA$，此处 A 为构件的截面面积；

A_{sv}——配置在同一截面内箍筋各肢的全部截面面积，mm^2；

λ——偏心受压构件计算截面的剪跨比，应按下列规定采用：

(1) 对各类结构的框架柱，宜取 $\lambda = \frac{M}{Vh_0}$；对框架结构中的框架柱，当其反弯点在层高范围内时，可取 $\lambda = \frac{H_n}{2h_0}$。当 $\lambda < 1$ 时，取 $\lambda = 1$；当 $\lambda > 3$ 时，取 $\lambda = 3$。此处，H_n 为柱净高，M 为计算截面上与剪力设计值 V 相应的弯矩设计值。

(2) 对其它偏心受压构件，当承受均布荷载时，取 $\lambda = 1.5$；当承受集中荷载时(包括作用有多种荷载、且集中荷载对支座或节点边缘所产生的剪力值占总剪力值的 75%以上的情况)，$\lambda = \frac{a}{h_0}$。当 $\lambda < 1.5$ 时，取 $\lambda = 1.5$；当 $\lambda > 3$ 时，取 $\lambda = 3$。此处，a 为集中荷载至支座截面或节点边缘的距离。

《混凝土结构设计规范》还规定：

(1) 矩形截面的钢筋混凝土偏心受压构件，为了避免斜压破坏，防止过多的配箍不能充分发挥作用，构件的截面尺寸应满足下式要求，否则，应加大截面尺寸。

当 $\frac{h_w}{b} \leqslant 4$ 时

$$V \leqslant 0.25\beta_c f_c b h_0 \tag{5.28}$$

(2) 矩形截面的钢筋混凝土偏心受压构件，若符合下列公式要求时

$$V \leqslant \frac{1.75}{\lambda+1} f_c b h_0 + 0.07N \tag{5.29}$$

可不进行斜截面受剪承载力计算，按构造要求配置箍筋。

【例 5.11】 一钢筋混凝土框架柱，截面尺寸为 $b \times h = 400\ mm \times 500\ mm$，柱的净高 $H_n = 3.3\ m$。选用 C30 混凝土($f_c = 14.3\ N/mm^2$，$f_t = 1.43\ N/mm^2$)，HPB235 级箍筋($f_{yv} = 210\ N/mm^2$)，柱端作用轴向压力设计值 $N = 680\ kN$，剪力设计值 $V = 200\ kN$，取 $a_s = 40\ mm$。求该柱所需的箍筋数量。

【解】(1) 验算截面尺寸

$$0.25\beta_c f_c bh_0 = 0.25\times1\times14.3\times400\times460 = 658000\ \text{N} = 658\ \text{kN} > V = 200\ \text{kN}$$

截面尺寸满足要求。

(2) 验算是否可按构造配箍

$$\lambda = \frac{H_n}{2h_0} = \frac{3300}{2\times460} = 3.6 > 3$$

取 $\lambda=3$。

$$0.3f_c A = 0.3\times14.3\times400\times500 = 858000\ \text{N} = 858\ \text{kN} > N = 680\ \text{kN}$$

取 $N=680$ kN。

$$V = \frac{1.75}{\lambda+1}f_t bh_0 + 0.07N = \frac{1.75}{3+1}\times1.43\times400\times460 + 0.07\times680\times10^3$$
$$= 163000\ \text{N} = 163\ \text{kN} < V = 200\ \text{kN}$$

故应计算配箍筋。

(3) 确定箍筋数量

$$\frac{A_{sv}}{s} \geqslant \frac{V - \frac{1.75}{\lambda+1.0}f_t bh_0 - 0.07N}{f_{yv}h_0} = \frac{200\times10^3 - 163\times10^3}{210\times460} = 0.383$$

选Φ 8 双肢箍,则 $s \leqslant \frac{2\times50.3}{0.383} = 263$ mm。

故箍筋选用Φ 8 @250。

小　　结

(1) 钢筋混凝土受压构件按纵向压力作用位置的不同可分为轴心受压构件和偏心受压构件。轴心受压构件由于纵向弯曲的影响将降低构件的承载力,在计算长柱时引入稳定系数 φ,短柱$\left(\frac{l_0}{b}\leqslant8\right)$的稳定系数 $\varphi=1.0$。

(2) 钢筋混凝土偏心受压构件根据偏心距的大小和配筋情况,可分为大偏心受压和小偏心受压两种状态。其界限破坏与适筋和超筋梁的界限完全相同,即当 $\xi\leqslant\xi_b$ 或 $x\leqslant\xi_b h_0$ 时,构件为大偏心受压状态;当 $\xi>\xi_b$ 或 $x>\xi_b h_0$ 时,构件为小偏心受压状态。

(3) 大偏心受压构件破坏时,受压钢筋和受拉钢筋都达到屈服($x>2a_s'$),混凝土压应力图形与适筋梁相同;小偏心受压构件破坏时,离纵向力较近一侧的钢筋受压屈服,混凝土被压碎,但离纵向力较远一侧的钢筋无论受压或受拉都不会屈服,混凝土压应力图形比较复杂。

(4) 偏心受压构件由于纵向弯曲的影响将降低长柱的承载力,因此当 $\frac{l_0}{h}>8$ 时,引进偏心距增大系数 η 以考虑其影响,短柱$\left(\frac{l_0}{h}\leqslant8\right)$的偏心距增大系数 $\eta=1.0$。

(5) 非对称配筋的截面设计,需要根据偏心距的大小判断大、小偏心受压情形:当 $\eta e_i\leqslant 0.3h_0$时,按小偏心受压计算;当 $\eta e_i>0.3h_0$时,按大偏心受压计算。而对称配筋的截面设计,则可按照 x 的大小直接判别:当 $x=\frac{N}{\alpha_1 f_c b}\leqslant\xi_b h_0$ 时,按大偏心受压计算;当 $x=\frac{N}{\alpha_1 f_c b}>\xi_b h_0$ 时,按小偏心受压计算。

(6) 偏心受压构件的斜截面承载力计算，与受弯构件矩形截面独立梁受集中荷载的抗剪承载力计算公式相似。偏心受压构件轴向压力的存在会提高斜截面抗剪承载力。

复习思考题

5.1　什么是轴心受压构件和偏心受压构件？试举例说明。

5.2　轴心受压短柱的受力特征如何？轴心受压长柱的破坏特征与短柱有何区别？

5.3　轴心受压柱中配纵向钢筋的作用是什么？为什么不宜采用高强度钢筋？

5.4　轴心受压柱中纵向钢筋和箍筋各有哪些构造要求？

5.5　大、小偏心受压破坏有何本质区别？其判别的界限条件是什么？

5.6　纵向弯曲对偏心受压构件的承载力有何影响？偏心距增大系数 η 的物理意义是什么？

5.7　矩形截面非对称配筋大偏心受压构件的受压承载力计算公式及适用条件是什么？

5.8　矩形截面非对称配筋小偏心受压构件的受压承载力计算公式及适用条件是什么？

5.9　在非对称配筋时，如何判别偏心受压的类型？

5.10　如何计算大偏心受压构件的配筋？当 $x<2a_s'$ 时，如何计算钢筋面积？

5.11　在对称配筋时，如何判别偏心受压的类型？

5.12　如何进行矩形截面偏心受压构件对称配筋的设计计算？

5.13　偏心受压构件中的箍筋有哪些要求？

5.14　如何进行偏心受压构件斜截面的承载力计算？

5.15　一钢筋混凝土轴心受压柱，承受压力设计值 $N=2580$ kN，柱的计算长度 $l_0=5.1$ m，选用 C25 混凝土，HRB335 级纵向钢筋，HPB235 级箍筋。试设计该柱的截面并配置钢筋。

5.16　某轴心受压柱，截面尺寸为 400 mm×400 mm，计算长度 $l_0=5.4$ m。混凝土强度等级为 C30，已配置 4Φ20($A_s'=1256$ mm^2)纵向钢筋。求该柱所能承担的轴向压力设计值 N_u。

5.17　某矩形截面钢筋混凝土框架柱，截面尺寸为 $b\times h=500$ mm×600 mm，柱的计算高度 $l_0=6.0$ m，承受轴向压力设计值 $N=1600$ kN，弯矩设计值 $M=420$ kN·m。混凝土的强度等级为 C25，采用 HRB335 级纵向受力钢筋，取 $a_s=a_s'=40$ mm。求该柱所需的纵向钢筋截面面积 A_s 和 A_s'，并绘出截面配筋图。

5.18　已知条件同题 5.17，但已配置受压钢筋 4Φ20($A_s'=1256$ mm^2)，求受拉钢筋的截面面积 A_s。

5.19　一矩形截面偏心受压短柱，$b\times h=400$ mm×500 mm，承受轴向压力设计值 $N=3000$ kN，弯矩设计值 $M=150$ kN·m。混凝土为 C30，采用 HRB335 级纵向受力钢筋，$a_s=a_s'=40$ mm。求该柱所需的纵向钢筋截面面积 A_s 和 A_s'，并绘出截面配筋图。

5.20　一矩形截面偏心受压柱，$b\times h=400$ mm×600 mm，柱的计算长度 $l_0=5$ m。采用 HRB335 级纵向受力钢筋，已配置受压钢筋 3Φ20($A_s'=941$ mm^2)，受拉钢筋 4Φ22($A_s=1964$ mm^2)，混凝土为 C30。求当 $e_0=350$ mm 时该柱所能承受的轴向压力设计值 N_u 和弯矩设计值 M_u。

5.21　某矩形截面钢筋混凝土框架柱，截面尺寸为 $b\times h=400$ mm×600 mm，柱的计算高度 $l_0=6.0$ m，承受轴向压力设计值 $N=1200$ kN，弯矩设计值 $M=600$ kN·m。混凝土的强度等级为 C25，采用 HRB335 级纵向受力钢筋，取 $a_s=a_s'=40$ mm。求当该柱采用对称配筋时所需的纵向钢筋截面面积 A_s 和 A_s'。

5.22　一矩形截面偏心受压短柱，$b\times h=400$ mm×500 mm，承受轴向压力设计值 $N=2600$ kN，弯矩设计值 $M=180$ kN·m。混凝土为 C25，采用 HRB335 级纵向受力钢筋，$a_s=a_s'=40$ mm。求当该柱采用对称配筋时所需的纵向钢筋截面面积 A_s 和 A_s'，并绘出截面配筋图。

5.23　一钢筋混凝土框架柱，截面尺寸为 $b\times h=400$ mm×600 mm，柱的净高 $H_n=3.0$ m。选用 C20 混凝土，HPB235 级箍筋，柱端作用轴向压力设计值 $N=750$ kN，剪力设计值 $V=350$ kN。求该柱所需的箍筋数量。

6　钢筋混凝土受拉构件承载力计算

本章提要

(1) 了解轴心受拉构件的受力特征,掌握轴心受拉构件的正截面承载力计算。

(2) 了解偏心受拉构件的类型。

(3) 了解偏心受拉构件的受力特征,掌握偏心受拉构件的正截面承载力计算(对称配筋、非对称配筋)。

(4) 掌握受拉构件的斜截面承载力计算及构造要求。

土建结构中以承受纵向拉力为主的构件称为受拉构件。钢筋混凝土受拉构件按照纵向拉力作用位置的不同,分为轴心受拉和偏心受拉两种类型。当纵向拉力 N 的作用线与构件截面形心轴线重合时称为轴心受拉构件,如钢筋混凝土屋架的受拉腹杆及下弦杆、拱的拉杆、承受内压力的环形截面管道的管壁、圆形水池的池壁等;当纵向拉力 N 的作用线与构件截面形心轴线不重合或构件截面上既有轴心拉力、又有弯矩作用时称为偏心受拉构件,如钢筋混凝土矩形水池的池壁、承受水平荷载作用的框架边柱、工业厂房中双肢柱的受拉肢杆等。

6.1　轴心受拉构件正截面承载力计算

6.1.1　承载力计算公式

钢筋混凝土轴心受拉构件开裂前,混凝土与钢筋共同承担拉力;开裂以后,开裂截面的混凝土退出受拉工作,由钢筋承担全部拉力。当钢筋达到屈服时,构件达到极限承载力。轴心受拉构件的受拉承载力计算公式为

$$N \leqslant f_y A_s \tag{6.1}$$

式中　N——轴向拉力设计值,N;

f_y——纵向受拉钢筋的抗拉强度设计值,N/mm²;

A_s——全部纵向受拉钢筋的截面面积,mm²。

6.1.2　构造要求

(1) 纵向受力钢筋

纵向受力钢筋应沿截面四周均匀、对称布置,并宜优先选择直径较小的钢筋;全部纵向受拉钢筋的配筋率 $\rho=\dfrac{A_s}{A}$ 应不小于 0.4%且不小于 $0.9\dfrac{f_t}{f_y}$(f_t 为混凝土抗拉强度设计值);纵向

受力钢筋不得采用非焊接的搭接接头，搭接的受拉钢筋接头仅仅允许用在圆形池壁或管中，其接头位置应错开，搭接长度应不小于 $1.2l_a$ 和 300 mm。

(2) 箍筋

箍筋主要是固定纵向受力钢筋的位置，并与纵向钢筋组成钢筋骨架。箍筋的直径一般为4～6 mm，间距不宜大于 200 mm(对屋架的腹杆不宜超过 150 mm)。

6.1.3 设计实例

【例 6.1】 某钢筋混凝土屋架下弦截面尺寸为 $b\times h=200$ mm×300 mm，端节点承受恒荷载标准值产生的轴向拉力 $N_{gk}=60$ kN，活荷载标准产生的轴向拉力 $N_{qk}=100$ kN。混凝土的强度等级为 C20，采用 HRB335 级纵向钢筋($f_y=300$ N/mm²)，HPB235 级箍筋。求该轴心受拉构件的纵向钢筋，并画配筋图。

【解】 (1) 计算轴向拉力设计值 N

取恒荷载分项系数 $\gamma_G=1.2$，取活荷载分项系数 $\gamma_Q=1.4$，则

$$N=\gamma_G N_{gk}+\gamma_Q N_{qk}=1.2\times 60+1.4\times 100=212\ \text{kN}$$

(2) 计算纵向受拉钢筋

$$A_s=\frac{N}{f_y}=\frac{212000}{300}=707\ \text{mm}^2$$

$$配筋率\ \rho=\frac{A_s}{A}=\frac{707}{200\times 300}=1.18\%>0.4\%$$

$$且\quad >0.9\frac{f_t}{f_y}=0.9\times\frac{1.1}{300}=0.33\%$$

满足要求。

纵筋选 4Φ16($A_s=804$ mm²)。

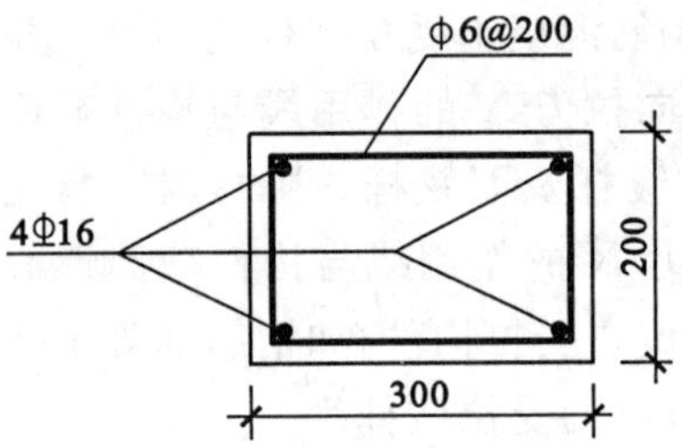

图 6.1 例 6.1 配筋图

箍筋选用Φ6@200，符合构造要求。

构件的配筋图见图 6.1。

6.2 偏心受拉构件正截面承载力计算

6.2.1 承载力计算公式

按照纵向力 N 作用位置的不同，偏心受拉构件分为大偏心受拉和小偏心受拉两种。

(1) 小偏心受拉构件

当纵向拉力 N 作用在 A_s 和 A'_s 之间(A_s 为离纵向拉力较近一侧钢筋，A'_s 为离纵向拉力较远一侧钢筋)时，属小偏心受拉。在小偏心拉力作用下，构件破坏时，截面全部裂通，混凝土退出工作，拉力完全由钢筋承担，钢筋 A_s 和 A'_s 都达到屈服强度。小偏心受拉构件承载力计算简图见图 6.2，根据平衡条件，小偏心受拉的正截面承载力计算公式为

$$Ne=f_yA'_s(h_0-a'_s) \tag{6.2}$$

$$Ne'=f_yA_s(h_0-a'_s) \tag{6.3}$$

式中 N——轴向拉力设计值，N；

e——纵向拉力作用点至 A_s 合力作用点的距离，mm，$e=\frac{h}{2}-e_0-a_s$；

e'——纵向拉力作用点至 A'_s 合力作用点的距离，mm，$e'=\frac{h}{2}+e_0-a'_s$；

e_0——纵向拉力对截面重心的偏心距，mm，$e_0=\frac{M}{N}$。

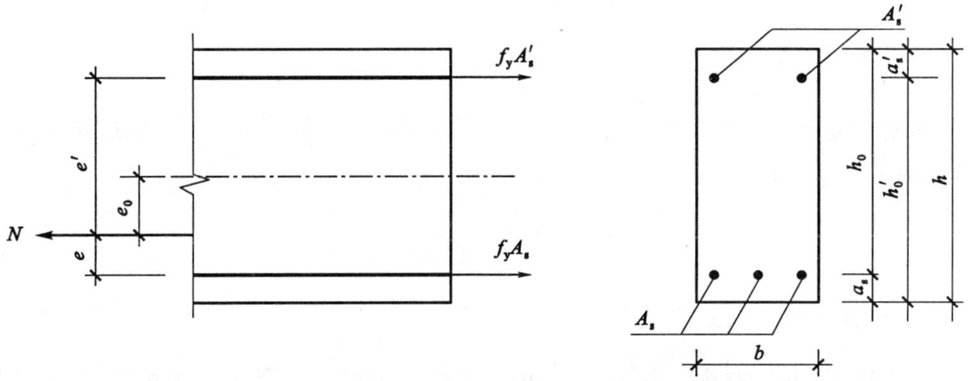

图 6.2　小偏心受拉构件承载力计算简图

当采用对称配筋时，为了达到内外力平衡，受压钢筋 A'_s 达不到屈服，取

$$A_s = A'_s = \frac{Ne'}{f_y(h_0 - a'_s)} \tag{6.4}$$

(2) 大偏心受拉构件

当纵向拉力 N 作用在 A_s 和 A'_s 范围之外时，属大偏心受拉。在纵向拉力作用下，截面部分开裂，但仍有受压区。构件破坏时，钢筋 A_s 和 A'_s 的应力都达到屈服强度，受压区混凝土也达到抗压强度设计值。大偏心受拉构件承载力计算简图见图 6.3，根据平衡条件，大偏心受拉的正截面承载力计算公式为

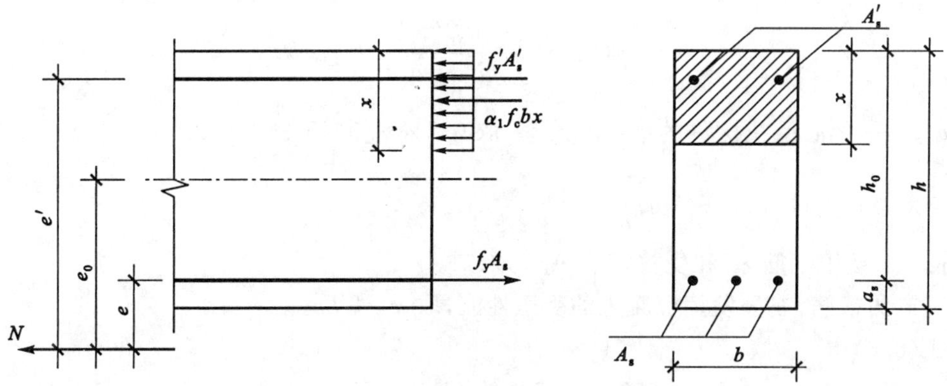

图 6.3　大偏心受拉构件承载力计算简图

$$N = f_yA_s - f_y'A'_s - \alpha_1 f_c bx \tag{6.5}$$

$$Ne = \alpha_1 f_c bx\left(h_0 - \frac{x}{2}\right) + f_y' A_s'(h_0 - a_s') \tag{6.6}$$

式中 N——轴向拉力设计值，N；

e——纵向拉力作用点至 A_s 合力作用点的距离，mm，$e=e_0-\frac{h}{2}+a_s$；

e'——纵向拉力作用点至 A_s'合力作用点的距离，mm，$e'=e_0+\frac{h}{2}-a_s'$。

公式的适用条件是

$$2a_s' < x \leqslant \xi_b h_0$$

当采用对称配筋时，由于 $A_s=A_s'$，$f_y=f_y'$，代入式(6.5)后，求得 x 为负值，属于 $x<2a_s'$时的情况，此时可取 $x=2a_s'$，按下式计算

$$A_s = A_s' = \frac{Ne'}{f_y(h_0 - a_s')} \tag{6.7}$$

6.2.2 截面设计方法及实例

在进行截面设计时，首先要判别大、小偏心受拉。根据前面所讲知识可知，当偏心距 $e_0 \leqslant \frac{h}{2}-a_s$ 时，为小偏心受拉；当偏心距 $e_0>\frac{h}{2}-a_s$ 时，为大偏心受拉。

(1) 小偏心受拉$\left(e_0 \leqslant \frac{h}{2}-a_s\right)$

由式(6.2)得

$$A_s' = \frac{Ne}{f_y'(h_0 - a_s')} \geqslant \rho_{min} bh$$

由式(6.3)得

$$A_s = \frac{Ne'}{f_y(h_0 - a_s')} \geqslant \rho_{min} bh$$

当采用对称配筋时，按下式计算

$$A_s = A_s' = \frac{Ne'}{f_y(h_0 - a_s')} \geqslant \rho_{min} bh$$

式中 ρ_{min}——偏心受拉构件的最小配筋率，取 0.2%和 0.45 $\frac{f_t}{f_y}$中较大者。

(2) 大偏心受拉$\left(e_0>\frac{h}{2}-a_s\right)$

情形 1 受压钢筋 A_s'和受拉钢筋 A_s 均未知。

为了节约钢筋，充分发挥混凝土的受压性能，取 $x=\xi_b h_0$。

由式(6.6)得

$$A_s' = \frac{Ne - \alpha_1 f_c bh_0^2 \xi_b(1-0.5\xi_b)}{f_y'(h_0 - a_s')} \geqslant \rho_{min} bh$$

由式(6.5)得

$$A_s = \frac{\alpha_1 f_c b \xi_b h_0 + f_y' A_s' + N}{f_y} \geqslant \rho_{min} bh$$

当采用对称配筋时，A'_s和 A_s 按下式计算

$$A_s = A'_s = \frac{Ne'}{f_y(h_0 - a'_s)} \geqslant \rho_{min} bh$$

情形 2 已知受压钢筋 A'_s，求受拉钢筋 A_s。

由式(6.6)求得

$$x = h_0 - \sqrt{h_0^2 - \frac{2[Ne - f_y' A'_s(h_0 - a'_s)]}{\alpha_1 f_c b}}$$

此时，x 可能出现以下情况：

若 $2a'_s < x \leqslant \xi_b h_0$，由式(6.5)得

$$A_s = \frac{\alpha_1 f_c b \xi_b h_0 + f_y' A'_s + N}{f_y} \geqslant \rho_{min} bh$$

若 $x \leqslant 2a'_s$，取 $x = 2a'_s$，由式(6.3)得

$$A_s = \frac{Ne'}{f_y(h_0 - a'_s)} \geqslant \rho_{min} bh$$

若 $x > \xi_b h_0$，说明受压钢筋 A'_s太小，应按 A'_s未知，重新计算 A'_s及 A_s。

【例 6.2】 某偏心受拉构件的截面尺寸为 $b \times h = 300\ \text{mm} \times 400\ \text{mm}$，轴向拉力设计值 $N = 200\ \text{kN}$，弯矩设计值 $M = 20\ \text{kN} \cdot \text{m}$。混凝土的强度等级为 C25($f_c = 11.9\ \text{N/mm}^2$，$a_s = 40\ \text{mm}$)，采用 HRB335 级纵向钢筋($f_y = f_y' = 300\ \text{N/mm}^2$)。求该偏心受拉构件的纵向钢筋，并绘出配筋图。

【解】 (1) 判别偏心受拉类型

$$e_0 = \frac{M}{N} = \frac{20 \times 10^3}{200} = 100\ \text{mm} < \frac{h}{2} - a_s = 200 - 40 = 160\ \text{mm}$$

属小偏心受拉。

(2) 计算纵筋

$$e' = \frac{h}{2} + e_0 - a'_s = 200 + 100 - 40 = 260\ \text{mm}$$

$$e = \frac{h}{2} - e_0 - a_s = 200 - 100 - 40 = 60\ \text{mm}$$

由式(6.2)、式(6.3)得

$$A_s = \frac{Ne'}{f_y(h_0 - a'_s)} = \frac{200 \times 10^3 \times 260}{300 \times (360 - 40)} = 542\ \text{mm}^2$$

$$> 0.2\% bh = 0.2\% \times 300 \times 400 = 240\ \text{mm}^2$$

(由于 $0.2\% > 0.45 \dfrac{f_t}{f_y} = 0.45 \times \dfrac{1.27}{300} = 0.19\%$，取 $\rho_{min} = 0.2\%$。)

选 3Φ16($A_s = 603\ \text{mm}^2$)。

$$A'_s = \frac{Ne}{f_y(h_0 - a'_s)} = \frac{200 \times 10^3 \times 60}{300 \times (360 - 40)} = 125\ \text{mm}^2 < 0.2\% \times 300 \times 400 = 240\ \text{mm}^2$$

取 $A'_s = 240\ \text{mm}^2$。

选 3Φ12($A'_s = 339\ \text{mm}^2$) 。

若采用对称配筋，$A_s = A'_s = \dfrac{Ne'}{f_y(h_0 - a_s')} = 542\ \text{mm}^2$，每侧均选 3$\Phi$16($A_s = 603\ \text{mm}^2$)。

截面配筋图见图 6.4。

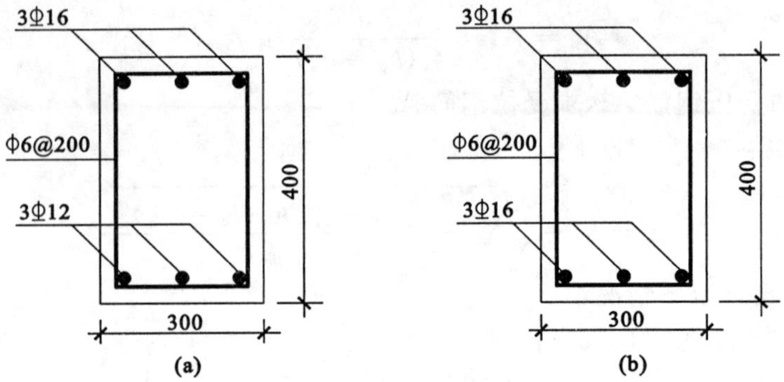

图 6.4 例 6.2 配筋图

(a) 非对称配筋；(b) 对称配筋

【例 6.3】 已知某矩形水池壁厚为 400 mm，池壁跨中沿水平方向每米宽度承受的轴向拉力设计值 $N=400$ kN，弯矩设计值 $M=200$ kN·m，该水池的混凝土为 C20($f_c=9.6$ N/mm^2，$a_s=35$ mm)，采用 HRB335 级纵向钢筋($f_y=f_y'=300$ N/mm^2)。已配置受压钢筋Φ 12 @140 ($A_s'=808$ mm^2)，求水池在该处所需纵向受拉钢筋面积 A_s，并绘出配筋图。

【解】 构件截面尺寸取 $b\times h=1000$ mm×400 mm，$h_0=400-35=365$ mm。

(1) 判别偏心类型

$$e_0=\frac{M}{N}=\frac{200\times10^3}{400}=500\text{ mm}>\frac{h}{2}-a_s=200-35=165\text{ mm}$$

属大偏心受拉。

(2) 计算纵筋

$$e'=e_0+\frac{h}{2}-a_s'=500+200-35=665\text{ mm}$$

$$e=e_0-\frac{h}{2}+a_s=500-200+35=335\text{ mm}$$

由式(6.6)求得

$$x\doteq h_0-\sqrt{h_0^2-\frac{2[Ne-f_y'A_s'(h_0-a_s')]}{\alpha_1 f_c b}}$$

$$=365-\sqrt{365^2-\frac{2\times[400\times10^3\times335-300\times808\times(365-35)]}{1\times9.6\times1000}}$$

$$=15.8\text{ mm}<2a_s'=70\text{ mm}$$

取 $x=2a_s'$，由式(6.3)得

$$A_s=\frac{Ne'}{f_y(h_0-a_s')}=\frac{400\times10^3\times665}{300\times(365-35)}=2687\text{ mm}^2$$

$$>0.2\%bh=0.2\%\times1000\times400=800\text{ mm}^2$$

(由于 $0.2\%>0.45\dfrac{f_t}{f_y}=\dfrac{0.45\times1.1}{300}=0.17\%$，取 $\rho_{min}=0.2\%$。)

选Φ 18 @90($A_s=2828$ mm^2)。

6.3 偏心受拉构件斜截面承载力计算

偏心受拉构件同时承受较大的剪力作用时，需验算其斜截面受剪承载力。纵向拉力 N 的存在，使斜裂缝提前出现，甚至形成贯通全截面的斜裂缝，使截面的受剪承载力降低。对于矩形截面的钢筋混凝土偏心受拉构件，斜截面的受剪承载力计算公式为

$$V \leqslant \frac{1.75}{\lambda+1} f_t b h_0 + f_{yv} \frac{A_{sv}}{s} h_0 - 0.02N \tag{6.8}$$

式中 N——与剪力设计值 V 相应的轴向拉力设计值，N；

λ——计算截面的剪跨比，当承受均布荷载时，$\lambda=1.5$；当承受集中荷载时，$\lambda=\frac{a}{h_0}$（a 为集中荷载至支座截面或节点边缘的距离）；当 $\lambda<1.5$ 时，取 $\lambda=1.5$；当 $\lambda>3$ 时，取 $\lambda=3$。

当式(6.8)右边的计算值小于 $f_{yv}\frac{A_{sv}}{s}h_0$ 时，应取 $f_{yv}\frac{A_{sv}}{s}h_0$，且 $f_{yv}\frac{A_{sv}}{s}h_0$ 的值不得小于 $0.36 f_t b h_0$。

偏心受拉构件的箍筋一般应满足受弯构件对箍筋的构造要求（详见第 3 章）。

小　　结

(1) 钢筋混凝土轴心受拉构件截面开裂前，混凝土与钢筋共同承受拉力，开裂后，裂缝贯通整个截面，拉力全部由钢筋承担。

(2) 钢筋混凝土轴心受拉构件除了满足承载力要求外，还要满足有关构造要求。

(3) 钢筋混凝土偏心受拉构件分为两种情形：当纵向拉力 N 作用在 A_s 和 A'_s 之间 $\left(即\ e_0 \leqslant \frac{h}{2}-a_s\right)$ 时，为小偏心受拉；当纵向拉力 N 作用在 A_s 和 A'_s 之外 $\left(即\ e_0 > \frac{h}{2}-a_s\right)$ 时，为大偏心受拉。

(4) 小偏心受拉构件的受力特点类似于轴心受拉构件，破坏时拉力全部由钢筋承受；大偏心受拉构件的受力特点类似于受弯构件或大偏心受压构件，破坏时截面有混凝土受压区存在。

(5) 偏心受拉构件可采用对称配筋或非对称配筋，在截面设计时根据不同情况采用不同的计算公式，计算出的钢筋截面面积 A_s 和 A'_s 应满足规范规定的最小配筋率要求。

(6) 偏心受拉构件纵向拉力 N 的存在会降低截面的受剪承载力，但对箍筋的抗剪能力没有影响。

复习思考题

6.1 什么是轴心受拉构件和偏心受拉构件？试举例说明。

6.2 轴心受拉构件的受力特点是什么？

6.3 如何区分钢筋混凝土大、小偏心受拉？它们的受力特点和破坏特征各有何不同？

6.4 已知 A'_s 的大偏心受拉构件，试述计算 A_s 时的步骤。

6.5 偏心受拉构件纵向拉力 N 对构件斜截面抗剪承载力有何影响？在斜截面抗剪承载力计算公式中是如何反映的？

6.6 某钢筋混凝土屋架下弦，按轴心受拉构件设计，截面尺寸为 $b\times h=150\ \mathrm{mm}\times 200\ \mathrm{mm}$，承受的轴向拉力设计值 $N=260\ \mathrm{kN}$。采用C20混凝土，HRB335级纵向钢筋，HPB235级箍筋。求构件所需的纵向受拉钢筋面积 A_s，并绘出配筋图。

6.7 某屋架受拉弦杆的截面为矩形截面，$b\times h=200\ \mathrm{mm}\times 400\ \mathrm{mm}$，轴向拉力设计值 $N=200\ \mathrm{kN}$，弯矩设计值 $M=24\ \mathrm{kN\cdot m}$。混凝土的强度等级为C20，采用HRB335级纵向钢筋。求该偏心受拉构件的纵向钢筋 A_s 及 A_s'，并绘出配筋图。

6.8 已知某矩形截面偏心受拉构件，$b\times h=200\ \mathrm{mm}\times 300\ \mathrm{mm}$，承受轴向拉力设计值 $N=100\ \mathrm{kN}$，弯矩设计值 $M=60\ \mathrm{kN\cdot m}$，混凝土为C25，采用HRB335级纵向钢筋，$a_s=a_s'=35\ \mathrm{mm}$。按照对称配筋计算该偏心受拉构件的纵向钢筋 A_s 及 A_s'。

7 钢筋混凝土受扭构件

本章提要

本章主要讲述受扭构件在实际工程中的应用示例、纯扭构件的受力性能和承载力计算、弯剪扭复合构件的受力性能和承载力计算、受扭构件的相关构造要求等内容。

7.1 概　　述

扭转是构件的基本受力形式之一，在钢筋混凝土结构中经常遇到。例如钢筋混凝土框架的边梁(图 7.1(a))、钢筋混凝土雨篷梁(图 7.1(b))、平面曲梁或折梁(图 7.1(c))、单层工业厂房中的吊车梁(图 7.1(d))和螺旋楼梯均受到扭矩的作用。

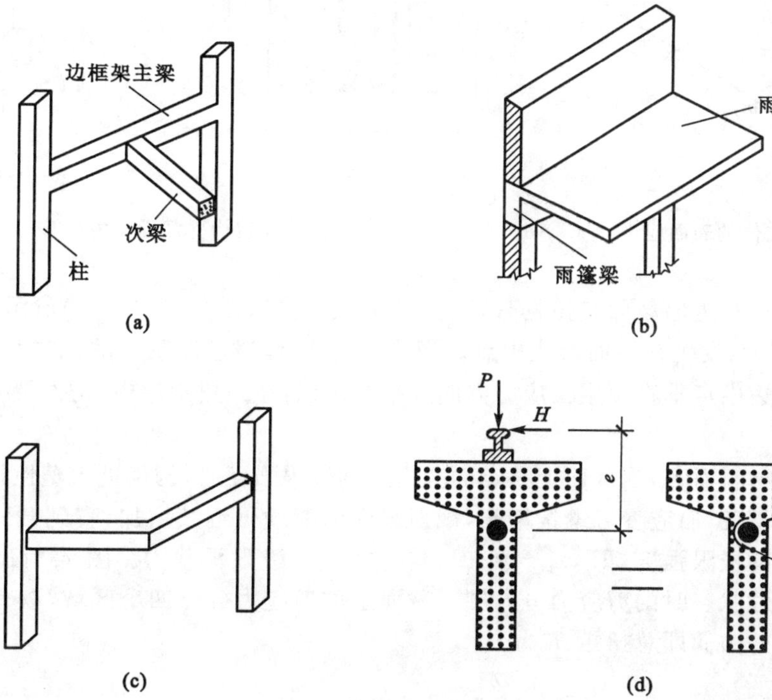

图 7.1　常见受扭构件示例

受扭构件根据截面上存在的内力情况可分为纯扭、剪扭、弯扭、弯剪扭等多种情况。在实际工程中纯扭、剪扭和弯扭的受力情况较少，弯剪扭复合作用的受力情况较多。像上述构件均属于既受扭转又受弯曲(包括受弯)的构件。由于纯扭构件的受力性能是研究复合受扭构件承载力计算的基础，故本章先从简单的纯扭构件开始，然后转入对剪扭、弯扭和弯剪扭构件的讨论，介绍复合受扭构件的承载力计算方法和相关构造要求。

7.2 纯扭构件的承载力计算

7.2.1 素混凝土纯扭构件的开裂扭矩

钢筋混凝土纯扭构件裂缝出现以前处于弹性工作阶段，构件的变形很小，抗扭钢筋的应力也很小，因此可忽略钢筋对开裂扭矩的影响，按素混凝土构件计算。图 7.2 所示为素混凝土矩形截面受扭构件，在扭矩 T 作用下产生的剪应力 τ 及相应的主压应力 σ_{cp} 及主拉应力 σ_{tp}。根据平衡关系，主应力在数值上与剪应力相等，方向相差 45°。

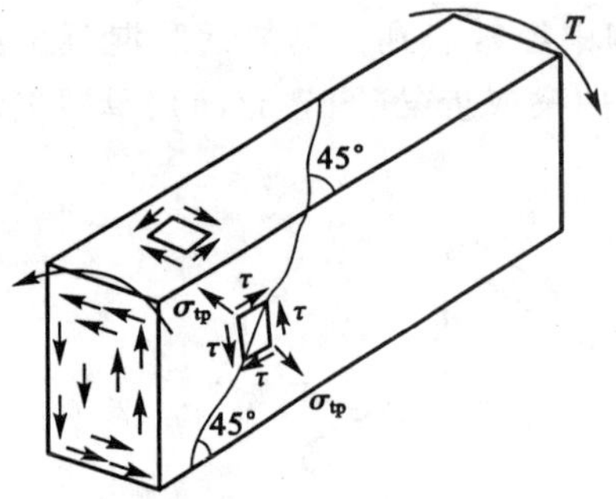

图 7.2　纯扭构件的表面应力

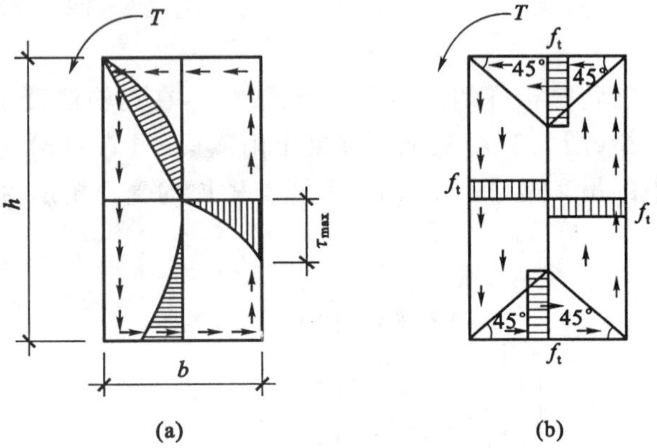

图 7.3　纯扭构件截面应力分布

对于匀质弹性材料矩形截面纯扭构件，其截面剪应力分布图如图 7.3(a)所示，最大剪应力 τ_{max}，即最大主应力，发生在截面长边中点。当主拉应力 σ_{tp}超过混凝土的抗拉强度时，混凝土将首先在截面长边中点垂直于主拉应力方向开裂。所以，在纯扭构件中，构件裂缝与纵轴线成 45°角。

对于理想塑性材料而言，当截面上某点的应力达到极限强度时，构件进入塑性状态。该点应力保持极限应力不变，而应变可继续增长，截面承受的荷载可继续增加，直到截面上各点的应力全部达到材料的极限强度，即 $\tau_{max}=f_t$ 时，构件才达到极限承载力。图 7.3(b)为矩形截面纯扭构件在全塑性状态时的剪应力分布图。截面上的剪应力分为四个区域，取 $\tau_{max}=f_t$，可求得其合力所组成的力偶即总扭矩 T 为

$$T = f_t \frac{b^2}{6}(3h-b) = f_t W_t \tag{7.1}$$

式中　b——矩形截面短边边长，mm；

　　　h——矩形截面长边边长，mm；

　　　f_t——混凝土抗拉强度设计值，N/mm²。

由于混凝土既非弹性材料，又非理想塑性材料，而是介于二者之间的弹塑性材料。与实验所测得的开裂扭矩相比，按弹性理论计算所得的开裂扭矩偏低，而按塑性理论计算的开裂扭矩又偏高。故为了实用，可按全塑性状态的截面应力分布计算，乘以一个 0.7 的折减系数，即开裂扭矩的计算公式为

$$T_{cr} = 0.7 f_t W_t \tag{7.2}$$

式中　W_t——受扭构件的截面抗扭塑性抵抗矩，mm^3。

(1) 对于矩形截面

$$W_t = \frac{b^2}{6}(3h - b) \tag{7.3}$$

(2) 对于 T 形和 I 形截面

$$W_t = W_{tw} + W_{tf}{}' + W_{tf} \tag{7.4}$$

腹板

$$W_{tw} = \frac{b^2}{6}(3h - b)$$

受压翼缘

$$W_{tf}' = \frac{h_f'^2}{2}(b_f{}' - b) \tag{7.5}$$

受拉翼缘

$$W_{tf} = \frac{h_f{}^2}{2}(b_f - b) \tag{7.6}$$

式中　$b_f{}'$、b_f——截面受压区、受拉区翼缘宽度，mm；

　　$h_f{}'$、h_f——截面受压区、受拉区翼缘高度，mm。

7.2.2　钢筋混凝土纯扭构件的承载力计算

(1) 受扭构件的试验研究分析

钢筋混凝土纯扭构件的试验表明，在混凝土构件中配置适量的抗扭钢筋，对提高截面的开裂弯矩作用不大，然而由于构件开裂后可由钢筋继续承担拉力，这对提高构件的抗扭承载力有很大的作用。但是配筋的多少对构件承担的极限扭矩有很大影响，构件最终的破坏形态和极限扭矩随配筋的不同而变化。按照抗扭钢筋配筋率的不同，钢筋混凝土受扭构件的破坏可分为以下三种类型：

① 适筋破坏　在受扭箍筋和纵筋配置适量的情况下，构件开裂后，开裂前混凝土承担的拉力转移给钢筋承担。随着扭矩的增大，在构件表面陆续出现多条与构件轴线成 45°的斜裂缝，直到其中一条裂缝所穿越的纵筋和箍筋达到屈服，于是这条裂缝急速扩展并向相邻的两个面延伸，直到受压区混凝土被压碎而破坏。这种破坏是延续发生的，钢筋先屈服而后混凝土压碎，与受弯构件的适筋梁相似，属于延性破坏。钢筋混凝土受扭构件的承载力即以这种破坏形态为计算依据。

② 少筋破坏　当构件抗扭箍筋和纵筋配置过少或过稀时，裂缝一出现，钢筋很快屈服，配筋对破坏扭矩影响不大，其受扭承载力与素混凝土构件没有太大差别，其破坏扭矩基本上与开裂扭矩相等。破坏过程迅速而突然，类似于受弯构件的少筋破坏，设计时应予以避免。

③ 超筋破坏　当构件抗扭箍筋和纵筋配置过多时，在扭矩作用下，构件产生多条 45°的斜

裂缝，钢筋未达到屈服而斜裂缝间混凝土已被压碎。这种破坏形态与受弯构件中的超筋梁相似，属于脆性破坏，设计时应予避免。

由于抗扭钢筋是由箍筋和纵筋两部分组成，两种钢筋的比例对破坏强度也有影响。当其中某一种抗扭钢筋过多时，也会造成这种钢筋在构件破坏时不能达到屈服强度。因此，纵筋和箍筋在数量和强度上的配比应有一定的范围，才能保证构件破坏时，两种钢筋的强度都能得到充分的利用。于是我们引出参数 ζ 来表示纵筋和箍筋的配筋强度比，即纵筋与箍筋对应的体积比和强度比的乘积

$$\zeta = \frac{f_y A_{stl} s}{f_{yv} A_{st1} U_{cor}} \tag{7.7}$$

式中 f_y、f_{yv}——纵筋、箍筋的抗拉强度设计值，N/mm^2，$f_{yv} \leqslant 310\ N/mm^2$；

A_{stl}——抗扭纵筋的截面面积，mm^2；

A_{st1}——抗扭箍筋的单肢截面面积，mm^2；

U_{cor}——截面核心的周长，$U_{cor}=2(b_{cor}+h_{cor})$，$b_{cor}$ 和 h_{cor} 分别为从箍筋内皮计算的截面核心的短边及长边，mm；

s——箍筋间距，mm。

试验表明：当 ζ 在 0.5～2.0 间变化时，纵筋与箍筋在构件破坏时基本上都能达到屈服强度。但为了慎重起见，《混凝土结构设计规范》规定 ζ 的适用条件为

$$0.6 \leqslant \zeta \leqslant 1.7$$

当 $\zeta > 1.7$ 时，仍按 $\zeta = 1.7$ 计算。

试验还表明：当 $\zeta = 1.2$ 左右时，纵筋和箍筋的用量为最佳比例情况，即在构件破坏之前，这两种钢筋将基本上同时达到其屈服强度。故为了施工方便，便于配筋，设计常取 $\zeta = 1.0$～1.2。

(2) 纯扭构件的承载力计算

钢筋混凝土纯扭构件承载力的计算公式是根据适筋破坏形式建立的，它由钢筋承担的扭矩 T_s 和混凝土承担的扭矩 T_c 所组成，即

$$T_u = T_s + T_c \tag{7.8}$$

式中 T_u——钢筋混凝土纯扭构件的抗扭承载力，N·mm；

T_c——钢筋混凝土纯扭构件混凝土所承受的扭矩，N·mm；

T_s——钢筋混凝土纯扭构件钢筋承受的扭矩，N·mm。

如前所述，素混凝土所能承担的极限扭矩 $T_{cr}=0.7f_t W_t$，即开裂以后素混凝土构件即达到破坏。但在钢筋混凝土构件中，由于钢筋的存在，混凝土斜裂缝受到钢筋的抑制而不能自由开展，所以混凝土所能承担的扭矩并不能达到 T_{cr}。经经验数据分析，取

$$T_c = 0.35 f_t W_t \tag{7.9}$$

钢筋所承担的扭矩实际上是钢筋和斜裂缝之间的混凝土结合起来共同承担的扭矩。这部分抗扭能力的大小与箍筋的截面面积和强度成正比，与箍筋的间距成反比，并且截面核心部分的面积越大，抗扭能力越强。经分析，T_s 可由下式计算

$$T_s = 1.2\sqrt{\zeta} f_{yv} \frac{A_{st1}}{s} A_{cor} \tag{7.10}$$

因此，钢筋混凝土纯扭构件承载力计算公式为

$$T \leqslant T_c + T_s = 0.35 f_t W_t + 1.2\sqrt{\zeta} f_{yv} \frac{A_{st1}}{s} A_{cor} \tag{7.11}$$

式中　ζ——抗扭纵筋与箍筋的配筋强度比，见式(7.7)；

A_{st1}——抗扭箍筋的单肢截面面积，mm^2；

A_{cor}——截面核心面积，mm^2。

(3) T形、I形截面纯扭构件计算

对带翼缘的T形、I形、L形截面，在进行其抗扭承载力计算时，可将截面划分为几个矩形截面。划分的原则是先按截面总高度确定腹板截面，然后再划分受压翼缘及受拉翼缘。为简化计算，按各矩形截面的抗扭塑性抵抗矩的比例来分配截面总扭矩，确定各矩形截面所承担的扭矩，即

$$T_w = \frac{W_{tw}}{W_t} T \qquad T_f' = \frac{W_{tf}'}{W_t} T \qquad T_f = \frac{W_{tf}}{W_t} T \tag{7.12}$$

$$W_t = W_{tw} + W_{tf}' + W_{tf}$$

式中　T——截面所承受的扭矩设计值，N·mm；

T_w——腹板所承受的扭矩，N·mm；

T_f'、T_f——受压翼缘、受拉翼缘所承受的扭矩，N·mm。

各矩形分块抗扭钢筋所承担的扭矩设计值可按下式计算

$$T_{ws} = T_w - 0.35 f_t W_{tw}$$

$$T_{fs}' = T_f' - 0.35 f_t W_{tf}'$$

$$T_{fs} = T_f - 0.35 f_t W_{tf}$$

7.3　弯、剪、扭构件承载力的计算

7.3.1　弯扭构件承载力计算

弯矩和扭矩同时作用的构件称弯扭构件，弯扭构件中扭矩的存在总是使构件的受弯承载力降低，这是因为扭矩的作用使纵筋产生拉应力，加重了受弯构件中纵向受拉钢筋的负担，使其应力提前达到屈服，因而降低了受弯承载力。

弯扭构件的受弯承载力和受扭承载力之间具有相关性，影响这种相关性的因素很多，如弯扭比(M/T)、截面高宽比、纵筋与箍筋配筋强度比ζ以及混凝土强度等级等。精确计算是比较复杂的，一种简化而偏于安全的处理方法是将受弯所需纵筋与受扭所需纵筋，分别计算然后进行叠加。如图7.4所示。

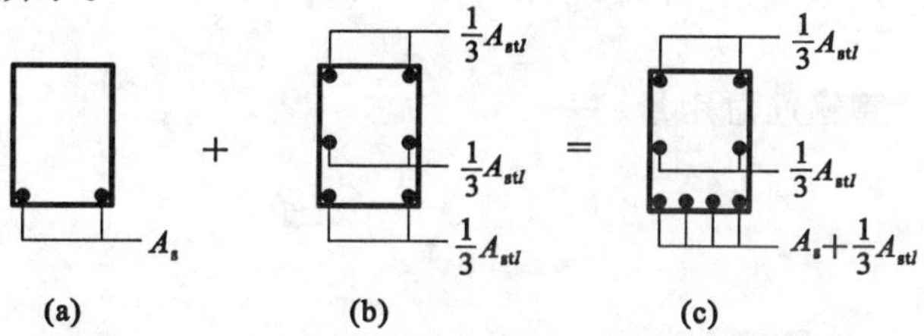

图7.4　矩形截面弯扭构件纵向钢筋叠加图

(a) 抗弯纵筋 A_s；(b) 抗扭纵筋 A_{stl}；(c) 抗弯扭纵筋

7.3.2 剪扭构件承载力计算

同时受到剪力和扭矩作用的构件称剪扭构件，其承载力总是低于剪力或扭矩单独作用时的承载力。这是因为二者的剪应力在构件一个侧面上是叠加的，其受力性能也是非常复杂的，完全按照二者之间的相关关系进行承载力计算是很困难的。

由于受剪和受扭承载力中均包含有钢筋和混凝土两部分，为方便计算，采用混凝土部分相关、钢筋部分不相关的近似计算方法。箍筋按受扭承载力和受剪承载力分别计算其用量，然后进行叠加。至于混凝土部分在剪扭构件承载力计算中，有一部分被重复利用，过高地估计了其抗力作用。

为了防止混凝土的双重利用而降低承载能力，必须考虑其受扭和受剪的相关关系。我国《混凝土结构设计规范》采用折减系数 β_t 来考虑剪扭共同作用的影响。β_t 的计算公式为

$$\beta_t = \frac{1.5}{1 + 0.5\dfrac{VW_t}{Tbh_0}} \tag{7.13}$$

$$0.5 \leqslant \beta_t \leqslant 1.0$$

对以集中荷载为主的矩形截面混凝土剪扭构件（包括作用多种荷载，且其中荷载对支座截面或节点边缘产生的剪力值占总剪力值的75%以上的情况），上式可改为

$$\beta_t = \frac{1.5}{1 + 0.2(\lambda + 1)\dfrac{VW_t}{Tbh_0}} \tag{7.14}$$

式中 λ——计算截面的剪跨比，$1.4 \leqslant \lambda \leqslant 3$。

这样，矩形截面剪扭构件的承载力可按下列各式计算：

(1) 按下式计算抗剪承载力需要的抗剪箍筋$\dfrac{A_{sv}}{s}$

$$V \leqslant 0.7(1.5 - \beta_t) f_t b h_0 + 1.25 f_{yv} \frac{A_{sv}}{s} h_0 \tag{7.15}$$

对集中荷载作用下的矩形截面混凝土剪扭构件（包括作用有多种荷载，且其中集中荷载对支座截面或节点边缘产生的剪力只占总剪力的75%以上的情况），则改为下式计算

$$V \leqslant (1.5 - \beta_t) \frac{1.75}{\lambda + 1} f_t b h_0 + f_{yv} \frac{A_{sv}}{s} h_0 \tag{7.16}$$

(2) 按下式计算抗扭承载力需要的抗扭箍筋$\dfrac{A_{st1}}{s}$

$$T \leqslant 0.35 \beta_t f_t W_t + 1.2\sqrt{\zeta} f_{yv} \frac{A_{st1}}{s} A_{cor} \tag{7.17}$$

(3) 按叠加原则计算箍筋总用量$\dfrac{A_{sv1}{}^*}{s}$

$$\frac{A_{sv1}{}^*}{s} = \frac{A_{sv1}}{s} + \frac{A_{st1}}{s}$$

7.3.3 弯、剪、扭构件承载力计算

在实际工程中，钢筋混凝土受扭构件大多数都是同时受有弯矩、剪力和扭矩作用的复合受

扭构件。为了简化计算,《现行混凝土结构设计规范》对弯剪扭构件采用“叠加法”进行计算,即其纵向钢筋截面面积由抗弯承载力和抗扭承载力所需纵筋相叠加,其箍筋截面面积由抗剪承载力和抗扭承载力所需箍筋相叠加。其承载力的计算具体可按以下步骤进行:

(1) 初步选定截面尺寸和材料强度。

(2) 验算截面尺寸

构件截面尺寸应满足下列条件

$$\frac{V}{bh_0}+\frac{T}{0.8W_t}\leqslant 0.25\beta_c f_c \tag{7.18}$$

式中 β_c——混凝土的强度影响系数。

如不满足上式条件,则应加大截面尺寸或提高混凝土等级。

(3) 确定计算方法

先判断截面上弯矩、剪力、扭矩中某种内力是否过小,可忽略不计,即对构件进行计算时可不考虑该项内力。

① 当满足下列条件时

$$V\leqslant 0.35f_t bh_0 \tag{7.19}$$

或以集中荷载为主的构件满足下式时

$$V\leqslant \frac{0.875}{\lambda+1}f_t bh_0 \tag{7.20}$$

可忽略剪力的影响,仅按弯扭构件考虑。

② 当满足下列条件时

$$T\leqslant 0.175f_t W_t \tag{7.21}$$

可忽略扭矩的影响,仅按受弯构件的正截面和斜截面承载力来计算。

③ 当符合下列条件时

$$\frac{V}{bh_0}+\frac{T}{W_t}\leqslant 0.7f_t \tag{7.22}$$

则不需对构件进行剪扭承载力计算,只需对受弯构件正截面进行计算。这时仅对箍筋和抗扭纵筋按构造要求配置。

④ 若以上条件均不符合,则按弯剪扭构件来进行计算。

(4) 弯剪扭构件的承载力计算

① 确定箍筋数量

先按式(7.13)或式(7.14)计算折减系数 β_t;

利用抗剪承载力计算式(7.15)或式(7.16),求出抗剪箍筋量$\frac{A_{sv1}}{s}$;

利用抗扭承载力计算式(7.17),求出抗扭箍筋量$\frac{A_{st1}}{s}$;

再求箍筋总量$\frac{A_{sv1}^*}{s}$,并按下式验算配箍率

$$\rho_{sv}=\frac{nA_{sv1}^*}{bs}\geqslant 0.28\frac{f_t}{f_{yv}} \tag{7.23}$$

② 确定纵筋数量

先计算抗扭纵筋数量，将上面求得单肢抗扭箍筋量$\frac{A_{st1}}{s}$代入式(7.7)，取 $\zeta=1.2$，即可求出抗扭纵筋的截面面积

$$A_{stl}=\frac{\zeta f_{yv}A_{st1}U_{cor}}{f_y s}$$

并按下式验算抗扭纵筋的最小配筋率

$$\rho_{tl}=\frac{A_{stl}}{bh}\geqslant\rho_{tl,\min}=0.6\sqrt{\frac{T}{Vb}}\frac{f_t}{f_y} \tag{7.24}$$

式中 $\frac{T}{Vb}>2$ 时，取$\frac{T}{Vb}=2$。

再按受弯构件进行正截面承载力计算，求抗弯纵筋的数量 A_s，并验算其最小配筋率(方法见第 3 章)。

将抗扭纵筋截面面积 A_{stl}与抗弯纵筋截面面积 A_s 叠加。

7.3.4 计算公式的适用范围和构造要求

为保证构件破坏时有一定的延性，不致出现少筋与超筋的脆性破坏，计算公式要有其上限条件和下限条件。

(1) 上限条件

为防止完全超筋破坏，截面尺寸不能太小，《规范》规定对 $\frac{h_w}{b}\leqslant b$ 的矩形、T 形和 I 形截面构件，其截面尺寸应符合下列条件，否则应加大截面尺寸或提高混凝土强度等级。

$$\frac{V}{bh_0}+\frac{T}{0.8W_t}\leqslant 0.25\beta_c f_c \tag{7.25}$$

式中 T——扭矩设计值，N·mm；

W_t——截面抗扭塑性抵抗矩，mm^3；

β_c——混凝土强度影响系数。当 $f_{cu,k}=50$ N/mm² 时，取 $\beta_c=1.0$；当 $f_{cu,k}=80$ N/mm² 时，取 $\beta_c=0.8$，其间按插值法求得。

(2) 下限条件

为避免少筋破坏，配筋不能过小，当符合条件 $T\leqslant 0.7f_tW_t$ 时，《规范》规定可按配筋率的下限及构造要求配筋。

① 最小配箍率

对受弯剪扭构件的剪扭箍筋的配箍率，应符合下列要求

$$\rho_{sv}=\frac{nA_{st1}^{*}}{bs}\geqslant\rho_{sv,\min}=0.28\frac{f_t}{f_{yv}} \tag{7.26}$$

② 最小纵筋配筋率

梁内受扭纵筋配筋率应符合下列要求

$$\rho_{tl}=\frac{A_{stl}}{bh}\geqslant\rho_{tl,\min}=0.6\sqrt{\frac{T}{Vb}}\frac{f_t}{f_y} \tag{7.27}$$

当 $\frac{T}{Vb}>2.0$ 时，取 $\frac{T}{Vb}=2.0$。

(3) 受扭构件的配筋构造要求

在实际工程中，受扭构件的受扭钢筋是由箍筋和纵筋共同组成的。从受力性能上看，受扭箍筋在整个周边上均匀受拉，因此抗扭箍筋应做成封闭的。当采用绑扎骨架时，应将箍筋末端弯折成135°，并且锚入混凝土核心区至少 $10d$（d 为箍筋直径）。此外，箍筋的直径和间距还应符合受弯构件对箍筋的有关规定。

在超静定结构中，箍筋间距不宜大于 $0.75b$（b 为矩形截面或T形、I形截面的腹板宽度）。

受扭构件的抗扭纵筋应尽可能沿周边均匀对称布置，间距不应大于200mm和梁截面宽度。在截面的四角必须设置抗扭纵筋。当受扭纵筋按计算确定时，则其接头和锚固均应按受拉钢筋的有关规定处理。

7.3.5 应用举例

【例7.1】 已知一钢筋混凝土框架纵向连系梁，构件截面尺寸 $b\times h=300\ \text{mm}\times 600\ \text{mm}$，净跨6 m，该梁承受的集中荷载设计值 $P=100$ kN，均布荷载设计值（包括梁自重）$g=9$ kN/m，相应的设计弯矩图、剪力图和扭矩图如图7.5所示。混凝土强度等级为C20，纵筋为HRB335级，箍筋为HPB235级，试计算构件的配筋。

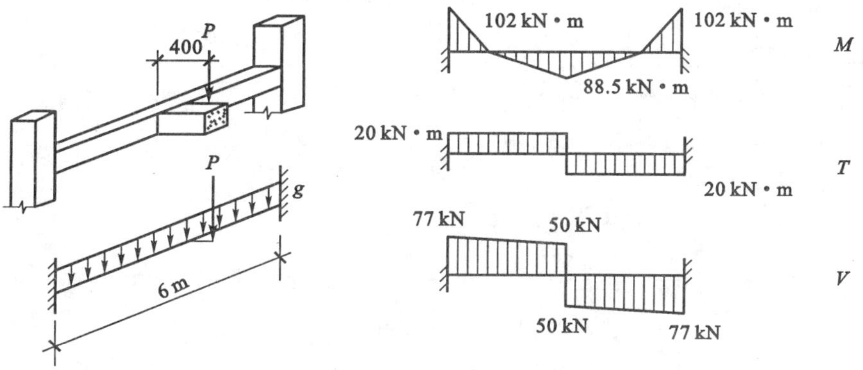

图7.5　梁的设计弯矩图、剪力图和扭矩图

【解】 查表确定材料强度设计值：

$f_t=1.1\ \text{N/mm}^2$，　$f_c=9.6\ \text{N/mm}^2$，　$f_y=300\ \text{N/mm}^2$，　$f_{yv}=210\ \text{N/mm}^2$

(1) 内力计算

支座按固定端考虑。

弯矩：

支座截面

$$M=-\frac{Pl}{8}-\frac{gl^2}{12}=-\frac{100\times 6}{8}-\frac{9\times 6^2}{12}=-75-27=-102\ \text{kN}\cdot\text{m}$$

跨中截面

$$M=\frac{Pl}{8}+\frac{gl^2}{24}=75+13.5=88.5\ \text{kN}\cdot\text{m}$$

扭矩：

$$T=\frac{1}{2}Pa=\frac{1}{2}\times 100\times 0.4=20\ \text{kN}\cdot\text{m}$$

剪力：

支座截面　$V=\frac{P}{2}+\frac{gl}{2}=\frac{100}{2}+\frac{9\times 6}{2}=77\ \text{kN}$

跨中截面　$V=\frac{P}{2}=50\ \text{kN}$

(2) 验算截面尺寸

受扭塑性抵抗矩

$$W_t=\frac{b^2}{6}(3h-b)=\frac{300^2}{6}\times(3\times 600-300)=22.5\times 10^6\ \text{mm}^3$$

$$\frac{V}{bh_0}+\frac{T}{0.8W_t}=\frac{77\times 10^3}{300\times 565}+\frac{20\times 10^6}{0.8\times 22.5\times 10^6}=1.565\ \text{N/mm}^2$$
$$<0.25\beta_c f_c=0.25\times 1.0\times 9.6=2.4\ \text{N/mm}^2$$

所以，截面尺寸满足要求。

(3) 确定计算方法

① 验算是否需要考虑剪力

$$V=77000\ \text{N}>0.35f_tbh_0=0.35\times 1.1\times 300\times 565=65257.5\ \text{N}$$

需考虑剪力的影响。

② 验算是否需要考虑扭矩

$$T=20\times 10^6\ \text{N}\cdot\text{mm}>0.175f_tW_t=0.175\times 1.1\times 22.5\times 10^6$$
$$=4.33\times 10^6\ \text{N}\cdot\text{mm}$$

需考虑扭矩的影响。

③ 验算是否需要进行抗剪和抗扭计算

$$\frac{V}{bh_0}+\frac{T}{W_t}=\frac{77000}{300\times 565}+\frac{20\times 10^6}{22.5\times 10^6}=1.343\ \text{N/mm}^2$$
$$>0.7f_t=0.7\times 1.1=0.77\ \text{N/mm}^2$$

故需要进行抗剪和抗扭计算。

(4) 按复合构件进行计算

① 确定箍筋数量

$$\beta_t=\frac{1.5}{1+0.5\frac{VW_t}{Tbh_0}}=\frac{1.5}{1+0.5\times\frac{77\times 10^3\times 22.5\times 10^6}{20\times 10^6\times 300\times 565}}=1.2>1$$

取 $\beta_t=1$。

按式(7.15)计算抗剪箍筋数量

$$V\leqslant 0.7(1.5-\beta_t)f_tbh_0+1.25f_{yv}\frac{nA_{sv1}}{s}h_0$$

$$77000=0.7\times(1.5-1)\times 1.1\times 300\times 565+1.25\times 210\times 2\times 565\times\frac{A_{sv1}}{s}$$

$$\frac{A_{sv1}}{s}=0.0396\ \text{mm}^2/\text{mm}$$

按式(7.17)计算抗扭箍筋数量

$$T\leqslant 0.35\beta_t f_t W_t+1.2\sqrt{\zeta}f_{yv}\frac{A_{st1}}{s}A_{cor}$$

取 $\zeta=1.2$。

$$A_{cor}=(300-50)\times(600-50)=137500\ \text{mm}^2$$

$$20\times10^6=0.35\times1.0\times1.1\times22.5\times10^6+1.2\times\sqrt{1.2}\times210\times137500\times\frac{A_{st1}}{s}$$

$$\frac{A_{st1}}{s}=0.299\ \text{mm}^2/\text{mm}$$

计算配箍总量

$$\frac{A_{sv1}^*}{s}=\frac{A_{sv1}}{s}+\frac{A_{st1}}{s}=0.0396+0.299=0.3386\ \text{mm}^2/\text{mm}$$

选用Φ 8，$A_{sv1}^*=50.3\ \text{mm}^2$，则

$$s=\frac{50.3}{0.3386}=149\ \text{mm}$$

取 $s=140$ mm。

验算配箍率

$$\rho_{sv}=\frac{nA_{sv1}^*}{bs}=\frac{2\times50.3}{300\times140}=0.0024$$

$$\rho_{sv,\min}=0.28\frac{f_t}{f_{yv}}=0.28\times\frac{1.1}{210}=0.00147$$

$$\rho_{sv}\geqslant\rho_{sv,\min}$$

所以满足要求。

② 确定纵筋数量

按式(7.7)计算抗扭纵筋数量

$$U_{cor}=2\times(250+550)=1600\ \text{mm}$$

$$A_{stl}=\frac{\zeta f_{yv}A_{st1}U_{cor}}{f_y s}=\frac{1.2\times210\times1600\times0.299}{300}=402\ \text{mm}^2$$

验算抗扭纵筋配筋率

$$\rho_{tl}=\frac{A_{stl}}{bh}=\frac{402}{300\times600}=0.0022$$

$$\rho_{tl,\min}=0.6\sqrt{\frac{T}{Vb}}\frac{f_t}{f_y}=0.6\times\sqrt{\frac{20\times10^6}{77\times10^3\times300}}\times\frac{1.1}{300}=0.00205$$

$$\rho_{tl}>\rho_{tl,\min}$$

所以满足要求。

按受弯构件正截面承载力计算抗弯纵筋数量。

支座截面

$$\alpha_s=\frac{M}{f_c bh_0{}^2}=\frac{102\times10^6}{9.6\times300\times565^2}=0.111$$

查表 $\gamma_s=0.941$。

$$A_s=\frac{M}{f_y\gamma_s h_0}=\frac{102\times10^6}{300\times0.941\times565}=640\ \text{mm}^2$$

$$>\rho_{\min}bh=0.2\%\times300\times600=360\ \text{mm}^2$$

跨中截面

$$\alpha_s = \frac{M}{f_c b h_0^2} = \frac{88.5 \times 10^6}{9.6 \times 300 \times 565^2} = 0.096$$

查表 $\gamma_s = 0.949$。

$$A_s = \frac{M}{f_y \gamma_s h_0} = \frac{88.5 \times 10^6}{300 \times 0.949 \times 565} = 550\ \text{mm}^2$$

$$> \rho_{\min} bh = 0.2\% \times 300 \times 600 = 360\ \text{mm}^2$$

③ 确定纵筋总用量及布置

梁高 h=600 mm,抗扭纵筋的间距一般不超过 250 mm,且还不超过梁的宽度 b。故抗扭纵筋沿梁高按三排对称布置,顶部、中间和底部各按$\frac{A_{stl}}{3}=\frac{402}{3}=134\ \text{mm}^2$ 考虑,选用 2Φ12(A_s=226 mm²)。

对支座截面,上部纵筋所需的截面面积为 $A_s+\frac{A_{stl}}{3}=640+\frac{402}{3}=774\ \text{mm}^2$,选 2Φ18+1Φ20($A_s$=823 mm²),配筋如图 7.6(a)所示。

对跨中截面,下部纵筋所需的截面面积为 $A_s+\frac{A_{stl}}{3}=550+\frac{402}{3}=684\ \text{mm}^2$,选 3Φ18($A_s$=763 mm²),沿通长布置,配筋如图 7.6(b)所示。

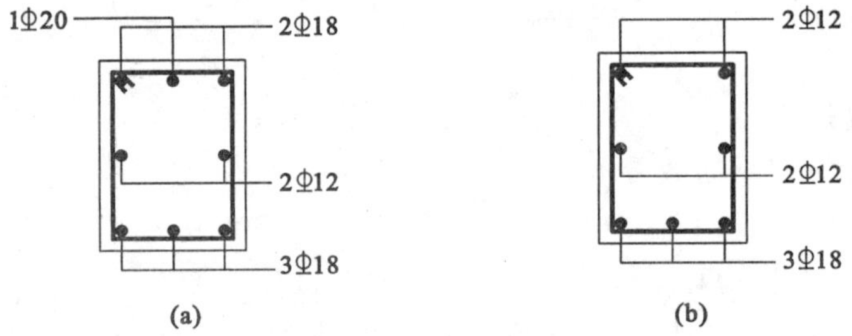

图 7.6 梁纵筋配筋图

(a) 支座截面;(b) 跨中截面

小　　结

通过本章学习,了解了纯扭构件、弯剪扭构件裂缝开展的规律及承载力计算方法,特别应掌握受扭构件计算的上限条件和下限条件,以及计算抗扭纵筋和抗扭箍筋的方法与配筋的构造要求。

复习思考题

7.1 试推导矩形截面受扭构件塑性抵抗矩 W_t 的计算公式(7.3)。

7.2 试简述钢筋混凝土纯扭构件的破坏形态和破坏特征。

7.3 试说明受扭构件计算公式中 ζ 的物理意义。ζ 的合理取值范围是什么含义?

7.4 试说明截面纯扭构件的计算方法。

7.5 为什么受扭构件同时受到扭矩的作用时,构件的受弯承载力和受扭承载力均要降低?

7.6 弯扭承载力的相关性主要与哪些因素有关?《规范》建议采用什么方法对弯扭构件进行设计?

7.7 在剪扭构件的计算公式中为什么要引进系数 β_t?其取值为什么必须在 0.5~1.0?

习　题

7.1　钢筋混凝土纯扭构件，截面尺寸 $b \times h = 250\ \text{mm} \times 500\ \text{mm}$，承受的扭矩设计值 $T = 12\ \text{kN}\cdot\text{m}$。混凝土为 C20 级，纵筋采用 HRB335 级钢筋，箍筋采用 HPB235 级钢筋。求此构件所需配置的受扭纵筋和箍筋。

7.2　某矩形截面悬臂梁，截面尺寸 $b \times h = 250\ \text{mm} \times 500\ \text{mm}$，该梁在悬臂端承受的弯矩设计值 $M = 90\ \text{kN}\cdot\text{m}$，剪力设计值 $V = 120\ \text{kN}$，扭矩设计值 $T = 10\ \text{kN}\cdot\text{m}$。混凝土为 C20 级，纵筋为 HRB335 级，箍筋为 HPB235 级。试设计该梁。

7.3　某餐厅雨篷如图 7.7 所示，雨篷板的永久荷载(含板自重)标准值为 3.6 kN/m，承受的板面活荷载标准值为 0.5 kN/m，雨篷梁承受自重及上面墙体传来的荷载设计值共计 6.2 kN/m，其计算跨度为 2.5 m，净跨为 2.4 m。混凝土采用 C20 级，纵筋采用 HRB335 级，箍筋采用 HPB235 级。试设计该梁(计算弯矩时，取计算跨度；计算剪力时，取净跨)。

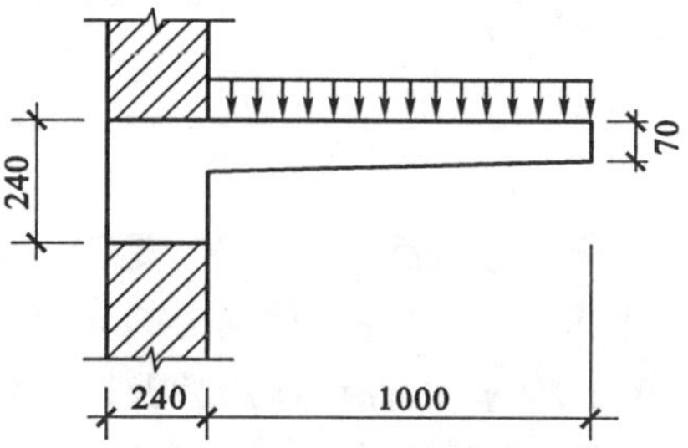

图 7.7　雨篷简图及荷载

8 钢筋混凝土构件变形和裂缝计算

本章提要

本章主要介绍钢筋混凝土受弯构件的变形计算及裂缝宽度验算，要求掌握受弯构件挠度及裂缝宽度的计算方法，理解钢筋混凝土受弯构件变形计算与均质弹性受弯构件的异同，以及裂缝的形成与开展过程；理解“最小刚度原则”及钢筋混凝土构件裂缝宽度和变形验算的目的。

钢筋混凝土构件在不同受力状态的承载能力计算，是为了构件完成预定功能要求的首要条件——安全性，因此对所有结构构件必须进行承载力的计算。但是对某些构件，根据其使用条件还需要进行变形和裂缝宽度的验算，以保证适用性及耐久性的要求，满足结构正常使用的需要。例如支撑精密仪器的楼层梁、板刚度不足，将会影响仪器的使用；吊车梁挠度过大会妨碍吊车的正常运行，加剧轨道及扣件的磨损。又如，钢筋混凝土构件的裂缝宽度过大会影响观瞻，引起使用者的不安；在有侵蚀性介质环境下，裂缝过大会增加钢筋锈蚀的危险，影响结构的耐久性。但是，由于混凝土的收缩、徐变等随时间的变化会对变形及裂缝宽度有很大影响，故在正常使用极限状态计算中需要按照荷载作用持续时间的不同，分别按荷载效应的永久组合、准永久组合或标准组合并考虑长期作用影响进行计算。

8.1 钢筋混凝土构件变形计算

8.1.1 钢筋混凝土抗弯刚度的计算

(1) 截面抗弯刚度的主要特点

由材料力学知，简支梁的挠度计算公式的一般形式为

$$f = C\frac{Ml_0^2}{EI} \quad 或 \quad f = C \cdot \varphi l_0^2 \tag{8.1}$$

式中 f——梁跨中最大挠度，mm；

C——与荷载形式有关的荷载效应系数，均布荷载时，$C=\frac{5}{48}$；集中荷载作用在跨中时，$C=\frac{1}{12}\left(\frac{4}{48}\right)$；

M——梁跨中最大弯矩，N·mm；

l_0——梁的计算跨度，mm；

EI——梁截面抗弯刚度，对于匀质弹性材料，它是一个常数；

φ ——截面曲率，$\varphi=\dfrac{M}{EI}=\dfrac{1}{r}$，$r$ 是曲率半径。

由 $EI=\dfrac{M}{\varphi}$可知，截面抗弯刚度的物理意义是使截面产生单位转角所需施加的弯矩，它体现了截面抵抗弯曲变形的能力。当梁的截面尺寸、材料和跨度给定时，抗弯刚度 EI 是一个常数，挠度 f 与弯矩 M 成直线关系，如图 8.1 中虚线 OA 所示。

钢筋混凝土受弯构件，由于钢筋混凝土是非匀质、非弹性材料，且存在裂缝，所以钢筋混凝土受弯构件截面抗弯刚度不是常数，而是随着荷载的增大而不断降低。用 B 表示钢筋混凝土受弯构件按荷载标准组合并考虑荷载长期作用影响的刚度，简称“混凝土梁的抗弯刚度”；用 B_s 表示荷载的标准组合作用下受弯构件的短期刚度，简称为“短期刚度”。图 8.1 表示一适筋梁的 M-f 关系曲线。M-f 曲线可分为三个阶段。

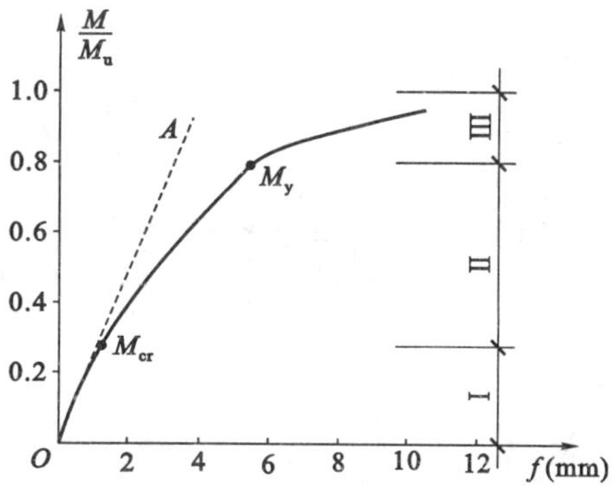

图 8.1　适筋梁 M-f 关系

第Ⅰ阶段为裂缝出现以前。这一阶段梁的抗弯性能接近弹性，M-f 基本上呈直线关系。临近开裂时，M-f 关系由直线转向曲线，这是由于拉区混凝土塑性变形的发展，使梁的刚度有所降低，此时梁的抗弯刚度可近似取为

$$B_s = 0.85E_c I_0 \tag{8.2}$$

式中　B_s——梁的短期刚度，$\mathrm{N\cdot mm^2}$；

E_c——混凝土的弹性模量，$\mathrm{N/mm^2}$；

I_0——换算截面惯性矩，$\mathrm{mm^4}$。

裂缝出现以后到受拉钢筋屈服以前为第Ⅱ阶段。裂缝出现后，M-f 曲线发生转折，f 增加较快，梁的刚度有明显降低。这主要是由于拉区混凝土开裂退出工作，以及压区混凝土塑性变形所引起的。

当拉区的钢筋屈服以后，M-f 曲线出现第二个转折点，进入第Ⅲ阶段。这一阶段，当弯矩 M 增加很少甚至不增加时，而 f 剧增，说明梁的刚度急剧降低，处于承载能力的极限状态。上述现象表明，钢筋混凝土受弯构件的刚度是一个变量。

试验结果还表明，钢筋混凝土受弯构件在荷载长期作用下，由于混凝土徐变影响等因素，构件的刚度还将随着时间的增大而降低。因此钢筋混凝土受弯构件的挠度计算问题，关键在于截面抗弯刚度的取值。

(2) 荷载的标准组合下受弯构件的短期刚度 B_s

① 试验研究分析

受弯构件的使用处于带裂缝工作的第Ⅱ阶段，此时梁的受拉区已出现裂缝，裂缝处混凝土退出工作，拉力全部由钢筋承担，而在两条裂缝之间，由于钢筋与混凝土之间的粘结作用，混凝土仍可协助钢筋承担一部分拉力。通过对纯弯段钢筋混凝土的试验分析，钢筋和混凝土的应力及应变分布具有如下特征：

(a) 受拉区，钢筋应变 ε_s 沿梁长分布不均匀，呈波浪形变化。裂缝截面处 ε_s 最大；在两条

裂缝之间的钢筋应变减少，且离裂缝越远钢筋应变减少越多，在裂缝中点截面钢筋应变最小，如图 8.2 所示。设 $\bar{\varepsilon}_s$ 代表纯弯段截面间钢筋的平均应变，显然 $\bar{\varepsilon}_s$ 小于裂缝截面处的钢筋应变 ε_s，取

$$\bar{\varepsilon}_s = \psi \varepsilon_s \tag{8.3}$$

式中　ψ——裂缝间钢筋应变不均匀系数，它反映拉区混凝土参加工作的程度，$\psi \leqslant 1$。

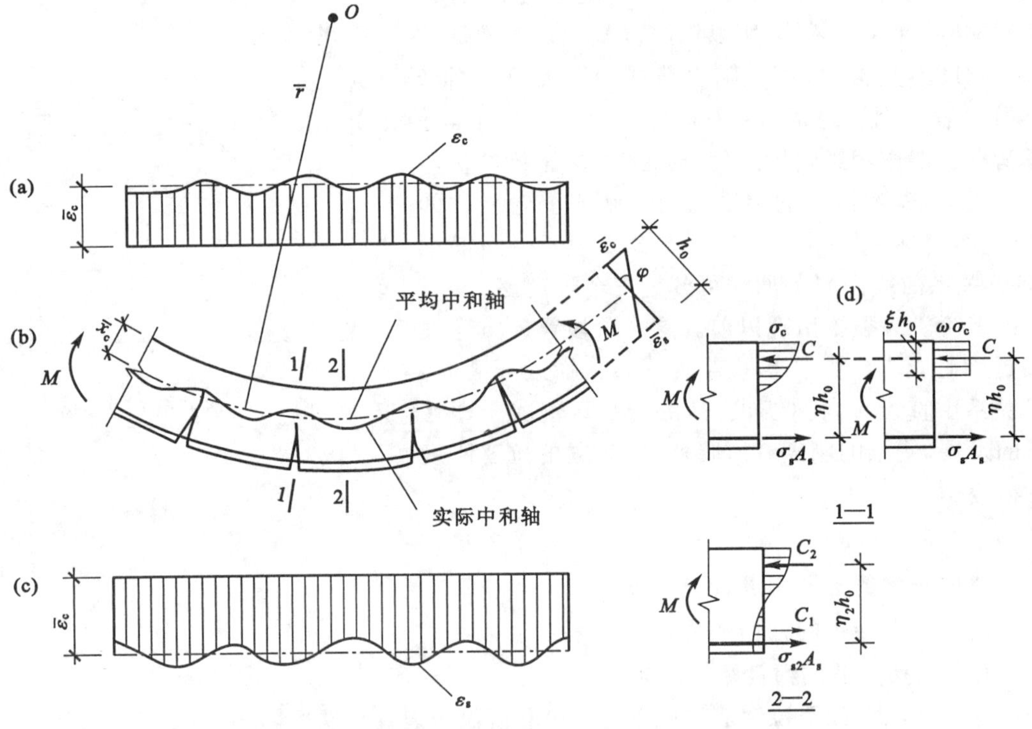

图 8.2　纯弯段钢筋混凝土应力及应变分布

(b) 受压区边缘混凝土的应变 ε_c 沿纯弯段分布也不均匀。与拉区相对应，裂缝截面 ε_c 偏大而裂缝间 ε_c 略小，但其波动幅度要比拉区纵筋应变幅度小得多，在计算中可取混凝土平均应变 $\bar{\varepsilon}_c = \varepsilon_c$。

(c) 混凝土受压区高度 x 值在各截面也是变化的(图 8.2(b))，裂缝截面处 x 较小，裂缝间 x 增大，故中和轴也呈波浪式曲线。计算时取该区段各截面受压区高度 x 的平均值 $\bar{x}$ 和平均中和轴。根据平均中和轴得到的截面称为“平均截面”。平均截面的应变即为上述平均应变 $\bar{\varepsilon}_s$、$\bar{\varepsilon}_c$。

(d) 平均应变沿截面高度分布为直线，即 $\bar{\varepsilon}_s$、$\bar{\varepsilon}_c$ 与平均受压区高度 $\bar{x}$ 的关系符合平截面假定。

② B_s 计算公式推导

(a) 变形协调关系

如图 8.2(b)因平均应变符合平截面假定

$$\varphi = \frac{1}{r} = \frac{\bar{\varepsilon}_s + \bar{\varepsilon}_c}{h_0} \tag{8.4}$$

(b) 材料应力-应变关系

对于压区混凝土，考虑塑性变形，引入变形模量 $E'_c=\upsilon E_c$，则

混凝土

$$\bar{\varepsilon}_c=\varepsilon_c=\frac{\sigma_c}{E'_c}=\frac{\sigma_c}{\upsilon E_c} \tag{8.5}$$

钢筋

$$\bar{\varepsilon}_s=\psi\varepsilon_s=\psi\frac{\sigma_s}{E_s} \tag{8.6}$$

式中 E'_c——混凝土变形模量，N/mm²；

E_c——混凝土弹性模量，N/mm²；

υ——混凝土受压时弹性系数；

E_s——钢筋弹性模量，N/mm²。

(c) 静力平衡条件

将裂缝截面受压区混凝土的实际应力图转化为等效矩形应力图(图 8.2(c))，设其平均应力为 $\omega\sigma_c$，受压区高度为 $x=\xi h_0$，内力臂为 ηh_0，受压区应力合力为 C，如图 8.2(d)。

对受拉钢筋合力作用点取矩有

$$M=C\cdot\eta h_0=\omega\sigma_c\cdot\xi h_0 b\cdot\eta h_0$$

则

$$\sigma_c=\frac{M}{\xi\omega\eta bh_0^2} \tag{8.7}$$

式中 ξ ——裂缝截面处相对受压区高度，$\xi=\dfrac{x}{h_0}$；

η ——裂缝截面处内力臂系数；

ω ——压应力图形丰满程度系数；

b ——梁截面宽度 mm；

h_0——截面有效高度，mm。

对受压区压应力合力作用点取矩得

$$M=\sigma_s A_s\eta h_0$$

则

$$\sigma_s=\frac{M}{A_s\eta h_0} \tag{8.8}$$

(d) B_s 公式的形成

将式(8.5)、式(8.6)代入式(8.4)得

$$\varphi=\frac{1}{r}=\frac{\psi\dfrac{\sigma_s}{E_s}+\dfrac{\sigma_c}{\upsilon E_c}}{h_0} \tag{8.9}$$

再将式(8.7)、式(8.8)代入式(8.9)得

$$\varphi=\frac{1}{r}=\frac{\psi\dfrac{M}{A_sE_s\eta h_0}+\dfrac{M}{\xi\omega\eta\upsilon E_c bh_0^2}}{h_0}=M\left[\frac{\psi}{A_sE_s\eta h_0^2}+\frac{1}{\xi\omega\eta\upsilon E_c bh_0^3}\right] \tag{8.10}$$

设 $\zeta=\xi\omega\eta\upsilon$，称为混凝土受压区边缘平均应变综合系数，引入 $\alpha_E=\dfrac{E_s}{E_c}$ 及 $\rho=\dfrac{A_s}{bh_0}$ 代入式(8.10)，

则有

$$B_s = \frac{M}{\varphi} = \frac{M}{\frac{1}{r}} = \frac{1}{\frac{\psi}{E_s A_s \eta h_0^2} + \frac{1}{\zeta E_c b h_0^3}} = \frac{A_s E_s h_0^2}{\frac{\psi}{\eta} + \frac{\alpha_E \rho}{\zeta}} \tag{8.11}$$

③ 参数 η、ψ、ζ 的确定

(a) 裂缝截面处的内力臂系数 η

试验表明，在常用的混凝土强度等级及配筋率情况下，在梁处于使用荷载作用下的第Ⅱ工作阶段，η 值大约在 0.83～0.93 变化。为简化计算，可近似取 $\eta=0.87$ 或 $\frac{1}{\eta}=1.15$。

(b) 混凝土受压区边缘平均应变综合系数 ζ

根据试验资料回归分析结果，《规范》取

$$\frac{\alpha_E \rho}{\zeta} = 0.2 + \frac{6\alpha_E \rho}{1 + 3.5\gamma_f'} \tag{8.12}$$

式中　γ_f'——受压翼缘增强系数

$$\gamma_f' = \frac{(b_f' - b)h_f'}{b h_0}$$

当 $h_f' > 0.2h_0$ 时，取 $h_f' = 0.2h_0$，计算 γ_f'。

(c) 受拉钢筋应变不均匀系数 ψ

《规范》近似取 ψ 与参数($f_{tk}/\rho_{te}\sigma_{sk}$)成线性关系，根据试验资料分析给出了裂缝间受拉钢筋应变不均匀系数 ψ 的计算公式为

$$\psi = 1.1 - \frac{0.65 f_{tk}}{\rho_{te}\sigma_{sk}} \tag{8.13}$$

式中　f_{tk}——混凝土轴心抗拉强度标准值，N/mm^2；

ρ_{te}——按有效受拉混凝土面积 A_{te}(图 8.3)计算的配筋率，对受弯构件按下式计算

$$\rho_{te} = \frac{A_s}{A_{te}} \tag{8.14}$$

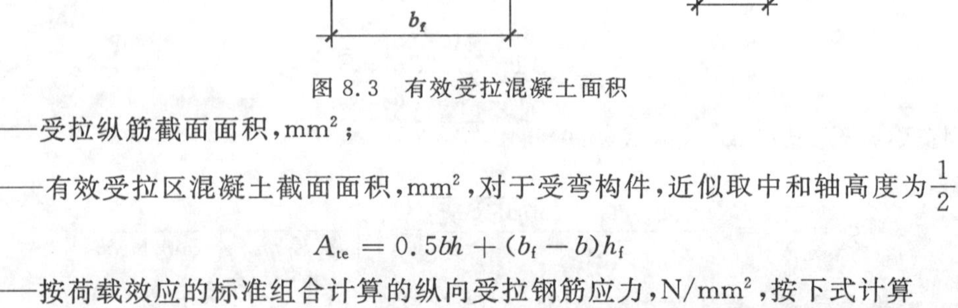

图 8.3　有效受拉混凝土面积

A_s——受拉纵筋截面面积，mm^2；

A_{te}——有效受拉区混凝土截面面积，mm^2，对于受弯构件，近似取中和轴高度为 $\frac{1}{2}h$，则

$$A_{te} = 0.5bh + (b_f - b)h_f \tag{8.15}$$

σ_{sk}——按荷载效应的标准组合计算的纵向受拉钢筋应力，N/mm^2，按下式计算

$$\sigma_{sk} = \frac{M_k}{0.87h_0A_s} \tag{8.16}$$

M_k——按荷载效应的标准组合计算的弯矩值，N·mm。

当计算出 $\psi<0.2$ 时，取 $\psi=0.2$；当 $\psi>1.0$ 时，取 $\psi=1.0$。对于直接承受重复荷载的构件，取 $\psi=1.0$。

(d) 短期刚度 B_s 计算公式

将 $\frac{1}{\eta}=1.15$、$\frac{\alpha_E\rho}{\zeta}$ 及公式(8.12)代入式(8.11)，则得荷载效应标准组合下受弯构件的短期刚度计算公式

$$B_s = \frac{E_sA_sh_0^2}{1.15\psi+0.2+\frac{6\alpha_E\rho}{1+3.5\gamma_f'}} \tag{8.17}$$

(3) 受弯构件的长期刚度 B

在荷载的长期作用下，钢筋混凝土受弯构件的挠度 f 随时间而增大，即刚度随时间而降低。长期荷载作用下影响变形增长的主要原因为受压区混凝土的徐变，徐变使 ε_c 增大，此外混凝土的收缩、粘结滑移徐变均使曲率增大，刚度降低。因此，凡影响混凝土收缩、徐变的因素如加荷龄期、受压钢筋配筋率及使用环境的温湿度等，都对长期荷载作用下的变形增长有影响。试验表明，挠度增长过程往往要持续数年。加荷初期，构件挠度增大较快，以后逐渐减缓，后期挠度虽仍继续增大，但增值很少。

《规范》采用挠度增大系数 θ 来考虑荷载长期作用对构件挠度的影响，并给出计算公式

$$\theta = 2.0-0.4\frac{\rho'}{\rho} \geqslant 1.6 \tag{8.18}$$

式中　ρ'——纵向受压钢筋配筋率，$\rho'=\frac{A_s'}{bh_0}$。

对翼缘位于受拉区的T形截面，θ 值应乘以1.2的增大系数。

由式(8.18)可见，θ 值随着 $\frac{\rho'}{\rho}$ 值增大而减少，这是由于受压区的纵向钢筋对混凝土的徐变以至构件的挠度增长起着抑制作用。

设 M_q 代表按荷载的准永久组合计算的弯矩值。M_k 为按荷载的标准组合计算的弯矩值。设梁在弯矩 M_q 作用下的短期挠度为 f_1，则在 M_q 长期作用下梁的挠度将增大为 θf_1（图8.4）。当施加全部可变荷载后，在弯矩增量 (M_k-M_q) 作用下的短期挠度增量为 f_2，则在标准效应组合 M_k 作用下的总挠度 $f=\theta f_1+f_2$。设短期作用的荷载与长期作用的荷载分布形式相同，根据式(8.1)则有

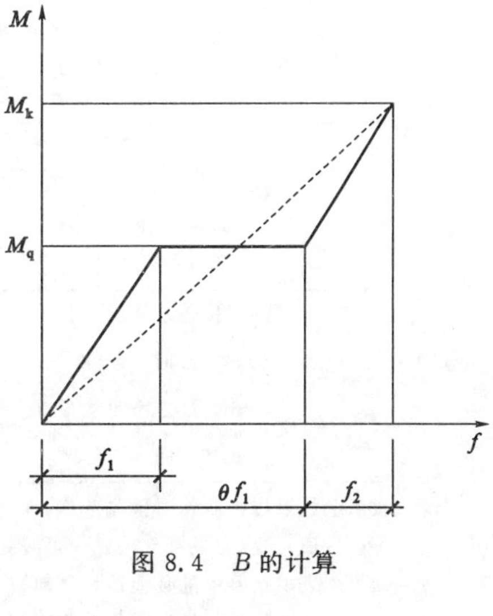

图8.4　B 的计算

$$f=\theta f_1+f_2=\theta C\frac{M_ql_0^2}{B_s}+C\frac{(M_k-M_q)l_0^2}{B_s}$$

$$=C\frac{[M_k+(\theta-1)M_q]l_0^2}{B_s}$$

由梁的挠度 $f=C\frac{M_k l_0^2}{B}$，则有矩形、T 形和 I 形截面受弯构件的抗弯长期刚度为

$$B=\frac{M_k}{M_q(\theta-1)+M_k}\cdot B_s \tag{8.19}$$

8.1.2 受弯构件的挠度计算

最小刚度原则：《规范》规定，钢筋混凝土受弯构件在正常使用极限状态下的挠度，可根据构件的刚度用结构力学的方法计算。在等截面构件中，可假定各同号弯矩区段的刚度相等，并取用该区段内最大弯矩处的刚度。当计算跨度内的支座截面刚度不大于跨中截面刚度的两倍或不小于跨中截面刚度的 $\frac{1}{2}$ 时，该跨也可按等刚度构件进行计算，其构件刚度可取跨中最大弯矩截面的刚度。

构件沿长度方向的配筋及其弯矩均为变值，故沿长度方向的刚度也是变化的。在同号弯矩区段内，按最大弯矩截面确定的刚度值最小，这就是最小刚度原则。

如图 8.5 所示外伸梁，AE 段为负弯矩段，ED 为正弯矩段。则 AE 段的刚度按 C 截面的刚度 B_1 取用；ED 段的刚度按 F 截面的刚度 B_2 取用。

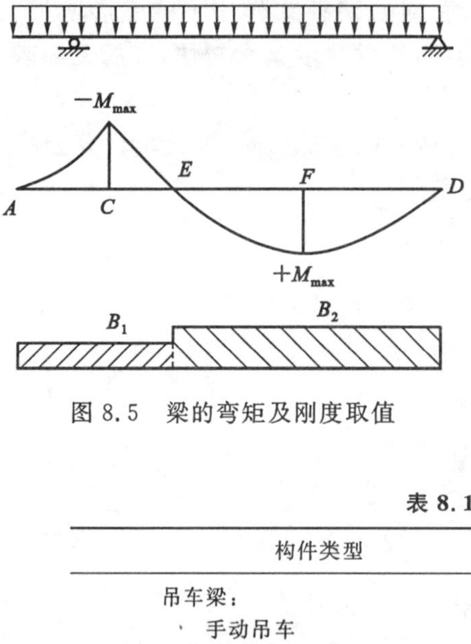

图 8.5 梁的弯矩及刚度取值

钢筋混凝土梁的挠度可按一般材料力学公式进行计算

$$f=C\frac{M_k l_0^2}{B} \tag{8.20}$$

式中 B——按荷载标准效应组合计算的最大弯矩 M_k（同号弯矩区段）求得的受弯构件刚度，$N\cdot mm^2$。

《规范》规定按式(8.20)求得的最大挠度计算值不应超过表 8.1 的挠度限值[f]，即

$$f_{max}\leqslant[f] \tag{8.21}$$

表 8.1 受弯构件的挠度限值

构件类型	挠度限值
吊车梁： 手动吊车 电动吊车	 $l_0/500$ $l_0/600$
屋盖、楼盖及楼梯构件：	
当 $l_0<7$m 时	$l_0/200(l_0/250)$
当 $7m\leqslant l_0\leqslant 9m$ 时	$l_0/250(l_0/300)$
当 $l_0>9$m 时	$l_0/300(l_0/400)$

注：① 如果构件制作时预先起拱，而且使用上也容许，则在验算挠度时，可将计算所得的挠度减去起拱值，预应力混凝土构件尚可减去预应力所产生的反拱值；

② 表中括号中的数值适用于对挠度有较高要求的构件；

③ 悬臂构件的挠度限值按表中相应数值乘 2 采用。

8.1.3 计算实例

【例 8.1】 一矩形截面简支梁如图 8.6，计算跨度 $l_0=6.6$ m，截面尺寸为 $b\times h=250$ mm $\times 600$ mm；混凝土强度等级为 C20，已配有 HRB335 级钢筋 4Φ22；梁承受永久荷载标准值 $g_k=15$ kN/m，可变荷载标准值 $q_k=12$ kN/m（准永久值系数 $\psi_q=0.4$）；混凝土保护层厚度 $c=30$ mm。

要求：

(1) 验算构件的挠度，挠度限值 $[f]=\dfrac{l_0}{200}$；

(2) 利用图 8.6，确定能否不进行挠度计算，结构的重要性系数 $\gamma_0=1.0$。

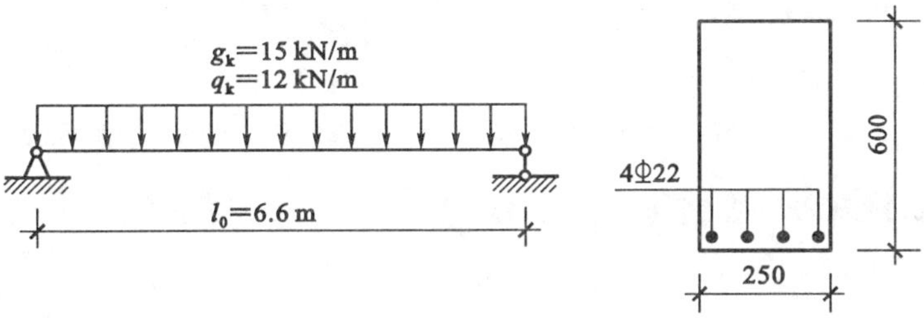

图 8.6　例 8.1 附图

【解】

(1) 计算 M_k 及 M_q

$$M_k=\frac{1}{8}(g_k+q_k)l_0^2=\frac{1}{8}\times(15+12)\times6.6^2=147\ \text{kN}\cdot\text{m}$$

$$M_q=\frac{1}{8}(g_k+\psi_q q_k)l_0^2=\frac{1}{8}\times(15+0.4\times12)\times6.6^2=108\ \text{kN}\cdot\text{m}$$

(2) 计算 σ_{sk} 及 ψ

$$A_{te}=0.5bh=0.5\times250\times600=75000\ \text{mm}^2$$

$$\rho_{te}=\frac{A_s}{A_{te}}=\frac{1520}{75000}=0.0203$$

$$h_0=h-a_s=600-(30+\frac{22}{2})=559\ \text{mm}$$

$$\sigma_{sk}=\frac{M_k}{0.87h_0A_s}=\frac{147\times10^6}{0.87\times559\times1520}=201.2\ \text{N/mm}^2$$

$$\psi=1.1-\frac{0.65f_{tk}}{\rho_{te}\sigma_{sk}}=1.1-\frac{0.65\times1.54}{0.0203\times201.2}=0.855\begin{matrix}>0.2\\<1.0\end{matrix}$$

(3) 计算 B_s 及 B

$$\alpha_E=\frac{E_s}{E_c}=\frac{2.0\times10^5}{2.55\times10^4}=7.84$$

$$\rho=\frac{A_s}{bh}=\frac{1520}{250\times600}=0.0101$$

$$\gamma_f'=0$$

$$B_s=\frac{E_sA_sh_0^2}{1.15\psi+0.2+\frac{6\alpha_E\rho}{1+3.5\gamma_f'}}=\frac{2\times10^5\times1520\times559^2}{1.15\times0.855+0.2+\frac{6\times7.84\times0.0101}{1+3.5\times0}}$$

$$=562.02\times10^{11}\ \text{N}\cdot\text{mm}^2$$

$\rho'=0,\theta=2$

$$B=\frac{M_k}{M_q(\theta-1)+M_k}B_s=\frac{147\times10^6}{108\times10^6\times(2-1)+147\times10^6}\times562.02\times10^{11}$$

$$=324\times10^{11}\ \text{N}\cdot\text{mm}^2$$

(4) 计算 f_{max}

$$f_{max}=\frac{5}{48}\times\frac{M_kl_0^2}{B}=\frac{5}{48}\times\frac{147\times10^6\times6.6^2\times10^6}{324\times10^{11}}=20.59\ \text{mm}$$

$$f_{max}=20.59<[f]=\frac{l_0}{200}=\frac{6.6\times10^3}{200}=33\ \text{mm}(满足要求)$$

【例 8.2】 某预制圆孔板截面如图 8.7(a)所示。计算跨度 $l_0=3.18$ m，承受恒荷载(含自重)标准值 $g_k=2.34$ kN/m，可变荷载标准值 $q_k=4.2$ kN/m，准永久值系数 $\psi_q=0.4$。混凝土为 C20 级，纵筋为 HPB235 级钢筋 9 Φ 8，$A_s=453\ \text{mm}^2$。挠度限值$[f]=\frac{l_0}{200}$。试验算板的挠度。

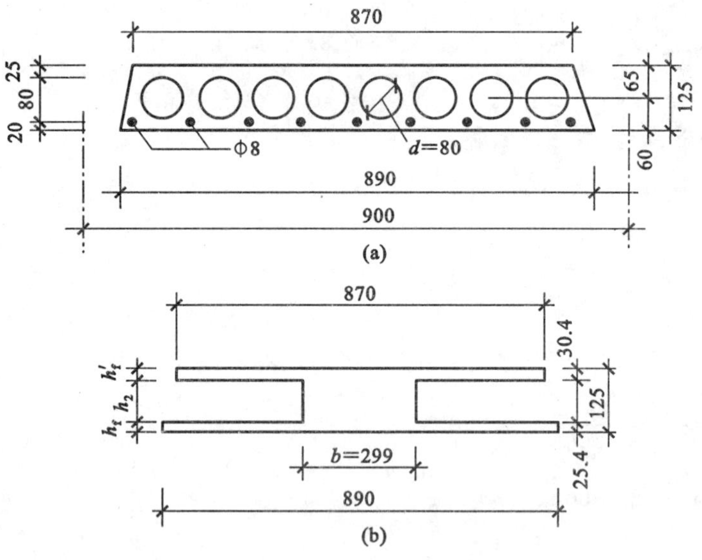

图 8.7　例 8.2 附图

【解】

(1) 求弯矩标准值

$$M_k=\frac{0.9}{8}\times(g_k+q_k)l_0^2=\frac{0.9}{8}\times(2.34+4.2)\times3.18^2=7.44\ \text{kN}\cdot\text{m}$$

$$M_q=\frac{0.9}{8}\times(g_k+\psi_qq_k)l_0^2=\frac{0.9}{8}\times(2.34+0.4\times4.2)\times3.18^2=4.57\ \text{kN}\cdot\text{m}$$

(2) 换算为 I 形截面

将板的截面形心位置、面积和对形心轴惯性矩不变的条件，将圆孔换算成 $b_n \times h_n$ 的矩形孔，即 $\frac{\pi d^2}{4}=b_n h_n$，$\frac{\pi d^2}{64}=\frac{b_n h_n^3}{12}$，求得 $b_n=72.6$ mm，$h_n=69.2$ mm，则换算后的 I 形截面如图 8.7(b)的尺寸为

$$b_f'=870\ \text{mm}\quad h_f'=65-\frac{69.2}{2}=30.4\ \text{mm}$$

$$b_f=890\ \text{mm}\quad h_f=60-\frac{69.2}{2}=25.4\ \text{mm}$$

$$h=125\ \text{mm}\quad b=\frac{890+870}{2}-8\times 72.6=299\ \text{mm}$$

(3) 求 ψ

$$A_s=453\ \text{mm}^2\quad h_0=125-20=105\ \text{mm}$$

$$\rho_{te}=\frac{A_s}{0.5bh+(b_f-b)h_f}=\frac{453}{0.5\times 299\times 125+(890-299)\times 25.4}=0.0134$$

$$\sigma_{sk}=\frac{M_k}{0.87h_0A_s}=\frac{7.44\times 10^6}{0.87\times 105\times 453}=179.79\ \text{N/mm}^2$$

$$\psi=1.1-\frac{0.65f_{tk}}{\rho_{te}\sigma_{sk}}=1.1-\frac{0.65\times 1.54}{0.0134\times 179.79}=0.6845\begin{matrix}<1.0\\>0.2\end{matrix}$$

(4) 求 B_s

$$\rho=\frac{A_s}{bh_0}=\frac{453}{299\times 105}=0.01443$$

$$\alpha_E=\frac{E_s}{E_c}=\frac{2.1\times 10^5}{2.55\times 10^4}=8.235$$

$$\gamma_f'=\frac{(b_f'-b)h_f'}{bh_0}=\frac{(870-299)\times 30.4}{299\times 105}=0.553$$

$$B_s=\frac{E_sA_sh_0^2}{1.15\psi+0.2+\frac{6\alpha_E\rho}{1+3.5\gamma_f'}}=\frac{2.1\times 10^5\times 453\times 105^2}{1.15\times 0.6845+0.2+\frac{6\times 8.235\times 0.01443}{1+3.5\times 0.553}}$$
$$=852.65\times 10^9\ \text{N}\cdot\text{mm}^2$$

(5) 求 B

$$\rho'=0\quad \theta=2\times 1.2=2.4$$

$$B=\frac{M_k}{M_k+(\theta-1)M_q}\times B_s=\frac{7.44}{7.44+(2.4-1)\times 4.57}\times 852.65\times 10^9$$
$$=458.43\times 10^9\ \text{N}\cdot\text{mm}^2$$

(6) 求挠度

$$f_{max}=\frac{5}{48}\cdot\frac{M_kl_0^2}{B}=\frac{5}{48}\times\frac{7.44\times 10^6\times 3.18^2\times 10^6}{458.43\times 10^9}=17.10\ \text{mm}$$

$$[f]=\frac{l_0}{200}=\frac{3180}{200}=15.9\ \text{mm}<17.10\ \text{mm}$$

不满足表 8.1 中挠度限值的要求，将混凝土强度等级提高为 C25，$f_{tk}=1.78$ N/mm^2，$E_c=2.8\times 10^4$ N/mm^2，$\alpha_E=7.5$，$\psi=0.6198$，$B_s=924.89\times 10^9$ N·mm^2，$B=497.29\times 10^9$ N·mm^2，$f=15.76$ mm$<[f]=15.9$ mm，可以。

8.2 钢筋混凝土构件和裂缝宽度验算

钢筋混凝土构件产生裂缝的原因是多方面的。一方面为荷载(直接作用)引起的裂缝,如受拉、受弯构件产生的垂直裂缝,受弯构件产生的斜裂缝。另一方面为间接作用引起的裂缝,如地基不均匀沉降,构件混凝土收缩或温度变化引起的裂缝等。对于外加变形或约束等间接作用引起的裂缝,主要是通过采用合理的结构方案、构造措施来控制。本章仅限于讨论设计中常用的受弯构件和轴心受拉构件的裂缝宽度计算。

《规范》规定,在荷载的标准组合下,并考虑长期作用影响的最大裂缝宽度,应符合下列规定

$$w_{\max} \leqslant w_{\lim} \tag{8.22}$$

式中 $w_{\max}$——在荷载标准组合下,并考虑长期作用影响的最大裂缝宽度;

$w_{\lim}$——《规范》规定的最大裂缝宽度限值,按表 8.2 取用。

表 8.2 结构构件的裂缝控制等级和最大裂缝宽度限值

环境类别	钢筋混凝土结构		预应力混凝土结构	
	裂缝控制等级	$w_{\lim}$(mm)	裂缝控制等级	$w_{\lim}$(mm)
一	三	0.3(0.4)	三	0.2
二	三	0.2	二	—
三	三	0.2	一	—

注:① 表中规定适用于热轧钢筋的钢筋混凝土构件和采用预应力钢丝、钢绞线及热处理钢筋的预应力混凝土构件;当采用其它类别的钢丝或钢筋时,其裂缝控制要求参照专门标准确定。

② 对处于年平均相对湿度小于 60%的地区一类环境下的受弯构件,其最大裂缝宽度限值可采用括号内的数值。

③ 在一类环境条件下,对于钢筋混凝土屋架、托架及需作疲劳验算的吊车梁,其最大裂缝宽度限值应取为 0.2 mm;对于钢筋混凝土屋面梁和托梁,其最大裂缝宽度限值应取 0.3 mm。

④ 在一类环境条件下,对于预应力混凝土屋面梁、托梁、屋架、托架和楼板,应按二级裂缝控制等级进行验算;在一类和二类环境条件下,对于需作疲劳验算的预应力混凝土吊车梁,应按一级裂缝控制等级进行验算。

⑤ 表中规定的预应力混凝土构件的裂缝控制等级和最大裂缝宽度限值仅适用于正截面的验算。预应力混凝土构件的斜截面裂缝控制验算应符合有关规定要求。

⑥ 对于配置后张无粘结预应力钢筋的构件以及烟囱、筒仓和处于液体压力下的结构构件,其裂缝控制要求应符合专门标准的有关规定。

⑦ 对于处于四、五类环境条件下的结构构件,其裂缝控制要求应符合专门标准的有关规定。

⑧ 表中的最大裂缝宽度限值用于验算荷载作用引起的最大裂缝宽度。

8.2.1 裂缝宽度计算公式

(1) 裂缝的产生及其分布

现以受弯构件的纯弯段为例,说明垂直裂缝产生及其分布规律:

① 在裂缝没有出现前,受拉区混凝土的拉应力和钢筋的拉应力沿纯弯段内构件轴线方向基本上是均匀分布的。由于各垂直截面的混凝土实际抗拉能力存在着差异,则第一条(批)裂缝将在最薄弱的截面产生,位置是随机的。

② 当混凝土的拉应力达到其抗拉强度标准值 f_{tk} 时,构件将产生第一条(批)裂缝,如图 8.8(a)。裂缝截面的混凝土退出工作,应力为零。而钢筋承担全部拉力,故应力突然增大。钢

筋和混凝土应力的变形在钢筋和混凝土的接触面上将产生粘结力和相对滑移，随着距裂缝截面距离的增大，由粘结力将钢筋部分拉力逐步传回混凝土，钢筋应力逐渐减少，而混凝土的应力逐渐增大，直到距裂缝截面的距离为 $l_{cr,min}$ 处（B、C 点）混凝土的拉应力 σ_c 增大到 f_{tk}，有可能出现新的裂缝，若出现了，可看出是最小裂缝间距，因为在距第一条裂缝两侧 $l_{cr,min}$ 范围内是不会出现新裂缝的（$\sigma_c < f_{tk}$）。

③ 图 8.8(b)所示梁，若 D、E 两点均为薄弱截面，且同时出现裂缝，则 DE 段混凝土的拉力将从 D、E 两截面处分别往中间回升。但当 DE 距离$<2l_{cr,min}$时，AB 段混凝土的拉应力可能不会达到 f_{tk}，这样 AB 范围内就可能不会出现裂缝。当 DE 距离刚好为 $2l_{cr,min}$ 时，在 DE 中点处混凝土拉应力两边同时达到 f_{tk}（不开裂时），此时即为最大裂缝间距。

由此可见，由于混凝土质量的不均匀性，故裂缝间距疏密不等，离散性较大。但是裂缝间距在最小裂缝间距 $l_{cr,min}$ 到最大裂缝间距 $2l_{cr,min}$ 之间变化，平均裂缝间距 l_{cr} 介于 $l_{cr,min}$ 到 $2l_{cr,min}$ 之间，一般认为是 $1.5l_{cr,min}$。

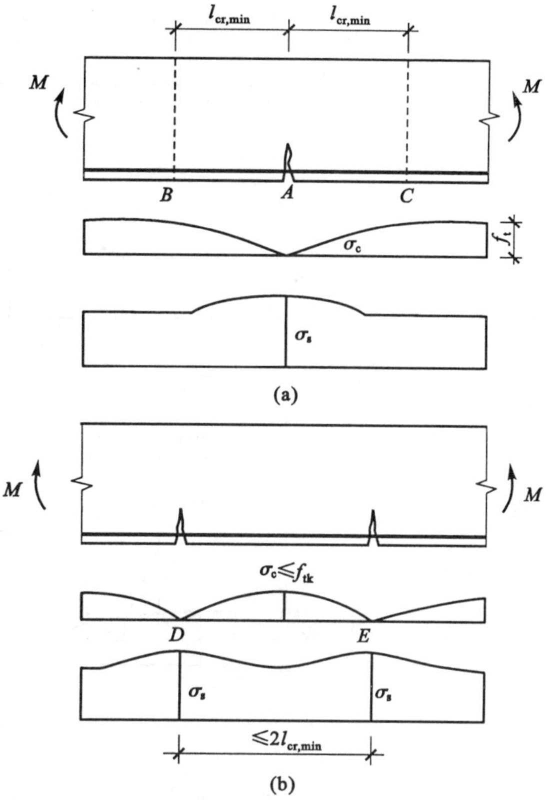

图 8.8 纯弯段裂缝开展分布及应力变化情况

(2) 平均裂缝间距 l_{cr} 的确定

理论分析表明，裂缝间距主要取决于有效配筋率 ρ_{te}、钢筋直径 d 及其钢筋表面形状。此外，还与混凝土保护层厚度 c 有关。

① $\dfrac{d}{\rho_{te}}$ 是决定 l_{cr} 的主要因素之一。以轴拉构件（图 8.9）加以说明。设轴心受拉构件的截面面积为 A_{te}，钢筋截面面积为 A_s，钢筋直径为 d，在 $l_{cr,min}$ 长度内平均粘结应力为 τ_m。则由长度为 $l_{cr,min}$ 的钢筋隔离体的平衡条件可得：

$$\Delta\sigma_s A_s = \tau_m \pi d \cdot l = f_{tk} A_{te}$$

或

$$l_{cr} = \frac{f_{tk} \cdot A_{te}}{\tau_m \pi d} = \frac{f_{tk}}{\tau_m} \cdot \frac{A_s}{\pi d \rho_{te}}$$

式中，$\rho_{te} = \dfrac{A_s}{A_{te}}$ 为轴心受拉构件按有效受拉区面积 A_{te} 计算的配筋率，引用 $A_s = \dfrac{1}{4}\pi d^2$，则平均裂缝间距 l_{cr} 的表达式为

$$l_{cr} = 1.5 l_{cr,min} = \frac{1.5}{4} \frac{f_{tk}}{\tau_m} \cdot \frac{d}{\rho_{te}} = k_1 \frac{d}{\rho_{te}} \tag{8.23}$$

由于 τ_m 与 f_{tk} 近乎成正比，在不考虑钢筋外形特征时，上式 k_1 为常数，亦即 l_{cr} 与混凝土强度无关，这个结论已为大量混凝土构件试验所证实。对于受弯构件同样可推导出式(8.23)，仅其中 ρ_{te} 按式(8.14)确定。

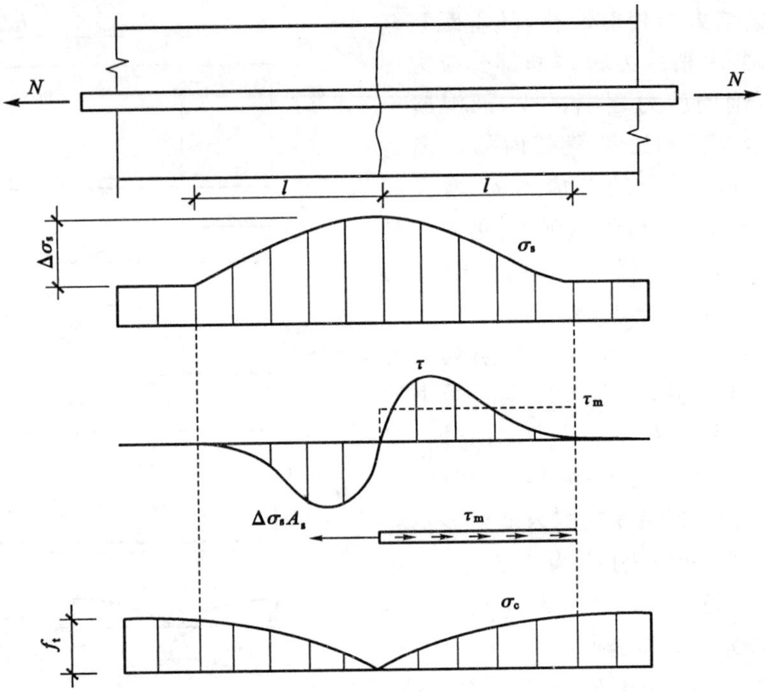

图 8.9

式(8.23)表明，l_{cr}与$\dfrac{d}{\rho_{te}}$成正比，但大量试验结果表明，当$\dfrac{d}{\rho_{te}}$很小时，实际裂缝间距并不等于零，而是趋近于某一常数，故应进行修正。

② 混凝土保护层厚度 c 对 l_{cr}的影响

大量试验表明，混凝土保护层厚度 c 的大小，与平均裂缝间距 l_{cr}接近呈线性关系。故《规范》参照欧洲混凝土协会规范，在平均裂缝间距 l_{cr}的公式中增加一项 k_2c，以反映保护层厚度 c 对 l_{cr}的影响，即

$$l_{cr} = k_2 c + k_1 \frac{d}{\rho_{te}} \tag{8.24}$$

根据国内试验资料的分析，引用考虑钢筋不同直径及不同外形相对粘结特性系数 ν_i，同时引用不同构件类型的影响系数 β 后，试验又得常数 k_1 取 1.9，k_2 取 0.08，则 l_{cr}的计算公式为

$$l_{cr} = \beta(1.9c + 0.08\frac{d_{eq}}{\rho_{te}}) \tag{8.25}$$

式中 β——系数，对轴心受拉构件，取 $\beta=1.1$；对于受弯构件，取 $\beta=1.0$；

c——最外层纵向受拉钢筋外边缘至受拉区底边的距离(mm)，当 $c<20$ mm 时，取 $c=20$ mm；当 $c>65$ mm 时，故 $c=65$ mm；

d_{eq}——考虑不同直径及不同相对粘结特性系数 ν_i 后的等效钢筋直径，mm

$$d_{eq} = \frac{\sum n_i d_i^2}{\sum n_i \nu_i d_i} \tag{8.26}$$

式中　n_i——第 i 种钢筋的根数；

d_i——第 i 种钢筋的直径，mm；

ν_i——第 i 种钢筋的相对粘结特性系数。光圆钢筋 $\nu_i=0.7$，带肋钢筋 $\nu_i=1.0$。

(3) 平均裂缝宽度 w_m

裂缝开展后，在纵向受拉钢筋重心处平均裂缝宽度 w_m，即为在平均裂缝间距 l_{cr}之间的钢筋的平均伸长量 $\bar{\varepsilon}_s l_{cr}$与混凝土平均伸长量的差值

$$w_m = \bar{\varepsilon}_s l_{cr} - \bar{\varepsilon}_c l_{cr} = \bar{\varepsilon}_s l_{cr}\left(1-\frac{\bar{\varepsilon}_c}{\bar{\varepsilon}_s}\right) \tag{8.27}$$

令 $\alpha_c=1-\dfrac{\bar{\varepsilon}_c}{\bar{\varepsilon}_s}$，$\alpha_c$ 为考虑裂缝间混凝土伸长对裂缝宽度的影响系数，《规范》根据实测的 w_m，经统计分析得出 $\alpha_c=0.85$。

引入裂缝间纵向受拉钢筋应变不均匀系数 ψ，则 $\bar{\varepsilon}_s=\psi\dfrac{\sigma_{sk}}{E_s}$，故式(8.27)为

$$w_m = 0.85\psi\frac{\sigma_{sk}}{E_s}l_{cr} \tag{8.28}$$

式中　σ_{sk}——开裂截面处钢筋应力，为按荷载标准效应组合计算的纵向受拉钢筋应力，N/mm^2。对受弯构件，按式(8.16)计算；对于轴心受拉构件，$\sigma_{sk}=\dfrac{N_k}{A_s}$（$N_k$ 为按荷载标准效应组合计算的轴向拉力标准值；A_s 为纵向受拉钢筋截面面积）。

《规范》规定：在最大裂缝宽度计算中，当 $\rho_{te}<0.01$ 时，取 $\rho_{te}=0.01$。

(4) 最大裂缝宽度 w_{max}

试验表明，在荷载准永久组合作用下，裂缝宽度将随着时间增长而增长，其主要原因是：混凝土的受压徐变、混凝土与钢筋间的滑移徐变及受拉钢筋的应力松弛等因素，使得裂缝间受拉钢筋的平均应变不断加大，致使裂缝宽度加大。此外，混凝土的收缩，也将加大裂缝宽度。

因此《规范》考虑了裂缝宽度分布不均匀性及荷载准永久组合的影响，取最大裂缝宽度 w_{max}的计算式为

$$w_{max} = \tau_l\tau_s w'_{max} \tag{8.29}$$

式中　τ_l——考虑荷载准永久组合作用影响的扩大系数，根据试验资料分析，取 $\tau_l=1.5$；

τ_s——标准组合下裂缝宽度的扩大系数，由试验统计数据分析，取具有 95%保证率的上分位值作为最大计算裂缝宽度取值的依据。对受弯构件，$\tau_s=1.66$；对轴心受拉构件，$\tau_s=1.9$。

将上述因素综合起来，再将有关数据代入式(8.29)，可得矩形、T 形、倒 T 形和 I 形截面的钢筋混凝土受弯、轴心受拉构件的最大裂缝宽度 w_{max}计算公式

$$w_{max} = \alpha_{cr}\psi\frac{\sigma_{sk}}{E_s}\left(1.9c+0.08\frac{d_{eq}}{\rho_{te}}\right) \tag{8.30}$$

式中　α_{cr}——构件受力特征系数。

对受弯构件　　$\alpha_{cr}=1.5\times1.66\times0.85=2.1$

对轴心受拉构件　$\alpha_{cr}=1.5\times1.9\times0.85\times1.1=2.7$

《规范》规定，对直接承受轻、中级工作制吊车的受弯构件，可将计算求得的最大裂缝宽度乘以系数 0.85。

8.2.2 计算实例

【例 8.3】 计算例 8.2 中圆孔板的最大裂缝宽度。

【解】 由例 8.2 知，$d=8$ mm，$\sigma_{sk}=179.79$ N/mm²，$E_s=2.1\times10^5$ N/mm²，$\nu_i=0.7$，$\psi=0.6845$，$\rho_{te}=0.0134$，$c=15$ mm<20 mm，取 $c=20$ mm，$\alpha_{cr}=2.1$。

$$d_{eq}=\frac{\sum n_i d_i^2}{\sum n_i \nu_i d_i}=\frac{9\times8^2}{9\times0.7\times8}=\frac{8}{0.7}=11.43$$

$$w_{max}=\alpha_{cr}\psi\frac{\sigma_{sk}}{E_s}\left(1.9c+0.08\frac{d_{eq}}{\rho_{te}}\right)$$

$$=2.1\times0.6845\times\frac{179.79}{2.1\times10^5}\times\left(1.9\times20+0.08\times\frac{8}{0.7\times0.0134}\right)$$

$$=0.131\ \text{mm}<0.3\ \text{mm}$$

【例 8.4】 某钢筋混凝土简支梁，计算跨度 $l=6.0$ m，矩形截面 $b\times h=250$ mm×650 mm。混凝土为 C20 级，钢筋为 HRB335 级，$E_s=2.0\times10^5$ N/mm²。梁上承受均布恒荷载标准值(包括梁自重)$g_k=18.5$ kN/m，均布活荷载标准值 $q_k=14.2$ kN/m。通过正截面强度计算，受拉钢筋选配 2Φ22+2Φ20($A_s=1388$ mm²)。混凝土保护层厚度 $c=30$ mm，钢筋的相对粘结特性系数 $\nu_i=1.0$，此梁处于室内正常环境下，最大裂缝宽度限值 $w_{lim}=0.3$ mm，试对此梁进行裂缝宽度验算。

【解】

(1) 计算梁内最大弯矩标准值

$$M_k=\frac{1}{8}(g_k+q_k)l^2=\frac{1}{8}\times(18.5+14.2)\times6.0^2=147.15\ \text{kN}\cdot\text{m}$$

(2) 计算裂缝截面钢筋应力

$$\sigma_{sk}=\frac{M_k}{0.87h_0A_s}=\frac{147.15\times10^6}{0.87\times610\times1388}=199.80\ \text{N/mm}^2$$

(3) 按有效受拉混凝土截面面积计算的配筋率

$$\rho_{te}=\frac{A_s}{0.5bh}=\frac{1388}{0.5\times250\times650}=0.0171$$

(4) 计算受拉钢筋应变不均匀系数

$$\psi=1.1-\frac{0.65f_{tk}}{\rho_{te}\sigma_{sk}}=1.1-\frac{0.65\times1.54}{0.0171\times199.80}=0.807\begin{matrix}>0.2\\<1.0\end{matrix}$$

(5) 计算换算直径

$$d_{eq}=\frac{\sum n_i d_i^2}{\sum n_i \nu_i d_i}=\frac{2\times22^2+2\times20^2}{2\times1\times22+2\times1\times20}=21.05\ \text{mm}$$

(6) 计算最大裂缝宽度

$$w_{max}=2.1\psi\frac{\sigma_{sk}}{E_s}\left(1.9c+0.08\frac{d_{eq}}{\rho_{te}}\right)$$

$$=2.1\times0.807\times\frac{199.80}{2.0\times10^5}\times\left(1.9\times30+0.08\times\frac{21.05}{0.0171}\right)$$

$$=0.261\ \text{mm}<w_{lim}=0.3\ \text{mm}(\text{满足})$$

【例 8.5】 某轴心受拉构件，截面尺寸 $b\times h=150\ \text{mm}\times 150\ \text{mm}$，配置 4 Φ 16（$A_s=804\ \text{mm}^2$）的受拉钢筋，混凝土为 C25 级（$f_{tk}=1.78\ \text{N/mm}^2$），混凝土保护层厚度 $c=30\ \text{mm}$，承受轴向拉力标准值 $N_k=132\ \text{kN}$，最大裂缝宽度限值 $w_{lim}=0.2\ \text{mm}$。试验算裂缝宽度。

【解】 $f_{tk}=1.78\ \text{N/mm}^2\quad E_s=2\times 10^5\ \text{N/mm}^2\quad \nu_i=1.0$

$$\sigma_{sk}=\frac{N_k}{A_s}=\frac{132\times 10^3}{804}=164.18\ \text{N/mm}^2$$

$$\rho_{te}=\frac{A_s}{A_{te}}=\frac{804}{150\times 150}=0.0357$$

$$\psi=1.1-\frac{0.65f_{tk}}{\rho_{te}\sigma_{sk}}=1.1-\frac{0.65\times 1.78}{0.0357\times 164.18}=0.903\begin{matrix}>0.2\\<1.0\end{matrix}$$

$$d_{eq}=\frac{\sum n_i d_i^2}{\sum n_i \nu_i d_i}=\frac{4\times 16^2}{4\times 1.0\times 16}=16\ \text{mm}$$

$$\begin{aligned}w_{max}&=2.7\psi\frac{\sigma_{sk}}{E_s}\times\left(1.9c+0.08\frac{d_{eq}}{\rho_{te}}\right)\\&=2.7\times 0.903\times\frac{164.18}{2\times 10^5}\times\left(1.9\times 30+0.08\times\frac{16}{0.0357}\right)\\&=0.186\ \text{mm}<w_{lim}=0.2\ \text{mm}（满足）\end{aligned}$$

小　　结

(1) 裂缝和变形验算的目的是保证结构构件满足正常使用极限状态要求，也是满足适用性和耐久性的功能要求。与承载能力极限状态的要求相比，这一验算的重要性位居第二。故可按荷载标准效应组合计算内力进行验算，但要考虑荷载准永久组合的影响。

(2) 系数 ψ 是在裂缝宽度和挠度计算中描述裂缝之间、钢筋之间钢筋应力（应变）分布不均匀性的系数，其物理意义是反映裂缝之间的混凝土协助钢筋抗拉工作的程度。当配筋、材料级别及截面尺寸一定时，它主要取决于内力大小，其值在 0.2～1.0 之间变化。ψ 愈小，裂缝之间的混凝土协助钢筋抗拉的作用愈大；反之则愈小。

(3) 构件截面抗弯刚度不仅随弯矩增大而减小，同时也随荷载持续作用时间而减小。前者是混凝土裂缝的出现和开展以及存在弹塑性变形的结果；后者则是受压区混凝土收缩、徐变以及受拉区混凝土的松弛和钢筋与混凝土之间粘结滑移徐变的结果。因此，在挠度计算中引入标准荷载组合的短期刚度和考虑荷载准永久组合刚度；在裂缝宽度计算中引入荷载准永久组合效应的裂缝扩大系数。

(4) 钢筋混凝土构件如果是采用较高强度等级且负荷较大的大跨简支和悬臂构件，往往需要按计算控制构件的挠度。

(5) 由于混凝土的非均质性及其抗拉强度的离散性，裂缝的出现和开展均带有随机性，裂缝的间距和宽度则具有不均匀性。但裂缝出现后存在基本稳定的阶段，随着荷载的增加，裂缝不会无限加密，因而有平均裂缝间距、宽度及最大裂缝宽度，在裂缝宽度计算中引入荷载标准效应组合的裂缝扩大系数。

(6) 钢筋混凝土结构构件除荷载引起的裂缝外，还存在不少非荷载裂缝，如温度收缩裂缝、地基不均匀沉降引起的裂缝等，对此应引起重视。应从结构构造和施工质量等方面采取措施，避免出现各种有害的非荷载裂缝。

复习思考题

8.1　采用材料力学公式计算钢筋混凝土受弯构件的挠度时，为什么要对其抗弯刚度 EI 进行修正？

8.2　何谓钢筋混凝土构件的抗弯刚度 B？何谓最小刚度原则？

8.3　说明参数 η、ζ 及 ψ 的物理意义。

8.4　提高钢筋混凝土受弯构件刚度的主要措施有哪些？什么措施最有效？

8.5　说明最大裂缝宽度计算公式建立起来的思路。

8.6　裂缝宽度与哪些因素有关？如何减少裂缝宽度？

8.7　试分析说明为什么控制了最大裂缝宽度等于控制了钢筋混凝土构件中受拉钢筋抗拉强度设计值的提高？

习　题

8.1　如图 8.10 所示一钢筋混凝土梁，计算跨度 $l_0=6.3$ m，截面尺寸 $b\times h=250$ mm$\times$600 mm，混凝土为 C20 级，纵向钢筋为 HRB335 级。在梁上作用恒荷载标准值(含自重)$g_k=15$ kN/m，活荷载标准值 $q_k=14$ N/mm(准永久值系数 $\psi_q=0.5$)。经正截面承载力计算，选用 4Φ20 纵筋。构件安全等级为二级，挠度限值$[f]=\frac{l_0}{250}$，试验算梁的挠度。

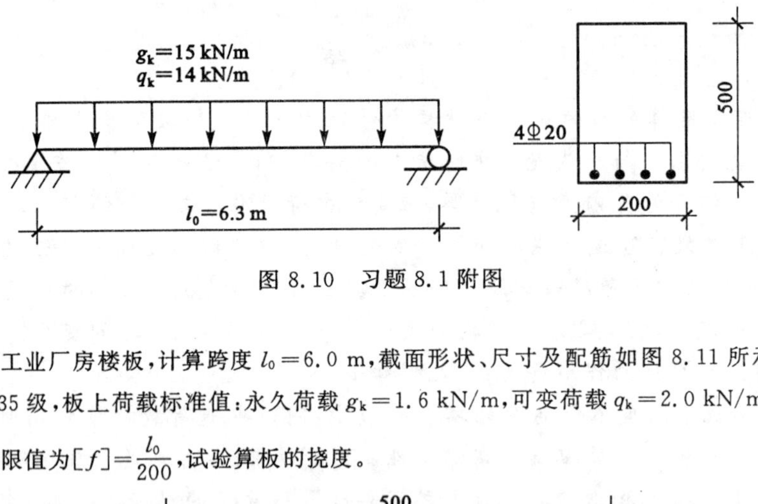

图 8.10　习题 8.1 附图

8.2　某多层工业厂房楼板，计算跨度 $l_0=6.0$ m，截面形状、尺寸及配筋如图 8.11 所示。混凝土为 C30 级，纵筋为 HRB335 级，板上荷载标准值：永久荷载 $g_k=1.6$ kN/m，可变荷载 $q_k=2.0$ kN/m，准永久值系数为 0.6。已知板挠度限值为$[f]=\frac{l_0}{200}$，试验算板的挠度。

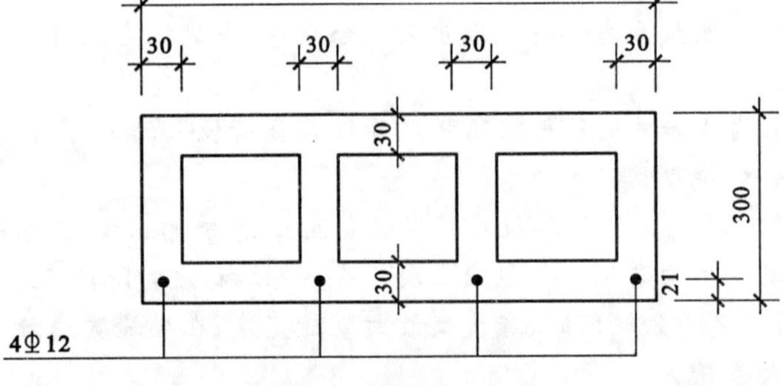

图 8.11　习题 8.2 附图

8.3 验算习题 8.1 梁的裂缝宽度，已知最大裂缝宽度限值为 $w_{\lim}=0.3$ mm。

8.4 验算习题 8.2 中空心板的裂缝宽度，已知最大裂缝宽度限值为 $w_{\lim}=0.3$ mm。

8.5 已知矩形截面轴心受拉构件的截面尺寸为 $b\times h=180$ mm$\times 200$ mm，配置 4Φ18 的纵向受拉钢筋，混凝土强度等级为 C20，混凝土保护层厚度 $c=30$ mm，承受轴向拉力标准组合值 $N_k=178$ kN，最大裂缝宽度限值 $w_{\lim}=0.2$ mm。试验算构件裂缝宽度。

9 预应力混凝土构件

本章提要

本章阐述了预应力混凝土的基本概念、材料、锚具及施工方法、预应力损失计算方法等，并进一步讲述了预应力混凝土轴心受拉构件、受弯构件的计算。

9.1 预应力混凝土的基本概念

9.1.1 预应力混凝土的基本概念

普通钢筋混凝土构件的应用中存在两个问题，一是存在裂缝；二是高强材料不能合理使用。混凝土的极限拉应变很小，仅有$(0.1\sim0.15)\times10^{-3}$，受拉区混凝土开裂时，钢筋的拉应力大约为20～30 N/mm²，对于不允许开裂的构件，采用高强混凝土收效甚微，采用高强钢筋也不经济，加大截面尺寸将增加构件自重；对于允许带裂缝工作的构件，允许的裂缝宽度一般为0.2～0.3 mm，此时钢筋相应的工作应力为150～250 N /mm²。若应用高强钢筋，处于高强应力状态时，裂缝宽度将超出允许值。对于普通钢筋混凝土构件，开裂后导致刚度减小，挠度增大，为了满足变形与裂缝宽度限制条件，需要增大截面尺寸和钢筋用量，过大的自重限制了混凝土构件的应用场合，如大跨度结构。

混凝土的抗压强度比抗拉强度高很多，如果在混凝土的受拉区事先设法储存一定的压应力，就可以用于抵消或减少荷载作用引起的拉应力，从而实现对裂缝的有效控制。

现以图9.1所示的混凝土梁为例，说明预应力混凝土的基本概念。

在梁受荷载之前，预先在梁的受拉区，通过张拉钢筋的回弹，施加一对大小相等、方向相反的偏心预加压力N，该力在梁的下边缘产生预压应力σ_c，当外荷载作用时，外荷载使梁的下边缘产生拉应力σ_{ct}，依据σ_{pc}与σ_{ck}的大小关系，只要梁的下边缘的总应力$\sigma_{ct}-\sigma_c<f_{tk}$，梁的下边缘就不会开裂。同时，由于偏心预压力$N$引起的向上的反拱挠度，与荷载作用下的挠度叠加后，总的挠度也大为减小。

预应力钢筋由于预拉和加荷载时都受拉，工作在高应力状态，便于高强度钢筋的应用，高强混凝土由于可以承受较大的预应力，加载后梁的上缘也能承受较大的压应力，这样高强混凝土也能合理利用。

由以上分析可知，预应力混凝土是利用张拉钢筋的回弹，在受拉区事先储存了一定的预压应力，用于抵消或减小荷载引起的拉应力，达到对裂缝实现控制的目的。

9.1.2 预应力混凝土结构的优缺点

预应力钢筋混凝土结构与普通钢筋混凝土结构相比，主要的优点是：

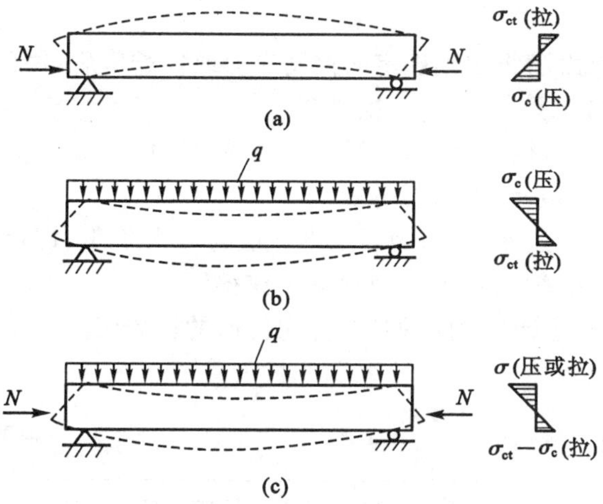

图 9.1　混凝土梁的受力分析

(a) 预压力作用下；(b) 外荷载作用下；(c) 预压力与外荷载共同作用下

(1) 不会过早地出现裂缝，抗裂性能好。

(2) 合理地利用高强钢筋和高强混凝土。与普通钢筋混凝土结构相比，可节约钢材 30%～50%，减轻结构自重达 30%，且跨度越大越经济。

(3) 由于抗裂性能好，提高了结构的刚度和耐久性，加之反拱作用，结构的总挠度大为减小。

(4) 扩大了混凝土结构的应用范围。

预应力混凝土结构的缺点是：施工技术要求高，需要张拉设备与锚具，计算比较复杂。

随着施工技术的不断发展与计算方法的日趋完善，预应力混凝土结构正在更多场合获得应用，如预应力框架、预应力密肋楼盖、无粘结预应力混凝土楼盖等。

9.1.3　施加预应力的方法

目前工程中施加预应力是通过张拉预应力钢筋，利用钢筋的回弹挤压混凝土来实现的。根据张拉钢筋与浇注混凝土的先后关系，可分为先张法和后张法两种。

(1) 先张法

先张法是指首先在台座上或钢模内张拉钢筋，然后浇注混凝土的一种施工方法。台座张拉设备见图 9.2 所示。

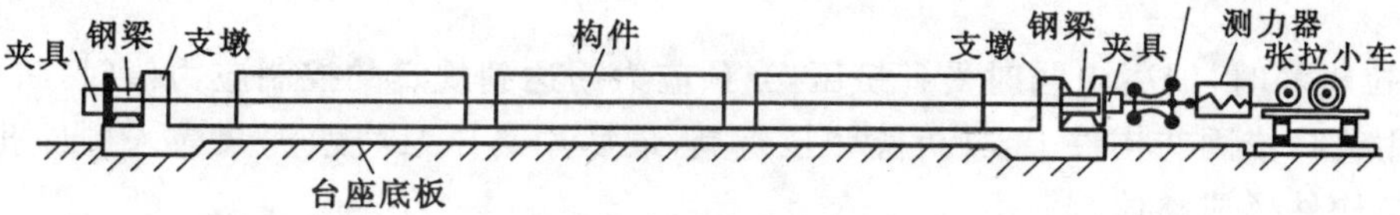

图 9.2　张拉台座设备

先张法的主要工序是：

① 将预应力筋一端通过夹具临时固定在台座上，再将另一端通过张拉夹具和测力器与张

拉机械相连。

② 张拉机械将预应力筋张拉到规定的控制应力或伸长值后，用张拉端夹具将预应力筋锚固在台座上，再卸去张拉机具。

③ 支模，绑扎非预应力钢筋(例如为局部加强锚固区而设置的非预应力钢筋，抗剪需要的非预应力钢筋等)，浇注混凝土，并进行养护。

④ 待混凝土达到规定强度后(约为强度设计值的75%以上)即可切断或放松预应力钢筋，通过预应力钢筋的回缩来挤压混凝土，使混凝土获得预压应力。因此先张法预应力混凝土构件中，预应力是靠钢筋与混凝土之间的粘结力来传递的。先张法施工工序见图9.3。

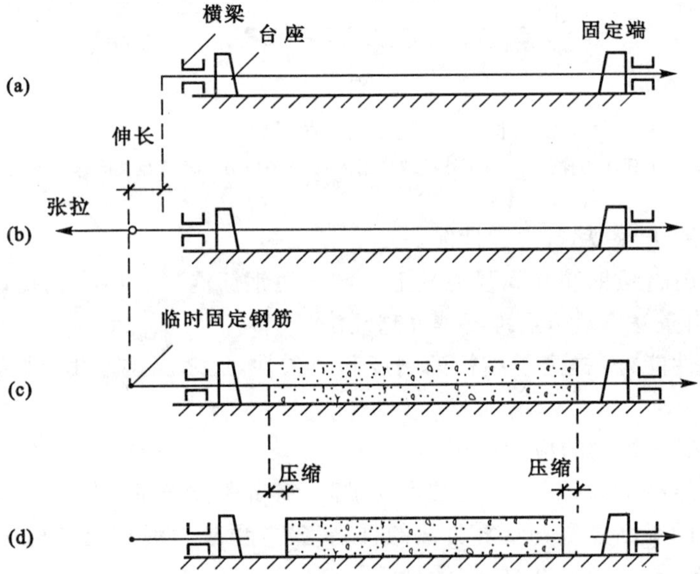

图9.3 先张法主要工序示意图

(a) 钢筋就位；(b) 张拉钢筋；(c) 临时固定钢筋，浇灌混凝土并养护；
(d) 放松钢筋，钢筋回缩、混凝土受预压

(2) 后张法

后张法是指先浇注混凝土构件，然后直接在构件上张拉预应力筋的一种施工方法。

后张法的主要工序是：

① 制作混凝土构件，并在构件中预留孔道。

② 待混凝土达到规定的强度(约为强度设计值的75%以上)后，在孔道中穿钢筋或钢筋束，并在锚固端用锚具将预应力筋锚固在构件的端部，然后在构件另一端用张拉机具张拉预应力钢筋。

③ 张拉钢筋时，混凝土同时受到挤压，当预应力筋达到规定的控制应力值时，将张拉端的预应力筋用锚具锚固在构件上，并拆除张拉机具，最后用高压泵将水泥浆灌入构件孔道中，使预应力筋与构件形成整体。

由此可看出，后张法是靠锚具保持和传递预加应力的。

后张法施工工序见图9.4。

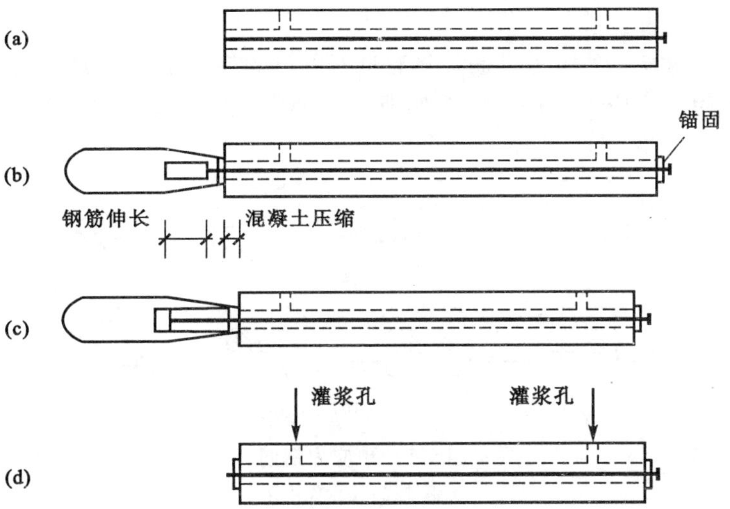

图 9.4 后张法主要工序示意图

(a) 制作构件，预留孔道，穿入预应力钢筋；(b) 安装千斤顶；
(c) 张拉钢筋；(d) 张拉端锚固并对孔道灌浆

(3) 两种方法的比较及适用范围

先张法与后张法相比较，先张法工艺比较简单，但需要台座(或钢模)、千斤顶、传力架和锚具等设备；后张法工艺比较复杂，需要对构件安装永久性的工作锚具，但不需要台座，张拉钢筋可用双作用千斤顶，也可用电热法(即对钢筋通以低压强电流，使其受热伸长，切断电源锚固钢筋后，钢筋回缩，混凝土受到预加压力)。

先张法适用于在预制构件厂批量制造的、方便运输的中小型构件；后张法适用于在现场成型的大型构件，在现场分阶段张拉的大型构件以至整个结构。先张法只适用于直线预应力钢筋；后张法既适用于直线预应力钢筋又适用于曲线预应力钢筋。在有些结构中，可同时采用先张法和后张法施工，例如在结构中对很多尺寸相同的构件，用先张法对它们分批制造是经济的；当构件运至现场安装就位后，则可以采用后张法将它们联成整体、形成结构。

9.2 预应力混凝土的材料与锚夹具

9.2.1 预应力混凝土的材料

(1) 预应力钢筋

预应力钢筋由于从构件制作到构件破坏始终处于高应力状态，故对钢筋有较高质量要求。总的来讲，有以下几点：

① 高强度。预应力钢筋首先必须具有较高的强度，才可能在钢筋中建立起比较高的张拉应力，使预应力混凝土构件的抗裂性得以提高。

② 与混凝土之间有足够的粘结强度。用作先张法构件的预应力钢筋，由于依靠钢筋与混凝土间的粘结力使混凝土获得预应力，所以必须保证两者间有足够的粘结强度。

③ 具有一定的塑性。预应力钢筋必须具有一定的塑性，以保证在低温或冲击荷载作用下

可靠工作,并防止构件发生脆性破坏。

④ 良好的加工性能。预应力钢筋须具有良好的可焊性和镦头等加工性能。

目前,我国常用的预应力钢筋包括热处理钢筋、钢丝和钢绞线三大类(图 9.5)。

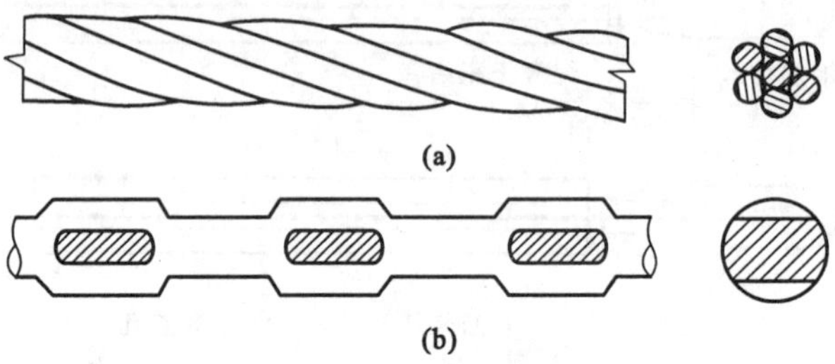

图 9.5　预应力钢筋

(a) 钢绞线;(b) 刻痕钢丝

① 热处理钢筋

这类钢筋由 40Si2Mn、48Si2Mn、45Si2Cr 等低合金钢经过处理后形成,属于高强度、无明显屈服点的硬钢。热处理钢筋常以盘条形式供应,可省去焊接、冷拉等工序,便于施工,应用比较广泛。

② 预应力钢丝

指现行国家标准《预应力混凝土用钢丝》GB/T5223 中的光面、螺旋肋和三面刻痕的消除应力的钢丝,其中消除应力光面钢丝的直径为 4～9mm,消除应力螺旋肋钢丝的直径为 4～8mm。

③ 预应力钢绞线

钢绞线是把多股高强钢丝经过绞盘拧成螺旋状而形成的,分 7Φ3、7Φ4、7Φ5 三种。它的优点是施工方便。多用于后张法的大型构件中。

(2) 混凝土

预应力混凝土结构对混凝土性能的要求是:

① 高强度。只有混凝土的抗压强度较高,才能建立起较高的预压应力,使构件获得较高的抗裂性能,并可减小构件截面尺寸,减轻结构自重,节约材料。故《规范》规定预应力混凝土结构构件的混凝土强度等级不应低于 C30,当采用钢丝、钢绞线、热处理钢筋做预应力钢筋时,混凝土强度等级不宜低于 C40。

② 收缩,徐变小。可以减少由于收缩、徐变产生的预应力损失。

③ 快硬、早强。这样可尽早施加预应力,以提高台座、模板和夹具的周转率,加快施工进度,降低管理费用。

9.2.2　锚具和夹具

锚固预应力钢筋和钢丝的工具通常分为夹具和锚具。一般说来,在构件制作完毕后,能够取下重复使用的,称为夹具;永远锚固在构件端部,与构件联成一体共同受力,不能取下重复使用的,称为锚具。有时为了简便起见,将锚具和夹具统称为锚具。

锚具之所以能夹住或锚住钢筋,主要是依靠承压力、摩擦力、握裹力等。因此对锚具有以下要求:

① 受力可靠，锚具本身应具有足够的强度和刚度；

② 预应力损失小，预应力钢筋滑移要尽可能小；

③ 构件简单，便于加工；

④ 张拉设备轻便简单，方便迅速；

⑤ 节省材料，降低成本。

锚具的形式很多，可从不同角度进行分类。按锚具的材料分，有钢锚具和混凝土锚具；按锚固的钢筋类型分，有锚固粗钢筋的锚具、锚固钢筋(丝)束的锚具、锚固钢绞线束的锚具；按锚固和传递预应力的原理分，有依靠承压力的锚具、依靠摩擦力的锚具、依靠粘结力的锚具；按锚具使用的部位区分，有张拉端锚具和固定端锚具。目前，国内常用的锚具有下面几种：

① 螺丝端杆锚具(图 9.6)

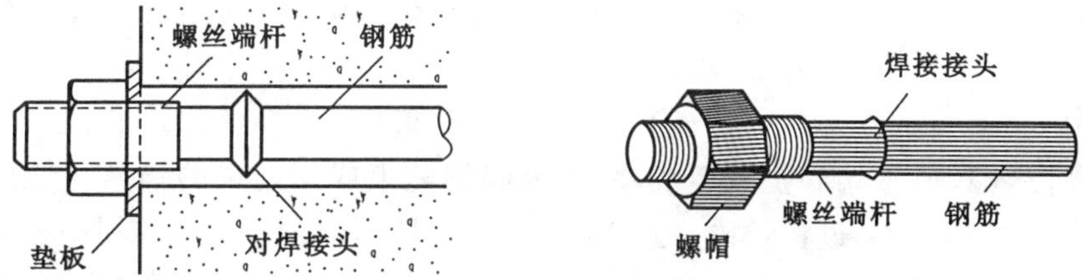

图 9.6　螺丝端杆锚具

在单根预应力钢筋两端各焊一端螺丝端杆，配上螺帽和垫板就形成螺丝端杆锚具。预应力通过螺丝端杆传到螺帽，再通过垫板传到预留孔道口四周的混凝土构件上，这种锚具可用于张拉端或固定端。张拉时采用一般的千斤顶，单根张拉，将千斤顶拉杆(端部常用内螺纹)拧紧在螺丝端杆的螺纹上进行张拉，张拉完毕后，旋紧螺帽，钢筋就被锚住。

这种锚具的优点是构造简单，滑移小，便于再次张拉。缺点是对预应力钢筋长度的精度要求高，不能太短或太长，否则螺纹长度不够用。同时要特别注意焊接接头的质量，以防止发生脆断。

② 锥形锚具(图 9.7)

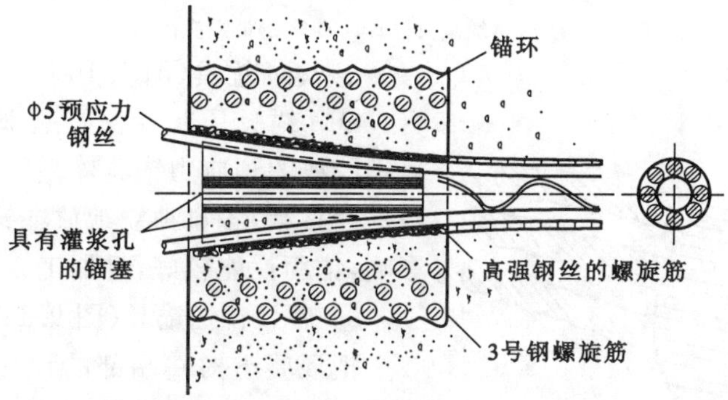

图 9.7　锥形锚具

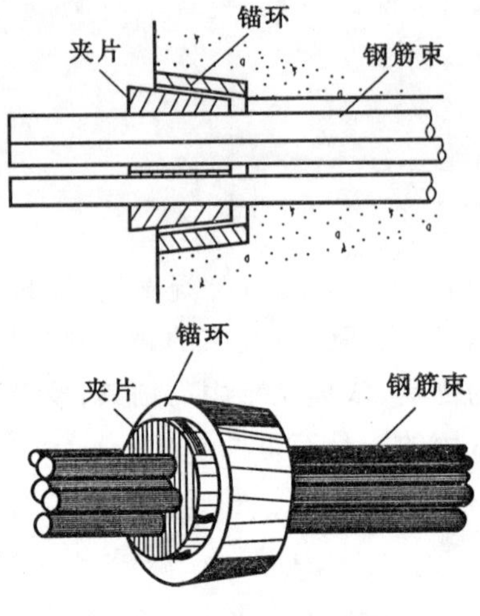

图 9.8　JM-12 锚具

由锚环及锚塞组成，用于锚固钢丝束或钢绞线，一般用铸钢制造。它可以用于张拉端或固定端，张拉时需要双作用千斤顶，预拉力通过摩擦力由钢筋传递给锚环，后者通过承压力和粘结力将预拉力传给混凝土构件。锥形锚具的特点是效率高，但滑移较大，而且不易保证每根钢丝的拉力均匀。

③ JM 锚具(图 9.8)

用于后张法锚固 3～6 根钢筋组成的钢筋束或钢绞线，由锚环和若干夹片组成，夹片的个数与钢筋或钢绞线的根数相同，外观呈楔形，每一夹片有两个圆弧形槽，槽内有齿纹，以锚住钢筋。锚环可嵌在构件内，或凸在构件外。JM 锚具张拉时需采用双作用千斤顶，预拉力通过摩擦力由钢筋传给夹片，夹片靠斜面上承压力传给锚环，锚环再通过承载力将预拉力传给混凝土构件。

④ 镦头锚具(图 9.9)

由锚环、外螺帽、内螺帽和垫板组成，用于锚固钢丝束或钢筋束的锚具。使用时将钢丝或钢筋的端头镦粗成圆头，穿过锚环内，边张拉边拧紧内螺帽。预拉力依靠镦头的承压力传给锚环，再依靠螺纹斜面上的承压力传给螺帽，最后通过垫板传给混凝土构件。为了防止预应力受力不均，这种锚具对钢筋或钢丝的下料长度要求比较严格。

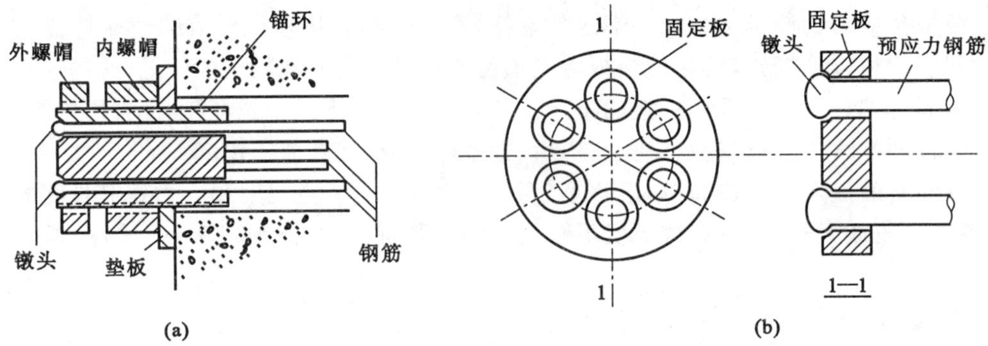

图 9.9　镦头锚具

(a) 张拉端镦头锚具；(b) 固定端镦头锚具

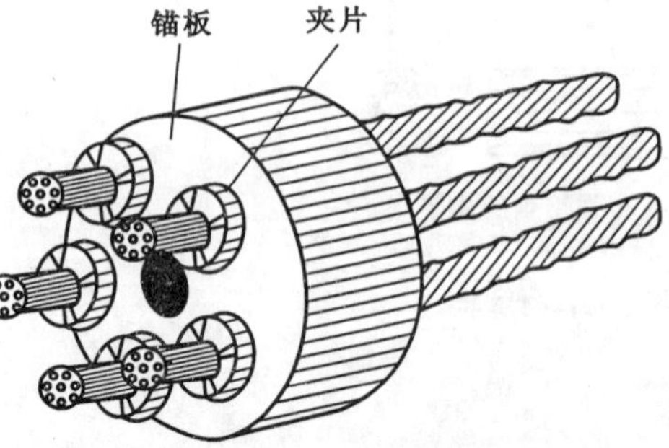

图 9.10　QM 锚具

⑤ QM 锚具(图 9.10)

QM 锚具是近年发展起来，用于锚固单根或多根钢绞线的预应力锚具体系。每根钢绞线分别由一组夹片夹紧，各自独立地放在锚板的锥形孔内，互不影响，锚固性能较好，且加工方便。

⑥ 后张自锚锚具(图 9.11)

把混凝土构件端部的预留孔道扩大为锥形孔，张拉钢筋达到规定值后，维持预拉力不变，在锥形孔内浇灌高强度混凝土，即形成自锚头。待自锚头混凝土达到设计强度后放松钢筋，钢筋回缩，依靠粘结

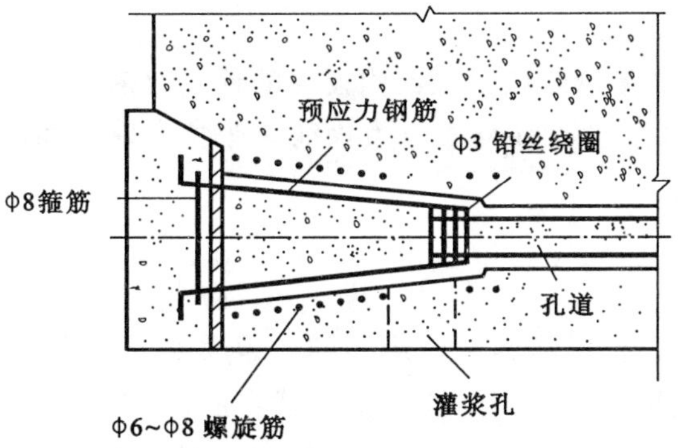

图 9.11 后张自锚锚具

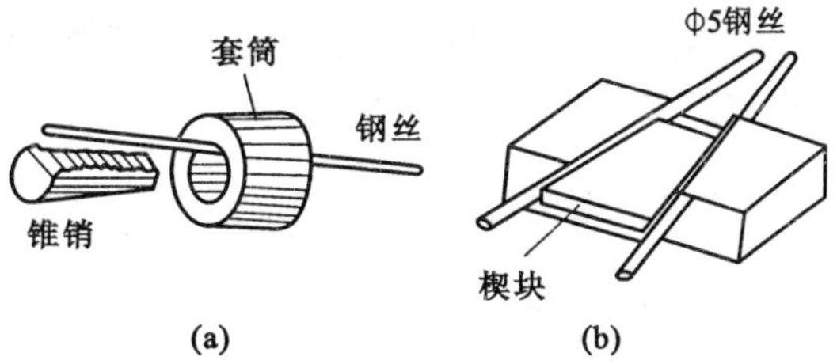

图 9.12 锥形和楔形夹具
(a) 锥形夹具;(b) 楔形夹具

力将预拉力传给自锚头,后者传给混凝土构件。

除了上述几种常见的锚具外,还有主要用于先张法锚固单根或双根冷拔钢丝的锥形夹具、楔形夹具等(图 9.12)。

9.3 张拉控制应力和预应力损失

9.3.1 张拉控制应力

张拉控制应力就是指张拉预应力钢筋时所达到的规定应力,即张拉钢筋时,张拉设备(如千斤顶上的油压表)所指示出的总张拉力除以预应力钢筋截面面积得出的应力值,以 σ_{con} 表示。

张拉控制应力的大小对于预应力混凝土构件的设计和以后的工作有着极为重要的影响,其数值应根据实际情况与施工经验确定。

显然,把张拉控制应力 σ_{con} 取得高些,预应力的效果就会更好一些,更有利于提高构件的抗裂性能和减小构件挠度,而且可以节约钢材。但如果 σ_{con} 的值取得过高,则可能引起下列问题:

① 张拉控制应力 σ_{con} 取值越高,σ_{con}/f_{py}(f_{py} 为预应力钢筋强度设计值)的值越大,出现裂缝时的开裂弯矩与极限弯矩越接近,构件延性越差,破坏时将表现为脆性破坏;

② 为了减小预应力损失,在张拉预应力钢筋时往往采取超张拉工艺,如 σ_{con} 过高,则会使个别钢筋达到或超过其屈服强度,产生塑性变形或脆断。

因此,对 σ_{con} 值必须加以限制,《规范》允许的张拉控制应力值[σ_{con}]见表 9.1,《规范》同时规定 σ_{con} 不应小于 $0.4f_{ptk}$。

表 9.1 张拉控制应力限值

钢筋种类	张拉方法	
	先张法	后张法
消除应力钢丝 钢绞线	$0.75f_{ptk}$	$0.75f_{ptk}$
热处理钢筋	$0.70f_{ptk}$	$0.65f_{ptk}$

当符合下列情况之一时表中数据可提高 $0.05f_{ptk}$：

① 要求提高构件在施工阶段的抗裂性能，而在使用阶段受压区内设置的预应力钢筋；

② 要求部分抵消由于应力松弛、摩擦、钢筋分批张拉以及预应力钢筋与张拉台座之间的温差等因素产生的预应力损失。

9.3.2 预应力损失

对预应力混凝土的思考与探索早在19世纪末就已开始，但预应力的效果总是不理想，在控制构件的变形与裂缝开展方面达不到预期的效果。直到20世纪30年代，经过不断研究与探索，预应力混凝土理论才趋于成熟。长期失败的主要原因就在于对于预应力钢筋的应力损失缺乏足够的认识。

预应力混凝土构件在制造、运输、安装、使用的各个环节中，由于张拉工艺和材料特性等原因，钢筋中的张拉应力逐渐降低，与此同时，混凝土中的预压应力也逐渐降低，这一现象称为预应力损失。

引起预应力损失的原因很多，《规范》采用分项计算各项应力损失，再用叠加的方法来求得预应力混凝土构件的总预应力损失，以下将分别论述各项因素引起的预应力损失的计算。

(1) 张拉端锚具变形和钢筋内缩引起的预应力损失 σ_{l1}

预应力筋张拉到控制应力 σ_{con} 后被锚固在台座或构件上，由于锚具、垫板与构件之间的缝隙被挤紧以及钢筋在锚具中的内缩（滑移），使得已张紧的钢筋松动、应力降低，造成预应力损失 σ_{l1}。其预应力损失值可按下列方法计算：

对于直线预应力筋由于锚具变形和预应力钢筋内缩引起的 σ_{l1}

$$\sigma_{l1} = \frac{a}{l}E_s \tag{9.1}$$

式中 a——张拉端锚具变形和钢筋内缩值，按表9.2取用；

l——张拉端至锚固端之间的距离(mm)。

表9.2 锚具变形和钢筋内缩值 a(mm)

锚具类别		a
支撑式锚具（钢丝束镦头锚具等）	螺帽缝隙	1
	每块后加垫板的缝隙	1
锥塞式锚具（钢丝束的钢质锥形锚具等）		5
夹片式锚具	有顶压时	5
	无顶压时	6～8

本项损失只考虑张拉端，因为固定端的锚具在张拉过程中已被挤紧，不会引起预应力损失。对于先张法生产的构件，当台座长度超过100 m时，该项损失可忽略不计。

对于后张法构件预应力曲线钢筋或折线钢筋由于锚具变形和钢筋内缩引起的预应力损失 σ_{l1}，应根据曲线预应力钢筋与孔道壁之间反向摩擦影响长度 l_f 范围内的钢筋变形值等于锚具变形和钢筋内缩值的条件确定，当预应力钢筋为圆弧形曲线，且 $\theta \leqslant 30°$时，可按下式近似计算：

$$\sigma_{l1} = 2\sigma_{con} l_f \left(\frac{\mu}{r_c} + \kappa\right)\left(1 - \frac{x}{l_f}\right) \qquad (9.2)$$

反向摩擦影响长度 l_f 为：

$$l_f = \sqrt{\frac{aE_s}{1000\sigma_{con}(\mu/r_c + \kappa)}} \qquad (9.3)$$

式中 r_c——圆弧形曲线预应力筋的曲率半径，m；

μ——预应力筋与孔道壁之间的摩擦系数，按表 9.3 采用；

κ——考虑管道每米长度局部偏差的摩擦系数，按表 9.3 采用；

a——锚具变形与钢筋内缩值，mm；

E_s——预应力钢筋弹性模量，N/mm²。

曲线预应力筋的 σ_{l1} 如图 9.13 所示。

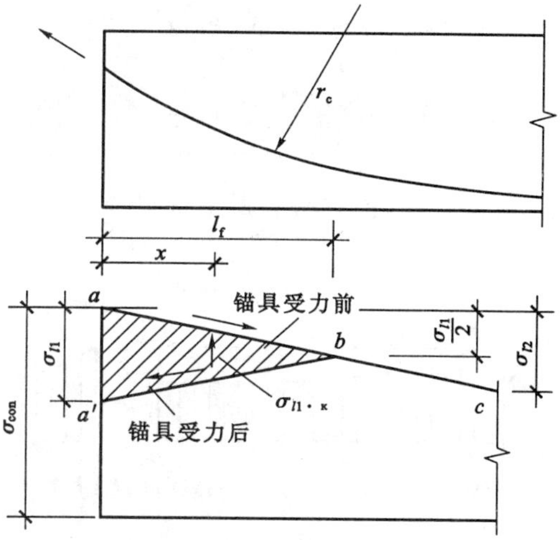

图 9.13 曲线预应力筋的 σ_{l1}

表 9.3 摩擦系数

孔道成型方式	κ	μ
预埋金属波纹管	0.0015	0.25
预埋钢管	0.0010	0.30
橡胶管或钢管抽芯成型	0.0014	0.55

注：① 表中系数也可根据实测数据确定；

② 当采用钢丝束的钢质锥形锚具及类似形式锚具时，尚应考虑锚环口处的附加摩擦损失，其值可根据实测数据测定。

(2) 预应力钢筋与孔道壁之间摩擦引起的预应力损失 σ_{l2}

后张法构件进行预应力钢筋的张拉时，由于预留孔道位置偏差、内壁粗糙及预应力筋表面粗糙等原因，使预应力筋在张拉时与孔道壁之间产生摩擦力。摩擦力的积累，使预应力筋的应力随距张拉端距离的增大而减小，这种应力差值称为摩擦引起的预应力损失 σ_{l2}（图 9.14）。当采用曲线配筋时，曲线孔道的曲率使预应力筋与孔道壁之间产生附加的法向力和摩擦力，因此曲线孔道的摩擦损失比直线孔道的摩擦损失要大。《规范》规定 σ_{l2} 可按下列公式计算

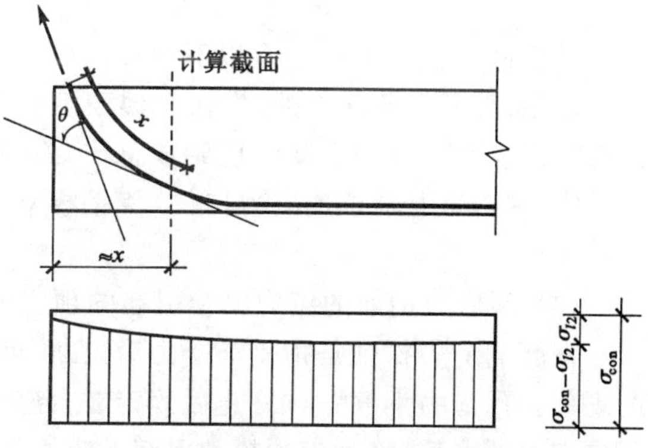

图 9.14 计算摩擦预应力损失示意图

$$\sigma_{l2} = \sigma_{con}\left(1 - \frac{1}{e^{\kappa x + \mu\theta}}\right) \qquad (9.4)$$

式中 θ——从张拉端至计算截面曲线孔道部分切线的夹角（以弧度计）；

x——张拉端至计算截面的孔道长度，m，也可近似取该孔道在纵轴上的投影长度。

当 $\kappa x+\mu\theta\leqslant 0.2$ 时，可按下面近似公式计算 σ_{l2}

$$\sigma_{l2}=(\kappa x+\mu\theta)\sigma_{\text{con}} \tag{9.5}$$

为了减小摩擦损失，可采取以下措施：

① 对于较长的构件可在两端进行张拉(图 9.15)，则靠原锚固端一侧的预应力筋的应力损失大大减小，损失最大的截面转移到构件的中部，采取两端张拉约可减少一半摩擦损失。

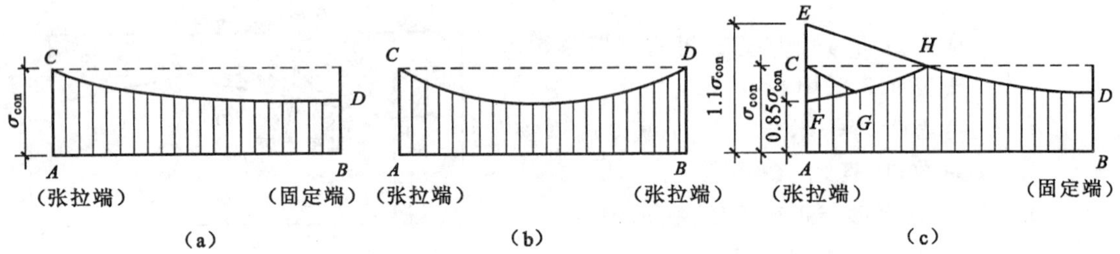

图 9.15　构件的两端进行张拉

② 采用超张拉工艺。超张拉工艺一般的张拉程序是：从应力为零开始张拉至 $1.05\sigma_{\text{con}}$，持荷两分钟后，卸载至 σ_{con} 或从应力为零开始张拉至 $1.03\sigma_{\text{con}}$。这样比一次张拉至 σ_{con} 的预应力分布更均匀，并可减小预应力损失 σ_{l2}。

(3) 预应力筋与台座温差引起的预应力损失 σ_{l3}

先张法构件为了缩短生产周期，加速台座的周转，常采用蒸汽养护的办法促使混凝土硬化。由于蒸汽使钢筋温度升高，而此时新浇的混凝土与钢筋尚未建立粘结力，预应力筋可以自由伸长，从而产生预应力损失 σ_{l3}。待降温时，混凝土已结硬并与钢筋建立粘结强度使二者相对位置固定，钢筋无法自由回缩，钢筋的应力损失也无法恢复。

σ_{l3} 可作如下近似计算：若预应力钢筋与台座间温差为 Δt°C，钢筋的线膨胀系数为 $\alpha=1\times10^{-5}$/°C，那么

$$\sigma_{l3}=\alpha E_s\Delta t=1\times10^{-5}\times2.0\times10^{5}\times\Delta t=2\Delta t \tag{9.6}$$

减少此项损失的措施有以下两种：

① 采用两次升温养护，先在常温下养护至混凝土强度等级达到 C7～C10，再逐渐升温。此时可以认为钢筋与混凝土已结成整体，能一起胀缩而无应力损失；

② 在钢模上张拉预应力构件，使钢模和构件一起加热养护，不存在温差，可不考虑此项损失。

(4) 预应力钢筋的应力松弛引起的预应力损失 σ_{l4}

钢筋的应力松弛是指钢筋受力后，在长度不变的条件下，钢筋的应力随时间的增长而降低的现象。预应力钢筋张拉终止后固定在台座或构件上，随时间发展会产生应力松弛现象，导致张拉应力的降低，称为应力松弛引起的应力损失 σ_{l4}。

试验表明，钢筋的应力松弛具有以下三个特点：

① 应力松弛与时间有关。最初发展迅速，以后逐渐减慢，并最终趋于稳定。建立起拉应力的开始几分钟大约完成总松弛值的 50%，24h 约完成 80%，1000h 后趋于稳定。

② 应力松弛与初始应力有关。当初始应力小于 $0.7f_{\text{ptk}}$ 时，松弛与初始应力呈线性关系；当初始应力大于 $0.7f_{\text{ptk}}$ 时，松弛显著增大，在高应力下短时间的松弛可达到低应力下较长时

间才能达到的数值。根据这一性质，可以利用短时超张拉工艺减少松弛引起的预应力损失。

③ 应力松弛与钢种有关。软钢小，硬钢大；热处理钢筋比预应力钢丝、钢绞线的应力松弛小。

《规范》规定的钢筋的应力松弛损失为：

预应力钢丝、钢绞线：

① 普通松弛

$$\sigma_{l4}=0.4\psi\left(\frac{\sigma_{con}}{f_{ptk}}-0.5\right)\sigma_{con} \tag{9.7}$$

此处，一次张拉 $\psi=1$，超张拉 $\psi=0.9$。

② 低松弛

当 $\sigma_{con}\leqslant 0.7f_{ptk}$ 时

$$\sigma_{l4}=0.125\left(\frac{\sigma_{con}}{f_{ptk}}-0.5\right)\sigma_{con} \tag{9.8}$$

当 $0.7f_{ptk}<\sigma_{con}\leqslant 0.8f_{ptk}$ 时

$$\sigma_{l4}=0.2\left(\frac{\sigma_{con}}{f_{ptk}}-0.575\right)\sigma_{con} \tag{9.9}$$

热处理钢筋：

一次张拉 $\sigma_{l4}=0.05\sigma_{con}$，超张拉 $\sigma_{l4}=0.035\sigma_{con}$。

注：当 $\sigma_{con}/f_{ptk}\leqslant 0.5$ 时，预应力钢筋的应力松弛值可取为零。

(5) 混凝土收缩和徐变引起的预应力损失 σ_{l5}

混凝土收缩时构件体积减小；在预压应力的长期作用下，混凝土沿受压方向发生徐变。以上两种情况均使构件长度缩短，预应力钢筋随之回缩，引起预应力损失 σ_{l5}，σ_{l5} 是预应力损失的最大项。当构件中配置非预应力钢筋时，非预应力钢筋将产生压应力 σ_{l5}。

由于收缩和徐变是伴随产生的，且两者的影响因素相似，而由收缩和徐变引起的钢筋应力变化规律也基本相同，故可将两者合并在一起予以考虑。

《规范》规定的由混凝土收缩及徐变引起的受拉区和受压区预应力损失 σ_{l5}、σ'_{l5} 可按下式计算：

先张法构件

$$\sigma_{l5}=\frac{45+280\frac{\sigma_{pc}}{f'_{cu}}}{1+15\rho} \tag{9.10a}$$

$$\sigma'_{l5}=\frac{45+280\frac{\sigma'_{pc}}{f'_{cu}}}{1+15\rho'} \tag{9.10b}$$

后张法构件

$$\sigma_{l5}=\frac{35+280\frac{\sigma_{pc}}{f'_{cu}}}{1+15\rho} \tag{9.11a}$$

$$\sigma'_{l5}=\frac{35+280\frac{\sigma'_{pc}}{f'_{cu}}}{1+15\rho'} \tag{9.11b}$$

式中　σ_{pc}、σ'_{pc} ——受拉区、受压区预应力钢筋在各自合力点处混凝土法向压应力，N/mm^2，当

σ_{pc}为拉应力时，取 $\sigma_{pc}=0$；

f'_{cu}——施加预应力时的混凝土立方体抗压强度，N/mm^2；

ρ、ρ'——受拉区、受压区预应力钢筋和非预应力钢筋的配筋率。

对先张法构件

$$\rho=\frac{A_p+A_s}{A_0} \qquad \rho'=\frac{A'_p+A'_s}{A_0} \tag{9.12a}$$

对后张法构件

$$\rho=\frac{A_p+A_s}{A_n} \qquad \rho'=\frac{A'_p+A'_s}{A_n} \tag{9.12b}$$

对于对称配置预应力钢筋与非预应力钢筋的构件，取 $\rho=\rho'$，此时配筋率应按其钢筋截面面积的一半进行计算。对于处于高湿环境的结构（如蓄水池等）可将 σ_{l5} 及 σ'_{l5} 降低 50%，而当结构处于年平均相对湿度低于 40%的环境下，σ_{l5} 及 σ'_{l5} 值应增加 30%。

由于徐变变形需要较长的时间才能完成，预压初期徐变变形来不及全面出现，故在验算预压初期构件抗裂性能和裂缝宽度时，如能预先确定构件承受外荷载的时间，则可考虑时间对混凝土收缩和徐变损失值的影响，将 σ_{l5} 乘以修正系数 β。

$$\beta=\frac{4j}{120+3j}$$

其中 j 指结构构件从混凝土预压时起承受外荷载的天数，当 j 大于 120 天时，按 120 天计算。

(6) 环形构件采用螺旋预应力筋时局部挤压引起的预应力损失 σ_{l6}

电线杆、水池、油罐、压力管道等环形构件可配置环形或螺旋式预应力钢筋，采用后张法直接在混凝土上进行张拉，混凝土在预应力钢筋的挤压下发生局部压陷，使构件直径减小，引起预应力损失 σ_{l6}（图 9.16）。

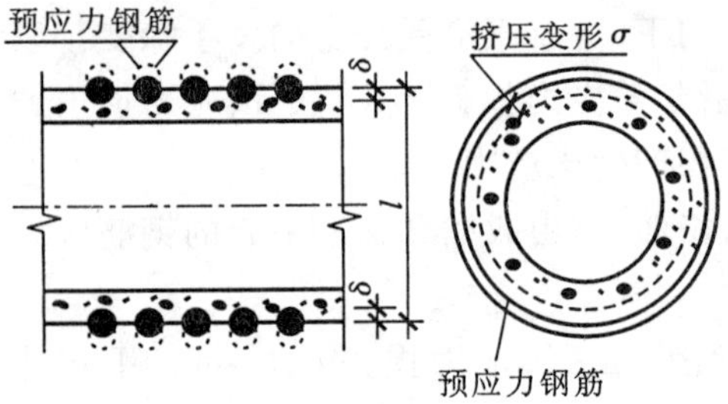

图 9.16　环形配筋预应力构件

σ_{l6}与张拉控制应力 σ_{con} 成正比，与环形构件直径 d 成反比，《规范》规定只对直径 $d\leqslant 3$ m 的构件考虑应力损失，并取 $\sigma_{l6}=30\ N/mm^2$。

9.3.3　预应力损失组合

预应力混凝土结构中的各项应力损失是分批出现的，不同的受力阶段应考虑的预应力损失的组合是不同的。为了分析和计算方便起见，《规范》将这些损失按先张法和后张法构件分别分为两批：发生在混凝土预压以前的称为第一批预应力损失，用 $\sigma_{l\text{I}}$ 表示；发生在混凝土预压以后的称为第二批预应力损失，用 $\sigma_{l\text{II}}$ 表示，见表 9.4。

表 9.4　各阶段预应力损失值的组合

预应力损失值的组合	先张法构件	后张法构件
混凝土预压前（第一批）的损失	$\sigma_{l1}+\sigma_{l2}+\sigma_{l3}+\sigma_{l4}$	$\sigma_{l1}+\sigma_{l2}$
混凝土预压后（第二批）的损失	σ_{l5}	$\sigma_{l4}+\sigma_{l5}+\sigma_{l6}$

《规范》同时还规定，当计算求得的预应力总损失小于下列数值时，按下列数值取用：

先张法构件　　$\sigma_l = 100\ \text{N/mm}^2$；

后张法构件　　$\sigma_l = 80\ \text{N/mm}^2$。

9.4 预应力混凝土轴心受拉构件的计算

9.4.1 轴心受拉构件应力分析

轴心受拉构件从预应力钢筋张拉到加载破坏，钢筋与混凝土的应力变化可分为两个阶段：施工阶段和使用阶段，每个阶段又包括若干个受力过程。下面分别就先张法和后张法构件各阶段截面应力进行分析。

(1) 先张法

先张法轴心受拉构件各阶段应力分析见表 9.5。

① 施工阶段

(a) 张拉钢筋并锚固

预应力钢筋张拉后应力为 σ_{con}，锚固在台座上以后即产生预应力损失 σ_{l1}，此时预应力钢筋、混凝土、非预应力钢筋的应力为

$$\sigma_p = \sigma_{con} - \sigma_{l1} \tag{9.13a}$$

$$\sigma_{pc} = 0 \tag{9.13b}$$

$$\sigma_s = 0 \tag{9.13c}$$

(b) 混凝土预压前

在浇注养护混凝土的过程中，由于预应力筋与台座间存在温差产生了预应力损失 σ_{l3}，并由于钢筋应力松弛产生预应力损失 σ_{l4}，即完成了第一批预应力损失 $\sigma_{l\text{I}}$，此时各材料截面应力分别为

$$\sigma_p = \sigma_{con} - \sigma_{l\text{I}} \tag{9.14a}$$

$$\sigma_{pc} = 0 \tag{9.14b}$$

$$\sigma_s = 0 \tag{9.14c}$$

(c) 放张预压后

混凝土在钢筋放张后受到压力作用，非预应力钢筋也同时受压。混凝土的压缩变形使预应力筋的应力有所降低，预应力筋、非预应力筋、混凝土截面上的应力分别为 $\sigma_{p\text{I}}$、$\sigma_{s\text{I}}$、$\sigma_{pc\text{I}}$。

$$\sigma_{s\text{I}} = -\alpha_E \sigma_{pc\text{I}} \tag{9.15a}$$

$$\sigma_{p\text{I}} = \sigma_{con} - \sigma_{l\text{I}} - \alpha_E \sigma_{pc\text{I}} \tag{9.15b}$$

由截面应力平衡条件求得

$$\sigma_{pc\text{I}} A_c + \sigma_{s\text{I}} A_s = (\sigma_{con} - \sigma_{l\text{I}} - \alpha_E \sigma_{pc\text{I}}) A_p$$

所以

$$\sigma_{pc\text{I}} = \frac{(\sigma_{con} - \sigma_{l\text{I}}) A_p}{A_0} = \frac{N_{p0\text{I}}}{A_0} \tag{9.15c}$$

式中 α_E——预应力钢筋、非预应力钢筋与混凝土弹性模量之比；

A_0——换算截面面积，mm^2，包括净截面面积以及全部纵向预应力钢筋截面面积换算

表 9.5　先张法轴心受拉构件各阶段应力分析

受力阶段		简图	预应力钢筋应力 σ_p	混凝土应力 σ_{pc}	非预应力钢筋应力 σ_s	说明
施工阶段	张拉并锚固钢筋		$\sigma_{con}-\sigma_{l1}$	0	0	出现 σ_{l1} 损失
	混凝土预压前	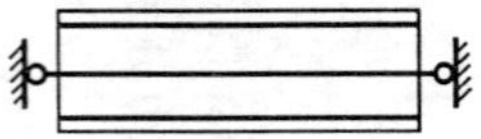	$\sigma_{con}-\sigma_{l\text{I}}$	0	0	完成第一批预应力损失 $\sigma_{l\text{I}}$
	混凝土预压	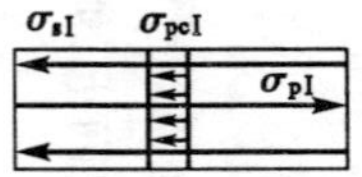	$\sigma_{p\text{I}}=\sigma_{con}-\sigma_{l\text{I}}-\alpha_E\sigma_{pc\text{I}}$	$\sigma_{pc\text{I}}=\dfrac{(\sigma_{con}-\sigma_{l\text{I}})A_p}{A_0}$	$\sigma_{s\text{I}}=-\alpha_E\sigma_{pc\text{I}}$	
	完成第二批损失		$\sigma_{p\text{II}}=\sigma_{con}-\sigma_l-\alpha_E\sigma_{pc\text{II}}$	$\sigma_{pc\text{II}}=\dfrac{(\sigma_{con}-\sigma_l)A_p-\sigma_{l5}A_s}{A_0}$	$\sigma_{s\text{II}}=-(\alpha_E\sigma_{pc\text{II}}+\sigma_{l5})$	
使用阶段	混凝土消压	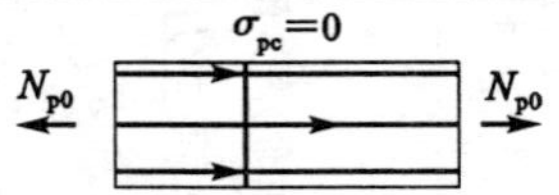	$\sigma_{con}-\sigma_l$	0	$-\sigma_{l5}$	加荷至混凝土应力为零，预应力筋应力增加 $\alpha_E\sigma_c$
	混凝土即将开裂	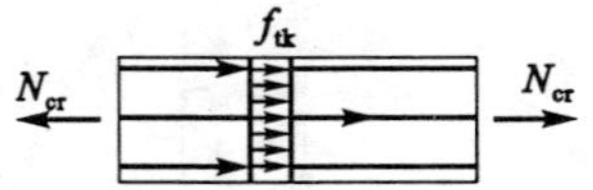	$\sigma_{con}-\sigma_l+\alpha_E f_{tk}$	f_{tk}	$\alpha_E f_{tk}-\sigma_{l5}$	混凝土应力增加 f_{tk}，钢筋应力相应增加 $\alpha_E f_{tk}$
	构件破坏	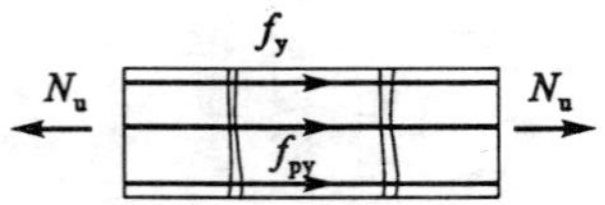	f_{py}	0	f_y	混凝土开裂，钢筋屈服

成混凝土的截面面积。

$$A_0 = A_c + \alpha_{E1} A_p + \alpha_{E2} A_s$$

(d) 完成第二批预应力损失

构件加载使用前，完成了第二批损失，预应力钢筋的总的应力损失为 σ_l，此时各材料截面上的应力分别为 $\sigma_{p\,\mathrm{II}}$、$\sigma_{s\,\mathrm{II}}$、$\sigma_{pc\,\mathrm{II}}$。

$$\sigma_{s\,\mathrm{II}} = -(\alpha_E \sigma_{pc\,\mathrm{II}} + \sigma_{l5}) \tag{9.16a}$$

$$\sigma_{p\,\mathrm{II}} = \sigma_{con} - \sigma_l - \alpha_E \sigma_{pc\,\mathrm{II}} \tag{9.16b}$$

$$\sigma_{pc\,\mathrm{II}} = \frac{(\sigma_{con} - \sigma_l)A_p - \sigma_{l5} A_s}{A_0} = \frac{N_{p0\,\mathrm{II}}}{A_0} \tag{9.16c}$$

式中　$\sigma_{pc\,\mathrm{II}}$——混凝土有效预压应力，$\mathrm{N/mm^2}$。

② 使用阶段

(a) 消压荷载

加荷载至混凝土的预压应力抵消为零时，预应力筋、非预应力筋、混凝土的截面上的应力分别为 σ_{p0}、σ_s、σ_{pc}。

$$\sigma_{p0} = \sigma_{con} - \sigma_l \tag{9.17a}$$

$$\sigma_s = -\sigma_{l5} \tag{9.17b}$$

$$\sigma_{pc} = 0 \tag{9.17c}$$

由平衡条件可求出消压外加轴力为

$$N_0 = \sigma_{p0} A_p + \sigma_s A_s = \sigma_{pc\,\mathrm{II}} A_0 \tag{9.18}$$

(b) 开裂荷载

加载至混凝土即将开裂，各材料的应力分别为

$$\sigma_{pc} = f_{tk} \tag{9.19a}$$

$$\sigma_s = \alpha_E f_{tk} - \sigma_{l5} \tag{9.19b}$$

$$\sigma_p = \sigma_{con} - \sigma_l + \alpha_E f_{tk} \tag{9.19c}$$

可求出开裂轴力为

$$N_{cr} = f_{tk} A_c + \sigma_s A_s + \sigma_p A_p = (f_{tk} + \sigma_{pc\,\mathrm{II}}) A_0 \tag{9.20}$$

(c) 破坏荷载

构件拉裂后，混凝土的应力为零，外荷载引起的抗力由钢筋全部承担，继续加载使它们达到抗拉强度设计值时

$$\sigma_{pc} = 0 \tag{9.21a}$$

$$\sigma_s = f_y \tag{9.21b}$$

$$\sigma_p = f_{py} \tag{9.21c}$$

由平衡条件，求得极限承载力为

$$N_u = f_{py} A_p + f_y A_s \tag{9.22}$$

由上述分析可见，预应力构件的抗裂性能获得提高，极限承载力不变。

(2) 后张法

后张法轴心受拉构件各阶段应力分析见表 9.6。

① 施工阶段

(a) 张拉钢筋并锚固

表 9.6　后张法轴心受拉构件各阶段应力分析

受力阶段		简图	预应力钢筋应力 σ_p	混凝土应力 σ_{pc}	非预应力钢筋应力 σ_s	说明
施工阶段	预应力钢筋张拉并锚固	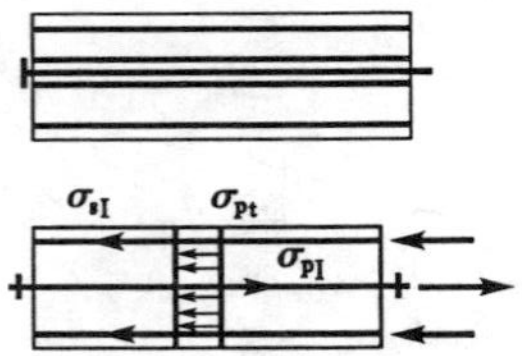	$\sigma_{p\,I}=\sigma_{con}-\sigma_{l\,I}$	$\sigma_{pc\,I}=\dfrac{N_{p\,I}}{A_n}=\dfrac{(\sigma_{con}-\sigma_{l\,I})A_p}{A_n}$	$\sigma_{s\,I}=-\alpha_E\sigma_{pc\,I}$	张拉钢筋产生 σ_{l2}，锚固钢筋产生 σ_{l1}，完成第一批损失 $\sigma_{l\,I}=\sigma_{l1}+\sigma_{l2}$
	完成第二批损失	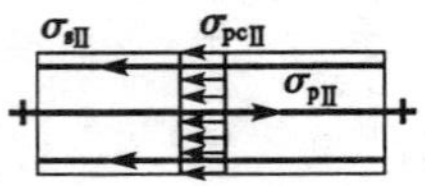	$\sigma_{p\,II}=\sigma_{con}-\sigma_l$	$\sigma_{pc\,II}=\dfrac{(\sigma_{con}-\sigma_l)A_p-\sigma_{l5}A_s}{A_n}$	$\sigma_{s\,II}=-(\alpha_E\sigma_{pc\,II}+\sigma_{l5})$	出现第二批损失 $\sigma_{l\,II}=\sigma_{l4}+\sigma_{l5}$ 总损失 $\sigma_l=\sigma_{l\,I}+\sigma_{l\,II}$
使用阶段	加载至消压	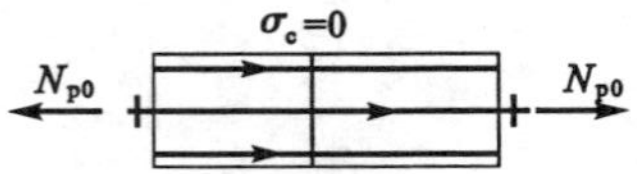	$\sigma_{con}-\sigma_l+\alpha_E\sigma_{pc\,II}$	0	$-\sigma_{l5}$	同先张法
	加载至构件即将开裂	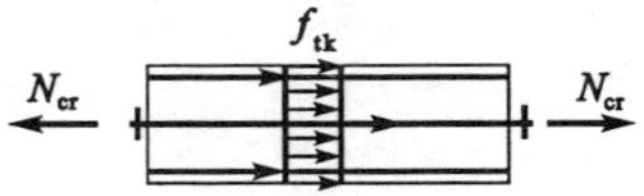	$\sigma_{con}-\sigma_l+\alpha_E\sigma_{pc\,II}+\alpha_E f_{tk}$	f_{tk}	$\alpha_E f_{tk}-\sigma_{l5}$	同先张法
	加载至破坏	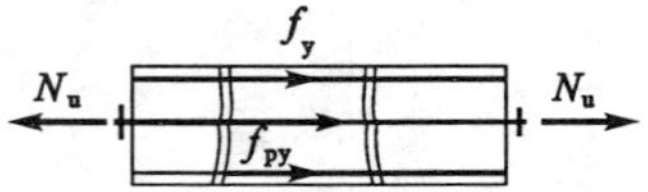	f_{py}	0	f_y	同先张法

此过程中预应力筋完成应力损失 $\sigma_{l\text{I}}=\sigma_{l1}+\sigma_{l2}$，混凝土发生了弹性压缩变形。此时各材料截面上的应力分别为

$$\sigma_{\text{p I}}=\sigma_{\text{con}}-\sigma_{l\text{I}} \tag{9.23a}$$

$$\sigma_{\text{pc I}}=\frac{(\sigma_{\text{con}}-\sigma_{l\text{I}})A_{\text{p}}}{A_{\text{n}}}=\frac{N_{\text{p I}}}{A_{\text{n}}} \tag{9.23b}$$

$$\sigma_{\text{s I}}=-\alpha_{\text{E}}\sigma_{\text{pc I}} \tag{9.23c}$$

式中　A_{n}——构件截面面积与非预应力筋的换算面积之和，mm^2。

$$A_{\text{n}}=A_{\text{c}}+\alpha_{\text{E}}A_{\text{s}}$$

(b) 第二批损失

使用前混凝土发生收缩和徐变，预应力筋完成第二批预应力损失 $\sigma_{l\text{II}}$，此时各材料截面上的应力分别为

$$\sigma_{\text{p II}}=\sigma_{\text{con}}-\sigma_{l} \tag{9.24a}$$

$$\sigma_{\text{s II}}=-(\alpha_{\text{E}}\sigma_{\text{pc II}}+\sigma_{l5}) \tag{9.24b}$$

$$\sigma_{\text{pc II}}=\frac{(\sigma_{\text{con}}-\sigma_{l})A_{\text{p}}-\sigma_{l5}A_{\text{s}}}{A_{\text{n}}}=\frac{N_{\text{p II}}}{A_{\text{n}}} \tag{9.24c}$$

② 使用阶段

(a) 消压荷载

施加外荷载至混凝土应力为零，此时各材料截面上的应力为

$$\sigma_{\text{pc}}=0 \tag{9.25a}$$

$$\sigma_{\text{s}}=-\sigma_{l5} \tag{9.25b}$$

$$\sigma_{\text{p0}}=\sigma_{\text{con}}-\sigma_{l}+\alpha_{\text{E}}\sigma_{\text{pc II}} \tag{9.25c}$$

由平衡条件可求得消压轴力为

$$\begin{aligned}N_0&=\sigma_{\text{p0}}A_{\text{p}}+\sigma_{\text{s}}A_{\text{s}}=(\sigma_{\text{con}}-\sigma_{l}+\alpha_{\text{E}}\sigma_{\text{pc II}})A_{\text{p}}-\sigma_{l5}A_{\text{s}}\\&=N_{\text{p II}}+\alpha_{\text{E}}\sigma_{\text{pc II}}A_{\text{p}}=\sigma_{\text{pc II}}(A_{\text{n}}+\alpha_{\text{E}}A_{\text{p}})=\sigma_{\text{pc II}}A_0\end{aligned} \tag{9.26}$$

式中　$A_{\text{n}}=A_{\text{c}}+\alpha_{\text{E2}}A_{\text{s}}$；

$A_0=A_{\text{c}}+\alpha_{\text{E2}}A_{\text{s}}+\alpha_{\text{E1}}A_{\text{p}}$。

(b) 开裂荷载

荷载增加至混凝土拉应力即将达到 f_{tk} 时，各材料的截面应力为

$$\sigma_{\text{pc}}=f_{\text{tk}} \tag{9.27a}$$

$$\sigma_{\text{s}}=\alpha_{\text{E}}f_{\text{tk}}-\sigma_{l5} \tag{9.27b}$$

$$\begin{aligned}\sigma_{\text{p}}&=\sigma_{\text{con}}-\sigma_{l}+\alpha_{\text{E}}\sigma_{\text{pc II}}+\alpha_{\text{E}}f_{\text{tk}}\\&=\sigma_{\text{con}}-\sigma_{l}+\alpha_{\text{E}}(\sigma_{\text{pc II}}+f_{\text{tk}})\end{aligned} \tag{9.27c}$$

由平衡条件求得的抗裂轴力为

$$N_{\text{cr}}=f_{\text{tk}}A_{\text{c}}+\sigma_{\text{s}}A_{\text{s}}+\sigma_{\text{p}}A_{\text{p}}$$

代入相应的应力并整理得

$$N_{\text{cr}}=(\sigma_{\text{pc II}}+f_{\text{tk}})(A_{\text{c}}+\alpha_{\text{E2}}A_{\text{s}}+\alpha_{\text{E1}}A_{\text{p}})=(f_{\text{tk}}+\sigma_{\text{pc II}})A_0 \tag{9.28}$$

(c) 破坏荷载

外荷载加至钢筋屈服或名义屈服，混凝土已退出抗拉工作，此时由平衡条件求得极限轴力为

$$N_{\text{u}}=f_{\text{py}}A_{\text{p}}+f_{\text{y}}A_{\text{s}} \tag{9.29}$$

9.4.2 预应力轴心受拉构件的计算

预应力轴心受拉构件的计算分为使用阶段的承载力计算、使用阶段的抗裂验算与裂缝宽度验算、施工阶段的混凝土受压承载力验算、后张法锚固区混凝土局部受压验算。

(1) 使用阶段承载力计算

构件达到承载力极限状态时,预应力筋与非预应力筋承担全部拉力。

$$N_u = f_y A_s + f_{py} A_p \tag{9.30}$$

$$\gamma_0 N \leqslant f_{py} A_p + f_y A_s \tag{9.31}$$

式中 γ_0——结构重要性系数,意义同前;

N——轴力设计值,N。

(2) 使用阶段的抗裂验算与裂缝宽度验算

裂缝控制等级为一级的结构,按荷载效应的标准组合计算时,构件受拉边缘混凝土不应产生拉应力。

$$\sigma_{ck} - \sigma_{pc} \leqslant 0 \tag{9.32}$$

式中 σ_{ck}——荷载效应标准组合下抗裂验算边缘的混凝土法向应力,N/mm², $\sigma_{ck} = N_k/A_0$;

σ_{pc}——混凝土的有效预压应力,N/mm², $\sigma_{pc} = \sigma_{pc\text{II}}$。

裂缝控制等级为二级的结构,按荷载效应的标准组合计算时,构件混凝土截面上的最大拉应力不应大于混凝土抗拉强度标准值,荷载准永久组合下,构件截面上混凝土不应出现拉应力。

$$\sigma_{ck} - \sigma_{pc} \leqslant f_{tk} \tag{9.33a}$$

$$\sigma_{cq} - \sigma_{pc} \leqslant 0 \tag{9.33b}$$

式中 σ_{cq}——荷载准永久组合下抗裂验算边缘的混凝土法向应力,N/mm²。

裂缝控制等级为三级的构件,允许带裂缝工作,但是须限制裂缝宽度不超过允许值。

$$w_{max} \leqslant w_{lim} \tag{9.34}$$

式中 w_{max}——按荷载效应标准组合并考虑荷载长期作用影响计算出的最大裂缝宽度,mm,计算公式同前,但钢筋应力 $\sigma_{sk} = \dfrac{N_k - N_0}{A_p + A_s}$。

(3) 施工阶段的混凝土受压承载力验算

预应力轴心受拉构件,先张法放张或后张法终止张拉时,截面上混凝土产生最大预压应力 σ_{cc},而此时混凝土的强度一般尚未达到设计值,约为设计强度的 75%。因此须对此时的混凝土进行抗压验算。

$$\sigma_{cc} \leqslant 0.8 f'_{ck} \tag{9.35}$$

$$\sigma_{ct} \leqslant f'_{tk} \tag{9.36}$$

式中 f'_{tk}、f'_{ck}——施工阶段混凝土采用的抗拉强度标准值、抗压强度标准值,N/mm²。

截面边缘混凝土法向应力可按下列公式计算

$$\sigma_{cc} \text{ 或 } \sigma_{ct} = \sigma_{pc} + \frac{N_k}{A_0} \pm \frac{M_k}{W_0} \tag{9.37}$$

式中 N_k、M_k——构件自重及施工荷载的标准组合在计算截面产生的轴向力值(N)、弯矩值(N·mm);

W_0——验算边缘的换算截面弹性抵抗矩，mm^3。

(4) 后张法锚固区混凝土局部受压验算

后张法构件中，预应力钢筋中的预压力是通过锚具传递给垫板，再由垫板传递给混凝土的。由于锚具下垫板面积很小，因此构件端部承受很大的局部压力，其压力在构件内逐步扩散，经过一定的扩散长度(一般为构件的截面宽度)才均匀地分布到构件的全截面上(图9.17)。若预压力较大，而垫板面积又较小，垫板下的混凝土有可能发生局部挤压破坏，因此应对构件端部锚固区的混凝土进行局部承压验算。

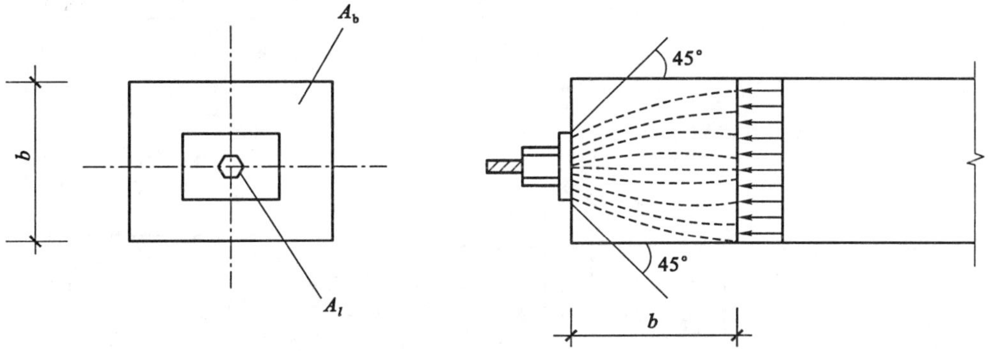

图 9.17　构件端部锚固区的应力传递

① 局部受压区截面尺寸验算

为了防止构件端部局部受压面积太小而在施加预应力时出现纵向裂缝，其局部受压区的截面尺寸应符合下列要求

$$F_l \leqslant 1.35\beta_c\beta_l f_c A_{ln} \tag{9.38}$$

$$\beta_l = \sqrt{\frac{A_b}{A_l}} \tag{9.39}$$

式中　F_l——局部受压面上作用的局部压力设计值，N，对后张法构件取 $F_l = 1.2\sigma_{con}A_p$；

β_l——混凝土局部受压承载力提高系数；

A_l——混凝土局部受压面积，mm^2；

A_{ln}——混凝土局部受压净面积，在局部受压面积中扣除孔道及凹槽部分的面积，mm^2；

A_b——局部受压时的计算底面积，mm^2，可根据局部受压面积与计算底面积同心、对称的原则确定，一般情形按图 9.18 取用。

② 局部受压强度计算

为了防止构件端部局部受压破坏，常在构件端部配置间接钢筋(焊网或螺旋筋)，局部受压承载力按下式计算

$$F_l \leqslant 0.9(\beta_l\beta_c f_c + 2\rho_v\beta_{cor}f_y)A_{ln} \tag{9.40}$$

式中　β_{cor}——配置间接钢筋的局部受压承载力提高系数，$\beta_{cor} = \sqrt{\frac{A_{cor}}{A_l}}$；

A_{cor}——配置方格网或螺旋式间接钢筋范围以内混凝土核心面积(不扣孔道面积)，mm^2，不大于 A_b，且其重心应与 A_l 重心相重合；

f_c——混凝土抗压强度设计值；

f_y——间接钢筋抗拉强度设计值，N/mm²；

ρ_v——间接钢筋的体积配筋率（核心面积 A_{cor} 范围内单位体积混凝土中所包含的间接钢筋体积），且要求 $\rho_v \geqslant 0.5\%$。

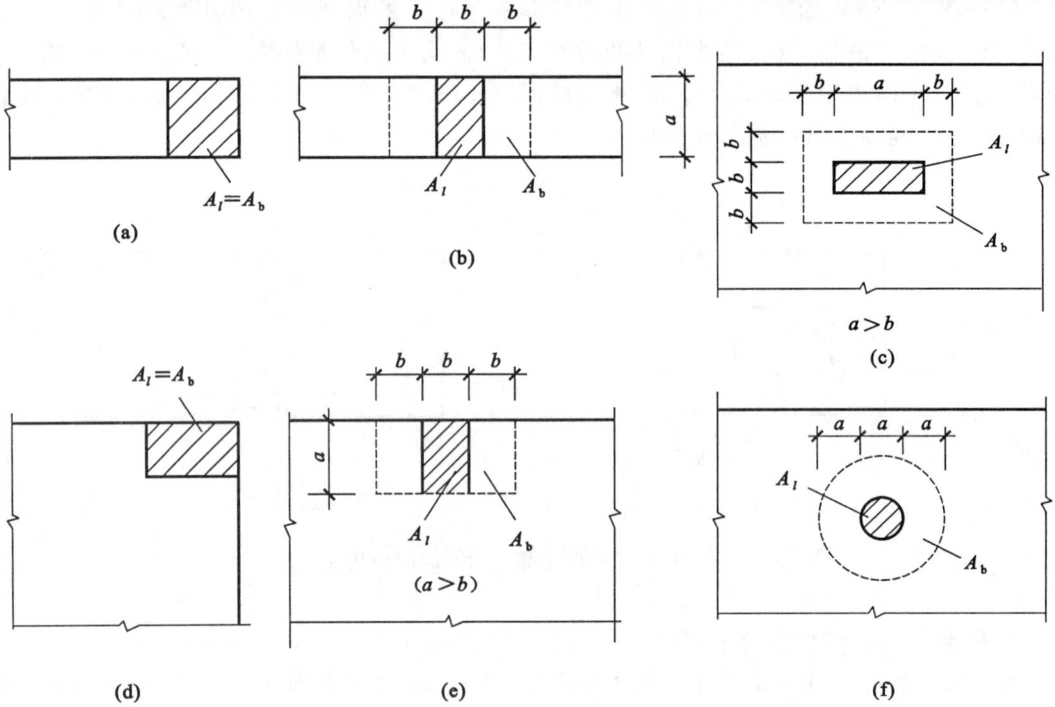

图 9.18　确定局部受压计算底面积 A_b

当为方格网配筋时（图 9.19(a)）

$$\rho_v = \frac{n_1 A_{s1} l_1 + n_2 A_{s2} l_2}{A_{cor} s} \tag{9.41}$$

此时，在钢筋两个方向的单位长度内，其钢筋截面面积相差不应大于 1.5 倍。

当为螺旋式配筋时（图 9.19(b)）

$$\rho_v = \frac{4A_{ss1}}{d_{cor} s} \tag{9.42}$$

式中　n_1、A_{s1}——分别为方格网沿 l_1 方向的钢筋根数、单根钢筋的截面面积，mm²；

n_2、A_{s2}——分别为方格网沿 l_2 方向的钢筋根数、单根钢筋的截面面积，mm²；

A_{ss1}——螺旋式单根间接钢筋的截面面积，mm²；

d_{cor}——螺旋式钢筋范围以内的混凝土直径，mm；

s——方格网或螺旋式间接钢筋的间距，mm。

间接钢筋应配置在图 9.19 规定的 h 范围内，方格钢筋网不少于 4 片，螺旋式钢筋不少于 4 圈。

【例 9.1】　24 m 长预应力混凝土屋架下弦杆截面尺寸为 250 mm×160 mm，采用后张法，当混凝土强度达到强度设计值的 100%后方可张拉预应力钢筋。从一端张拉，超张拉应力值为 $5\%\sigma_{con}$，孔道（直径为 2ϕ50 mm）为充压抽芯成型。采用 JM-12 锚具。构件端部构造见图 9.20。屋架下弦杆轴向拉力设计值 $N=560$ kN，在荷载效应标准组合下，下弦杆的轴向拉力

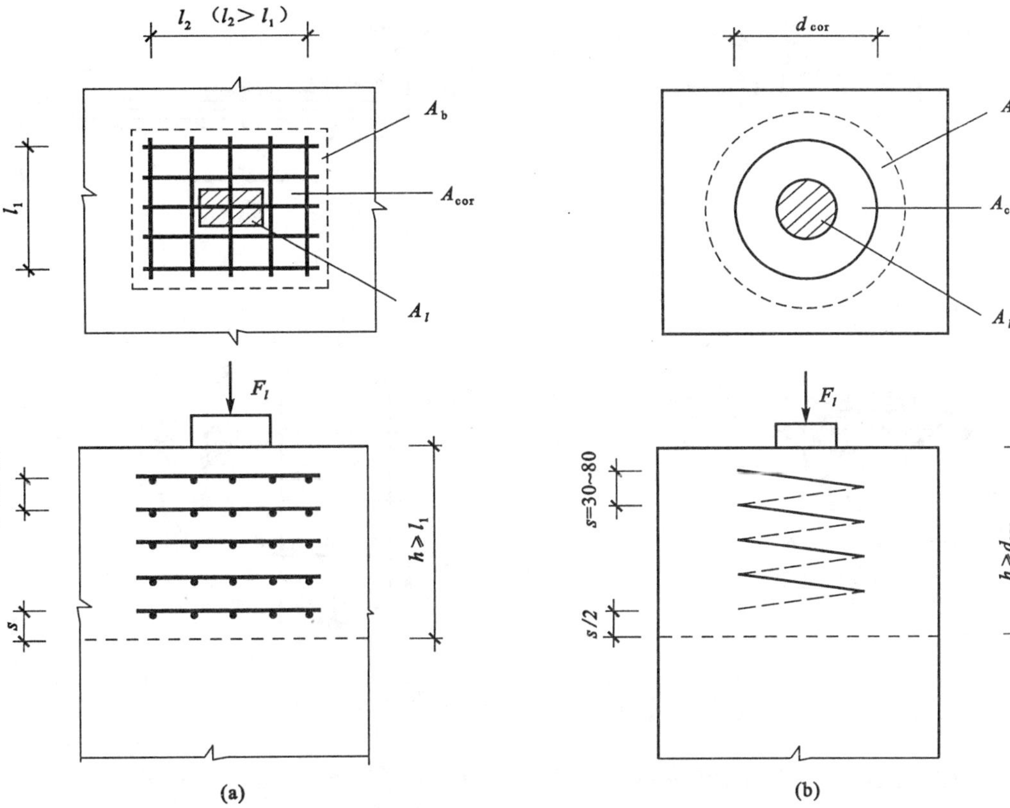

图 9.19　局部受压配筋

(a) 方格网配筋；(b) 螺旋式配筋

为 $N_k=480$ kN，在荷载效应准永久组合下屋架下弦杆的轴向拉力为 $N_q=420$ kN，试设计屋架下弦。

【解】

(1) 选择材料

混凝土：C40（$f_c=19.1\ \text{N/mm}^2$，$f_t=1.71\ \text{N/mm}^2$，$f_{tk}=2.39\ \text{N/mm}^2$，$E_c=3.25\times10^4\ \text{N/mm}^2$）。

预应力钢筋：采用热处理钢筋（$f_{ptk}=1470\ \text{N/mm}^2$，$f_{py}=1040\ \text{N/mm}^2$，$E_s=2.0\times10^5\ \text{N/mm}^2$）。

非预应力钢筋：采用 HPB235 级钢筋（$f_y=210\ \text{N/mm}^2$，$E_s=2.1\times10^5\ \text{N/mm}^2$）。

(2) 使用阶段承载力计算

① 确定非预应力钢筋截面面积

根据构造要求采用非预应力筋为 4 ϕ 12（$A_s=452\ \text{mm}^2$）。

② 计算预应力钢筋截面面积

屋架安全等级属于一级，故结构重要性系数 $\gamma_0=1.1$。

$$A_p=\frac{\gamma_0 N-A_s f_y}{f_{py}}=\frac{1.1\times560000-452\times210}{1040}=501.04\ \text{mm}^2$$

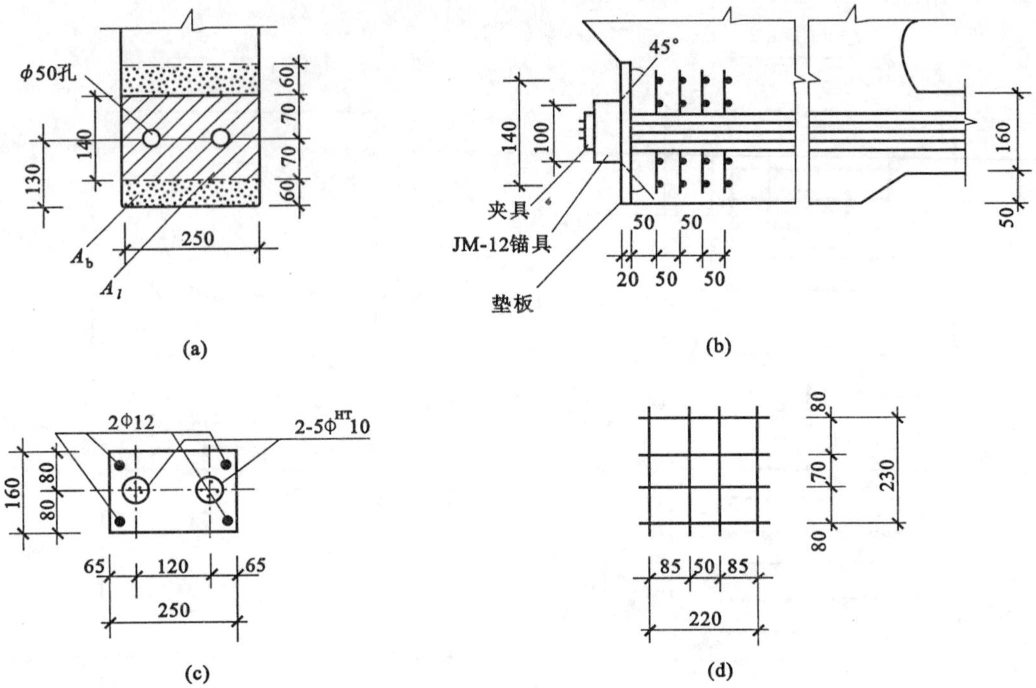

图 9.20　例 9.1 附图

选配 2 束 5 Φ^{HT}10，$A_p=786\ mm^2$。

(3) 使用阶段抗裂计算

① 截面特征与参数计算

$$\alpha_{E1}=\frac{E_s}{E_c}=\frac{2.0\times10^5}{3.25\times10^4}=6.15$$

$$\alpha_{E2}=\frac{E_s}{E_c}=\frac{2.1\times10^5}{3.25\times10^4}=6.46$$

$$A_c=250\times160-2\times\frac{1}{4}\times3.14\times50^2-452=35621\ mm^2$$

$$A_n=A_c+\alpha_{E2}A_s=35621+6.46\times452=38541\ mm^2$$

$$A_0=A_c+\alpha_{E2}A_s+\alpha_{E1}A_p=35621+6.46\times452+6.15\times786=43375\ mm^2$$

② 确定张拉控制应力 σ_{con}

选取张拉控制应力为

$$\sigma_{con}=0.65f_{ptk}=0.65\times1470=955.5\ N/mm^2$$

③ 计算预应力损失

(a) 锚具变形损失

由表 9.2 查得 $a=5$ mm,所以

$$\sigma_{l1}=\frac{a}{l}E_s=\frac{5}{24000}\times200000=41.7\ N/mm^2$$

(b) 孔道摩擦损失

按一端张拉计算这项损失，即 $x=l=24$ m，按式(9.4)计算摩擦损失，由表 9.3 查得 $\kappa=0.0014$，$\mu=0.55$。

$$\sigma_{l2}=\sigma_{con}\left(1-\frac{1}{e^{\kappa x+\mu\theta}}\right)=955.5\times\left(1-\frac{1}{e^{0.0014\times 24+0.55\times\theta}}\right)$$

$$=955.5\times\left(1-\frac{1}{e^{0.0036}}\right)=31.57\ \text{N/mm}^2$$

则第一批损失为

$$\sigma_{l\text{I}}=\sigma_{l1}+\sigma_{l2}=41.7+31.57=73.27\ \text{N/mm}^2$$

(c) 预应力钢筋的松弛损失

$$\sigma_{l4}=0.035\times 955.5=33.44\ \text{N/mm}^2$$

(d) 混凝土收缩、徐变损失

完成第一批损失后截面上的混凝土预压应力为

$$\sigma_{pc\text{I}}=\frac{N_{p\text{I}}}{A_n}=\frac{(\sigma_{con}-\sigma_{l\text{I}})A_p}{A_n}=\frac{(955.5-73.27)\times 786}{38541}$$

$$=17.992\ \text{N/mm}^2$$

$$\leqslant 0.5f'_{cu}=0.5\times 40=20\ \text{N/mm}^2$$

符合预应力损失 σ_{l5} 的计算条件。

$$\rho=\frac{A_p+A_s}{2A_n}=\frac{786+452}{2\times 38541}\times 100\%=1.61\%$$

$$\sigma_{l5}=\frac{35+280\dfrac{\sigma_{pc\text{I}}}{f'_{cu}}}{1+15\rho}=\frac{35+280\times\dfrac{17.992}{40}}{1+15\times 0.0161}=129.64\ \text{N/mm}^2$$

所以，第二批损失为

$$\sigma_{l\text{II}}=\sigma_{l4}+\sigma_{l5}=33.44+129.64=163.08\ \text{N/mm}^2$$

预应力总损失为

$$\sigma_l=\sigma_{l\text{I}}+\sigma_{l\text{II}}=73.27+163.08=236.35\ \text{N/mm}^2>80\ \text{N/mm}^2$$

④ 抗裂验算

(a) 混凝土预压应力 $\sigma_{pc\text{II}}$

$$\sigma_{pc\text{II}}=\frac{N_{p\text{II}}}{A_n}=\frac{(\sigma_{con}-\sigma_l)A_p-\sigma_{l5}A_s}{A_n}=\frac{(955.5-236.35)\times 786-129.64\times 452}{38541}$$

$$=13.15\ \text{N/mm}^2$$

(b) 计算外荷载在截面中引起的拉应力 σ_{ck}、σ_{cq}

在荷载效应标准组合作用下

$$\sigma_{ck}=\frac{N_k}{A_0}=\frac{480000}{43375}=11.07\ \text{N/mm}^2$$

在荷载效应准永久组合作用下

$$\sigma_{cq}=\frac{N_q}{A_0}=\frac{420000}{43375}=9.68\ \text{N/mm}^2$$

(c) 按式(9.33a)和式(9.33b)进行抗裂验算

$$\sigma_{cq}-\sigma_{pc\text{II}}=9.68-13.15=-3.47\ \text{N/mm}^2<0$$

所以符合要求。

$$\sigma_{ck} - \sigma_{pc\,II} = 11.07 - 13.15 = -2.08\ \text{N/mm}^2 < f_{tk} = 2.39\ \text{N/mm}^2$$

所以符合要求。

(4) 施工阶段验算

采用超张拉5%，故最大张拉力为

$$N_{p,max} = 1.05\,N_p = 1.05\sigma_{con}A_p = 1.05 \times 955.5 \times 786 = 788574\ \text{N}$$

这时截面混凝土的压应力为

$$\sigma_{cc} = \frac{N_{p,max}}{A_n} = \frac{788574}{38541} = 20.46\ \text{N/mm}^2 < 0.8f'_{ck} = 0.8 \times 26.8 = 21.44\ \text{N/mm}^2$$

满足要求。

(5) 屋架端部受压承载力计算

几何特征与参数：

锚头局部受压面积为

$$A_l = 250 \times (100 + 2 \times 20) = 35000\ \text{mm}^2$$

$$A_b = 250 \times (140 + 2 \times 60) = 65000\ \text{mm}^2$$

$$A_{ln} = 250 \times (100 + 2 \times 20) - 2 \times \frac{1}{4} \times 3.14 \times 50^2 = 31073\ \text{mm}^2$$

局部受压承载力提高系数按式(9.39)计算

$$\beta_l = \sqrt{\frac{A_b}{A_l}} = \sqrt{\frac{65000}{35000}} = 1.36$$

① 局部压力设计值

局部压力设计值等于预应力筋锚固前在张拉端的总拉力的1.2倍。

$$F_l = 1.2\,N_p = 1.2\sigma_{con}A_p = 1.2 \times 955.5 \times 786 = 901230\ \text{N} = 901.23\ \text{kN}$$

② 局部受压尺寸验算

$$1.35\beta_c\beta_l f_c A_{ln} = 1.35 \times 1.0 \times 1.36 \times 19.1 \times 31073$$
$$= 1089660\ \text{N} = 1089.66\ \text{kN} > F_l = 901.23\ \text{kN}$$

故满足要求。

③ 局部受压承载力计算

屋架端部配置 $\phi6$ 的4片网，其面积 $A_s = 28.3\ \text{mm}^2$，间距 $s = 50$ mm，网片尺寸参见图9.20。

$$A_{cor} = 220 \times 230 - 2 \times \frac{3.14}{4} \times 50^2 = 46673\ \text{mm}^2 < A_b = 65000\ \text{mm}^2$$

$$\beta_{cor} = \sqrt{\frac{A_{cor}}{A_l}} = \sqrt{\frac{46673}{35000}} = 1.33$$

横向钢筋网的体积配筋率为

$$\rho_v = \frac{n_1 A_{s1} l_1 + n_2 A_{s2} l_2}{A_{cor} s} = \frac{4 \times 28.3 \times 220 + 4 \times 28.3 \times 230}{46673 \times 50} = 0.0218$$

按式(9.40)算出

$$0.9(\beta_c\beta_l f_c + 2\rho_v\beta_{cor} f_y)A_{ln} = 0.9 \times (1.0 \times 1.36 \times 19.1 + 2 \times 0.0218 \times 1.33 \times 210) \times 31073$$
$$= 1066990\ \text{N} = 1066.99\ \text{kN} > F_l = 901.23\ \text{kN}$$

符合要求。

9.5 预应力混凝土受弯构件的计算

预应力空心板、大型屋面板一般采用先张法施工，吊车梁、T形桥梁通常采用后张法制作。不论哪种方法，预应力钢筋 A_p 都主要配置在构件使用阶段的受拉区(预压区)；为了防止构件在施工阶段出现裂缝，有时也在使用阶段的受压区同样配置预应力钢筋 A_p，为了满足构造要求，受拉区和受压区还应放置一定数量的非预应力钢筋(A_s、A'_s)。

9.5.1 预应力混凝土受弯构件应力分析

预应力混凝土受弯构件从钢筋张拉直到构件受荷载破坏，与轴心受拉构件相似，受力过程也可分为施工阶段和使用阶段。

(1) 施工阶段

① 先张法构件

放张前，混凝土的应力为零，预应力钢筋发生第一批损失。放张后，预应力钢筋和非预应力钢筋的合力视为作用在换算截面上的外力，按偏心受压计算截面上混凝土的应力。

放张前，预应力钢筋的合力为(图 9.21)

$$N_{p0\,\mathrm{I}} = (\sigma_{con} - \sigma_{l\,\mathrm{I}})A_p + (\sigma'_{con} - \sigma'_{l\,\mathrm{I}})A'_p \tag{9.43}$$

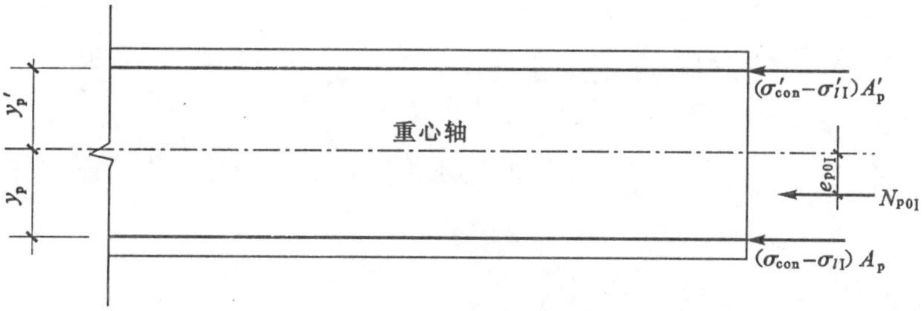

图 9.21 预应力钢筋的合力 $N_{p0\,\mathrm{I}}$ 位置图

预应力钢筋的合力 $N_{p\,\mathrm{I}}$ 对换算截面形心偏心距为

$$e_{p0\,\mathrm{I}} = \frac{(\sigma_{con} - \sigma_{l\,\mathrm{I}})A_p y_p - (\sigma'_{con} - \sigma'_{l\,\mathrm{I}})A'_p y'_p}{N_{p0\,\mathrm{I}}} \tag{9.44}$$

放张后，截面上混凝土的预压应力为

$$\sigma_{pc\,\mathrm{I}} = \frac{N_{p0\,\mathrm{I}}}{A_0} + \frac{N_{p0\,\mathrm{I}} \cdot e_{p0\,\mathrm{I}}}{I_0} y_0 \tag{9.45a}$$

$$\sigma'_{pc\,\mathrm{I}} = \frac{N_{p0\,\mathrm{I}}}{A_0} - \frac{N_{p0\,\mathrm{I}} \cdot e_{p0\,\mathrm{I}}}{I_0} y'_0 \tag{9.45b}$$

放张后，预应力钢筋的应力为

$$\sigma_{p\,\mathrm{I}} = \sigma_{con} - \sigma_{l\,\mathrm{I}} - \alpha_E \sigma_{pc\,\mathrm{I}} \tag{9.46a}$$

$$\sigma'_{p\,\mathrm{I}} = \sigma'_{con} - \sigma'_{l\,\mathrm{I}} - \alpha_E \sigma'_{pc\,\mathrm{I}} \tag{9.46b}$$

产生第二批预应力损失后，上述公式中 $\sigma_{l\,\mathrm{I}}$ 换成 σ_l，考虑非预应力钢筋因承受混凝土收缩和徐变产生的压应力的影响(图 9.22)。

$$N_{p0\,\mathrm{II}} = (\sigma_{con} - \sigma_l)A_p + (\sigma'_{con} - \sigma'_l)A'_p - \sigma_{l5}A_s - \sigma'_{l5}A'_s \tag{9.47}$$

$$e_{p0\,\mathrm{II}} = \frac{(\sigma_{con} - \sigma_l)A_p y_p - (\sigma'_{con} - \sigma'_l)A'_p y'_p - \sigma_{l5} A_s y_s + \sigma'_{l5} A'_s y'_s}{N_{p0\,\mathrm{II}}} \tag{9.48}$$

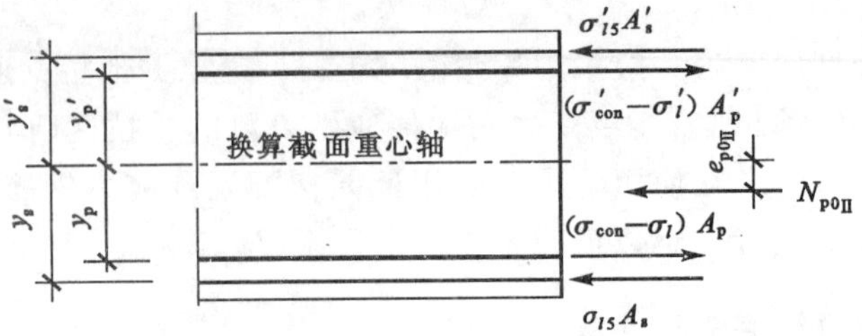

图 9.22　预应力钢筋的合力 $N_{p0\,\mathrm{II}}$ 位置图(先张法)

截面上混凝土的应力为

$$\sigma_{pc\,\mathrm{II}} = \frac{N_{p0\,\mathrm{II}}}{A_0} + \frac{N_{p0\,\mathrm{II}} \cdot e_{p0\,\mathrm{II}}}{I_0} y_0 \tag{9.49a}$$

$$\sigma'_{pc\,\mathrm{II}} = \frac{N_{p0\,\mathrm{II}}}{A_0} - \frac{N_{p0\,\mathrm{II}} \cdot e_{p0\,\mathrm{II}}}{I_0} y'_0 \tag{9.49b}$$

预应力钢筋和非预应力钢筋的应力为

$$\sigma_p = \sigma_{con} - \sigma_l - \alpha_E \sigma_{pc\,\mathrm{II}} \tag{9.50a}$$

$$\sigma'_p = \sigma'_{con} - \sigma'_l - \alpha_E \sigma'_{pc\,\mathrm{II}} \tag{9.50b}$$

$$\sigma_s = \alpha_E \sigma_{pc\,\mathrm{II}} + \sigma_{l5} \tag{9.51a}$$

$$\sigma'_s = \alpha_E \sigma_{pc\,\mathrm{II}} + \sigma'_{l5} \tag{9.51b}$$

② 后张法构件

后张法构件中，张拉钢筋的同时，混凝土就开始受压。完成第一批预应力损失后，预应力钢筋的合力为

$$N_{p\,\mathrm{I}} = (\sigma_{con} - \sigma_{l\,\mathrm{I}})A_p + (\sigma'_{con} - \sigma'_{l\,\mathrm{I}})A'_p \tag{9.52}$$

合力对换算截面 A_p 形心的偏心距

$$e_{pn\,\mathrm{I}} = \frac{(\sigma_{con} - \sigma_{l\,\mathrm{I}})A_p y_{pn} - (\sigma'_{con} - \sigma'_{l\,\mathrm{I}})A'_p y'_{pn}}{N_{p\,\mathrm{I}}} \tag{9.53}$$

截面上混凝土的应力为

$$\sigma_{pc\,\mathrm{I}} = \frac{N_{p\,\mathrm{I}}}{A_n} + \frac{N_{p\,\mathrm{I}} \cdot e_{pn\,\mathrm{I}}}{I_n} y_n \tag{9.54a}$$

$$\sigma'_{pc\,\mathrm{I}} = \frac{N_{p\,\mathrm{I}}}{A_n} - \frac{N_{p\,\mathrm{I}} \cdot e_{pn\,\mathrm{I}}}{I_n} y'_n \tag{9.54b}$$

式中　A_n——扣除孔道面积的换算面积，mm^2；

I_n——上述面积对形心轴的惯性矩，mm^4。

完成第二批预应力损失后，钢筋的合力为(图 9.23)

$$N_{p\,\mathrm{II}} = (\sigma_{con} - \sigma_l)A_p + (\sigma'_{con} - \sigma'_l)A'_p - \sigma_{l5} A_s - \sigma'_{l5} A'_s \tag{9.55}$$

合力对换算截面的偏心距为

$$e_{pn\,\mathrm{II}} = \frac{(\sigma_{con} - \sigma_l)A_p y_{pn} + (\sigma'_{con} - \sigma'_l)A'_p y'_{pn} - \sigma_{l5} A_s y_{sn} + \sigma'_{l5} A'_s y'_{sn}}{N_{p\,\mathrm{II}}} \tag{9.56}$$

混凝土截面上的应力为

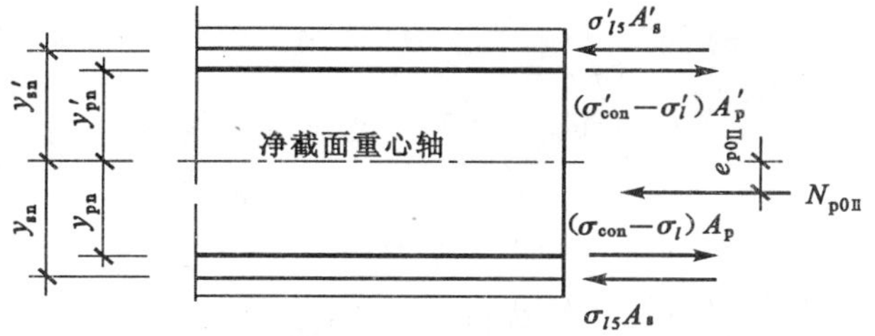

图 9.23 预应力钢筋的合力 $N_{p0Ⅱ}$ 位置图(后张法)

$$\sigma_{pcⅡ}=\frac{N_{pⅡ}}{A_n}+\frac{N_{pⅡ}e_{pnⅡ}}{I_n}y_n \tag{9.57a}$$

$$\sigma'_{pcⅡ}=\frac{N_{pⅡ}}{A_n}-\frac{N_{pⅡ}e_{pnⅡ}}{I_n}y'_n \tag{9.57b}$$

预应力钢筋与非预应力钢筋的应力为

$$\sigma_p=\sigma_{con}-\sigma_l \tag{9.58a}$$

$$\sigma'_p=\sigma'_{con}-\sigma'_l \tag{9.58b}$$

$$\sigma_s=\alpha_E\sigma_{pcⅡ}+\sigma_{l5} \tag{9.59a}$$

$$\sigma'_s=\alpha_E\sigma'_{pcⅡ}+\sigma'_{l5} \tag{9.59b}$$

(2) 使用阶段(图 9.24)

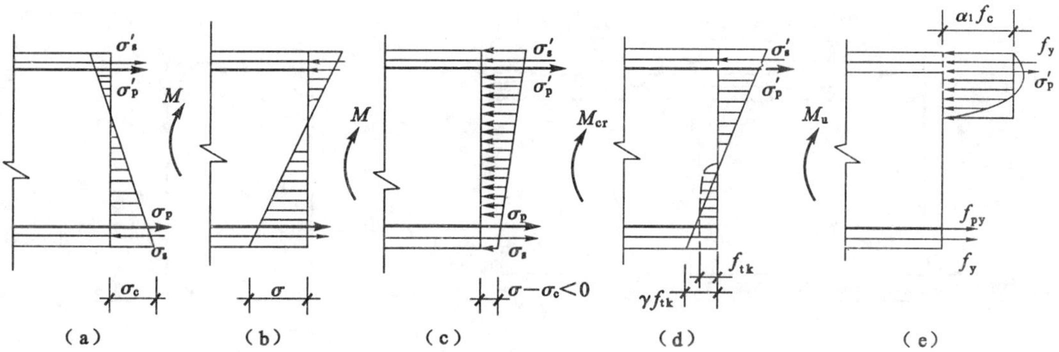

图 9.24 使用阶段应力状态

(a) $M=0$ 时截面预应力;(b) M 产生的截面应力增量;(c) M 作用截面应力;

(d) 裂缝即将出现时截面应力;(e) 构件破坏时截面应力

① 消压弯矩 M_0

施加使用荷载后,混凝土在开裂以前,无论先张法或后张法,预应力钢筋和非预应力钢筋都与混凝土共同变形。设换算面积的惯性矩为 I_0,当荷载弯矩 M 引起的混凝土下缘的应力 $\sigma_c=\frac{M}{W_0}$ 达到 $\sigma_{pcⅡ}$ 时,下缘总应力为零。此时的弯矩即是消压弯矩

$$\sigma_c=\frac{M}{I_0}y_{max}=\frac{M}{W_0}$$

当 $\sigma_c-\sigma_{pcⅡ}=0$ 时

$$M_0=\sigma_{pcⅡ}\cdot W_0 \tag{9.60}$$

② 开裂弯矩 M_{cr}

当构件下缘总应力 $\sigma_c - \sigma_{pcⅡ}$ 到达 f_{tk} 时，下缘即将出现裂缝，故开裂弯矩 M_{cr} 为

$$\frac{M_{cr}}{W_0} - \sigma_{pcⅡ} = \gamma f_{tk}$$

$$M_{cr} = (\gamma f_{tk} + \sigma_{pcⅡ})W_0 \tag{9.61}$$

式中 γ——混凝土构件的截面抵抗矩塑性影响系数。

由此可见，预应力受弯构件开裂弯矩提高了 $W_0\sigma_{pcⅡ}$。

③ 破坏荷载

预应力混凝土受弯构件极限弯矩的计算与普通受弯构件基本相同，将在下节予以讨论。

9.5.2 预应力混凝土受弯构件计算

预应力混凝土受弯构件的计算包括使用阶段正截面、斜截面承载力计算，抗裂、变形验算，施工阶段的强度验算。

(1) 正截面承载力计算

矩形截面正截面上极限应力(见图 9.25)承载力公式

$$M \leqslant \alpha_1 f_c bx\left(h_0 - \frac{x}{2}\right) + f'_y A'_s(h_0 - a'_s) - \sigma'_p(h_0 - a'_p)A'_p \tag{9.62}$$

$$\alpha_1 f_c bx = f_y A_s - f'_y A'_s + f_{py}A_p + \sigma'_p A'_p \tag{9.63}$$

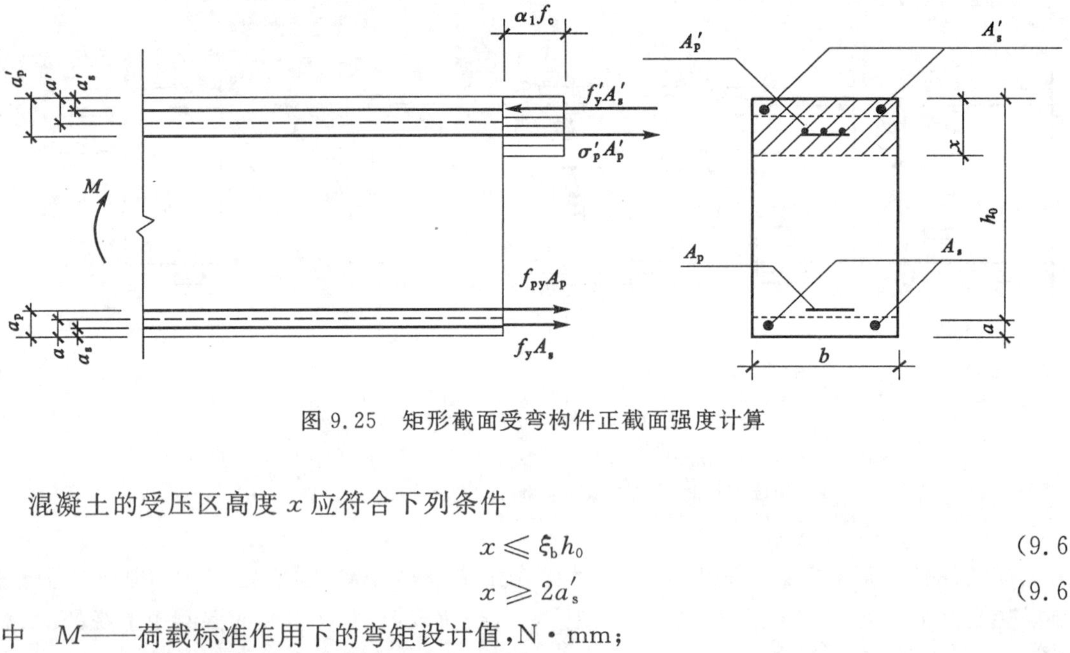

图 9.25 矩形截面受弯构件正截面强度计算

混凝土的受压区高度 x 应符合下列条件

$$x \leqslant \xi_b h_0 \tag{9.64}$$

$$x \geqslant 2a'_s \tag{9.65}$$

式中 M——荷载标准作用下的弯矩设计值，N·mm；

σ'_p——受压区预应力钢筋的应力，N/mm²，

$$\sigma'_p = \sigma'_{p0} - f'_{py}$$

σ'_{p0}——受压区预应力筋 A'_p 合力点处，当混凝土法向应力为零时的预应力筋的应力，N/mm²，

$$\sigma'_{p0} = \sigma'_{con} - \sigma'_l$$

a'_s——受压钢筋合力点至受压区边缘的距离，mm；

ξ_b——相对受压区高度界限值，

$$\xi_b = \frac{x_b}{h_0} = \frac{\beta_1}{1 + \dfrac{f_s - \sigma_{p0}}{E_s \varepsilon_{cu}}}（有屈服点钢筋）$$

$$\xi_b = \frac{x_b}{h_0} = \frac{\beta_1}{1 + \dfrac{0.002}{\varepsilon_{cu}} + \dfrac{f_s - \sigma_{p0}}{E_s \varepsilon_{cu}}}（无屈服点钢筋）$$

β_1——C50 以下混凝土 $\beta_1 = 0.8$，C80 混凝土 $\beta_1 = 0.74$，其间采用线性插值确定；

ε_{cu}——$\varepsilon_{cu} = 0.0033 - (f_{cu,k} - 50) \times 10^{-5}$；

σ_{p0}——拉区预应力筋处混凝土法向应力为零时，预应力筋的拉应力，N/mm^2。

$$\sigma_{p0} = \sigma_{con} - \sigma_l（先张法）$$

$$\sigma_{p0} = \sigma_{con} - \sigma_l + \alpha_E \sigma_{pc\mathrm{II}}（后张法）$$

T 形截面预应力受弯构件，按中和轴位置分为Ⅰ类和Ⅱ类问题(图 9.26)，当符合下列条件时

$$f_y A_s + f_{py} A_p \leqslant \alpha_1 f_c b'_f h'_f + A'_s f'_y - \sigma'_p A'_p \tag{9.66}$$

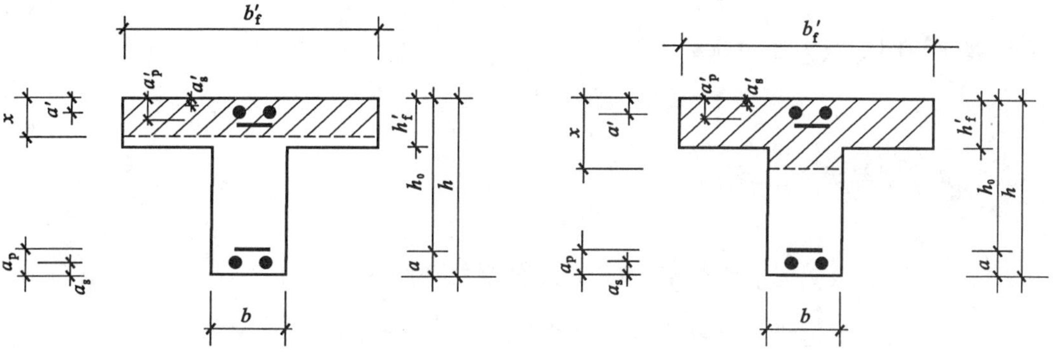

(a)　　　　(b)

图 9.26　T 形截面受弯构件受压区高度位置图

(a) $x \leqslant h'_f$；(b) $x > h'_f$

为Ⅰ类 T 形问题，否则为Ⅱ类 T 形问题。

对于Ⅱ类问题

$$M \leqslant \alpha_1 f_c bx\left(h_0 - \frac{x}{2}\right) + \alpha_1 f_c (b'_f - b) h'_f \left(h_0 - \frac{h'_f}{2}\right) + f'_y A'_s (h_0 - a'_s) - \sigma'_p A'_p (h_0 - a'_s) \tag{9.67}$$

$$\alpha_1 f_c [bx + (b'_f - b) h'_f] = f_y A_s - f'_y A'_s + f_{py} A_p + \sigma'_p A_p \tag{9.68}$$

式中各符号意义同前。

(2) 斜截面承载力计算

预应力混凝土受弯构件的斜截面承载力，高于普通钢筋混凝土受弯构件的承载力。其原因是预压应力的存在延缓了斜裂缝的出现和发展，增加了混凝土剪压区的高度和骨料咬合作用，使斜截面的抗剪强度得以提高。

对于矩形、T 形和 I 形截面受弯构件，当仅配箍筋时，其斜截面受剪承载力按下式计算

$$V \leqslant V_{cs} + V_p \tag{9.69}$$

$$V_{cs} = 0.7 f_t b h_0 + 1.25 f_{yv} \frac{A_{sv}}{s} h_0$$

$$V_p = 0.05 N_{p0}$$

式中 V——斜截面剪力设计值，N；

V_{cs}——混凝土和箍筋的抗剪承载力，N；

V_p——预应力所提高的构件抗剪承载力，N；

N_{p0}——计算截面上混凝土法向应力为零时预应力筋的合力，N，当 $N_{p0} > 0.3 f_c A_0$ 时，取 $N_{p0} = 0.3 f_c A_0$。

若在构件中还配置了弯起钢筋，按下式计算

$$V \leqslant V_{cs} + V_p + 0.8 f_y A_s b \sin\alpha_s + 0.8 f_{py} A_p b \sin\alpha_p \tag{9.70}$$

式中 A_{sb}、A_{pb}——同一截面上弯起的非预应力钢筋、预应力筋的面积，mm^2；

α_s、α_p——相应于上述钢筋的倾斜角。

(3) 正截面抗裂验算

① 裂缝控制等级为一级时

$$\sigma_{ck} - \sigma_{pc} \leqslant 0 \tag{9.71}$$

② 裂缝控制等级为二级时

$$\sigma_{ck} - \sigma_{pc} \leqslant f_{tk} \tag{9.72}$$

$$\sigma_{cq} - \sigma_{pc} \leqslant 0 \tag{9.73}$$

③ 裂缝控制等级为三级时

$$w_{max} \leqslant w_{min} \tag{9.74}$$

式中 σ_{ck}——荷载效应标准组合下，弯矩产生的受拉边缘的正应力，N/mm^2，$\sigma_{ck} = \dfrac{M_k}{W_0}$；

σ_{pc}——构件下边缘的有效预压应力，N/mm^2，$\sigma_{pc} = \sigma_{pc\text{II}}$；

σ_{cq}——荷载效应的准永久组合下，弯矩产生的受拉边缘正应力，N/mm^2，$\sigma_{cq} = \dfrac{M_q}{W_0}$；

w_{max}——按荷载效应标准组合并考虑长期作用影响计算的最大裂缝宽度，mm。

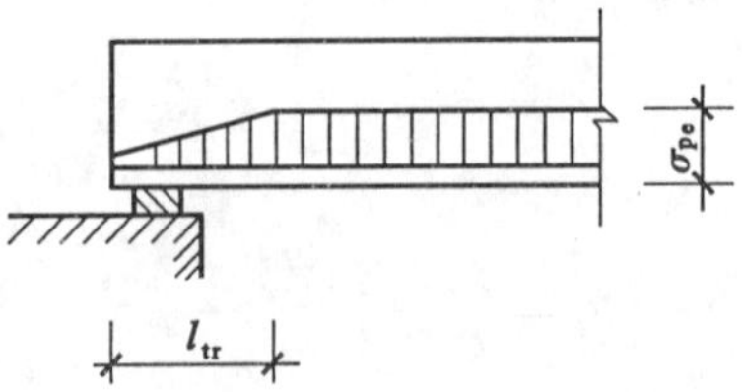

图 9.27 预应力钢筋在预应力传递长度范围内有效预应力值的变化图

(4) 应力钢筋传递长度

在先张法构件中，预应力是通过钢筋与混凝土之间的粘结力来传递的。这种锚固方式称为自锚，自锚区长度称为预应力传递长度 l_{tr}。在传递长度内，预应力钢筋的实际预应力按线性规律增大，在构件端部为零，在传递长度的末端达到有效预应力值 σ_{pe}（图 9.27）。对先张法构件进行斜截面承载力计算以及抗裂验算时，应考虑预应力钢筋在 l_{tr} 范围内应力值的变化。预应力钢筋的预应力传递长度 l_{tr} 按下式取用：

$$l_{tr} = \alpha \frac{\sigma_{pe}}{f'_{tk}} d$$

式中 σ_{pe}——放张时预应力钢筋的有效预应力，N/mm^2；

d——预应力钢筋的公称直径，mm；

α——预应力钢筋的外形系数；

f'_{tk}——与放张时混凝土立方体抗压强度 f'_{cu}相应的轴心抗拉强度标准值，N/mm^2。

(5) 变形验算

预应力混凝土构件的挠度由两部分组成，偏心预压力 N_p 引起的挠度 f_p 和使用荷载引起的挠度 f_k。

① 预应力作用下的反拱挠度 f_p

设预应力筋作用于构件上的偏心压力为 N_p，对于换算截面形心的偏心距 e_p，把构件视为两端作用有弯矩 $N_p e_p$ 的简支梁，则向上的反拱挠度为

$$f_p = \frac{N_p e_p l^2}{8E_c I_0}$$

考虑徐变影响，挠度乘以增大系数 2.0。

$$f_p = 2 \times \frac{N_p e_p l^2}{8 \times E_c I_0} = \frac{N_p e_p l^2}{4E_c I_0} \qquad (9.75)$$

式中 N_p——钢筋完成第二批预应力损失后的合力，N。

② 荷载作用下的挠度 f_k

受弯构件按荷载标准组合并考虑荷载长期作用的影响的刚度 B 的计算公式为

$$B = \frac{M_k}{M_q(\theta - 1) + M_k} B_s \qquad (9.76)$$

荷载标准组合下的短期刚度 B_s 按以下公式计算。

(a) 对于不允许出现裂缝的构件

$$B_s = 0.85 E_c I_0 \qquad (9.77a)$$

(b) 对于允许出现裂缝的构件

$$B_s = \frac{0.85 E_c I_0}{\kappa_{cr} + (1 - \kappa_{cr})\omega} \qquad (9.77b)$$

$$\kappa_{cr} = \frac{m_{cr}}{m_k}$$

荷载作用下挠度 f_k 计算，可利用材料力学的公式，不过要用 B 代替 EI。

③ 挠度验算

受弯构件的总挠度

$$f = f_k - f_p \leqslant [f] \qquad (9.78)$$

式中 $[f]$——构件的允许挠度，mm。

(6) 施工阶段的强度验算

预应力混凝土受弯构件在制作、运输及安装等施工阶段的受力状态与使用阶段是不同的。制作阶段，构件受到偏心压力及自重作用，下缘受压，上缘可能受压或受拉(图 9.28)。

在安装阶段，支点和吊点距梁有一定距离，梁如外伸梁有负弯矩(图 9.28)，它与预压力产生的负弯矩叠加后，总弯矩就更大，当上缘的拉应力超过了混凝土的抗拉强度时，上部将出现裂缝。虽然在使用荷载作用下上部裂缝能闭合，但会对梁的刚度产生不利影响。此外，下边缘混凝土预压应力过大，也将导致出现纵向裂缝。因此须控制施工阶段截面边缘的应力。

施工阶段计算截面边缘的混凝土拉应力 σ_{ct}、压应力 σ_{cc} 可按下列公式计算

$$\sigma_{cc} = \sigma_{pc\,\mathrm{II}} + \frac{M_k}{W_0} \qquad (9.79a)$$

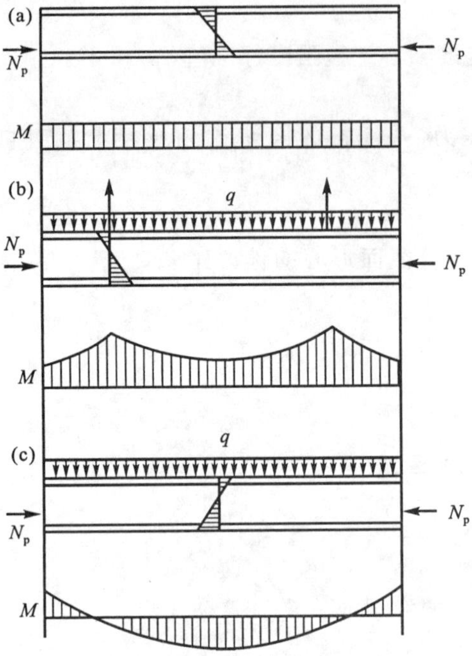

图 9.28　预应力混凝土受弯构件施工阶段强度验算

(a) 制作阶段；(b) 吊装阶段；(c) 使用阶段

$$\sigma_{ct}=\sigma_{pc\text{II}}-\frac{M_k}{W_0} \tag{9.79b}$$

式中　M_k——施工阶段自重及施工荷载标准组合值，N·mm；

W_0——换算截面的弹性抵抗矩，mm^3。

对于施工阶段不允许出现裂缝的构件，应满足下列条件

$$\sigma_{ct}\leqslant f_{tk}' \tag{9.80}$$

$$\sigma_{cc}\leqslant 0.8f_{ck}' \tag{9.81}$$

式中　f_{tk}'、f_{ck}'——各施工阶段与混凝土立方体抗压强度 f_{cu}' 相应的抗拉强度标准值、抗压强度标准值，N/mm^2。

为了防止混凝土收缩和温度应力引起的预拉区裂缝，要求预拉区纵向配筋率 $(A_s'+A_p')/A\geqslant 0.2\%$，其中 A 为构件截面面积。后张法中计算配筋率时不考虑 A_p'。

施工阶段预拉区允许出现裂缝，而仅配置非预应力筋（即 $A_p'=0$）的构件，需控制预拉区裂缝宽度和高度时，截面边缘的混凝土的法向应力应符合下列条件

$$\sigma_{ct}\leqslant 2f_{tk}' \tag{9.82}$$

$$\sigma_{cc}\leqslant 0.8f_{ck}' \tag{9.83}$$

预拉区非预应力钢筋的直径，不宜大于 14 mm，并应沿构件预拉区的外缘均匀配置。

【例 9.2】　已知某圆孔板，跨度为 3600 mm，板的实际长度为 3580 mm，板宽 1200 mm。生产工艺采用先张法，一次张拉，钢模模外张拉并采用镦粗锚头。混凝土达到强度设计值时切断预应力筋。楼面做法为 30 mm 厚水泥砂浆抹面，楼面活荷载标准值为 2.0 kN/m^2，试设计此板。

【解】

(1) 选择材料

混凝土：采用 C30（$f_c=14.3\ N/mm^2$，$f_t=1.43\ N/mm^2$，$f_{tk}=2.01\ N/mm^2$，$f_{ck}'=20.1\ N/mm^2$，$E_c=3.0\times10^4\ N/mm^2$）。

预应力钢筋：采用螺旋肋钢丝Φ H4（$f_{py}=1110\ N/mm^2$，$f_{ptk}=1570\ N/mm^2$，$E_s=2.05\times10^5\ N/mm^2$）。

(2) 确定截面形式和各部尺寸

截面高度 h 取 130 mm，采用 10 个圆孔，板的截面形式及各部尺寸如图 9.29(a)所示。计算时须将圆孔折算成等效的矩形孔。折算时应满足下面三个条件：

① 矩形孔的形心与圆形孔的形心重合；

② 矩形孔的面积与圆形孔的面积相等，

$$b_1h_1=\frac{1}{4}\pi d^2 \tag{a}$$

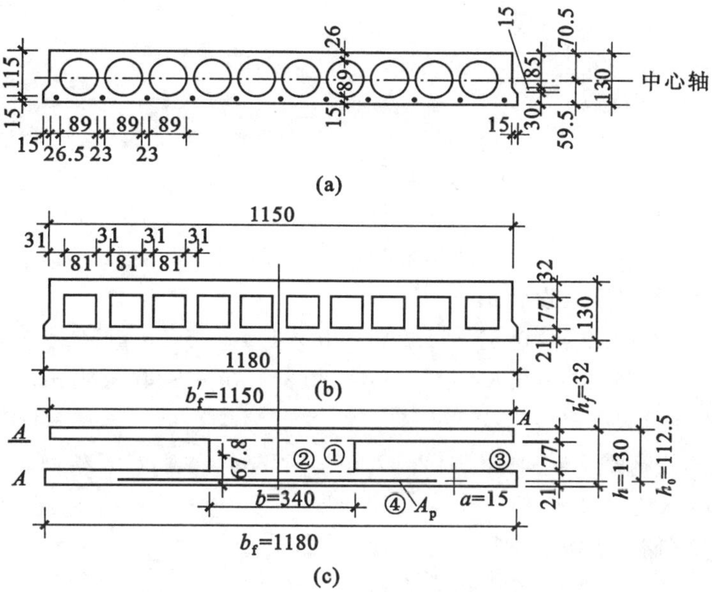

图 9.29　例 9.2 附图

③ 矩形惯性矩与圆形惯性矩相等，

$$\frac{b_1 h_1^3}{12} = \frac{\pi d^3}{64} \tag{b}$$

式中　b_1、h_1——分别为矩形孔的宽度和高度，mm；

　　d——圆孔直径，mm。

解式(a)和(b)两个方程，得

$$b_1 = \frac{\sqrt{3}}{6}\pi d$$

$$h_1 = \frac{\sqrt{3}}{2} d \tag{c}$$

在本例中 $d=89$ mm，所以 $b_1=\frac{\sqrt{3}}{6}\times 3.14\times 89=81$ mm，$h_1=\frac{\sqrt{3}}{2}\times 89=77$ mm。

折算成矩形孔的截面如图 9.29(b)所示。再将矩形孔截面折算成 I 形截面如图 9.29(c)，这样，预应力圆孔板就可以按 I 形截面计算了。

这时，$b_f'=1150$ mm，$b_f=1180$ mm，$b=340$ mm(计算抗弯时)，$b=260$ mm(计算抗剪时)，$h=130$ mm，$h_0=130-15-2.5=112.5$ mm，$h_f'=32$ mm。

(3) 确定荷载设计值

① 板的自重

板的截面面积为

$$0.13\times 1.16-10\times\frac{\pi}{4}\times 0.089^2=0.0885\ \text{m}^2$$

每块板自重

$$0.0885\times(3.6-0.02)\times 25=7.92\ \text{kN}$$

板缝(按 40 mm 计)混凝土重

$$0.04\times0.13\times(3.6-0.02)\times24=0.447\ \text{kN}$$

折合成每 m^2 板自重

$$\frac{7.92+0.447}{3.58\times1.20}=1.95\ \text{kN/m}^2$$

30 mm 厚水泥砂浆

$$0.03\times20=0.6\ \text{kN/m}^2$$

② 作用在板面上的荷载设计值

$$(1.95+0.6)\times1.2+2.0\times1.4=5.86\ \text{kN/m}^2$$

$$(1.95+0.6)\times1.35+2.0\times1.0=5.44\ \text{kN/m}^2$$

所以,取较大值 5.86 kN/m^2。

作用在板上的线荷载 $q=5.86\times1.2=7.032\ \text{kN/m}^2$。

(4) 使用阶段承载力计算

板的支撑长度(墙厚 240 mm)

$$a=\frac{3580-(3600-240)}{2}=110\ \text{mm}$$

板的计算长度

$$l_0=l_n+a=(3600-240)+110=3470\ \text{mm}<1.05l_n=3528\ \text{mm}$$

所以,取 $l_0=3470\ \text{mm}=3.47\ \text{m}$。

① 正截面承载力计算

$$M=\frac{1}{8}ql_0^2=\frac{1}{8}\times7.032\times3.47^2=10.58\ \text{kN}\cdot\text{m}=10.58\times10^6\ \text{N}\cdot\text{mm}$$

判断 T 形截面类型

$$\alpha_1f_cb_f'h_f'\left(h_0-\frac{h_f'}{2}\right)=1\times14.3\times1150\times32\times\left(112.5-\frac{32}{2}\right)$$
$$=50.78\times10^6\ \text{N}\cdot\text{mm}>10.58\times10^6\ \text{N}\cdot\text{mm}$$

所以,属于第一类 T 形截面。

求受拉预应力钢筋面积。

$$\alpha_s=\frac{M}{\alpha_1f_cb_f'h_0^2}=\frac{10.58\times10^6}{1\times14.3\times1150\times112.5^2}=0.051$$

由表 3.4 查得,当 $\alpha_s=0.051$ 时,$\gamma_s=0.974$,于是

$$A_p=\frac{M}{f_{py}\gamma_sh_0}=\frac{10.58\times10^6}{1110\times0.974\times112.5}=86.99\ \text{mm}^2$$

选用 11 Φ H4 ($A_p=138.27\ \text{mm}^2$),配筋参见图 9.29。

② 斜截面强度计算

$$V=\frac{1}{2}ql_n=\frac{1}{2}\times7.032\times3.360=11.81\ \text{kN}$$

$$0.7f_tbh_0=0.7\times1.43\times260\times112.5=29279.25\ \text{N}$$
$$=29.28\ \text{kN}>V=11.81\ \text{kN}$$

因此,圆孔板不必进行斜截面承载力计算。

(5) 使用阶段抗裂验算

① 求折算截面的惯性矩和形心位置

$$\alpha_E = \frac{E_s}{E_c} = \frac{2.05 \times 10^5}{3 \times 10^4} = 6.83$$

换算截面面积由①、②、③、④四部分组成(图 9.29),求形心时采用材料力学中组合截面形心计算公式,即

$$y_c = \frac{\sum A_i y_i}{\sum A_i}$$

计算过程见表 9.7。

表 9.7 折算截面的形心位置和面积矩的计算过程

编号	面积 A_i(mm²)	每部分面积形心至底边的距离 y_i(mm)	面积矩 $A_i y_i$(mm³)
①	1150×32=36800	114	420×10^4
②	77×340=26180	59.5	156×10^4
③	1180×21=24780(受拉翼缘)	10.5	26×10^4
④	$(\alpha_E-1)A_p=5.83\times255=1486.65$	17.5	2.6×10^4
	$\sum A_i = 89246.65$		$\sum A_i y_i = 604.6\times10^4$

因此,可得截面形心至底边的距离为

$$y_c = \frac{\sum A_i y_i}{\sum A_i} = \frac{604.6 \times 10^4}{89246.65} = 67.75 \text{ mm}$$

利用平行移轴公式计算每部分面积时形心轴的惯性矩,最后把它们叠加起来即得组合截面惯性矩,计算过程见表 9.8。

表 9.8 折算截面的形心位置和惯性矩的计算过程

编号	面积 A_i(mm²)	每部分面积形心与折算面积形心轴的距离 y_{0i}(mm)	$A_i y_{0i}^2$(mm⁴)	每部分面积对自身形心轴的惯性矩 I_i(mm⁴)
①	36800	46.2	7855×10^4	$\frac{1}{12}\times1150\times32^3=314\times10^4$
②	26180	8.3	180×10^4	$\frac{1}{12}\times340\times77^3=1294\times10^4$
③	24780	57.3	8136×10^4	$\frac{1}{12}\times1180\times21^3=91\times10^4$
	1486.65	50.3	376×10^4	
	$A_0=\sum A_i = 89246.65$		$\sum A_i y_{0i}^2 = 16547\times10^4$	$\sum I_i = 1699\times10^4$

于是,换算截面惯性矩

$$I_0 = \sum I_i + \sum A_i y_{0i}^2 = (1699 + 16547) \times 10^4 = 18246 \times 10^4 \text{ mm}^4$$

② 控制应力 σ_{con}

$$\sigma_{con} = 0.75 f_{ptk} = 0.75 \times 1570 = 1177.5 \text{ N/mm}^2$$

③ 求预应力损失 σ_l

(a) 锚具变形损失 σ_{l1}

由钢丝束镦头锚具查表 9.2 得 $a=1$ mm，于是

$$\sigma_{l1}=\frac{a}{l}E_s=\frac{1}{3830}\times 2.05\times 10^5=53.52\ \text{N/mm}^2$$

其中 $l=3830$ mm 为钢丝张拉端至锚固端的间距。

(b) 钢筋松弛损失 σ_{l4}

$$\sigma_{l4}=0.2\left(\frac{\sigma_{con}}{f_{ptk}}-0.575\right)\sigma_{con}=0.2\times\left(\frac{1177.5}{1570}-0.575\right)\times 1177.5=41.21\ \text{N/mm}^2$$

所以第一批应力损失为

$$\sigma_{l\,\mathrm{I}}=\sigma_{l1}+\sigma_{l4}=53.52+41.21=94.73\ \text{N/mm}^2$$

(c) 混凝土收缩徐变损失 σ_{l5}

首先计算完成第一批应力损失后，预应力钢筋合力作用点处混凝土法向应力 $\sigma_{pc\,\mathrm{I}}$

$$\sigma_{pc\,\mathrm{I}}=\frac{(\sigma_{con}-\sigma_{l\,\mathrm{I}})A_p}{A_0}+\frac{(\sigma_{con}-\sigma_{l\,\mathrm{I}})A_p e_0^2}{I_0}$$

$$=\frac{(1177.5-94.73)\times 138.3}{89246.65}+\frac{(1177.5-94.73)\times 138.3\times(67.75-17.5)^2}{18246\times 10^4}$$

$$=3.75\ \text{N/mm}^2<0.5f'_{cu}=0.5\times 30=15\ \text{N/mm}^2$$

受拉区预应力钢筋的配筋率 ρ

$$\rho=\frac{A_p}{A_0}=\frac{138.3}{89246.65}=0.00155$$

由于混凝土收缩和徐变引起的预应力损失 σ_{l5}

$$\sigma_{l5}=\frac{45+280\times\dfrac{\sigma_{pc\mathrm{I}}}{f'_{cu}}}{1+15\rho}=\frac{45+280\times\dfrac{3.75}{30}}{1+15\times 0.00155}=78.29\ \text{N/mm}^2$$

所以，第二批应力损失为

$$\sigma_{l\,\mathrm{II}}=\sigma_{l5}=78.29\ \text{N/mm}^2$$

总损失为

$$\sigma_l=\sigma_{l\,\mathrm{I}}+\sigma_{l\,\mathrm{II}}=94.73+78.29=173.02\ \text{N/mm}^2>100\ \text{N/mm}^2$$

④ 抗裂验算

(a) 正截面抗裂验算

完成全部损失后，跨中截面下边缘混凝土最大预压应力

$$\sigma_{pc\,\mathrm{II}}=\frac{(\sigma_{con}-\sigma_l)A_p}{A_0}+\frac{(\sigma_{con}-\sigma_l)A_p e_0 y_0}{I_0}$$

$$=\frac{(1177.5-173.02)\times 138.3}{89246.65}+\frac{(1177.5-173.02)\times 138.5\times(67.75-17.5)\times 67.75}{18246\times 10^4}$$

$$=4.15\ \text{N/mm}^2$$

在荷载效应标准组合和准永久组合作用下，板跨中最大弯矩值 M_k 和 M_q：

永久荷载标准值

$$g_k=1.95\times 1.20+0.6\times 1.2=3.06\ \text{kN/m}$$

可变荷载标准值

$$q_k = 2.0 \times 1.20 = 2.4\ \text{kN/m}$$

$$M_k = \frac{1}{8}(g_k + q_k)l_0^2 = \frac{1}{8} \times (3.06 + 2.4) \times 3.47^2 = 8.22\ \text{kN} \cdot \text{m}$$

$$M_q = \frac{1}{8}(g_k + 0.4q_k)l_0^2 = \frac{1}{8} \times (3.06 + 0.4 \times 2.4) \times 3.47^2 = 6.05\ \text{kN} \cdot \text{m}$$

在 M_k 和 M_q 作用下，截面下边缘处混凝土拉应力分别为

$$\sigma_{ck} = \frac{M_k}{I_0} y_0 = \frac{8.22 \times 10^6}{18246 \times 10^4} \times 67.75 = 3.05\ \text{N/mm}^2$$

$$\sigma_{cq} = \frac{M_q}{I_0} y_0 = \frac{6.05 \times 10^6}{18246 \times 10^4} \times 67.75 = 2.25\ \text{N/mm}^2$$

在荷载效应标准组合作用下

$$\sigma_{ck} - \sigma_{pc\,\mathrm{I}} = 3.05 - 3.75 = -0.7\ \text{N/mm}^2 < 0$$

在荷载效应准永久组合作用下

$$\sigma_{cq} - \sigma_{pc\,\mathrm{I}} = 2.25 - 3.75 = -1.5\ \text{N/mm}^2 < 0$$

所以，在荷载效应标准组合和准永久组合作用下，正截面抗裂性能均满足要求。

(b) 斜截面抗裂验算

在预应力圆孔板中，由于板端主拉应力和主压应力值都很小，一般都能满足要求。在一般情况下，不必对斜截面进行抗裂验算。

(6) 施工阶段验算

① 制作阶段承载力与抗裂验算

构件截面上，下边缘应力为

$$\sigma_{ct} = \frac{(\sigma_{con} - \sigma_{l\,\mathrm{I}})A_p}{A_0} - \frac{(\sigma_{con} - \sigma_{l\,\mathrm{I}})A_p e_0}{I_0} y_0'$$

$$= \frac{(1177.5 - 94.73) \times 138.3}{89246.65} - \frac{(1177.5 - 94.73) \times 138.3 \times (67.75 - 17.5)}{18246 \times 10^4} \times 62.6$$

$$= -0.717\ \text{N/mm}^2(\text{受拉}) < f_{tk}' = 2.01\ \text{N/mm}^2$$

$$\sigma_{cc} = \frac{(\sigma_{con} - \sigma_{l\,\mathrm{I}})A_p}{A_0} + \frac{(\sigma_{con} - \sigma_{l\,\mathrm{I}})A_p e_0}{I_0} y_0$$

$$= 1.678 + \frac{(1177.5 - 94.73) \times 138.3 \times 50.25}{18246 \times 10^4} \times 67.75$$

$$= 4.273\ \text{N/mm}^2 < 0.8 f_{ck}' = 0.8 \times 20.1 = 16.08\ \text{N/mm}^2$$

说明放松预应力筋后，预应力圆孔板混凝土承载力和抗裂性能满足要求。

② 运输、吊装阶段承载力和裂缝宽度验算

经计算满足要求，计算过程从略。

(7) 使用阶段变形的验算

① 在荷载效应标准组合下，不考虑长期作用的刚度 B。由于构件在使用阶段不允许出现裂缝，故应按式(9.77a)计算

$$B_s = 0.85 E_c I_0 = 0.85 \times 3.0 \times 10^4 \times 18246 \times 10^4 = 4.65 \times 10^{12}\ \text{N} \cdot \text{mm}^2$$

② 考虑部分荷载长期作用的刚度 B

按式(9.76)计算

$$B=\frac{M_k}{M_q(\theta-1)+M_k}B_s=\frac{8.22\times10^6}{6.05\times10^6\times(2-1)+8.22\times10^6}\times4.65\times10^{12}$$
$$=2.68\times10^{12}\ \text{N}\cdot\text{mm}^2$$

③ 考虑部分荷载长期作用下的挠度

$$f_k=\frac{5}{384}\times\frac{(g_k+q_k)l_0^4}{B}=\frac{5}{384}\times\frac{(3.06+2.4)\times3470^4}{2.68\times10^{12}}=3.85\ \text{mm}$$

④ 使用阶段的反拱值

按式(9.75)计算

$$f_p=\frac{(\sigma_{con}-\sigma_l)A_p e_0 l_0^2}{4E_c I_0}=\frac{(1177.5-173)\times138.3\times(67.75-17.5)\times3470^2}{4\times3\times10^4\times18246\times10^4}$$
$$=3.84\ \text{mm}$$

⑤ 构件最后挠度

$$f=f_k-f_p=3.85-3.84=0.01\ \text{mm}$$

所以

$$\frac{f}{l_0}=\frac{0.01}{3470}=\frac{1}{347000}<\left[\frac{f}{l_0}\right]=\frac{1}{200}$$

即满足变形条件要求。

9.6 预应力混凝土构件的构造要求

预应力混凝土结构构件的构造要求，除应满足普通钢筋混凝土结构的有关规定外，尚应根据预应力张拉工艺、锚固措施、预应力钢筋种类的不同，采用相应的构造措施。

(1) 一般规定

① 截面形式和尺寸

设计结构构件应选择几何特性良好、惯性矩较大的截面形式，对预应力轴心受拉构件，通常采用正方形或矩形截面；对预应力受弯构件，可采用T形、I形、箱形等截面。

由于预应力构件的抗裂度和刚度较大，其截面尺寸可比普通钢筋混凝土构件小些。对预应力受弯构件，其截面高度 $h=\left(\frac{1}{20}\sim\frac{1}{14}\right)l$，最小可为 $\frac{l}{35}$（l 为跨度），大致可取普通钢筋混凝土构件高度的0.7～0.8倍。

② 预应力纵向钢筋的布置

预应力纵向钢筋可分为直线布置和曲线布置（折线布置）两种形式（图9.30）。

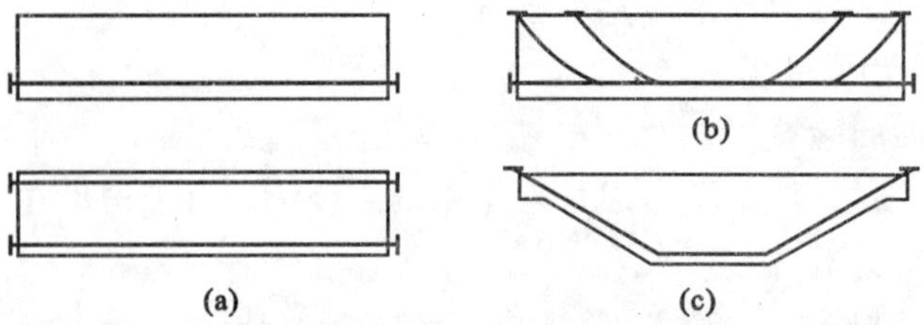

图9.30 预应力钢筋的布置

(a) 直线形；(b) 曲线形；(c) 折线形

直线布置适用于跨度和荷载均不大的情况，如预应力混凝土板。曲线布置适用于跨度和荷载较大时，施工时一般采用后张法，如预应力混凝土屋面梁、吊车梁等构件。为了防止由于施加预应力而产生预拉区的裂缝和减少支座附近区域的主拉应力，以及防止施加预应力时，在构件端部产生沿截面中部的纵向水平裂缝，在靠近支座部分，可将一部分预应力钢筋弯起，且预应力钢筋尽可能沿构件端部均匀布置。折线布置可用于有倾斜受拉边的梁，施工时一般采用先张法。

③ 非预应力纵向钢筋的布置

预应力构件中，为了防止施工阶段因混凝土收缩和温差引起预拉区裂缝，防止构件在制作、堆放、运输、吊装时出现裂缝或防止裂缝宽度超过限值，可在构件预拉区设置一定数量的非预应力钢筋(图 9.31)。

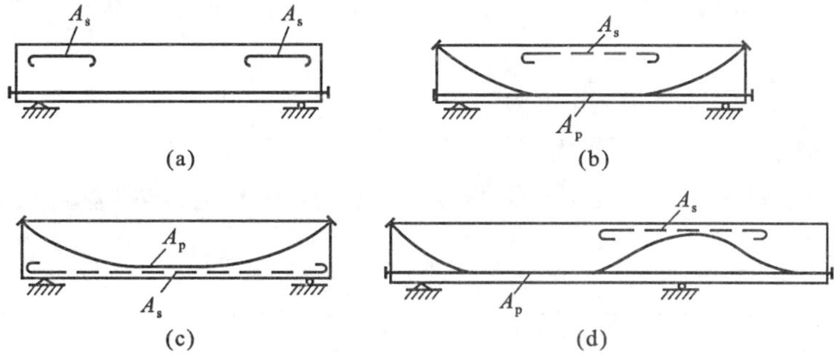

图 9.31　非预应力钢筋的布置

(a) 直线形；(b)、(c) 曲线形；(d) 折线形

在图 9.31 中，(a)、(b)表示在吊点附近及跨中的预拉区设置的非预应力钢筋。(b)中的非预应力钢筋还可以提高梁在使用阶段跨中截面受压能力。(c)表示跨中截面的下部受拉区同时配置预应力钢筋及非预应力钢筋。(d)表示外伸梁支座截面上部受拉区同时配置预应力钢筋及非预应力钢筋。

为了充分发挥非预应力钢筋的作用，非预应力钢筋的强度等级宜低于预应力钢筋。

在预应力钢筋弯折处，应加密箍筋或沿弯处内侧布置非预应力钢筋网片，以加强在钢筋弯折区段的混凝土。

④ 预拉区纵向钢筋的配筋率及直径

(a) 施工阶段预拉区不允许出现裂缝的构件，预拉区纵向钢筋的配筋率$\frac{A'_s+A'_p}{A}\geqslant 0.2\%$，其中 A 为构件截面面积。对于后张法构件，可不计入 A'_p。

(b) 施工阶段预拉区允许出现裂缝，而在预拉区未配置预应力钢筋的构件，当 $\sigma_{ct}=2f'_{tk}$ 时，预拉区纵向钢筋配筋率$\frac{A'_s}{A}$不应小于 0.4%；当 $f'_{tk}<\sigma_{ct}<2f'_{tk}$时，则在 0.2%和 0.4%之间按线性内插法确定。

(c) 预拉区非预应力钢筋的直径，不宜大于 14 mm，并沿构件预拉区外边缘均匀配置。

(2) 先张法构件的构造要求

① 钢筋(丝)间距

预应力钢筋、钢丝的净距应根据浇灌混凝土、施加预应力及钢筋锚固等要求确定。

预应力钢筋净距不应小于其公称直径或等效直径的 1.5 倍，对热处理钢筋及钢丝，不应小于 15 mm；对三股钢绞线，不应小于 20 mm；对七股钢绞丝，不应小于 25 mm。当先张法预应力钢丝按单根方式配筋困难时，可采用相同直径钢丝并筋的配筋形式。并筋的等效直径对双并筋应取为单筋直径的 1.4 倍，对三并筋应取为单筋直径的 1.7 倍。并筋的保护层厚度、锚固长度、预应力传递长度及正常使用极限状态验算均应按等效直径考虑。

② 为了防止切断预应力时在构件端部引起裂缝，要求对预应力筋端部周围的混凝土采取下列局部加强措施：

(a) 单根预应力钢筋(如槽形板肋的配筋)，其中端部宜设置长度不小于 150 mm 且不小于 4 圈的螺旋筋(图 9.32(a))。

当有可靠经验时，亦可利用支垫板插筋代替螺旋筋，此时插筋不少于 4 根，其长度不小于 120 mm(图 9.32(b))。

(b) 分散布置的多根预应力筋，在构件端部 $10d$(d 为预应力筋公称直径)范围内，应放置 3～5 片与预应力钢筋垂直的钢筋网片(图 9.32(c))。

(c) 对用预应力钢丝配置的混凝土薄板，在板端 100 mm 范围内应适量加密横向钢筋(图 9.32(d))。

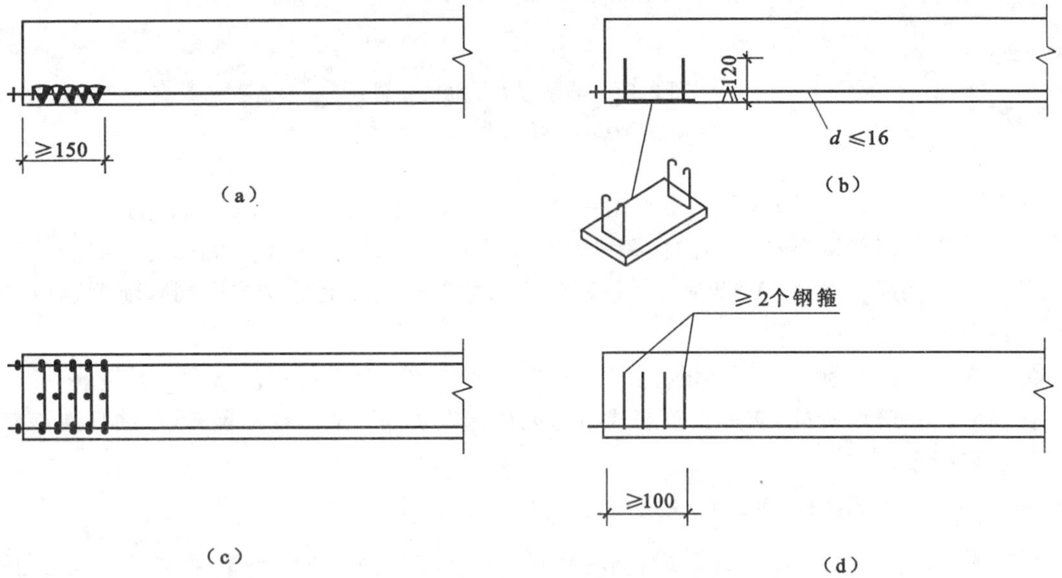

图 9.32　构件端部配筋构造要求

(3) 后张法构件的构造要求

① 预应力钢丝、钢绞线束的预留孔道应符合下列规定

(a) 预留孔道之间的净距不应小于 50 mm；孔道至构件边缘的间距不应小于 30 mm，且不宜小于孔道直径的一半(图 9.33)。

(b) 孔道内径应比预应力钢筋束或钢绞线外径、钢筋对焊接接头处外径或须穿过孔道的连接器外径大 10～15 mm。

(c) 在构件两端及跨中应设置灌浆孔或排气孔，孔距不宜大于 12 m。

(d) 凡制作要预先起拱的构件，预留孔道宜随构件同时起拱。

② 曲线预应力钢筋的曲率半径

后张法应力混凝土构件中，曲线预应力钢丝束、钢绞线束的曲率半径不宜小于 4 m；对折线配筋的构件在预应力钢筋弯折处的曲率半径可适当减小。

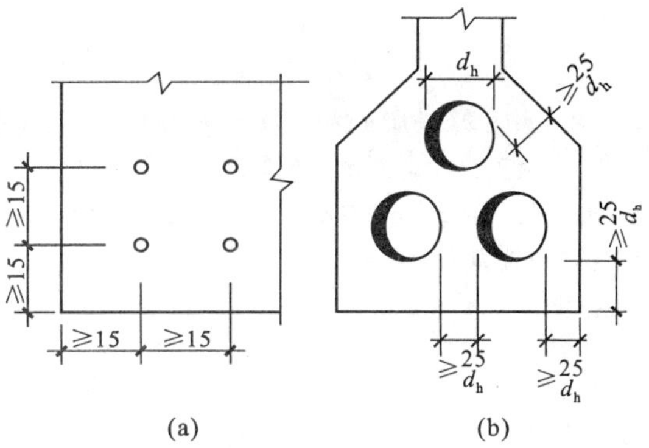

图 9.33　后张法构件的构造要求

③ 端部加强措施

构件端部尺寸应考虑锚具的布置、张拉设备的尺寸和局部受压的要求，在必要时要适当加大。

在预应力钢筋锚具下及张拉设备的支承处应采用预埋钢垫板及附加横向钢筋网片或螺旋式钢筋等局部加强措施(图 9.34)。

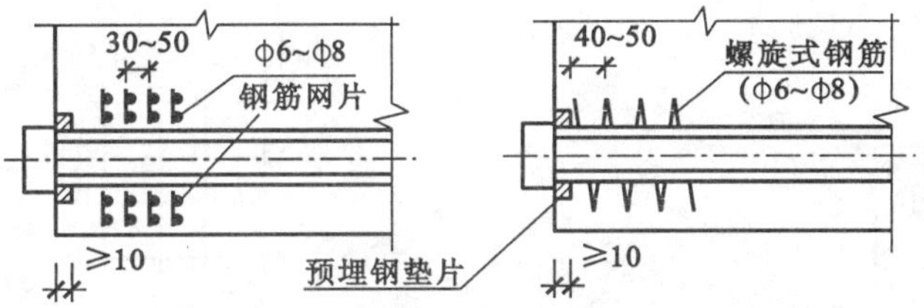

图 9.34　后张法构件端部加强构造图

外露金属锚具应采用涂刷油漆、砂浆封闭等防锈措施。

小　　结

通过本章学习，了解预应力混凝土结构的工作原理及先张法、后张法施工工序，掌握预应力损失的计算方法，掌握预应力混凝土结构构件材料选用原则，并学会对轴心受拉构件和受弯构件的正截面承载力计算、抗裂度计算、施工阶段验算，熟练掌握预应力构件的配筋构造要求。

复习思考题

9.1　简述预应力混凝土的工作原理。

9.2　什么是先张法和后张法？各有什么优缺点？

9.3　预应力混凝土对钢筋、混凝土有何要求？

9.4　什么是张拉控制应力 σ_{con}？怎样确定它的数值？

9.5　什么是预应力损失？它们是如何产生的？采取什么措施可以减少这些损失？

9.6　先张法和后张法预应力构件的第一批损失和第二批损失各有哪些内容？

9.7　预应力混凝土轴心受拉构件须进行哪些计算？

9.8　预应力混凝土受弯构件须进行哪些计算？

9.9　预应力混凝土构件在构造要求方面与普通混凝土构件有哪些不同？

习　题

9.1　图 9.35 所示为某 18 m 跨度预应力混凝土屋架下弦杆，截面尺寸为 250 mm×160 mm，采用后张法，当混凝土强度达到设计值的 100%后张拉预应力钢筋。从一端张拉，采用 JM-12 型锚具，超张拉应力值为 $5\%\sigma_{con}$，孔道为 2 φ 50 橡皮管抽芯成型。下弦杆纵向拉力设计值 $N=600$ kN，在荷载效应标准组合下，下弦杆的轴向拉力 $N_k=560$ kN，在荷载效应准永久组合下，$N_q=520$ kN，裂缝控制等级为二级。试设计屋架下弦。

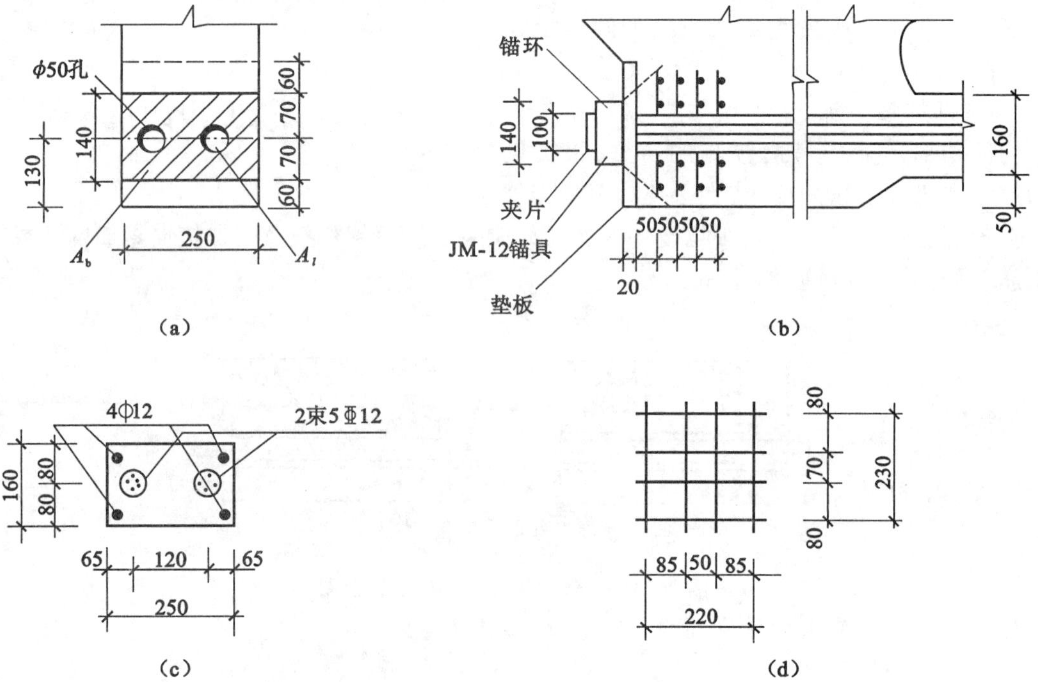

图 9.35　屋架下弦

(a) 承压面积图；(b) 下弦端节点；(c) 下弦截面积；(d) 钢筋网片

9.2　已知某圆孔板(如图 9.36)，跨度为 3300 mm，混凝土强度等级为 C40，预应力钢筋采用冷拔低碳钢丝。采用先张法一次张拉，钢模模外张拉并采用镦粗锚头。混凝土强度达到强度设计值时切断预应力钢筋。永久荷载标准值为 3.0 kN/m²，可变荷载标准值为 2.0 kN/m，试设计该圆孔板。

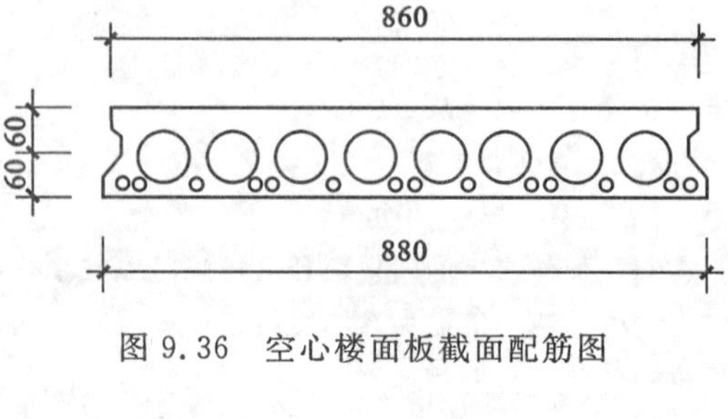

图 9.36　空心楼面板截面配筋图

10 钢筋混凝土梁板结构

本章提要

本章阐述了钢筋混凝土梁板结构的类型及结构布置原则。重点叙述了单向板肋形楼盖的设计方法(包括弹、塑性理论计算)及构造要求,装配式楼盖的设计与构造,楼梯与雨篷的设计计算与构造。另外还介绍了双向板楼盖的设计与构造。

钢筋混凝土梁板结构是土木工程中应用最为广泛的一种结构,例如房屋中的楼(屋)盖(图10.1(a))、地下室底板(筏式基础)(图10.1(b))、桥梁的桥面结构及大型矩形水池的底板和顶板、挡土墙(图10.1(c))等都是梁板结构。钢筋混凝土楼盖是建筑结构的重要组成部分,对于多层框架结构,楼盖用钢量占全部结构用钢量的50%左右;对于混合结构,其用钢量主要在楼盖。因此,楼盖结构造型和布置的合理性以及结构计算和构造的正确性,对建筑物的安全使用和技术经济指标有着非常重要的意义。

钢筋混凝土楼盖按其施工方法可分为现浇整体式、装配式、装配整体式三种形式。

现浇整体式楼盖具有整体性好、抗震性强、防水性好等优点,适用于下列情况:

(1) 楼面荷载较大、平面形状复杂或布置上有特殊要求的建筑物,如多层厂房中需布置重型机械设备或要求开设较复杂孔洞的楼面;

(2) 对于防渗、防漏或抗震要求较高的建筑物;

(3) 在振动荷载作用的楼面;

(4) 高层建筑。

它的缺点是模板用量较多,施工现场工作量较大。随着施工技术的不断革新和多次重复使用式钢模板的发展,现浇整体式梁板结构的应用将会日益增多。

现浇整体式楼盖结构按楼板的受力和支撑条件的不同,又分为单向板肋形楼盖(图10.1(a))、双向板肋形楼盖、无梁楼盖(图10.2)和井式楼盖(图10.3)。无梁楼盖适用于柱网尺寸不超过6m的图书馆、仓库等建筑。井式楼盖可少设或不设内柱,能跨越较大的空间,获得较美观的天花板,适用于方形或接近于方形的公共建筑门厅及中、小型礼堂、餐厅等,但用钢量大且造价高。双向板肋形楼盖多用于公共建筑的高层建筑,单向板肋形楼盖广泛用于多层厂房和公共建筑。

装配式钢筋混凝土楼盖可以是现浇梁和预制板结合而成,也可以是预制梁和预制板结合而成。由于楼板采用了预制构件,便于工业化生产,在多层民用建筑和工业厂房中应用较广。但是这种楼面由于整体性、抗震性、防水性较差,不便于开设孔洞。因此对于高层建筑及有抗震设防要求的建筑以及使用上要求防水和开设孔洞的楼面,均不宜采用。

装配整体式钢筋混凝土楼盖,是将楼板中的部分构件预制,在现场安装后,再通过后浇的

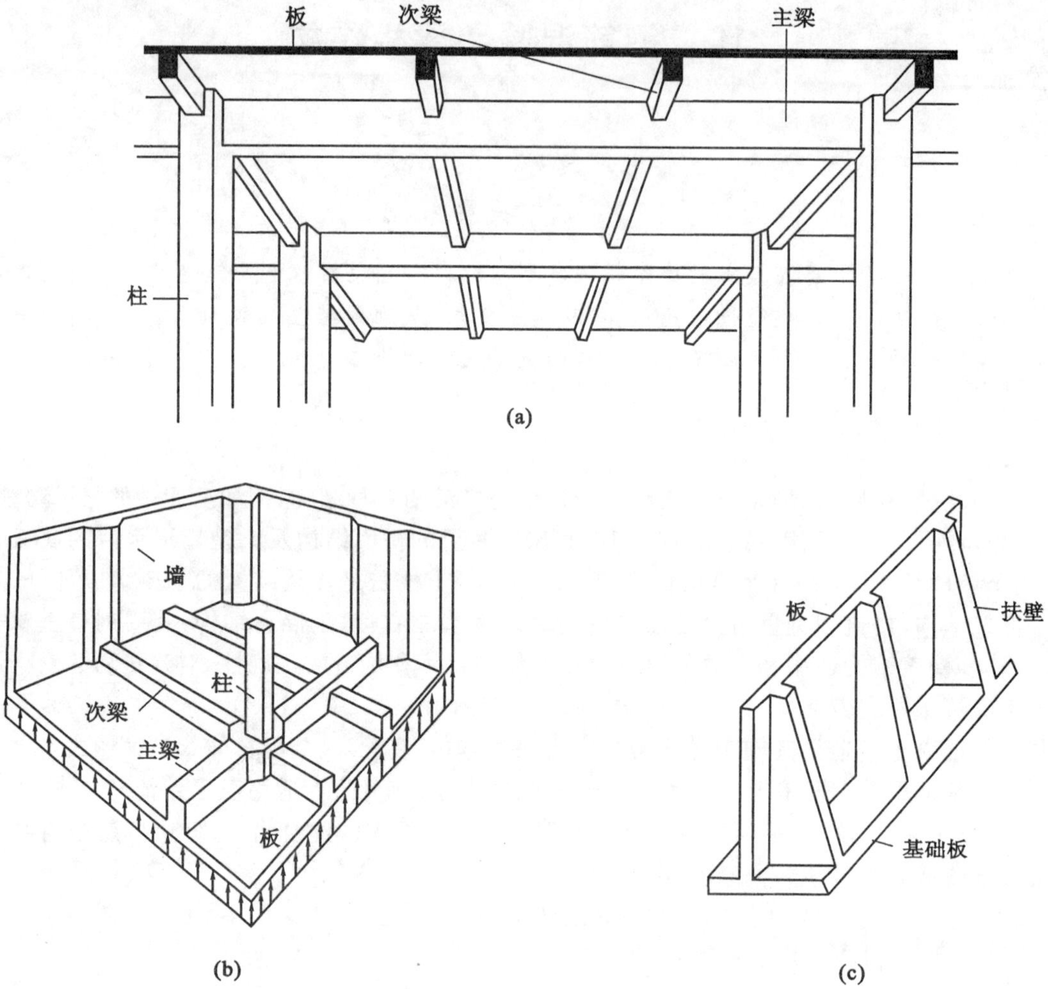

图 10.1 梁板结构

(a) 肋形楼盖;(b) 地下室板;(c) 挡土墙

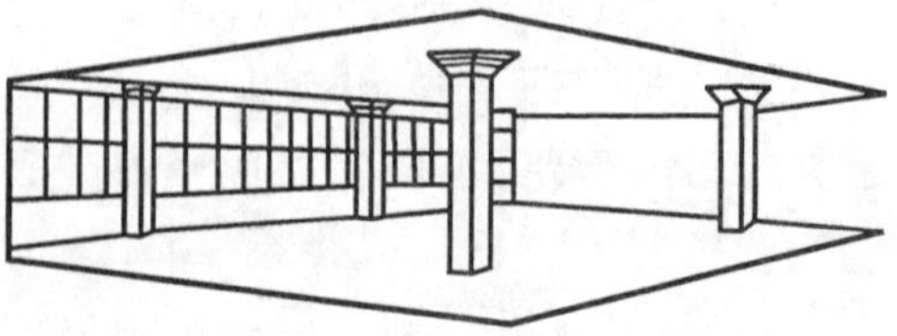

图 10.2 无梁楼盖

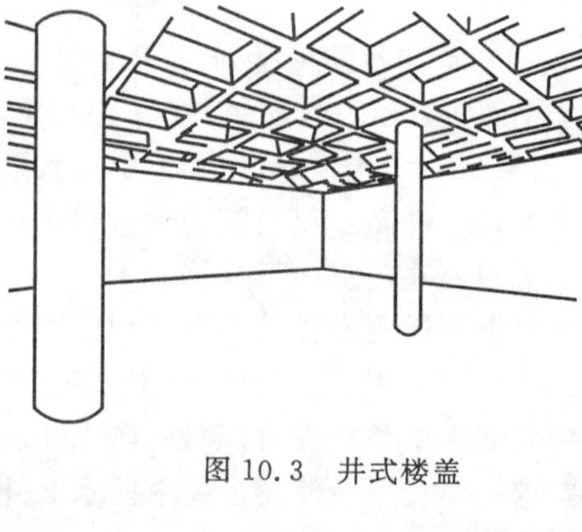

图 10.3 井式楼盖

混凝土叠合连成整体，如图 10.4 所示。这种楼盖兼有整体现浇式和预制装配式楼盖的优点，既有比预制装配式楼盖好的整体性，又较整体现浇式节省模板和支撑。但这种楼盖需要进行混凝土二次浇灌，有时还需增加焊接工作量，故对施工进度和造价都带来一些不利的影响。它仅适用于较大的多层工业厂房、高层民用建筑及有抗震设防要求的建筑。

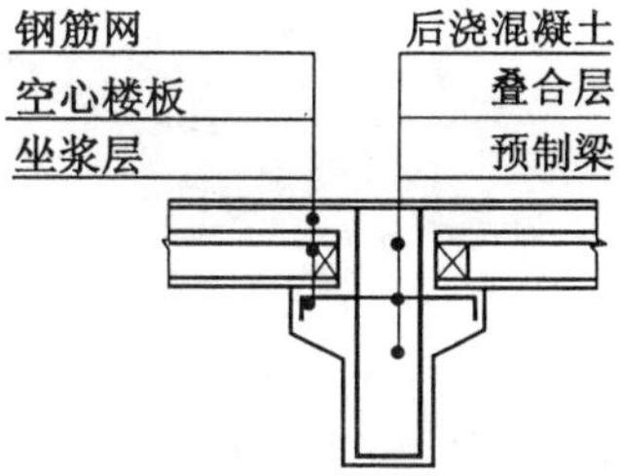

图 10.4　叠合梁

10.1　钢筋混凝土单向板肋梁楼盖

10.1.1　单、双向板的划分

单向板肋形楼盖(图 10.1(a))由板、次梁和主梁组成，其中板被分成许多区格，每一区格的板一般是四边支撑在梁或墙上。由于梁的刚度比板大很多，所以分析板的受力时，可忽略梁的竖向变形，设梁为板的不动支座。四边支撑板一般在两个方向受力，荷载通过板在两个方向受弯、受剪向四边传递。图 10.5 为均布荷载作用下四边简支板在弹性阶段的变形图，板的区格在两个方向的跨度分别为 l_1 和 l_2。由于板是一个整体，弯曲时板在任意一点处的挠度在两个方向是相同的，因此在短跨 l_1 的竖向平面内曲率较大，弯矩也较大。在长跨 l_2 的竖向平面内曲率较小，弯矩也较小。在图 10.5 中 M_1 和 M_2 分别代表单位边宽上沿 l_1 及 l_2 方向的弯矩分布图。随 $n=\frac{l_2}{l_1}$ 的增大，短跨 l_1 方向弯矩 M_1 增大，长跨 l_2 方向弯矩 M_2 将减小。当 n 超过一定数值时，可近似认为全部荷载通过短跨方向受弯($M_1=0.125ql_1^2$)传至长边支座，计算上可忽略长跨方向的弯矩($M_2=0.02ql_1^2$)，这种板在受力体系上称为单向板。计算上考虑两个方向受弯作用的板，称为双向板。设计上通常按下列条件划分这两种板。

当 $n=\frac{l_2}{l_1}\geqslant 2$ 时，按单向板设计；

当 $n=\frac{l_2}{l_1}<2$ 时，按双向板设计。

计算单向板时，可取一单位宽度($b=1$ m)的板带作为典型单元进行配筋计算，计算方法与矩形截面的扁梁相同，所以单向板又称梁式板。

在单向板肋形楼盖中，荷载的传递路线是：板→次梁→主梁→柱或墙，也就是说，板的支座为次梁，次梁的支座为主梁，主梁的支座为柱或墙。由于板、次梁和主梁整体浇筑在一起，因此楼盖中的板和梁往往形成多跨连续结构，在计算上和构造上与单跨简支板、梁均有较大的区别，这是现浇楼盖在设计和施工中必须注意的一个重要特点。

单向板肋形楼盖的设计步骤一般是：

(1) 选择结构布置方案；

(2) 确定结构计算简图(包含计算跨度和荷载计算)；

(3) 板、次梁和主梁分别进行内力计算；

(4) 板、次梁和主梁分别进行截面配筋计算；

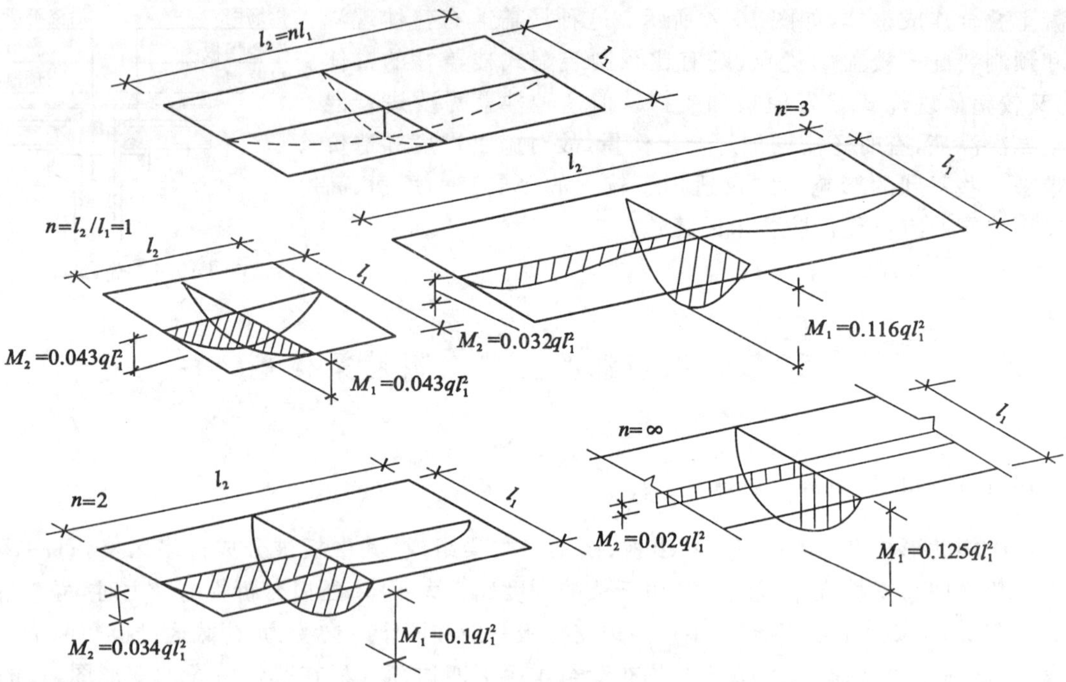

图 10.5　板的变形与弯矩分布

(5) 根据计算和构造的要求绘制楼盖结构施工图。

10.1.2　单向板楼盖的结构布置

设计单向板肋形楼盖时，首先要确定梁板结构的布置。为得到一种合理的结构布置，一般可按下列原则进行：

(1) 应满足房屋的正常使用要求

当房屋的宽度＜(5～7) m 时，梁可以只沿一个方向布置(图 10.6(a))；当房屋的平面尺寸较大时(如工厂、仓库等)，梁则应布置在两个方向上，并设一两排或更多的支柱，此时主梁可平行于纵向外墙(图 10.6(b))或垂直于纵向外墙(图 10.6(c))设置，前者对室内采光有利，后者则适合需要开设较大窗孔的建筑。

(2) 应考虑结构受力的合理性

布置梁板结构时，应尽量避免将集中荷载直接支撑于板上，如板上有隔墙、机器设备等集中荷载作用时，宜在板下设置梁来支撑(图 10.6(e))，也应尽量避免将梁的支座搁在门窗洞口上，否则门窗过梁就要加强。将图 10.6(b)与图 10.6(d)比较可看到，前者的结构合理，后者不仅次梁支座有可能落在门窗洞口上，而且主梁在跨中支撑一根次梁，在受力上也不如前者分散支撑两根次梁为好。

(3) 应考虑节约材料、降低造价的要求

由图 10.6 可以看到，板的跨度就是次梁的间距，当次梁的间距减小时，次梁的根数就增多，但板的跨度减小，可使板厚减薄。反之，当次梁的间距增大时，次梁的根数就减少，但板的跨度增大，又使板厚增加。实践表明，楼盖中板的混凝土用量占整个楼盖混凝土用量的比例较大，因此，板厚愈薄，材料总用量愈少，造价也愈经济。但板太薄会使挠度过大，且施工难以保证质量，所以板的厚度一般不应小于表10.1的规定。板的合理跨度一般在1.7～2.7 m。

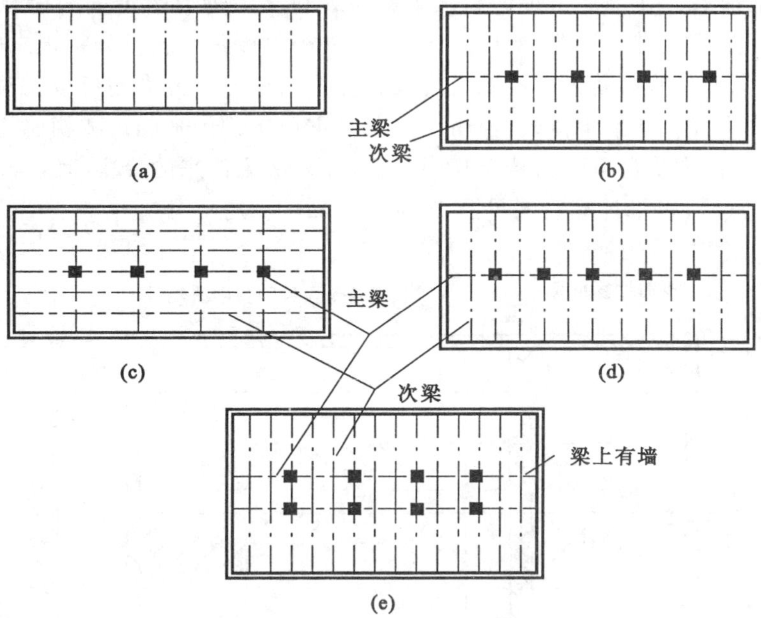

图10.6　单向板楼盖的几种结构布置

表10.1　整体梁式板的最小厚度(mm)

屋面板	密肋楼板	民用房屋楼板	工业房屋楼板	车道下板	(双向板)	悬臂板根部
60	40	60	70	80	(80)	80 (挑出长度 $l \geqslant 500$ mm)

此外，主、次梁的跨度也有一个较为经济合理范围：次梁4～6m，主梁5～8m(当荷载较小时，宜取较大值；当荷载较大时，宜取较小值)。

根据以上原则，即可对楼盖进行结构布置，一般来说，板梁布置得愈简单整齐，就愈能符合适用、经济、美观的要求。为此，如无特殊要求，应把整个柱网布置成正方形或长方形的，板梁应尽量布置成等跨度的，以便使板的厚度和梁的截面尺寸都能统一，这样既便于设计计算也有利于施工。

10.1.3　单向板楼盖的内力计算

钢筋混凝土连续板、梁的内力计算方法有两种：① 弹性计算方法；② 塑性计算方法。在进行内力计算之前首先需要确定计算简图及计算荷载，而后再完成板、梁的内力计算。

(1) 单向板楼盖的计算简图

楼盖结构布置完毕以后，即可确定结构的计算简图，以便对板、次梁、主梁分别进行计算。在确定计算简图时，除了应考虑楼盖中板和梁往往是多跨连续这个特点以外，尚应对荷载计算、支座影响以及梁板计算跨度和跨数作简化处理。

① 荷载计算

当楼面承受均布荷载时，板所承受的荷载即为板带($b=1$m)自重(包括面层及粉刷等)及板带上的均布活荷载。在确定板传递给次梁的荷载和次梁传递给主梁的荷载时，一般均忽略结构的连续性而按简支进行计算，所以对于次梁，取相邻板跨中线所分割出来的面积作为它的受荷面积，次梁所承受的荷载为次梁的自重及其受荷面积上板传来的荷载。对于主梁，则承受主梁自重及由次梁传来的集中荷载，但由于主梁自重与次梁传来的荷载相比往往较小，故为了简化计算，一般可将主梁自重化为若干集中荷载，加入次梁传来的集中荷载合并计算。荷载计算单元见图 10.7(a)，板梁计算简图见图 10.7(b)、(c)、(d)。

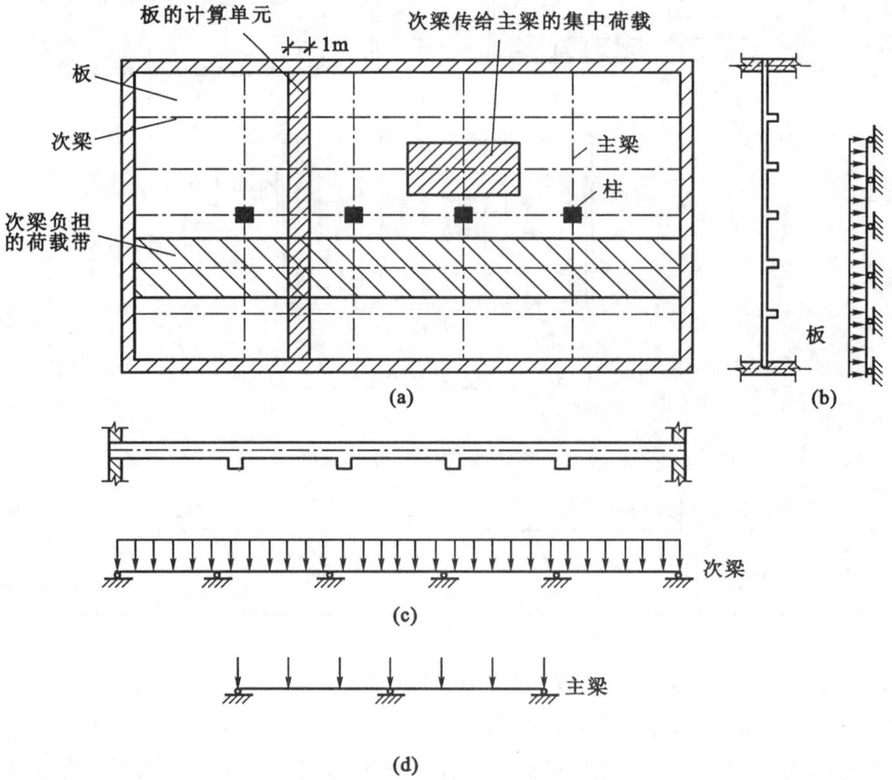

图 10.7　单向板楼盖板、梁计算简图

(a) 荷载计算单元;(b) 板的计算简图;(c) 次梁计算简图;(d) 主梁计算简图

② 支座及折算荷载

在单向板肋形楼盖中，板、梁的支座通常有两种构造形式：一种是直接搁置在砖墙、砖柱上；一种是与梁、柱整体连接。前者由于不是整体连接，支座对板、梁的嵌固作用不大，故在计算中可将其视为铰支座。后者由于支座对板、梁的转动有一定的约束作用，见图 10.8，但为了简化计算，也把它当作铰支座，由此而引起的误差，可在荷载计算时加以调整。调整的具体方法是采取增加恒荷载、减小活荷载的方式处理，即：

对于板　　$g'=g+\frac{q}{2} \qquad q'=\frac{q}{2}$

对于次梁 $g'=g+\frac{q}{4}$ $q'=\frac{3q}{4}$

对于主梁 $g'=g$ $q'=q$

式中 g、q——实际的恒荷载、活荷载，N/mm^2；

g'、q'——调整后的折算恒荷载、活荷载，N/mm^2。

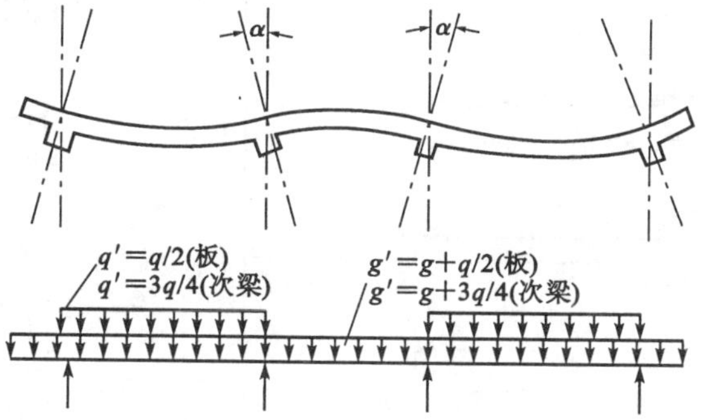

图 10.8 板与次梁及次梁与主梁整体连接的影响

这是因为：当恒荷载满布时比活荷载隔跨布置时所引起板、梁在支座处的转动要小。采取上述调整措施，意味着可减少板、梁在支座处的转动，以此来反映由于忽略支座对板、梁的约束作用而引起的误差。

应当指明，上述调整是在按弹性方法计算时才进行的。

应该注意，单向板肋形楼盖中主梁和次梁形成一个相互正交的梁系。按照结构力学中交叉梁系的计算方法，梁中的弯矩分布与交叉的两向梁的线刚度比 β 有关。研究成果表明，当 $\beta \geqslant 12$ 时，梁中的弯矩值已接近将线刚度较大的梁看成不动铰支座的情况。设计上为了简化计算，一般当 $\beta \geqslant 8$ 时，可近似地将线刚度较大的梁作为另一向梁的不动铰支座，而按主次梁的关系进行计算。在计算中当然应考虑由约束问题而带来的荷载调整。

需要指出，在楼盖中，如果主梁的支座为截面较大的钢筋混凝土柱，当主梁与柱的线刚度比小于 4 时，以及柱的两边主梁的跨度相差较大（>10%）时，由于柱对梁的转动有较大的约束和影响，故不能再按铰支座考虑，而应当将梁、柱视作框架来考虑。

③ 跨数与跨度

当连续梁的某跨受到荷载作用时，它的相邻各跨也会受到影响，并产生变形和内力，但这种影响是距该跨愈远愈小，当超过两跨以上时，影响已很小。正因为如此，对于多跨连续板、梁（跨度相等或相差不超过 10%），若跨数超过 5 跨时，可按 5 跨来计算。此时，除连接板、梁两边的第 1、2 跨外，其余的中间跨度和中间支座的内力值均按 5 跨连续板、梁的中间跨度和中间支座采用。例如图 10.7 中，板实际 6 跨，但计算时只按 5 跨考虑。如果跨数未超过 5 跨，则计算时就按实际跨数考虑。

连续板、梁各跨的计算跨度 l_0，与支座的构造形式、构件的截面尺寸以及内力计算方法有关，通常可按表 10.2 采用。

表 10.2　连续梁板的计算跨度

<table>
<tr><th>构件
方法</th><th>连　续　板</th><th>连　续　梁</th></tr>
<tr><td>按弹性分析内力</td><td>
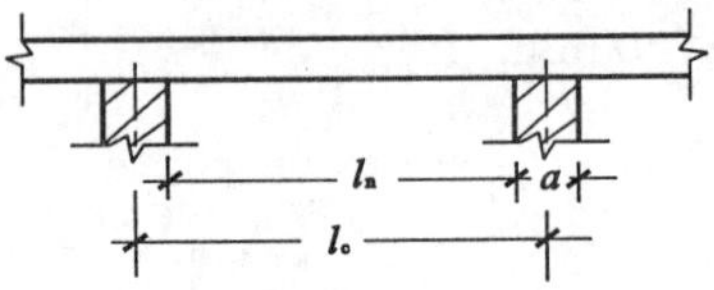

当$a\leqslant 0.1l_c$时，$l_0=l_c$
当$a>0.1l_c$时，$l_0=1.1l_n$
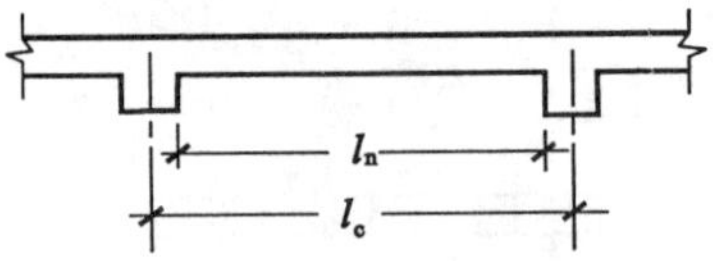

$l_0=l_c$
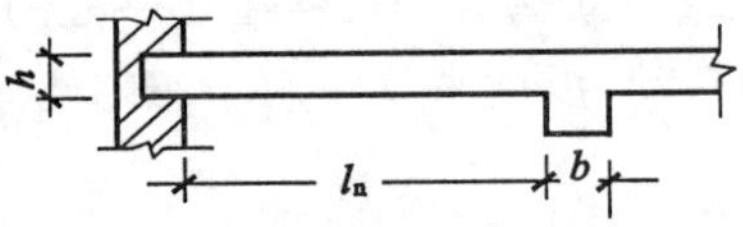

$l_0=l_n+\frac{h}{2}+\frac{b}{2}$
</td><td>
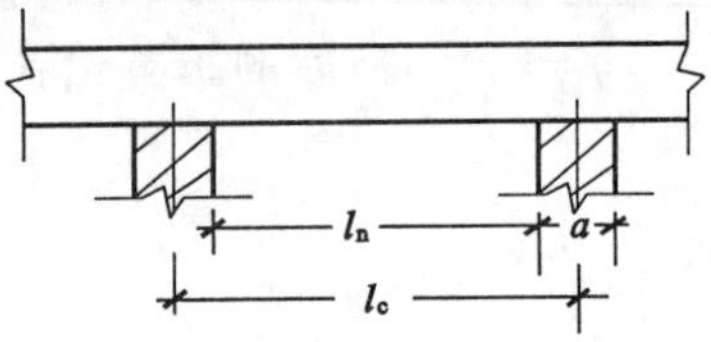

当$a\leqslant 0.05l_c$时，$l_0=l_c$
当$a>0.05l_c$时，$l_0=1.05l_n$
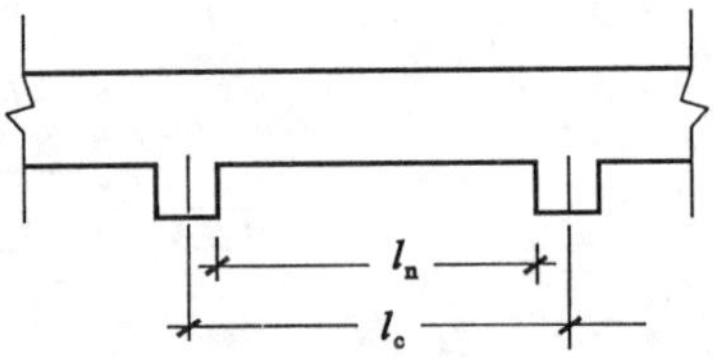

$l_0=l_c$
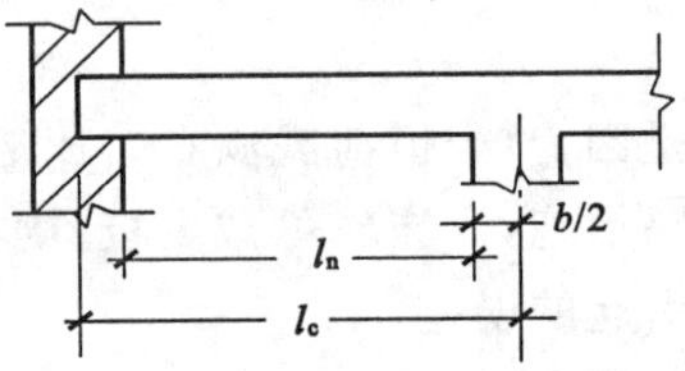

$l_0=l_c\leqslant 1.025l_n+\frac{b}{2}$
</td></tr>
<tr><td>按塑性分析内力</td><td>
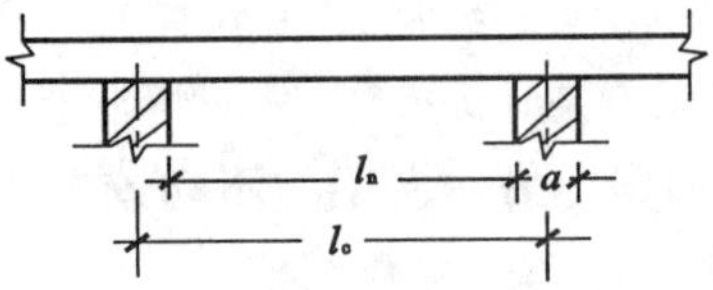

当$a\leqslant 0.1l_c$时，$l_0=l_c$
当$a>0.1l_c$时，$l_0=1.1l_n$
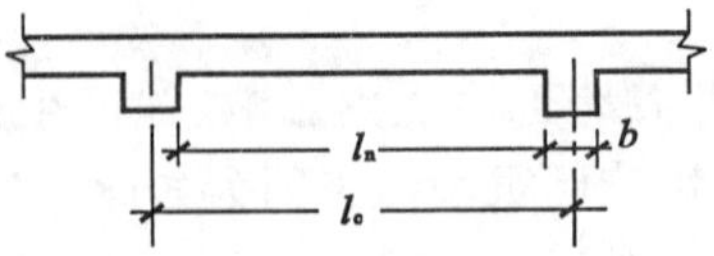

$l_0=l_n$
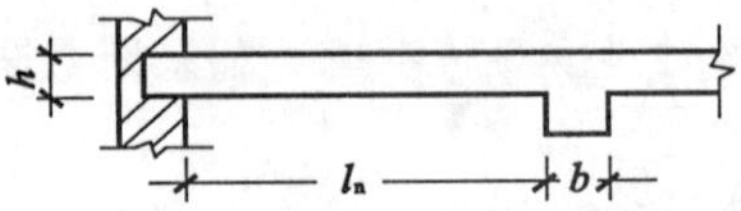

$l_0=l_n+\frac{h}{2}$
</td><td>
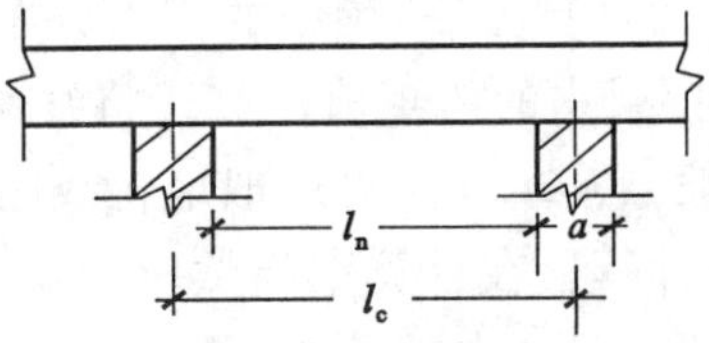

当$a\leqslant 0.05l_c$时，$l_0=l_c$
当$a>0.05l_c$时，$l_0=1.05l_n$
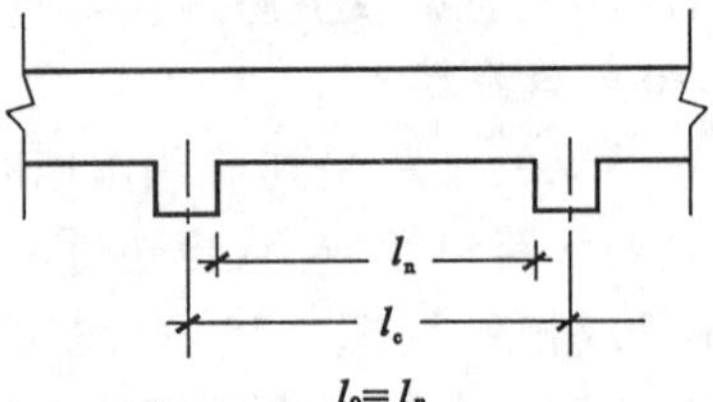

$l_0=l_n$
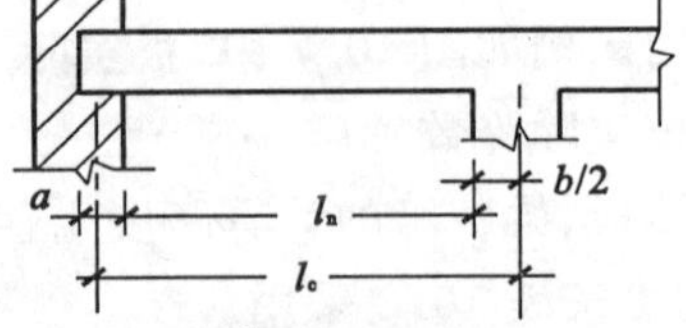

$l_0=\frac{a}{2}+l_n\leqslant 1.025l_n$
</td></tr>
</table>

由上可知，在确定连续板、梁计算简图的过程中，需要先假定构件截面尺寸才能确定计算跨度和进行荷载计算。板、梁截面尺寸一般可参考下列数值进行假定：板厚可按结构布置时对板要求给予选定（见表 10.1），次梁的截面高度 h 约为 $\left(\frac{1}{18}\sim\frac{1}{12}\right)l_0$（此处 l_0 为次梁的计算跨度）；主梁的截面高度 h 约为 $\left(\frac{1}{14}\sim\frac{1}{8}\right)l_0$（此处 l_0 为主梁的计算跨度）；梁宽 b 约为 $\left(\frac{1}{2}\sim\frac{1}{3}\right)h$。同时，为了保证梁、板有足够的刚度，在初步假定板、梁截面时，尚应符合表 10.3 的规定要求。初步假定的截面尺寸在截面承载力计算过程中如发现与实际需要尺寸相差甚大时，则应重新假定计算。

表 10.3 一般不作挠度验算的板、梁截面最小高度

构件类型		简支	两端连续	悬臂
平板	单向板	$l_0/35$	$l_0/40$	$l_0/12$
	双向板	$l_0/45$	$l_0/50$	
肋形板（包括空心板）		$l_0/20$	$l_0/25$	$l_0/10$
整体肋形梁	次梁	$l_0/20$	$l_0/25$	$l_0/8$
	主梁	$l_0/12$	$l_0/15$	$l_0/6$
独立梁		$l_0/12$	$l_0/15$	$l_0/6$

注：① l_0 为板、梁的计算跨度（双向板为短向计算跨度）；

② 如梁的跨度大于 9m 时，表中梁的各项数值应乘以系数 1.2。

（2）弹性理论计算方法

按弹性理论方法计算连续板、梁的内力，也就是假定结构为弹性匀质材料，按结构力学原理进行计算，一般常用力矩分配法来求连续板、梁的内力。为简化起见，对于等跨的荷载规则的连续板、梁，均已制成计算表格，见本章附表 10.1。对于跨度相差在 10%以内的不等跨连续板、梁，其内力也可近似地按附表 10.1 计算。在实际应用上，利用这种计算表格即可迅速求得连续板、梁的内力。具体方法如下：

① 活荷载的最不利组合

作用于梁或板上的荷载有恒荷载和活荷载，恒荷载经常作用在梁、板上，并布满各跨；而活荷载在各跨的分布则是随机的。对于简支梁，当恒、活荷载都作用时，产生内力（M 与 V）为最大，亦即为最不利；对于连续梁，则不一定是这样。为了保证结构在各种荷载作用下都安全可靠，就需要研究活荷载如何布置将使梁、板截面产生最大内力的问题，即活荷载的最不利组合问题。

图 10.9 为五跨连续梁当活荷载布置在不同跨间时的弯矩图和剪力图。当求 1、3、5 跨跨中最大正弯矩时，活荷载应布置在 1、3、5 跨；当求 2、4 跨跨中最大正弯矩时，或 1、3、5 跨跨中最小弯矩时，活荷载应布置在 2、4 跨；当求 B 支座最大负弯矩及 B 支座最大剪力时，活荷载应布置在 1、2、4 跨，如图 10.10 所示。活荷载的最不利位置的布置方法，具体可归纳为以下几点：

（a）当求连续梁各跨的跨中的最大正弯矩时，应该在该跨布置活荷载，然后向左、右两边隔跨布置活荷载。

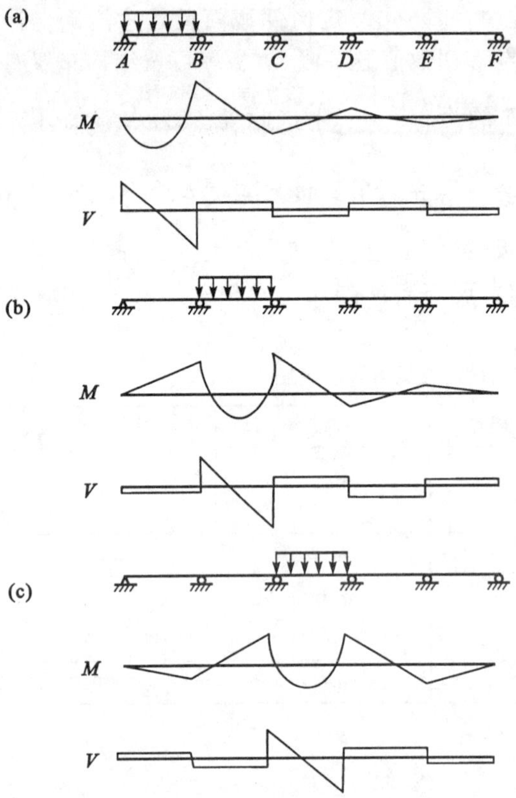

图 10.9　五跨连续梁当活荷载布置在不同跨时的弯矩图和剪力图

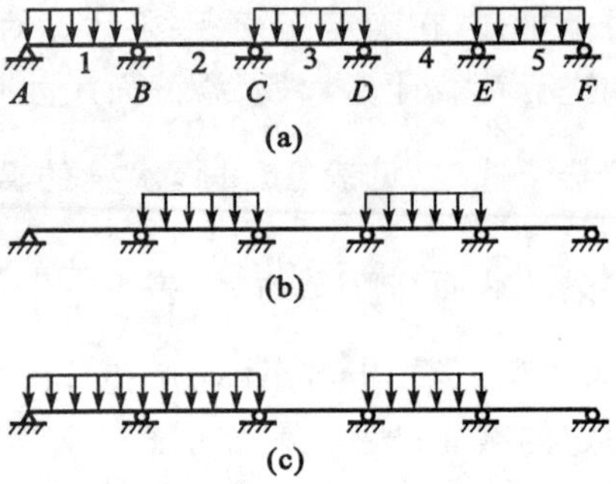

图 10.10　活荷载不利布置

(a)$M_{1,\max}$、$M_{3,\max}$、$M_{5,\max}$的活荷载布置；

(b)$M_{2,\max}$、$M_{4,\max}$的活荷载布置；

(c)$M_{B,\max}$、$V_{B,\max}$的活荷载布置

(b) 当求连续梁各中间支座的最大(绝对值)负弯矩时，应该在该支座左、右两跨布置活荷载，然后隔跨布置活荷载。

(c) 当求连续梁各支座截面(左侧或右侧)的最大剪力时，应该在该支座的左、右两跨布置活荷载，然后隔跨布置活荷载。

② 应用表格计算内力

活荷载的最不利位置确定以后，对等跨度(或跨度差≤10%)的连续梁，即可直接应用表格(见本章附表 10.1)查得在恒荷载和各种活荷载作用下梁的内力系数，并按下列公式计算出梁有关截面的弯矩 M 和剪力 V：

当均布荷载作用时

$$M = k_1 g l_0^2 + k_2 q l_0^2 \tag{10.1}$$

$$V = k_3 g l_0 + k_4 q l_0 \tag{10.2}$$

当集中荷载作用时

$$M = k_1 G l_0 + k_2 Q l_0 \tag{10.3}$$

$$V = k_3 G + k_4 Q \tag{10.4}$$

式中　g、q——单位长度上的均布恒荷载及活荷载，N/mm；

G、Q——集中恒荷载及活荷载，N；

$k_1 \sim k_4$——内力系数，由本章附表 10.1 中相应栏内查得；

l_0——梁的计算跨度，按表 10.2 规定采用。当跨度不等(不超过 10%)计算支座弯矩时，l_0 应取该支座左右两跨跨度平均值；而计算跨中弯矩时，l_0 仍用该跨的跨度。

③ 内力包络图

对连续梁来说，活荷载作用位置不同，画出的弯矩图或剪力图也不同，所谓弯矩(或剪力)包络图，就是在恒荷载弯矩(或剪力)图上叠加以各种不利活荷载位置作用下得出的弯矩(或剪力)图的外包线所围成的图形，也称叠合图形。

绘制弯矩和剪力包络图的目的，在于能合理地确定钢筋弯起和截断的位置，有时也可以检查构件截面强度是否可靠、材料用量是否节省。下面以两跨连续主梁为例阐述弯矩和剪力包络图的绘制方法。

【例 10.1】 两跨等跨连续主梁，计算跨度 $l_0=6.9$ m，恒荷载 $G=60$ kN，活荷载 $Q=110$ kN(图 10.11(a))，试绘出弯矩和剪力包络图。

【解】

① 绘制恒荷载作用下的弯矩图

在恒荷载作用下控制截面的最大正弯矩和负弯矩

$$M_{1,\max}=k_1Gl_0=0.222\times60\times6.9=91.91\ \text{kN}\cdot\text{m}$$

$$-M_{\text{B},\max}=k_2Gl_0=-0.333\times60\times6.9=-137.86\ \text{kN}\cdot\text{m}$$

恒荷载作用下的弯矩图如图 10.11(b)所示。

② 绘制活荷载作用在 AB 跨时的弯矩图

控制截面的最大正弯矩和负弯矩

$$M_{1,\max}=k_1Ql_0=0.278\times110\times6.9=211.0\ \text{kN}\cdot\text{m}$$

$$-M_{\text{B},\max}=k_2Ql_0=-0.167\times110\times6.9=-126.75\ \text{kN}\cdot\text{m}$$

活荷载作用在 AB 跨时的弯矩图如图 10.11(c)所示。

③ 绘制活荷载作用在 BC 跨时的弯矩图

弯矩图如图 10.11(d)所示。

④ 绘制活荷载满布两跨时的弯矩图

控制截面的最大正弯矩和负弯矩

$$M_{1,\max}=k_1Ql_0=0.222\times110\times6.9=168.50\ \text{kN}\cdot\text{m}$$

$$-M_{\text{B},\max}=k_2Ql_0=-0.333\times110\times6.9=-252.75\ \text{kN}\cdot\text{m}$$

弯矩图如图 10.11(e)所示。

⑤ 绘制弯矩包络图

将恒荷载作用下的弯矩图和活荷载不同布置时的弯矩图分别叠加，可得三个弯矩图。其中正弯矩和负弯矩的外包线即为弯矩包络图，见图 10.11(f)。

⑥ 绘制剪力包络图

恒荷载及活荷载不同布置时的剪力图(图 10.11(b)、(c)、(d)、(e))分别叠加，可得三个剪力图及剪力包络图见图 10.11(f)。计算过程从略。

(3) 塑性理论计算方法

按弹性理论计算方法计算梁、板的内力，实际上是将钢筋混凝土梁、板作为匀质弹性材料梁来考虑的，完全不考虑材料的塑性性质。这在受荷载较小、混凝土开裂的初始阶段是适用的。但随着荷载的增加，由于混凝土受拉区裂缝的出现和开裂，受压区混凝土的塑性变形，特别是受拉钢筋屈服后的塑性变形，钢筋混凝土连续梁的内力与荷载的关系已不再是线性的，而是非线性的，连续梁的内力发生重分布。在钢筋混凝土受弯构件正截面的承载能力计算中采用的是塑性理论，正确地反映了钢筋、混凝土这两种材料的实际性能。但是按弹性计算方法确定连续梁由荷载所产生的内力时，却并未考虑材料的塑性性能，而是假定钢筋混凝土为匀质弹性材料以及结构的刚度不随荷载大小而改变，显然，与截面的承载能力计算理论不相协调。

同时，由前述的弹性计算法可知，连续梁各截面的最大内力是按照最不利荷载作用下来确

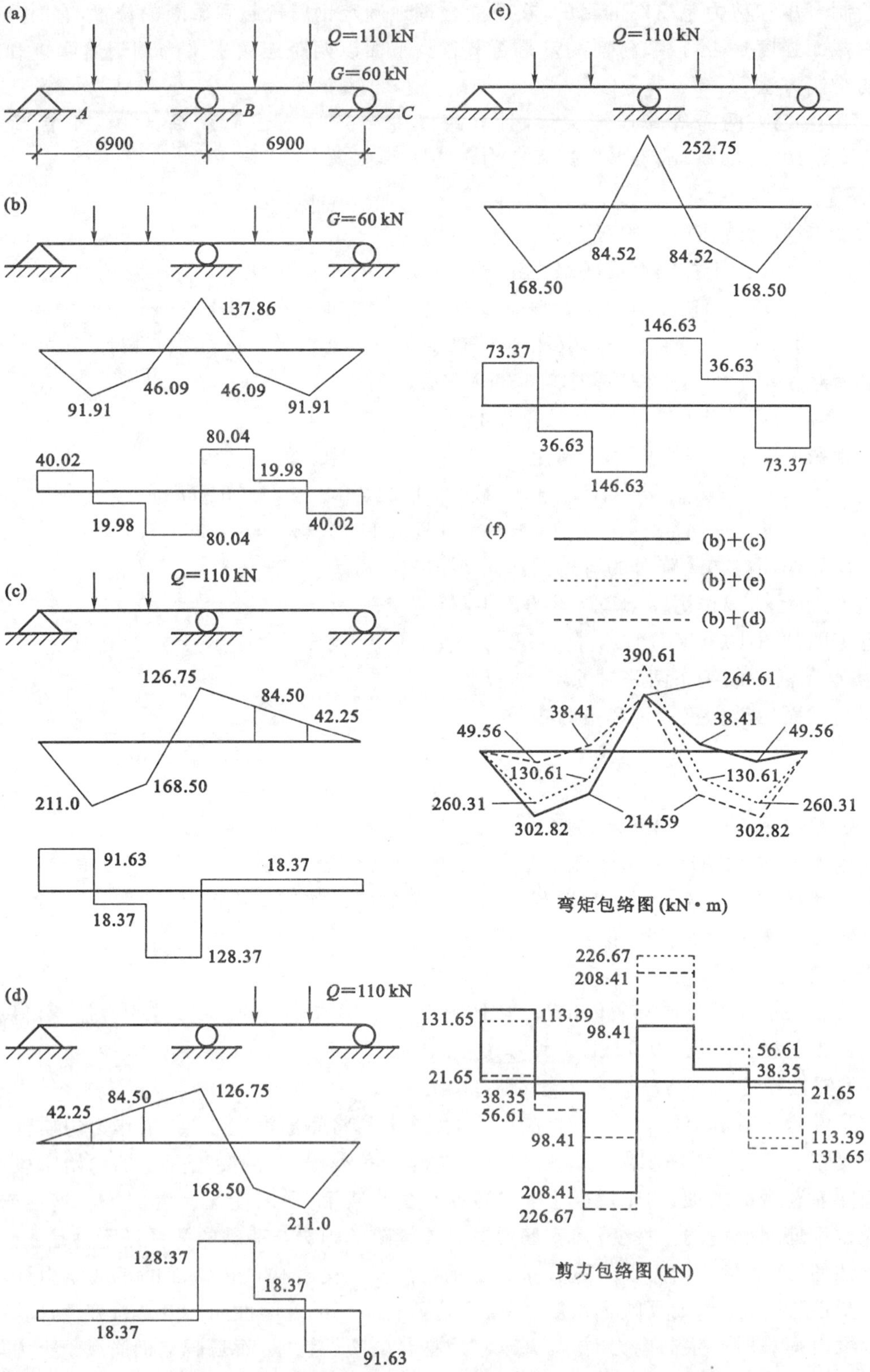
(a)
Q=110 kN
G=60 kN
A
B
C
6900
6900
(b)
G=60 kN
137.86
91.91
46.09
46.09
91.91
40.02
80.04
19.98
19.98
80.04
40.02
(c)
Q=110 kN
126.75
84.50
42.25
211.0
168.50
91.63
18.37
18.37
128.37
(d)
Q=110 kN
42.25
84.50
126.75
168.50
211.0
128.37
18.37
18.37
91.63
(e)
Q=110 kN
252.75
168.50
84.52
84.52
168.50
146.63
73.37
36.63
36.63
146.63
73.37
(f)
(b)+(c)
(b)+(e)
(b)+(d)
390.61
264.61
38.41
38.41
49.56
49.56
130.61
130.61
260.31
260.31
302.82
214.59
302.82
弯矩包络图 (kN·m)
226.67
208.41
131.65
113.39
98.41
56.61
38.35
21.65
38.35
56.61
21.65
98.41
113.39
131.65
208.41
226.67
剪力包络图 (kN)

图 10.11　内力包络图

定的，而在实际上各种最不利荷载并不可能同时发生，因此，各截面若均按最大内力进行配筋就不能充分发挥材料的作用，而存在着某种程度的浪费。

塑性理论计算方法就是从实际受力情况出发，考虑塑性变形内力重分布来计算连续梁的内力，这样不仅可消除其内力计算和截面计算之间的矛盾，而且还可获得一定的技术经济效果。

① 塑性理论计算方法的基本概念

下面以图 10.12 所示的两跨连续梁为例，说明塑性变形内力重分布的基本概念。该梁承受均布恒荷载 g 及均布活荷载 q，根据三种最不利荷载组合，可画出它的弯矩包络图。若按弹性体系计算，支座截面将按 $M_{Bmax}=-67.5$ kN·m 配筋，跨中截面将按 $M_{1max}=47.16$ kN·m 配筋。为了节约材料，现将支座截面的配筋减少些，例如减少后按支座弯矩 $M_B=47.25$ kN·m(约为 $0.7M_{Bmax}$)来配筋，跨中截面则仍按 M_{1max}来配筋，这样调整内力，是否会影响连续梁的承载能力，分析如下：

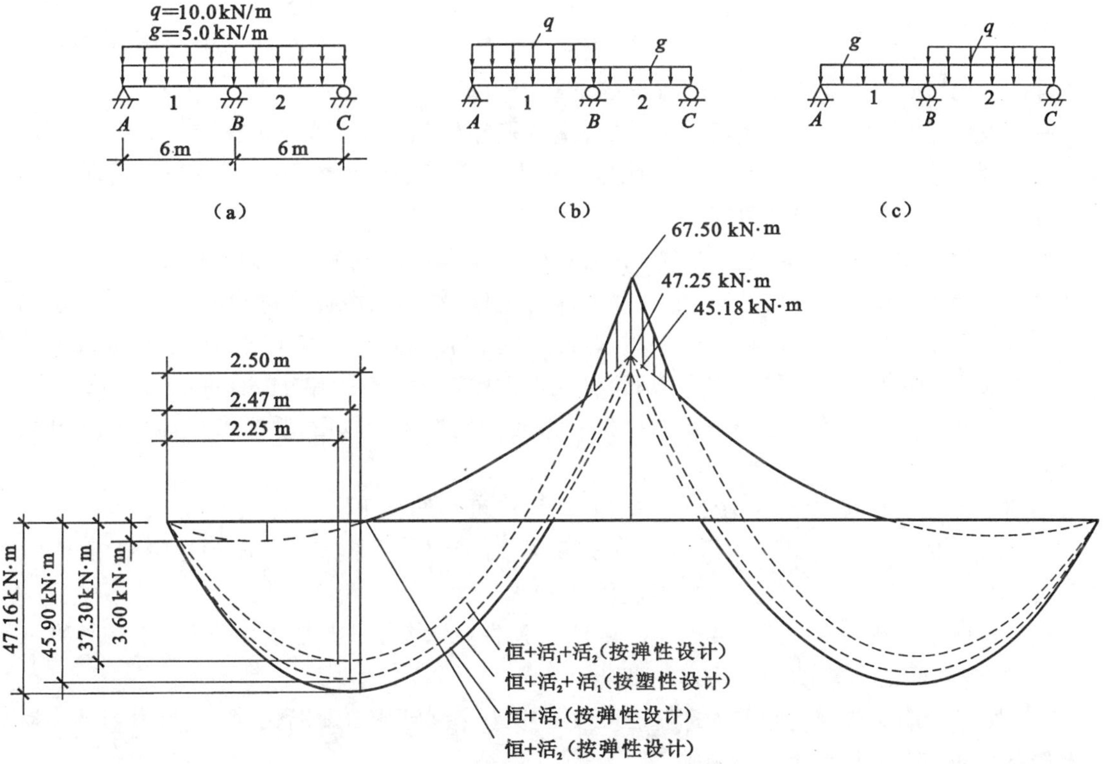

图 10.12　两跨连续梁的弯矩图(考虑塑性内力重分布)

(a) 恒＋活$_1$＋活$_2$；(b) 恒＋活$_1$；(c) 恒＋活$_2$

(a) 当荷载布置为"恒荷载＋活荷载$_1$"时，跨中和支座产生的弯矩分别为 47.16 kN·m 和 45.18 kN·m。由于跨中钢筋未减少，而支座钢筋又是按弯矩 47.25 kN·m 配置的，大于 47.16 kN·m，所以此时连续梁的承载能力是安全可靠的。

(b) 当荷载布置为"恒荷载＋活荷载$_1$＋活荷载$_2$"时，跨中和支座产生的弯矩分别为 37.30 kN·m和 67.50 kN·m。由于跨中是按 $M_{1max}=47.16$ kN·m 配筋的，大于

37.30 kN·m,因此有足够的承载能力。但在支座处,由于配筋减少了,只能承担弯矩 47.25 kN·m,而不是 67.50 kN·m,因此当荷载逐渐增加到 B 支座的弯矩为47.25 kN·m时,B 支座截面的钢筋首先就要达到屈服强度,并产生较大塑性变形,这时钢筋拉应力维持在屈服强度不变,而钢筋的拉应变急剧增长,裂缝迅速开展,整个截面将产生塑性转动,这种塑性转动所集中的区域通常称之为塑性铰。塑性铰与普通的理想铰不同,前者能承受一定的弯矩,并能沿弯矩作用方向作一定限度的转动;后者不能承受弯矩,但能自由转动。塑性铰出现后,支座 B 所承受的弯矩维持在47.25 kN·m不变,由于截面并未破坏,整个连续梁尚能继续增加荷载,而梁犹如简支梁一样地工作,增加的荷载可由跨中截面来负担,于是跨中弯矩将随荷载而逐渐增加,这就引起了结构内力重分布,当荷载增加至最大值 15 kN/m(恒荷载 $g=5.0$ kN/m,活荷载 $q=10.0$ kN/m)时,跨中弯矩达到45.90 kN·m(见图10.13),此值仍小于跨中钢筋所能负担的弯矩47.16 kN·m,所以此时连续梁的承载能力仍是安全可靠的。

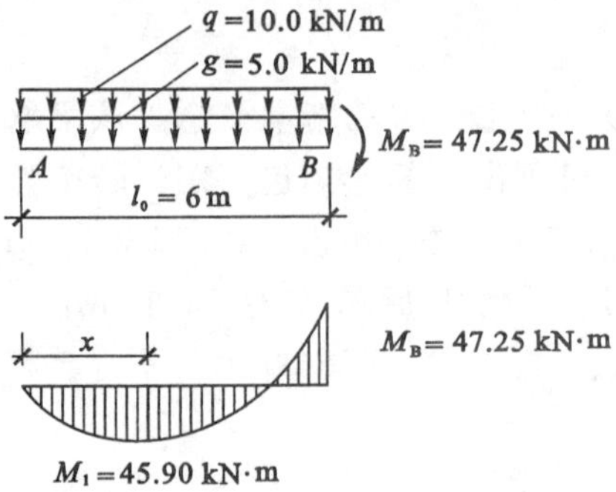

图 10.13　梁内跨中弯矩计算简图

通过以上分析可知,在连续梁中,如果跨中弯矩和配筋不减少(即仍按弹性体系计算),而适当地减少支座弯矩和配筋(即按塑性计算法将支座弯矩予以调整降低),并不会降低连续梁的承载能力,且结构也是安全可靠的。

塑性计算方法求连续梁、板的内力,就是在弹性计算法的基础上,考虑了截面出现塑性铰后,使整个连续梁引起内力重分布,将某些截面弯矩(一般为支座截面弯矩)予以调整降低的一种方法,通常也称之为弯矩调幅法。采用这种方法,只有在超静定结构中是可能的,因为超静定结构在某些截面(如连续梁的支座截面)出现塑性铰以后,整个结构仍有可能保持几何不变;在静定结构中是不可能的,因为静定结构任一截面出现塑性铰以后,整个结构即将成为几何可变的机动体系。

钢筋混凝土连续梁塑性内力重分布的基本规律可小结如下:

(a) 钢筋混凝土连续梁到达承载能力极限状态的标志,不是某一截面到达极限弯矩,而是必须出现足够的塑性铰,使整个结构形成可变体系。

(b) 塑性铰出现以前,连续梁的弯矩服从于弹性分布规律;塑性铰出现后,结构计算简图发生改变,各截面的弯矩的增长率发生变化。

(c) 按弹性理论计算,连续梁的弯矩系数(内力分布)与截面配筋比无关,内力与外力既符合平衡条件,同时也满足变形协调关系。

按塑性内力重分布理论计算,梁的弯矩系数不是定值,而是随截面的配筋比而变化的。内力与外力符合平衡条件,但转角相等的变形协调关系在塑性铰截面处已不再适用,因为在塑性铰处存在集中的塑性转角。

(d) 通过控制支座截面的配筋比,可以控制连续梁中塑性铰出现的早晚和位置,即控制调幅的大小和方向。

采用塑性计算方法能反映材料的实际性能,既节约材料,又保证结构安全可靠,同时由于减少了支座配筋量,使支座配筋的拥挤状况有所改善,便于施工,所以这是一种较先进的设计方法。

② 按塑性内力重分布方法(弯矩调幅法)设计的基本原则

按塑性内力重分布方法(弯矩调幅法)设计多跨连续梁、板时,应遵循下列原则:

(a) 力求节约钢材、便于施工

在调整中,为能节约较多的钢材,以使支座配筋简单,应尽可能多地减少支座弯矩,一般常使它等于或接近于跨中弯矩。这样,由支座两边跨度中弯起的钢筋基本上能满足支座配筋的需要,使钢筋构造简单,施工也方便。

(b) 满足刚度和裂缝宽度的要求

在调整中,要注意支座弯矩的减少也不能太多,否则,支座截面会产生过宽的裂缝,降低梁的刚度并影响正常使用。支座截面的弯矩调整幅度不应超过 30%;对于 $\frac{q}{g}\leqslant\frac{1}{3}$ 的连续板、梁中,为了避免在使用荷载作用下可能出现塑性铰,弯矩调幅则不超过 15%。

在上例中,调整后的支座弯矩 $M_B=47.25\ \text{kN}\cdot\text{m}$,约为 $0.7M_{B\max}$($=0.7\times67.50=47.25\ \text{kN}\cdot\text{m}$),未超过 30%,故符合要求。

(c) 确保结构安全可靠

由于连续梁出现塑性铰后,是按简支梁工作的,因此每跨调整后的两个支座弯矩的平均值加上跨中弯矩的绝对值之和应不小于相应的简支梁跨中弯矩,即

$$\frac{M'_A+M'_B}{2}+M'_{中}\geqslant M_0 \tag{10.5}$$

式中 M'_A、M'_B——连续梁某跨两端调整后的支座弯矩,N·mm;

$M'_{中}$——连续梁相应跨调整后的跨中弯矩,N·mm,见图 10.14(a);

M_0——在相应的荷载作用下,按简支梁计算时的跨中弯矩,N·mm。若荷载为均布荷载时,则 $M_0=q\times l_0^2/8$。见图 10.14(b)。

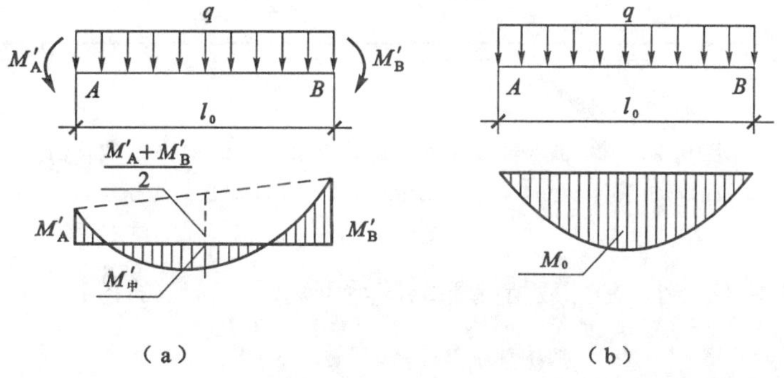

图 10.14 连续梁某跨弯矩图与简支梁弯矩图的关系

此外,调整后的所有支座和跨中塑性铰上的弯矩 M 的绝对值,对承受均布荷载的梁均应满足

$$M\geqslant(g+q)\times\frac{l_0^2}{24} \tag{10.6}$$

为切实保证构件受剪承载力(按弹性方法和塑性方法得到剪力值的较大者配置受剪钢筋)以及节点构造的可靠性,特别是在预期出现塑性铰的部位,采用密置箍筋或其它约束混凝土的措施。这样,不但有利于提高构件的抗剪承载力,而且还能改善混凝土的变形性能,增大塑性

铰的转动能力。

③ 等跨连续板、梁的内力计算

根据上述原则，经过内力调整，并考虑到计算方便，推导出等跨连续梁及连续板在均布荷载作用下内力的计算公式，设计时可直接利用这些计算公式计算内力。

(a) 弯矩

$$M = \alpha(g+q)l_0^2 \tag{10.7}$$

式中 α——弯矩系数，板和次梁分别按图 10.15(a)和图 10.15(b)所示数据采用；

g、q——分别为均布恒荷载和活荷载，N/mm；

l_0——计算跨度，m，见表 10.2。如板、次梁的支座为整体连接时，取净跨 l_n；如端支座为砖墙时，板的跨度等于净跨加板厚之半，次梁的端跨等于净跨加支座宽度之半或加 $0.025l_n$(取较小值)；

l_n——净跨度。

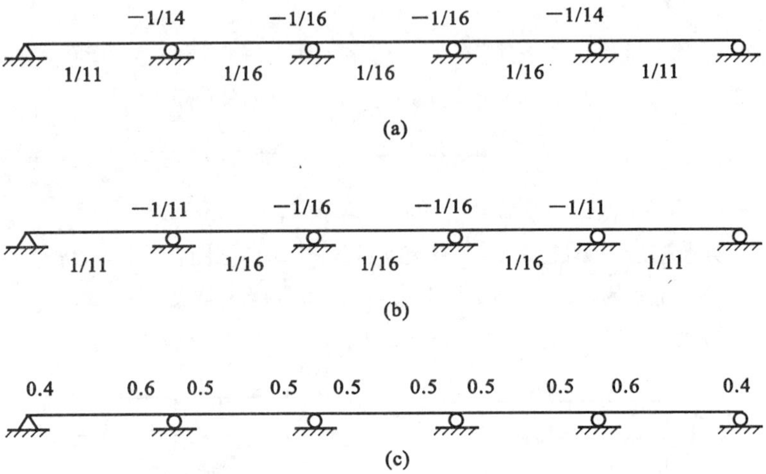

图 10.15 板和次梁的弯矩系数 α 值及次梁的剪力系数 β 值

(a) 板的弯矩系数 α 值；(b) 次梁的弯矩系数 α 值；(c) 次梁的剪力系数 β 值

(b) 剪力

板的剪力往往相对较小，在一般情况下能满足 $V \leqslant 0.7f_tbh_0$ 的条件，故不需要进行剪力计算。

次梁的剪力可按下式计算

$$V = \beta(g+q)l_n \tag{10.8}$$

式中 β——剪力系数，按图 10.15(c)所示的数据采用；

l_n——净跨度，m。

④ 塑性计算法的适用条件和适用范围

(a) 适用条件

按照塑性计算法计算内力时，是考虑了支座截面能出现塑性铰，并具有一定塑性转动能力的前提下进行的。为此，在进行截面配筋计算时，就应控制塑性铰截面的配筋率，不能过大。否则，该截面的塑性性能就不能充分发挥，也不可能形成塑性铰，而出现脆性破坏，即钢筋尚未屈服时受压区混凝土就已先被压碎。为了防止出现这种情况,《规范》规定,塑性铰截面中混凝土受压区高度不大于 $0.35h_0$(h_0 为截面有效高度),即

$$x \leqslant 0.35h_0 \tag{10.9}$$

或

$$\rho \leqslant 0.35\frac{f_c}{f_y}$$

或

$$M \leqslant \alpha_{max} f_c b h_0^2$$

式中 M——出现塑性铰的截面按塑性计算法求得的弯矩值,N·mm。

由上可知,塑性铰截面的最大配筋率比普通截面的最大配筋率控制较为严格。如调整后的支座弯矩仍较大,不能满足式(10.9)要求,此时可将截面加大,或将该支座截面设计成双筋截面。当采用双筋截面时,可利用直伸支座的跨中纵向受力钢筋当作受压钢筋使用,不过要保证该钢筋伸入支座的锚固长度不应小于 $0.7l_a$(l_a 为纵向钢筋的最小锚固长度)。

此外,为了充分发挥材料的塑性性能,满足内力重分布的需要,《规范》规定,在按塑性内力重分布计算结构构件的承载能力时,材料宜采用塑性性能较好的 HPB235 级和 HRB335 级钢筋。

(b) 适用范围

塑性计算法由于是按构件出现塑性铰的情况下建立起来的一种计算方法,采用此法设计出来的构件,在使用阶段的裂缝和挠度一般较大。因此,不是在任何情况下都采用塑性计算法。通常在下列情况下应按弹性理论计算方法进行设计:

ⓐ 直接承受动荷载作用的构件;

ⓑ 裂缝控制等级为一级或二级的构件;

ⓒ 采用无明显屈服台阶钢材配筋的构件。

楼盖中的连续板和次梁,无特殊要求,一般采用塑性计算。但主梁是楼盖中的重要构件,为了使其有较大的承载力储备,一般不考虑塑性内力重分布,而仍按弹性计算法计算。

10.1.4 连续板的计算与构造

连续板、梁的内力求得以后,即可以进行截面承载力计算。在一般情况下,如果连续板、梁截面尺寸能满足表 10.3 的要求,即可不进行变形和裂缝的计算,而仅需进行承载力计算即可。

(1) 板的计算特点

① 支撑在次梁的砖墙上的连续板,一般可按塑性理论方法计算。

② 板一般均能满足斜截面的受剪承载力,设计时可不进行抗剪承载力计算。

③ 板的计算宽度可取为 1 m,按单筋矩形截面进行截面配筋设计。设计时跨中截面和支座截面须分别进行计算,板内纵向受力钢筋的数量是根据各跨中、各支座截面处的最大正、负弯矩分别计算而得。当板的跨数超过 5 跨时,全部中间跨度均按第 3 跨的钢筋布置,全部中间支座均按第 3 支座的钢筋布置。如跨数未超过 5 跨,则按实际跨数考虑。

④ 在现浇楼盖中,有的板四周与梁整体连接。由于这种板在破坏前,在正、负弯矩作用下,会在支座上部和跨中下部产生裂缝,使板形成了一个具有一定矢高的拱,而板四周则成为具有抵抗横向位移能力的拱支座(图 10.16)。此时,板在竖向荷载作用下,一部分

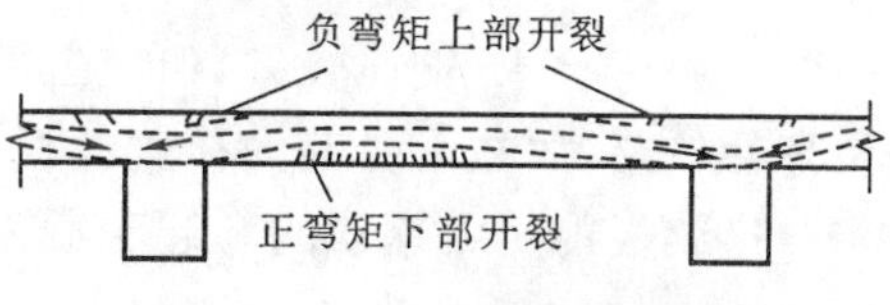

图 10.16 连续板的拱作用

荷载将通过拱的作用以压力的形式传至周边，与拱支座(梁)所产生的推力相平衡，从而可折减板中各计算截面的弯矩。为了考虑这种有利因素，一般规定，对于四周与梁整体连接的板的中间跨的跨中截面及中间支座截面，弯矩折减系数为 0.8，其它情况不予折减。

(2) 连续板的构造要求

受力钢筋的直径，在板内通常采用ф6、ф8、ф10、ф12。同时在整个板内，选用不同直径的钢筋，不宜超过两种，相互级差不小于 2 mm，以便识别。

受力钢筋的间距一般不小于 70 mm；当板厚 $h \leqslant 150$ mm 时，不应大于 200 mm；$h>150$ mm时，不应大于 $1.5h$，且不应大于 250 mm；伸入支座的下部钢筋，其间距不应大于 400 mm，截面面积不小于跨中受力钢筋截面面积的 1/3。

连续板中受力钢筋的布置方式常用的有弯起式和分离式两种，如图 10.17 所示。所谓弯起式，就是将跨中一部分钢筋(一般为 1/2～1/3，采用隔一弯一)在支座前弯起(弯起角度一般采用 30°)，作为承担支座负弯矩之用，如不足可另加直钢筋。所谓分离式，就是支座处所须承担负弯矩的钢筋，不是从跨中弯起，而是另外单独配置。板的钢筋一般采用 180°弯钩，但对于上部负弯矩钢筋，为保证施工时不致改变有效高度和位置，宜做成 90°直钩以便撑在模板上。

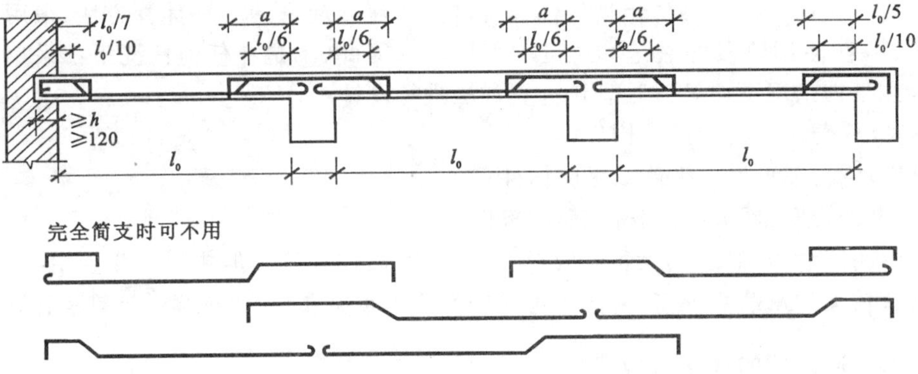

(a)

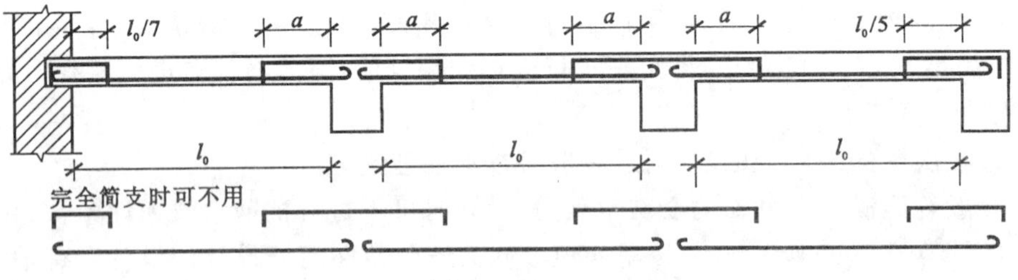

(b)

图 10.17 连续板中受力钢筋的布置方式

(a) 弯起式；(b)分离式

采用弯起式，钢筋较省，但施工不如分离式简便。分离式钢筋由于上、下钢筋之间无联系，整体性较差，故在承受动力荷载的板中不应采用。

连续板内受力钢筋的弯起和截断位置，一般按图 10.17 所示的构造要求处理。图中的 a 值，当$\frac{q}{g} \leqslant 3$ 时，$a=\frac{l_0}{4}$；当$\frac{q}{g}>3$ 时，$a=\frac{l_0}{3}$。g、q、l_0 分别为恒荷载、活荷载设计值和板的计算

跨度。但当板相邻跨度差超过20%，或各跨荷载相差太大时，则应按弯矩包络图和材料图来确定。

(3) 构造钢筋的配置

① 板的分布钢筋

分布钢筋按构造要求布置在受力筋的内侧(与受力钢筋垂直)，在受力钢筋的弯折处也应设置。单向板内单位长度上分布钢筋的截面面积，不应小于单位长度上受力钢筋截面面积的15%，且不宜小于该方向板截面面积的0.15%，其间距不应大于250 mm，直径不宜小于6 mm。对集中荷载较大的情况或经常处于较大温度变化中的板，分布钢筋可适当增加。

② 嵌入墙内的板面附加钢筋

嵌固在承重砖墙内的板，在板面附近会产生负弯矩，故可能沿墙边缘在板面引起裂缝，为了避免这种裂缝产生，应沿承重墙边缘配置间距不大于200 mm，直径不小于8 mm的构造钢筋(包括弯起钢筋在内)，其伸出墙边的长度不应小于$l_1/7$，见图10.18(l_1为单向板的短边跨度)。同时，对于两边均嵌固在墙内的板角部分，考虑其向上翘起的趋势受到墙体的约束，使板角上部产生垂直于板的对角线的板面裂缝，故应双向配置5ф8的构造钢筋，伸出墙边的长度不应小于$l_1/4$。

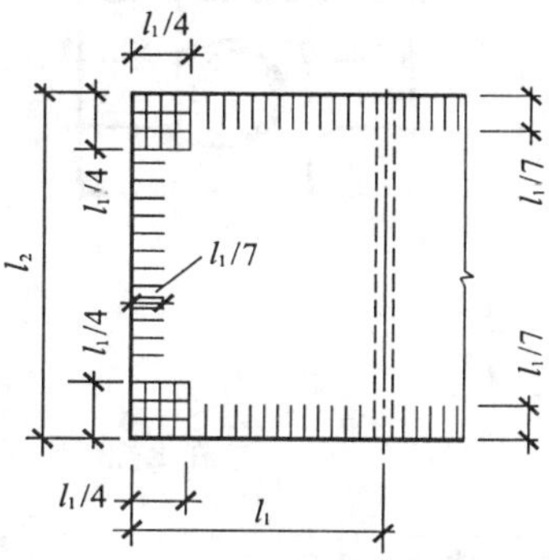

图10.18 板嵌固在承重墙内时板边构造钢筋配筋图

③ 垂直于主梁的板面构造钢筋

在单向板中，受力钢筋是垂直次梁、平行主梁配置的，因此板与次梁连接较好，板与主梁连接较差。事实上，板与主梁连接处也会存在一定的负弯矩(因为板上有部分荷载会直接传到主梁上)，为了避免此处产生过大的裂缝，在主梁上部的板内配置垂直于主梁的构造钢筋。其间距不应大于200 mm，其直径不应小于8 mm，且单位长度内的总截面面积不应小于板中单位长度内受力钢筋截面面积的1/3，伸入板中的长度从主梁肋边算起，每边不应小于板计算跨度l_0的1/4，如图10.19所示。

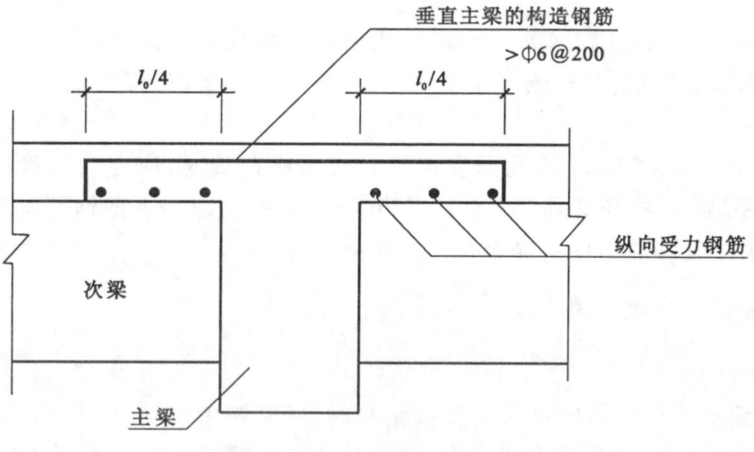

图10.19 板与主梁连接的构造钢筋

有的楼板根据使用要求需要开设孔洞，其构造可按下列方法处理：

① 当 b(或 d)≤300 mm 时(b 为方形孔洞垂直于板跨方向的跨度,d 为圆形孔洞的直径),可不设附加钢筋,板内受力钢筋也不必切断,可绕过孔洞边放置,见图 10.20(a)。

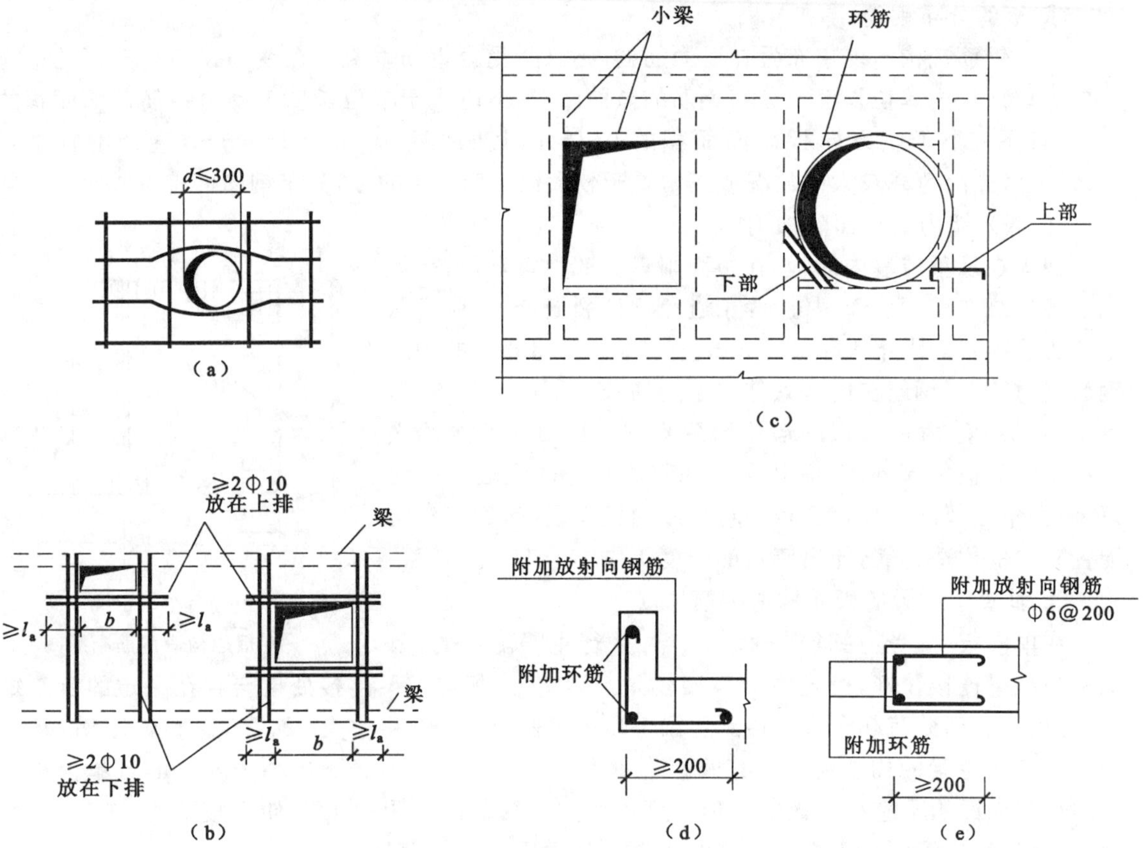

图 10.20 板上开洞的配筋方法

② 当 300 mm≤b(或 d)≤1000 mm 时,应沿周边加设附加钢筋,其截面面积不小于被空洞切断的受力钢筋总面积,且每侧不小于 2Φ10,并布置在被切断的主筋同一水平面上,见图 10.20(b)。

③ 当 b(或 d)>1000 mm 或孔洞周边有较大集中荷载时,应在洞边设肋梁,见图 10.20(c)。对于圆形孔洞,板中还必须配置图 10.20(c)所示的上部和下部钢筋及图 10.20(d)、(e)所示的洞口附加环筋和放射向钢筋。

10.1.5 次梁的计算与构造

(1) 次梁的计算

① 按正截面抗弯承载力确定纵向受拉钢筋时,通常跨中按 T 形截面计算,其翼缘宽度 b_f' 按第 3 章有关规定采用;支座因翼缘位于受拉区,按矩形截面计算。

② 按斜截面抗剪承载力确定抗剪腹筋。当荷载、跨度较小时,一般只利用箍筋抗剪;当荷载、跨度较大时,可在支座附近设置弯起钢筋,以便减少箍筋用量。

③ 截面尺寸满足高跨比$\frac{1}{18}\sim\frac{1}{12}$和宽高比$\frac{1}{3}\sim\frac{1}{2}$的要求时，一般不必作使用阶段的挠度和裂缝宽度验算。

(2) 次梁的构造要求

① 次梁的钢筋组成及布置可参考图 10.21。次梁伸入墙内的长度一般应不小于240 mm。

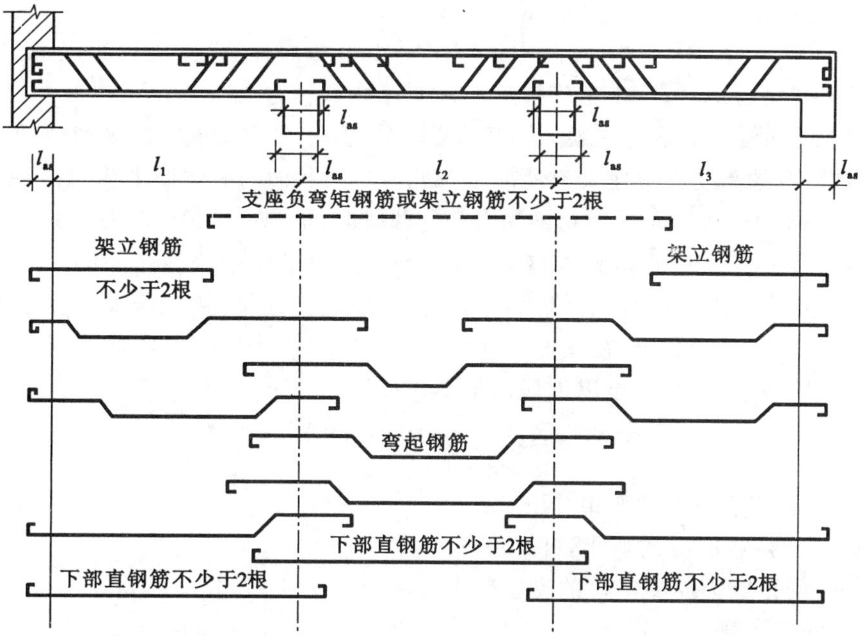

图 10.21　次梁的钢筋组成及布置

② 当次梁相邻跨度相差不超过 20%，且均布恒荷载与均布活荷载设计值之比$\frac{p}{g}\leqslant 3$ 时，其纵向受力钢筋的弯起和切断可按图 10.22 进行。否则应按弯矩包络图确定。

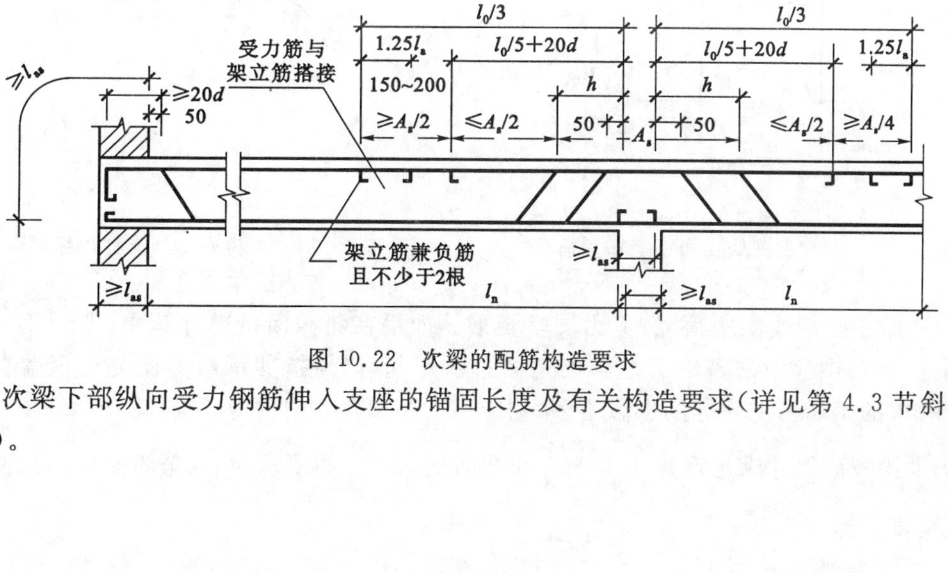

图 10.22　次梁的配筋构造要求

③ 次梁下部纵向受力钢筋伸入支座的锚固长度及有关构造要求(详见第 4.3 节斜截面构造要求)。

10.1.6　主梁的计算与构造

(1) 主梁的计算

① 主梁内力计算通常按弹性理论方法进行,不考虑内力塑性重分布。

② 主梁除自重外,主要承受由次梁传来的集中荷载,计算时,可不考虑次梁的连续性,为了简化计算,可将主梁的自重折算成集中荷载计算。

③ 正截面设计时与次梁相同,跨中正弯矩按 T 形截面计算,支座负弯矩则按矩形截面计算。当跨中出现负弯矩时,跨中也应按矩形截面计算。

④ 由于支座处板、次梁和主梁的钢筋重叠交错,且主梁负筋位于次梁和板的负筋之下(图 10.23),故截面有效高度在支座处有所减小。此时主梁截面的有效高度应取:当主梁受力筋为一排时 $h_0=h-(50\sim60)$ mm;当主梁受力筋为两排时 $h_0=h-(80\sim90)$ mm。

⑤ 由于主梁一般按弹性法计算内力,计算跨度是取支座中心线之间的距离,计算所得的支座弯矩其位置是在支座中心处,但此处因与柱支座整体连接,梁的截面高度显著增大,故并不危险。最危险的支座截面应在支座边缘处,见图 10.24。因此,支座截面配筋的计算,应取支座边缘的弯矩 M'_b,M'_b的值可以近似地按下式计算

$$M'_b = M_b - V_0 \times \frac{b}{2} \tag{10.10}$$

式中　M'_b——支座边缘处的弯矩,N·mm;

M_b——支座中心处的弯矩,N·mm;

V_0——视该跨为简支梁时的支座剪力,N;

b——支座宽度,mm。

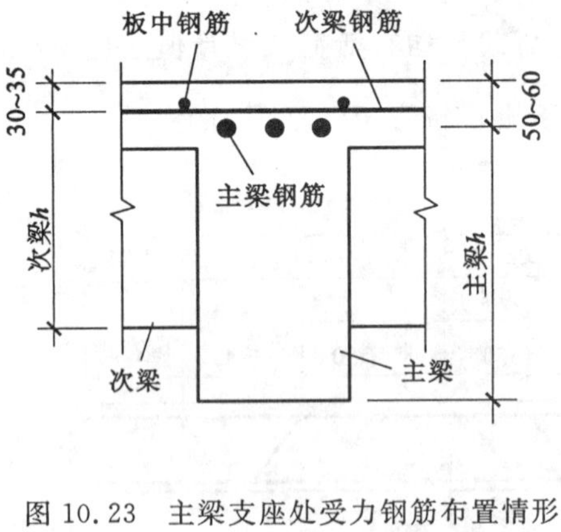

图 10.23　主梁支座处受力钢筋布置情形

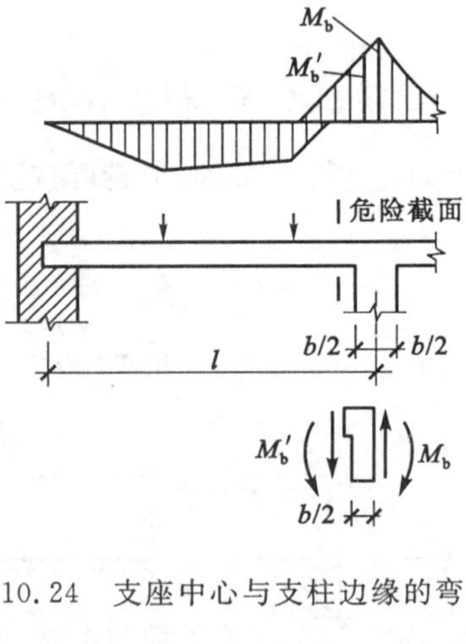

图 10.24　支座中心与支柱边缘的弯矩

⑥ 主梁主要承受集中荷载,剪力图呈矩形。如果在斜截面抗剪计算中,要利用弯起钢筋抵抗部分剪力,则应考虑跨中有足够的钢筋可供弯起,以使抗剪承载力图完全覆盖剪力包络图。若跨中的钢筋可供弯起的根数不多,则应在支座设置专门抗剪鸭筋(图 10.25)。

⑦ 主梁截面尺寸满足高跨比$\frac{1}{14}\sim\frac{1}{8}$和宽高比$\frac{1}{3}\sim\frac{1}{2}$的要求时,一般不必作使用阶段挠度和裂缝宽度验算。

(2) 主梁的构造要求

① 主梁钢筋的组成及布置可参考图 10.25。主梁伸入墙内的长度一般不小于 370 mm。

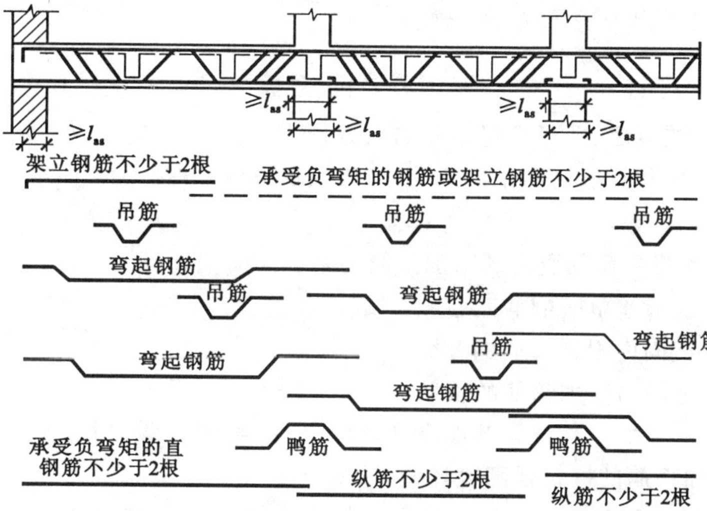

图 10.25　主梁配筋构造要求

② 主梁纵向受力钢筋的弯起和截断，原则上应通过在弯矩包络图上作抵抗弯矩图确定，并应满足有关构造要求(详见第 4.3 节斜截面构造要求)。

③ 主梁下部纵向受力钢筋深入支座的锚固长度应满足有关构造要求(详见第 4.3 节斜截面构造要求)。

④ 在次梁与主梁相交处，由于主梁承受由次梁传来的集中荷载，其腹部可能出现斜裂缝，并引起局部破坏，见图 10.26(a)。因此，《规范》规定应在集中荷载附近 $s=2h_1+3b$ 的长度范围内设置附加横向钢筋(吊筋、箍筋)，以便将全部集中荷载传至梁的上部，见图 10.26(b)与图 10.26(c)。

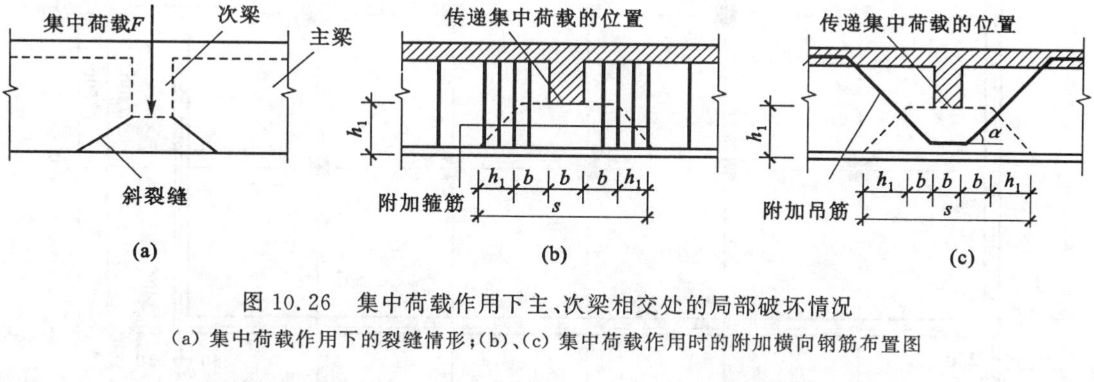

图 10.26　集中荷载作用下主、次梁相交处的局部破坏情况

(a) 集中荷载作用下的裂缝情形；(b)、(c) 集中荷载作用时的附加横向钢筋布置图

第一道附加箍筋离次梁边 50 mm。如集中力全部由附加箍筋承受，则所需附加箍筋截面的总面积为

$$A_{sv}=\frac{F}{f_{yv}} \tag{10.11}$$

当选定附加箍筋的直径和肢数后，由上式 A_{sv} 即可求出 s 范围内附加箍筋的根数。

当集中力 F 全部由吊筋承受，其总截面面积

$$A_{sb}\geqslant\frac{F}{2f_y\sin\alpha} \tag{10.12}$$

当吊筋的直径选定后，即可求得吊筋的根数。

如集中力同时由附近箍筋和吊筋承受时，应满足下列条件

$$F\leqslant 2f_{yv}A_{sb}\sin\alpha+mnA_{sv1}f_{yv} \tag{10.13}$$

式中 A_{sb}——承受集中荷载所需的附加吊筋的总截面面积，mm^2；

A_{sv1}——附加箍筋单肢的截面面积，mm^2；

n——同一截面内附加箍筋的肢数；

m——在 s 范围内附加箍筋的根数；

F——作用在梁的下部或梁截面高度范围内的集中荷载设计值，N；

f_{yv}——附加箍筋的抗拉强度设计值，N/mm^2；

α——附加吊筋弯起部分与梁轴线间的夹角，一般取 45°，如梁高 $h>800$ mm，取 60°。

10.1.7 单向板肋梁楼盖设计实例

【例 10.2】 某多层工业房屋钢筋混凝土现浇楼盖平面如图 10.27 所示。设计资料：楼面做法为 20 mm 厚水泥砂浆面层，钢筋混凝土现浇板，12 mm 厚纸筋石灰板底粉刷。楼面均布荷载标准值 $q_k=8\ kN/m^2$，层高 4.5 m，采用混凝土强度等级为 C30，板中钢筋为 HPB235，梁中纵向受力钢筋为 HRB335，其它钢筋为 HPB235 钢筋。

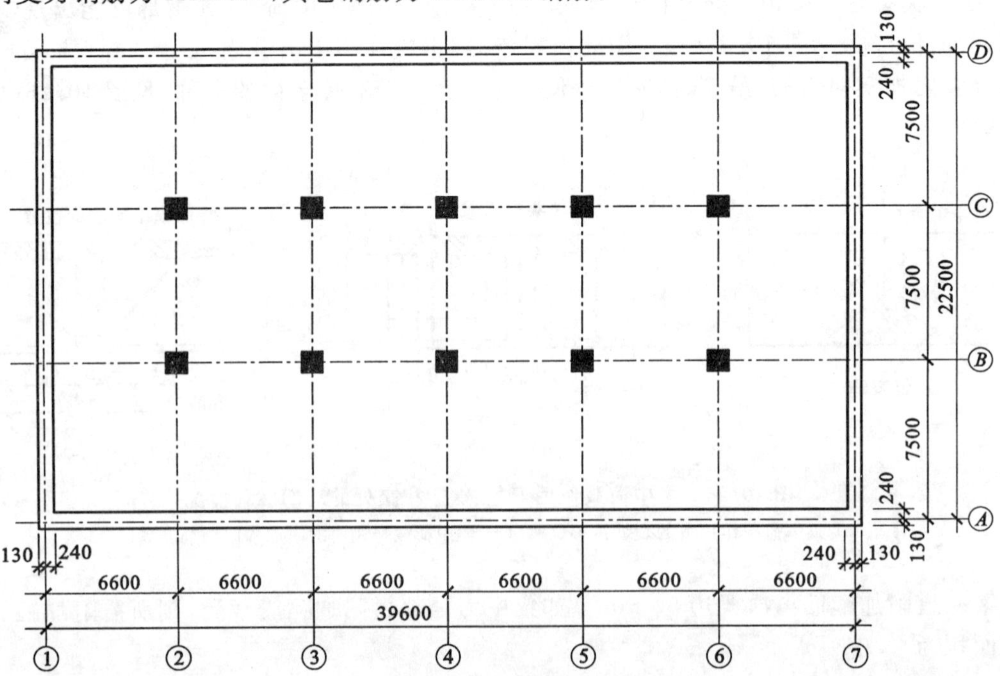

图 10.27 楼盖平面图

【解】

(1) 楼盖梁格布置及截面尺寸

① 梁格布置如图 10.28 所示。

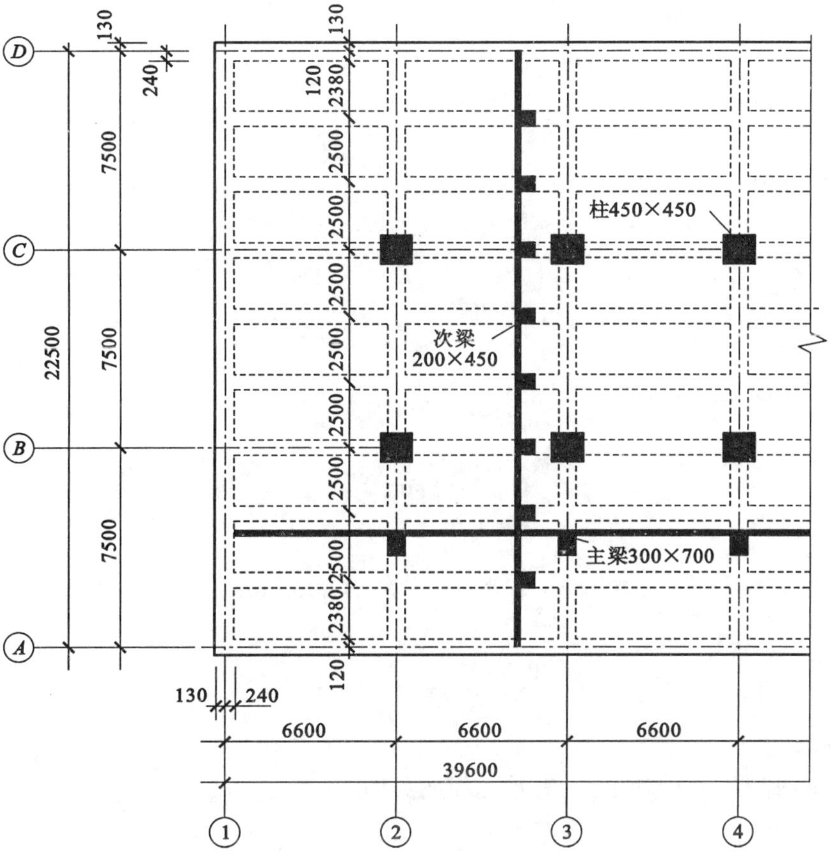

图 10.28 结构平面图

② 截面尺寸

板厚:取 $h=80$ mm,$\frac{l_0}{40}=\frac{2500}{40}=62.5$ mm(板按考虑塑性内力重分布设计)

次梁

$$h=\left(\frac{1}{18}\sim\frac{1}{12}\right)l_0=\left(\frac{1}{18}\sim\frac{1}{12}\right)\times 6600=351\sim 550\ \text{mm}$$

取 $h=450$ mm,$b=200$ mm。

主梁

$$h=\left(\frac{1}{14}\sim\frac{1}{8}\right)l_0=\left(\frac{1}{14}\sim\frac{1}{8}\right)\times 7500=575\sim 937\ \text{mm}$$

取 $h=700$ mm,$b=300$ mm。

(2) 楼板设计(按考虑塑性内力重分布计算方法设计)

① 荷载计算

20 mm 水泥砂浆面层重

$$1.2\times20\times0.02=0.48\ \text{kN/m}^2$$

80 mm 钢筋混凝土板重

$$1.2\times25\times0.08=2.4\ \text{kN/m}^2$$

12 mm 纸筋石灰粉底重

$$1.2\times16\times0.012=0.23\ \text{kN/m}^2$$

恒荷载设计值

$$g=3.11\ \text{kN/m}^2$$

活荷载设计值

$$q=1.3\times8.0=10.4\ \text{kN/m}^2$$

总荷载设计值

$$g+q=13.51\ \text{kN/m}^2$$

② 计算简图

板的计算跨度见图 10.29(a)。

边跨

$$l_0=l_n+\frac{h}{2}=2160+\frac{80}{2}=2200\ \text{mm}$$

中间跨

$$l_0=l_n=2500-200=2300\ \text{mm}$$

跨度差

$$\frac{(2300-2200)}{2200}=4.8\%<10\%$$

可按等跨计算。

取 1 m 宽板带作为计算单元，其计算简图见图 10.29(b)。

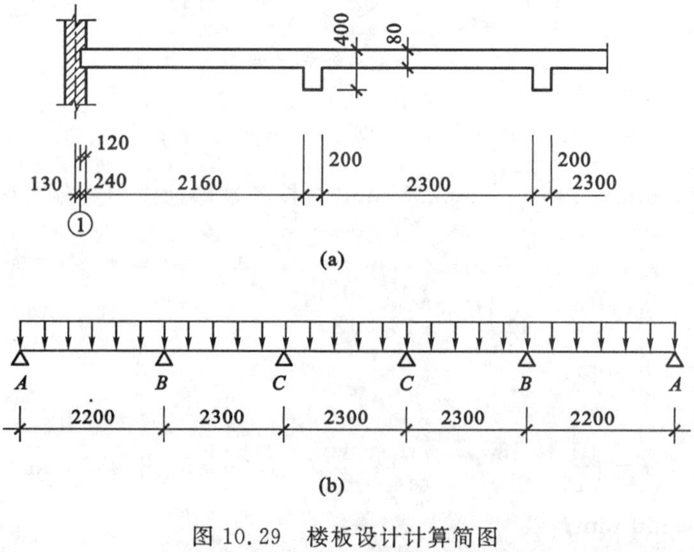

图 10.29 楼板设计计算简图

(a) 板的计算跨度；(b) 板的计算简图

③ 弯矩设计值

边跨跨中

$$M_1=\frac{1}{11}(q+g)l_0^2=\frac{1}{11}\times 13.51\times 2.2^2=5.94\ \text{kN}\cdot\text{m}$$

第一内支座

$$M_B=-\frac{1}{14}(q+g)l_0^2=-\frac{1}{14}\times 13.51\times 2.3^2=-5.11\ \text{kN}\cdot\text{m}$$

中间跨中及中间支座

$$M_2=M_3=-M_c=\frac{1}{16}(q+g)l_0^2=\frac{1}{16}\times 13.51\times 2.3^2=4.47\ \text{kN}\cdot\text{m}$$

④ 配筋计算

$b=1000$ mm，$h=80$ mm，$h_0=80-20=60$ mm，$f_c=14.3\ \text{N/mm}^2$，$f_y=210\ \text{N/mm}^2$。

计算过程见表 10.4。因板的内区格四周与梁整体连接，故其弯矩设计值可降低 20%，计算结果列于表括号内，板中受力钢筋的配置情况也列于表中，配筋图见图 10.30。

表 10.4　板的配筋计算

截　面		第一跨中	支座 B	第二、三跨中	支座 C
弯矩设计值(N·mm)		5940000	−5110000	4470000 (3580000)	−4470000 (−3580000)
$\alpha_s=\frac{M}{\alpha_1 f_c b_f' h_0^2}$		0.126	0.099	0.087 (0.070)	0.087 (0.070)
ξ		0.123<0.35	0.104	0.091 (0.073)	0.091 (0.073)
$A_s=\frac{\xi\alpha_1 f_c b h_0}{f_y}$(mm²)		503	425	372 (298)	372 (298)
选配钢筋	①～②、⑤～⑥轴线	Φ8@100 (503mm²)	Φ8@100 (503mm²)	Φ8@130 (387mm²)	Φ8@130 (387mm²)
	②～③、③～④、④～⑤轴线	Φ8@100 (503mm²)	Φ8@100 (503mm²)	Φ8@160 (314mm²)	Φ8@160 (314mm²)

注：②～⑤轴线板四周均与梁整体连接，考虑板的内拱作用，中间跨中和中间支座的计算弯矩均可减少 20%。实际板带中间各跨跨中配筋与第二跨跨中配筋相同。

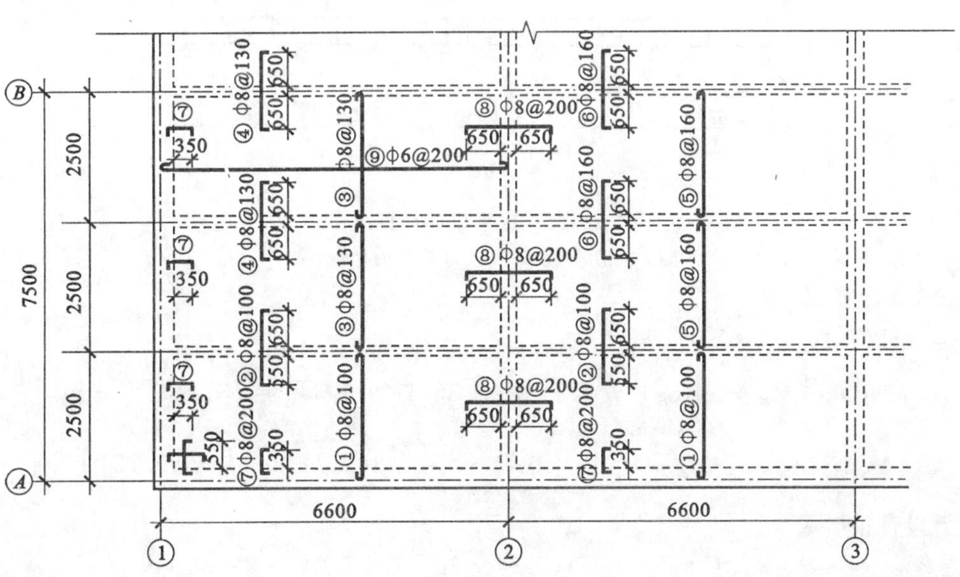

图 10.30　板的配筋图

(3) 次梁设计(按考虑塑性内力重分布计算法设计)

① 荷载计算

板传来的恒荷载设计值:3.11×2.5=7.775 kN/m

次梁自重设计值:1.2×25×0.2×(0.45−0.08)=2.22 kN/m

次梁粉刷重设计值:1.2×16×(0.45−0.08)×0.012×2=0.17 kN/m

恒荷载总设计值:g=10.17 kN/m

活荷载设计值:q=10.4×2.5=26 kN/m

总荷载设计值:$g+q$=10.17+26=36.17 kN/m

② 计算简图

取主梁截面为 300 mm×700 mm,则计算跨度为:

边跨
$$l_0=l_n+\frac{a}{2}=6210+\frac{240}{2}=6330\ \text{mm}$$
$$<1.025l_n=1.025\times6210=6365\ \text{mm}$$

取 l_0=6330 mm。

中间跨
$$l_0=l_n=6600-300=6300\ \text{mm}$$

边跨和中间跨的跨度差$\frac{6.33-6.3}{6.3}$=0.48%<10%,可按等跨连续梁计算。

次梁计算简图见图 10.31。

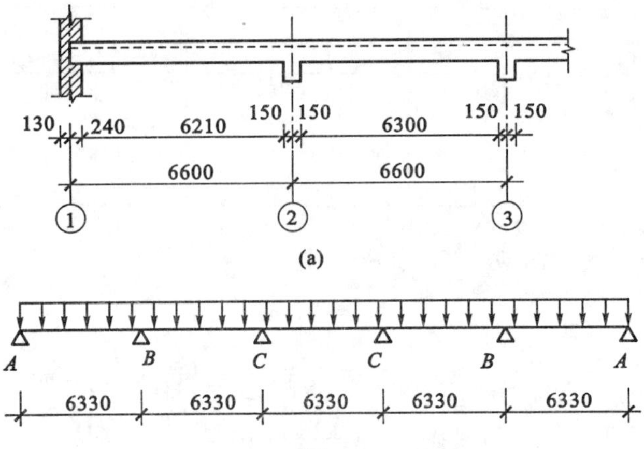

图 10.31 次梁设计计算简图

(a) 次梁的计算跨度;(b) 次梁的计算简图

③ 内力计算

弯矩设计值

$$M_1=-M_B=\frac{1}{11}(g+q)l_0^2=\frac{1}{11}\times36.17\times6.33^2=131.75\ \text{kN}\cdot\text{m}$$

$$M_2=M_3=-M_c=\frac{1}{16}(g+q)l_0^2=\frac{1}{16}\times36.17\times6.3^2=89.724\ \text{kN}\cdot\text{m}$$

剪力设计值

$$V_A=0.4(g+q)l_n=0.4\times36.17\times6.21=89.85\ \text{kN}$$

$$V_{Bl} = 0.6(g+q)l_n = 0.6 \times 36.17 \times 6.21 = 134.77 \text{ kN}$$

$$V_{Br} = -V_{Cl} = 0.5(g+q)l_n = 0.5 \times 36.17 \times 6.3 = 113.94 \text{ kN}$$

④ 正截面受弯承载力计算

支座截面按矩形截面 $b \times h = 200 \text{ mm} \times 450 \text{ mm}$ 计算，跨中截面按 T 形截面计算，其受压翼缘计算宽度取下面的较小值为：

边跨 $$b_f' = \frac{l_0}{3} = \frac{6330}{3} = 2110 \text{ mm}$$

$$< b + s_0 = 200 + 2300 = 2500 \text{ mm}$$

中间跨 $$b_f' = \frac{l_0}{3} = \frac{6300}{3} = 2100 \text{ mm}$$

故取 $b_f' = 2100$ mm。

梁高 $h = 450$ mm，支座、跨中均按布置一排纵筋考虑，故均取 $h_0 = 450 - 35 = 415$ mm，跨中 $h_f' = 80$ mm。

判别 T 形截面类型

$$\alpha_1 f_c b_f' h_f' \left(h_0 - \frac{h_f'}{2}\right) = 1.0 \times 14.3 \times 2100 \times 80 \times \left(415 - \frac{80}{2}\right) = 900.9 \times 10^6 \text{ N/mm} = 900.9 \text{ kN/m}$$

与上计算弯矩值比较可知，各跨中截面均属于第一类截面，具体计算过程及实际配筋见表 10.5。

表 10.5 次梁正截面承载力计算

截　面	1	B	2	C
弯矩设计值(kN·m)	131.75	−131.75	89.724	−89.724
$\alpha_s = \frac{M}{\alpha_1 f_c b_f' h_0^2}$	($b_f'=2100$)=0.025	($b_f'=b=200$)=0.267	($b_f'=2100$)=0.017	($b_f'=b=200$)=0.182
ξ	0.025	0.3157<0.35	0.017	0.2025
$A_s = \frac{\xi \alpha_1 f_c b_f' h_0}{f_y}$ (mm²)	1038	1249	706	801
配　筋	2Φ22(直) +1Φ18(弯)	2Φ25(直) +1Φ18(弯)	2Φ18(直) +1Φ18(弯)	2Φ20(直) +1Φ18(弯)
实配 A_s(mm²)	1014	1236	763	882

⑤ 斜截面承载力计算

验算截面尺寸： $$h_w = h_0 - h_1 = 415 - 80 = 335 \text{ mm}$$

$$\frac{h_w}{b} = \frac{335}{200} = 1.675 < 4$$

$$\frac{V_{Bl}}{\beta_c f_c b h_0} = \frac{134.77 \times 10^3}{1.0 \times 14.3 \times 200 \times 415} = 0.113 < 0.25 \text{ 且} > 0.1$$

截面尺寸满足要求，但需按计算配置箍筋。

现选用Φ6 双肢箍 $A_{sv} = 2 \times 28.3 = 56.6 \text{ mm}^2$，则

$$s = \frac{1.25 f_{yv} A_{sv} h_0}{V_{Bl} - 0.7 f_t b h_0} = \frac{1.25 \times 210 \times 56.6 \times 415}{134770 - 0.7 \times 1.43 \times 200 \times 415} = 119.3 \text{ mm}$$

取 $s = 100 \text{ mm} < s_{max} = 200$ mm。

$$\rho_{sv}=\frac{A_{sv}}{bs}=\frac{56.6}{200\times100}\times100\%=0.28\%>\rho_{sv,min}=\frac{0.24f_t}{f_{yv}}\times100\%=0.24\times\frac{1.43}{210}\times100\%=0.163\%$$

满足最小配筋率要求。同理采用表 10.6 可求得中间跨选用双肢箍筋也能满足要求。

表 10.6 次梁斜截面承载力计算

截面	A	B(左)	B(右)	C
V(N)	89850	134770	113940	113940
$0.7f_tbh_0$(N)	83083<V	83083<V	83083<V	83083<V
箍筋直径、肢数	2Φ6	2Φ6	2Φ6	2Φ6
$A_{sv}=nA_{sv1}$(mm²)	2×28.3=56.6	56.6	56.6	56.6
$s=\frac{1.25f_{yv}A_{sv}h_0}{V-0.7f_tbh_0}$(mm)	911	119	200	200
实配箍筋间距(mm)	100	100	200	200

此次梁配筋示意图见图 10.32。

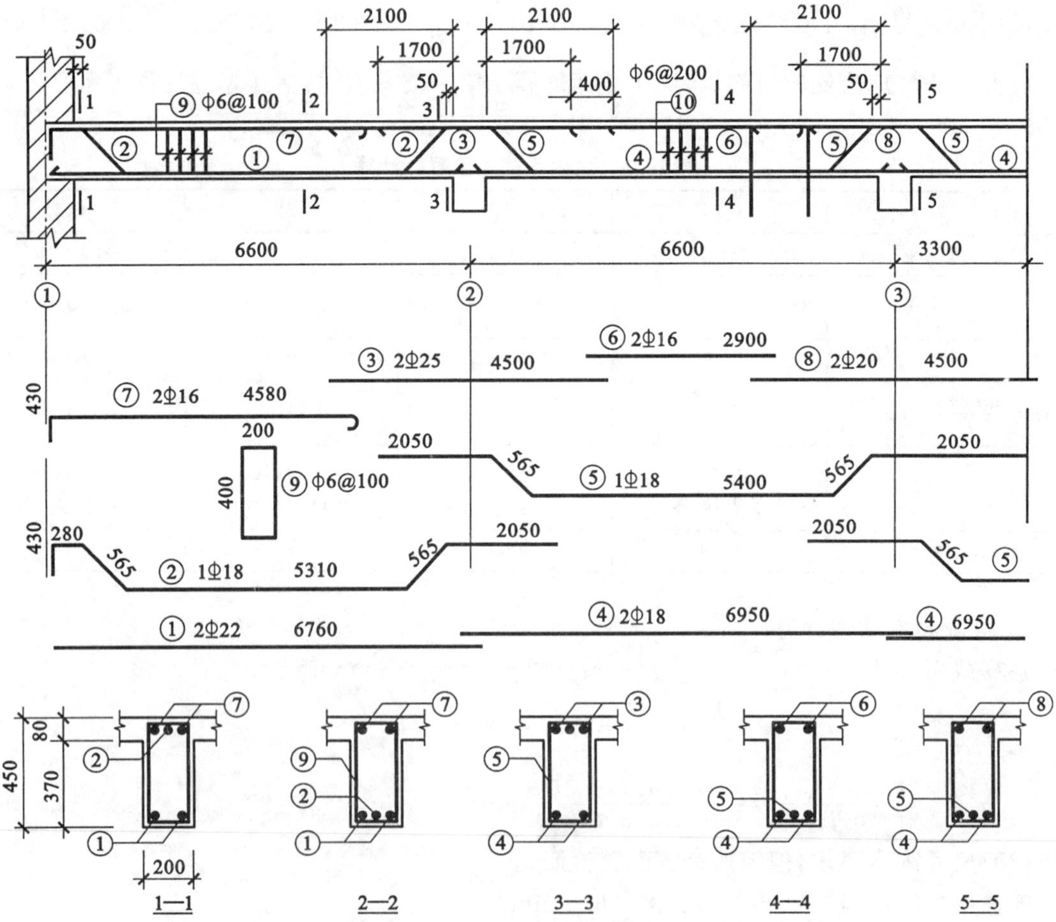

图 10.32 次梁的配筋图

(4) 主梁设计(主梁按弹性理论计算)

① 荷载及计算简图(主梁自重按集中荷载考虑)

次梁传来的集中荷载:	10.17×6.6=67.122 kN
主梁自重:	1.2×25×0.3×(0.7−0.08)×2.5=13.95 kN
主梁粉刷重:	1.2×16× 0.012×(0.7−0.08)× 2× 2.5=0.714 kN
恒荷载设计值	G=81.786 kN
活荷载设计值	Q =26×6.6=171.60 kN
设计总荷载	$G+Q$=253.40 kN

由于主梁线刚度比钢筋混凝土柱的线刚度大许多倍,因此主梁中间支座按铰支座考虑。主梁梁端支撑在砖壁柱上,其支撑长度为 370 mm。

主梁的跨度分别为:

边跨 $l_0=l_n+\frac{a}{2}+\frac{b}{2}=7060+\frac{370}{2}+\frac{400}{2}=7445$ mm

$$l_0=1.025l_n+\frac{b}{2}=1.025\times7060+200=7437\ \text{mm}$$

取较小值 $l_0=7437$ mm,中间跨 $l_0=7500$ mm。

因各跨跨度相差小于 10%,故可按等跨连续的弯矩及剪力系数计算内力。计算简图示于图 10.33。

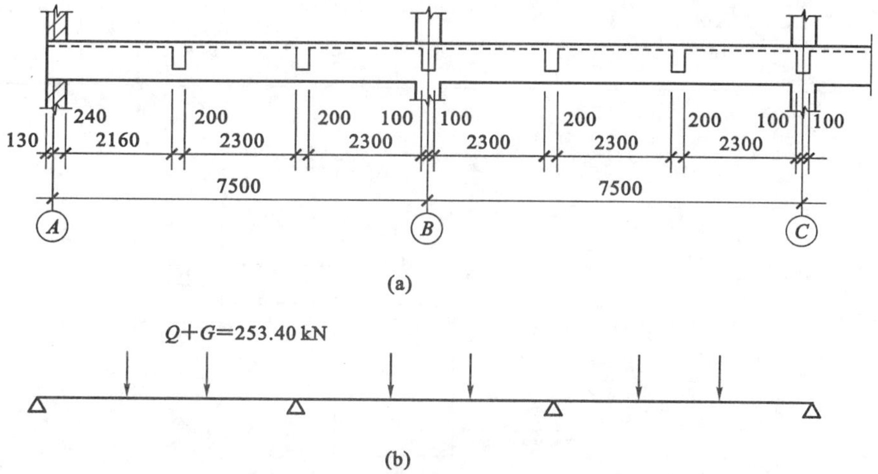

图 10.33 主梁设计计算简图

(a) 主梁的计算跨度;(b) 主梁的计算简图

② 内力计算

弯矩和剪力的计算公式为

$$M=k_1Gl_0+k_2Ql_0 \qquad V=k_1G+k_2Q$$

从本章附表 10.1 可查得各种荷载布置情况下的内力系数 k,主梁的内力计算结果及最不利内力组合见表 10.7。

按此绘出的弯矩和剪力包络图见图 10.34。

③ 主梁正截面承载力计算

支座按矩形截面(300 mm×700 mm)计算。跨中按 T 形截面计算,其翼缘计算宽度

$$b'_f=\frac{l_0}{3}=\frac{7500}{3}=2500<b+s_0=300+6300=6900\ \text{mm}$$

取 $b'_f=2500$ mm。

表 10.7　主梁的内力计算

荷载简图	弯矩(kN·m)			剪力(kN)		
	k/M_1	k/M_B	k/M_2	k/V_A	k/V_{Bl}	k/V_{Br}
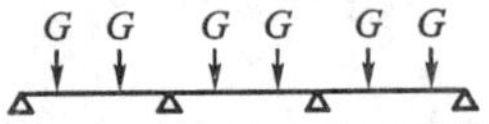	0.244 148.41	−0.267 −163.09	0.067 41.10	0.733 59.95	−1.267 −103.62	1.000 81.786
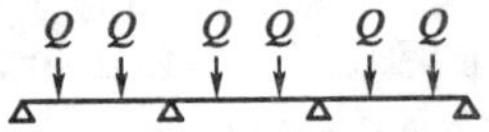	0.244 311.39	−0.267 −342.19	0.067 86.23	0.733 125.78	−1.267 −217.42	1.000 171.60
	0.289 368.82	−1.333 −170.45	0.133 −171.17	0.866 148.61	−1.134 −194.60	—
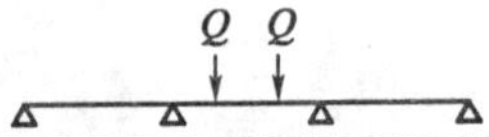	—	−1.333 −170.45	0.200 257.40	−0.133 −22.82	−0.133 −22.82	1.000 171.60
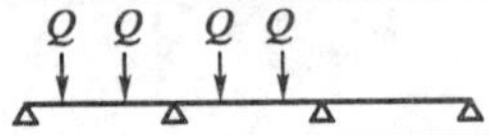	0.229 292.25	−0.311(0.089) −398.58(114.06)	0.170 218.79	0.689 118.23	−1.311 −224.97	1.222 209.70
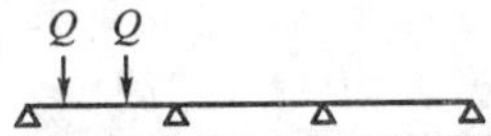	0.274 349.68	−0.178 −227.16	0.822 1.353	0.822 141.06	−1.178 −202.15	0.222 38.10
组合项次　M_{max}(kN·m) $-M_{min}$(kN·m) V_{max}(kN) $-V_{min}$(kN)	①+③ 517.23	①+⑤ −561.6 ①+⑤ −277.15	①+④ 298.50 ①+③ −130.07	①+③ 208.59	①+⑤ −328.59	①+⑤ 291.49

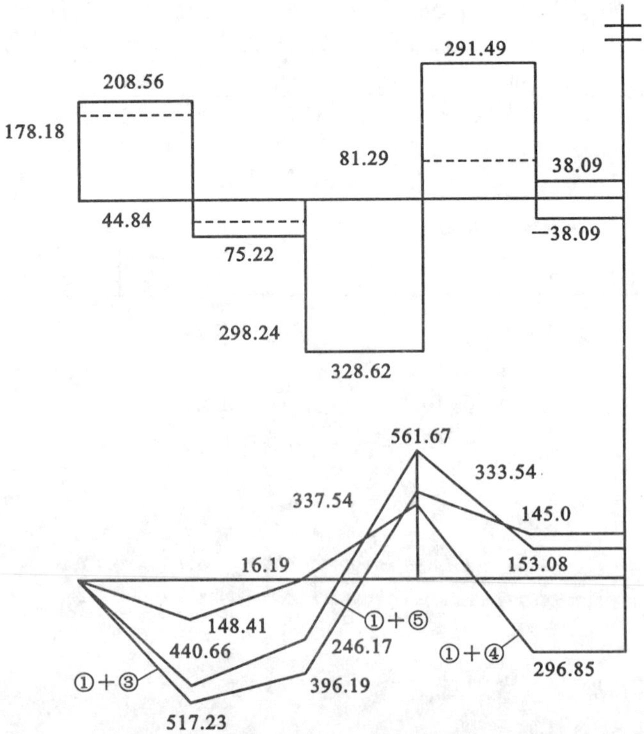

图 10.34　主梁的弯矩包络图和剪力包络图

因弯矩较大，两排布筋：

支座

$$h_0 = h - 80 = 700 - 80 = 620\ \text{mm}$$

跨中

$$h_0 = h - 60 = 700 - 60 = 640\ \text{mm}$$

判别 T 形截面类型

$$\alpha_1 f_c b_f' h_f' \left(h_0 - \frac{h_f'}{2}\right) = 1.0 \times 14.3 \times 2500 \times 80 \times \left(640 - \frac{80}{2}\right)$$

$$= 1716 \times 10^6\ \text{N} \cdot \text{mm} > M_{max} = 561.60 \times 10^6\ \text{N} \cdot \text{mm}$$

显然各跨中截面均属于第一类截面。

正截面承载力计算见表 10.8。

表 10.8 主梁正截面承载力计算

截　面	边跨跨中	B、C 支座	中跨跨中	
M(kN·m)	517.23	−561.67	298.50	−130.07
$M - \frac{V_0 b}{2}$(kN·m)	—	−512.38	—	—
$b_f' h_0$ 或 bh(mm)	2500×640	300×620	2500×640	300×640
$\alpha_s = \frac{M}{\alpha_1 f_c b_f'(b) h_0^2}$	0.035	0.311	0.020	0.074
ξ	0.036	0.395	0.019	0.07
$A_s = \frac{\xi \alpha_1 f_c b h_0}{f_y}$(mm²)	2746	3502	1505	666
配　筋	4Φ25+ 2Φ22(右弯)	4Φ25+2Φ22(左弯) +2Φ22(右弯)	2Φ22+ 2Φ22(左弯)	2Φ22
实配 A_s(mm²)	2724	3484	1520	760

④ 主梁斜截面承载力计算

验算截面尺寸　$\frac{h_w}{b} = \frac{h_0 - h_f'}{b} = \frac{620 - 80}{300} = 1.8 < 4$

边跨　$\frac{V_{Bl}}{\beta_c f_c b h_0} = \frac{328.59 \times 10^3}{1.0 \times 14.3 \times 300 \times 620} = 0.124 < 0.25$ 且 > 0.1

中间跨　$\frac{V_{Br}}{\beta_c f_c b h_0} = \frac{291.49 \times 10^3}{1.0 \times 14.3 \times 300 \times 620} = 0.110 < 0.25$ 且 > 0.1

截面尺寸符合要求，需按计算配置腹筋。

按构造要求，采用φ8@150 双肢箍，则

$$\rho_{sv} = \frac{A_{sv}}{bs} \times 100\% = \frac{2 \times 50.3}{300 \times 150} \times 100\% = 0.223\% > \rho_{sv,min} = 0.24 \frac{f_t}{f_{yv}} \times 100\%$$

$$= 0.24 \times \frac{1.43}{210} \times 100\% = 0.163\%$$

$$V_{cs} = 0.7 f_t b h_0 + \frac{f_{yv} n A_{sv1} h_0}{s} = 0.7 \times 1.43 \times 300 \times 620 + \frac{210 \times 2 \times 50.3 \times 620}{150}$$

$$= 273.5\ \text{kN}$$

$V_A < V_{cs}$，　$V_{Bl} > V_{cs}$，　$V_{Br} > V_{cs}$

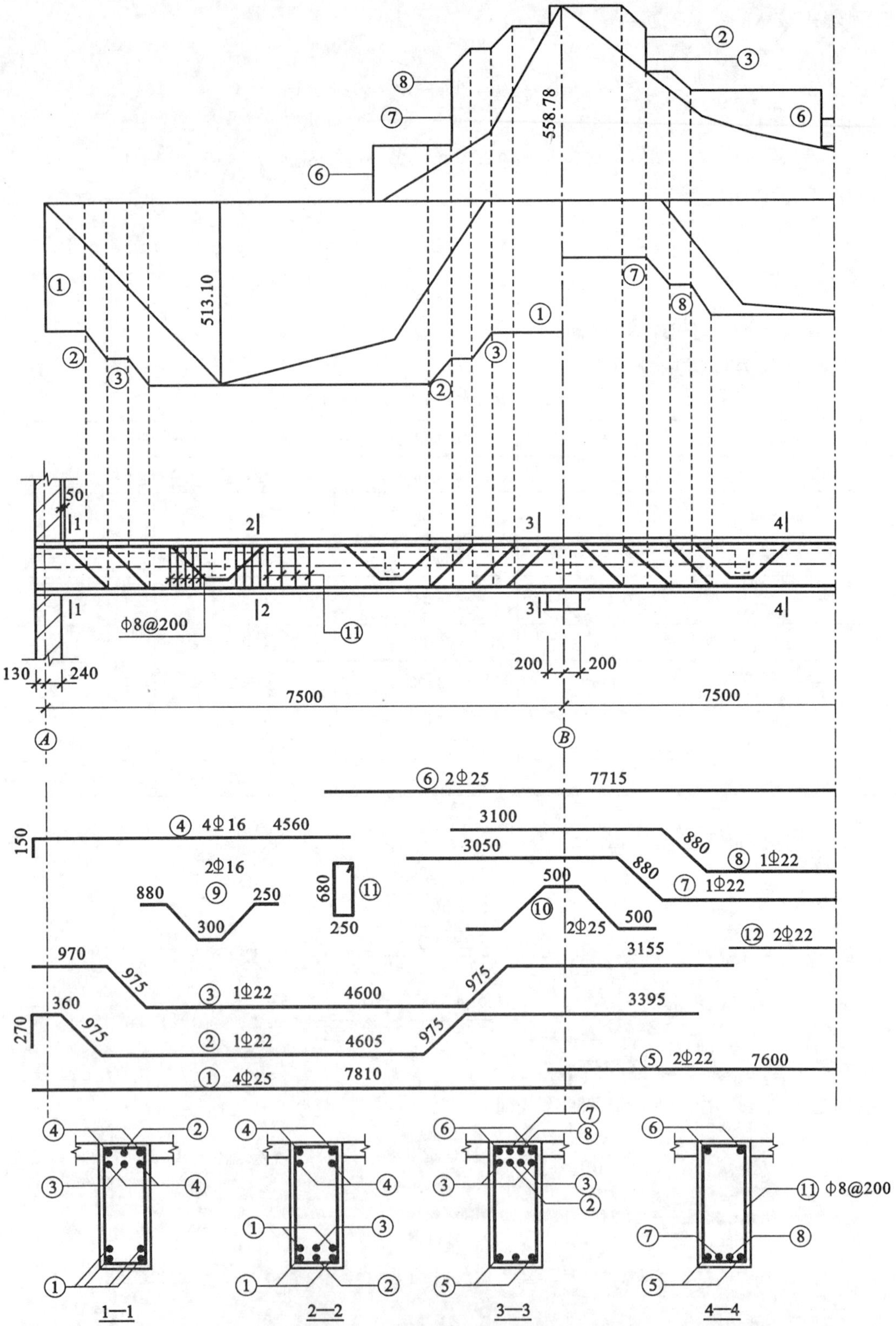

图 10.35　主梁的抵抗弯矩图和配筋图

因此，B 支座左右两边均需配置弯起钢筋。

B 支座左侧

$$A_{sb,l}=\frac{V_{Bl}-V_{cs}}{0.8f_y\sin45^\circ}=\frac{328590-273500}{0.8\times300\times0.707}=325\ \text{mm}^2$$

弯起 1Φ22($A_{sb}=380.1\ \text{mm}^2$)。

B 支座右侧

$$A_{sb,r}=\frac{V_{Br}-V_{cs}}{0.8f_y\sin45^\circ}=\frac{291490-273500}{0.8\times300\times0.707}=106\ \text{mm}^2$$

弯起 1Φ22($A_{sb}=380.1\ \text{mm}^2$)。

⑤ 附加横向钢筋计算：

次梁传来的集中荷载设计值为

$$F=81.79+171.60=253.40\ \text{kN}$$

在次梁支撑处可配置附加横向钢筋的范围为 $h_1=700-450=250$ mm，则

$$s=2h_1+3b=2\times250+3\times300=1400\ \text{mm}$$

方案一，仅设置吊筋，则所需吊筋钢筋面积

$$A_{sb}\geqslant\frac{F}{2f_y\sin45^\circ}=\frac{253400}{2\times300\times0.707}=597\ \text{mm}^2$$

选配 2Φ20，$A_{sb}=628\ \text{mm}^2$，满足要求。

方案二，设置 2Φ16($A_{sb}=628\ \text{mm}^2$)吊筋，同时设置ϕ8 双肢箍筋，则附加箍筋个数为

$$m=\frac{F-2f_yA_{sb}\sin45^\circ}{nA_{sv1}f_{yv}}=\frac{253400-2\times300\times402\times0.707}{2\times50.3\times210}=3.9$$

则次梁两侧共配置 4 个箍筋(每侧 2 个)。

(5) 施工图

主梁的抵抗弯矩图和配筋图见图 10.35，钢筋表见表 10.9。

表 10.9 钢筋表

构件	钢筋号	等级	直径	根数	简 图	长度(mm)	总质量(kg)
次梁	①	HRB335	22	2	6760	6760	40.29
	②	HRB335	22	1	430 280 5310 565 2050	9200	27.42
	③	HRB335	25	2	4500	4500	34.65
	④	HRB335	18	2	6950	6950	27.80
	⑤	HRB335	18	1	2050 5310 565 2050	10540	21.08
	⑥	HRB335	16	2	2900	2900	9.16
	⑦	HRB335	16	2	430 5480	5910	18.68
	⑧	HRB335	20	2	4500	4500	22.23
	⑨	HPB235	8	210	150 400	550	45.63

续表 10.9

构件	钢筋号	等级	直径	根数	简图	长度(mm)	总质量(kg)
主梁	①	HRB335	25	4	7810	7810	120.27
	②	HRB335	22	1	270 360 4605 975 3395	10580	31.53
	③	HRB335	22	1	970 4600 975 3155	10675	31.49
	④	HRB335	16	4	150 4560	4710	29.77
	⑤	HRB335	22	2	7600	7600	45.30
	⑥	HRB335	25	2	7715	7715	59.41
	⑦	HRB335	22	1	3050 4780 880 3050	12640	37.67
	⑧	HRB335	22	1	3100 4780 880 3100	12740	37.97
	⑨	HRB335	16	4	300 880 250	2560	16.18
	⑩	HRB335	25	2	500 500	3260	25.10
	⑪	HPB235	8	144	680 250	930	52.90
	⑫	HRB335	22	2	5700	5700	33.97

10.2 钢筋混凝土现浇双向板肋梁楼盖

在肋形楼盖中，当板的长边与短边之比 $0.5\leqslant \frac{l_y}{l_x}\leqslant 2$(按弹性理论计算时)，或$\frac{1}{3}\leqslant\frac{l_y}{l_x}\leqslant 3$时(按塑性理论计算时)，板上的荷载就不能再认为只沿短跨方向传递至支撑梁，而应考虑其实际的荷载传递路线，即板上的荷载由短跨和长跨两个方向传递至周边支撑梁，板的受力钢筋也应沿两个方向配置，这样的四边支撑板通常称之为双向板。由双向板组成的楼盖称为双向板肋形楼盖。

10.2.1 双向板的受力特点及试验结果

双向板与四边支撑单向板的差别在于板在长跨方向的弯矩，其数值与短跨方向的弯矩相比不能忽略不计。当两个方向的边长越接近时，两个方向的内力也越接近。双向板的受力钢筋应沿两个方向配置。

四边简支的方形板在均布荷载作用下的实验结果表明：在裂缝出现之前，板基本上处于弹性工作阶段。当荷载逐渐增加时，方形板第一批裂缝出现在板底中间部分，随后沿对角线方向向四周扩展。当荷载增加到板接近破坏时，板面的四角附近也出现垂直于对角线方向而大体上成圆形的裂缝。这种裂缝的出现，促使对角线方向裂缝的进一步发展，最后跨中钢筋达到屈服，整个板即告破坏，见图 10.36(a)和图 10.36(b)。

对于四边简支的矩形板，在均布荷载作用下，第一批裂缝出现在板底中间平行于长边的方向。当荷载继续增加时，这些裂缝逐渐延长，并沿 45°角向四周扩展，在板面的四角也开始破坏，最后使得整个板发生破坏，见图 10.36(c)。

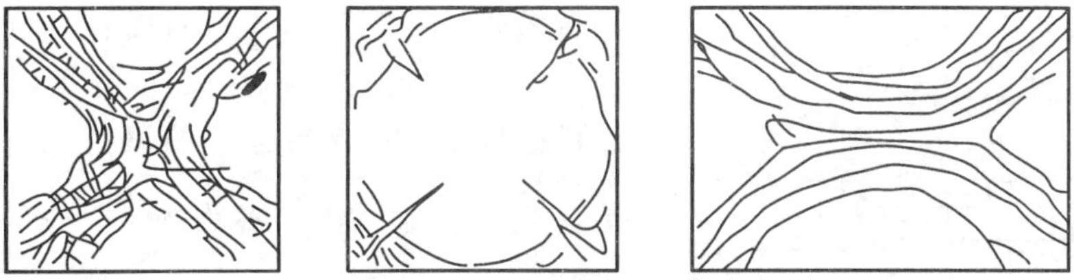

(a)　　(b)　　(c)

图 10.36　双向板的裂缝示意图

(a)正方形板板底裂缝；(b)正方形板板面裂缝；(c)矩形板板底裂缝

不论是简支的方形板或矩形板，当受到荷载作用时，板的四角受到墙体向下的约束不能自由上翘，因而在板面的四角产生环状裂缝。

10.2.2　双向板的计算

双向板的内力计算有两种方法：一种是弹性计算法；另一种是塑性计算法。

(1) 双向板按弹性理论的计算

弹性计算法是以弹性薄板理论为依据而进行计算的一种方法，由于这种方法内力分析比较复杂，为了便于工程计算，根据不同的支撑条件，已制成各种相应的计算用表(见本章附表 10.2)，可供查用。

① 单跨双向板的计算

单跨双向板按其四边支撑情况的不同，可形成不同的计算简图，在本章附表 10.2 中，列出了常见的七种情况的板在均布荷载作用下的弯矩系数：(a) 四边简支；(b) 一边固定、三边简支；(c) 两对边固定、两对边简支；(d) 两邻边固定、两邻边简支；(e) 三边固定、一边简支；(f) 四边固定；(g) 三边固定、一边自由。

根据上述不同的计算简图，可在附表 10.2 中直接查得弯矩系数，表中系数是取混凝土泊松比为$\frac{1}{6}$得出的。双向板的跨中弯矩或支座弯矩可按下式计算

$$M = \text{表中弯矩系数} \times (g+q) l_0^2$$

式中　M——跨中或支座单位板宽内的弯矩，kN·m/m；

g、q——板上恒荷载及活荷载，kN/m^2；

l_0——板的较小跨度，m。

② 多跨连续双向板的实用计算

连续双向板内力的精确计算是很复杂的，为了便于计算，在实用计算法中，对双向板上活荷载的最不利布置以及支撑情况等，提出了既接近实际情况又便于计算的原则，从而很方便地应用单个双向板的计算系数进行计算。当两个方向各为等跨或在同一方向区格的跨度相差不

超过 20%的不等跨时，可采用下列的实用计算方法。

(a) 跨中最大正弯矩

当求连续区格某跨跨中最大正弯矩时，其活荷载的最不利布置如图 10.37 所示，即在该区格及其左右前后每隔一区格布置活荷载，通常称之为棋盘形荷载布置。为了能利用单跨双向板的内力计算表格，在保证每一区格荷载总值不变的前提下，将棋盘式荷载作用(图 10.37(b)满布各跨的恒荷载 g 和隔跨布置的活荷载 q)分解为满布各跨的 $g+\frac{q}{2}$(图 10.37(c))和隔跨度交替布置的 $\pm\frac{q}{2}$ 两部分(图 10.37(d))。

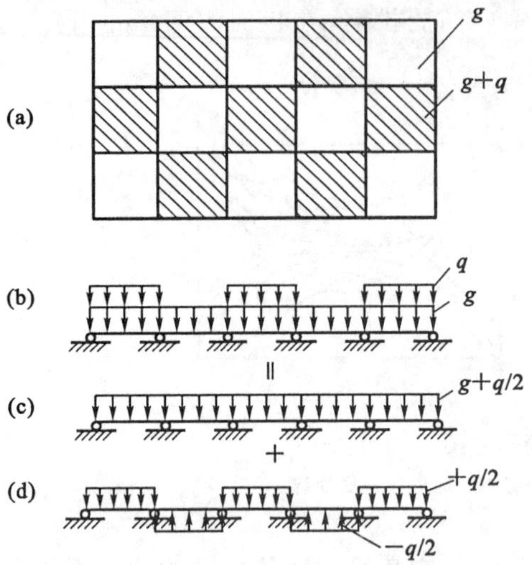

图 10.37 棋盘式荷载布置图

当双向板各区格均作用有 $g+\frac{q}{2}$ 时，由于板的各内支座上转动变形很小，可近似地认为转角为零。故内支座可近似地看做嵌固边，因而所有中间区格板均可按四边固定的单跨双向板来计算其跨中弯矩。如边支座为简支，则边区格为三边固定、一边简支的支撑情况；而角区格为两邻边固定、两邻边简支的情况。

当双向板各区格均作用有 $\pm\frac{q}{2}$ 时，板在中间支座处转角方向一致，大小相等接近于简支板的转角，即内支座处为板带的反弯点，弯矩为零，因而所有内区格均可按四边简支的单跨双向板来计算其跨中弯矩。

最后，将以上两种结果叠加，即可得多跨连续板的最大跨中弯矩。

(b) 支座最大弯矩

为了简化起见，假定全板各区格均作用有活荷载时求得的支座弯矩，即为支座最大弯矩。这样，对内区格可按四边固定的双向板计算其支座弯矩。至于边区格，其外边界条件按实际情况考虑，计算其支座弯矩。

(2) 双向板按塑性理论的计算

① 基本假定

钢筋混凝土双向板在均布荷载作用下，裂缝不断地出现与展开，最后破坏时的裂缝图如图 10.36 所示。展开最大的裂缝处，受拉钢筋应力达到屈服强度，破坏时受压区混凝土可能达到受压强度。为了便于按塑性理论进行计算，假定其典型的破损线如图 10.38 所示。在此破损线上，所能承受的内力矩即为屈服力矩。同样在此破损线上也具有足够的转动能力。此典型的破损线，通常称之为塑性铰线。

众所周知，双向板是高次超静定结构。因而在一般情况下，按塑性理论计算其精确值是不容易的。只能按塑性理论计算其极限荷载的上限解和下限解，而精确解就在这两者之间。有关板的极限荷载、上限解、下限解和精确解等问题，详见“塑性理论”，此处不予阐述。这里仅简要介绍工程中常用的极限平衡法。按极限平衡法计算内力，不仅符合板的实际受力情况，而且可节约钢筋 20%左右。

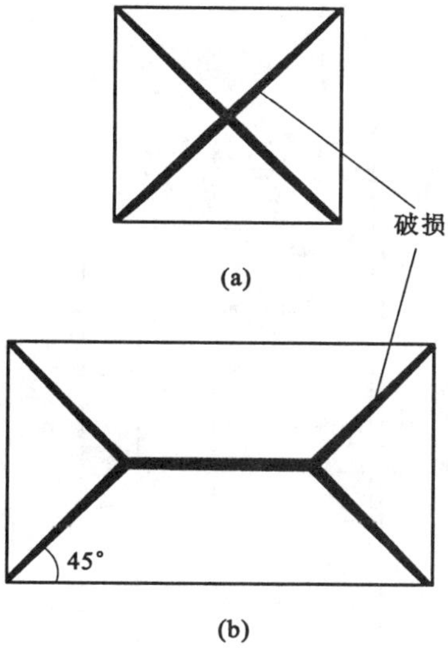

图 10.38 四边简支板破损线

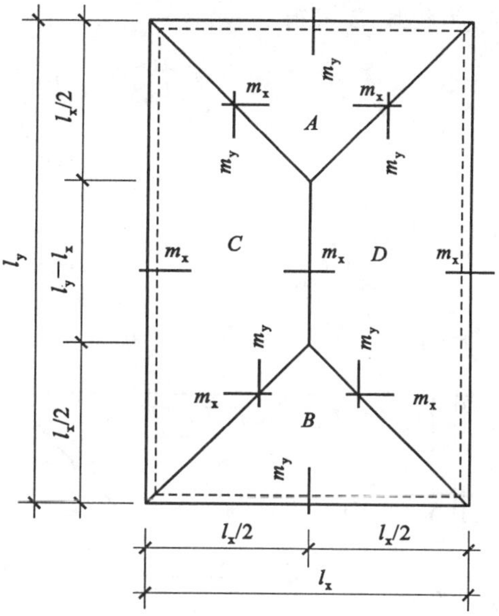

图 10.39 四边简支矩形板的破坏图形及塑性铰线上的极限弯矩

极限平衡法是塑性理论中的一种上限解法，该法分析的破坏荷载大于或等于真实的破坏荷载。因此这种方法是以事先根据试验结果定出的破坏图形为前提的。试验结果表明，四边均为嵌固的矩形板，若跨中、支座钢筋均匀布置，在破坏时，支座处出现由负弯矩引起的四条塑性铰线。在板的中间，除平行长边的跨中出现塑性铰线外，四角沿 45°方向分别出现塑性铰线，见图 10.39。图中虚线表示负弯矩引起的塑性铰线，粗实线表示由正弯矩引起的塑性铰线。

为便于计算，作如下假定：

(a) 在结构进入极限状态时，被塑性铰线分割的各板块为绝对刚体；

(b) 在塑性铰线上作用一定的极限弯矩；

(c) 跨中塑性铰线上没有扭矩和剪力；

(d) 每个板块满足各自的平衡条件；

(e) 只要两个方向的配筋合理，则所有通过塑性铰线上的钢筋都能达到屈服。

这样，利用静力平衡条件 $\sum M_x = 0$ 和 $\sum M_y = 0$，即可求得极限荷载或极限弯矩。

② 内力计算

(a) 跨中钢筋不弯起不截断时的计算公式

从图 10.39 中取出板块 A，由上述假定，其受力如图 10.40 所示，根据作用在板块上的所有力 a—a 轴取矩，即 $\sum M_{a-a} = 0$，可得

$$m'_y l_x + m_y l_x = \frac{1}{2}(g+q)l_x \times \frac{l_x}{2} \times \frac{1}{3} \times \frac{l_x}{2}$$

令 $M'_y = m'_y l_x$，$M_y = m_y l_x$，并整理得

$$M'_y + M_y = \frac{g+q}{24} l_x^3 \tag{10.14}$$

同理，由板块 B 可得

$$M''_y + M_y = \frac{g+q}{24} l_x^3 \tag{10.15}$$

式中 $M''_y = m''_y l_x$。

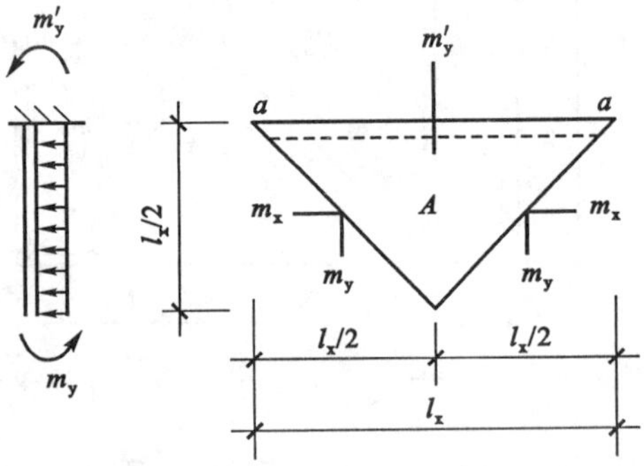

图 10.40　板块 A 计算简图

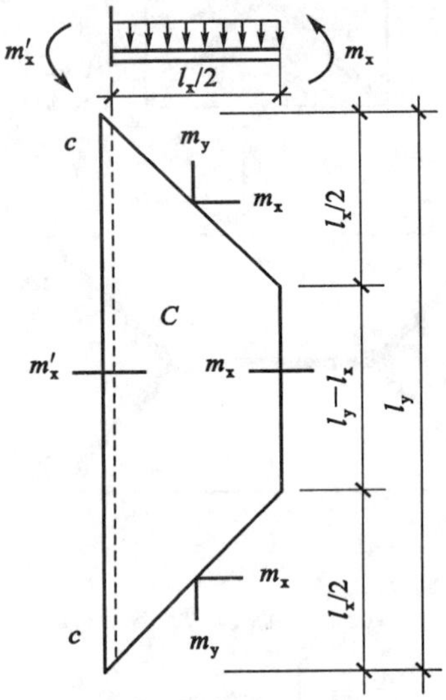

图 10.41　板块 C 计算简图

再取板块 C，其受力如图 10.41 所示，由 $\sum M_{c-c} = 0$，可得

$$m'_x l_y + m_x l_y = 2\left[\frac{1}{2}(g+q)\frac{l_x}{2} \times \frac{l_x}{2} \times \frac{1}{3} \times \frac{l_x}{2}\right] + (g+q)\frac{l_x}{2} \times (l_y - l_x)\frac{1}{2} \times \frac{l_x}{2}$$

令 $M'_x = m'_x l_y$，$M_x = m_x l_y$，并整理得

$$M'_x + M_x = \frac{g+q}{24} l_x^2 (3l_y - 2l_x) \tag{10.16}$$

同理，由板块 D 可得

$$M''_x + M_x = \frac{g+q}{24} l_x^2 (3l_y - 2l_x) \tag{10.17}$$

式中 $M''_x = m''_x l_y$。

将式(10.14)、式(10.15)、式(10.16)和式(10.17)叠加得

$$2M_x + 2M_y + M'_x + M''_x + M'_y + M''_y = \frac{g+q}{12} l_x^2 (3l_y - l_x) \tag{10.18}$$

上式即为双向板按极限平衡法的基本计算公式，如板的平面尺寸、板厚及其配筋均为已知，由该式不难求得四边固定板的极限荷载。

如板的平面尺寸及作用荷载已知，要求确定其配筋时，则式(10.18)中有 6 个未知数（M_x、M'_x、M''_x、M_y、M'_y、M''_y）。求解时，需先补充 5 个条件方程，即：

$$\frac{M_y}{M_x} = \frac{m_y l_x}{m_y l_y} = \alpha \frac{l_y}{l_x} \quad 或 \quad \frac{m_y}{m_x} = \alpha \tag{10.18a}$$

$$\frac{M'_x}{M_x} = \frac{m'_x}{m_x} = \alpha'_x \tag{10.18b}$$

$$\frac{M''_x}{M_x}=\frac{m''_x}{m_x}=\alpha''_x \tag{10.18c}$$

$$\frac{M'_y}{M_y}=\frac{m'_y}{m_y}=\alpha'_y \tag{10.18d}$$

$$\frac{M''_y}{M_y}=\frac{m''_y}{m_y}=\alpha''_y \tag{10.18e}$$

式中　M_x、M_y 和 m_x、m_y——相应于 l_x、l_y 方向整块板宽内和单位板宽内跨中塑性铰线上的极限弯矩；

M'_x、M'_y和 M''_x、M''_y——相应于 l_x、l_y 方向整块板宽内的两对边支座负塑性铰线上的极限负弯矩，取用绝对值；

m'_x、m'_y和 m''_x、m''_y——相应于 l_x、l_y 方向单位板宽内两对边支座负塑性铰线上的极限负弯矩，取用绝对值；

α'_x、α''_x、α'_y、α''_y——支座弯矩与跨中弯矩的比值(在 1.5 ～ 2.5 变化)，通常取 2 。

跨中两向单位宽度内的弯矩比值 α，根据两向板带在跨中交点挠度相等的条件，可近似地确定。对于四边简支或嵌固的双向板，不难证明

$$\alpha=\left(\frac{l_x}{l_y}\right)^2 \tag{10.19}$$

对于其它边界条件的板，也可近似按上式计算。

当四边简支时，M'_x、M'_y、M''_x、M''_y为零，由式(10.18)可得

$$M_x+M_y=\frac{g+q}{24}l_x^2(3l_y-l_x) \tag{10.20}$$

如果取 $l_y=2l_x$，联立解式(10.18a)和式(10.20)，可求得

$$m_x=\frac{5(g+q)}{54}l_x^2 \qquad m_y=\frac{m_x}{4}=\frac{5(g+q)}{216}l_x^2 \tag{10.21}$$

如果取 $l_y=3l_x$，同理可得

$$m_x=\frac{3(g+q)}{28}l_x^2 \qquad m_y=\frac{m_x}{9}=\frac{g+q}{84}l_x^2 \tag{10.22}$$

由式(10.21) 可见，当 $\frac{l_y}{l_x}=2$ 时，$m_y=0.25m_x$；而当$\frac{l_y}{l_x}=3$ 时，由式(10.22)可知，$m_y=0.11m_x$，故 l_y 方向按构造配筋即可。因此按塑性理论计算，双向板与单向板的分界应取$\frac{l_y}{l_x}=3$。

(b) 跨中钢筋按构造要求弯起和切断时的计算公式

设计中，双向板跨中钢筋在离开支座边(梁边)$l_x/4$ 处，按构造隔一弯一(或隔一断一)，并非全部伸入支座。在这种情况下，在宽为 $l_x/4$ 边带范围的弯起(或截断)的钢筋，将不通过塑性铰线，在计算中应扣除这部分钢筋承受的极限弯矩。因此，有必要给出适合于这种配筋情况的计算公式。其推导方法及系数 α、α'_x、α''_x、α'_y、α''_y 的取值与前述相同。不同的是，如果将中间区段单位板宽的抵抗弯矩取为 $m_x(m_y)$，则在宽为 $l_x/4$ 的角偶区，通过塑性铰线的钢筋所提供的抵抗弯矩为 $m_x/2$ 或 $m_y/2$(图10.42)。对于四边固定板，可推出下列极限平衡法计算的公式

$$2m_x\left(l_y-\frac{l_x}{4}\right)+2m_y\frac{3}{4}l_x+(m'_x+m''_x)l_y+(m'_y+m''_y)l_x=\frac{1}{12}(g+q)l_x^2(3l_y-l_x) \tag{10.23}$$

如果将上式中的第一项视为 $2M_x$，将第二项视为 $2M_y$，则式(10.23)即为前述基本公式

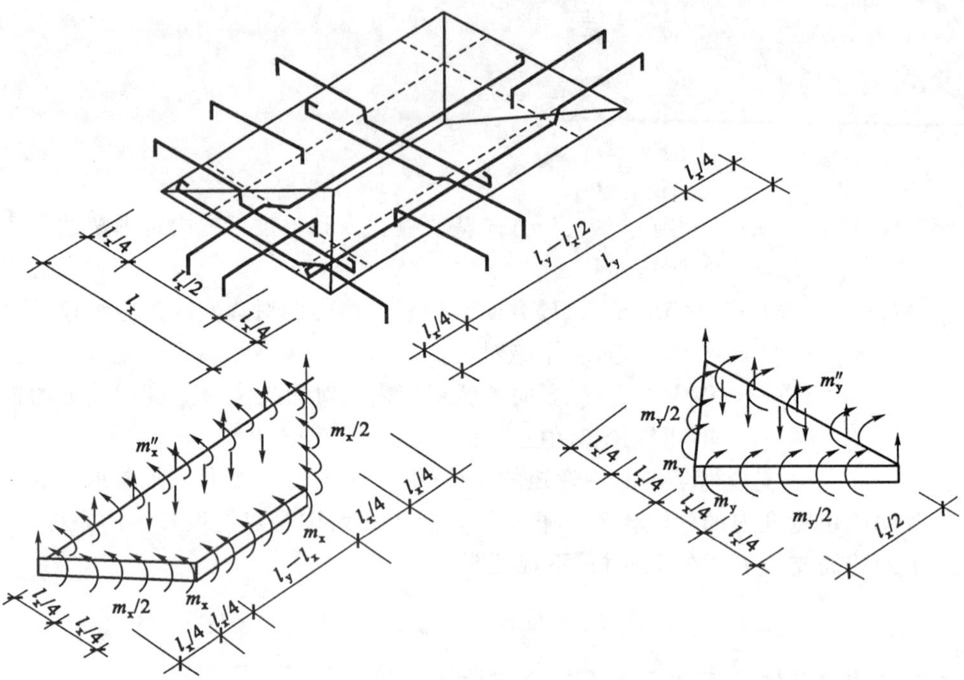

图 10.42　四边固定矩形板考虑钢筋弯起或截断时的计算简图

(10.18)。如果将式中的 m_y、m'_x、m''_x、m'_y、m''_y通过系数 α、$\alpha'_x=\alpha''_x=\alpha'_y=\alpha''_y=2$ 转换为 m_x，即可求得

$$m_x=\alpha_x(g+q)l_x^2 \tag{10.24}$$

式中

$$\alpha_x=\frac{3-\lambda}{12\left(6+5.5\alpha\lambda-\dfrac{\lambda}{2}\right)}$$

对于其它常见边界类型的四边支撑板，其极限平衡条件和跨中弯矩系数 α_x 可用上述相同的方法求得，并列入表 10.10，供设计时参考。

在推导上述弯矩系数时，对固定边，跨中钢筋考虑了按前述构造要求弯起或截断；对简支边，跨中钢筋未考虑弯起或截断，而应全部伸入支座。

(c) 计算公式的应用

在双向板肋形楼盖中，设计多跨连续双向板时，一般是先从中间区格开始，如图 10.43 中板 B_1，然后再计算边区格 B_2 或 B_3，最后计算角区格 B_4。

板 B_1 为四边连续板，按照已知的荷载设计值($g+q$)，净跨 l_x、l_y，查表10.10中第一项得 α_x，按式(10.24)计算 m_x，并根据选定的系数 α、α'_x、α''_x、α'_y、α''_y依次计算出 m_y、$m'_x=m''_x$、$m'_y=m''_y$，然后可进行跨中及支座截面的配筋计算。

板 B_2、B_3 为三边固定、一边简支。由于与之相邻板 B_1 的支座弯矩已求得，故可认为支座弯矩为已知(图 10.43 中支座 a 或支座 b)，将该支座的弯矩作为已知值代入表10.10中相应边界类型区格板的极限平衡条件中，求该区格板短跨跨中弯矩 m_x，再根据选定的系数计算其它控制截面弯矩。

表 10.10　极限平衡条件 $\sum M=0$ 及短跨跨中弯矩系数 α_x

序号	边界类型	$\sum M=0$ 及 α_x
1	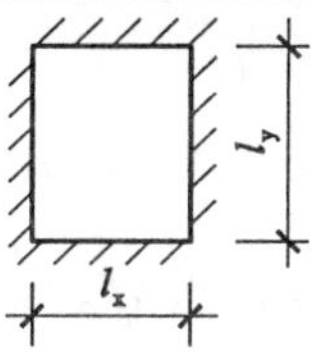	$2m_x\left(l_y-\frac{l_x}{4}\right)+2m_y\times l_x\times\frac{3}{4}+(m'_x+m''_x)l_y+(m'_y+m''_y)l_x$ $=\frac{1}{12}(g+q)l_x^2(3l_y-l_x)$ $\alpha_x=\frac{3-\lambda}{12\times\left(6+5.5\alpha\lambda-\frac{\lambda}{2}\right)}$
2	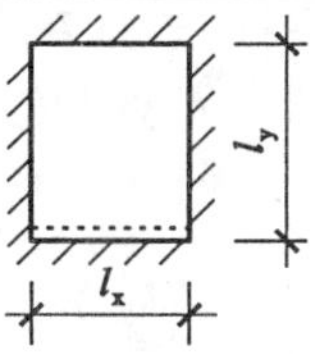	$2m_x\left(l_y-\frac{l_x}{4}\right)+m_y\times l_x+m_y\times\frac{3}{4}\times l_x+(m'_x+m''_x)l_y+m''_y l_x$ $=\frac{1}{12}(g+q)l_x^2(3l_y-l_x)$ $\alpha_x=\frac{3-\lambda}{12\times\left(6+3.75\alpha\lambda-\frac{\lambda}{2}\right)}$
3	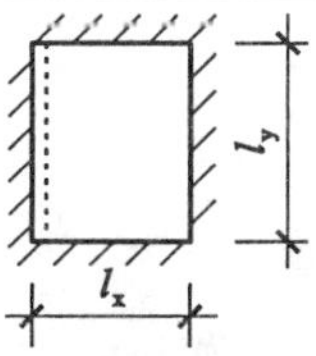	$m_x l_y+m_x\left(l_y-\frac{l_x}{4}\right)+2m_y\times\frac{3}{4}\times l_x+m''_x l_y+(m'_y+m''_y)l_x$ $=\frac{1}{12}(g+q)l_x^2(3l_y-l_x)$ $\alpha_x=\frac{3-\lambda}{12\times\left(4+5.5\alpha\lambda-\frac{\lambda}{4}\right)}$
4	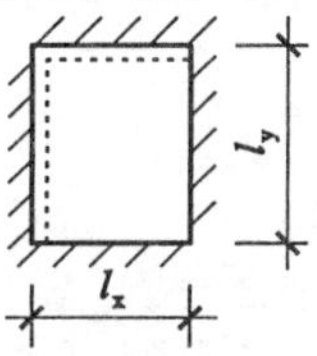	$m_x l_y+m_x\left(l_y-\frac{l_x}{4}\right)+m_y l_x+m_y\times\frac{3}{4}\times l_x+m''_x l_y+m''_y l_x$ $=\frac{1}{12}(g+q)l_x^2(3l_y-l_x)$ $\alpha_x=(3-\lambda)\times\frac{1}{12}\times\left(4+3.75\alpha\lambda-\frac{\lambda}{4}\right)$
5	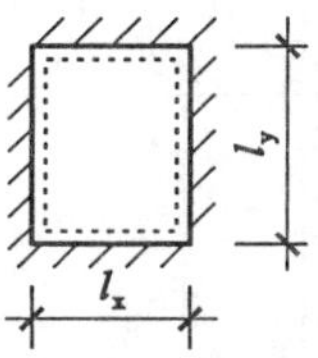	$2m_x l_y+2m_y l_x=\frac{1}{12}(g+q)l_x^2(3l_y-l_x)$ $\alpha_x=\frac{3-\lambda}{24(1+\lambda)}$

角区格板 B_4 为两邻边固定、两邻边简支。与之相邻板 B_1、板 B_2 的支座弯矩（支座 c 和支座 d）已求得，将支座 c 或支座 d 的弯矩作为已知值，代入表 10.10 中相应边界类型区格板的极限平衡条件中，求该区格板短跨跨中弯矩 m_x，再计算长跨弯矩 m_y。

③ 双向板截面配筋计算

(a) 双向板截面的有效高度 h_0

双向板由于板内钢筋是沿两个方向布置的，跨中沿短跨方向（弯矩较大方向）的板底钢筋宜放在沿长边方向板底钢筋的下面，计算时在两个方向应采用各自的有效高度。

短跨方向跨中截面的有效高度　　$h_{0x}=h-20$

长跨方向跨中截面的有效高度　　$h_{0y}=h_{0x}-d$（d 为板中钢筋直径）

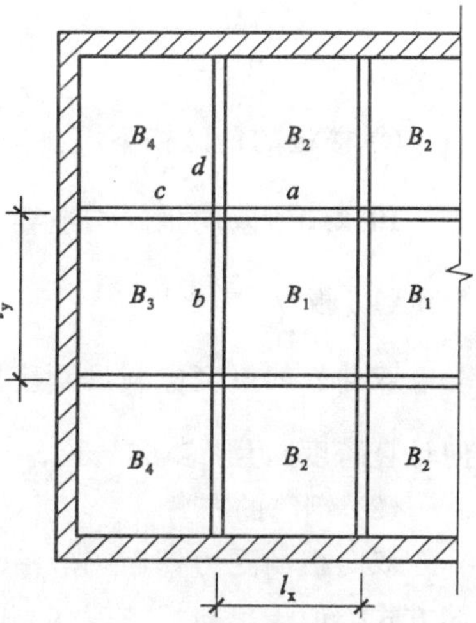

图 10.43　双向板肋形楼盖区格

(b) 当双向板内力按考虑塑性计算时，宜采用 HPB235、HRB335 级钢筋，配筋率 ρ 应满足下列要求

$$\rho_{\min} \leqslant \rho \leqslant \rho_{\max} = \frac{0.35 f_c}{f_y}$$

(c) 试验结果表明，不管用哪种方法计算，双向板实际的承载力往往大于设计计算的承载力。这主要是计算简图与实际受力情况不符的结果。双向板在荷载作用下，由于跨中下部和支座上部裂缝不断出现与展开，同时由于支座的约束，因而在板的平面内逐渐产生相当大的水平推力，从而使板的跨中弯矩减小，这就提高了板的承载能力。因此，截面配筋计算中，与单向板一样，也应考虑这种有利的影响。对于四边与梁整体连接的板，其计算弯矩可根据下列情况予以折减：

ⓐ 中间跨跨中截面及中间支座上，折减系数为 0.8；

ⓑ 边跨跨中截面及楼板边缘算起的第二支座上：

当 $\frac{l_b}{l}<1.5$ 时，折减系数为 0.8；

当 $1.5 \leqslant \frac{l_b}{l} \leqslant 2$ 时，折减系数为 0.9。

式中 l_b——沿楼板边缘方向的计算跨度，mm(见图 10.44)；

l——垂直于楼板边缘方向的计算跨度，mm。

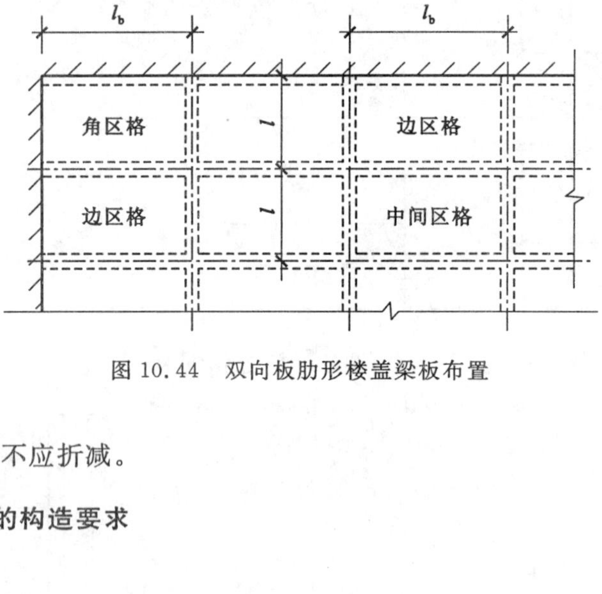

图 10.44 双向板肋形楼盖梁板布置

ⓒ 楼板的角区格不应折减。

10.2.3 双向板的构造要求

(1) 板厚

双向板的厚度应满足刚度要求，对于四边简支板 $h \geqslant \frac{l_x}{45}$，对于连续板 $h \geqslant \frac{l_x}{50}$($l_x$ 为板的短向计算跨度)，且 $h \geqslant 80$ mm，一般取 $h=80 \sim 160$ mm。

(2) 钢筋的布置

双向板的受力钢筋一般沿双向布置，沿短向的受力钢筋放在沿长向受力钢筋的外侧。配筋方式类似于单向板，有弯起式与分离式两种。

按弹性理论分析时，所求得的钢筋数量是板的中间板带部分所需的量。靠近边缘板的板

带，其弯矩已减少很多，故配筋可予以减少。因此，$l_1 \geqslant 2500$ mm 时，配筋采取分带布置方法，将板的两个方向都分为两个宽为 $l_1/4$（l_1 为短向计算跨度）的边缘板带和各一个中间板带。边缘板带的配筋量为中间板带的 50% ，且每米宽度内不少于三根。支座负弯矩钢筋按计算配置，边板带中不减少。至于受力钢筋的直径、间距及起弯点、切断点的位置参见单向板的有关规定。当 $l_1 < 2500$ mm 时，则不分板带，全部按计算配筋（图 10.45 ）。

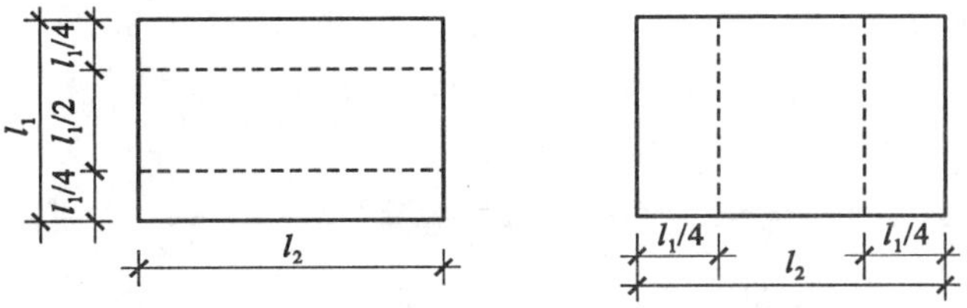

图 10.45 双向板钢筋分带布置示意图

按塑性理论计算时，则根据设计假定，均匀布置钢筋，跨中钢筋的全部或一半伸入支座而不分板带。

沿墙边及墙角的板内构造钢筋与单向板楼盖中相同。

10.2.4 双向板支撑梁的计算要点

（1）荷载

双向板传给支撑梁的荷载一般按图 10.46 所示近似确定：从每一个区格的四角作 45°分角线与平行于长边的中线相交，将整个板块分成四块面积，作用在每块面积上的荷载即为分配给支撑梁上的荷载。因此，传给短向梁上的荷载形式是三角形，传给长向梁的荷载形式是梯形。

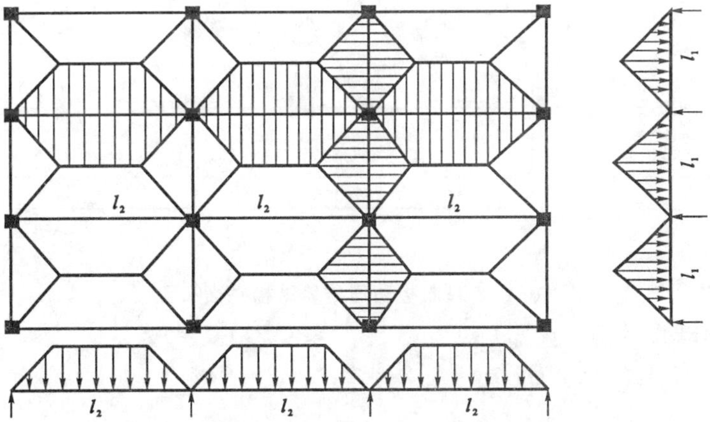

图 10.46 双向板楼盖中梁所承受的荷载

（2）内力

梁的荷载确定后，其内力可按结构力学的方法计算（弯矩、剪力）。当梁为单跨时，可按实际荷载直接计算内力。当梁为多跨连续的并且跨度相等或跨度差不超过 10% 时，可将梁上的三角形或梯形荷载根据固端弯矩相等的条件折算成等效均布荷载 g'（详见《建筑结构静力计算手册》)，然后利用本章附表 10.2 查得弯矩系数，从而计算出支座弯矩。最后，用取隔离体的方法，按实际荷载分布情况计算出跨中弯矩。

(3) 双向板肋形楼盖设计例题

【例 10.3】 某厂房双向板肋形楼盖结构布置如图 10.47 所示，楼面均布活荷载设计值 $q_k=6\ \mathrm{kN/m^2}$，楼板 120 mm 厚，加上面层、粉刷等自重，楼面均布恒荷载标准值 $g_k=4.5\ \mathrm{kN/m^2}$。

材料：混凝土强度等级 C20($f_c=9.6\ \mathrm{N/mm^2}$)，钢筋为 HPB235($f_y=210\ \mathrm{N/mm^2}$)。

要求按弹性理论计算各区格的弯矩，进行配筋设计，并绘制配筋图。

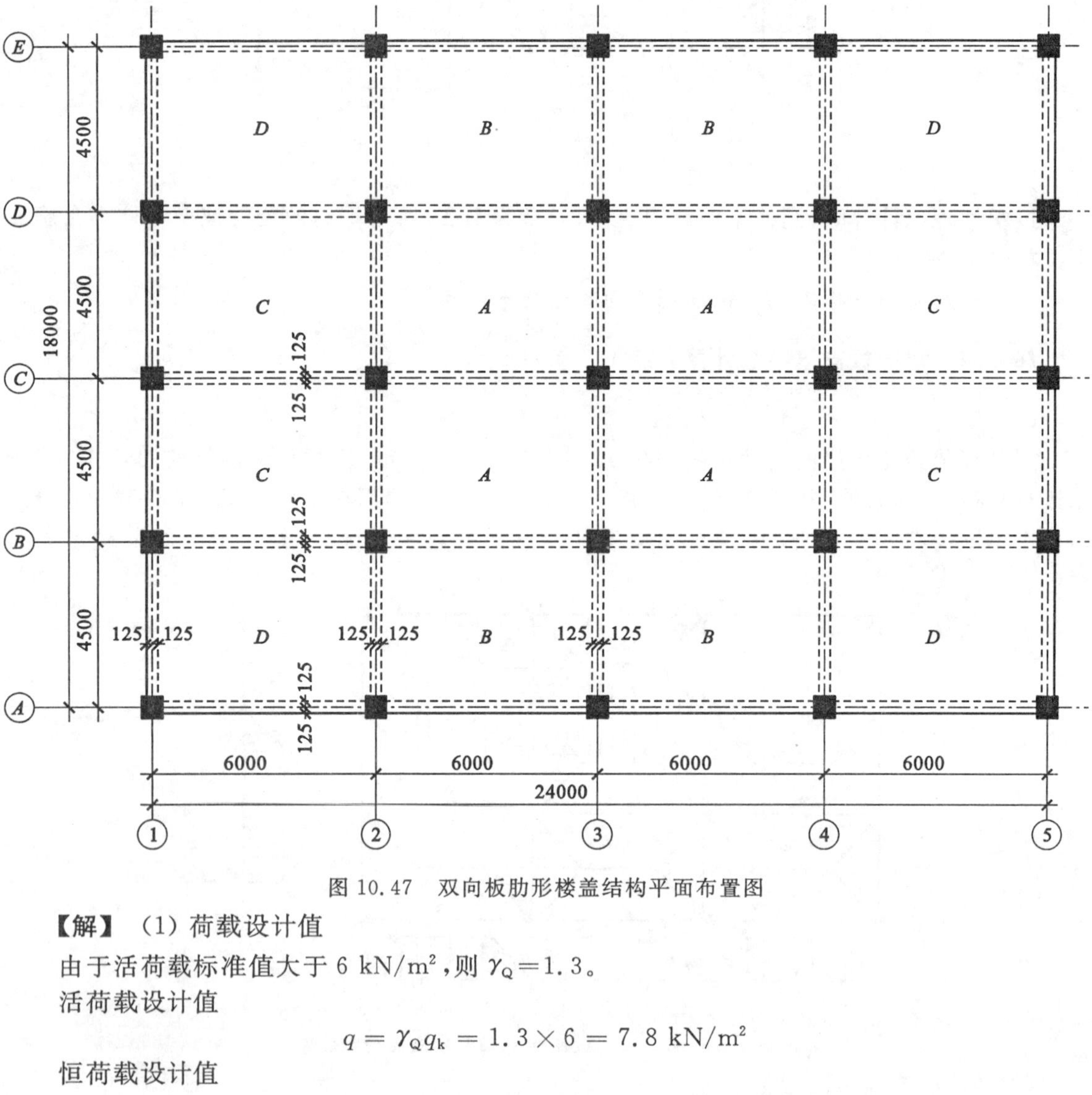

图 10.47 双向板肋形楼盖结构平面布置图

【解】 (1) 荷载设计值

由于活荷载标准值大于 6 kN/m²，则 $\gamma_Q=1.3$。

活荷载设计值

$$q=\gamma_Q q_k=1.3\times 6=7.8\ \mathrm{kN/m^2}$$

恒荷载设计值

$$g=\gamma_G g_k=1.2\times 4.5=5.4\ \mathrm{kN/m^2}$$

(2) 计算跨度

由于现浇板均嵌固在四周的梁中，根据表 10.3 可知，计算跨度为轴线间的距离。即 $l_x=6000$ mm，$l_y=4500$ mm。

(3) 弯矩计算

区格 A：

① 跨中弯矩

本区格为四边固定板，则其跨中弯矩 $M=M_1+M_2$。M_1 是在$(g+q/2)$荷载作用下按四边固定计算出跨中弯矩(查本章附表 10.2(6))；M_2 是在 $q/2$ 荷载作用下按四边简支情况计算的跨中弯矩(查附表 10.2(1))。由于本题中 l_x 和 l_y 的实际方向与附表中的所注方向相反，故取表中系数时，应按长、短边对应关系选取。

因$\frac{l_y}{l_x}=\frac{4500}{6000}=0.75$，由附表 10.2(6)查得：$\alpha_{x1}=0.0179$，$\alpha_{y1}=0.0318$

由附表 10.2(1)查得：$\alpha_{x2}=0.0420$，$\alpha_{y2}=0.0673$；$l_0=l_y=4.5$ m

$$\begin{aligned}M_x &= M_{x1}+M_{x2} = \alpha_{x1}\left(g+\frac{q}{2}\right)l_0^2+\alpha_{x2}\frac{q}{2}l_0^2\\&= 0.0179\times\left(5.4+\frac{7.8}{2}\right)\times 4.5^2+0.0420\times\frac{7.8}{2}\times 4.5^2\\&= 6.69\ \text{kN}\cdot\text{m}\end{aligned}$$

$$\begin{aligned}M_y &= M_{y1}+M_{y2} = \alpha_{y1}\left(g+\frac{q}{2}\right)l_0^2+\alpha_{y2}\frac{q}{2}l_0^2\\&= 0.0318\times\left(5.4+\frac{7.8}{2}\right)\times 4.5^2+0.0673\times\frac{7.8}{2}\times 4.5^2\\&= 11.30\ \text{kN}\cdot\text{m}\end{aligned}$$

② 支座弯矩

本区格为四边固定板，由附表 10.2(6)查得：$\alpha_x'=-0.0565$，$\alpha_y'=-0.0701$

$$M_x'=\alpha_x'(g+q)l_0^2=-0.0565\times(5.4+7.8)\times 4.5^2=-15.10\ \text{kN}\cdot\text{m}$$

$$M_y'=\alpha_y'(g+q)l_0^2=-0.0701\times(5.4+7.8)\times 4.5^2=-18.74\ \text{kN}\cdot\text{m}$$

其它板区格 B、C、D 均属于四边固定板，且长短边长的比值均为 0.75，故区格 B、C、D 的弯矩与 A 区格相等。

由于板与梁四边整体连接，各板区格可进行如下调整：

中间区格 A：跨中截面和 A—A 支座截面的弯矩乘以折减系数 0.8。

边区格 B：$\frac{l_b}{l}=\frac{6000}{4500}=1.3<1.5$，跨中截面和 A—B 支座截面的弯矩乘以折减系数 0.8。

边区格 C：$\frac{l_b}{l}=\frac{4500}{6000}=0.75<1.5$，跨中截面和 A—C 支座截面的弯矩乘以折减系数 0.8。

角区格 D：跨中截面支座截面的弯矩均不折减。

各截面弯矩设计值见表 10.11。

(4) 截面配筋计算

截面有效高度 h_0：短边方向跨中截面 $h_{0y}=120-20=100$ mm，长边方向跨中截面 $h_{0x}=h_{0y}-10=100-10=90$ mm，支座截面 $h_0=120-20=100$ mm。

中间区格 A 长边跨中截面配筋计算：

$$\alpha_s=\frac{M}{f_c b h_0^2}=\frac{9.04\times 10^6}{9.6\times 1000\times 100^2}=0.094$$

$$\xi=1-\sqrt{1-2\alpha_s}=1-\sqrt{1-2\times 0.094}=0.099$$

$$A_s=\frac{f_c b\xi h_0}{f_y}=\frac{9.6\times 1000\times 0.099\times 100}{210}=453\ \text{mm}^2$$

同理，各截面配筋计算结果见表 10.11。楼板的配筋图如图 10.48。

表 10.11　板的截面配筋

截　面			h_0(mm)	M(kN·m)	A_s(mm²)	配筋(mm²)	实配(mm²)
跨中	A 区格	长方向 l_x	90	6.69×0.8=5.35	294	Φ8@170	296
		短方向 l_y	100	11.30×0.8=9.04	453	Φ8@100	503
	B 区格	长方向 l_x	90	6.69×0.8=5.35	294	Φ8@170	296
		短方向 l_y	100	11.30×0.8=9.04	453	Φ8@100	503
	C 区格	长方向 l_x	90	6.69×0.8=5.35	294	Φ8@170	296
		短方向 l_y	100	11.30×0.8=9.04	453	Φ8@100	503
	D 区格	长方向 l_x	90	6.69	371	Φ10@200	393
		短方向 l_y	100	11.30	574	Φ10@130	604
支座	A—A(长方向 l_x)		100	−15.10×0.8=−12.08	617	Φ10@125	628
	A—A(短方向 l_y)		100	−18.74×0.8=−14.99	780	Φ10@100	785
	A—B		100	−18.74×0.8=−14.99	780	Φ10@100	785
	A—C		100	−15.10×0.8=−12.08	617	Φ10@125	628
	B 边支座		100	−18.74	1002	Φ12@110	1028
	B—B		100	−15.10	787	Φ10@100	785
	B—D		100	−15.10	787	Φ10@100	785
	C 边支座		100	−15.10	787	Φ10@100	785
	C—C		100	−18.74	1002	Φ12@110	1028
	C—D		100	−18.74	1002	Φ12@110	1028
	D 边支座(长方向 l_x)		100	−15.10	787	Φ10@100	785
	D 边支座(短方向 l_y)		100	−18.74	1002	Φ12@110	1028

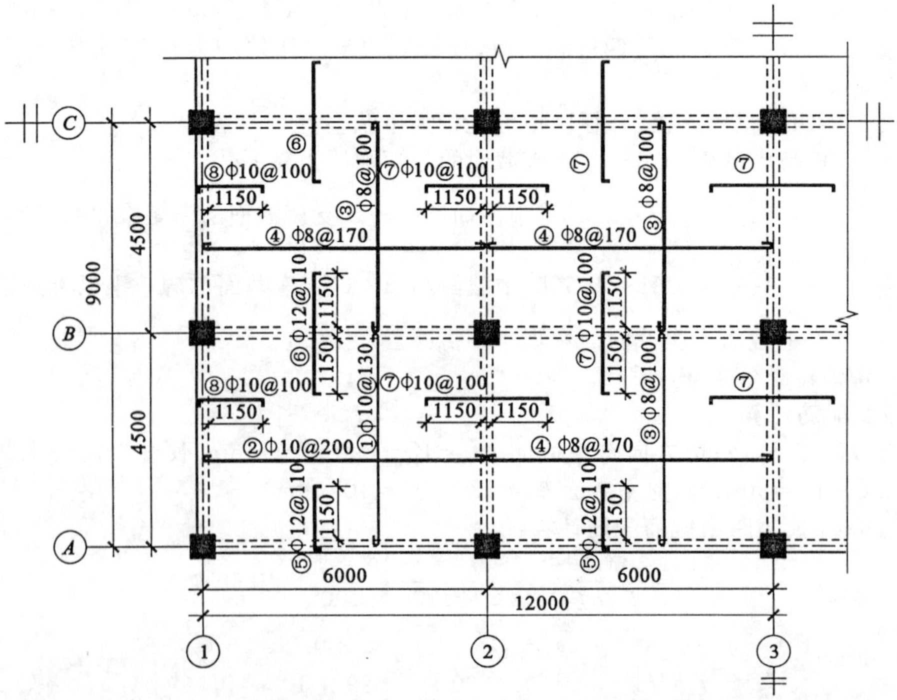

图 10.48　双向板配筋图

10.3 钢筋混凝土装配式楼盖

钢筋混凝土装配式楼盖主要有铺板式、密肋式和无梁式，其中以铺板式应用最为广泛，本节主要介绍这种形式。

装配式楼盖由预制板和预制梁组成。我国工业与民用建筑中大量采用的是本地区通用的定型构件，由各地构件厂统一供应，并编制有通用的标准图集，可供设计者选用。

10.3.1 铺板式楼盖的构件形式

在铺板式楼盖中，目前采用的构件形式很多，常见的有实心板、空心板、槽形板、梁等。

(1) 实心板

实心板是一种最简单的预制板。它的主要特点是表面平整、构造简单、施工方便，但自重大，适用于荷载及跨度较小的走道板、管沟盖板、楼梯平台板等。

实心板的厚度 $h \geqslant l_0/30$，常用 50 ～ 100 mm；板宽 $b=$ 400 ～ 1200 mm，板跨 $l_0=1.5$～2.4 m。实心板的形式如图 10.49 所示，因考虑到板与板之间的灌缝及施工时便于安装，板的实际尺寸较设计尺寸小些，一般板底宽度要小 10 mm，板面宽度至少要小 20～30 mm。

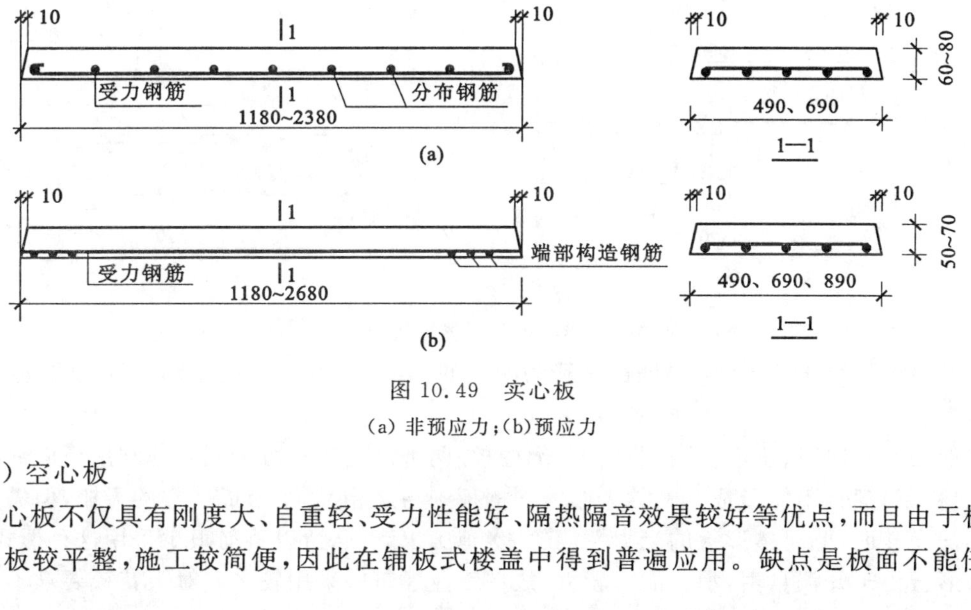

图 10.49 实心板

(a) 非预应力；(b)预应力

(2) 空心板

空心板不仅具有刚度大、自重轻、受力性能好、隔热隔音效果较好等优点，而且由于板底比带肋的板较平整，施工较简便，因此在铺板式楼盖中得到普遍应用。缺点是板面不能任意开洞。

空心板有单孔、双孔、多孔几种。孔洞的形状有圆形、方形、矩形和椭圆形，其中圆孔板制作简单，应用最多。为避免空心板端部被压坏，在板端孔洞内应塞混凝土堵头。

空心板的截面高度可取为跨度的 1/20～1/30(非预应力板)或 1/30～1/35(预应力板)，其取值宜符合砖的模数，通常有 120 mm 、180 mm、240 mm 几种。空心板的宽度，国内常用的有 500 mm、600 mm、900 mm、1200 mm，如条件许可，可增大板宽以加快施工进度。板的长度一般有 3.0 m、3.3 m、3.6 m、3.9 m、4.2 m、6 m，多数按 0.3 m 进级。目前，非预应力空心板最大长度为 4.8 m，预应力空心板可达 7.5 m。图 10.50 为空心板截面形式和配筋情况。

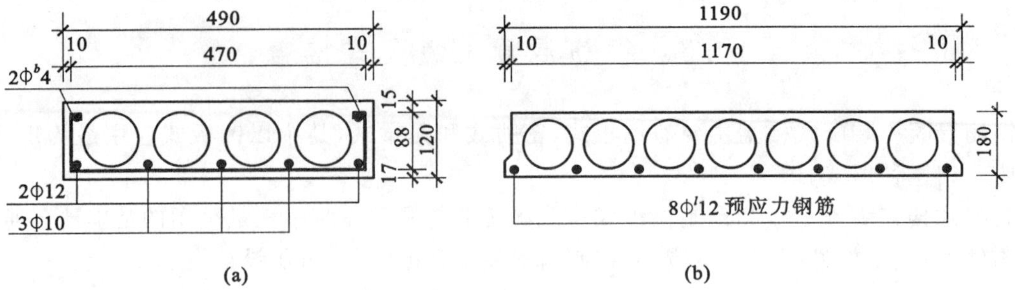

图 10.50　圆孔空心板

(a) 非预应力；(b) 预应力

(3) 槽形板

当板的跨度和荷载较大时，为了减轻板的自重，提高板的刚度，可采用槽形板。槽形板由面板、纵肋和横肋组成(如图 10.51 所示)。

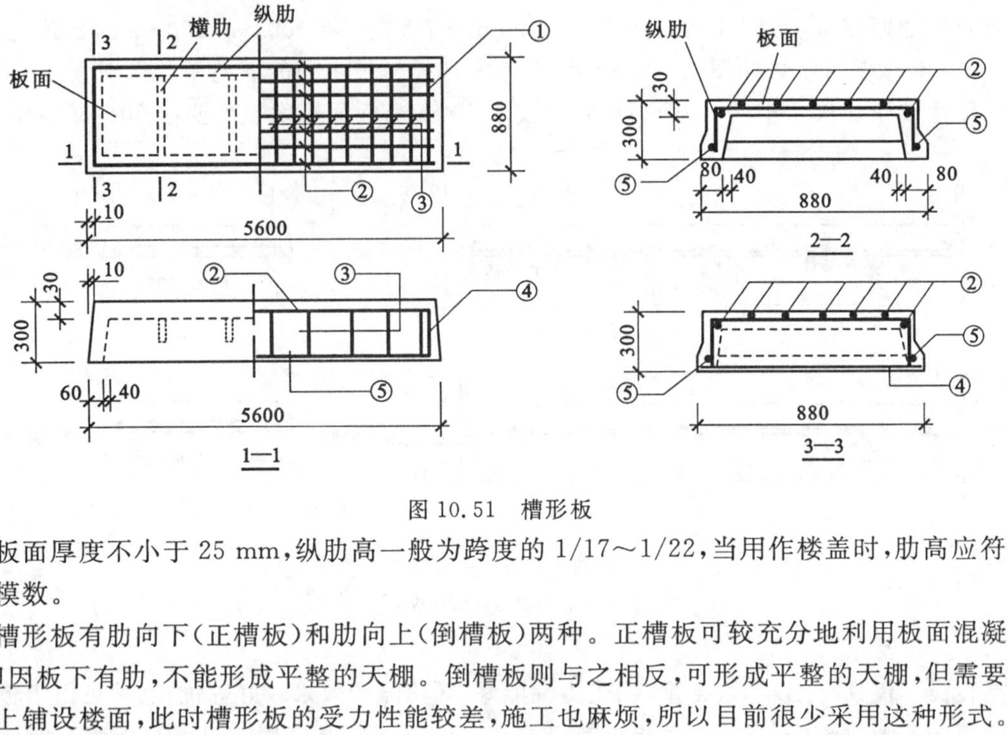

图 10.51　槽形板

板面厚度不小于 25 mm，纵肋高一般为跨度的 1/17～1/22，当用作楼盖时，肋高应符合砖厚的模数。

槽形板有肋向下(正槽板)和肋向上(倒槽板)两种。正槽板可较充分地利用板面混凝土受压，但因板下有肋，不能形成平整的天棚。倒槽板则与之相反，可形成平整的天棚，但需要在槽形板上铺设楼面，此时槽形板的受力性能较差，施工也麻烦，所以目前很少采用这种形式。

槽形板由于开洞自由，承载能力较大，故在工业建筑中采用较多。对天花板要求不高的民用建筑屋盖和楼面结构也可采用。

(4) T 形板

T 形板有单 T 形和双 T 形两种。这类板受力性能良好，布置灵活，能跨越较大的空间，且开洞自由，但整体刚度不如其它类型的板。T 形板适用于跨度在 12 m 以内的楼面和屋面结构，也可用作外墙板。

预制板除了上述几种常见的以外，尚有双向板、双向密肋板、V 形折板等，有的适用于楼面，有的适用于屋面，设计中可根据具体情况选用。为了设计和施工方便，全国各省对于常用的预制构件均编制有各种标准图集或通用图集可供查用。

必须指出，铺板的块数一般根据板宽和房间的尺寸确定。排板时如不能凑成整数，可调整板缝宽度（一般可扩大至 20～30 mm），或做非标准宽度的插入板，或做现浇板带。排板时还必须注意，空心板侧边不可铺入墙内以避免被墙压碎。

（5）楼盖梁

装配式楼盖中预制楼盖梁，常用的截面形式有矩形、L 形、花篮形、十字形等，如图 10.52 所示。由于 L 形截面的梁在支撑楼板时，可以减小楼盖的结构高度，所以这种形式的梁在楼盖中应用较广。一般房屋的门窗过梁和联系梁也常用 L 形截面。矩形截面多用于房屋的悬臂挑梁。梁的截面尺寸和配筋可根据计算和构造要求确定。

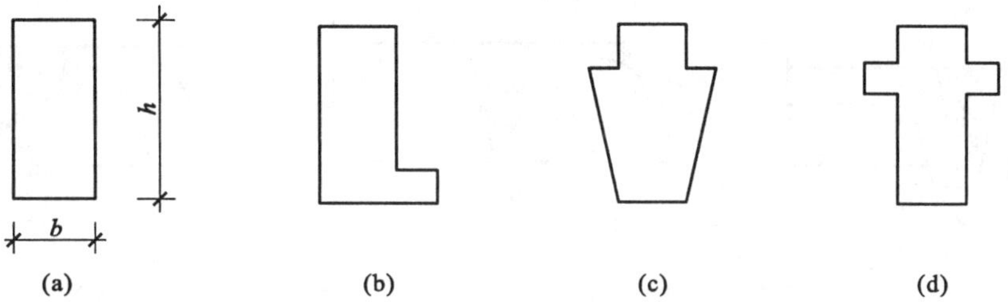

图 10.52　常见预制梁的截面形式

（a）矩形；（b）L 形；（c）花篮形；（d）十字形

10.3.2　装配式钢筋混凝土楼盖的连接构造

装配式钢筋混凝土楼盖由预制构件组成，这些构件均简支在砖墙或大梁上，在水平荷载作用下楼盖作为纵墙的支点，起着将水平荷载传给横墙的作用，因此楼盖和纵、横墙间必须有可靠的连接。其次，由于楼盖在水平面内像一个两端支撑在横墙上的深梁一样工作，在水平荷载作用下，楼盖内将产生弯曲应力和剪切应力（图 10.53），要求预制板缝之间的连接能承受这些应力，以保证楼盖在水平方向的整体性；在垂直荷载作用下，加强预制板间连接可增强楼盖垂直方向的整体性（图 10.54），改善各独立铺板的工作条件，因此，设计中应处理好各构件之间的连接构造问题。

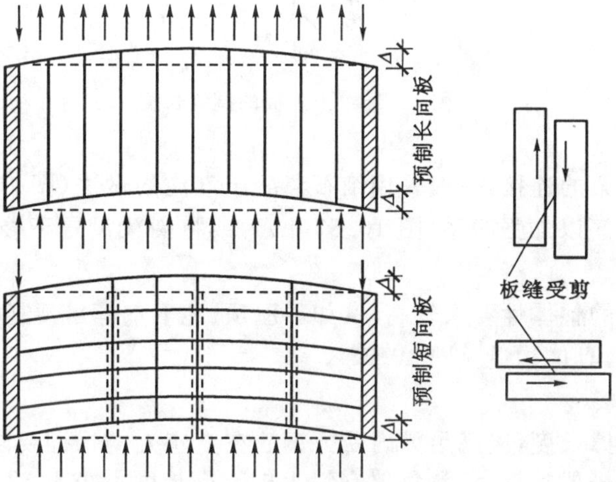

图 10.53　水平荷载作用下的楼盖

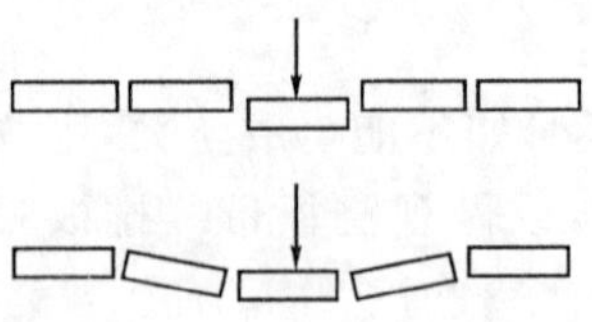

图 10.54　预制板的连接在竖向的整体性

在设计装配式楼盖时，应当注意并处理如下几个连接构造问题。

(1) 板与板的连接

板与板之间的连接，主要通过灌缝来解决(图 10.55)。为了能使板灌缝密实，缝的上口宽度不宜小于 30 mm ，缝的下口宽度以 10 mm 为宜。板缝内应采用强度等级不低于预制板混凝土强度且不低于 C20 细石混凝土灌注。预制板缝大于 40 mm 时应在板缝内配置按计算确定的钢筋(图 10.55(c))，钢筋贯通整个结构单元，板缝顶面钢筋搭接部位设在跨中。板面和板底钢筋搭接长度为 $1.2l_a$。

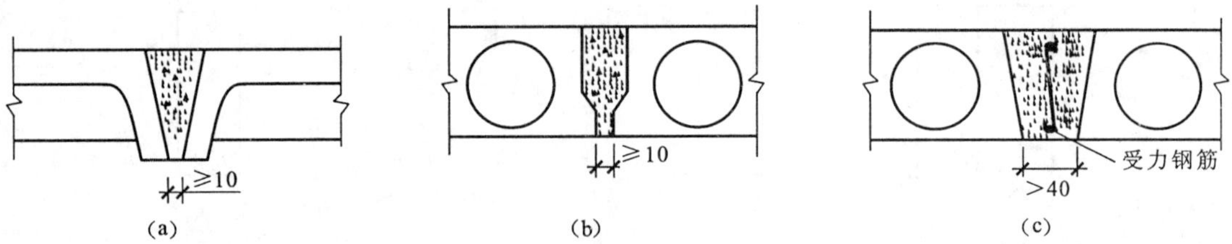

图 10.55　板与板的连接图

(2) 板与墙和板与梁的连接

板与墙或梁的连接分支撑与非支撑两种情况。

板与其支撑墙和梁的连接，一般靠支撑处坐浆，坐浆厚度 10～20 mm ，板在墙上的支撑长度在砖外墙上应不小于 120 mm，砖内墙上应不小于 100 mm；在钢筋混凝土梁上的支撑长度应不小于 80 mm，才能保证板与墙或梁的连接可靠(图 10.56)。

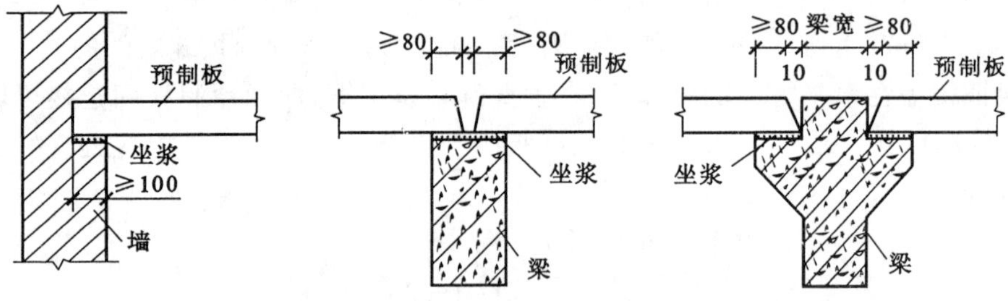

图 10.56　预制板的搁置长度

板与非支撑墙或梁的连接，一般采用细石混凝土灌注的做法(图 10.57(a))，当板长大于 4.8m 时，应配置锚拉筋以加强联系(图 10.57(b))，或将圈梁设置于楼层平面处，以加强其整体性(图 10.57(c))。

对于装配式楼面的整体性要求较高时(如平屋顶、地下室等)，预制板在支座上部应设置锚固钢筋与墙或梁连接，具体构造见图 10.58 。

(3) 梁与墙的连接

梁在砖墙上的支撑长度，应满足梁内受力钢筋在支座处的锚固要求和支座处砌体局部受压承载能力的要求。一般情况下，预制梁在墙上的支撑长度不小于 180 mm，而且在支撑处应坐浆 10～20 mm，必要时(如抗震时)，在预制梁端设置拉结筋。

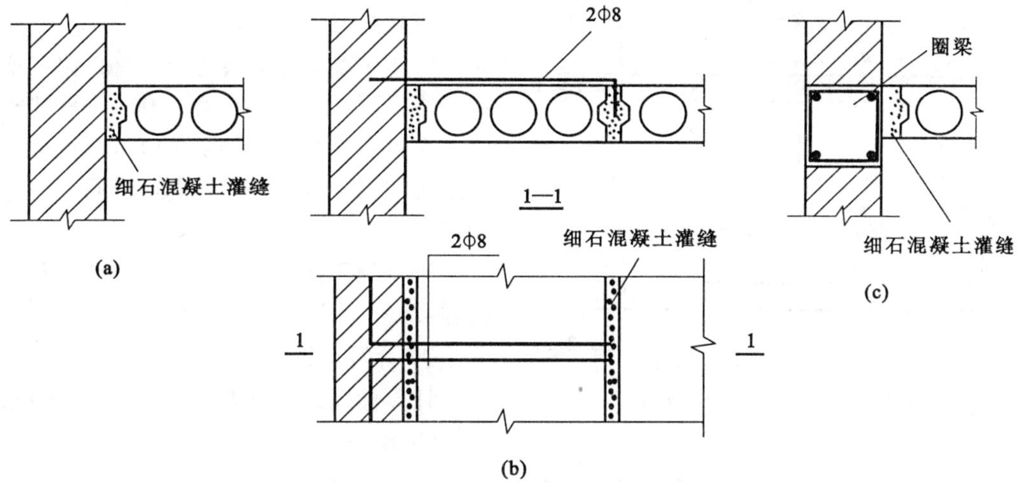

图 10.57　板与非支撑墙的连接构造

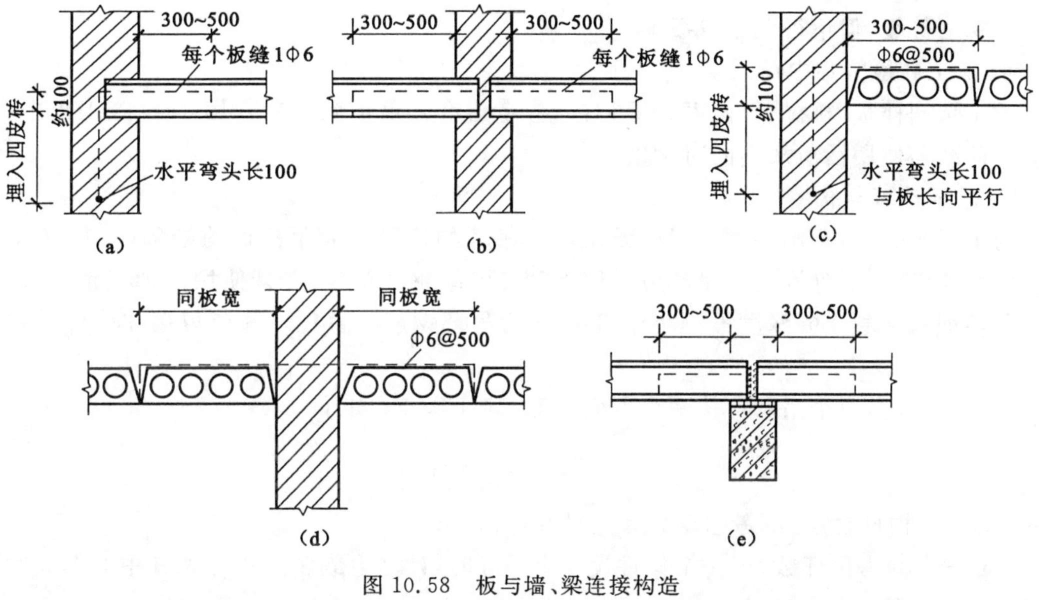

图 10.58　板与墙、梁连接构造

预制梁下砌体局部受压承载能力不足时，应按计算设置梁垫，梁和梁垫以及梁垫和墙体之间都要坐浆。

另外，地震区预制楼盖的连接构造还有更高的要求，设计时，请参见有关规范和设计手册。

10.3.3　装配式楼盖的计算要点

装配式楼盖的构件计算分使用阶段的计算和施工阶段的验算两个方面。

(1) 使用阶段的计算

装配式梁板构件，其使用阶段承载能力计算（如例 3.9）、变形（如例 8.2）和裂缝宽度的验算（如例 8.3）与现浇整体式完全相同。计算时对截面形状复杂的构件应进行简化，可先将其截面折算成常用截面后再进行计算。

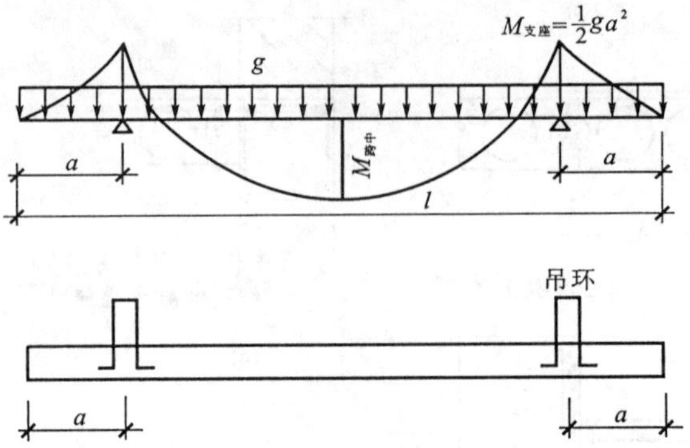

图 10.59　吊装时的内力图

(2) 施工阶段的验算

对于装配式钢筋混凝土梁板构件,必须进行运输、堆放和吊装验算。例如,吊装点和堆放支撑点若距构件端部某处时,则该截面就会产生负弯矩,对该截面就应进行验算,见图10.59。

进行施工阶段的验算时,一般应注意以下问题:

① 计算简图

计算简图按实际堆放和吊点位置确定。

② 动力系数

考虑运输、吊装时的动力作用,构件自重应乘以 1.5 的动力系数。

③ 结构重要性系数

在进行施工阶段的承载能力验算时,结构的重要性系数应较使用阶段的承载能力计算降低一个安全等级,但不得低于三级。

④ 施工和检修集中荷载

对于预制楼板、挑檐板、雨篷板等构件,应考虑在其最不利位置作用 1kN 施工集中荷载,该集中荷载与使用活荷载不同时考虑。

⑤ 吊环计算与构造

为了吊装方便,预制构件一般应设吊环。吊环的位置一般距构件的端部(0.1～0.2)l (l 为构件的长度)处对称设置。吊环应采用 HPB235 级钢筋制作,严禁使用冷加工钢筋,以防脆断。吊环埋入混凝土的深度不应小于 $30d$(d 为吊环钢筋的直径),并应焊接在构件的钢筋骨架上。

设计吊环时,每个吊环可按两个截面计算,其计算公式如下

$$A_s = \frac{G}{2m[\sigma_s]}$$

式中　G——构件自重(不考虑动力系数)标准值,N;

m——受力吊环数,当一个构件设 4 个吊环时,计算中最多只能考虑其中 3 个同时发挥作用,取 $m=3$;

$[\sigma_s]$——吊环钢筋的容许拉应力,N/mm^2,考虑动力作用以后,《规范》规定$[\sigma_s]=50\ N/mm^2$。

10.4　楼梯计算

钢筋混凝土楼梯由于经济耐用,防火性好,因此,在一般多层房屋中被广泛采用。

楼梯的外形和几何尺寸由建筑设计确定。楼梯的类型按施工方法的不同,可分为现浇整体式楼梯和装配式楼梯。按结构形式的不同,可分为板式、梁式、剪刀式和螺旋式等。本节主要介绍整体板式楼梯和梁式楼梯。

10.4.1 现浇板式楼梯

板式楼梯由梯段板、平台板、平台梁组成(图 10.60(a))。梯段板为带有踏步的斜板,两端支撑在平台梁上。平台板一端支撑在平台梁上,另一端支撑在楼梯间的墙(或梁)上。平台梁两端支撑在楼梯间的纵墙(或梁)上。板式楼梯的特点是施工方便,但梯段跨度较大时,斜板较厚,材料用量较多,所以一般用于跨度较小的情况(一般在 3 m 以内)。

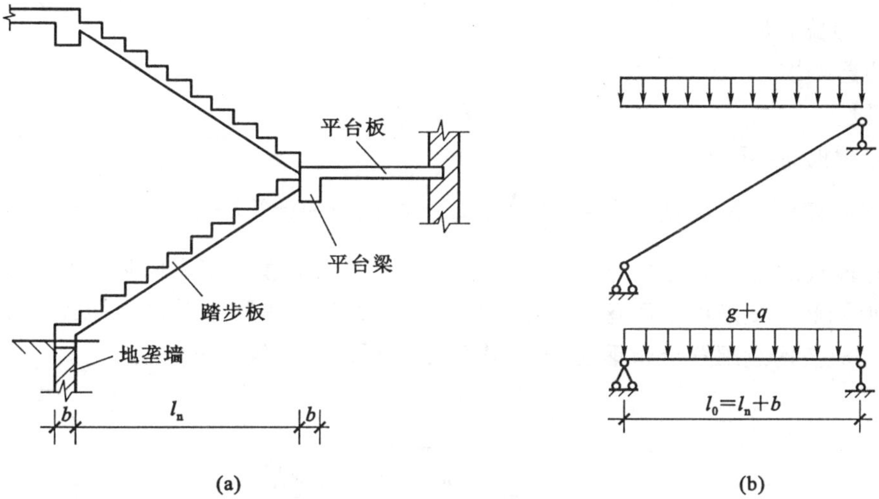

图 10.60 板式楼梯

(1) 内力计算

① 梯段板

从梯段板中取 1m 宽板带作为计算单元,并近似认为梯段板都是简支于平台梁上。其计算简图如图(图 10.60(b))所示。

梯段板为一简支斜板。由结构力学可知,斜置简支梁的跨中弯矩可按平置梁计算:跨长取斜梁的水平投影长度,荷载应按水平方向计算,即 $M_{\max}=\dfrac{(g+q)l_0^2}{8}$。由于板的两端与平台梁为整体连接,考虑对板的约束,板的跨中弯矩相对于简支梁有所减少,通常按下式计算

$$M_{\max}=\frac{1}{10}(g+q)l_0^2 \tag{10.25}$$

式中 g、q——作用在梯段板上的沿水平方向单位长度上的恒荷载、活荷载设计值,N/mm;

l_0——梯段板的计算跨度。设计时取 $l_0=l_n+b$,l_n 为梯段板净跨的水平投影长度,b 为平台梁的宽度,mm。

② 平台板

平台板一般两端支撑在墙或梁上,属单向板(当板为四边支撑时也可能是双向板)。当板两端均与梁整浇时,板的跨中弯矩可取

$$M_{\max}=\frac{1}{10}(g+q)l_0^2 \tag{10.26}$$

当板的一端支撑在平台梁上而另一端支撑在墙上,跨中弯矩可取

$$M_{max} = \frac{1}{8}(g+q)l_0^2 \tag{10.27}$$

式中　l_0——平台板的计算跨度，m。

③ 平台梁

平台梁两端一般支撑在楼梯间的承重墙上，承受梯段板、平台板传来的均布荷载和平台梁的自重，可按简支梁计算。平台梁的截面高度一般取 $h \geqslant \frac{l_0}{12}$（$l_0$ 为平台梁的计算跨度），其它构造要求与一般梁相同。

（2）构造要求

① 梯段板

（a）梯段板的厚度 δ

梯段板的厚度一般取：$h = \left(\frac{1}{25} \sim \frac{1}{30}\right) l_0$（$l_0$ 为梯段板的计算跨度）。

（b）梯段板的受力钢筋按跨中最大弯矩计算。考虑斜板在支座附近有负弯矩作用，还应配置负弯矩钢筋。配筋可采用弯起式或分离式。其配筋构造见图 10.61 所示。在垂直于受力钢筋方向仍应按构造配置分布钢筋，并要求每踏步板内至少放一根。

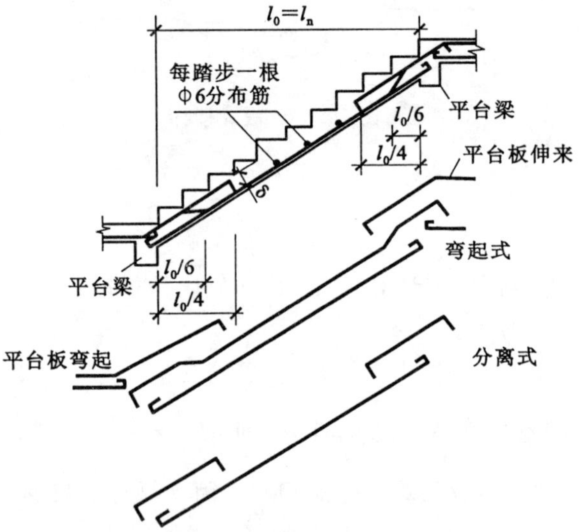

图 10.61　受力钢筋的弯起点位置

梯段斜板和一般板计算一样，可不必进行斜截面抗剪承载力计算。

② 平台板和平台梁

平台板和平台梁的配筋可按一般整体式钢筋混凝土结构的要求计算和配置。

（3）现浇板式楼梯例题

【例 10.4】 设计资料：某楼梯采用现浇整体式钢筋混凝土板式楼梯，其结构布置见图 10.62所示。

（1）活荷载标准值 $q_k = 2.5\ kN/m^2$。

（2）材料选用：

混凝土：采用 C20，$f_c = 9.6\ N/mm^2$。

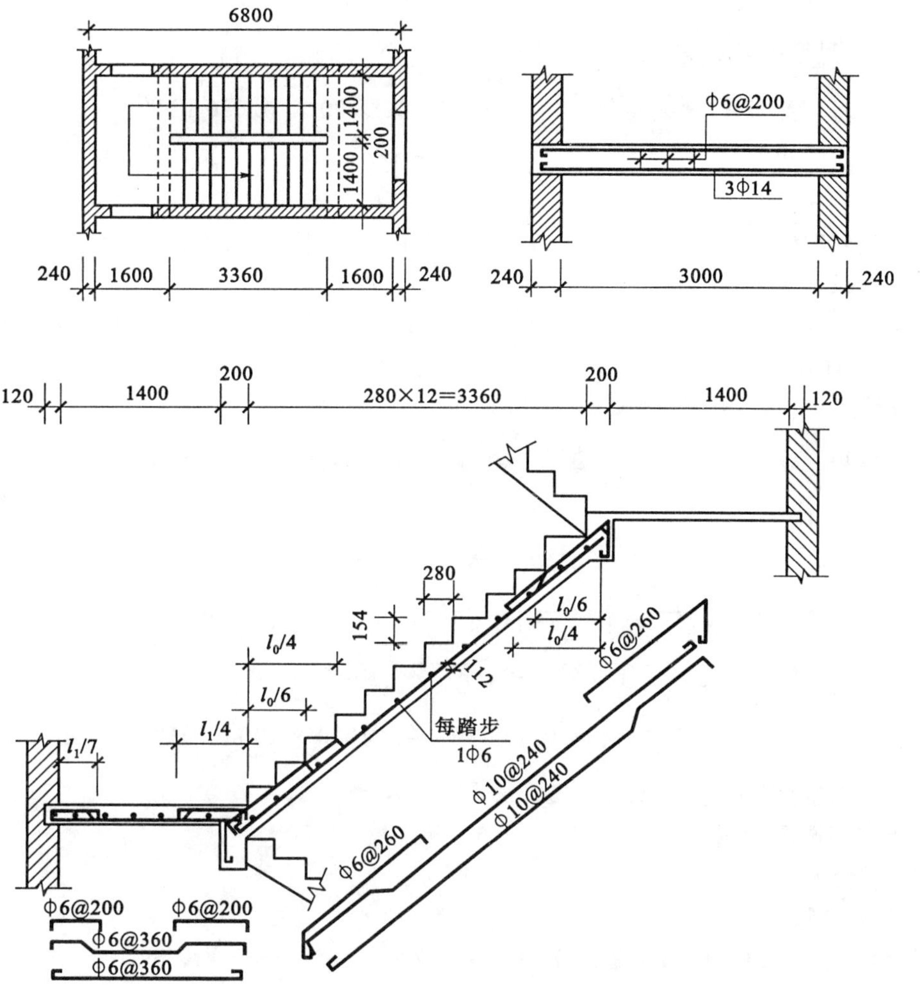

图 10.62　板式楼梯配筋示意图

钢筋：当 $d \leqslant 10$ mm 时，选用 HPB235 级钢筋。当 $d \geqslant 12$ mm 时，选用 HRB335 级钢筋。

【解】（1）梯段板的计算

① 确定板厚

梯段板的厚度为

$$h = \frac{l_0}{30} = \frac{3360}{30} = 112 \text{ mm}$$

取 $h=120$ mm。

② 荷载计算（取 1 m 宽板计算）

楼梯斜板的倾角

$$\alpha = \arctan\frac{154}{280} = \arctan 0.55 = 28°48' \qquad \cos\alpha = 0.876$$

恒荷载：踏步重 $\dfrac{1.0}{0.28} \times \dfrac{1}{2} \times 0.28 \times 0.154 \times 25 = 1.925 \text{ kN/m}$

斜板重 $\frac{1.0}{0.876}\times 0.12\times 25=3.425\ \text{kN/m}$

20 mm 厚找平层：$\frac{0.28+0.154}{0.28}\times 1.0\times 0.02\times 20=0.620\ \text{kN/m}$

恒荷载标准值 $g_k=5.970\ \text{kN/m}$

恒荷载设计值 $g_d=1.2\times 5.970=7.164\ \text{kN/m}$

活荷载标准值 $q_k=2.5\times 1.0=2.5\ \text{kN/m}$

活荷载设计值 $q_d=1.4\times 2.5=3.5\ \text{kN/m}$

总荷载设计值 $q'_d=g_d+q_d=7.164+3.5=10.66\ \text{kN/m}$

③ 内力计算

计算跨度 $l_0=3.36\ \text{m}$

跨中弯矩 $M=\frac{1}{10}q'_d l_0^2=\frac{1}{10}\times 10.66\times 3.36^2=12.0\ \text{kN}\cdot\text{m}$

④ 配筋计算

$$h_0=h-20=120-20=100\ \text{mm}$$

$$\alpha_s=\frac{M}{\alpha_1 f_c b h_0^2}=\frac{12.0\times 10^6}{1.0\times 9.6\times 1000\times 100^2}=0.125$$

$$\xi=1-\sqrt{1-2\alpha_s}=\sqrt{1-2\times 0.125}=0.134$$

$$A_s=\xi\frac{f_c}{f_y}bh_0=0.134\times\frac{9.6}{210}\times 1000\times 100=612.57\ \text{mm}^2$$

受力钢筋选用Φ 10 @120($A_s=654\ \text{mm}^2$)。

分布钢筋选用Φ 6 @300。

(2) 平台板的计算

① 荷载计算

恒荷载:平台板自重(假定板厚 70 mm)$0.07\times 1\times 25=1.75\ \text{kN/m}$

20 mm 厚找平层： $0.02\times 1\times 20=0.40\ \text{kN/m}$

恒荷载标准值 $g_k=2.15\ \text{kN/m}$

恒荷载设计值 $g_d=1.2\times g_k=1.2\times 2.15=2.58\ \text{kN/m}$

活荷载标准值 $q_k=2.5\times 1.0=2.5\ \text{kN/m}$

活荷载设计值 $q_d=1.4\times 2.5=3.5\ \text{kN/m}$

总荷载设计值 $q'_d=g_d+q_d=2.58+3.5=6.08\ \text{kN/m}$

② 内力计算

计算跨度 $l_0=l_n+\frac{h}{2}=1.4+\frac{0.07}{2}=1.44\ \text{m}$

跨中弯矩 $M=\frac{1}{8}q'_d l_0^2=\frac{1}{8}\times 6.08\times 1.44^2=1.58\ \text{kN}\cdot\text{m}$

③ 配筋计算

$$\alpha_s=\frac{M}{\alpha_1 f_c b h_0^2}=\frac{1.58\times 10^6}{1.0\times 9.6\times 1000\times 50^2}=0.0658$$

$$\xi=1-\sqrt{1-2\alpha_s}=1-\sqrt{1-2\times 0.0658}=0.068$$

$$A_s=\xi\frac{f_c}{f_y}bh_0=0.068\times\frac{9.6}{210}\times 1000\times 50=156\ \text{mm}^2$$

选用φ 6 @180($A_s=157\ \text{mm}^2$)。

(3) 平台梁的计算

梯段板传来 $10.66\times\frac{3.36}{2}=17.91\ \text{kN/m}$

平台板传来 $6.08\times\left(\frac{1.4}{2}+0.20\right)=5.47\ \text{kN/m}$

① 荷载计算

梁自重(假定 $b\times h=200\ \text{mm}\times 300\ \text{mm}$)

$$1.2\times 0.2\times (0.3-0.07)\times 25=1.38\ \text{kN/m}$$

$$q=17.91+5.47+1.38=24.76\ \text{kN/m}$$

② 内力计算

$$l_0=l_n+a=3.00+0.24=3.24\ \text{m}$$

$$l_0=1.05\times l_n=1.05\times 3.00=3.15\ \text{m}$$

取两者较小者,$l_0=3.15\ \text{m}$。

跨中弯矩 $M_{\max}=\frac{1}{8}ql_0^2=\frac{1}{8}\times 24.76\times 3.15^2=30.7\ \text{kN}\cdot\text{m}$

最大剪力 $V_{\max}=\frac{1}{2}ql_n=\frac{1}{2}\times 24.76\times 3.00=37.14\ \text{kN}$

③ 配筋计算

(a) 纵向钢筋(按第一类倒 L 形截面计算)

$$b'_f=\frac{l_0}{6}=\frac{3150}{6}=525\ \text{mm}$$

$$b'_f=b+\frac{s_0}{2}=200+\frac{1400}{2}=900\ \text{mm}$$

取小值 $b'_f=525\ \text{mm}$。

$$\alpha_s=\frac{M}{\alpha_1 f_c b'_f h_0^2}=\frac{30.7\times 10^6}{1.0\times 9.6\times 525\times 265^2}=0.0867$$

$$\xi=1-\sqrt{1-2\alpha_s}=1-\sqrt{1-2\times 0.0867}=0.091$$

$$A_s=\xi\frac{f_c}{f_y}bh_0=0.091\times\frac{9.6}{300}\times 525\times 265=405\ \text{mm}^2$$

选用 3 Φ 14($A_s=461\ \text{mm}^2$)。

(b) 箍筋计算

$0.7f_tbh_0=0.7\times 1.1\times 200\times 265=40810\ \text{N}=40.81\ \text{kN}>V_{\max}=37.14\ \text{kN}$

故箍筋可按构造要求配置φ 6 @200。

钢筋布置见图 10.62。

10.4.2 现浇梁式楼梯

梁式楼梯由踏步板、梯段斜梁、平台板、平台梁组成(图 10.63(a))。一般踏步板支撑于斜梁上,斜梁支撑在平台梁和楼盖梁上,平台板一端支撑在平台梁上,另一端支撑在楼梯间的墙(或梁)上。平台梁两端支撑在楼梯间的纵墙(或梁)上。

(1) 内力计算

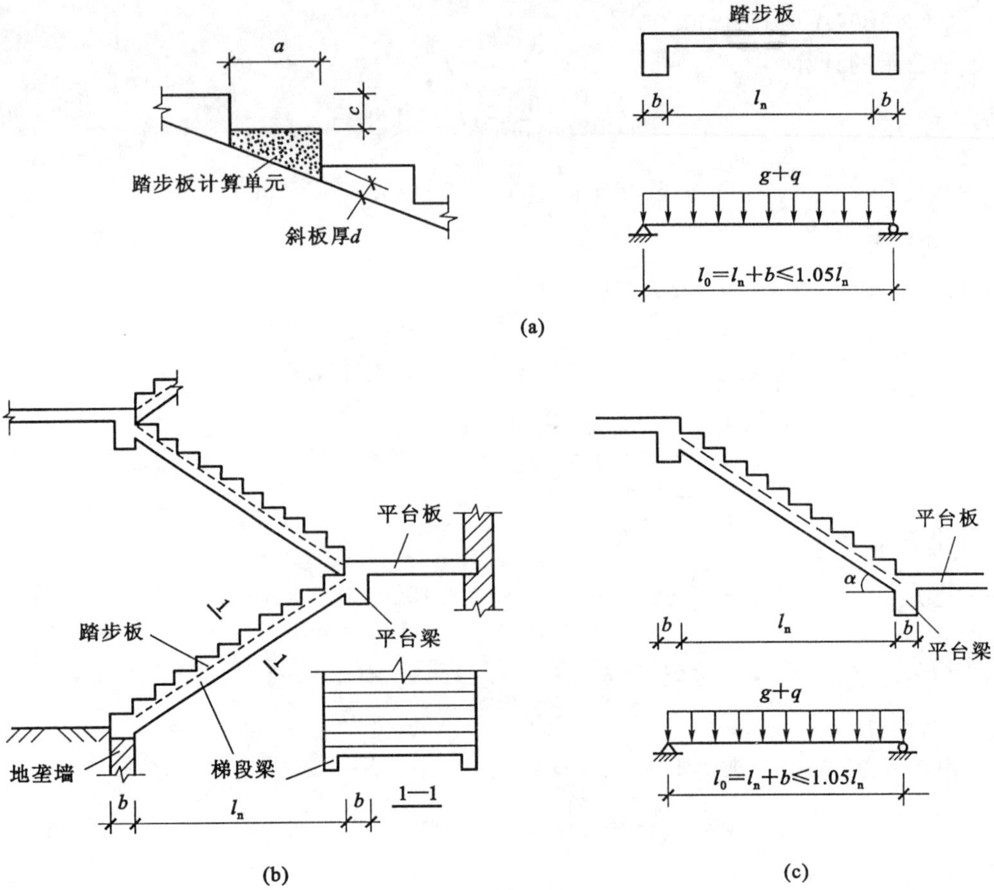

图 10.63 梁式楼梯

(a) 踏步板计算简图；(b) 梁式楼梯的组成；(c)楼梯斜梁计算简图

① 踏步板

踏步板承受均布荷载，按支撑于两侧斜梁上的简支板计算内力(图 10.63(a))，一般取出一个踏步作为计算单元(图 10.63(a)中阴影部分)，其截面为梯形，可按截面面积相等的原则简化为同宽度的矩形截面，其折算厚度 h 可近似按下式计算

$$h=\frac{c}{2}+\frac{d}{\cos\alpha} \tag{10.28}$$

② 梯段斜梁

梯段斜梁承受跳步传来的荷载，按两端支撑在平台梁上的简支梁计算，计算简图见图 10.63(c)。其跨中最大弯矩按梁的水平投影跨度和水平方向的均布荷载计算

$$M_{\max}=\frac{1}{8}(g+q)l_0^2 \tag{10.29}$$

斜梁的剪力为

$$V_{\max}=\frac{1}{2}(g+q)l_n\cos\alpha \tag{10.30}$$

式中 $M_{\max}$、$V_{\max}$——简支斜梁在竖向均布荷载作用下的最大弯矩(N·mm)和剪力(N)；

l_0、l_n——梯段斜梁的计算跨度及净跨的水平投影长度，mm；

α——斜梁与水平面的夹角。

另外，斜梁在竖向荷载作用下产生的轴力 N，一般较小可忽略不计。

③ 平台梁和平台板

梁式楼梯的平台梁和平台板计算与板式楼梯基本相同，只是平台梁除了承受平台板传来的均布荷载和梁自重外，还承受斜梁传来的集中荷载(图 10.64)。

(2) 构造要求

① 踏步板的厚度

踏步板的厚度 d 一般为 30～40 mm，踏步板配筋除按计算确定外，每个踏步一般不宜少于 2ϕ6 受力筋，放置在踏步下的斜板中，并沿梯段布置间距不大于 300 mm 的分布钢筋。

② 梯段斜梁

梯段斜梁按倒 L 形截面梁计算(也可按矩形截面计算)，踏步板下斜板为其受压翼缘，梯段斜梁的截面高度一般取 $h \geqslant \frac{l_0}{20}$。梯段梁的配筋与一般梁相同。配筋见图 10.65。

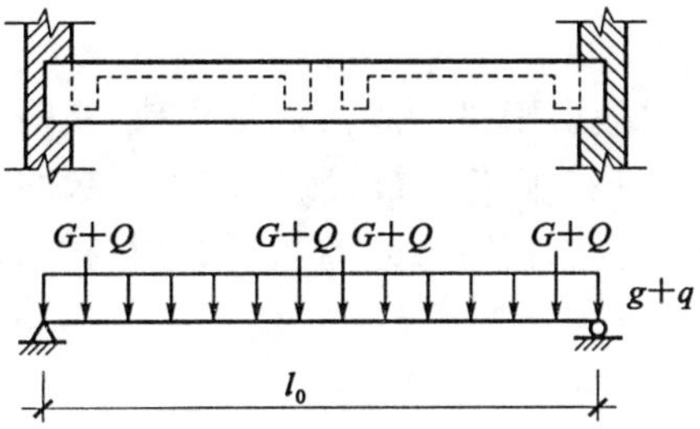

图 10.64　平台梁计算简图

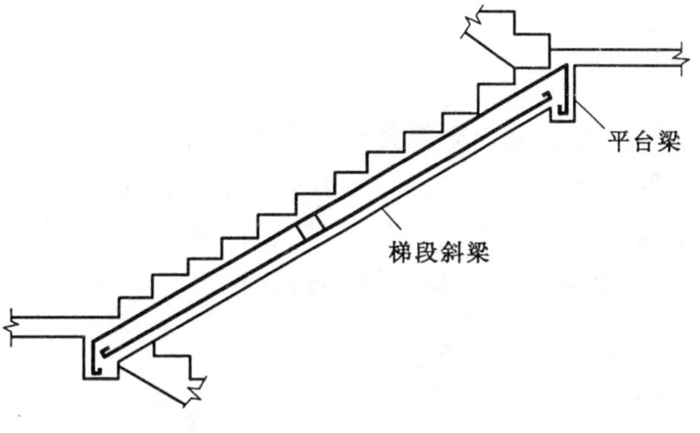

图 10.65　梯段梁配筋图

③ 平台梁与平台板

梁式楼梯的平台板和平台梁的配筋可按一般整体式钢筋混凝土结构的要求计算和配置。平台梁在斜梁支撑处应设置吊筋或附加箍筋，其计算同肋形楼盖主梁。

10.4.3　折线形楼梯计算与构造

为了满足建筑使用要求，在房屋中有时采用折线形楼梯(图 10.66(a))。

折线形楼梯斜板(斜梁)的计算与普通板(梁)式楼梯一样，一般将斜梯段上的荷载化为沿水平长度方向的荷载(见图 10.66(b))，然后再按简支梁(见图 10.66(c))计算 M_{max} 及 V_{max} 的值。

由于折线形楼梯在梁(板)曲折处形成内折角，在配筋时，若钢筋沿内折角连续配置，则此处受拉钢筋将产生较大的向外的合力，可能使该处混凝土保护层剥落，钢筋被拉出而失去作用，见图 10.67(a)。因此，在内折角处，配筋时应采取将钢筋断开并分别予以锚固的措施，见图 10.67(b)。在梁的内折角处，箍筋应加密。

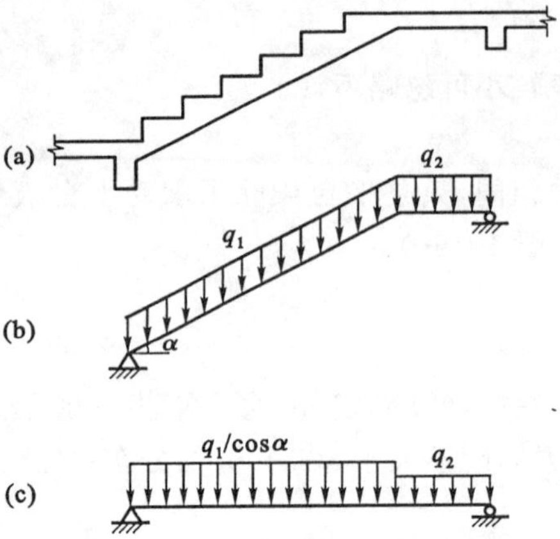

图 10.66　折线形板式楼梯的荷载

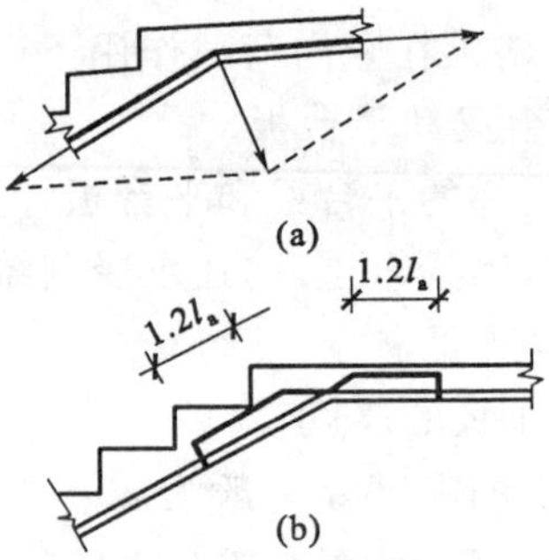

图 10.67　折线形板式楼梯在弯折处的配筋

(a) 混凝土保护层剥落，钢筋被拉出；

(b) 转角处钢筋的锚固措施

10.5　雨　　篷

钢筋混凝土雨篷是房屋结构中最常见的悬挑构件，一般由雨篷板和雨篷梁组成，雨篷梁除支撑雨篷板外，又兼有过梁的作用。当雨篷悬挑过长时，可在雨篷中布置边梁，按一般的梁板结构设计。当无边梁时，应按悬臂板设计。计算时悬挑部分除按一般悬臂板、梁进行截面设计外，还必须进行整体的抗倾覆验算。

10.5.1　雨篷板的设计

作用在雨篷板上的荷载有恒荷载(包括自重、面层、抹灰等构造层自重)，雪荷载和活荷载等。活荷载可为均布活荷载(标准值为 0.75 kN/m^2)或施工与检修集中荷载(标准值为 1 kN)。

在进行抗弯计算时，雨篷板上的荷载可按两种情况考虑：

第一种情况：恒荷载＋均布活荷载(0.75 kN/m^2)或雪荷载(均布活荷载一般不与雪荷载同时考虑，取较大者)；

第二种情况：恒荷载＋施工或检修集中荷载(沿板宽每隔 1.0 m 考虑一个集中荷载 1 kN，作用在最不利位置上)。

荷载计算简图见图 10.68 所示，按两种荷载情况分别计算出最大弯矩后，选其较大值进行配筋计算。

雨篷板通常取 1 m 宽进行计算。

10.5.2　雨篷梁的设计

雨篷梁除承受雨篷板传来的荷载外，还承受雨篷梁上的墙重及楼面板或平台板通过墙传来的荷载。对于兼作过梁的雨篷梁，梁板荷载与墙体自重，就根据不同情况按下列规定进行计算：

① 当雨篷梁上墙体高度 $h_w < \frac{l_0}{3}$(l_0 为雨篷梁净跨度)，按全部墙体的均布重力采用；当墙

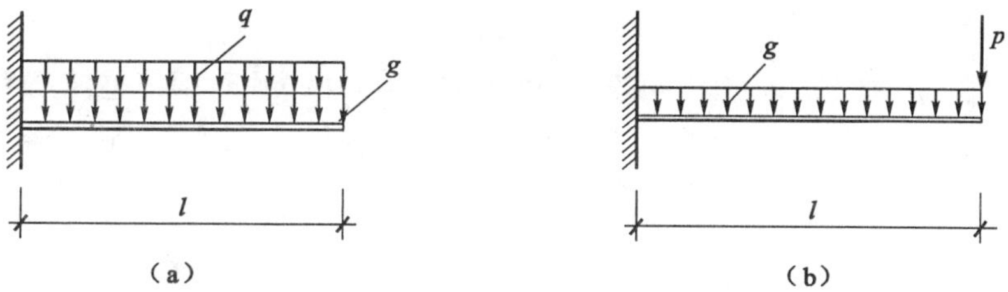

图 10.68　雨篷板的计算简图

(a) 第一种荷载作用情况；(b)第二种荷载作用情况

体高度 $h_w \geqslant \frac{l_0}{3}$ 时，按高度为 $\frac{l_0}{3}$ 墙体重力采用。

② 当雨篷梁上有梁板荷载时，如梁、板下的墙体高度 $h_w < l_0$ 时，按梁、板传来的荷载采用；当梁、板下的墙体高度 $h_w \geqslant l_0$ 时，梁、板荷载不予考虑。如图 10.69 所示。

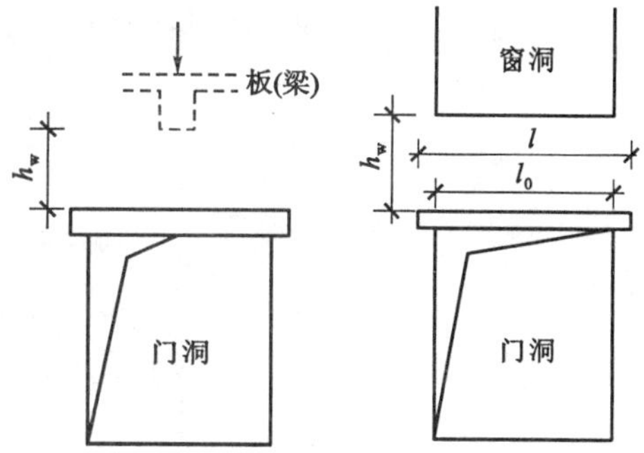

图 10.69　雨篷梁上的墙体及梁板荷载

梁上荷载确定以后，就可计算雨篷梁的弯矩和剪力。但由于雨篷板上传来的荷载，其作用点并不在梁的竖向对称平面上。因此，这些荷载还将产生扭矩。均布荷载$(g+q)$作用下，雨篷板根部沿单位长度内的扭矩为

$$t_q = (g+q)l\left(\frac{l+b}{2}\right) \qquad (10.31)$$

由 t_q 在梁支座处产生的最大扭矩为

$$T_{max} = \frac{1}{2}t_q l_0 \qquad (10.32)$$

式中　l_0——雨篷梁的净跨度，mm；

l——雨篷板的长度，mm；

b——雨篷梁的宽度，mm。

扭矩在梁内的分布见图 10.70 所示。

同理，在均布荷载 g 和集中荷载 p 作用下，板上沿单位长度内的扭矩为

$$t_q = gl\left(\frac{l+b}{2}\right) + p\left(\frac{l+b}{2}\right) \qquad (10.33)$$

由 t_q 在梁支座处产生的最大扭矩 T_{max} 按式(10.32)计算。与均布荷载$(g+q)$作用下梁端产生的扭矩相比，取两者中较大者作为计算扭矩。

当内力选定后，雨篷梁的配筋设计则按弯、剪、扭构件计算纵筋和箍筋。

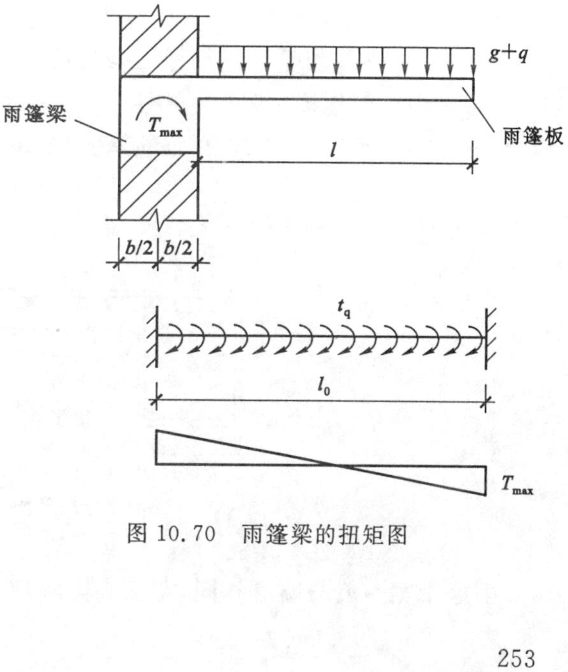

图 10.70　雨篷梁的扭矩图

10.5.3 雨篷的整体倾覆验算

对雨篷除进行承载力计算确定雨篷板、梁的配筋外，还必须对雨篷整体产生的倾覆进行验算。雨篷板上的荷载将绕 O 点产生倾覆力矩 M_{ov}，而抗倾覆力矩 M_r 仅由梁自重、墙重及梁板传来的净荷载合力 G_r 产生，进行抗倾覆验算应满足

$$M_r \geqslant M_{ov} \tag{10.34}$$

式中 M_r——抗倾覆力矩设计值，N·mm，按下式计算

$$M_r = 0.85G_r l_2 \tag{10.35}$$

G_r——雨篷的抗倾覆荷载，N，可取雨篷梁尾端上部 45°扩散角范围（其水平长度为 l_3）内的墙体与楼面恒荷载标准值之和，如图 10.71 所示；

l_2——G_r 距墙外边缘的距离，mm，$l_2=\dfrac{l_1}{2}$，l_1 为雨篷梁上墙的厚度，$l_3=\dfrac{l_n}{2}$。

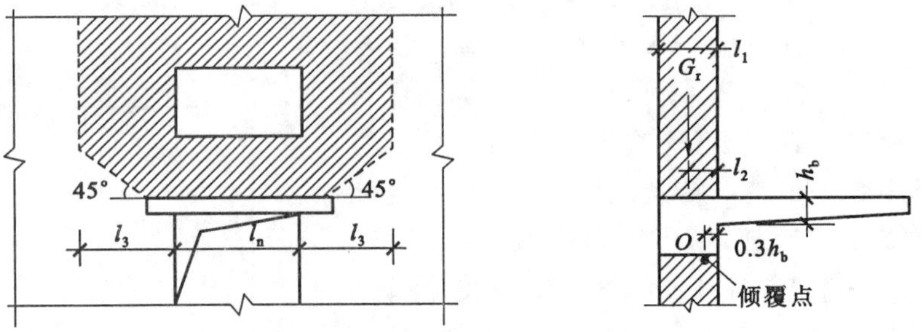

图 10.71 雨篷抗倾覆验算计算简图

为保证满足抗倾覆要求，可适当增加雨篷梁的支撑长度，以增加压在梁上的恒荷载。

10.5.4 雨篷梁、板的构造

根据雨篷板的受力特点，其板厚可做成变厚度，板端厚度一般不小于 50 mm，根部厚度不小于 80 mm。雨篷板受力钢筋按悬臂板计算确定，且不少于φ 6@200，受力钢筋必须伸入雨篷梁，并与梁中箍筋连接，其伸入支座的长度不小于基本锚固长度。此外，还须按构造配置分布钢筋，一般不小于φ 6@300。配筋构造见图 10.72。

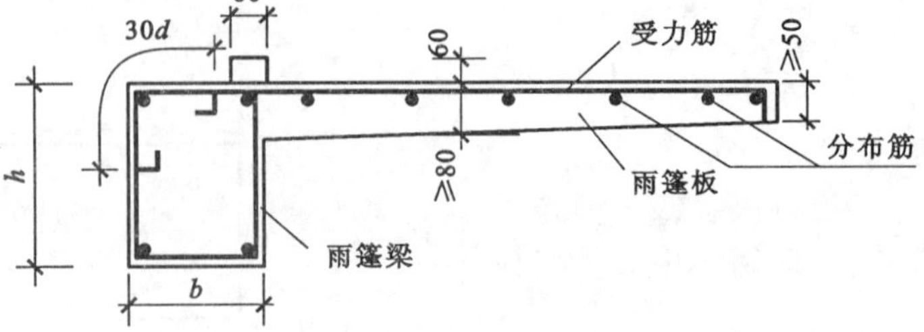

图 10.72 雨篷截面及配筋图

雨篷梁宽一般与墙厚相同，截面高度按计算确定，为保证足够的嵌固，雨篷梁伸入墙内的

支撑长度应不小于 370 mm，其配筋按弯、剪、扭构件计算。

小　结

(1) 梁板结构按其施工方法分为现浇整体式、装配式和装配整体式三种形式。

(2) 梁板结构中的板按其长边与短边的比值 $n=\frac{l_2}{l_1}$ 可分为单向板、双向板。当 $n=\frac{l_2}{l_1}\geqslant 2$ 时，按单向板设计；当 $n=\frac{l_2}{l_1}<2$ 时，按双向板设计。

(3) 楼盖的结构布置应满足房屋的正常使用要求，应考虑结构受力是否合理，应考虑节约材料降低造价。

(4) 单向板肋形楼盖的板、次梁、主梁可简化为多跨连续梁计算内力。考虑支座对板、次梁的约束，按弹性理论计算次梁、板内力时，应采用折算荷载。

(5) 单向板楼盖按弹性理论计算方法。计算多跨连续梁的内力时，应考虑活荷载不利布置、内力包络图的概念与绘制。

(6) 单向板肋形楼盖按塑性理论计算方法。钢筋混凝土多跨连续梁、板(超静定结构)，当受荷载较小时，内力与荷载的关系是线性的。但随着荷载的增加，由于混凝土受拉区裂缝的出现和发展，受压区混凝土的塑性变形，特别是受拉钢筋屈服后的塑性变形，导致连续梁、板产生塑性铰，引起钢筋混凝土连续梁、板的内力发生重分布。

(7) 连续板、梁的截面设计与配筋构造。

(8) 双向板肋形楼盖的设计与配筋构造。

(9) 装配式楼盖构件的形式与构件之间的连接构造。为了加强楼盖的整体性，板与板、板与梁、板与墙之间的连接构造是非常重要的措施，设计中应给予足够的重视。

(10) 常用的现浇楼梯为板式楼梯和梁式楼梯。无论是现浇板式或梁式楼梯，都可以按受弯构件进行承载能力计算。

(11) 雨篷的设计与构造。对于雨篷，除进行承载能力计算确定雨篷板(受弯、受剪)、雨篷梁(受弯、受剪、受扭)的配筋以外，还必须对雨篷的整体倾覆进行验算。

复习思考题

10.1　钢筋混凝土楼盖按其施工方法分几种形式？其优缺点是什么？

10.2　现浇整体式楼盖按其受力和支撑条件的不同分几种形式？其优缺点是什么？

10.3　梁板结构中的板根据什么条件可分为单向板和双向板？

10.4　楼盖的结构布置原则是什么？

10.5　按弹性理论计算肋形楼盖的连续板、次梁时，什么情况下和为什么要将荷载化为折算荷载来计算？如按考虑塑性内力重分布方法计算时，为什么可不必进行荷载的折减？

10.6　按弹性理论计算多跨连续梁、板的内力时，为什么要考虑活荷载最不利布置？若要计算某支座最大负弯矩、某跨跨中最大正弯矩，其活荷载最不利布置是什么？

10.7　什么叫内力包络图？为什么要画内力包络图？

10.8　何谓钢筋混凝土塑性铰？试说明钢筋混凝土塑性铰与普通的理想铰的异同。

10.9　何谓钢筋混凝土连续梁的塑性内力重分布？钢筋混凝土连续梁塑性内力重分布的基本规律是什么？

10.10 试扼要说明连续梁按塑性法(弯矩调幅法)的计算步骤和原则。

10.11 按塑性计算法设计多跨连续板、次梁时,为什么支座截面混凝土受压区高度不大于 $0.35h_0$?

10.12 现浇单向板肋形楼盖板、次梁和主梁的配筋计算和构造有哪些要点?

10.13 试说明按弹性理论计算双向板时,如何利用单跨区格板的弯矩系数表示考虑活荷载最不利布置?

10.14 为了保证装配式楼盖的整体性,板与板、板与梁、板与墙以及梁与墙应采取哪些构造措施?

10.15 板式楼梯和梁式楼梯有何区别? 这两种形式楼梯的踏步板中配筋有何区别?

10.16 雨篷的设计内容包括哪几部分?

课程设计任务书

【设计资料】

某多层工业厂房楼盖，采用现浇钢筋混凝土肋形楼盖，其结构布置如图 10.73 所示。

(1) 楼面构造层做法：20 mm 厚水泥砂浆面层，钢筋混凝土楼板（结构层），12 mm 厚板底纸筋抹灰。

(2) 楼面活荷载标准值：① 6.0 kN/m²；②7.0 kN/m²（不同设计组可选用不同值）。

(3) 材料选用：混凝土　采用 C20。

钢　筋　梁中受力主筋采用Ⅱ级（HRB335）钢筋；

其余采用Ⅰ级（HPB235）钢筋。

(4) 柱网尺寸：① $l_1 \times l_2 = 6.0\ m \times 6.6\ m$；② $l_1 \times l_2 = 6.6\ m \times 7.2\ m$（不同设计组可选用不同值）。

试设计此楼盖的板、次梁、主梁。

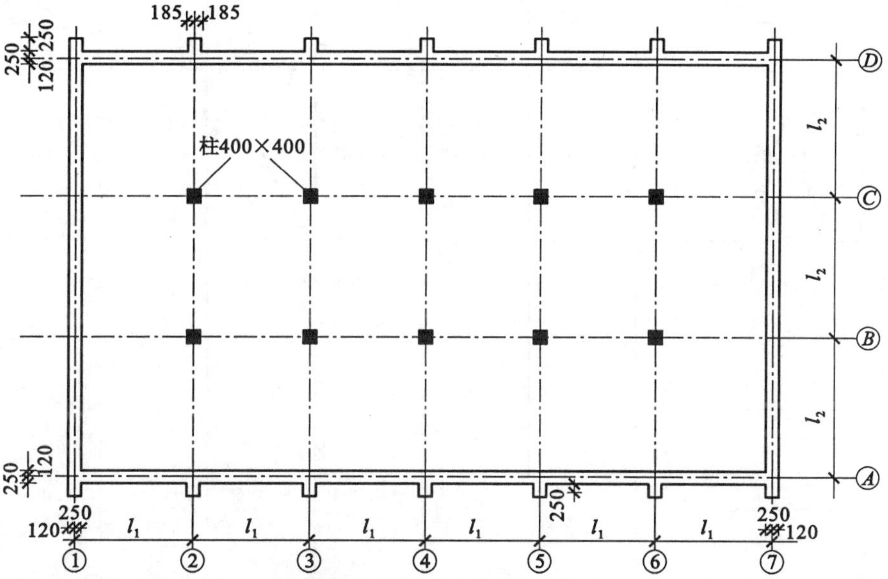

图 10.73　楼盖结构布置图

附表 10.1　均布荷载和集中荷载作用下等跨连续梁的内力系数

均布荷载作用下

$$M = k_1 gl^2 + k_2 ql^2 \qquad V = k_3 gl + k_4 ql$$

集中荷载作用下

$$M = k_1 Gl + k_2 Ql \qquad V = k_3 G + k_4 Q$$

式中　g、q——单位长度上的均布恒荷载、活荷载，N/mm；

G、Q——集中恒荷载、活荷载，N；

k_1、k_2、k_3、k_4——内力系数，由表中相应栏内查得。

(1)　两　跨　梁

序号	荷　载　简　图	跨内最大弯矩 (N·mm)		支座弯矩 (N·mm)	剪　力 (N)			
		M_1	M_2	M_B	V_A	$V_{B左}$	$V_{B右}$	V_C
1	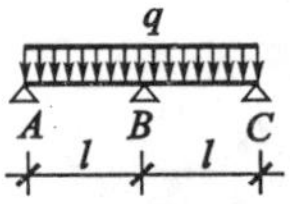	0.070	0.070	−0.125	0.375	−0.625	0.625	−0.375
2	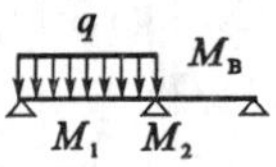	0.096	−0.025	−0.063	0.437	−0.563	0.063	0.063
3	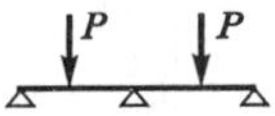	0.156	0.156	−0.188	0.312	−0.688	0.688	−0.312
4	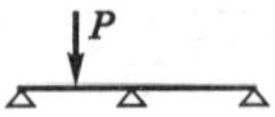	0.203	−0.047	−0.094	0.406	−0.594	0.094	0.094
5	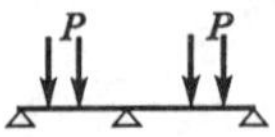	0.222	0.222	−0.333	0.667	−1.334	1.334	−0.667
6	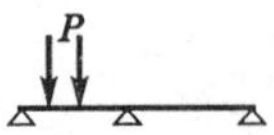	0.278	−0.056	−0.167	0.833	−1.167	0.167	0.167

续附表 10.1　　　　　　　　**(2) 三 跨 梁**

序号	荷载简图	跨内最大弯矩 (N·mm)		支座弯矩 (N·mm)		剪力 (N)					
		M_1	M_2	M_B	M_C	V_A	$V_{B左}$	$V_{B右}$	$V_{C左}$	$V_{C右}$	V_D
1	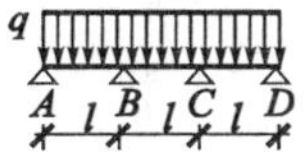	0.080	0.025	−0.100	−0.100	0.400	−0.600	0.500	−0.500	−0.600	−0.400
2	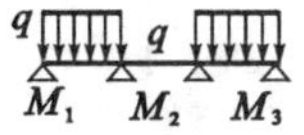	0.101	−0.050	−0.050	−0.050	0.450	−0.550	0.000	0.000	0.550	−0.450
3	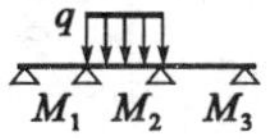	−0.025	0.075	−0.050	−0.050	−0.050	−0.050	0.050	0.050	0.050	0.050
4	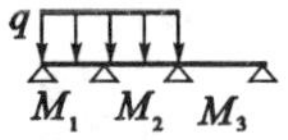	0.073	0.054	−0.117	−0.033	0.383	−0.617	0.583	−0.417	0.033	0.033
5	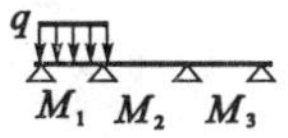	0.094	—	−0.067	0.017	0.433	−0.567	0.083	0.083	−0.017	−0.017
6	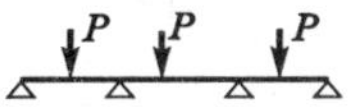	0.175	0.100	−0.150	−0.150	0.350	−0.650	0.500	−0.500	0.650	−0.350
7		0.213	−0.075	−0.075	−0.075	0.425	−0.575	0.000	0.000	0.575	−0.425
8	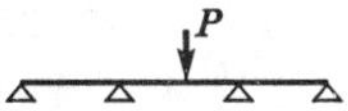	−0.038	0.175	−0.075	−0.075	0.075	−0.075	0.500	−0.500	0.075	0.075
9	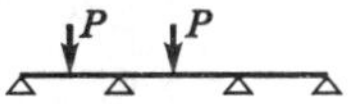	0.162	0.137	−0.175	0.050	0.325	−0.625	0.625	−0.375	0.050	0.050
10		0.200	—	−0.100	0.025	0.400	−0.600	0.125	0.125	−0.025	−0.025
11	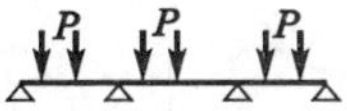	0.244	0.067	−0.267	−0.267	0.733	−1.267	1.000	−1.000	1.267	−0.733
12	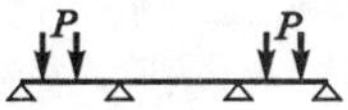	0.289	−0.133	−0.133	−0.133	0.866	−1.134	0.000	0.000	1.134	−0.866
13	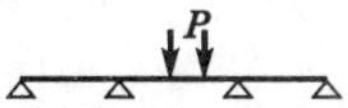	−0.044	0.200	−0.133	−0.133	−0.133	−0.133	1.000	−1.000	0.133	0.133
14	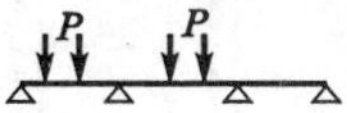	0.229	0.170	−0.311	0.089	0.689	−1.311	1.222	−0.778	0.089	0.089
15	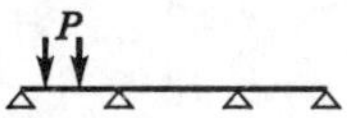	0.274	—	−0.178	0.044	0.822	−1.178	0.222	0.222	−0.044	−0.044

续附表 10.1

(3) 四 跨 梁

序号	荷载简图	跨内最大弯矩(N·mm)				支座弯矩(N·mm)			剪力(N)								
		M_1	M_2	M_3	M_4	M_B	M_C	M_D	V_A	$V_{B左}$	$V_{B右}$	$V_{C左}$	$V_{C右}$	$V_{D左}$	$V_{D右}$	V_E
1	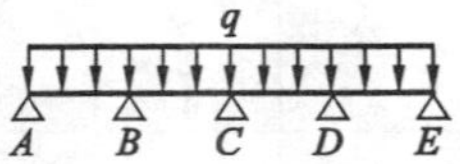	0.077	−0.036	0.036	0.077	−0.107	−0.071	−0.107	0.393	−0.607	0.536	−0.464	0.464	−0.536	0.607	−0.393
2	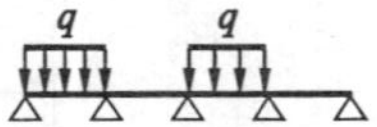	0.100	0.045	0.081	−0.023	−0.054	−0.036	−0.054	0.446	−0.554	0.018	0.018	0.482	−0.518	0.054	0.054
3	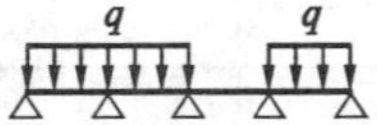	0.072	0.061	—	0.098	−0.121	−0.018	−0.058	0.038	−0.020	0.603	−0.397	−0.040	−0.040	0.558	−0.442
4	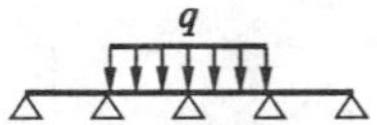		0.056	0.056	—	−0.036	−0.107	−0.036	−0.036	−0.036	0.429	−0.571	0.571	−0.429	0.036	0.036
5	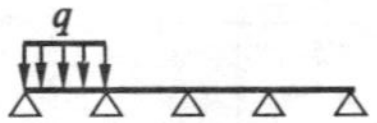	0.094	—	—	—	−0.067	0.018	−0.004	0.433	−0.567	0.085	0.085	−0.022	−0.022	0.004	0.004
6	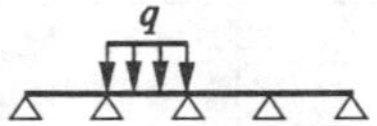	—	0.071	—	—	−0.049	−0.054	0.013	−0.049	−0.049	0.496	−0.504	0.067	0.067	−0.013	−0.013
7	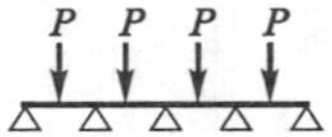	0.169	0.116	0.116	−0.169	−0.161	−0.107	−0.161	0.339	−0.661	0.553	−0.446	0.446	−0.554	0.661	−0.339
8	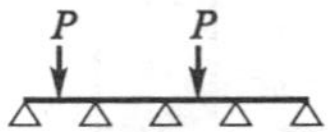	0.210	0.067	0.183	−0.040	−0.080	−0.054	−0.080	0.420	−0.580	0.027	0.027	0.473	0.527	0.080	0.080
9	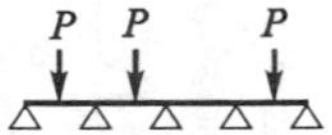	0.159	0.146	—	0.206	−0.181	−0.027	−0.087	0.319	−0.681	0.654	−0.346	−0.060	−0.060	0.587	−0.413

续附表 10.1

序号	荷载简图	跨内最大弯矩(N·mm)				支座弯矩(N·mm)			剪力(N)							
		M_1	M_2	M_3	M_4	M_B	M_C	M_D	V_A	$V_{B左}$	$V_{B右}$	$V_{C左}$	$V_{C右}$	$V_{D左}$	$V_{D右}$	V_E
10	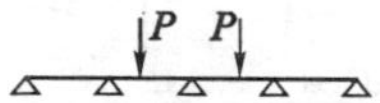	—	0.142	0.142	—	−0.054	−0.161	−0.054	−0.054	−0.054	0.393	−0.607	0.607	−0.393	0.054	0.054
11	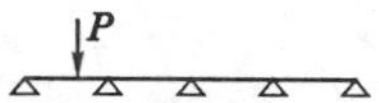	0.200	—	—	—	−0.100	0.027	−0.007	0.400	−0.600	0.127	0.127	−0.033	−0.033	0.007	0.007
12	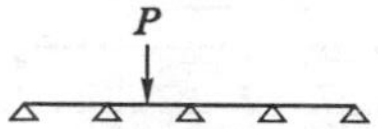	—	0.173	—	—	−0.074	−0.080	0.020	−0.074	−0.074	0.493	−0.507	0.100	0.100	−0.020	−0.020
13	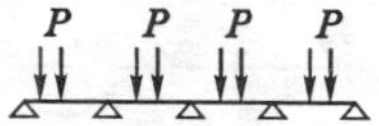	0.238	0.111	0.111	0.238	−0.286	−0.191	−0.286	0.714	−1.286	1.095	−0.905	0.905	−0.095	1.286	−0.714
14	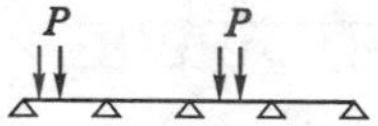	0.286	−0.111	0.222	−0.048	−0.143	−0.095	−0.143	0.875	−1.143	0.048	0.048	0.952	1.048	0.143	0.143
15	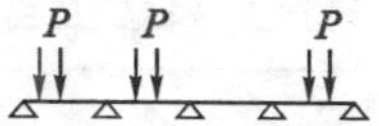	0.226	0.194	—	0.282	−0.321	−0.048	−0.155	0.679	−1.321	1.274	−0.726	−0.107	−0.107	1.155	−0.845
16	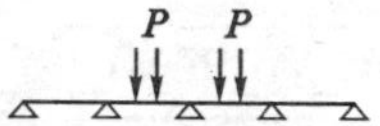	—	0.175	0.175	—	−0.095	−0.286	−0.095	−0.095	−0.095	0.810	−1.190	0.190	−0.810	0.095	0.095
17	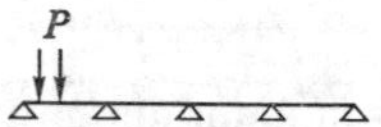	0.274	—	—	—	−0.178	0.048	−0.012	0.822	−1.178	0.226	0.226	−0.060	−0.060	0.012	0.012
18	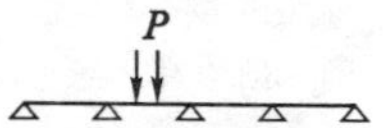	—	0.198	—	—	−0.131	−0.143	−0.036	−0.131	−0.131	0.988	−0.012	0.178	0.178	−0.036	−0.036

续附表 10.1

(4) 五 跨 梁

序号	荷载简图	跨内最大弯矩(N·mm)			支座弯矩(N·mm)				剪力(N)										
		M_1	M_2	M_3	M_B	M_C	M_D	M_E	V_A	$V_{B左}$	$V_{B右}$	$V_{C左}$	$V_{C右}$	$V_{D左}$	$V_{D右}$	$V_{E左}$	$V_{E右}$	V_F
1	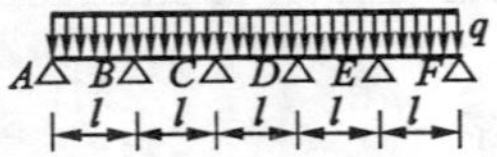	0.078	0.033	0.046	−0.105	−0.079	−0.079	−0.105	0.394	−0.606	0.526	−0.474	0.500	−0.500	0.474	−0.526	0.606	−0.394
2	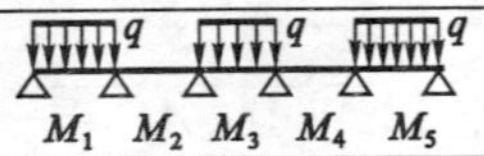	0.100	−0.046	0.085	−0.053	−0.040	−0.040	−0.053	0.447	−0.553	0.013	0.013	0.500	−0.500	−0.013	−0.013	0.553	−0.447
3	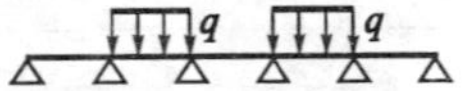	−0.026	0.079	−0.040	−0.053	−0.040	−0.040	−0.053	−0.053	−0.053	0.513	−0.487	0.000	0.000	0.487	−0.513	0.053	0.053
4	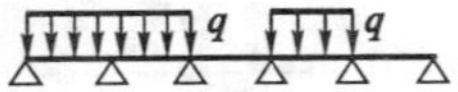	0.073	0.059	—	−0.119	−0.022	−0.044	−0.051	0.380	−0.620	0.598	−0.402	−0.023	−0.023	0.493	−0.507	0.052	0.052
5	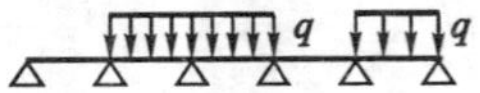	—	0.055	0.064	−0.035	−0.111	−0.020	−0.057	−0.035	−0.035	0.424	−0.576	−0.591	−0.049	−0.037	−0.037	0.557	−0.443
6	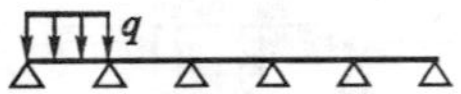	0.094	—	—	−0.067	0.018	−0.005	0.001	0.433	−0.567	0.085	0.085	−0.023	−0.023	0.006	0.006	−0.001	−0.001
7	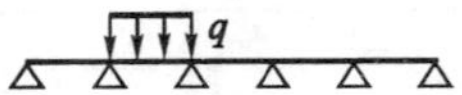	—	0.074	—	−0.049	−0.054	−0.014	−0.004	−0.049	−0.049	0.495	−0.505	0.068	−0.068	−0.018	0.018	0.004	0.004
8	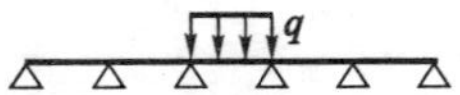	—	—	0.072	0.013	−0.053	−0.053	0.013	0.013	0.013	−0.066	−0.066	0.500	−0.500	0.066	0.066	−0.013	−0.013
9	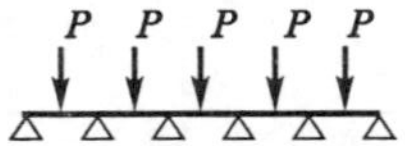	0.171	0.112	0.132	−0.158	−0.118	−0.118	−0.158	0.342	−0.658	0.540	−0.460	0.500	−0.500	0.460	−0.540	0.658	−0.342
10	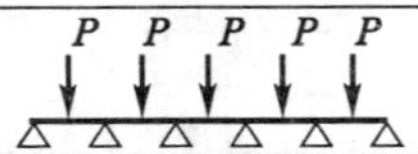	0.211	−0.069	0.191	−0.079	−0.059	−0.059	−0.079	0.421	−0.579	0.020	0.020	0.500	−0.500	−0.020	−0.020	0.579	−0.421
11	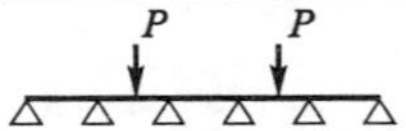	0.039	0.181	−0.059	−0.079	−0.059	−0.059	−0.079	−0.079	−0.079	0.520	−0.480	0.000	0.000	0.480	−0.520	0.079	0.079
12	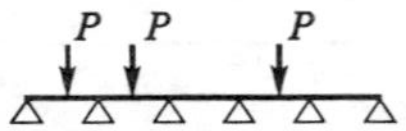	0.160	0.144	—	−0.179	−0.032	−0.066	−0.077	0.321	−0.679	0.647	−0.353	−0.034	−0.034	0.489	−0.511	0.077	0.077

续附表 10.1

序号	荷载简图	跨内最大弯矩(N·mm)			支座弯矩(N·mm)				剪力(N)										
		M_1	M_2	M_3	M_B	M_C	M_D	M_E	V_A	$V_{B左}$	$V_{B右}$	$V_{C左}$	$V_{C右}$	$V_{D左}$	$V_{D右}$	$V_{E左}$	$V_{E右}$	V_F
13	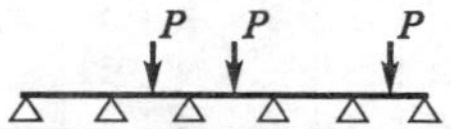	—	0.140	0.151	-0.052	-0.167	-0.031	-0.086	-0.052	-0.052	0.385	-0.615	0.637	-0.363	-0.056	-0.056	0.586	-0.414
14	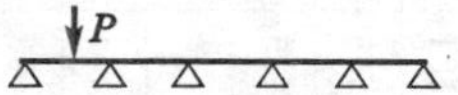	0.200	—	—	-0.100	0.027	-0.007	0.002	0.400	-0.600	0.127	0.127	-0.034	-0.034	0.009	0.009	-0.002	-0.002
15	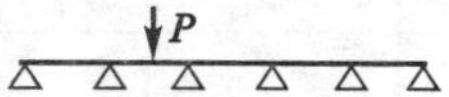	—	0.173	—	-0.073	-0.081	0.022	-0.005	-0.073	-0.073	0.493	-0.507	0.102	0.102	-0.027	-0.027	0.005	0.005
16	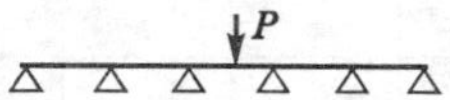	—	—	0.171	0.020	0.079	-0.079	0.020	0.020	0.020	-0.099	-0.099	0.500	-0.500	0.099	0.099	-0.020	-0.020
17	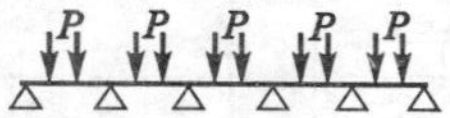	0.240	0.100	0.122	-0.281	-0.211	-0.211	-0.281	0.719	-1.281	1.070	-0.930	1.000	-1.000	0.930	-1.070	1.281	-0.719
18	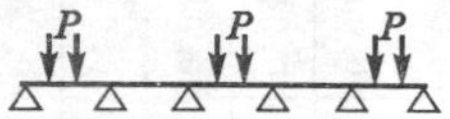	0.287	-0.117	0.228	-0.140	-0.105	-0.105	-0.140	0.860	-1.140	0.035	0.035	1.000	-1.000	-0.035	-0.035	1.140	-0.860
19	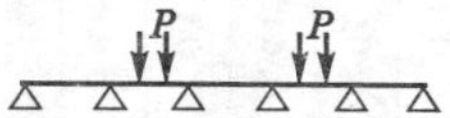	-0.047	-0.216	-0.105	-0.140	-0.105	-0.105	-0.140	-0.140	-0.140	1.035	-0.965	0.000	0.000	0.965	-1.035	0.140	0.140
20	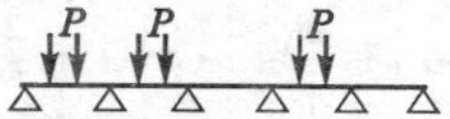	0.227	0.189	—	-0.319	-0.057	-0.118	-0.137	0.681	-1.319	1.262	-0.738	-0.061	-0.061	0.981	-1.019	0.137	0.137
21	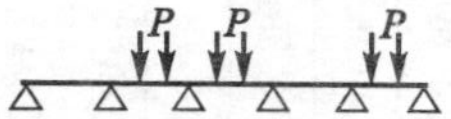	—	0.172	0.198	-0.093	-0.297	-0.054	-0.153	-0.093	-0.093	0.796	-1.204	1.243	-0.757	-0.099	-0.099	1.153	-0.847
22	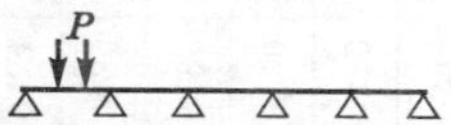	0.274	—	—	-0.179	0.048	-0.013	0.003	0.821	-1.179	0.227	0.227	-0.061	-0.061	0.016	0.016	-0.003	-0.003
23	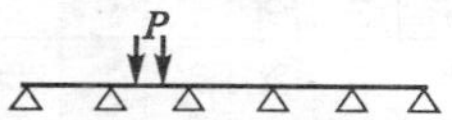	—	0.198	—	0.131	-0.144	-0.038	-0.010	-0.131	-0.131	0.987	-1.013	0.182	0.182	-0.048	-0.048	0.010	0.010
24	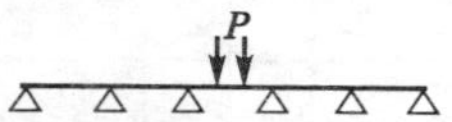	—	—	0.193	0.035	-0.140	-0.140	0.035	0.035	0.035	-0.175	-0.175	1.000	-1.000	0.175	0.175	-0.035	-0.035

附表 10.2　按弹性理论分析矩形双向板在均布荷载作用下的弯矩系数表

一、符号说明

M_x、$M_{x,max}$——分别为平行于 l_x 方向板中心点弯矩和板跨内的最大弯矩，N·mm；

M_y、$M_{y,max}$——分别为平行于 l_y 方向板中心点弯矩和板跨内的最大弯矩，N·mm；

M_x^0——固定边中点沿 x 方向的弯矩，N·mm；

M_y^0——固定边中点沿 y 方向的弯矩，N·mm；

M_{0x}^0——平行于 l_x 方向自由边的中点弯矩，N·mm；

M_{0y}^0——平行于 l_y 方向自由边上固定边的支座弯矩，N·mm。

代表固定边　　　　代表简支边　　　　代表自由边

二、计算公式

$$弯矩=表中系数\times ql_x^2$$

式中　q——作用在双向板上的均布荷载，N/mm；

l_x——板跨，mm，见表中插图所示。

表中弯矩系数均为单位宽度的弯矩系数。表中系数是泊松比 $\nu=\dfrac{1}{6}$ 时求得的，适用于钢筋混凝土板。表中系数是根据 $\nu=0$ 的弯矩系数，通过换算公式 $M_x^{(\nu)}=M_x^{(0)}+\nu M_y^{(0)}$ 及 $M_y^{(\nu)}=M_y^{(0)}+\nu M_x^{(0)}$ 得出的。表中 $M_{x,max}$ 及 $M_{y,max}$ 按上列换算公式求得，但由于板内两个方向的跨内最大弯矩一般并不在同一点，因此，由上式求得的 $M_{x,max}$ 及 $M_{y,max}$ 仅为比实际弯矩偏大的近似值。

(1)

边界条件	(1)四边简支		(2)三边简支、一边固定									
	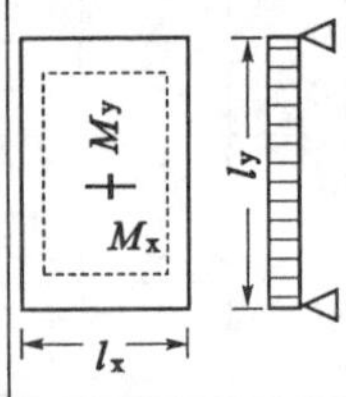		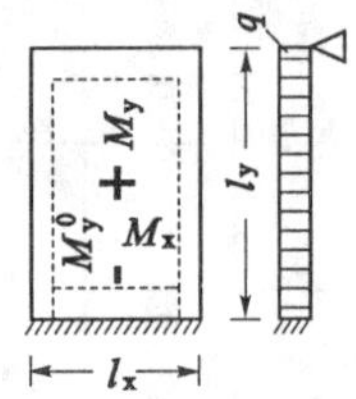					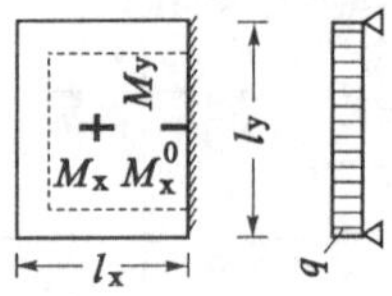				
l_x/l_y	M_x	M_y	M_x	$M_{x,max}$	M_y	$M_{y,max}$	M_y^0	M_x	$M_{x,max}$	M_y	$M_{y,max}$	M_x^0
0.50	0.0994	0.0335	0.0914	0.0930	0.0352	0.0397	−0.1275	0.0593	0.0657	0.0157	0.0171	−0.1212
0.55	0.0927	0.0359	0.0832	0.0846	0.0371	0.0405	−0.1193	0.0577	0.0633	0.0175	0.0190	−0.1187
0.60	0.0860	0.0379	0.0752	0.0765	0.0386	0.0409	−0.1160	0.0556	0.0608	0.0194	0.0209	−0.1158
0.65	0.0795	0.0396	0.0676	0.0688	0.0396	0.0412	−0.1133	0.0534	0.0581	0.0212	0.0226	−0.1124
0.70	0.0732	0.0410	0.0604	0.0616	0.0400	0.0417	−0.1096	0.0510	0.0555	0.0229	0.0242	−0.1087
0.75	0.0673	0.0420	0.0538	0.0519	0.0400	0.0417	0.1056	0.0485	0.0525	0.0244	0.0257	−0.1048
0.80	0.0617	0.0428	0.0478	0.0490	0.0397	0.0415	0.1014	0.0459	0.0495	0.0258	0.0270	−0.1007
0.85	0.0564	0.0432	0.0425	0.0436	0.0391	0.0410	−0.0970	0.0434	0.0466	0.0271	0.0283	−0.0965
0.90	0.0516	0.0434	0.0377	0.0388	0.0382	0.0402	−0.0926	0.0409	0.0438	0.0281	0.0293	−0.0922
0.95	0.0471	0.0432	0.0334	0.0345	0.0371	0.0393	−0.0882	0.0384	0.0409	0.0290	0.0301	−0.0880
1.00	0.0429	1.0429	0.0296	0.0306	0.0360	0.0388	−0.0839	0.0360	0.0388	0.0296	0.0306	−0.0839

边界条件	(3)两对边简支、两对边固定						(4)两邻边简支、两邻边固定					
	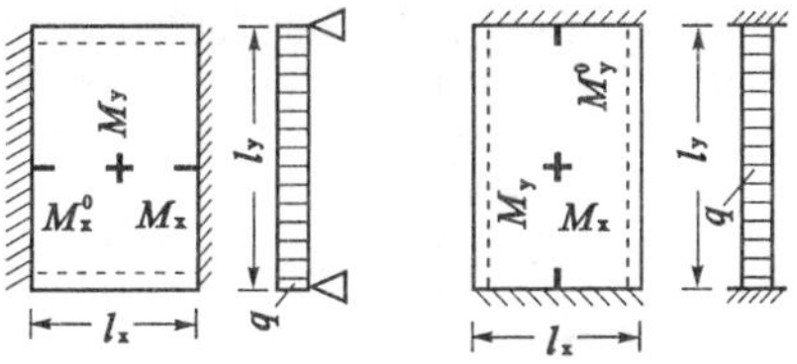						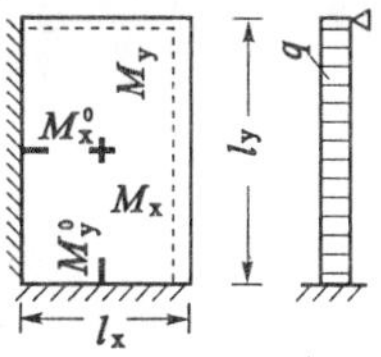					
l_x/l_y	M_x	M_y	M_y^0	M_x	M_y	M_x^0	M_x	$M_{x,max}$	M_y	$M_{y,max}$	M_x^0	M_y^0
0.50	0.0837	0.0367	−0.1191	0.0419	0.0086	−0.0843	0.0572	0.0584	0.0172	0.0229	−0.1179	−0.0786
0.55	0.0743	0.0383	0.1156	0.0415	0.0096	−0.0840	0.0546	0.0556	0.0192	0.0241	−0.1140	−0.0785
0.60	0.0653	0.0393	−0.114	0.0409	0.0109	−0.0834	0.0518	0.0526	0.0212	0.0525	−0.1095	−0.0782
0.65	0.0569	0.0394	−0.1066	0.0402	0.0122	−0.0826	0.0486	0.0496	0.0228	0.0261	−0.1045	−0.0777
0.70	0.0494	0.0392	−0.1030	0.0391	0.0135	−0.0814	0.0455	0.0465	0.0243	0.0267	−0.0992	−0.0770
0.75	0.0428	0.0383	0.0959	0.0381	0.0149	−0.0799	0.0422	0.0430	0.0254	0.0272	−0.0938	−0.0760
0.80	0.0369	0.0372	−0.0904	0.0368	0.0162	−0.0782	0.0390	0.0397	0.0263	0.0278	−0.0883	−0.0748
0.85	0.0381	0.0358	−0.0850	0.0355	0.0174	−0.0763	0.0358	0.0366	0.0269	0.0284	−0.0829	−0.0733
0.90	0.0275	0.0343	−0.0767	0.0341	0.0186	−0.0743	0.0328	0.0337	0.0273	0.0288	−0.0776	−0.0716
0.95	0.0238	0.0328	−0.0746	0.0326	0.0196	−0.0721	0.0299	0.0308	0.0273	0.0289	−0.0726	−0.0698
1.00	0.0206	0.0311	−0.0698	0.0311	0.0206	−0.0698	0.0273	0.0281	0.0273	0.0289	−0.0677	−0.0677

(3)

边界条件	(5)一边简支、三边固定					
	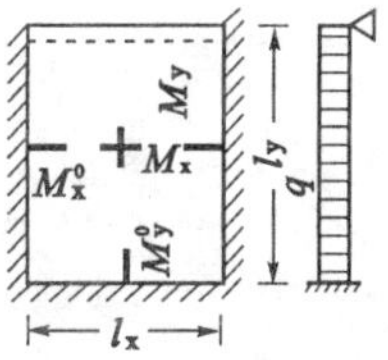					
l_x/l_y	M_x	$M_{x,max}$	M_y	$M_{y,max}$	M_x^0	M_y^0
0.50	0.0413	0.0424	0.0096	0.0157	−0.0836	−0.0569
0.55	0.0405	0.0415	0.0108	0.0160	−0.0827	−0.0570
0.60	0.0394	0.0404	0.0123	0.0169	−0.0814	−0.0571
0.65	0.0381	0.0390	0.0137	0.0178	−0.0796	−0.0572
0.70	0.0366	0.0375	0.0151	0.0186	−0.0744	−0.0572
0.75	0.0349	0.0358	0.0164	0.0193	−0.0750	−0.0572
0.80	0.0331	0.0339	0.0176	0.0199	−0.0722	−0.0570
0.85	0.0312	0.0319	0.0186	0.0204	−0.0693	−0.0567
0.90	0.0295	0.0300	0.0201	0.0209	−0.0663	−0.0563
0.95	0.0274	0.0281	0.0204	0.0214	−0.0631	−0.0558
1.00	0.0255	0.0261	0.0206	0.0219	−0.0600	−0.0500

(4)

边界条件	(5)一边简支、三边固定						(6)四边固定			
	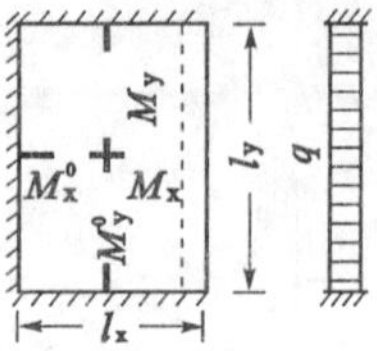						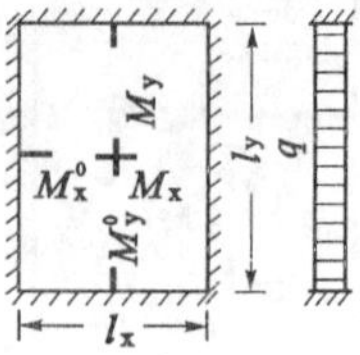			
l_x/l_y	M_x	$M_{x,\max}$	M_y	$M_{y,\max}$	M_y^0	M_x^0	M_x	M_y	M_x^0	M_y^0
0.50	0.0551	0.0605	0.0188	0.0201	−0.0784	−0.1146	0.0406	0.0105	−0.0829	−0.0570
0.55	0.0517	0.0563	0.0210	0.0223	−0.0780	−0.1093	0.0394	0.0120	−0.0814	−0.0571
0.60	0.0480	0.0520	0.0229	0.0242	−0.0773	−0.1033	0.0380	0.0137	−0.0793	−0.0571
0.65	0.0441	0.0476	0.0244	0.0256	−0.0762	−0.0970	0.0361	0.0152	−0.0766	−0.0571
0.70	0.0402	0.0433	0.0256	0.0267	−0.0748	−0.0903	0.0340	0.0167	−0.0735	−0.0569
0.75	0.0364	0.0390	0.0263	0.0273	−0.0729	−0.0837	0.0318	0.0179	−0.0701	−0.0565
0.80	0.0327	0.0348	0.0267	0.0267	−0.0707	−0.0772	0.0295	0.0189	−0.0664	−0.0559
0.85	0.0293	0.0312	0.0268	0.0277	−0.0683	−0.0711	0.0272	0.0197	−0.0626	−0.0551
0.90	0.0261	0.0277	0.0265	0.0273	−0.0656	−0.0653	0.0249	0.0202	−0.0588	−0.0541
0.95	0.0232	0.0246	0.0261	0.0269	−0.0629	−0.0599	0.0227	0.0205	−0.0550	−0.0528
1.00	0.0206	0.0219	0.0255	0.0261	−0.0600	−0.0550	0.0205	0.0205	−0.0513	−0.0513

(5)

边界条件	(7)三边固定、一边自由											
	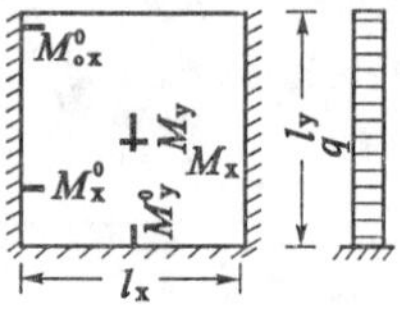											
l_x/l_y	M_x	M_y	M_x^0	M_y^0	M_{0x}	M_{0x}^0	l_x/l_y	M_x	M_y	M_x^0	M_y^0	M_{0x}	M_{0x}^0
0.30	0.0018	−0.0039	−0.0135	−0.0344	0.0068	−0.0345	0.85	0.0262	0.0125	−0.0558	−0.0562	0.0409	−0.0651
0.35	0.0039	−0.0026	−0.0179	−0.0406	0.0112	−0.0432	0.90	0.0277	0.0129	−0.0615	−0.0563	0.0417	−0.0644
0.40	0.0063	0.0008	−0.0227	−0.0454	0.0160	−0.0506	0.95	0.0291	0.0132	−0.0639	−0.0564	0.0422	−0.0638
0.45	0.0090	0.0014	−0.0275	−0.0489	0.0207	−0.0564	1.00	0.0304	0.0133	−0.0662	−0.0565	0.0427	−0.0632
0.50	0.0166	0.0034	−0.0322	−0.0513	0.0250	−0.0607	1.10	0.0327	0.0133	−0.0701	−0.0566	0.0431	−0.0623
0.55	0.0142	0.0054	−0.0368	−0.0530	0.0288	−0.0635	1.20	0.0345	0.0130	−0.0732	−0.0567	0.0433	−0.0617
0.60	0.0166	0.0072	−0.0412	−0.0541	0.0320	−0.0652	1.30	0.0368	0.0125	−0.0758	−0.0568	0.0434	−0.0614
0.65	0.0188	0.0087	−0.0453	−0.0548	0.0347	−0.0661	1.40	0.0380	0.0119	−0.0778	−0.0568	0.0433	−0.0614
0.70	0.0209	0.0100	−0.0490	−0.0553	0.0368	−0.0663	1.50	0.0390	0.0113	−0.0794	−0.0569	0.0433	−0.0616
0.75	0.0228	0.0111	−0.0526	−0.0557	0.0385	−0.0661	1.75	0.0405	0.0099	−0.0819	−0.0569	0.0431	−0.0625
0.80	0.0246	0.0119	−0.0558	−0.0560	0.0399	−0.0656	2.00	0.0413	0.0087	−0.0832	−0.0569	0.0431	−0.0637

11 钢筋混凝土单层工业厂房

本章提要

本章介绍了钢筋混凝土单层工业厂房的组成、结构布置及主要构件选型、排架荷载计算、内力分析与组合以及柱子和牛腿等主要构件的设计。重点内容是:厂房结构选型与布置,排架结构的荷载计算、内力分析与组合,钢筋混凝土排架柱的设计。难点是:单层工业厂房中支撑布置,排架柱的内力组合。

11.1 单层工业厂房的结构组成及受力特点

11.1.1 单层工业厂房结构的主要构件

钢筋混凝土单层工业厂房结构通常有两种基本类型:排架结构与刚架结构(图 11.1)。

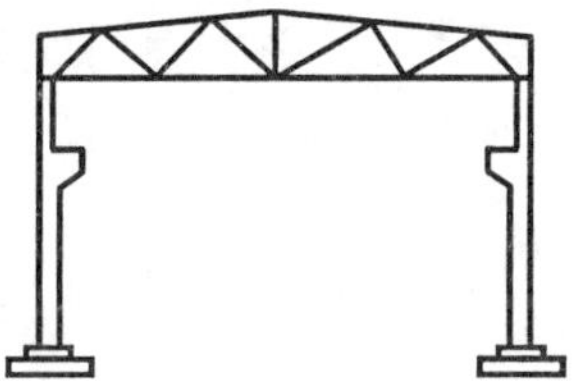

(a)

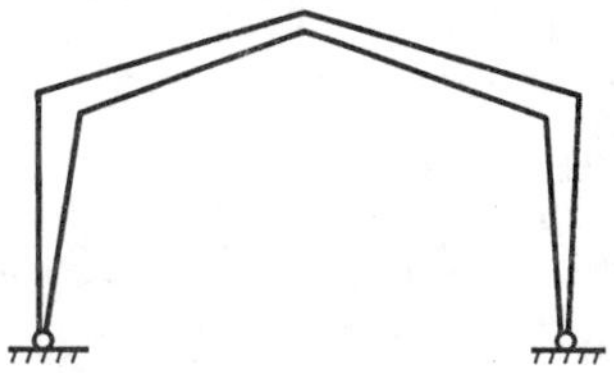

(b)

图 11.1 钢筋混凝土单层工业厂房结构的两种基本类型

排架结构是由屋架(或屋面梁)、柱、基础组成,柱与屋架(或屋面梁)铰接,而与基础刚接。排架结构是目前单层工业厂房结构的基本形式,其跨度可达 20～30 m 或更高,吊车吨位在 150 t 或 150 t 以上。该结构传力明确,构造简单,施工也比较方便。

目前常用的刚架结构是装配式钢筋混凝土门式刚架。其特点是柱与横梁刚接成一个构件,柱与基础通常为铰接。梁柱合一,构件种类少,制作较简单且结构轻巧。其缺点是刚度较差,梁柱转角处易产生早期裂缝,所以在有较大吨位吊车的厂房中刚架的应用受到了一定的限制。

本章主要讲述钢筋混凝土排架结构的单层工业厂房。这类厂房通常由下列结构构件所组成(图 11.2)。

(1) 屋盖结构

屋盖结构是整个厂房中用料最多和造价最高的部分,分有檩和无檩两种体系。无檩体系

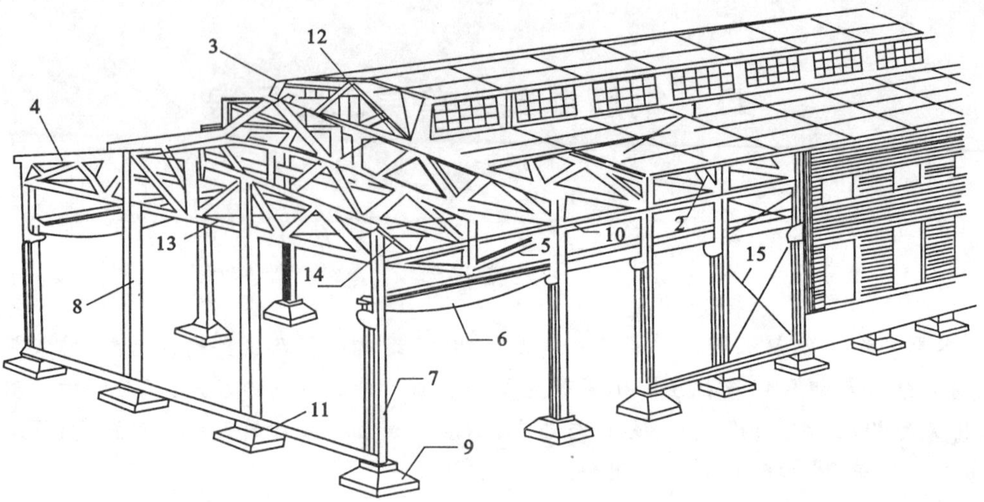

图 11.2　钢筋混凝土铰接排架单层工业厂房的组成

1— 屋面板；2—天沟板；3—天窗架；4—屋架；5—托架；6—吊车梁；7—排架柱；8—抗风柱；9—基础；10—连系梁；11—基础梁；12—天窗架垂直支撑；13—屋架下弦横向水平支撑；14—屋架端部垂直支撑；15—柱间支撑

屋盖的承重结构包括大型屋面板(含天沟板)、屋架(或屋面梁)和支撑体系。有檩体系屋盖的承重结构包括小型屋面板、檩条、屋架(或屋面梁)及支撑体系。目前单层工业厂房多采用无檩体系屋盖。屋盖结构有时还有天窗架、托架，其作用主要是围护和承重，以及采光和通风等。

(2) 吊车梁

吊车梁是有吊车厂房的重要构件，简支在柱牛腿上，直接承受吊车传来的竖向荷载和纵、横向水平制动力，并将这些力传给厂房柱。

(3) 排架柱

排架柱是排架结构厂房中最主要的受力构件，厂房结构的大部分荷载都是通过排架柱传至柱基础。

(4) 围护结构

围护结构由外墙、连系梁、抗风柱及基础梁等构件组成。外墙一般仅有围护作用，连系梁及基础梁还在厂房纵向起联系作用，提高纵向稳定性和刚度。这些构件所承受的荷载，主要是墙体和构件的自重以及作用在墙面上的风荷载。厂房两端的山墙，迎风面比较大，常常需设置抗风柱将墙面风荷载传给屋盖和基础。

(5) 支撑

支撑包括屋盖支撑和柱间支撑，其作用是加强厂房结构的空间刚度和整体性，并保证结构构件在安装和使用阶段的稳定和安全，同时起传递风荷载和吊车水平荷载及地震的作用。

(6) 基础

承受柱和基础梁传来的荷载并将它们传至地基。

11.1.2　单层工业厂房的受力特点

厂房就是上述各类结构构件按照一定方式相互连接而组成的一个整体的空间结构。其中任一结构构件受到荷载作用，都将通过纵、横向的连接传至所有其它构件，使其也产生内力及变形。显然，考虑纵横向荷载特点及内力的相互影响，按实际厂房的空间结构进行内力分析是非常复杂的。目前，在设计中都是采用简化的计算方法，将厂房结构沿纵、横两个主轴方向，按横向平面排架和纵向平面排架分别计算，即假定作用在某一平面排架上的荷载，完全由该排架承担，不考虑其它各结构构件的影响（如图 11.3）。

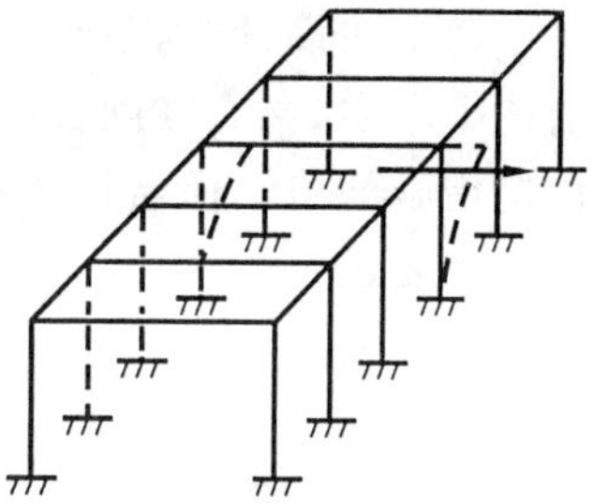

图 11.3　平面排架结构

(1) 横向平面排架

由横梁（屋面梁或屋架）和横向柱列（包括基础）组成，它是厂房的基本承重结构。厂房结构承受的竖向荷载（结构自重、屋面活载、雪荷载和吊车荷载等）及横向水平荷载（风荷载和吊车横向制动力、地震作用等）主要通过它传至基础和地基，如图11.4所示。

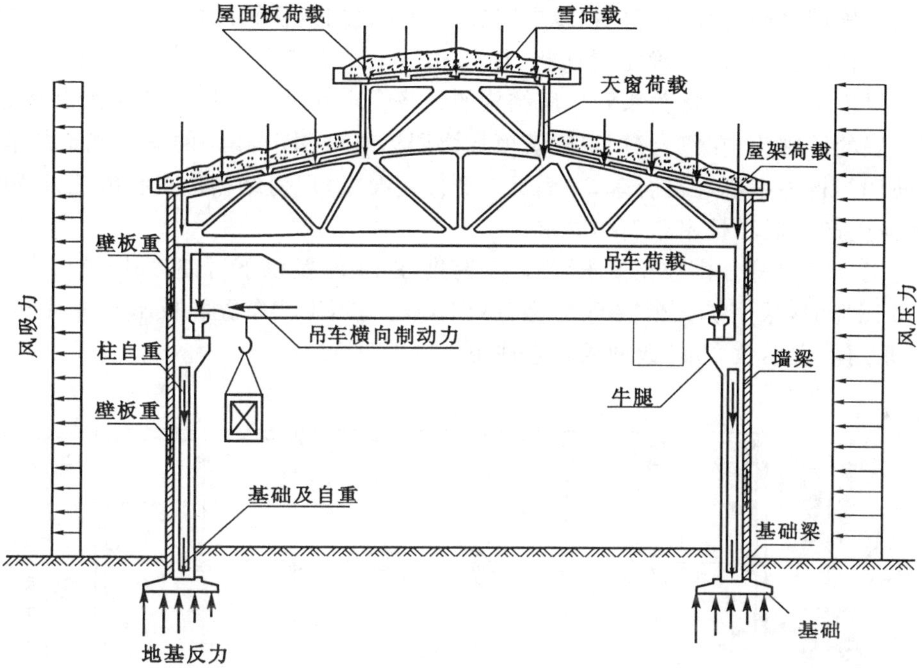

图 11.4　单层工业厂房的横向排架及其荷载示意图

(2) 纵向平面排架

由纵向柱列（包括基础）、连系梁、吊车梁和柱间支撑等组成。主要承受纵向由山墙传来的水平风荷载及吊车水平力、地震水平作用及温度应力等，如图 11.5 所示。

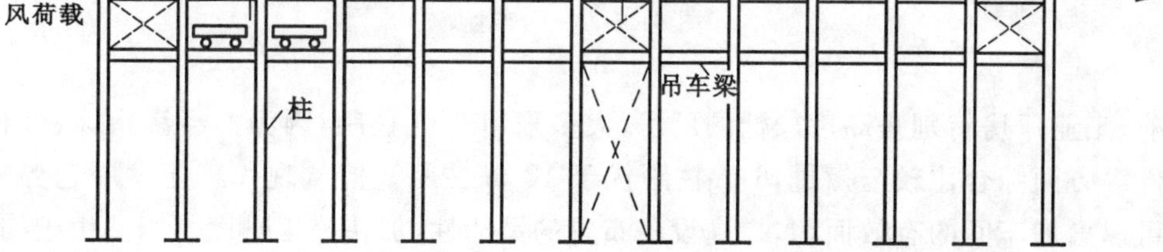

图 11.5　单层工业厂房的纵向排架及其荷载示意图

通常在设计时，只计算受力较大的横向排架，纵向排架承担的荷载较小，且一般厂房沿纵向柱子较多，又有柱间支撑的加强，故纵向排架的刚度大，内力小，一般可不作计算，采取一些构造措施即可。但若厂房较短，纵向柱子少于7根或在地震区，需要考虑纵向地震力时，纵向排架也需进行计算。

11.2 单层工业厂房的结构布置

11.2.1 柱网布置及定位轴线

厂房的定位轴线一般有纵向和横向之分：与横向平面排架相平行的轴线，称为横向定位轴线；与其垂直的轴线，称为纵向定位轴线。纵、横向定位轴线，在平面上排列所形成的网格称为柱网。柱网布置就是确定纵向定位轴线之间（跨度）和横向定位轴线之间（柱距）的尺寸。柱网布置既是确定柱的位置，也是确定屋面板、屋架和吊车梁等构件的跨度并涉及结构构件的布置。柱网布置恰当与否，直接关系到厂房结构的经济合理和生产使用性以及施工速度等问题。

柱网布置的原则为：在符合《厂房建筑模数协调标准》(GBJ—86)的有关规定的前提下，做到建筑平面和结构方案既经济合理，又满足生产使用要求；厂房结构形式和施工方法既先进合理，又能适应生产发展和技术革新的要求。

厂房柱网尺寸应符合模数化要求，当厂房跨度在18 m及以下时，应采用扩大模数30M数列；在18 m以上时，采用扩大模数60M数列(图11.6)；当工艺布置和技术经济有明显的优越性时，也可采用扩大模数30M数列或其它柱距。

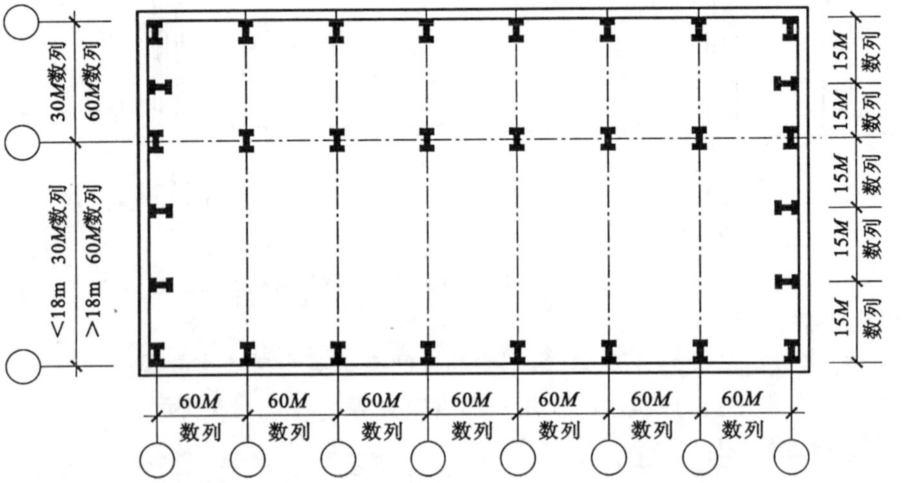

图11.6 柱网布置

目前，工业厂房特别是高度较低的厂房，大多采用6 m柱距，因为按经济指标、材料消耗、施工条件等方面综合比较与衡量，6 m柱距优于12 m柱距。但从现代工业发展趋势来看，扩大柱距可以增加车间的有效面积，提高设备布置的灵活性，加快施工进度。当然由于构件尺寸的增大，会给制作、运输及吊装工作带来不便。在大、小车间相结合时，6 m柱距和12 m柱距可以配合使用。

11.2.2 变形缝的设置

变形缝包括伸缩缝、沉降缝和防震缝。

(1) 伸缩缝

如果厂房长度和宽度过大，当气温变化时，引起墙面、屋面及其它结构构件的热胀冷缩，严重时会将这些结构构件拉裂，影响使用。为预防这种情况的发生，应沿厂房适当部位设置一条竖缝，即伸缩缝，将厂房结构分成若干温度区段。伸缩缝要从基础顶面开始，将两个温度区段的上部结构完全断开，并留出一定宽度的缝隙使上部结构在气温发生变化时水平方向可以较自由地发生变形，不致引起房屋开裂。温度区段的形状，应力求简单，并应使伸缩缝的数量最少。温度区段的长度(即伸缩缝之间的距离)，取决于结构类型和温度变化情况。《混凝土结构设计规范》(GB 50010—2002)(以下简称为《混凝土规范》)对钢筋混凝土结构伸缩缝的最大距离作了规定：对装配式钢筋混凝土排架结构，当处于室内或土中时其伸缩缝的最大间距为100 m；当处在露天时，其伸缩缝的最大间距为70 m。超过上述规定或对厂房有特殊要求时，应进行温度应力验算。伸缩缝的具体做法见《房屋建筑学》教材。

(2) 沉降缝

有些情况下，为避免厂房因基础不均匀沉降引起裂缝破坏，在适当部位需用沉降缝将厂房垂直方向划分成若干个刚度较一致的单元，使相邻单元可以自由沉降，而不影响建筑的整体。在一般单层工业厂房中不作沉降缝，只在特殊情况下才设置：如厂房相邻两部分高差很大，地基承载力或下卧层有巨大差别，两跨间吊车起重量相差悬殊，或厂房各部分施工时间先后相差较长，基土的压缩程度不同等情况。一般沉降缝同时可起伸缩缝的作用，而伸缩缝不能代替沉降缝。沉降缝应将建筑物从屋顶到基础全部分开。

(3) 防震缝

在地震区建造厂房，应考虑地震的影响。当厂房体形复杂或有贴建的建筑物和构筑物时，要设置防震缝将相邻部分分开。地震区的伸缩缝和沉降缝均应符合防震缝的要求。防震缝的要求及做法参见《建筑抗震设计规范》(GB 50011—2001)。

11.2.3 主要构件的选型

(1) 标准结构构件的选型

单层铰接排架结构厂房在我国有多年的应用经验，对其中的屋面板、檩条、屋架及吊车梁等结构构件，都制定出了相应的国家标准图集。为加快工业建设步伐，提高设计标准化水平，缩短施工工期，在单层工业厂房设计中，应根据厂房的具体参数和标准，并考虑当地材料供应、技术水平及施工条件等因素，合理选用。

(2) 排架柱的选型

单层工业厂房常用柱的形式如图11.7所示。当厂房跨度、高度和吊车起重量不大，柱截面尺寸较小时，多采用矩形或I形截面柱；而当跨度、高度和起重量较大时，宜采用双肢柱。柱截面尺寸的选择既要考虑到承载力，又要兼顾到其应有的刚度，防止结构构件产生过大变形或裂缝而影响厂房的正常使用。表11.1、表11.2提供了6 m柱距单层工业厂房柱的截面形式和尺寸，供设计时参考。

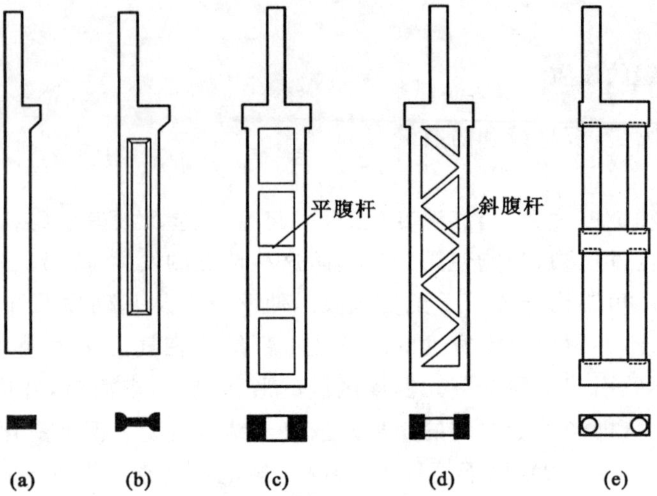

图 11.7　排架柱的类型

表 11.1　6 m 柱距单层工业厂房矩形、I 形截面柱截面尺寸限制

项次	柱 的 类 型	截 面 尺 寸			
		宽度 b	高度 h		
			$Q\leqslant 10$t	10t$<Q<$30t	30t$\leqslant Q\leqslant$50t
1	有吊车厂房下柱	$\geqslant H_l/25$	$\geqslant H_l/14$	$\geqslant H_l/12$	$\geqslant H_l/10$
2	露天吊车柱	$\geqslant H_l/25$	$\geqslant H_l/10$	$\geqslant H_l/8$	$\geqslant H_l/7$
3	单跨无吊车厂房	$\geqslant H/30$	$\geqslant 1.5H/25$		
4	多跨无吊车厂房	$\geqslant H/30$	$\geqslant 1.25H/25$		
5	山墙柱(仅承受风荷载及自重)	$\geqslant H_b/40$	$\geqslant H_l/25$		
6	山墙柱(同时承受由连系梁传来的墙重)	$\geqslant H_b/30$	$\geqslant H_l/25$		

注:① H_l—下柱高度(算至基础顶面);
② H—柱全高;
③ H_b—山墙抗风柱从基础顶面至柱平面外(柱宽方向)支撑点的高度。

表 11.2　厂房柱截面形式和尺寸参考(中级工作制)

吊车起重量(t)	轨顶高度(m)	6 m 柱距(边柱)		6 m 柱距(中柱)		12 m 柱距(中柱)	
		上柱(mm)	下柱(mm)	上柱(mm)	下柱(mm)	上柱(mm)	下柱(mm)
$\leqslant$5	6～8	□ 400×400	I 400×600×100	□ 400×400	I 400×600×100	□ 400×500	I 400×1000×150
10	8 10	□ 400×400 □ 400×400	I 400×700×100 I 400×800×150	□ 400×600 □ 400×600	I 400×800×150 I 400×800×150	□ 500×600 □ 500×600	I 500×1000×200 I 500×1000×200
15～20	8 10 12	□ 400×400 □ 400×400 □ 400×400	I 400×800×150 I 400×900×150 I 500×1000×200	□ 400×600 □ 400×600 □ 500×600	I 400×800×150 I 400×1000×150 I 500×1200×200	□ 500×600 □ 500×600 □ 500×600	I 500×1200×200 I 500×1200×200 I 500×1400×200

续表 11.2

吊车起重量(t)	轨顶高度(m)	6 m柱距(边柱)		6 m柱距(中柱)		12 m柱距(中柱)	
		上柱(mm)	下柱(mm)	上柱(mm)	下柱(mm)	上柱(mm)	下柱(mm)
30	8	□ 400×400	I 400×1000×150	□ 400×600	I 400×1000×150	□ 500×700	I 500×1400×200
	10	□ 400×500	I 400×1000×200	□ 500×600	I 500×1200×200	□ 500×700	I 500×1400×200
	12	□ 500×500	I 500×1000×200	□ 500×600	I 500×1200×200	□ 500×700	双 500×1600×300
	14	□ 600×500	I 600×1200×200	□ 600×600	I 600×1200×200	□ 600×700	双 600×1600×300
50	10	□ 500×500	I 500×1200×200	□ 500×700	双 500×1600×300	□ 600×700	双 600×1800×300
	12	□ 500×500	I 500×1400×200	□ 500×600	双 500×1600×300	□ 600×700	双 600×1800×300
	14	□ 600×600	I 600×1400×200	□ 600×700	双 600×1800×300	□ 600×700	双 600×2000×300

注:表中的截面形式采用下列符号:□—矩形截面 $b\times h$(宽度×高度);I—I形截面 $b\times h\times h_i$(h_i 为翼缘高度);双—双肢柱 $b\times h\times h_z$(h_z 为肢杆高度)。

(3) 基础选型

单层工业厂房的柱下基础一般常用杯形单独基础(如图 11.8),这种基础外型简单,施工方便。当表层土壤松软,持力层较浅时,也常采用爆扩桩基础、桩基础,以提高地基承载能力。基础的设计与构造见《地基基础设计规范》。

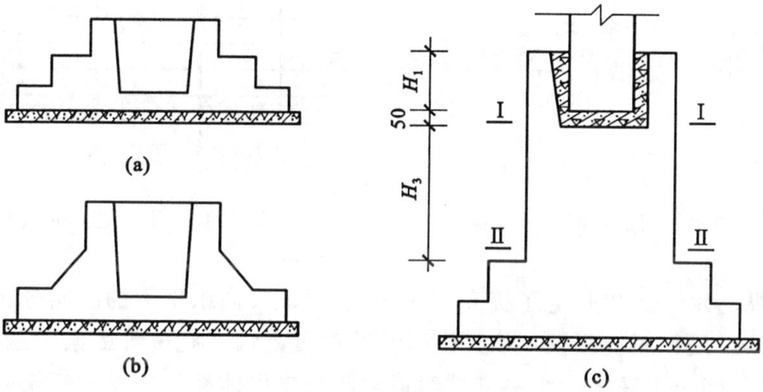

图 11.8 柱下单独基础的类型

11.2.4 支撑的布置原则

在装配式钢筋混凝土单层工业厂房中,支撑是连系各承载构件,形成空间整体,提高厂房结构构件刚度和稳定性的重要构件。如果没有各种支撑体系将各单片排架连系起来,并对厂房整体性薄弱的部位予以加强,不仅厂房整体性不好,还可能会导致某些构件的局部破坏,乃至厂房总体倒塌。因而进行厂房结构布置时,对支撑体系的布置应予以足够重视。

(1) 屋盖支撑

屋盖支撑包括屋架(或屋面梁)的上、下弦水平支撑,垂直支撑及纵向水平系杆。

屋盖上、下弦水平支撑是指布置在屋架(屋面梁)上、下弦平面内以及天窗架上弦平面内的水平支撑。支撑节间的划分应与屋架的节间相适应。屋盖垂直支撑是指布置在屋架(屋面梁)间和天窗架间的支撑。系杆分刚性(压杆)和柔性(拉杆)两种,设置在屋架上、下弦及天窗上弦平面内。

① 屋架(屋面梁)上、下弦水平支撑

屋架上弦横向水平支撑的作用是:增强屋盖的整体刚度,并可将山墙风荷载传至纵向柱列,同时为屋架上弦提供不动的侧向支点,保证屋架上弦或屋面梁上翼缘平面外的稳定。当屋面为大型屋面板,并与屋面梁或屋架有可靠连接,能保证屋盖平面的稳定并能传递山墙风荷载时,不需设置上弦横向支撑。凡屋面为有檩体系,或山墙风力传至屋架上弦而大型屋面板与屋面梁(屋架)的连接不能保证屋盖平面的稳定时,则应在屋架上弦平面的伸缩缝的区段内两端各设一道上弦横向水平支撑(图 11.9(a))。

屋架下弦横向水平支撑的作用是:承受垂直支撑传来的荷载,并将山墙风荷载传递至两旁柱列。故当屋架下弦设有悬挂吊车或受其它水平力,或抗风柱与屋架下弦连接,抗风柱风力传至下弦时,则应设置下弦横向水平支撑(图 11.9(b))。

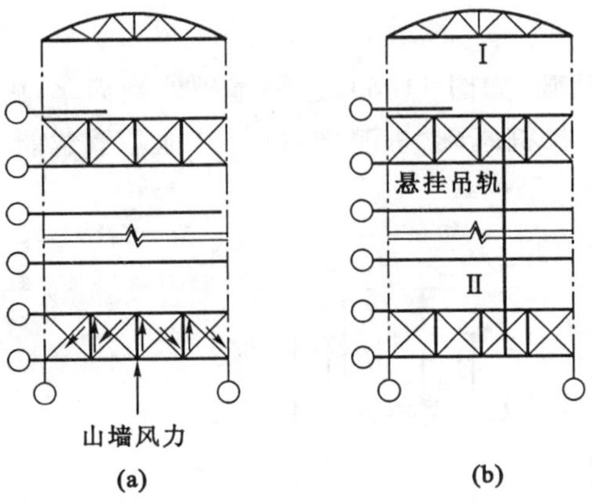

图 11.9　屋架之间的横向水平支撑

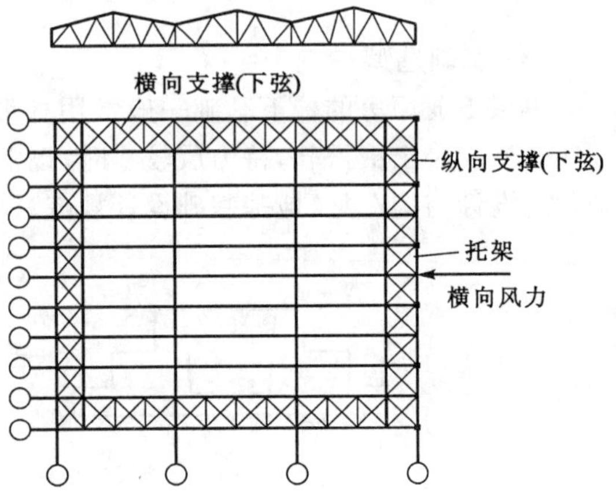

图 11.10　屋架之间的纵向水平支撑

屋架下弦纵向水平支撑是为了提高厂房刚度,保证横向水平力的纵向分布,增强排架的空间工作而设置的。设计时应根据厂房跨度、跨数、高度及吊车吨位等因素考虑在下弦平面端节点中设置,并尽可能与下弦横向水平支撑组成封闭的支撑体系。当设有托架时,必须设置纵向水平支撑(图 11.10)。

② 垂直支撑和下弦纵向水平系杆

垂直支撑及纵向水平系杆是用以保证屋架的整体稳定以及防止吊车工作时(或其它振动)屋架下弦的侧向颤动。上弦水平系杆则用以保证屋架上弦或屋面梁受压翼缘的侧向稳定。

当屋面梁(屋架)的跨度 $l>18$ m 时,应在第一或第二柱间设垂直支撑并在下弦设置通长水平系杆;当 $l\leqslant 18$ m,且无天窗时,可不设垂直支撑和水平系杆;当为梯形屋架时,除按上述要求处理外,必须在伸缩缝区段两端第一或第二柱间内,在屋架支座处设置端部垂直支撑(图 11.11)。

③ 天窗架支撑

天窗架支撑的作用同样是为了将由天窗架组成的平面结构连系成空间受力体系,增加天窗系统的空间刚度,并将天窗壁板传来的风荷载传递给屋盖系统。天窗架支撑包括天窗横向水平支撑和天窗端垂直支撑,它们尽可能和屋架上弦横向水平支撑设于同一柱间内(图

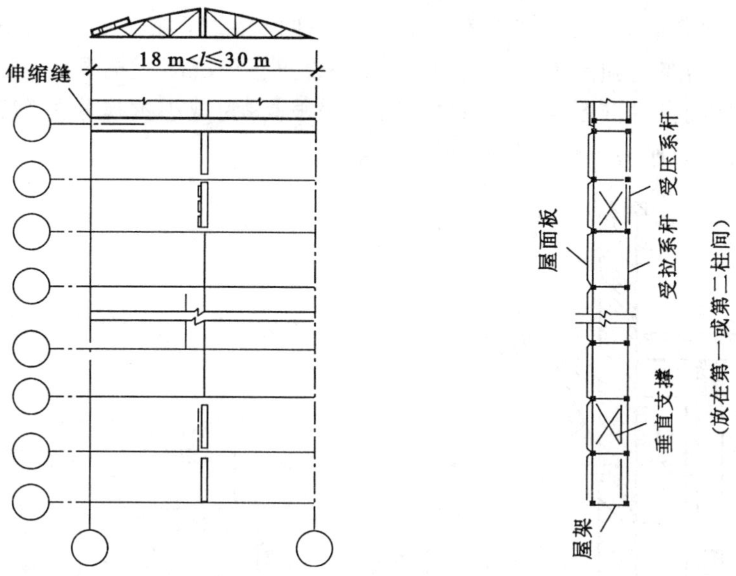

图 11.11　屋架之间的垂直支撑与水平系杆

11.12)。

(2) 柱间支撑

柱间支撑的作用是将屋盖系统传来的山墙风荷载和吊车纵向制动力传递至基础，而且提高厂房的纵向刚度和稳定性。柱间支撑由上、下两组组成，一组在上柱区段（即吊车梁上部），一组在下柱区段。柱间支撑在下述情况之一时设置：

① 设有悬臂吊车或有 3 t 及 3 t 以上悬挂吊车；

② 设有重级工作制吊车或中、轻级工作制吊车，起重量在 10 t 及 10 t 以上；

③ 厂房跨度在 18 m 及以上或柱高在 8 m 及以上；

④ 纵向柱列总数每排在 7 根以下；

⑤ 露天吊车的柱列。

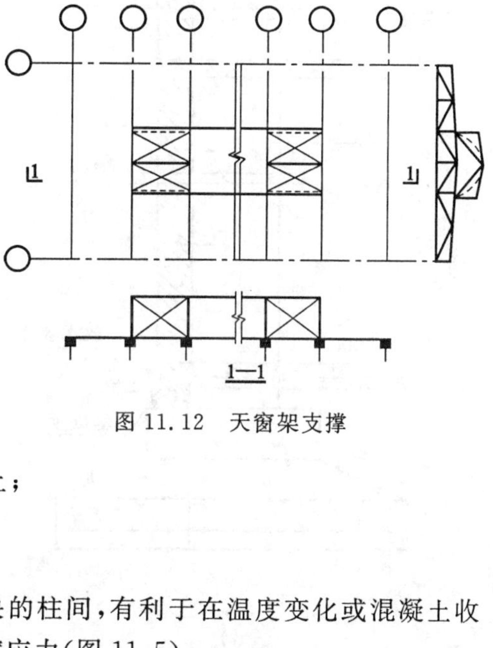

图 11.12　天窗架支撑

柱间支撑应布置在伸缩缝区段的中央或临近中央的柱间，有利于在温度变化或混凝土收缩时，厂房可以自由变形，不致产生较大的温度和收缩应力（图 11.5）。

柱间支撑一般采用十字交叉形式（交叉倾角在 35°～55°之间）的钢结构。

11.2.5　抗风柱、圈梁、连系梁、过梁和基础梁的布置

(1) 抗风柱

单层工业厂房的山墙受风荷载的面积较大，一般情况下，设置抗风柱将其分成区格，将墙面风荷载一部分直接传至纵向柱列，另一部分经抗风柱下端直接传至基础和经上端屋盖系统传至纵向柱列。

当厂房跨度和高度均不大(跨度不大于 12 m,柱顶标高不超过 8 m)时可以在山墙中设砖壁柱作为抗风柱;当跨度和高度均较大时,通常都设置钢筋混凝土抗风柱,柱外侧贴砌山墙,柱与山墙之间要用钢筋拉接(图 11.13(a))。若厂房很高,为减小抗风柱的截面尺寸,可加设水平抗风梁或抗风桁架作为抗风柱的中间铰支点。

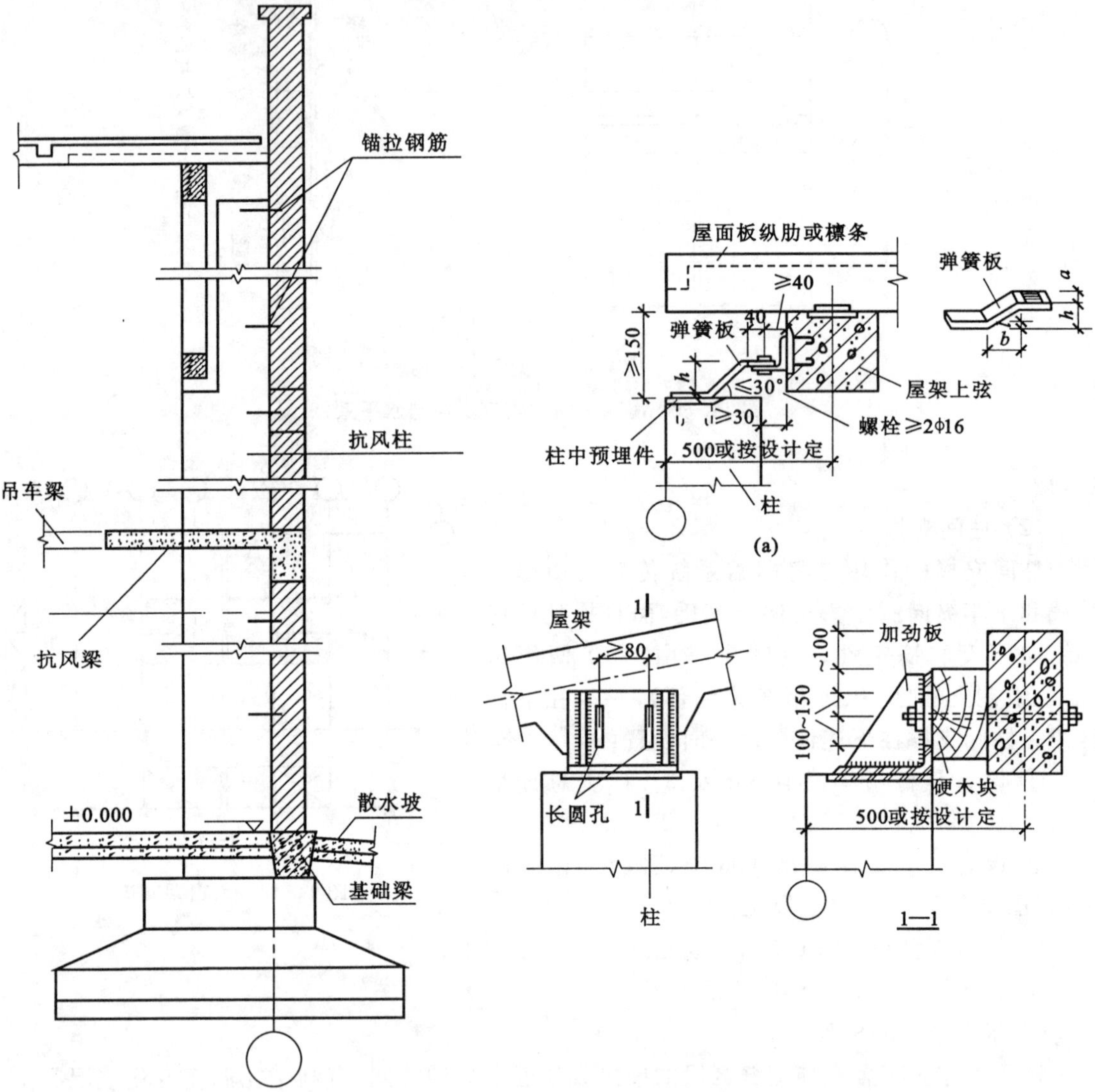

图 11.13　山墙抗风柱与屋架上端连接构造

抗风柱柱脚,通常采用插入基础杯口的固接方式。抗风柱上端与屋架(屋面梁)上弦铰接,根据具体情况,也可与下弦铰接或同时与上、下弦铰接。抗风柱与屋架的连接要满足两个要求:一是在水平方向必须与屋架有可靠的连接以保证有效地传递风荷载;二是在竖向脱开,且二者之间能允许一定的相对位移,以防厂房与抗风柱沉降不均匀产生不利影响。因而抗风柱与屋架一般采用竖向可以移动、水平方向又有较大刚度的弹簧板连接(图 11.13(b));若不均匀沉降可能较大时,宜采用螺栓连接(图 11.13(c))。

抗风柱的上柱宜用矩形截面,其截面尺寸 $b\times h$ 不宜小于 350 mm×350 mm;下柱宜采用I形或矩形截面,当柱较高时也可用双肢柱。

(2) 圈梁、连系梁、过梁和基础梁

单层工业厂房一般按照下述原则设置圈梁:对砖砌体房屋,檐口标高为 5~8 m 时,应在檐口标高处设置圈梁一道,檐口标高大于 8 m 时,应增加设置数量;砌块及料石砌体房屋,檐口标高为 4~5 m 时,应在檐口标高处设置圈梁一道,檐口标高大于 5 m 时,应增加设置数量。对有吊车或较大振动设备的单层工业房屋,除在檐口或窗顶标高处设置现浇钢筋混凝土圈梁外,尚应在吊车梁轨顶标高处或其它适当位置设置圈梁。

当厂房高度较大时,为防止墙体在基础顶面处局部承压不足,常以连系梁代替圈梁。连系梁多为预制,两端支撑在柱子牛腿上,通过连系梁将上面墙体的自重直接传给柱子(图11.14)。

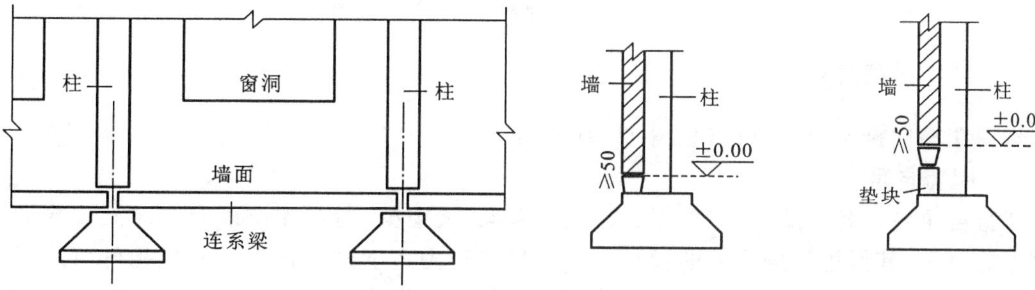

图 11.14 基础梁的位置

在门窗洞口上布置过梁以承托洞口上部墙体的自重。

当厂房采用钢筋混凝土柱承重时,常用基础梁承托围护墙的自重,并将其传至柱基,而不另做墙基础。

11.3 单层工业厂房排架计算

11.3.1 排架计算简图

(1) 计算单元

在不考虑排架间空间作用的情况下,对一般单层工业厂房,柱距相等,每一中间的横向排架所承担的荷载(吊车荷载除外)及受力情况是相同的。因此,计算时可取任意一个柱距内的结构作为计算单元(图 11.15(a))。作用在计算单元上的荷载由该单元内的横向排架承担。吊车荷载按吊车梁传给柱子的局部荷载计算。

(2) 基本假定与计算简图

在计算简图的简化中,根据构造与实践经验做如下假定:

① 屋架(屋面梁)与柱顶为铰接,柱下端嵌固于基础顶面。

② 横梁为没有轴向变形的刚性杆件。本假定不适用于下弦为柔性拉杆的屋架及两铰、三铰拱。

③ 柱的计算轴线应取上、下部柱截面的形心线。

柱的总高 H 可由柱顶标高加上基础顶面标高的绝对值求得。上柱高 H_1 由柱顶标高减去轨顶标高，再加上轨道构造高度和吊车梁支撑处的梁高求得。图 11.15(b)所示为单跨排架的计算简图。

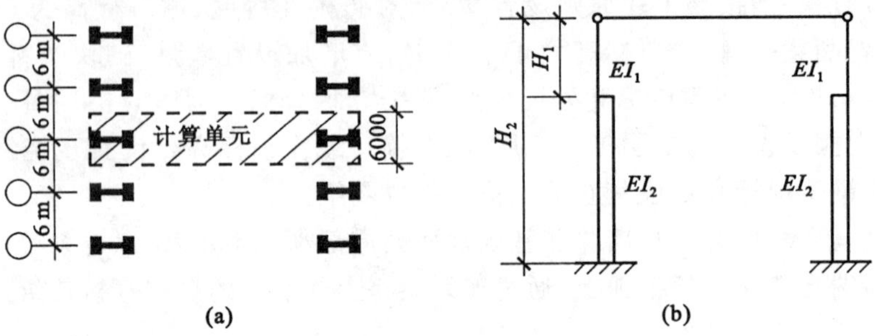

图 11.15　排架计算单元与计算简图

11.3.2　排架荷载计算

作用在横向排架上的荷载(见图 11.16)有：

(1) 屋盖自重 P_1

屋盖自重包括各构造层、屋面板、天沟板、屋架、天窗架、屋盖支撑以及与屋架连接的设备管道等的自重，其值可根据构件的设计尺寸和材料重力密度进行计算。标准构件可从标准图集上查得。常用材料自重标准值可查《建筑结构荷载规范》(GB 50009)。这些荷载总和 P_1 通过屋架的支点作用于柱顶，作用点位于厂房定位轴线内侧 150mm 处(图 11.17)。因而 P_1 对上、下柱截面的几何中心分别有偏心距 e_1 和 e_2，$e_1=\frac{h_1}{2}-150$，$e_2=\frac{h_2}{2}-150$(h_1、h_2 分别为上、下柱截面在弯矩作用平面方向的尺寸)。

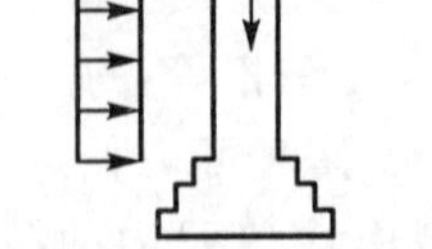

图 11.16　排架柱上的荷载

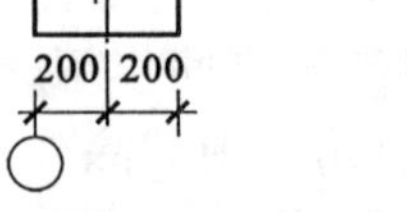

图 11.17　屋架自重作用点

(2) 上柱自重 P_2、下柱自重 P_3、吊车梁及轨道自重 P_4

上柱自重 P_2 沿上柱中心线作用，按上柱截面尺寸和柱高计算；下柱自重 P_3 沿下柱中心线作用，按下柱截面尺寸和柱高计算；吊车梁及轨道自重 P_4 按标准图采用，作用线与吊车梁轨道中心线相重合。一般吊车梁中心线到边柱外缘或中柱中心线距离为 750 mm。

(3) 活荷载 Q_1

屋面活荷载包括屋面均布活荷载、雪荷载和积灰荷载。屋面活荷载 Q_1 以集中力形式与 P_1 一样，通过屋架支点作用于柱顶。

① 屋面均布活荷载

按《建筑结构荷载规范》(以上简称《荷载规范》)第 3.3.1 条和表 3.3.1 采用。

② 雪荷载

按《荷载规范》第 5.1.1 条采用，屋面水平投影面上的雪荷载标准值按下式计算

$$s_k = \mu_r s_0 \tag{11.1}$$

式中 s_k——雪荷载标准值，N/mm^2；

μ_r——屋面积雪分布系数，按《荷载规范》中表 5.2.1 采用；排架计算时可按积雪全跨均布考虑，取 $\mu_r=1$；

s_0——基本雪压，N/mm^2，按《荷载规范》中的基本雪压分布图确定。

③ 屋面积灰荷载

生产中有大量排灰的厂房应考虑积灰荷载，见《荷载规范》表 3.4.1。《荷载规范》规定，屋面均布活荷载不与雪荷载同时考虑，取两者中较大值。积灰荷载应与雪荷载或者与屋面均布活荷载同时考虑，取两者中的较大值。

(4) 风荷载

垂直于厂房各部分表面的风荷载标准值 w_k 按下式计算

$$w_k = \beta_z \mu_s \mu_z w_0 \tag{11.2}$$

式中 w_0——基本风压值，N/mm^2，按《荷载规范》中的基本风压分布图确定，但不得小于 $2.5\times10^{-4}N/mm^2$；

β_z——z 高度处的风振系数，单层工业厂房的 $\beta_z=1.0$；

μ_s——风荷载体型系数，按建筑物的体型查《荷载规范》的表 6.3.1；

μ_z——风压高度变化系数，见图 11.18。

为简化计算，可以假定作用在柱顶以下墙面上的风荷载为均布，迎风面为 q_1，背风面为 q_2，其风压高度变化系数按柱顶标高取值；柱顶以上的风荷载按作用于柱顶的水平集中力 W 计算，这时风压高度变化系数为：无天窗时，按厂房檐口标高取值；有天窗时，按天窗檐口标高取值(见图 11.19)。

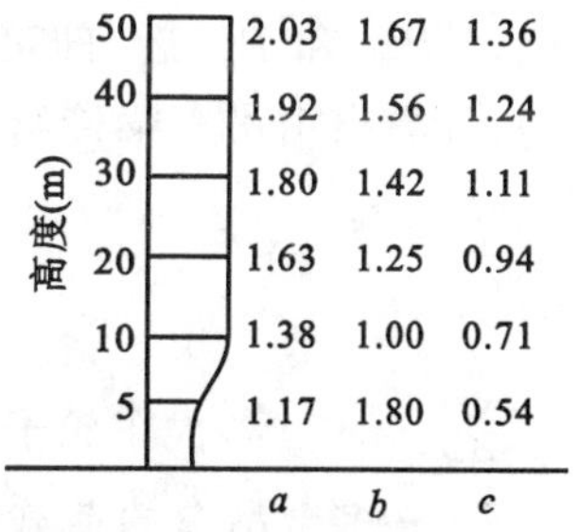

图 11.18 不同地面粗糙度的 μ_z 值

(5) 吊车荷载

吊车荷载分为竖向荷载和水平荷载两种形式。

① 吊车竖向荷载 D_{max}(或 D_{min})

吊车竖向荷载指的是吊车(大车和小车)自重与所吊物体自重经吊车梁传给柱的竖向压力。如图 11.20 所示，当吊起重量达到额定最大值且小车同时驶到大车一侧的极限位置时，则作用在该柱列吊车梁轨道上的压力为最大轮压 P_{max}，另一侧轨道上的轮压为最小轮压 P_{min}，P_{max} 和 P_{min} 同时发生。计算吊车轮压施加于排架柱的荷载时，应考虑数台吊车的不利组合：对单跨厂房，最多考虑 2 台吊车；对多跨厂房，最多考虑 4 台吊车。P_{max} 和 P_{min} 的标准值 $P_{max,k}$ 及 $P_{min,k}$ 可以从吊车产品目录或起重运输机械专业标准查得。

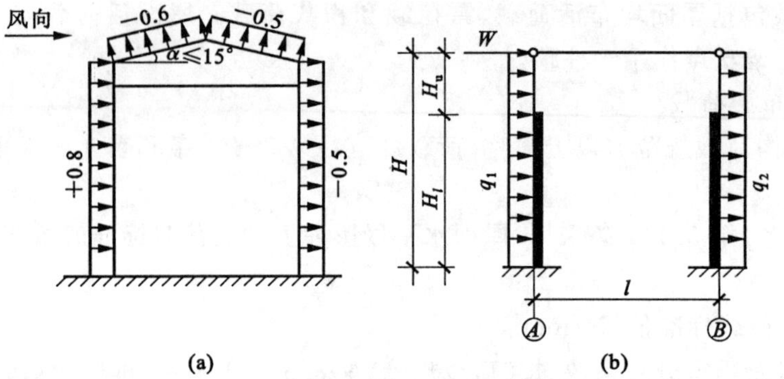

图 11.19　风荷载作用下的计算简图

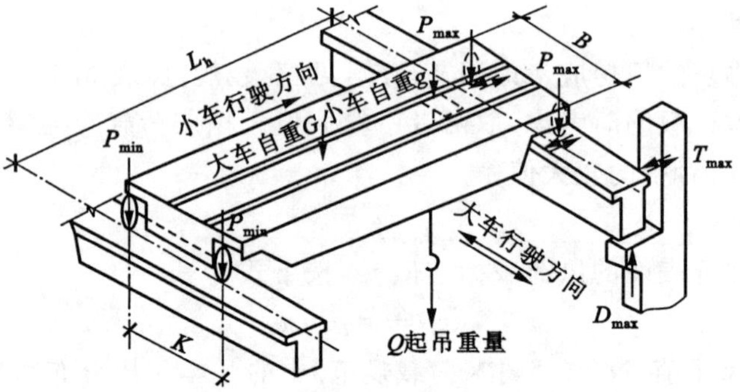

图 11.20　桥式吊车的受力状况

P_{max}和 P_{min}的设计值按下式计算

$$\left.\begin{aligned} P_{max} &= \gamma_Q P_{max,k} \\ P_{min} &= \gamma_Q P_{min,k} \end{aligned}\right\} \tag{11.3}$$

确定 P_{max}和 P_{min}后，即可根据吊车梁的支座反力影响线及吊车轮子的最不利位置（如图 11.21），计算出由吊车梁传给柱子的最大吊车竖向荷载 D_{max}和最小吊车竖向荷载 D_{min}。

$$\left.\begin{aligned} D_{max} &= \beta P_{max} \sum y_i \\ D_{min} &= \beta P_{min} \sum y_i \end{aligned}\right\} \tag{11.4}$$

式中　$\sum y_i$—— 各大车轮子下影响线纵坐标之和，mm；

β——多台吊车的荷载折减系数。当为 2 台吊车时，轻、中级工作制吊车的折减系数取 0.9，重级工作制吊车取 0.95；当为 4 台吊车时，轻、中级工作制吊车的折减系数取 0.8，重级工作制吊车取 0.85。

② 吊车水平荷载

吊车水平荷载分为横向水平荷载和纵向水平荷载两种。

吊车的横向水平荷载主要是指小车吊起重物在大车轨道上启动或刹车时产生的惯性力。这种横向惯性力通过小车制动轮与大车上的轨道间的摩擦力传给大车，大车又通过它的车轮在吊车轨顶作用于吊车梁的顶面与柱连接处。其方向与轨道垂直，并应考虑正、反两个方向的

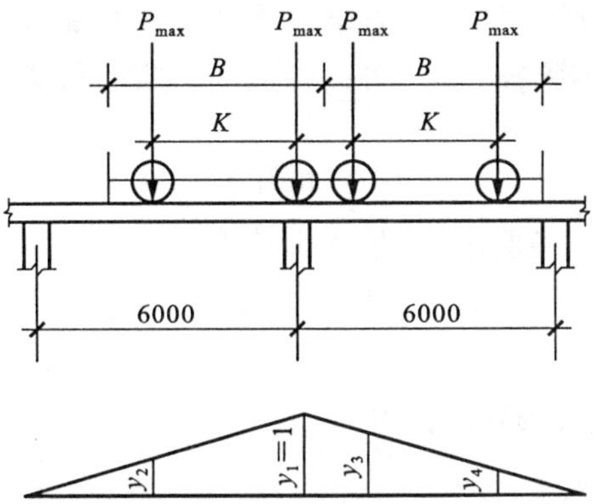

图 11.21　吊车梁支座反力影响线

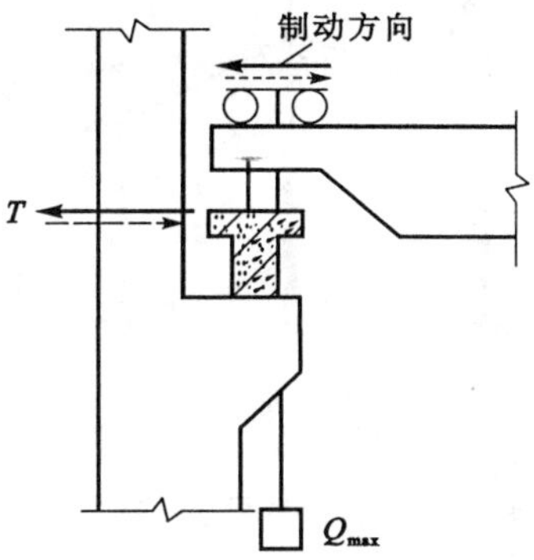

图 11.22　吊车的横向水平作用

情况(图 11.22)。

一般四轮吊车满载运行时,大车每一个车轮上产生的横向水平制动力 T_k(N)的标准值按下式确定

$$T_k = \frac{1}{4}\alpha(Q + g) \tag{11.5}$$

式中　Q——吊车额定起重量标准值,N;

g——小车自重标准值,N;

α——横向制动系数。

对软钩吊车:当 $Q \leqslant 98$ kN 时,取 $\alpha=0.12$;当 $Q=147\sim490$ kN 时,取 $\alpha=0.10$;当 $Q\geqslant 735$ kN 时,取 $\alpha=0.08$。对硬钩吊车,取 $\alpha=0.20$。

吊车在排架上产生最大横向水平荷载标准值 $T_{max,k}$ 时的吊车位置与产生 D_{max}、D_{min} 时相同。因此,排架柱所受的最大横向水平荷载标准值和设计值可由下面两式求得。

$$\left.\begin{aligned} T_{max,k} &= \beta T_k \sum y_i \\ T_{max} &= \gamma_Q T_{max,k} = \gamma_Q \beta T_k \sum y_i \end{aligned}\right\} \tag{11.6}$$

《建筑结构荷载规范》规定:在计算横向水平荷载时,一个排架上最多能考虑两台吊车。

吊车的纵向水平荷载是指大车在厂房纵向启动或刹车时所产生的惯性力,作用于刹车轮与轨道的接触点上,方向与轨道平行,由厂房的纵向排架承担,与横向排架结构无关。吊车纵向水平荷载设计值应按作用在一边轨道上所有刹车轮的最大轮压之和的 10%计算,即

$$T_0 = \gamma_Q \frac{nP_{max}}{10} \tag{11.7}$$

式中　P_{max}——吊车最大轮压,N;

n——吊车每侧的制动轮数,对一般四轮吊车,$n=1$。

11.3.3　排架内力计算

单层工业厂房的横向排架可分为两种类型:等高排架和不等高排架。如果排架各柱顶标高相同,或柱顶标高不同时,由倾斜横梁贯通联结,当排架发生水平位移时,各柱顶位移相同,

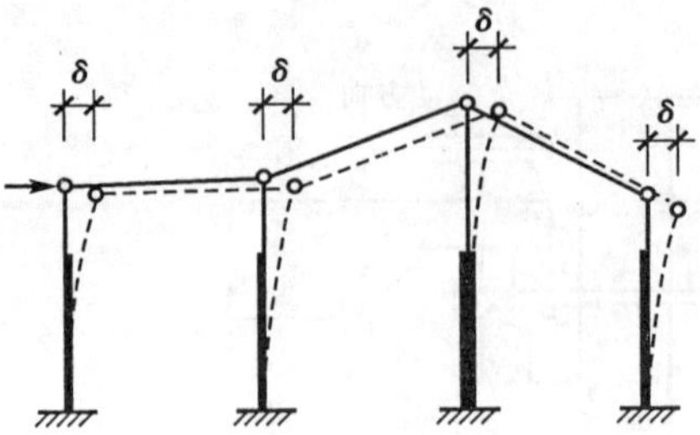

图 11.23　等高排架

如图 11.23，这类排架称为等高排架；若柱顶位移不相同，则称为不等高排架。下面介绍用剪力分配法计算等高排架的方法，对于不等高排架，可以参阅有关资料按力法进行计算。

由结构力学可知，当单位水平力作用于单阶悬臂柱顶时，如图 11.24(a)所示，柱顶水平位移为

$$\delta = \frac{H_2^3}{3EI_2}\left[1+\lambda^3\left(\frac{1}{n}-1\right)\right] = \frac{H_2^3}{EI_2C_0} \quad (11.8)$$

式中　$\lambda=\frac{H_1}{H_2}, n=\frac{I_1}{I_2}, C_0=\frac{3}{1+\lambda^3\left(\frac{1}{n}-1\right)}$，$C_0$ 可由图11.26(a)查出。

因此要使柱顶产生单位水平位移，则需在柱顶施加$\frac{1}{\delta}$的水平力。显然，若材料相同，柱的刚度越大，需要施加的水平力越大。可见$\frac{1}{\delta}$反映了柱抵抗侧移的能力，称为“侧移刚度”。

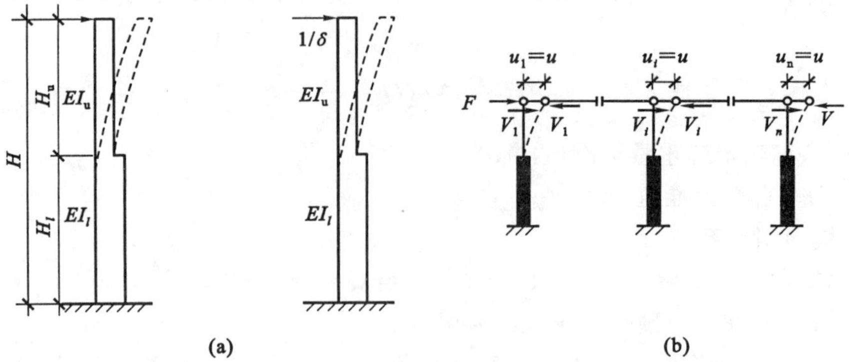

图 11.24　柱顶作用水平集中力 F 时的排架内力计算图

(a) 单阶悬臂柱的侧移刚度；(b) 柱顶水平集中力作用下的剪力分配

H_u—上柱高度；H_l—下柱高度；H—全柱高度；I_u—上截面惯性矩；I_l—下截面惯性矩

(1) 柱顶作用水平集中力 F 时

如图 11.24(b)所示，设排架有 n 根柱，任一柱的侧移刚度为$\frac{1}{\delta_i}$，则其分担的柱顶剪力 V_i 可由平衡条件和变形条件求得。

根据横梁刚度为无限大，受力后不产生轴向变形的假定，那么各柱顶的水平位移均相同，即 $\Delta_1=\Delta_2=\cdots=\Delta_i=\Delta$，每根柱分担的剪力为

$$V_i = \frac{1}{\delta_i}\Delta \quad (11.9)$$

由平衡条件知

$$F = V_1+V_2+V_i+\cdots+V_n = \sum_{i=1}^{n}V_i = \Delta\sum_{i=1}^{n}\frac{1}{\delta_i} \quad (11.10)$$

则 $\Delta = \dfrac{F}{\sum\limits_{i=1}^{n} \dfrac{1}{\delta_i}}$，代入式(11.9) 得

$$V_i = \frac{\dfrac{1}{\delta_i}}{\sum\limits_{i=1}^{n} \dfrac{1}{\delta_i}} F = \eta_i F \tag{11.11}$$

式中 η_i——i 柱的剪力分配系数，等于该柱本身的侧移刚度与所有柱的总的侧移刚度之比。

$$\eta_i = \frac{\dfrac{1}{\delta_i}}{\sum\limits_{i=1}^{n} \dfrac{1}{\delta_i}} \tag{11.12}$$

可见，当排架结构柱顶作用有水平集中力 F 时，各柱柱顶剪力按其侧移刚度与各柱侧移刚度总和的比例进行分配，因而称为剪力分配法。

(2) 任意荷载作用时

为了利用上述剪力分配系数，任意荷载作用下等高排架的内力计算过程可分为两个步骤：如图 11.25 所示，先在排架柱顶附加不动铰支座以阻止水平侧移，求出其支座反力 R；然后撤除附加不动铰支座且加反向作用的 R 于排架柱顶，以恢复到原受力状态。叠加上述两步骤中的内力，即为排架的实际内力。

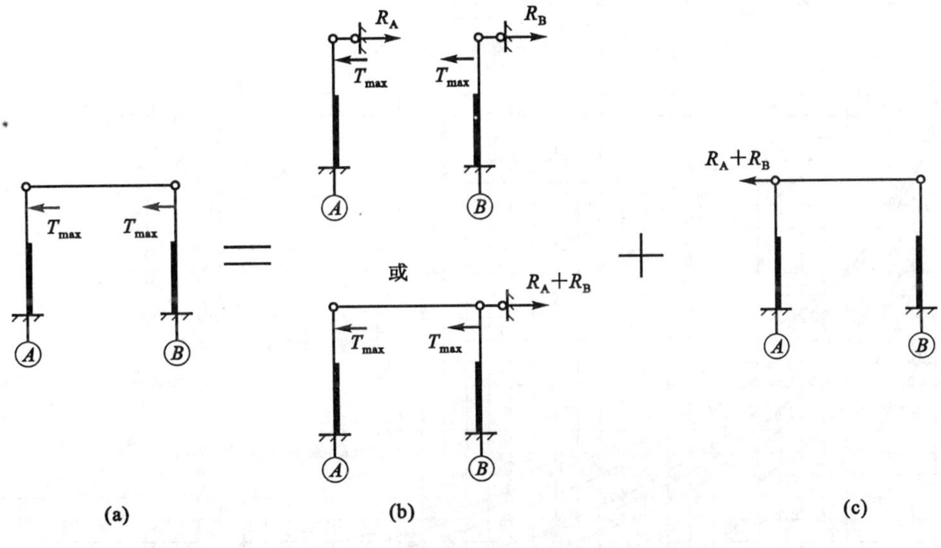

图 11.25　任意荷载作用下的剪力分配

各种荷载作用下的不动铰支座反力 R 可以从图 11.26(b)～图 11.26(h)查得。

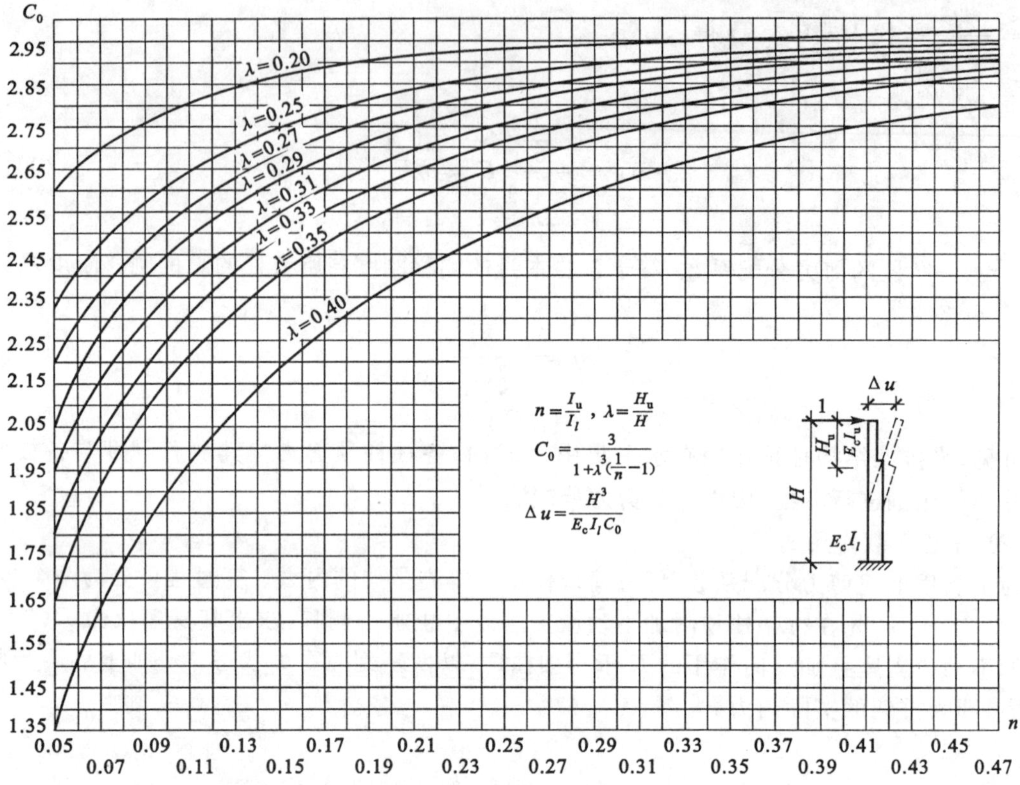

图 11.26(a)　柱顶单位集中荷载作用下系数 C_0 的数值

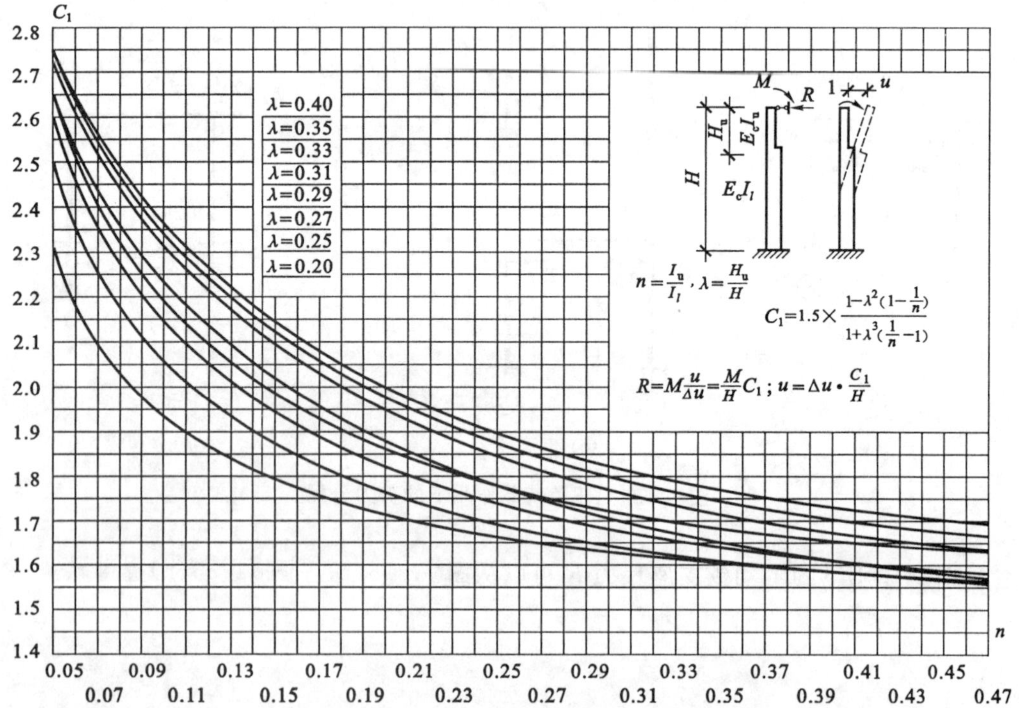

图 11.26(b)　柱顶力矩作用下系数 C_1 的数值

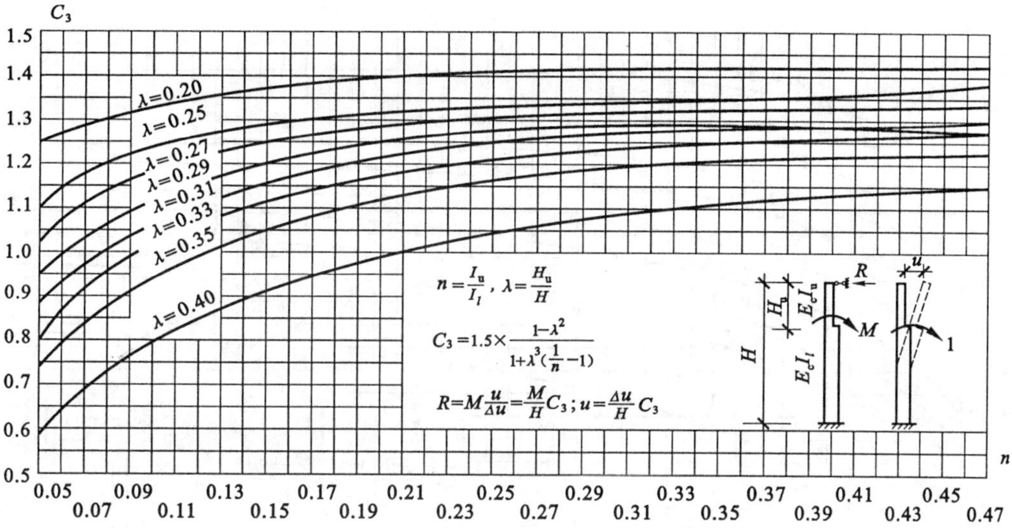

图 11.26(c)　力矩作用在牛腿顶面时系数 C_3 的数值

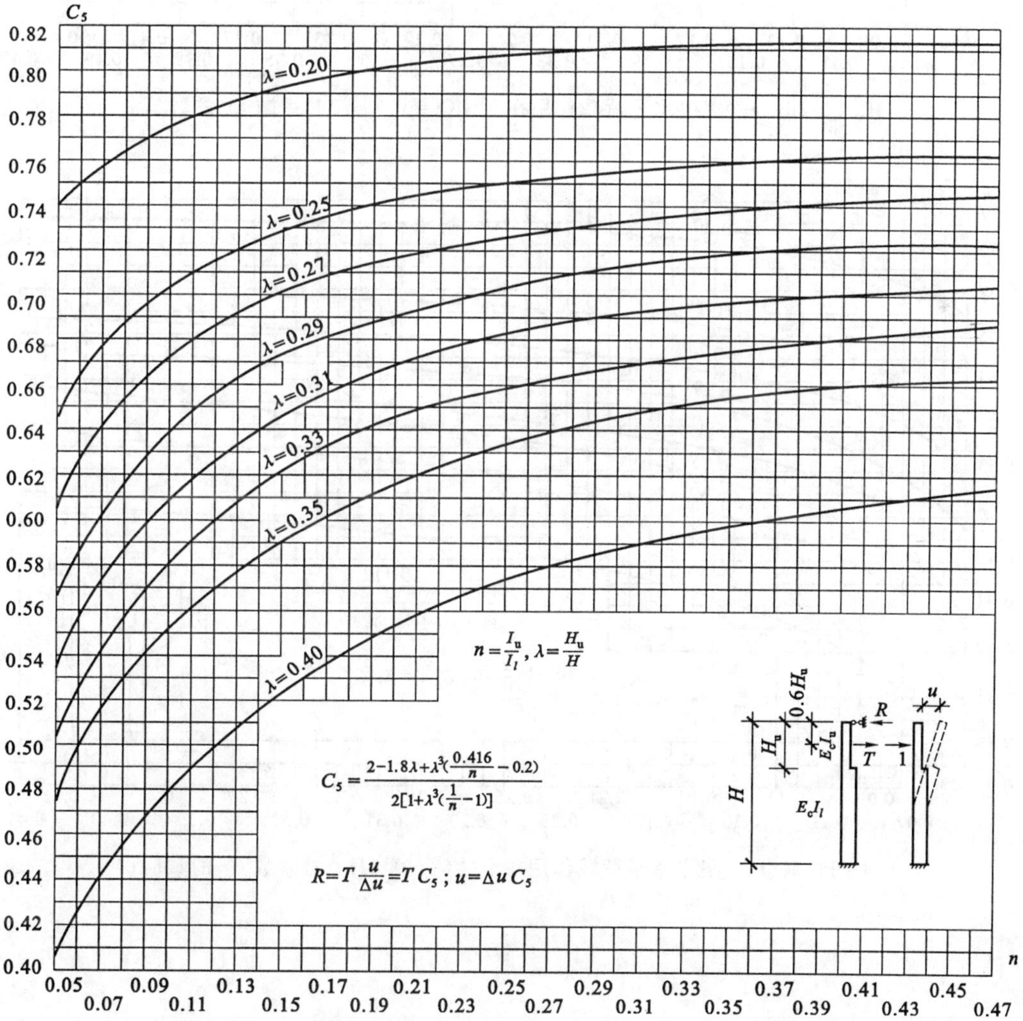

图 11.26(d)　集中水平荷载作用在上柱($y=0.6H_u$)时系数 C_5 的数值

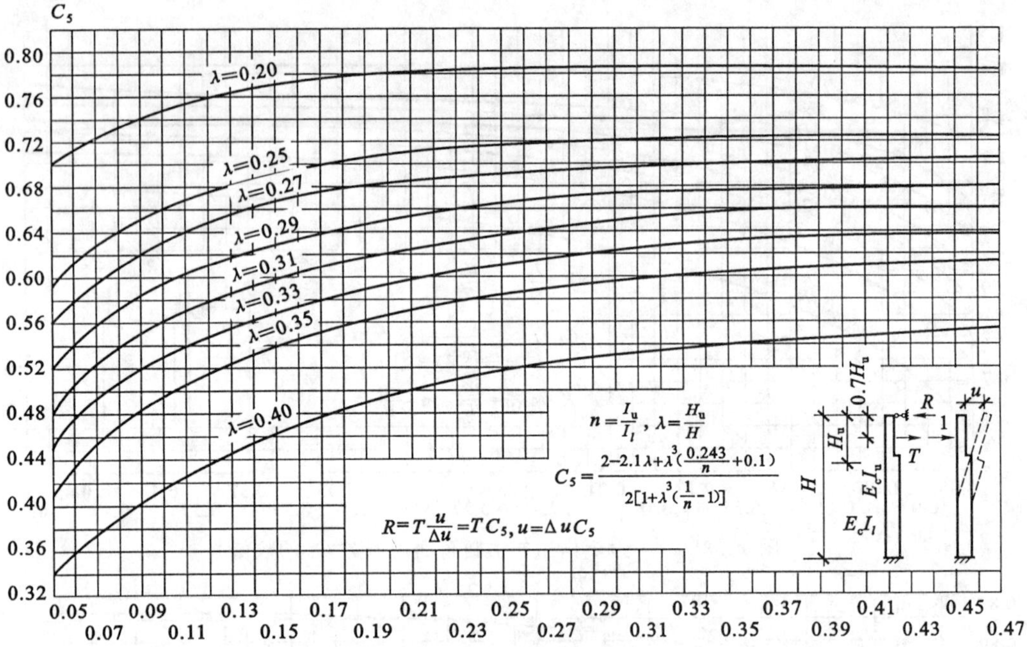

图 11.26(e) 集中水平荷载作用在上柱($y=0.7H_u$)时系数 C_5 的数值

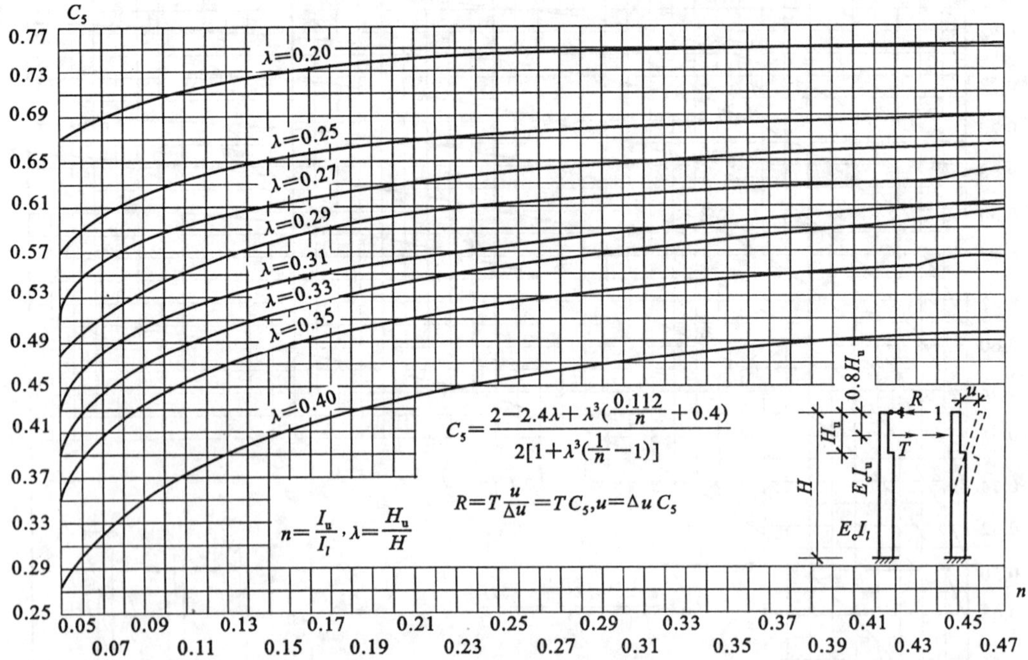

图 11.26(f) 集中水平荷载作用在上柱($y=0.8H_u$)时系数 C_5 的数值

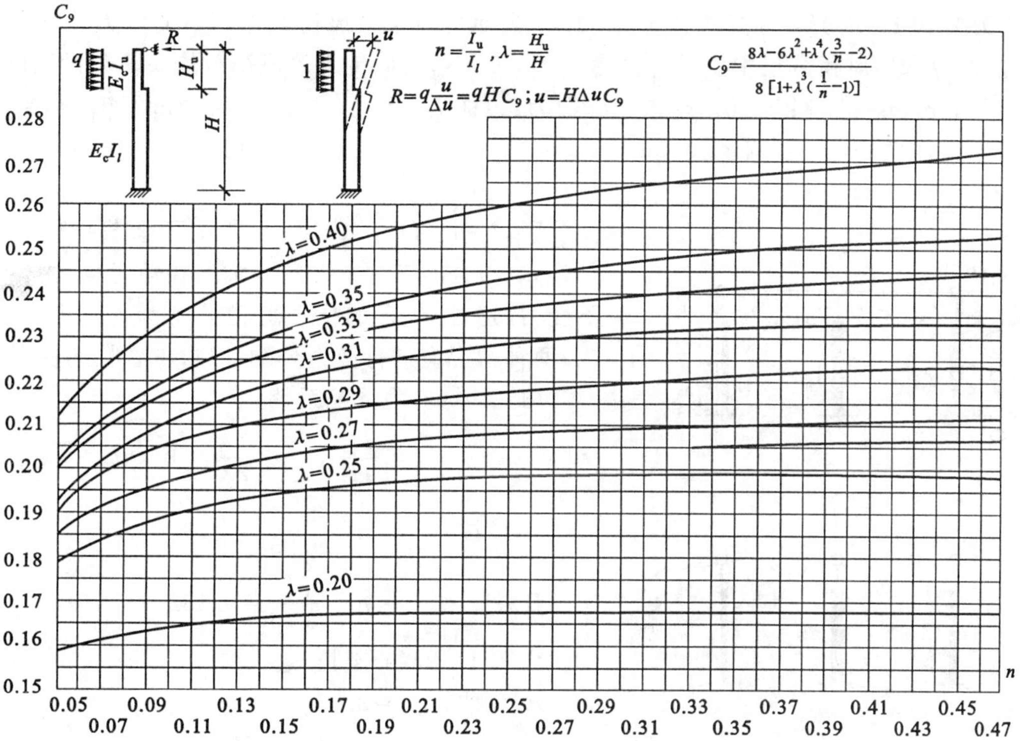

图 11.26(g) 水平均布荷载作用在整个上柱时系数 C_9 的数值

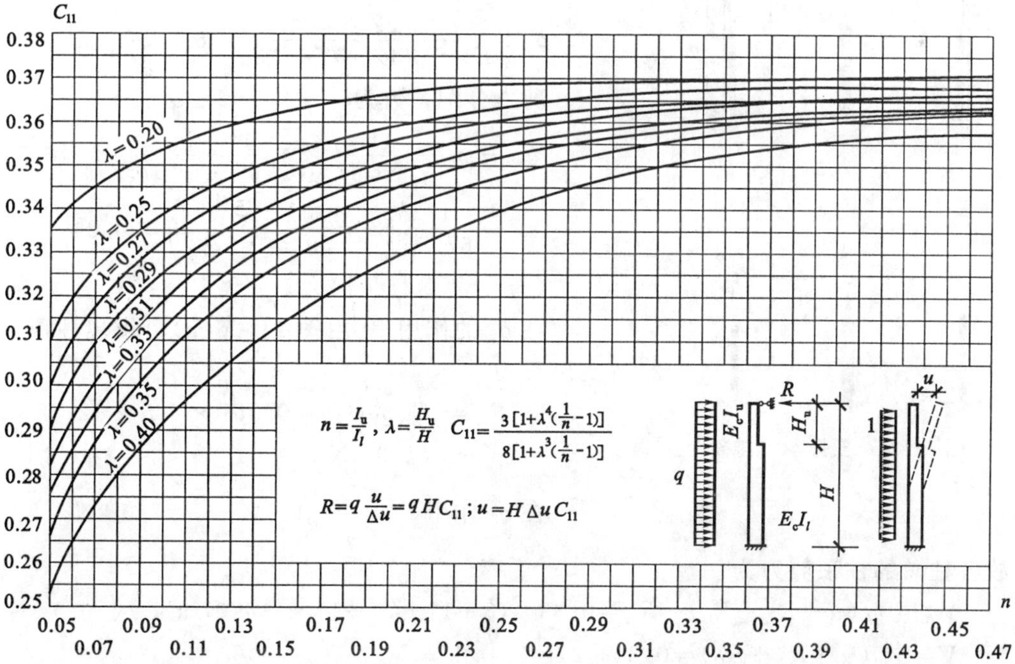

图 11.26(h) 水平均布荷载作用在上、下柱时系数 C_{11} 的数值

【例 11.1】 用剪力分配法计算图 11.27 所示的排架在风荷载作用下的内力。已知：屋面及天窗架传来的风荷载集中力设计值为 $w=3.0$ kN，由墙传来的风荷载均布荷载设计值为：$q_1=2.5$ kN/m，$q_2=1.6$ kN/m。柱截面参数为：边柱 $I_{1A}=I_{1C}=2.13\times10^9\ \text{mm}^4$，$I_{2A}=I_{2C}=9.23\times10^9\ \text{mm}^4$，中柱 $I_{1B}=4.17\times10^9\ \text{mm}^4$，$I_{2B}=9.23\times10^9\ \text{mm}^4$；上柱高均为 $H_1=3.10$ m，柱总高均为 $H_2=12.22$ m。

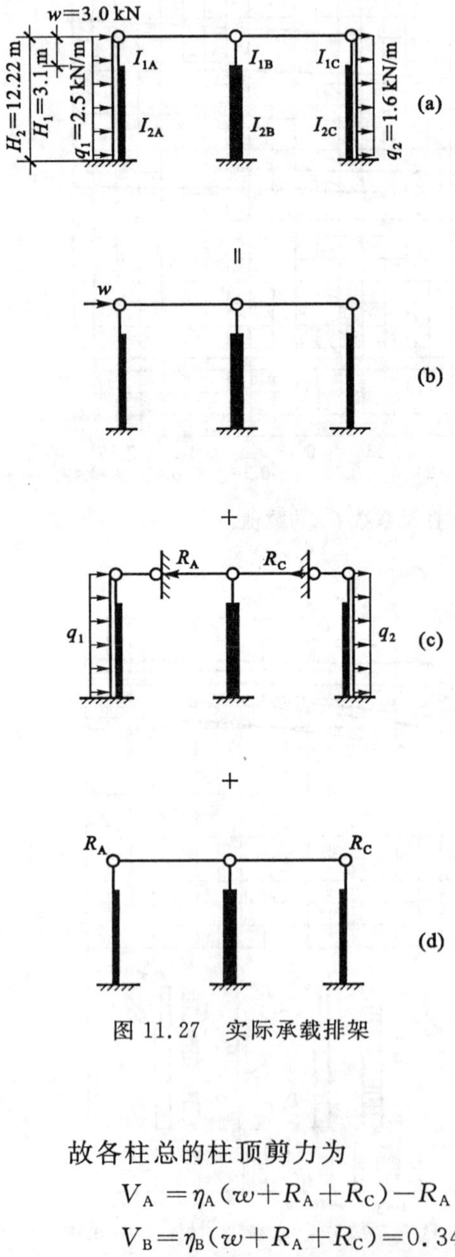

图 11.27 实际承载排架

【解】 图 11.27(a)所示的实际承载排架，可看成是(b)、(c)、(d)三种情况的叠加。在情况(c)中，中柱 B 不受力，边柱 A、C 的柱顶剪力分别为 R_A、R_C；对(b)、(d)两种情况应进行剪力分配，以求得各柱的柱顶剪力。

(1) 计算剪力分配系数

$$\lambda=\frac{H_1}{H_2}=\frac{3.1}{12.22}=0.254$$

A、C 柱 $\quad n=\dfrac{2.13}{9.23}=0.231$

B 柱 $\quad n=\dfrac{4.17}{9.23}=0.452$

由图 11.26(a)查得

A、C 柱 $\quad C_0=2.85$

$$\delta_A=\delta_C=\frac{12.22^3\times10^9}{E\times9.23\times10^9\times2.85}=69.4\,\frac{1}{E}\ \text{mm}$$

B 柱 $\quad C_0=2.94$

$$\delta_B=\frac{12.22^3\times10^9}{E\times9.23\times10^9\times2.94}=67.2\,\frac{1}{E}\ \text{mm}$$

剪力分配系数为

$$\eta_A=\eta_C=\frac{1}{69.4}\Big/\left(2\times\frac{1}{69.4}+\frac{1}{67.2}\right)=0.33$$

$$\eta_B=\frac{1}{67.2}\Big/\left(2\times\frac{1}{69.4}+\frac{1}{67.2}\right)=0.34$$

(2) 计算各柱顶剪力

在 q_1 的作用下，由图 11.26(h)可求出柱顶不动铰支座反力

$$R_A=C_{11}q_1H_2=0.361\times2.5\times12.22=11.0\ \text{kN}$$

在 q_2 作用下，$R_C=11.0\times\dfrac{1.6}{2.5}=7.0$ kN。

故各柱总的柱顶剪力为

$V_A=\eta_A(w+R_A+R_C)-R_A=0.33\times(3+11+7)-11=-4.07$ kN （←）

$V_B=\eta_B(w+R_A+R_C)=0.34\times21=7.14$ kN （→）

$V_C=\eta_C(w+R_A+R_C)-R_C=0.33\times21-7=-0.07$ kN （←）

(3) 绘制各柱的弯矩图，见图 11.28 所示。

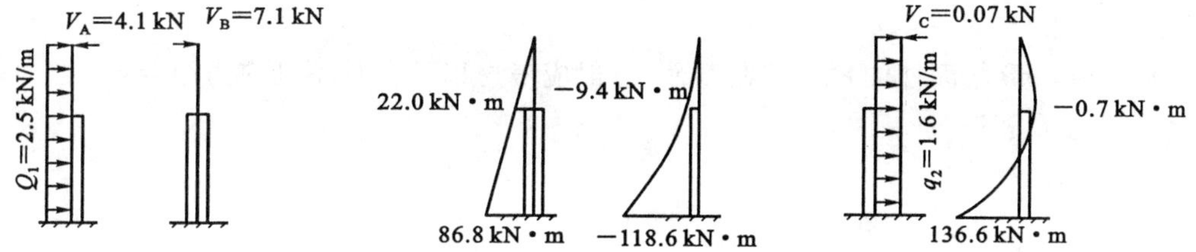

图 11.28　各柱的弯矩图

11.3.4　排架荷载组合和内力组合

按前述排架内力计算方法，可以分别求出排架柱在各种作用下所产生的内力（M、N、V），但对排架柱的某一截面而言，在恒荷载及哪几种活荷载的作用下才产生最不利的内力？然后根据这个最不利内力来进行柱截面的配筋计算，这是排架的内力组合和荷载组合所需解决的问题。

（1）控制截面

控制截面是指对柱的配筋和基础设计起控制作用的截面。

荷载作用下，排架柱的内力是沿柱高变化的。设计时应根据内力图及截面变化情况，分段选取若干个控制截面来计算。为方便施工，一般阶形柱的各段均采用相同的截面配筋。单阶柱中，对上柱来说，上柱底截面的内力一般比其它截面的内力大，通常取上柱柱底截面为控制截面（图 11.29 中的Ⅰ—Ⅰ截面）；对下柱来说，在吊车竖向荷载作用下，牛腿顶面处弯矩最大，在风荷载和吊车横向水平荷载作用下，柱底截面弯矩最大。故通常取图 11.29 中的Ⅱ—Ⅱ、Ⅲ—Ⅲ截面作为下柱的控制截面。

（2）荷载组合

《荷载规范》规定，对一般的排架、框架结构，采用下列简化的组合方式

$$S=\gamma_G C_G G_k+\psi\sum_{i=1}^{n}\gamma_{Qi}C_{Qi}Q_{ik}$$

式中　ψ——可变荷载的组合系数，当参与组合的可变荷载有两个或两个以上，且其中包括风荷载时，取 $\psi=0.9$；其它情况均取 $\psi=1.0$。

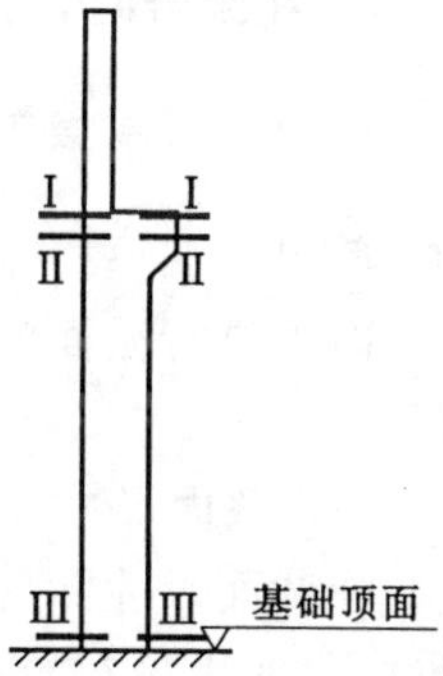

图 11.29　控制截面

根据以上原则，荷载组合可有：

① 恒荷载＋0.9（屋面活荷载＋吊车荷载＋风荷载）；

② 恒荷载＋0.9（吊车荷载＋风荷载）；

③ 恒荷载＋0.9（屋面活荷载＋风荷载）；

④ 恒荷载＋风荷载；

⑤ 恒荷载＋屋面活荷载＋吊车荷载；

⑥ 恒荷载＋吊车荷载；

⑦ 恒荷载＋屋面活荷载。

实际上主要的荷载组合是第①、②、③、④种。在吊车起重量不太大的厂房中，第③、④种组合常起控制作用。

(3) 内力组合

普通矩形,I形截面柱的每一控制截面,一般应考虑以下 4 种不利内力组合:

① $+M_{max}$及相应的 N、V;

② $-M_{max}$及相应的 N、V;

③ N_{max}及相应的$\pm M$(取绝对值较大者)、V;

④ N_{min}及相应的$\pm M$(取绝对值较大者)、V。

以上四种内力组合中,第①、②、④组是以构件可能出现大偏心受压破坏进行组合的,第③组则是以构件可能出现小偏心受压破坏进行组合的。

计算表明,在以上四种组合之外,还可能存在更不利的内力组合。但实际工程经验表明,按上述四种内力组合确定的最不利内力已能满足工程设计要求。

在上述四种组合中,对柱底截面必须组合相应的剪力 V 值,以供基础设计的需要。

(4) 内力组合的注意点

① 恒荷载在任意情况下都应参加组合;

② 在吊车竖向荷载中,对单跨厂房应在 D_{max}和 D_{min}中两者取一;对多跨厂房,因一般按不多于 4 台吊车考虑,因此对 D(指 D_{max}、D_{min})最多只能在不同跨各取一项;

③ 吊车横向水平荷载 T_{max}同时作用于其左右两边的柱上,其方向可左、可右,不论是单跨还是多跨,因为只考虑两台吊车,因此组合时均只能取一项;

④ 同一跨内的 D_{max}与 T_{max}不一定同时产生,但组合时不能仅组合 T_{max}项,而不组合 D_{max}或 D_{min}项,意即 T_{max}不能脱离吊车竖向荷载而单独存在;

⑤ 风荷载有左风和右风,两者取一;

⑥ 在每一种组合中,M、N、V 应是相应的,即应是在相同荷载作用下产生的;

⑦ 在组合时,吊车荷载应乘以折减系数后采用,折减系数按荷载规范采用。

11.3.5 单层工业厂房柱的设计

单层工业厂房排架柱的设计内容一般包括确定柱截面尺寸,根据各控制截面的最不利组合的内力进行截面配筋设计,施工吊装运输阶段的强度和裂缝宽度验算,连接构造和绘制施工图等。

(1) 截面尺寸

柱截面尺寸除应保证具有足够的承载外,还应有一定的刚度以免造成厂房横向和纵向变形过大,发生吊车轮和轨道的过早磨损,影响吊车正常运行或导致墙与屋盖产生裂缝,影响厂房的正常使用。柱截面尺寸可按表 11.1、表 11.2 确定。

I形柱的翼缘厚度不宜小于 100 mm,腹板厚度不宜小于 80 mm。I形柱的腹板可以开孔洞。当孔的横向尺寸小于柱截面高度的一半,竖向尺寸小于相邻两孔洞中距的一半时,柱的刚度可按实腹I形柱计算,承载力计算时,应扣除孔洞的削弱部分。当开孔尺寸超过上述范围时,则应按双肢柱计算。

(2) 截面设计

根据排架计算求得的控制截面的最不利内力组合 M、N 和 V,按偏心受压构件进行截面配筋计算(详见第 5 章)。由于柱截面在排架方向有正反方向相近的弯矩,为了避免施工中出现差错,一般常采用对称配筋。具有刚性屋盖的单层工业厂房柱和露天栈桥柱的计算长度 l_0

按表 11.3 取用。

表 11.3　采用刚性屋盖的单层工业厂房排架柱、露天栈桥柱的计算长度 l_0

项　　次	柱 的 类 型		排架方向	垂直排架方向	
				有柱间支撑	无柱间支撑
1	无吊车厂房柱	单跨	$1.5H$	$1.0H$	$1.2H$
		两跨及多跨	$1.25H$	$1.0H$	$1.2H$
2	有吊车厂房柱	上柱	$2.0H_u$	$1.25H_u$	$1.5H_u$
		下柱	$1.0H_l$	$0.8H_l$	$1.0H_l$
3	露天吊车和栈桥柱		$2.0H_l$	$1.0H_l$	—

注：① H—从基础顶面算起的柱全高；

H_l—从基础顶面至装配式吊车梁底面或现浇式吊车梁顶面的柱下部高度；

H_u—从装配式吊车梁底面或从现浇式吊车梁顶面算起的柱上部高度；

② 表中有吊车厂房排架柱的计算长度，当计算中不考虑吊车荷载时，可按无吊车厂房的计算长度采用，但上柱的计算长度仍按有吊车厂房采用；

③ 表中有吊车厂房排架柱，在排架方向上柱的计算长度，仅适用于 $H_u/H_l \geqslant 0.3$ 的情况；当 $H_u/H_l < 0.3$ 时，宜采用 $2.5H_u$。

（3）吊装运输阶段的验算

单层厂房施工时，常采用预制柱。预制柱在吊装运输时的受力状态与其使用阶段不同，所以应进行施工阶段的承载力及裂缝宽度验算。

预制柱的混凝土强度达到设计值的 70%，即可以进行吊装。当柱中配筋能满足平吊时的承载力和裂缝宽度要求时，宜采用平吊，以简化施工。但是当平吊带来柱中配筋大幅度增加时，为节约钢筋用量，则应考虑翻身起吊。

吊装验算时的计算简图应根据吊装方法确定，如采用一点起吊，吊点位置设在牛腿下边缘处。当吊点刚离开地面时，柱子底端搁在地上，柱子相当于带悬臂的外伸梁，计算简图如图 11.30 所示。吊装验算时作用于柱上的荷载为其自重，将自重乘以动力系数 1.5 以考虑起吊时的动力作用。而且，考虑吊装时间短促，承载力验算时结构的重要性系数较使用阶段降低一级。当采用翻身吊时，截面受力方向与使用阶段一致，一般不需验算。平吊时，截面的受力方向为短边方向，I 形截面的腹板可以忽略，简化为宽度为 $2h_f$、高为 b_f 的矩形截面受弯构件进行验算。这时只考虑两翼缘最外边一根钢筋作为受力筋 A_s 和 A'_s。

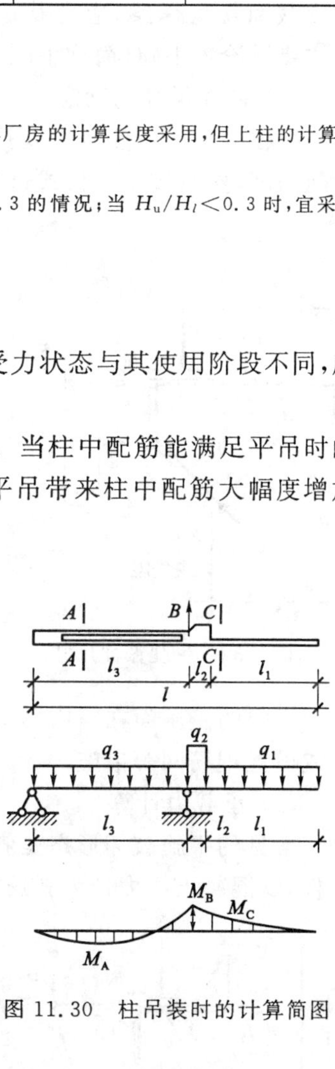

图 11.30　柱吊装时的计算简图

为简化计算，运输吊装阶段裂缝宽度可按用控制钢筋应力和直径的办法间接控制，即应满足下式要求

$$\sigma_{ss} = \frac{M_s}{0.87A_sh_0} \leqslant [\sigma_{ss}] \tag{11.13}$$

式中　M_s——吊装、运输阶段的最大弯矩标准值，N·mm；

$[\sigma_{ss}]$——不需验算裂缝宽度的钢筋最大允许应力，N/mm^2。

11.3.6 牛腿设计

单层厂房排架柱一般都带有牛腿以支撑吊车梁、屋架及连系梁。

根据牛腿所受竖向荷载作用点到牛腿下部与柱边缘交接点水平距离 a 的大小，可把牛腿分成两类：当 $a \leqslant h_0$ 时为短牛腿（图 11.31(a)）；$a > h_0$ 为长牛腿（图 11.31(b)）。此处 h_0 为牛腿垂直截面的有效高度。

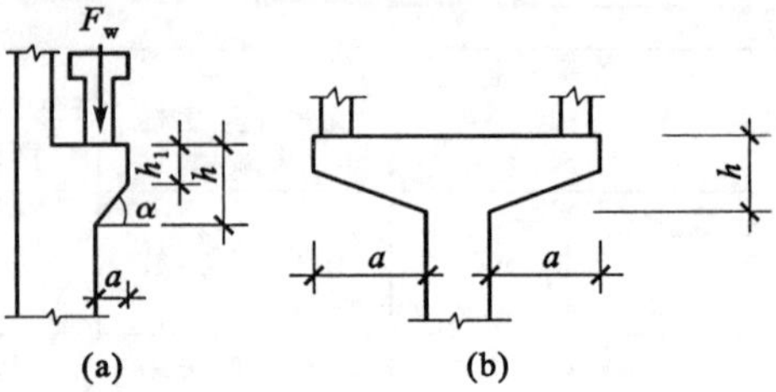

图 11.31 牛腿的类型

长牛腿可按悬臂梁进行设计。短牛腿实质上是一变截面悬臂深梁，应力状态与普通悬臂梁不同，以下主要讨论短牛腿（简称牛腿）的设计方法。

(1) 截面尺寸的确定

牛腿的截面高度通常以斜截面的抗裂度为控制条件，设计时一般可先根据经验预先假定牛腿高度，然后按下列公式进行验算（图 11.32）。

$$F_{vk} = \beta\left(1 - 0.5\frac{F_{hk}}{F_{vk}}\right)\frac{f_{tk}bh_0}{0.5 + a/h_0} \tag{11.14}$$

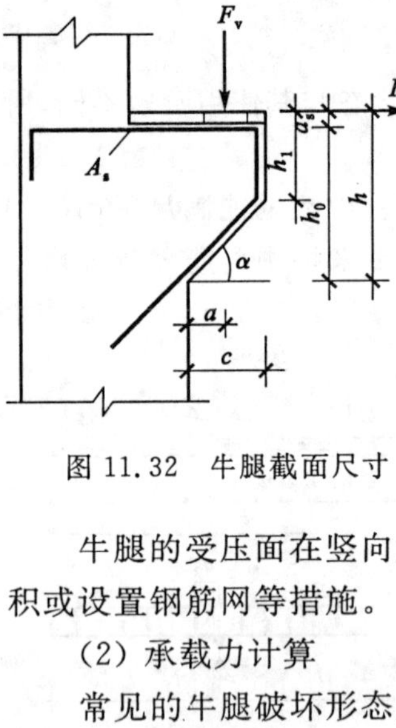

图 11.32 牛腿截面尺寸

式中 F_{vk}——作用于牛腿顶部的竖向力标准值，N；

F_{hk}——作用于牛腿顶部的水平拉力标准值，N；

β——裂缝控制系数，对承受重级工作制吊车的牛腿，取 $\beta=0.65$；其它牛腿，取 $\beta=0.80$；

a——竖向力作用点至下柱边缘的水平距离，此时应考虑安装偏差 20mm，当 $a<0$ 时，取 $a=0$；

b——牛腿宽度，mm；

h_0——牛腿与下柱交接处的垂直截面有效高度，mm，取 $h_0 = h_1 - a_s + c \cdot \tan\alpha$，当 $\alpha > 45^\circ$ 时，取 $\alpha = 45^\circ$，c 为下柱边缘到牛腿外边缘的水平长度。

牛腿的受压面在竖向力 F_{vk} 作用下，局部压应力不得超过 $0.75f_c$，否则应采取加大受压面积或设置钢筋网等措施。

(2) 承载力计算

常见的牛腿破坏形态是斜压破坏，在即将破坏时的工作状况可以近似看做以纵筋为水平拉杆，以混凝土压力带为斜压杆的三角形桁架（图 11.33）。

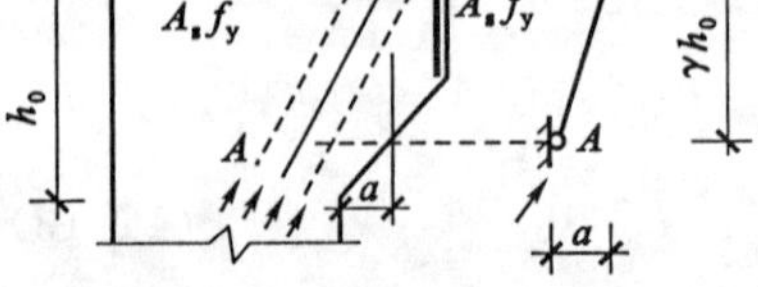

图 11.33 牛腿承载力计算简图

① 正截面承载力

纵向受力钢筋由承受竖向力所需要的受拉钢筋和承受水平拉力所需要的水平锚筋两部分组成。

$$F_v a + F_h(\gamma h_0 + a_s) = A_s f_y \gamma h_0$$

近似取 $\gamma h_0 + a_s \approx 1.2\gamma h_0$，$\gamma = 0.85$，即

$$A_s \geqslant \frac{F_v a}{0.85 f_y h_0} + 1.2\frac{F_h}{f_y} \tag{11.15}$$

式中 F_v——作用在牛腿顶部的竖向力设计值，N；

F_h——作用在牛腿顶部的水平拉力设计值，N；

a——竖向力 F_v 作用点至下柱边缘的水平距离，mm，当 $a<0.3h_0$ 时，取 $a=0.3h_0$。

② 斜截面承载力

牛腿的斜截面承载力主要取决于混凝土和弯起钢筋，根据设计经验，若牛腿满足式(11.14)的要求，而且按构造要求配置水平箍筋和弯起钢筋，斜截面承载力就可以得到保证。

③ 牛腿的构造要求

(a) 牛腿的截面尺寸除满足式(11.14)要求外，牛腿的外边缘高度 h_1 还不应小于 $h/3$，且不应小于 200 mm。

(b) 纵向受力钢筋宜采用热轧带肋钢筋，并有足够的锚固长度。其配筋率不应小于 0.2%，也不宜大于 0.6%，且根数不应少于 4 根，直径不应小于 12 mm，纵向受力钢筋不得下弯兼作弯起钢筋。

(c) 按《混凝土结构设计规范》规定，牛腿中除配置纵向受拉筋外，还应配置水平箍筋。水平箍筋直径应取 6～12 mm，间距为 100～150 mm，且在上部 $2h_0/3$ 范围内水平箍筋总截面面积不应小于承受竖向力的受拉钢筋截面面积的 1/2。

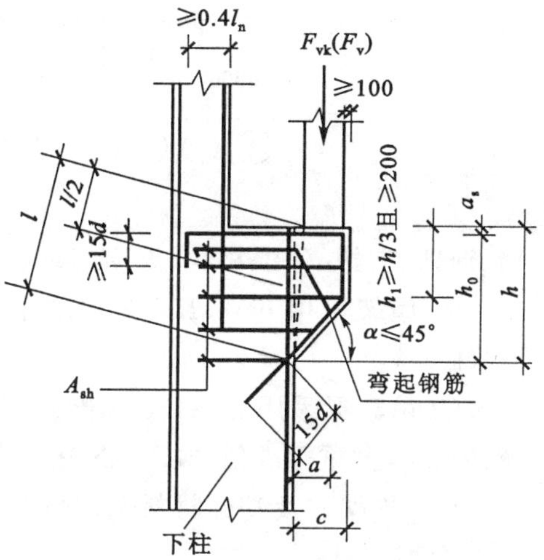

图 11.34　牛腿的尺寸和钢筋配置

(d) 当牛腿的剪跨比 $a/h_0 \geqslant 0.3$ 时，应放置弯起钢筋，弯起钢筋宜采用变形钢筋，并应配置在牛腿上部 $l/6 \sim l/2$ 之间的范围内(图 11.34)，其截面面积不应小于承受竖向力的受拉钢筋截面面积的 2/3，且不应小于 $0.0015bh$，根数不应少于 3 根，直径不应小于 12 mm。

11.3.7　单层工业厂房结构设计实例

【例 11.2】

1. 工程名称：××厂装配车间。

2. 设计资料

(1) 装配车间跨度 24 m，总长 102 m，中间设伸缩缝一道，柱距 6 m(图 11.35)。

(2) 车间内设有两台 49～196 kN 中级工作制吊车，其轨顶设计标高 10.0 m。

(3) 建筑地点在某市郊区。

(4) 车间所在场地，地下 0.8 m 内为填土，填土下层 3.5 m 内为粉质粘土，地基承载力设计值 $f=240\ \text{kN/m}^2$，地下水位为 −4.05 m，无腐蚀性；基本风压 $w_0=0.25\ \text{kN/m}^2$；基本雪压 $s_0=0.25\ \text{kN/m}^2$。

(5) 厂房中标准构件选用情况：

① 屋面板采用 92G410(一)标准图集中的预应力混凝土大型屋面板，板重(包括灌缝在内)标准值为 1.4 kN/m²；

② 天沟板采用 92G410(三)标准图集中的 JGB77—1 天沟板，板重标准值为 2.02 kN/m；

③ 天窗架采用 94G316 中的Ⅱ形钢筋混凝土天窗架 GJ9—03，自重标准值为 2×36 kN/榀，天窗端壁选用 94G316 中的 DB9—3，自重标准值为 2×57 kN/榀(包括自重、侧板、窗

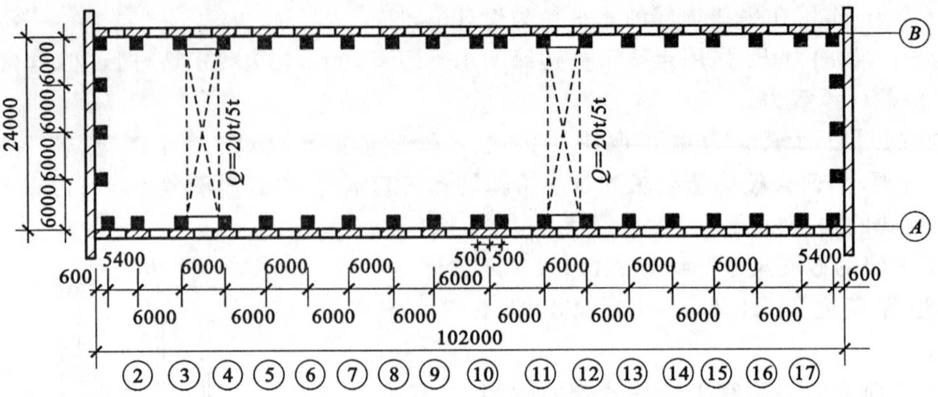

图 11.35 柱结构平面布置图

档、窗扇、支撑、保温材料、天窗启动机、消防栓等)；

④ 屋架采用 95G415(三)标准图集中的预应力混凝土折线形屋架，屋架自重标准值 106 kN/榀；

⑤ 吊车梁采用 95G425 标准图集中的先张法预应力混凝土吊车梁 YXDL6～8，吊车梁高 1200 mm，自重标准值 44.2 kN/根，轨道及零件自重 1 kN/m，轨道及垫层构造高度 200 mm。

(6) 排架柱及基础材料选用情况：

① 柱

混凝土：C30($f_c=14.3\ \text{N/mm}^2$，$f_{tk}=2.01\ \text{N/mm}^2$)；

钢筋：纵向受力钢筋采用 HRB335 级钢筋($f_y=300\ \text{N/mm}^2$，$E_s=2\times10^5\ \text{N/mm}^2$)，箍筋采用 HPB235 级钢筋($f_y=210\ \text{N/mm}^2$)。

② 基础

混凝土：采用 C15($f_c=7.2\ \text{N/mm}^2$，$f_t=0.91\ \text{N/mm}^2$)；

钢筋：采用 HRB335 级钢筋。

3. 结构计算

(1) 计算简图的确定

① 计算上柱高及全柱高

根据图 11.36 及有关设计资料：

上柱高 H_1＝柱顶标高－轨顶标高＋吊车梁高＋轨道构造高＝12.4－10＋1.2＋0.2＝3.8 m；

全柱高 H_2＝柱顶标高－基顶标高＝12.4－(－0.5)＝12.9 m。

故下柱高

$$H_l=H_2-H_1=12.9-3.8=9.1\ \text{m}$$

上柱与全柱高之比

$$\lambda=\frac{3.8}{12.9}=0.295$$

② 初步确定柱的截面尺寸

根据表 11.2 的参考数据，上柱采用矩形截面，$b\times h=400\ \text{mm}\times400\ \text{mm}$，下柱选用 I 形截面，$b\times h\times h_f=400\ \text{mm}\times800\ \text{mm}\times150\ \text{mm}$ (其余尺寸见图 11.37)，根据表 11.1 关于下柱截

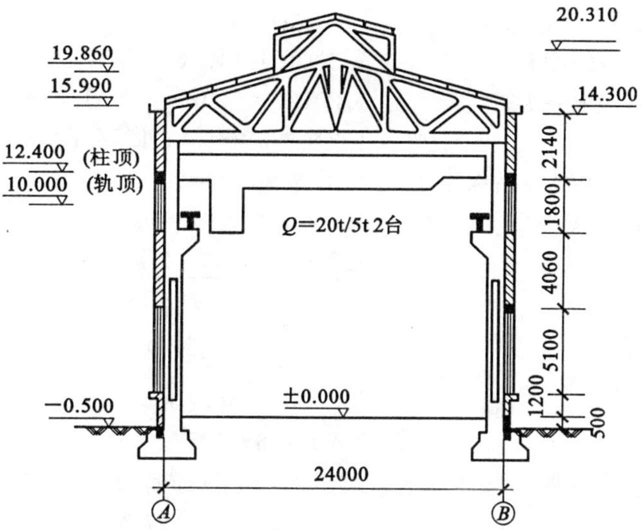

图 11.36　单层工业厂房结构剖视图

面高度和宽度限值，验算初选截面尺寸，对于下柱截面宽度

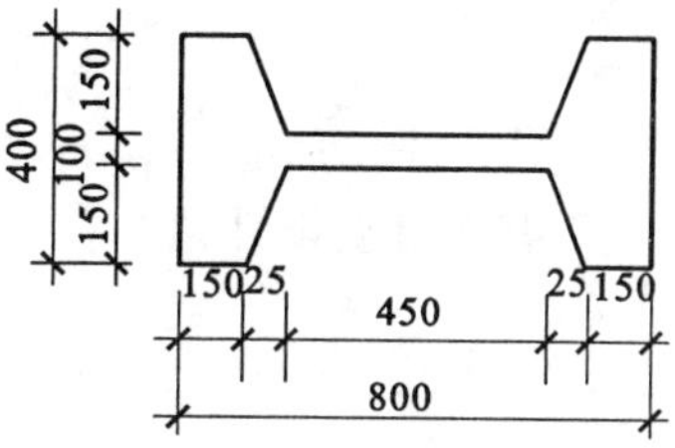

图 11.37　I 形截面尺寸

$$\frac{H_l}{22}=\frac{9100}{22}=413\ \text{mm}\approx b=400\ \text{mm}\quad（可以）$$

对于下柱截面高度，有吊车时

$$\frac{H_l}{12}=\frac{9100}{12}=758\ \text{mm}<h=800\ \text{mm}\quad（可以）$$

无吊车时

$$1.5\times\frac{H_2}{25}=1.5\times\frac{12900}{25}$$

$$=774\ \text{mm}<h=800\ \text{mm}\quad（可以）$$

③ 上、下柱截面惯性矩及其比值

排架平面内：

上柱　$I_1=400\times\frac{400^3}{12}=2.13\times10^9\ \text{mm}^4$

下柱　$I_2=400\times\frac{400^3}{12}-2\times150\times\frac{483.4^3}{12}=1.42\times10^{10}\ \text{mm}^4$

比值　$\eta=\frac{I_1}{I_2}=\frac{2.13\times10^9}{1.42\times10^{10}}=0.15$

排架平面外：

上柱　$I_1=2.13\times10^9\ \text{mm}^4$

下柱　$I_2=2\times158.3\times\frac{400^3}{12}+483.4\times\frac{100^3}{12}$

$=1.73\times10^9\ \text{mm}^4$

排架计算简图（几何尺寸及惯性矩）如图 11.38 所示。

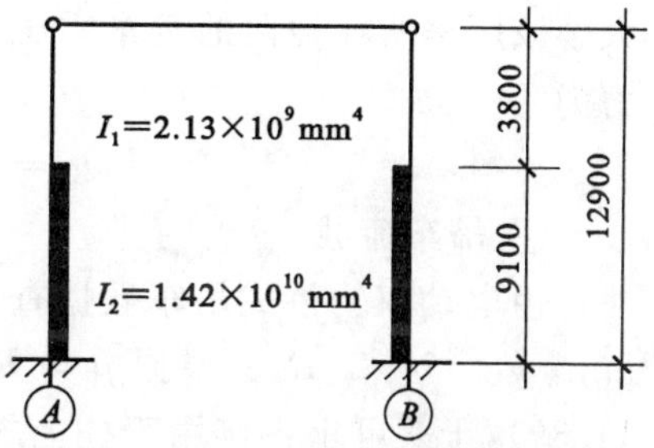

图 11.38　排架计算简图

(2) 荷载计算

① 恒荷载

(a) 屋盖结构自重

预应力混凝土大型屋面板	$1.2\times1.4=1.68\ \text{kN/m}^2$
20 mm 厚水泥砂浆找平层	$1.2\times20\times0.02=0.48\ \text{kN/m}^2$
一毡二油隔气层	$1.2\times0.05=0.06\ \text{kN/m}^2$
100 mm 厚水泥珍珠岩制品保温层	$1.2\times4\times0.1=0.48\ \text{kN/m}^2$
20 mm 厚水泥砂浆找平层	$1.2\times20\times0.02=0.48\ \text{kN/m}^2$
三毡四油防水层	$1.2\times0.35=0.42\ \text{kN/m}^2$
	$\sum g=3.6\ \text{kN/m}^2$
天沟板	$1.2\times2.02\times6=14.54\ \text{kN}$
天窗端壁	$1.2\times57=68.4\ \text{kN}$
屋架自重	$1.2\times106=127.2\ \text{kN}$

则作用于横向平面排架一端柱顶的屋盖结构自重设计值为

$$P_1=3.6\times6\times12+14.54+68.4+\frac{127.2}{2}=405.7\ \text{kN}$$

$$e_1=\frac{h_u}{2}-150=\frac{400}{2}-150=50\ \text{mm}$$

(b) 柱自重

上柱自重设计值

$$P_2=1.2\times250.4\times0.4\times3.8=18.24\ \text{kN}$$

$$e_2=\frac{h_l-h_u}{2}=\frac{800-400}{2}=200\ \text{mm}$$

下柱自重设计值

$$P_3=1.2\times25\times9.1\times\left(0.15\times0.4\times2+0.45\times0.1+2\times\frac{0.1+0.4}{2}\times0.025\right)\times1.1$$

$$=53.3\ \text{kN}$$

$e_3=0$

(c) 吊车梁及轨道等自重设计值

$$P_4=1.2\times(44.2+1\times6)=60.24\ \text{kN}$$

$$e_4=750-\frac{h_l}{2}=750-\frac{800}{2}=350\ \text{mm}$$

② 屋面活荷载

由《荷载规范》可知，对不上人的钢筋混凝土屋面，其均布活荷载的标准值为 $0.7\ \text{kN/m}^2$，大于该厂房所在地区的基本雪压 $s_0=0.25\ \text{kN/m}^2$，故屋面活荷载设计值在每侧柱顶产生的压力为

$$Q_1=1.4\times0.7\times6\times12=70.56\ \text{kN}$$

③ 吊车荷载

由电动双钩桥式吊车数据查得：$P_{\max,k}=202\ \text{kN}$，$P_{\min,k}=60\ \text{kN}$，$B=5600\ \text{mm}$，$K=4400\ \text{mm}$，$g_k=77.2\ \text{kN}$。根据 β 与 K 及反力影响线，可算得与各轮对应的反力影响线竖标(图 11.39)，于是可求得作用于柱上的吊车垂直荷载设计值

$$D_{\max}=0.9\gamma_Q P_{\max}\sum y_i=0.9\times1.4\times202\times(1+0.267+0.8+0.067)=543\ \text{kN}$$

$$D_{min}=\frac{P_{min}}{P_{max}}D_{max}=\frac{60}{202}\times 543=161\ \text{kN}$$

$$e_4=750-\frac{h_l}{2}=750-\frac{800}{2}=350\ \text{mm}$$

作用于每个轮子上的吊车水平制动力的标准值

$$T_k=\frac{\alpha}{4}(Q+g)=\frac{0.1}{4}\times(200+77.2)$$

$$=6.93\ \text{kN}$$

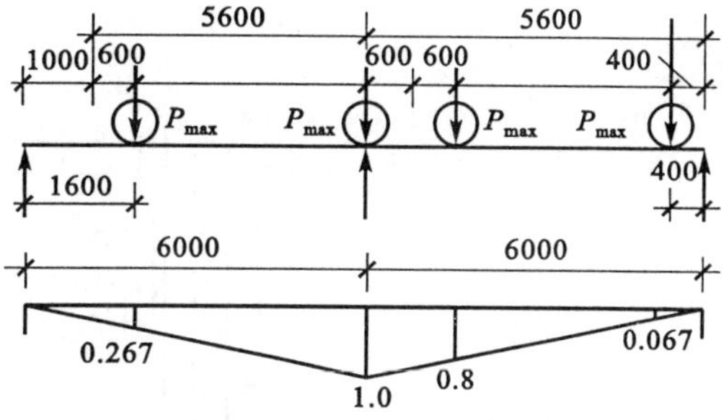

图 11.39　各轮对应的反力影响线

则作用于排架上的吊车水平荷载设计值为

$$T_{max}=\gamma_Q\psi T_k\sum y_i=1.4\times0.9\times6.93\times(1+0.267+0.8+0.067)=18.6\ \text{kN}$$

其作用点到柱顶的垂直距离

$$y=H_1-h_e=3.8-1.2=2.6\ \text{m}\qquad (h_e\ \text{为吊车梁高})$$

$$\frac{y}{H_1}=\frac{2.6}{3.8}=0.684$$

④ 风荷载

××地区的基本风压 $w_0=0.25\ \text{kN/m}^2$，对于大城市市郊，风压高度变化系数 μ_z 按 B 类地区考虑。高度的取值：对 q_1、q_2 按柱顶标高 12.4 m 考虑，查《荷载规范》得 $\mu_z=1.07$；对 w 按天窗檐口标高 19.86 m 考虑，也可查得 $\mu_z=1.232$。风荷载体型系数 μ_s 的分布如图 11.40 所示。故风荷载设计值为

$$w=\gamma_Q(1.3h_1+0.4h_2+1.2h_3)\mu_z w_0 B$$
$$=1.4\times(1.3\times2.3+0.4\times0.59+1.2\times3.87)\times1.232\times0.25\times6$$
$$=21.4\ \text{kN}$$

$$q_1=\gamma_Q\mu_{s1}\mu_z w_0 B=1.4\times0.8\times1.070\times0.25\times6=1.8\ \text{kN/m}$$

$$q_2=\gamma_Q\mu_{s2}\mu_z w_0 B=1.4\times0.5\times1.070\times0.25\times6=1.12\ \text{kN/m}$$

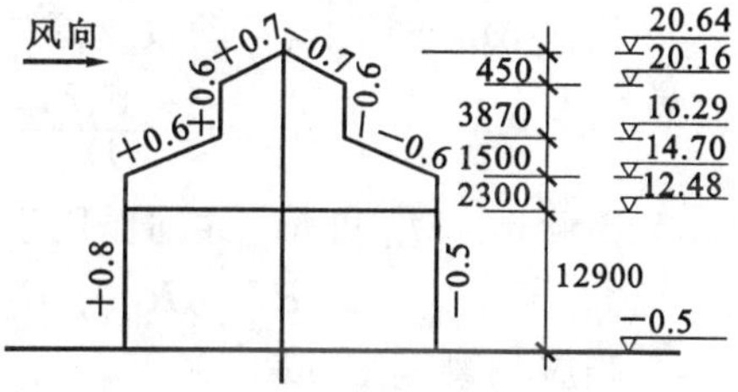

图 11.40　风荷载体型系数

排架受荷总图如图 11.41 所示。

(3) 内力计算

① 恒荷载作用下

根据恒荷载的对称性和考虑施工过程中的实际受力情况，可将图 11.41 中的恒荷载 P_1 和 P_2 及 P_3 和 P_4 的作用简化为图 11.42(a)、(b)、(c)所示的计算简图。

(a) 在 P_1 作用下

$$M_{11}=P_1e_1=405.7\times0.05=20.3\ \text{kN}\cdot\text{m}$$
$$M_{12}=P_1e_2=405.7\times0.2=81.1\ \text{kN}\cdot\text{m}$$

已知 $n=0.15$，$\lambda=0.295$，由图 11.26(b)的公式

$$C_1=\frac{3}{2}\times\frac{1-\lambda^2\left(1-\frac{1}{n}\right)}{1+\lambda^3\left(\frac{1}{n}-1\right)}=\frac{3}{2}\times\frac{1-0.295^2\left(1-\frac{1}{0.15}\right)}{1+0.295^3\left(\frac{1}{0.15}-1\right)}=1.95$$

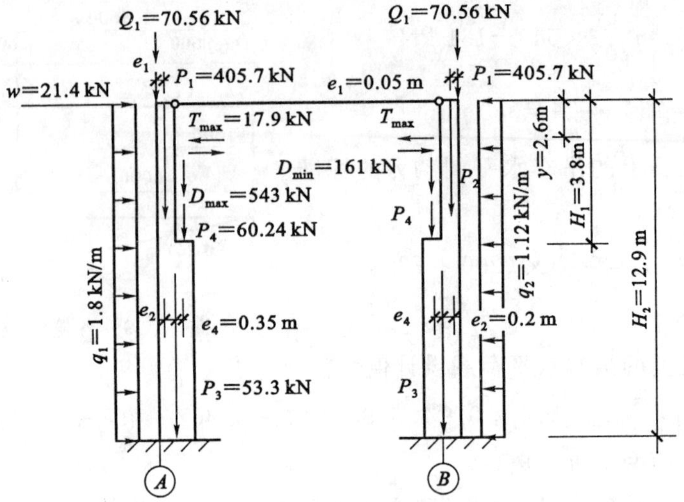

图 11.41　排架受荷总图

故在 M_{11} 作用下不动铰支撑的柱顶反力

$$R_{11}=\frac{-C_1M_{11}}{H_2}=\frac{-1.95\times 20.3}{12.9}=-3.1\ \text{kN}\ (\rightarrow)$$

由图 11.26 中的公式可得

$$C_3=\frac{3}{2}\left[\frac{1-\lambda^2}{1+\lambda^3\left(\frac{1}{n}-1\right)}\right]=\frac{3}{2}\left[\frac{1-0.295^2}{1+0.295^3\left(\frac{1}{0.15}-1\right)}\right]=1.2$$

故在 M_{12} 作用下，不动铰支撑的柱顶反力由公式可得

$$R_{12}=\frac{-C_3M_{12}}{H_2}=\frac{-1.2\times 81.1}{12.9}=-7.5\ \text{kN}\quad(\rightarrow)$$

因此，在 M_{11} 和 M_{12} 共同作用下（即在 P_1 作用下），不动铰支撑的柱顶反力为

$$R_1=R_{11}+R_{12}=-3.1-7.5=-10.6\ \text{kN}\quad(\rightarrow)$$

相应的弯矩图如图 11.42(a)所示。

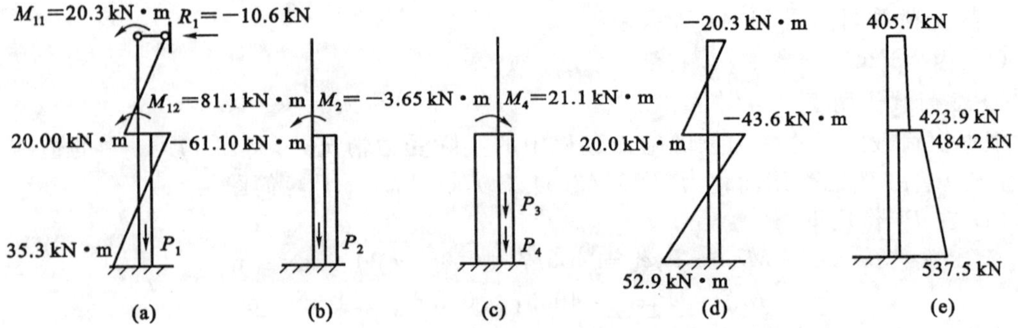

图 11.42　恒荷载作用下的内力

(b) 在 P_2 作用下

$$M_2 = -P_2e_2 = -18.24\times 0.2 = -3.65\ \text{kN}\cdot\text{m}\quad (\circlearrowleft)$$

相应的弯矩图如图 11.42(b)所示。

(c) 在 P_3、P_4 的作用下

$$M_4 = P_4e_4 = 60.24\times 0.35 = 21.1\ \text{kN}\cdot\text{m}\quad (\circlearrowright)$$

相应的弯矩图如图 11.42(c)所示。将图 11.42(a)、(b)、(c)的弯矩图叠加，得到在 P_1、P_2、P_3 和 P_4 共同作用下的恒荷载弯矩图(图 11.42(d))，相应的轴向力图如图 11.42(e)所示。

② 屋面活荷载 Q_1 作用下

对于单跨排架，Q_1 与 P_1 一样为对称荷载，且作用位置相同，仅数值大小不一，故由 P_1 的内力图按比例可求得 Q_1 的内力图。如：柱顶不动铰支撑反力为

$$R_{Q1} = \frac{Q_1}{P_1}R_1 = -\frac{70.56}{405.7}\times 10.6 = -1.84\ \text{kN}\quad (\rightarrow)$$

相应的 M 图和 N 图如图 11.43(a)、(b)所示。

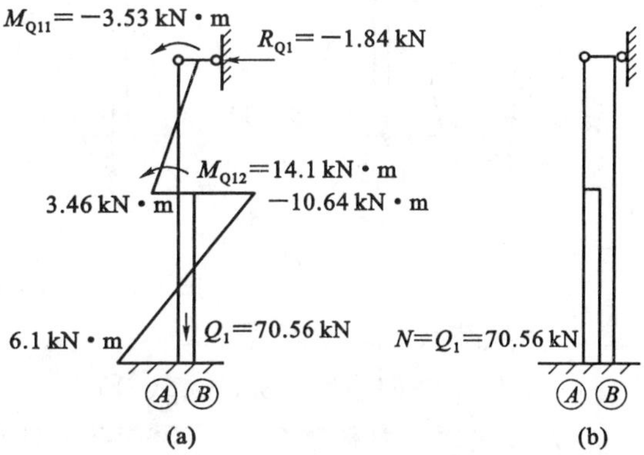

图 11.43　屋面活荷载作用下的内力

③ 吊车荷载

(a) 吊车垂直荷载作用下

D_{max}作用在 A 柱的情况：图 11.41 中吊车垂直荷载作用下的内力，可按如图 11.44(a)所示的简图进行计算。因此，A、B 柱的柱顶剪力可按下列公式计算

$$V_{AD} = -0.5(M_{Dmax}+M_{Dmin})\frac{C_2}{H_2}$$

$$= -0.5\times(543\times 0.35+161\times 0.35)\times\frac{1.2}{12.9}$$

$$= -11.5\ \text{kN}(\text{绕杆端反时针转})$$

$$V_{BD} = 0.5(M_{Dmax}+M_{Dmin})\frac{C_2}{H_2} = 0.5\times(543\times 0.35+161\times 0.35)\times\frac{1.2}{12.9}$$

$$= 11.5\ \text{kN}(\text{绕杆端顺时针转为正})$$

相应的弯矩图如图 11.44(b)所示。

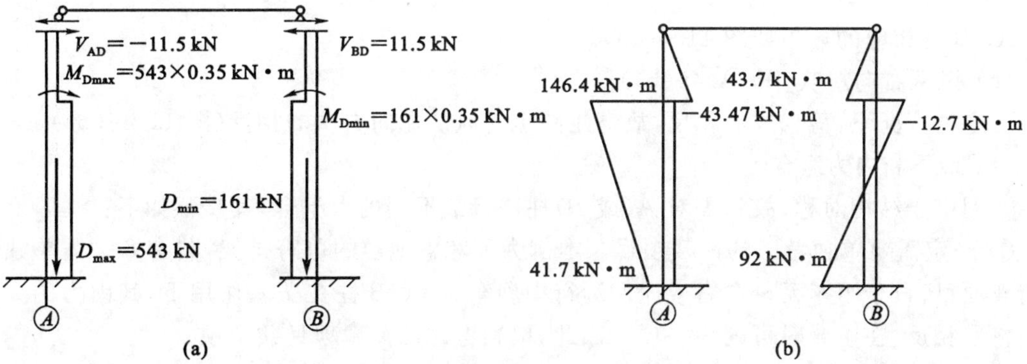

图 11.44　吊车垂直荷载作用下的内力

D_{min}作用在 A 柱的情况：由于结构对称，故只需将 A 柱与 B 柱的内力对换，并注意内力变号即可。

(b) 吊车水平荷载作用下

T_{max}从左向右作用于 A、B 柱的内力：可按如图 11.45(a)所示的简图进行计算，因此，A、B 的柱顶剪力为 $V_{AD}=V_{BD}=0$，故相应的弯矩图如图 11.45(a)所示。

T_{max}从右向左作用于 A、B 柱的内力：与上述情况仅荷载方向相反，故弯矩仍可利用上述计算结果，但弯矩图也与之相反(图 11.45(b))。

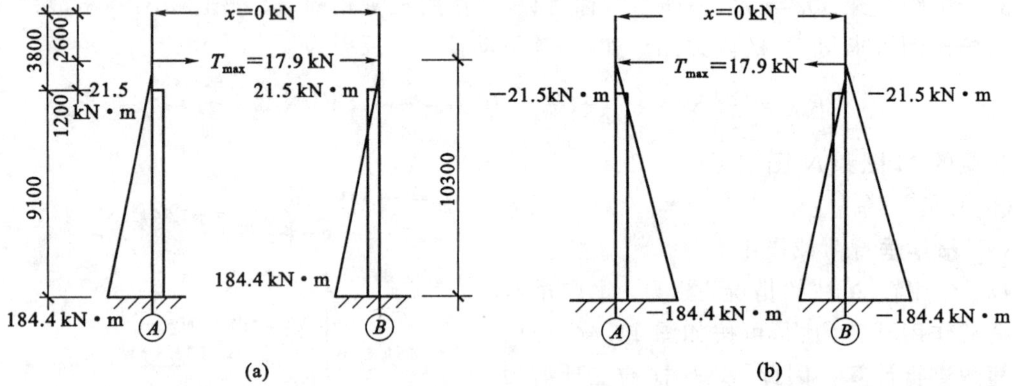

图 11.45　吊车水平荷载作用下的内力

④ 风荷载

(a) 风从左向右吹(图 11.46(a))

先求柱顶反力系数 C_w。当风荷载沿柱高均匀分布时，由图 11.26(h)中的公式得

$$C_w=\frac{3}{8}\frac{[1+\lambda^4(1/n-1)]}{[1+\lambda^3(1/n-1)]}=\frac{3}{8}\times\frac{[1+0.295^4\times(1/0.15-1)]}{[1+0.295^3\times(1/0.15-1)]}=0.34$$

对于单跨排架，A、B 柱柱顶剪力可按下式计算

$$V_A=0.5\times[w-C_wH_2(q_1-q_2)]=0.5\times[21.4-0.34\times12.9\times(1.8-1.12)]$$
$$=9.2\text{ kN}\quad(\rightarrow)$$

$$V_B=0.5\times[w+C_wH_2(q_1-q_2)]=0.5\times[21.4+0.34\times12.9\times(1.8-1.12)]$$
$$=12.2\text{ kN}\quad(\rightarrow)$$

A、B 柱相应的弯矩如图 11.46(a)。

(b) 风从右向左吹(图 11.46(b))

在这种情况下，荷载方向相反，故弯矩图也与风从左向右吹的相反(图 11.46(b))。

(4) 最不利内力组合

本例由于结构对称，故只需对 A(或 B)柱进行最不利内力组合，其步骤如下：

① 确定需要单独考虑的荷载项目。本例为不考虑地震的单跨排架，共有 8 种需单独考虑的荷载项目，由于小车无论向右或向左运行中刹车时，A、B 柱在 T_{max}作用下，其内力的大小相等而符号相反，在组合时可列为一项。因此，单独考虑的荷载项目共 7 项。

② 将各种荷载作用下设计控制截面(1—1、2—2、3—3)的内力 M、N(3—3 截面还有剪力 V)填入组合表(表 11.4)。填表时要注意有关内力符号的规定。

③ 根据最不利又最可能的原则，确定每一内力组的组合项目，并算出相应的组合值。计

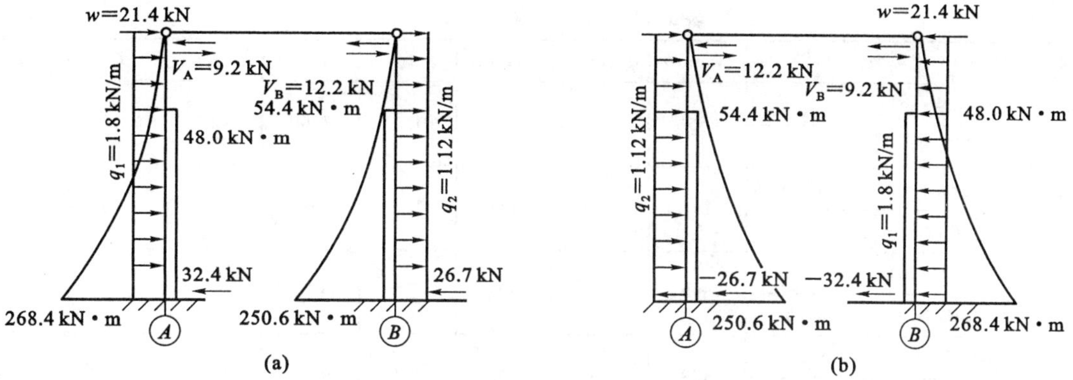

图 11.46 风荷载作用下的内力计算

算中，当对风荷载与活荷载(包括吊车荷载)同时考虑时，除恒荷载外，其余荷载作用下的内力均应乘以 0.85 的组合系数。

排架柱全部内力组合结果见表 11.4。

表 11.4 用于承载力计算的排架柱内力组合表

柱号	截面	荷载项目 / 内力	恒荷载 P_1、P_2、P_3、P_4 ①	屋面活荷载 Q_1 ②	吊车荷载 D_{max}在A柱 ③	吊车荷载 D_{min}在A柱 ④	吊车荷载 T_{max} ⑤	风荷载 左风 ⑥	风荷载 右风 ⑦	内力组合 N_{max}及M、V 项目	N_{max}及M、V 组合值	N_{min}及M、V 项目	N_{min}及M、V 组合值	$\|M_{max}\|$及N、V 项目	$\|M_{max}\|$及N、V 组合值
A柱	1—1	M (kN·m)	20.0	3.46	−43.7	−43.7	±22.3	48.0	−54.4	①+②+③+⑤	−42.5	①+0.85×(③+⑤+⑥)	−82.45	①+0.85×(③+⑤+⑥)	−82.4
		N (kN)	423.9	70.6	0.00	0.0	0.0	0.0	0.0		494.5		423.9		423.9
	2—2	M (kN·m)	−43.6	−10.6	146.4	12.7	±22.3	48.0	−54.4	①+②+③+⑤	114.5	①+⑥	−98	①+0.85×(③+⑤+⑥)	140.6
		N (kN)	484.2	70.6	543.0	161.0	0.0	0.0	0.0		1098		484.2		945.8
	3—3	M (kN·m)	52.9	6.1	41.7	−92	±191.6	268.4	−250.6	①+②+③+⑤	292.3	①+⑥	321.3	①+0.85×(②+③+⑤+⑥)	484.5
		N (kN)	537.5	70.6	543.0	161.0	0.0	0.0	0.0		1151		537.5		1059
		V (kN)	+10.6	+1.8	−11.5	−11.5	±18.6	+32.4	−26.7		19.5		43.0		45.7

(5) 柱子设计

① 柱截面配筋计算

(a) 最不利内力组合的选用

由于截面 3—3 的弯矩和轴向力的设计值均比截面 2—2 的大，故下柱的配筋由截面 3—3 的最不利内力组确定，而上柱的配筋由截面 1—1 的最不利内力组确定。经比较，用于上、下柱截面配筋计算的最不利内力组合列入表 11.5。

(b) 确定柱排架方向的初始偏心距 e_i、计算长度 l_0 及偏心距增大系数 η(表 11.5)。

(c) 柱在排架平面内的截面配筋计算(表 11.6)。

表 11.5　柱在排架方向的 e_i、l_0、η

截面	内力组		e_0(mm)	h_0(mm)	e_i(mm)	ζ_1	l_0(mm)	h	ζ_2	η
1—1	M(kN·m)	−42.5	86	360	89	1.0	7600	400	0.960	2.00
	N(kN)	494.5								
	M(kN·m)	−82.4	194	360	194	1.0	7600	400	0.960	1.46
	N(kN)	423.9								
3—3	M(kN·m)	321.3	598	750	598	1.0	19350	800	0.908	1.476
	N(kN)	537.5								
	M(kN·m)	484.5	458	750	458	1.0	9100	800	1.000	1.151
	N(kN)	1059								

注：① $e_0=M/N$；

② $e_i=e_0+e_a$；

③ $e_a=0.12\times(0.3h_0-e_0)$，当 $e_0\geqslant 0.3h_0$ 时，取 $e_a=0$；

④ $\zeta_1=0.5f_cA/N$，$\zeta_1>1$ 时，取 $\zeta_1=1$；

⑤ $\zeta_2=1.15-0.01l_0/h$，$l_0/h<15$ 时，取 $\zeta_2=1.0$，考虑吊车荷载 $l_0=2.0H_u$（上柱），$l_0=1.0$（下柱），不考虑吊车荷载 $l_0=1.5H$；

⑥ $\eta=\dfrac{1}{1400e_i/h_0}\left(\dfrac{l_0}{h}\right)^2\xi_1\xi_2$。

表 11.6　柱在排架平面内的截面配筋计算

截面	内力组		e_i(mm)	η	x(mm)	ξ_bh_0(mm)	偏心情况	$A_s=A_s'$ 计算	$A_s=A_s'$ 实配
1—1	M(kN·m)	−42.5	89	2.00	86.5	0.544×36 =196	大偏心	108	603 (3Φ16)
	N(kN)	494.5							
	M(kN·m)	−82.4	94	1.46	74.1	196	大偏心	543	
	N(kN)	423.9							
3—3	M(kN·m)	321.3	598	1.476	94.0	0.544×75 =408	大偏心	1363	1388 (2Φ20 +2Φ22)
	N(kN)	537.5							
	M(kN·m)	484.5	458	1.151	266.6	408	大偏心	1134	
	N(kN)	1059							

注：① $e=\eta e_i+\dfrac{h}{2}-a_s$；

② 上柱，$x=\dfrac{N}{bf_c}=\dfrac{N}{400\times14.3}=\dfrac{N}{5720}$。下柱当 $N\leqslant b_f'h_f'f_c$ 时，$x=\dfrac{N}{f_cb_f'}=\dfrac{N}{5720}$；当 $N>f_cb_f'h_f'$ 时，

$$x=\frac{N-(b'_f-b)h'_ff_c}{bf_c}=\frac{N-(0.4-0.1)\times158\times14.3}{100\times14.3}=\frac{N}{1430}-0.474$$

③ A_s、A'_s：

上柱　$A_s=A'_s=\dfrac{Ne-bx\left(h_0-\dfrac{x}{2}\right)f_c}{f_y(h_0-a'_s)}=\dfrac{Ne-5720x\left(h_0-\dfrac{x}{2}\right)}{96000}$

下柱，当 $2a'_s\leqslant h'_f$ 时

$$A_s=A'_s=\frac{Ne-b_f'x\left(h_0-\dfrac{x}{2}\right)f_c}{f_y(h_0-a'_s)}=\frac{Ne-5720x\left(h_0-\dfrac{x}{2}\right)}{210000}$$

当 $\xi_bh_0>x>h'_f$ 时

$$A_s = A'_s = \frac{Ne - \left[(b'_f - b)h'_f\left(h_0 - \frac{h'_f}{2}\right) + bx\left(h_0 - \frac{x}{2}\right) \right]\alpha_1 f_s}{f_y(h_0 - a'_s)}$$

$$= \frac{Ne - \left[(400-100)\times 158.3\times\left(750 - \frac{158.3}{2}\right) + bx\left(h_0 - \frac{x}{2}\right) \right]\times 1\times 14.3}{300\times(750-50)}$$

$$= \frac{Ne - \left[455578931 + 1430x\left(750 - \frac{x}{2}\right) \right]}{210000}$$

上柱或下柱，当 $x<2a'_s$ 时

$$A_s = A'_s = \frac{Ne'}{f_y(h_0 - a'_s)} \qquad e' = \eta e_i - \frac{h}{2} + a'_s$$

(d) 柱在排架平面外承载力验算

上柱：$N_{max}=494.5\text{kN}$，当不考虑吊车荷载时，按表 11.3，

$$l_0 = 1.2H = 1.2\times 12900 = 15480\ \text{mm} \qquad \frac{l_0}{b} = \frac{15480}{400} = 38.7$$

查表得 $\varphi=0.34$，$A_s=A'_s=603\ \text{mm}^2$。

$$N_u = \varphi(f_c A_c + 2f_y A'_s) = 0.34\times(14.3\times 400\times 400 + 2\times 300\times 603)$$
$$= 900.9\ \text{kN} > N_{max} = 494.5\ \text{kN}\quad（可以）$$

下柱：$N_{max}=1059\ \text{kN}$，当考虑吊车荷载时，查《混凝土结构设计规范》相关表，$l_0=1.0H_1=9100\ \text{mm}$，$I=I_2=1.729\times 10^9\ \text{mm}^4$，$A=400\times 800-2\times(450+500)\times\frac{150}{2}=177500\ \text{mm}^2$。

$$i = \sqrt{\frac{I_2}{A}} = \sqrt{\frac{1.729\times 10^9}{1.775\times 10^5}} = \sqrt{9740} = 98.7\ \text{mm}$$

$\frac{l_0}{i}=\frac{9100}{98.7}=92.2$，查相关表得 $\varphi=0.588$，$A_s=A'_s=1388\ \text{mm}^2$，故

$$N_u = 0.588\times(14.3\times 177500 + 2\times 300\times 1388) = 1982200\ \text{N}$$
$$= 1982.2\ \text{kN} > N_{max} = 1059\ \text{kN}\quad（可以）$$

② 裂缝宽度验算

截面 3—3，当 $M=321.3\ \text{kN}\cdot\text{m}$，$N=537.5\ \text{kN}$，相应的 $e_0=598\ \text{mm}$，$e_0/h_0=598/750=0.797>0.55$，故应做裂缝宽度验算。1—1 截面因 $e_0/h_0<0.55$，因而可不做此项验算。

由内力组合表可知，验算裂缝宽度需按荷载的标准组合计算的弯矩值、轴向力值。

$$M_k = \frac{52.9}{1.2} + \frac{268.4}{1.4} = 235.8\ \text{kN}\cdot\text{m}$$

$$N_k = \frac{537.5}{1.2} = 447.9\ \text{kN}$$

$$e_0 = \frac{M_k}{N_k} = \frac{235.8}{447.9} = 0.527\ \text{m} = 527\ \text{mm}$$

$$\eta_s = 1 + \frac{1}{4000\frac{e_i}{h_0}}\left(\frac{l_0}{h}\right)^2 = 1 + \frac{1}{4000\times\frac{527}{750}}\times\left(\frac{19350}{800}\right)^2 = 1.21$$

$$e = \eta_s e_0 + \frac{h}{2} - a_s = 1.21\times 527 + \frac{800}{2} - 35 = 1003\ \text{mm}$$

$$\rho_{te}=\frac{A_s}{A_{te}}=\frac{1388}{0.5\times100\times800+(400-100)\times150}=0.0163$$

则纵向受拉钢筋 A_s 合力至受压区合力作用点间的距离为

$$z=\left[0.87-0.12(1-\gamma_f')\left(\frac{h_0}{e}\right)^2\right]h_0$$

$$=\left[0.87-0.12\times\left(1-\frac{(400-100)\times150}{100\times750}\right)\left(\frac{750}{1003}\right)^2\right]\times750=632\ \text{mm}$$

纵向受拉钢筋 A_s 的应力

$$\sigma_{sk}=\frac{N_k(e-z)}{A_s z}=\frac{447900\times(1003-632)}{1388\times632}=189\ \text{N/mm}^2$$

裂缝间纵向受拉钢筋应变不均匀系数

$$\psi=1.1-\frac{0.65f_{tk}}{\rho_{te}\sigma_{sk}}=1.1-\frac{0.65\times2.01}{0.0163\times189}=0.676$$

故最大裂缝开展宽度

$$w_{max}=\alpha_{cr}\psi\frac{\sigma_{sk}}{E_s}\left(1.9c+0.08\frac{d_{eq}}{\rho_{te}}\right)$$

$$=2.1\times0.676\times\frac{189}{2.0\times10^5}\times\left(1.9\times25+0.08\times\frac{21}{0.0163}\right)$$

$$=0.185\ \text{mm}<0.3\ \text{mm}\quad(\text{可以})$$

③ 柱牛腿设计

(a) 牛腿几何尺寸的确定

牛腿截面宽度与柱宽相等为 400 mm，若取吊车梁外侧至牛腿外边缘的距离 $c_1=80$ mm，吊车梁端部宽为 340 mm，吊车梁轴线到柱外侧的距离为 750 mm，则牛腿顶面的长度为 750−400+340/2+80=600 (mm)，相应牛腿水平截面高为 600+400=1000 (mm)，牛腿外边缘高度 $h_1=500$ mm，倾角 $\alpha=45°$，于是牛腿的几何尺寸如图 11.47 所示。

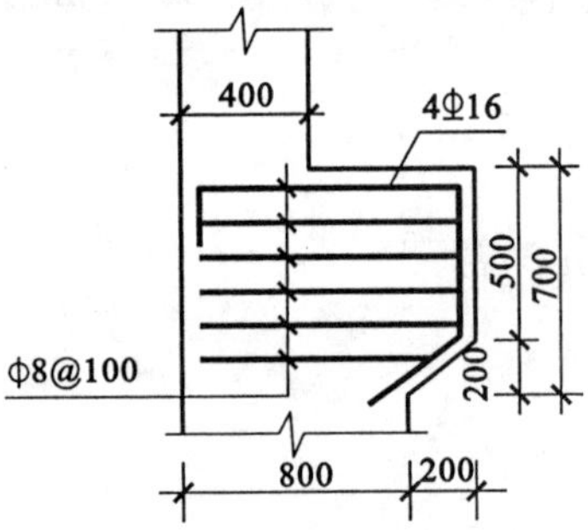

图 11.47　牛腿的几何尺寸及配筋示意图

(b) 牛腿的配筋

由于吊车垂直荷载作用于下柱截面内，即 $a=750-800=-50$ (mm)<0，故该牛腿可按构造要求配筋；纵向钢筋取 4Φ16，箍筋取Φ8@100(图 11.47)。

④ 柱的吊装验算

(a) 吊装方案

一点翻身起吊，吊点设在牛腿与下柱交接处(图 11.48(a))。

(b) 荷载计算

上柱自重　$g_1=1.2\times1.5\times25\times0.4\times0.4=7.2$ kN/m

牛腿自重　$g_2=1.2\times1.5\times25\times\dfrac{0.4\times\left[1.0\times0.7-\left(\dfrac{0.2}{2}\right)^2\right]}{0.7}=17.7$ kN/m

下柱自重　$g_3=1.2\times1.5\times25\times0.1775=8$ kN/m

计算简图如图 11.48(b)所示。

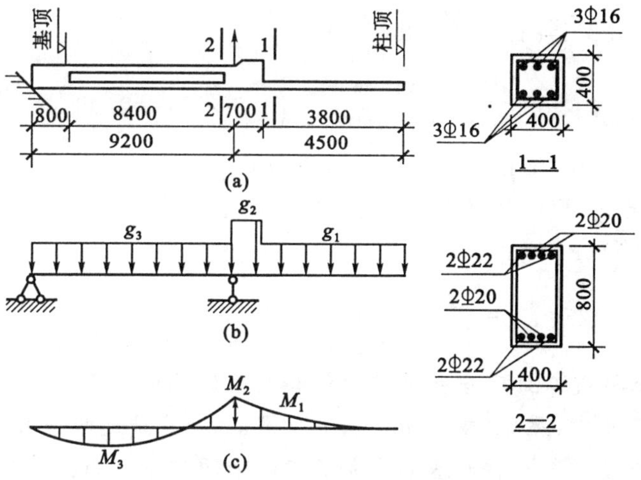

图 11.48 柱吊装阶段的验算

(a) 实际结构；(b) 计算简图；(c) 弯矩图

(c) 内力计算

$$M_1 = \frac{1}{2} \times 7.2 \times 3.8^2 = 52\ \mathrm{kN \cdot m}$$

$$M_2 = \frac{1}{2} \times 7.2 \times 4.5^2 + \frac{1}{2} \times (17.7 - 7.2) \times 0.7^2 = 75.5\ \mathrm{kN \cdot m}$$

$$M_3 = \frac{1}{8} \times 8 \times 9.2^2 - \frac{75.5}{2} = 46.9\ \mathrm{kN \cdot m}$$

弯矩图如图 11.48(c)所示。

(d) 截面承载力计算

截面 1—1:$b\times h$=400 mm×400 mm，h_0=365 mm，$A_s=A'_s$=603 mm^2，f_y=300 N/mm^2

故截面承载力为

$$M_u = A_s f_y (h_0 - a'_s) = 603 \times 300 \times (365 - 35) = 59690000\ \mathrm{N \cdot mm}$$
$$= 59.7\ \mathrm{kN \cdot m} > M = 52\ \mathrm{kN \cdot m} \quad (可以)$$

截面 2—2:$b\times h$=400 mm×800 mm，h_0=765 mm，$A_s=A'_s$=1388 mm^2，f_y=300 N/mm^2

故截面承载力为

$$M_u = A_s f_y (h_0 - a'_s) = 1388 \times 300 \times (765 - 35) = 3.04 \times 10^8\ \mathrm{N \cdot mm}$$
$$= 304\ \mathrm{kN \cdot m} > 75.4\ \mathrm{kN \cdot m} \quad (可以)$$

(e) 裂缝宽度验算

由承载力计算可知，裂缝宽度验算截面 1—1 即可。钢筋应力为

$$\sigma_{sk} = \frac{M_k}{0.87 A_s h_0} = \frac{52000000/1.2}{0.87 \times 603 \times 365} = 226.3\ \mathrm{N/mm^2}$$

按有效受拉混凝土面积计算的纵向钢筋配筋率为

$$\rho_{te} = \frac{A_s}{0.5bh} = \frac{603}{0.5 \times 400 \times 400} = 0.0075 < 0.01$$

取 ρ_{te}=0.01，故

$$\psi = 1.1 - \frac{0.65 f_{tk}}{\sigma_{te}\sigma_{sk}} = 1.1 - \frac{0.65 \times 2.01}{0.01 \times 226.3} = 0.523$$

$$w_{max} = \alpha_{cr}\psi\frac{\sigma_{sk}}{E_s}\left(1.9c + 0.08\frac{d_{eq}}{\rho_{te}}\right)$$
$$= 2.1\times 0.523\times\frac{226.3}{2.0\times 10^5}\times\left(1.9\times 25 + 0.08\times\frac{16}{0.01}\right)$$
$$= 0.199\ \text{mm} < 0.3\ \text{mm}\quad（可以）$$

柱若采用平卧起吊，承载力和裂缝宽度将均不满足要求。

(6) 基础设计(略)。

小　　结

(1) 钢筋混凝土单层工业厂房有排架结构和刚架结构两种形式，前者应用比较普遍。在有吊车的单层工业厂房中，屋架(或屋面梁)、吊车梁、柱和基础是四种主要的承重结构构件，在厂房横向，由屋架(或屋面梁)、柱和基础构成了横向平面排架，纵向柱列由柱间支撑及连系梁连接起来。

(2) 单层工业厂房结构布置包括屋面结构、柱及柱间支撑、吊车梁、过梁、圈梁、基础及基础梁等结构构件的布置。

(3) 支撑有屋盖支撑和柱间支撑两大类，支撑虽然不是主要承重构件，但是对厂房的整体性、防止构件的局部失稳、传递局部的水平荷载等都起着重要作用。

(4) 单层工业厂房结构的基本计算单元主要是横向平面排架结构。当横向排架少于7榀或需考虑地震作用时，也应对纵向排架进行计算。

(5) 单层工业厂房结构上的荷载有恒荷载和活荷载两大类，其中恒荷载包括：屋盖自重P_1(建筑构造层、屋面板、天窗架、屋架和支撑)、柱子自重(上柱自重P_2、下柱自重P_3)、吊车梁及轨道自重P_4、连系梁及墙体自重；活荷载包括：屋面活荷载(屋面均布活荷载Q_1、雪荷载、积灰荷载)、吊车荷载(竖向荷载D_{max}、D_{min}及水平荷载T_{max}、T)、风荷载(柱上均布荷载q_1、q_2及柱顶集中荷载)。

(6) 排架计算的主要目的是为设计柱和基础提供内力依据，这里的内力是指控制截面的。排架计算可分为四个步骤：

① 确定计算单元和计算简图(假定柱的截面形式和尺寸)；

② 确定各种计算荷载以及各计算荷载作用下的计算图式；

③ 分别求出各种计算荷载作用下各控制截面的内力M、N、V；

④ 对各个控制截面进行最不利内力组合，根据偏心受压构件的特点和荷载效应组合原则列表进行。

(7) 通常，在牛腿上表面的水平方向受拉，在竖向加载点到牛腿下部转角处的连线方向受压。牛腿的截面高度主要是由抗裂要求确定的。牛腿截面尺寸和配筋构造应符合图11.34的要求。

(8) 柱下独立基础的设计内容如下(具体方法见《地基基础设计规范》)：

① 根据地基承载力要求，确定基础底面尺寸；

② 根据受冲切承载力要求，确定基础高度；

③ 根据受弯承载力要求，计算基础底板配筋；

④ 注意满足有关尺寸、配筋等构造要求。

复习思考题

11.1　单层工业厂房由哪些主要构件组成？其受力特点如何？

11.2　单层工业厂房中有哪些支撑？它们的作用是什么？布置原则如何？

11.3　在确定排架结构的计算简图时，引入了哪些假定？

11.4　在排架结构内力分析中进行荷载组合的原则是什么？有哪几种荷载组合？在荷载中为什么要引入荷载组合系数？

11.5　排架上的吊车竖向荷载和横向水平荷载是如何计算的？排架柱上的风荷载是怎样计算的？

习　题

11.1　已知如图 11.49 所示的两跨等高排架，基本风压 $w_0=0.45\ \mathrm{kN/m^2}$，15 m 高处 $\mu_z=1.14$（10 m 高处 $\mu_z=1.0$），体型系数 μ_s 示于图中；柱截面惯性矩：$I_1=2.13\times10^9\ \mathrm{mm^4}$，$I_2=14.38\times10^9\ \mathrm{mm^4}$，$I_3=7.2\times10^9\ \mathrm{mm^4}$，$I_4=19.5\times10^9\ \mathrm{mm^4}$。试用剪力分配法求此两跨排架在风荷载作用下各柱的内力。

11.2　如图 11.50 所示的柱牛腿，已知竖向力设计值 $F_v=324$ kN，水平拉力设计值 $F_h=78$ kN，采用 C20 混凝土和 HRB335 级受力钢筋。试计算该牛腿的纵向受力钢筋，并绘配筋图。

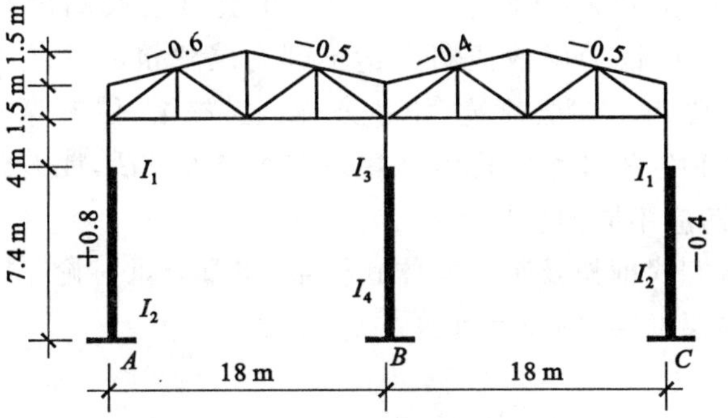

图 11.49　两跨等高排架

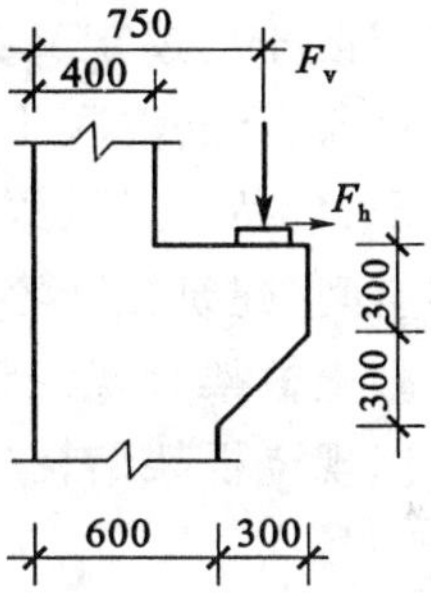

图 11.50　柱牛腿

12 多层框架结构

本章提要

本章主要介绍多层房屋建筑中现浇框架结构的设计步骤和计算方法。其重点是：框架梁、柱截面尺寸的确定方法，框架在竖向和水平荷载作用下内力计算及侧移计算，框架的荷载组合及最不利内力组合，框架梁柱的配筋计算及其节点构造要求等。本章的难点是框架梁、柱的内力组合，梁、柱以及节点的配筋构造。

我国《高层建筑混凝土结构技术规范》(JGJ3—2002)把 10 层及 10 层以上或高度超过 28 m的钢筋混凝土房屋定义为高层建筑。一般认为层数或高度达不到高层建筑的房屋属于多层建筑。目前，钢筋混凝土框架结构广泛应用于多层建筑，如办公、商业、旅馆、住宅等民用建筑以及电子、食品、化工、服装等厂房。这种结构体系的优点是建筑平面布置灵活，能够获得较大的使用空间，建筑立面容易处理，可以适应不同的房屋造型。

钢筋混凝土框架有现浇整体式框架、装配式框架及装配整体式框架，本章着重讨论非地震区的多层房屋现浇框架结构(以下简称为多层框架)的设计计算。

12.1 多层房屋的结构体系

12.1.1 多层房屋的结构类型

多层房屋常用的结构类型有：砌体结构、框架结构、局部框架的混合结构。

(1) 砌体结构

砌体结构是指承重构件是由各种块材和砂浆砌筑而成的结构。砌体结构虽然工程造价比较节省，但结构自重大、强度较低、整体性能差、抗震性能差，建筑平面布局及层数都受到限制。它适用于多层住宅、旅馆等空间要求不大的房屋。

(2) 框架结构

框架结构是以由梁、柱组成的框架作为竖向承重和抗水平作用的结构。框架结构的优点是可以为建筑提供灵活布置的室内空间，便于布置会议室、餐厅、办公室、车间、实验室等大房间，其平面和立面也可有较多变化。由于它自身有优越之处，故应用极为广泛。本章着重介绍现浇钢筋混凝土多层框架结构设计(非抗震设防)。

(3) 局部框架的混合结构

该房屋的结构形式可以克服砌体结构空间布置不灵活、自重大等缺点，也可以克服框架结构抗侧移性能差等缺点，它基本上取其上述两种结构形式的优点，所以这种结构形式也有应用。

12.1.2 框架结构类型

(1) 全框架结构

全框架结构房屋是指荷载全部由框架承担，内、外墙体仅起填充和围护作用。全框架结构包括现浇整体式框架、装配式框架、装配整体式框架三种类型。

① 现浇整体式框架

这种框架的全部承重的梁、柱、板构件均在现场浇筑成整体。它的优点是：整体性能及抗震性能好，建筑平面布置灵活；缺点是：混凝土浇筑量大，模板耗费多，工期较长。但是，随着施工工艺及科学技术的进步，如定型模板、商品混凝土、泵送混凝土等新工艺和新措施的运用，逐步克服了现浇框架的不足。

② 装配式框架

这种框架的构件由构件预制厂预制，在现场进行装配，梁柱之间的连接采用焊接。这种框架具有节约模板、工期短、便于机械化施工、改善工厂劳动条件等优点。但是这种框架结构也存在构件预埋件多、用钢量大、房屋整体性及抗震性差等缺点，有抗震设防的地区不宜采用。

③ 装配整体式框架

这种框架结构，将预制构件就位后，再把它们连成整体框架。它兼有现浇和装配式框架的一些优点，应用较为广泛。

(2) 内框架结构

如图 12.1 所示，房屋内部由梁、柱组成的框架承重，外部由砌体承重，楼(屋)面荷载由框架与砌体共同承担。这种框架称为半框架或内框架结构。这种房屋由于组成房屋的钢筋混凝土与砌体两种材料的弹性模量不同，两者刚度不协调，所以房屋整体性和总体刚度都比较差，抗震性能差，应用受到限制。

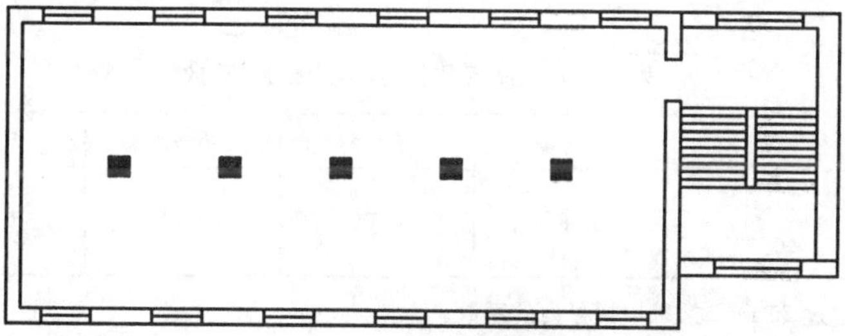

图 12.1 内框架结构

(3) 底层框架结构

底层框架结构房屋是指底层为框架-抗震墙结构，上层为承重的砌体墙和钢筋混凝土楼板的混合结构房屋。这种房屋因为底层建筑需要较大平面空间而采用框架结构，上层为节省造价，仍用混合结构。这类房屋上刚下柔，抗震性能差，应用上也受到限制。

12.2 多层房屋的荷载

作用于多层房屋的荷载有两种：一种是竖向荷载，包括结构自重和楼(屋)盖的均布荷载、雪荷载等；另一种是水平荷载，包括风荷载和地震作用等。在多层房屋中，往往以竖向荷载为主，但也要考虑水平荷载的影响。

12.2.1 竖向荷载

(1) 恒荷载

恒荷载即结构自重和建筑装饰材料的自重等，一般可按构件的几何尺寸与材料自重计算。常用材料和构件自重可按《荷载规范》附录一采用。

(2) 屋面活荷载

屋面活荷载指屋面均布活荷载和积雪荷载。《荷载规范》规定：屋面均布活荷载不应与雪荷载同时考虑。设计计算时，取两者中较大值。

当采用不上人屋面时，屋面活荷载标准值取 0.5 kN/m^2，上人屋面取 2.0 kN/m^2。当上人屋面兼作其它用途时，按相应楼面活荷载采用，如屋面布置花园时，取 4.0～5.0 kN/m^2；不上人屋面，当施工荷载较大时，应按实际情况采用。

雪荷载计算方法详见《荷载规范》。

(3) 楼面活荷载

楼面活荷载取值方法，工业与民用建筑有所不同。

① 民用建筑楼面均布活荷载标准值按《荷载规范》规定采取。在设计楼面梁、墙、柱及基础时，要根据承荷面积(对于梁)及承荷层数(对于墙、柱及基础)的多少，对楼面活荷载乘以相应的折减系数。这是因为考虑到构件的受荷面积越大或承荷层数越多，楼面活荷载在全部承荷面上均满载的几率越小。如以住宅、旅馆、办公楼、医院病房及托儿所等房屋为例，当楼面梁的承荷面积(梁两侧各占$\frac{1}{2}$梁间距范围内的实际面积)超过 25 m^2时，楼面活荷载折减系数为 0.9；墙柱基础的活荷载按楼层数的折减系数见表 12.1。其它类型房屋的折减系数见《荷载规范》的有关规定。

表 12.1 活荷载按楼层的折减系数

计算截面以上的层数	1	2～3	4～5	6～8	9～20	>20
计算截面以上活荷载总和的折减系数	1.0 (0.9)	0.85	0.70	0.65	0.60	0.55

注：当楼面梁的从属面积超过 25 m^2 时，采用括号内的系数。

根据设计经验，民用建筑多层框架结构的竖向荷载标准值平均约为 14 kN/m^2。对于住宅(轻质墙体)一般为 14～15 kN/m^2，墙体较少的其它民用建筑一般为 13～14 kN/m^2。这些经验数据，可用于初步设计阶段估算墙、柱及基础荷载，也可作为初定构件截面尺寸的依据。

一般民用建筑，如住宅、旅馆等，其楼面活荷载标准值较小(1.5 kN/m^2)，仅占总竖向荷载的 10%～15%。故为简化计算起见，在设计中往往不考虑活荷载的折减，偏安全地按满载分析计算。

② 工业建筑楼面荷载在生产使用或安装检修时，由设备、管道、运输工具及可能拆移的隔墙产生的局部荷载，均应按实际情况考虑，可采用等效均布活荷载代替。具体的荷载取用详见《荷载规范》。

12.2.2　水平荷载

作用于多层房屋的水平荷载主要为风荷载。

垂直于建筑物表面上的风荷载标准值，按下列公式计算

$$w_k = \beta_z \mu_s \mu_z w_0 \tag{12.1}$$

式中　w_k——风荷载标准值，kN/m^2；

β_z——高度 z 处的风振系数，考虑脉动风压对结构的不利影响。对于房屋高度不大于30m 或高宽比小于 1.5 的房屋结构可不考虑此影响，即取 $\beta_z=1.0$；

μ_s——风荷载体型系数，对于矩形平面的多层房屋，迎风面为＋0.8(压)，背风面为－0.5(吸)，其它形状平面详见《荷载规范》；

μ_z——风压高度变化系数，根据地面粗糙程度类别按表 12.2 取用，地面粗糙度分 A、B、C、D 四类：A 类指近海海面和海岸、湖岸及沙漠地区；B 类指田野、乡村、丛林、丘陵以及房屋比较稀疏的乡镇和城市郊区；C 类指有密集建筑群的城市市区；D 类指有密集建筑群且房屋较高的城市市区；

w_0——基本风压，kN/m^2，按《荷载规范》给出的全国基本风压分布图采用，但不得小于 0.3 kN/m^2。

表 12.2　风压高度变化系数

离地面或海平面高度(m)		5	10	15	20	30
地面粗糙度类别	A	1.17	1.38	1.52	1.63	1.80
	B	1.00	1.00	1.14	1.25	1.42
	C	0.74	0.74	0.74	0.84	1.00
	D	0.62	0.62	0.62	0.62	0.62

注：超过 30m 详见《荷载规范》。

12.3　多层框架结构房屋的结构布置

12.3.1　结构布置原则

房屋结构布置的合理性，对建筑物的安全性、适用性、经济性等影响很大。因此，结构设计者应根据房屋的使用情况、荷载情况、房屋高度及房屋造型等要求，确定一个合理的结构布置方案。

(1) 多层建筑物纵横两个方向均承受水平荷载。因此框架结构应在纵横两个方向都布置框架。不可一个方向为框架，另一个方向为铰接排架，而且必须做成多次超静定结构。

(2) 多层框架梁、柱轴线宜在一个平面内，尽量避免梁在柱轴线的一侧，否则，梁偏置，内力计算要考虑附加偏心弯矩，节点构造也要考虑偏心不利影响。

(3) 尽可能减少框架开间、进深的类型，柱网应规则、整齐、间距合理、传力体系明确。

(4) 房屋平面宜尽可能规整，均匀对称，体型力求简单，以使结构受力合理。

(5) 为提高房屋的总体刚度，减小房屋位移，房屋高宽比不宜过大，一般不宜超过 5。

(6) 框架的填充墙宜放在框架平面内，砌体每隔 500 mm 要设 2φ6 水平拉接钢筋与柱拉

接。应尽量避免填充墙外贴在柱子上。

(7) 全装配框架，柱接头难处理。所以应采用预制梁板、现浇柱子的施工方案代之。

(8) 应考虑地基不均匀沉降、温度变化和混凝土收缩及抗震要求等影响，根据需要设置变形缝。

12.3.2 框架承重体系布置

框架承重体系是由若干平面框架通过连系梁连接形成的空间结构体系。在框架结构设计中，通常按平面结构的受力假定来简化框架计算，将空间框架简化为横向框架承重、纵向框架承重及纵横向框架承重。把平行于房屋短向的框架称为横向框架，平行于长度方向的框架称为纵向框架。

(1) 横向框架承重

承重框架横向布置见图 12.2(a)，沿纵向由连系梁相连。由连系梁与纵向柱列组成副框架，可承受纵向的水平风荷载，纵向由于房屋端部受风面积小，纵向跨数较多，故纵向水平荷载产生的内力较小，常可忽略不计。

横向承重框架的梁、柱截面尺寸较大，自然跨数较少，仍可获得较大的横向抗侧移刚度，有利于当房屋较长时增加其横向刚度，故在框架结构中采用较多。

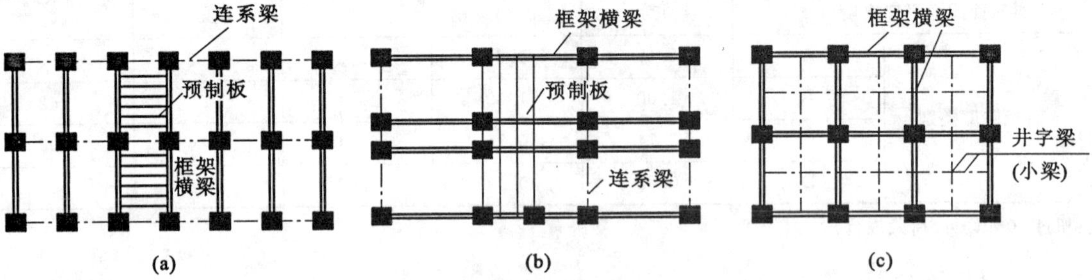

图 12.2 框架房屋的结构布置

(2) 纵向框架承重

承重框架纵向布置见图 12.2(b)，沿横向设置连系梁相连，当为大开间柱网时，由于受预制板长度的限制，可考虑采用此种方案。

纵向承重框架房屋因在横向仅设置截面高度较小的连系梁，有利于楼层净高的利用，可设置较多的架空管道，故多适用于某些工业厂房，但因其横向刚度较差，在民用房屋中一般较少采用。

(3) 纵横向框架混合承重

纵、横两个方向框架均承受各自的竖向荷载和水平荷载，见图 12.2(c)。这时楼面常采用现浇双向板或井字梁楼面。当柱网为正方形或接近正方形时，或楼面上的可变荷载较大时，采用此方案较为有利。

12.3.3 变形缝布置

变形缝包括伸缩缝(温度缝)、沉降缝、抗震缝。

(1) 伸缩缝

当房屋的平面尺寸过长时，为了避免温度和混凝土收缩应力使房屋构件产生裂缝，必须设置伸缩缝，伸缩缝可将基础顶面以上的房屋分开，伸缩缝往往与沉降缝合并设置，伸缩缝的最大间距可见表 12.3。伸缩缝的宽度一般为 20～40 mm。

表 12.3　框架结构伸缩缝最大间距(m)

施　工　方　法	室内或土中	露　天
现浇框架	55	35
装配式框架	75	50

设置伸缩缝会造成多用材料、构造复杂和施工困难等。因此，对房屋长度超过允许值不多时，尽量避免设缝，但要采取相应的可靠措施，如：屋顶设置隔热保温层；顶层可以局部改变为刚度较小的形式或划分为长度较小的几段；在温度影响较大的局部增加配筋；施工中留后浇带等。

(2) 沉降缝

沉降缝将房屋由下到上、自基础到屋顶分隔成若干独立的、自成沉降体系的单元，以避免房屋因不均匀沉降而产生裂缝。当有下列情况之一时应考虑设置沉降缝：

① 房屋高度、自重、刚度有较大变化处；

② 原有建筑物和扩建新建筑交接处；

③ 地基承载力有较大变化处；

④ 地基或基础处理方法不相同处；

⑤ 房屋平面形状复杂时的适当部位，如凹角处。

处理地基不均匀沉降的方法有三种：第一种是“放”，即设置沉降缝，让建筑物各独立部分自由沉降互不干扰；第二种是“调”，即在施工过程中采取措施，调整各部分沉降使之协调，如：留施工后浇带；第三种是“抗”，即采用刚度较大的基础来抵抗沉降差。采用后两种措施后可以不设沉降缝。

在既需设伸缩缝又需设沉降缝时，可二缝合一，以减少房屋的缝数。沉降缝宽度一般不小于 50 mm，当房屋高度超过 10 m 时，缝宽应不小于 70 mm。沉降缝可利用挑梁或搁置预制板、预制梁的办法做成，如图 12.3(a)、(b)所示。

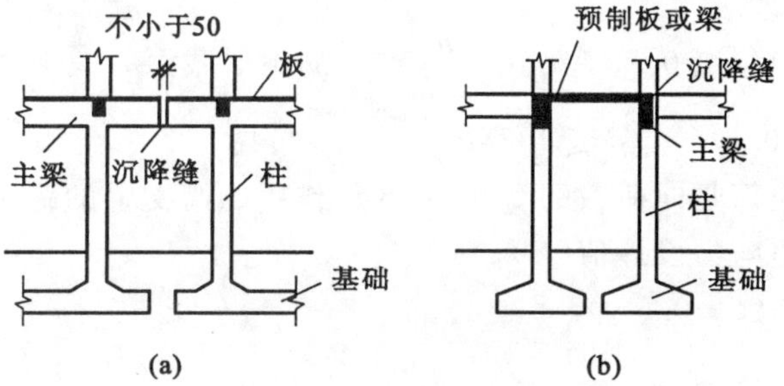

图 12.3　沉降缝的做法

(3) 抗震缝

抗震缝的作用，是将体型复杂的房屋划分为体型简单、刚度均匀的独立单元，以便减少地震时的破坏作用。《规范》规定，下列情况宜设抗震缝：

① 平面形状复杂而无加强措施；

② 各部分结构的刚度或荷载相差较大；

③ 房屋有较大的错层。

当需要同时设置伸缩缝、沉降缝和抗震缝时，应三缝合一。抗震缝宽度详见《建筑抗震设计规范》。

12.4 多层框架结构计算简图

12.4.1 框架梁、柱截面尺寸的初步选定

框架结构在进行荷载计算和内力分析之前需预先初步选定梁、柱截面尺寸。一般情况下，可根据经验初步确定截面尺寸，然后给予粗略验算。

(1) 框架梁

框架梁的截面形状常用的有T形、矩形，有时根据需要也可做成梯形、花篮形、倒L形等。其截面尺寸一般先按经验的高跨比和宽度比初步选定：

单跨框架梁高 $h=\left(\frac{1}{12}\sim\frac{1}{8}\right)l$（$l$ 为梁的跨度）

多跨框架梁高 $h=\left(\frac{1}{16}\sim\frac{1}{10}\right)l$

框架梁宽 $b=\left(\frac{1}{3}\sim\frac{1}{2}\right)h$

截面高度 h 一般在 800 mm 以下，以 50 mm 为模数；800 mm 以上，以 100 mm 为模数。截面宽度 b 常取 180 mm、200 mm、220 mm、240 mm、250 mm、300 mm、350 mm、400 mm。

对初选截面尺寸的验算：

按受弯构件正截面和斜截面承载力验算，要求满足框架估计的设计弯矩 M_0 和设计剪力 V_0 作用下不超筋和截面不致斜压破坏的要求，同时纵筋配筋率 ρ 最好在经济配筋率的范围，即：

$$\left.\begin{array}{l} M_0 \leqslant \alpha_{\max}\alpha_1 f_c b h_0^2 \quad (\xi \leqslant \xi_b) \\ V_0 \leqslant 0.25 f_c b h_0 \quad \left(\frac{h_0}{h} < 4 \text{ 的矩形截面}\right) \\ 0.8\% \leqslant \rho \leqslant 1.5\% \end{array}\right\} \tag{12.2}$$

式中 M_0、V_0——按全部竖向荷载的 0.6～0.8 倍作用的简支梁的跨中最大弯矩（N·mm）和支座剪力设计值（N）；

$\alpha_{\max}$——$\alpha_{\max}=\xi_b(1-0.5\xi_b)$。

(2) 框架柱

框架柱的截面形状常用正方形和矩形。

截面尺寸可由经验初步定为

框架柱高 h： $h=\left(\frac{1}{12}\sim\frac{1}{6}\right)H$ （H 为层高）

框架柱宽 b：　　　　　　　$b=\left(\frac{1}{1.5}\sim 1\right)h$　（$b \geqslant 350$ mm）

对初选框架柱截面的验算如下：

框架柱承受竖向荷载为主时，可近似按下列公式验算：

$$A \geqslant \frac{(1.1 \sim 1.4)N_0}{f_c} \tag{12.3}$$

式中　A——柱的截面面积，mm^2；

f_c——混凝土轴心抗压强度设计值，N/mm^2；

N_0——柱轴向力设计值，N，可按该柱负荷面积大小估算，多层框架民用建筑竖向荷载标准值可取 $14 \sim 15$ kN/m^2；

1.1～1.4——系数，对边柱取较大值，对中柱取较小值。

12.4.2　计算单元的选取

多层框架房屋实际上是纵、横向框架所组成的空间结构，但一般情况下，为简化计算，可忽略其空间作用，在纵横向分别按平面框架计算，即根据楼盖结构的梁、板布置，各榀框架独自承担作用于其上的荷载，并按此划分纵、横框架的平面计算单元，见图 12.4(a)、(b)。

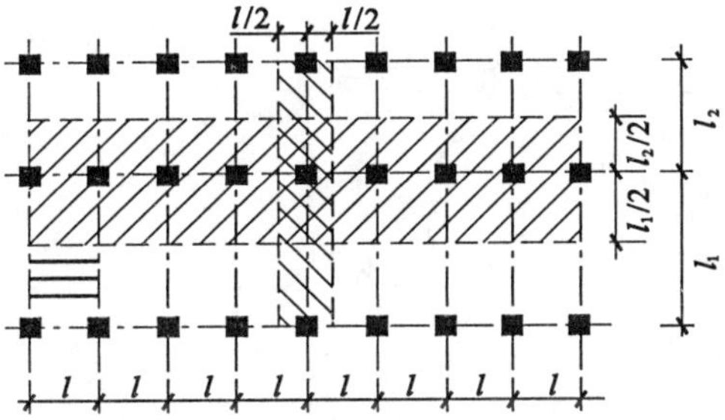
(a)

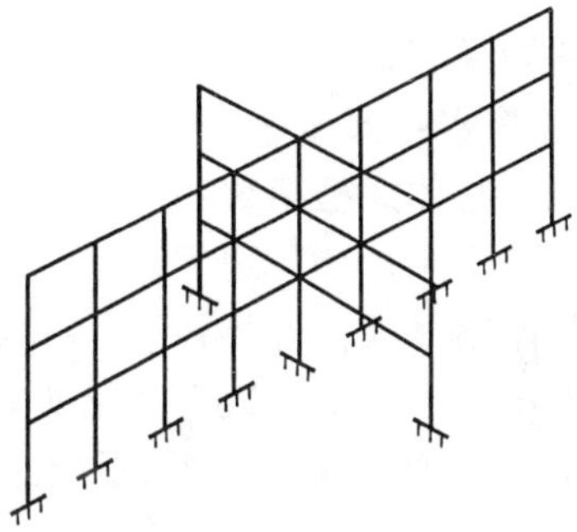
(b)

图 12.4　平面框架的计算单元

12.4.3　计算模型的确定

在计算简图中，框架梁和柱一般用其截面形心轴线表示；杆件之间的连接用点表示，对于现浇整体式框架各节点视为刚接点，杆件长度用节点间的距离表示；对于受压截面杆件应以该杆的最小截面的形心轴线表示，认为框架柱固接于基础顶面，如图 12.4(b)所示。

具体的处理方法有：

(1) 框架跨度取柱轴线之间的距离。当框架的上下层柱截面不同时，一般取顶层柱的形心线为柱的轴线，见图 12.5(a)、(b)。但必须注意，按此计算简图算出的内力是计算简图轴线上的内力，由于此轴线不一定是各截面的形心线，因此在计算截面配筋时，应将算得的内力转化为截面形心轴处的内力，见图 12.5(b)所示。

(2) 框架层高，对于楼层取层高，即取梁面到梁面之间的距离；对于底层偏安全地取基础顶面到二层梁面间的距离，当基础顶标高未能确定时，可近似取底层的层高加 1.0 m。

(3) 考虑楼板对梁刚度影响，框架各杆的线刚度如下确定：

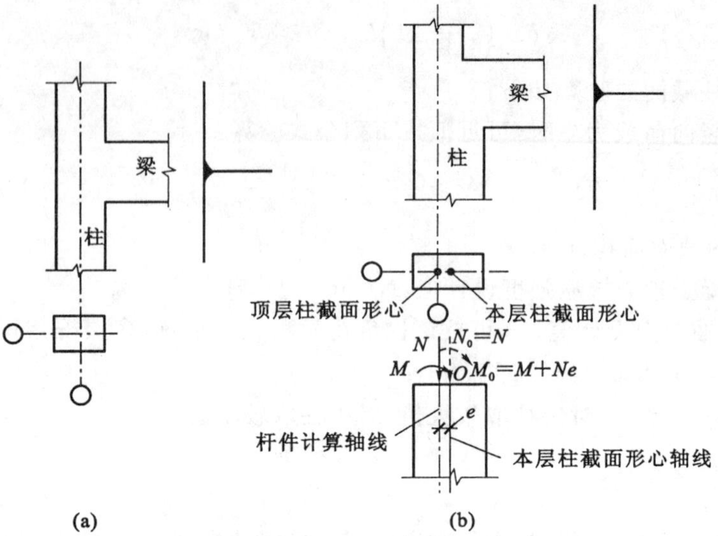

图 12.5 框架柱轴线位置

梁、柱的线刚度分别为 $i_b=\frac{EI_b}{l}$ 和 $i_c=\frac{EI_c}{H}$。此处 I_b、I_c 分别为梁、柱的截面惯性矩；l、H 分别为梁的跨度和柱高。

柱的 I_c 按实际截面计算，而梁的 I_b 应根据梁与板的连接方式而定。

对于现浇整体式框架梁：

中框架梁 $I_b=2.0I_0$；边框架梁 $I_b=1.5I_0$。

对于装配整体式框架梁：

中框架梁 $I_b=1.5I_0$；边框架梁 $I_b=1.2I_0$。

其中 I_0 为按矩形截面计算的惯性矩。

12.4.4 计算图式的简化

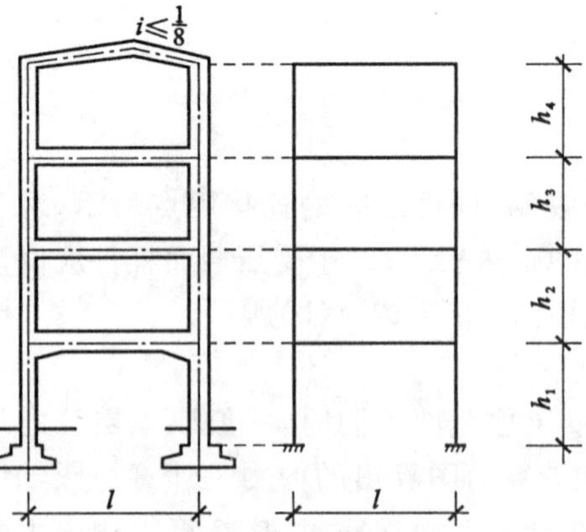

图 12.6 框架计算模型

(1) 为简化计算，对于各跨度相差不超过 10% 时，可作为有平均跨度的等跨框架；对于斜梁或折线形横梁，当其倾斜度不超过$\frac{1}{8}$时，可视作水平横梁；当基础顶面标高相差小于 1.0 m 时，底柱可按平均高度计算；当个别横梁高差小于 1.0 m 时，也按同标高处理，见图 12.6。

(2) 当框架梁为带斜的变截面梁时，若$\frac{h_b'}{h_b}<1.6$时，可不考虑斜腋的影响，按等截面梁进行内力计算(h_b'为梁端带腋截面的高度，h_b 为跨中截面梁高)。

(3) 水平风荷载可简化成作用于框架节点处的水平集中荷载，并合并于迎风面一侧。

(4) 作用在框架上的次要荷载可以简化为与主要荷载相同的荷载形式。

【例 12.1】 某办公楼，如图 12.7 所示平面。6 层，层高 3.6 m，设基础顶面板高为 −0.6 m。基本风压 $w_0=0.45\ kN/m^2$。要求：

(1) 结构布置(现浇整体)；

(2) 确定梁、柱截面尺寸；

(3) 确定横向框架在风荷载作用下的计算简图(取其中一榀框架)。(地面粗糙度为 c)

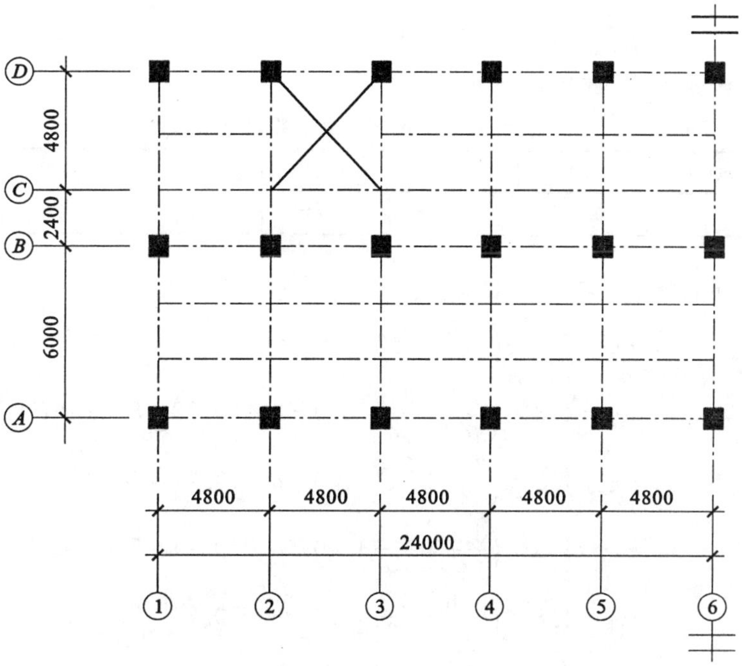

图 12.7 办公楼平面示意图

【解】 (1) 结构布置

采用横向框架，梁、柱布置见图 12.7。

(2) 确定梁、柱截面尺寸

混凝土取 C20 级，$f_c=9.6\ N/mm^2$，钢筋纵筋 HRB335 级。

① 柱截面尺寸

$$h=\left(\frac{1}{12}\sim\frac{1}{6}\right)H=\left(\frac{1}{12}\sim\frac{1}{6}\right)\times3600=300\sim600\ \text{mm}$$

Ⓐ、Ⓓ 轴线柱取 450 mm×500 mm，Ⓑ 轴线上柱取 450 mm×450 mm。

② 梁截面尺寸

Ⓐ 轴到Ⓑ轴跨，梁高

$$h=\left(\frac{1}{16}\sim\frac{1}{10}\right)l=\left(\frac{1}{16}\sim\frac{1}{10}\right)\times6000=375\sim600\ \text{mm}$$

取 $b\times h=250\ \text{mm}\times550\ \text{mm}$。

Ⓑ轴到Ⓓ轴跨，梁高

$$h=\left(\frac{1}{16}\sim\frac{1}{10}\right)l=\left(\frac{1}{16}\sim\frac{1}{10}\right)\times7200=450\sim720\ \text{mm}$$

取 $b\times h=250\ \text{mm}\times650\ \text{mm}$。

待所有荷载计算完后进行截面初步验算。一般情况下，能满足要求，不需要再重新确定梁、柱截面尺寸。

纵向连系梁(纵向框架)可取 $b\times h=240\ \mathrm{mm}\times 400\ \mathrm{mm}$。

(3) 横向水平风荷载计算(取④轴框架)

$w_0=0.45\ \mathrm{kN/m^2}$，房屋总高度 $H_0=4.4+3.6\times 5=22.4\ \mathrm{mm}<30\ \mathrm{mm}$，$\beta_z=1.0$，$\mu_s=0.8+0.5=1.3$，则

$$w_k=\beta_z\mu_z\mu_s w_0=1.0\times\mu_z\times 1.3\times 0.45=0.585\mu_z\ \mathrm{kN/m^2}$$

风压高度系数 μ_z 取值如表 12.4 所示。

表 12.4　风压高度系数取值

离地高度 z(m)	4.4	8.0	11.6	15.2	18.8	22.4
μ_z	0.74	0.74	0.74	0.74	0.82	0.88

各框架节点处的集中水平风荷载为(假定女儿墙为 1.2 m 高)

$$w_6=4.8\times\left(\frac{3.6}{2}+1.2\right)\times 0.585\times 0.88=7.41\ \mathrm{kN}$$

$$w_5=4.8\times\left(\frac{3.6}{2}+\frac{3.6}{2}\right)\times 0.585\times 0.82=8.29\ \mathrm{kN}$$

$$w_4=4.8\times\left(\frac{3.6}{2}+\frac{3.6}{2}\right)\times 0.585\times 0.74=7.48\ \mathrm{kN}$$

$$w_3=4.8\times\left(\frac{3.6}{2}+\frac{3.6}{2}\right)\times 0.585\times 0.74=7.48\ \mathrm{kN}$$

$$w_2=4.8\times\left(\frac{3.6}{2}+\frac{3.6}{2}\right)\times 0.585\times 0.74=7.48\ \mathrm{kN}$$

$$w_1=4.8\times\left(\frac{3.6}{2}+\frac{4.4}{2}\right)\times 0.585\times 0.74=8.31\ \mathrm{kN}$$

风荷载简图见图 12.8 所示。

(4)框架梁、柱线刚度计算

① 梁

Ⓓ轴到Ⓑ轴跨

$$I_0=\frac{0.25\times 0.65^3}{12}=5.72\times 10^{-3}\ \mathrm{m^4}$$

$$I_b=2.0I_0=11.44\times 10^{-3}\ \mathrm{m^4}$$

$$i_b=\frac{E_cI_b}{l}=\frac{25.5\times 10^6\times 11.44\times 10^{-3}}{7.2}=4.05\times 10^4\ \mathrm{kN\cdot m}$$

Ⓑ轴到Ⓐ轴跨

$$I_0=\frac{0.25\times 0.55^3}{12}=3.47\times 10^{-3}\ \mathrm{m^4}$$

$$I_b=2.0I_0=6.94\times 10^{-3}\ \mathrm{m^4}$$

$$i_b=\frac{E_cI_b}{l}=\frac{25.5\times 10^6\times 6.94\times 10^{-3}}{6.0}=4.09\times 10^4\ \mathrm{kN\cdot m}$$

② 柱

1 层

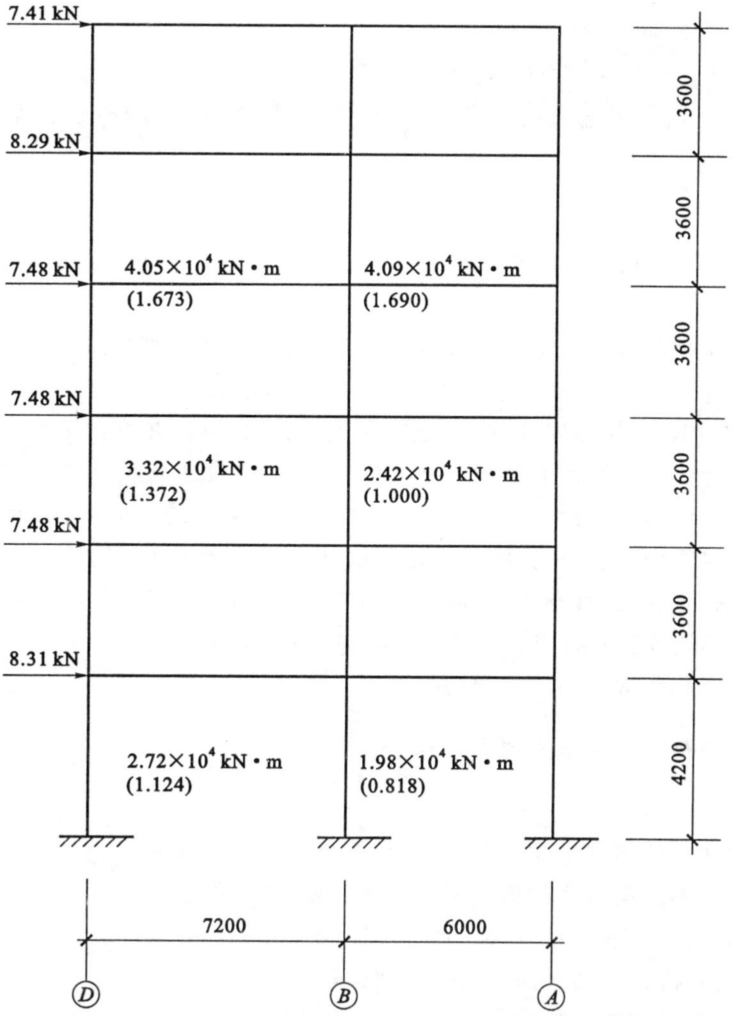

图 12.8　左风荷载作用下计算简图

Ⓓ轴及Ⓐ轴线

$$I_c=\frac{0.45\times0.5^3}{12}=4.69\times10^{-3}\ \mathrm{m}^4$$

$$i_c=\frac{E_cI_c}{H}=\frac{25.5\times10^6\times4.69\times10^{-3}}{4.4}=2.72\times10^4\ \mathrm{kN\cdot m}$$

Ⓑ轴线

$$I_c=\frac{0.45\times0.45^3}{12}=3.42\times10^{-3}\ \mathrm{m}^4$$

$$i_c=\frac{E_cI_c}{H}=\frac{25.5\times10^6\times3.42\times10^{-3}}{4.4}=1.98\times10^4\ \mathrm{kN\cdot m}$$

2～6 层

Ⓓ轴及Ⓐ轴线

$$I_c=4.69\times10^{-3}\ \mathrm{m}^4$$

$$i_c=\frac{E_cI_c}{H}=\frac{25.5\times10^6\times4.69\times10^{-3}}{3.6}=3.32\times10^4\ \mathrm{kN\cdot m}$$

Ⓑ轴线

$$I_c = 3.42 \times 10^{-3}\ \mathrm{m}^4$$

$$i_c = \frac{E_c I_c}{H} = \frac{25.5 \times 10^6 \times 3.42 \times 10^{-3}}{3.6} = 2.42 \times 10^4\ \mathrm{kN \cdot m}$$

各杆件线刚度及相对线刚度见图 12.8。

12.5 多层框架的内力及侧移计算

多层框架结构的内力(N、M、V)及侧移计算,可以用电子计算机或手工计算来完成。

用电子计算机计算,多层框架则利用矩阵位移法求解,结构计算精度较高,目前国内外有多种应用程序(如 PK 程序、TBSA 程序)进行结构设计及计算,并可直接绘制结构施工图。

手工计算是设计人员的基本功,尤其作为初学者必须通过手算实践练习,掌握结构的内力分布特点。手工算,一般均采用近似方法,现有多种近似计算方法,如在竖向荷载作用下的内力计算方法有分层法、弯矩二次分配法及迭代法等;在水平荷载作用下的内力计算近似方法有反弯点法、D 值法、迭代法、无剪力分配法等,尽管各种近似方法所采用的假定条件不同,其计算结果的精度也不同 ,但一般均能满足设计所要求的精度。

下面主要介绍几种常用的内力和侧移近似计算方法。

12.5.1 竖向荷载作用下的内力计算

(1) 分层法

在竖向荷载作用的多层框架,用精确的计算方法计算的结果表明,框架的侧移极小,每层梁上的荷载对其它各层梁内力的影响很小。为简化计算,可假定:

① 在竖向荷载作用下,多层框架的侧移忽略不计;

② 每层梁上的荷载对其它各层梁的影响忽略不计。

根据上述假定,计算框架内力(M)时,可将各层梁及其上、下层柱所组成的框架作为一个独立的计算单元,分别计算,各层的计算单元中梁跨度及层高与原结构相同。分层计算所得梁弯矩即为框架梁的最终弯矩,因每一柱属于上、下两层,所以每一柱的弯矩由上、下两层计算所得的结果相加,见图 12.9。

用分层法计算内力时,假定上、下柱的远端是固定的,但实际上是,除在底层基础处为固定外,其余各柱端因有节点转角,为弹性约束。为了减少计算简图中假定上、下远端为固定端所引起的误差,将除底层柱以外其它各层柱的线刚度乘以折减系数 0.9,同时取该柱向远端的传递系数为$\frac{1}{3}$;底层柱不折减,传递系数仍为$\frac{1}{2}$。

由于分层法是近似计算方法,框架节点处的最终弯矩常不会平衡,若进一步修正,可对节点不平衡力矩再进行一次分配。

分层法适用于节点梁柱线刚度比不小于 3(即 $\frac{\sum i_b}{\sum i_c} \geqslant 3$)、结构和荷载变化不大的规则框架。

分层法的计算步骤为:

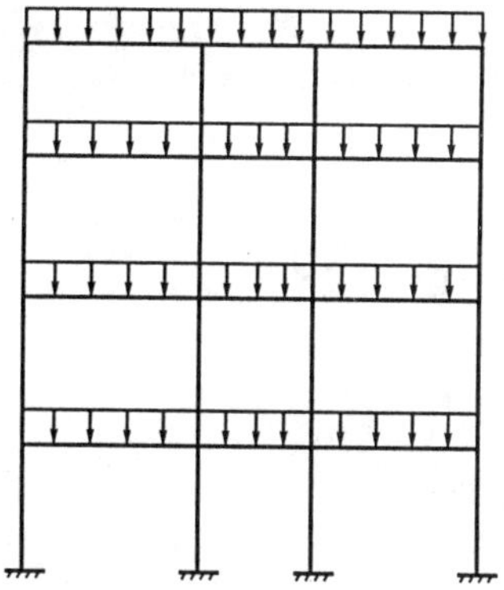

（a）

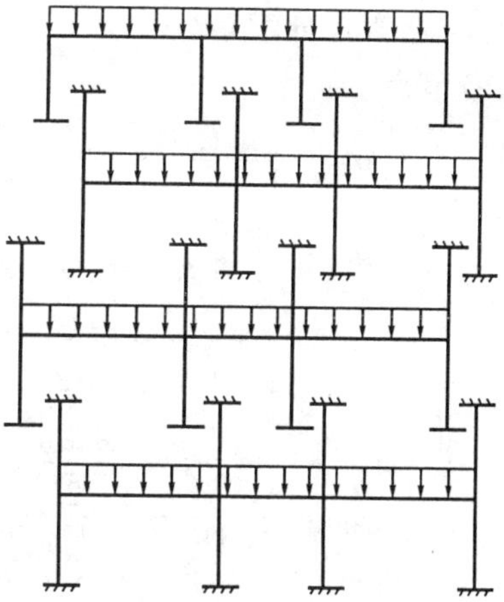

（b）

图 12.9　多层框架的分层法示意图

① 将框架分层，各层柱的高度、梁的跨度及其荷载均与原结构相同，计算简图中柱远端为固定；

② 计算梁、柱线刚度，相对线刚度；

③ 计算弯矩分配系数、固端弯矩、节点不平衡弯矩，进行弯矩分配并传递；

④ 将上、下两层分别计算得的同一根柱的弯矩叠加；

⑤ 画出框架的弯矩图。

【例 12.2】 用分层法计算如图 12.10 所示框架各杆弯矩，并绘制弯矩图。图中括号内数字表示框架梁 、柱相对线刚度。

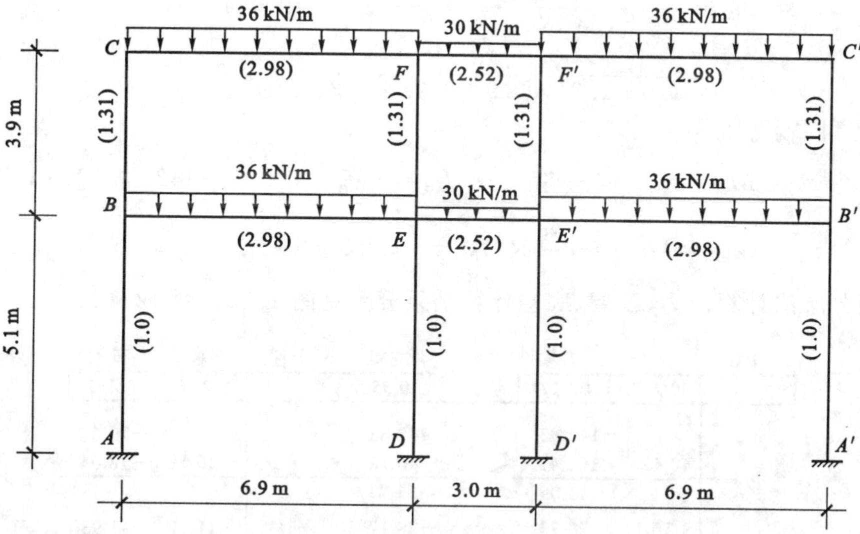

图 12.10　例 12.2 附图

【解】 (1) 图 12.10 中，竖向荷载和结构均为对称，故可利用对称性简化计算。由对称性原理可计算其一半，中跨梁线刚度修正$\frac{1}{2}$。柱线刚度乘以 0.9。

(2) 计算节点弯矩分配系数

① 顶层各节点

节点 C：$\mu_{CB}=\frac{1.31\times0.9}{1.31\times0.9+2.98}=0.283$

$$\mu_{CF}=\frac{2.98}{1.31\times0.9+2.98}=0.717$$

节点 F：$\mu_{FC}=\frac{2.98}{1.31\times0.9+2.98+\frac{2.52}{2}}=0.550$

$$\mu_{FF'}=\frac{\frac{2.52}{2}}{1.31\times0.9+2.98+1.26}=0.233$$

$$\mu_{FE}=\frac{1.31\times0.9}{1.31\times0.9+2.98+1.26}=0.217$$

② 底层各节点

节点 B：$\mu_{BA}=\frac{1.0}{1.0+2.98+0.9\times1.31}=0.194$

$$\mu_{BC}=\frac{1.31\times0.9}{1.0+2.98+0.9\times1.31}=0.228$$

$$\mu_{BE}=\frac{2.98}{1.0+2.98+0.9\times1.31}=0.578$$

节点 E：$\mu_{ED}=\frac{1.0}{1.0+1.31\times0.9+2.98+1.26}=0.156$

$$\mu_{EF}=\frac{1.31\times0.9}{1.0+1.31\times0.9+2.98+1.26}=0.184$$

$$\mu_{EB}=\frac{2.98}{1.0+1.31\times0.9+2.98+1.26}=0.464$$

$$\mu_{EE'}=\frac{1.26}{1.0+1.31\times0.9+2.98+1.26}=0.196$$

(3) 计算固端弯矩

$$M_{CF}=M_{BE}=-M_{FC}=-M_{EB}=-\frac{36}{12}\times6.9^2=-142.83\ \text{kN}\cdot\text{m}$$

$$M_{FF'}=M_{EE'}=-\frac{30}{12}\times3.0^2=-22.5\ \text{kN}\cdot\text{m}$$

(4) 用分层法计算内力，顶层、底层计算结果分别见图 12.11、图 12.12。

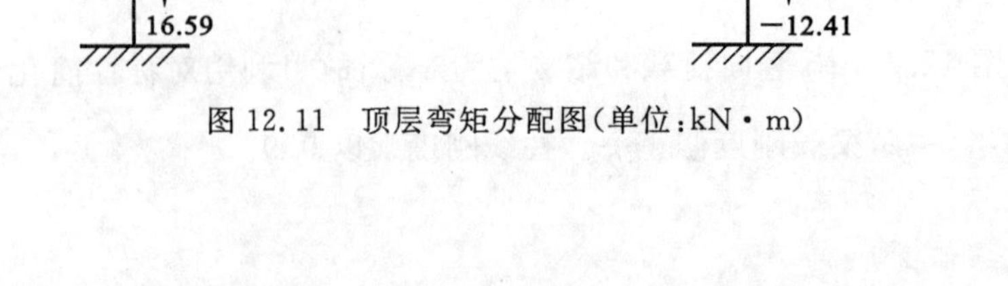

图 12.11　顶层弯矩分配图(单位：kN・m)

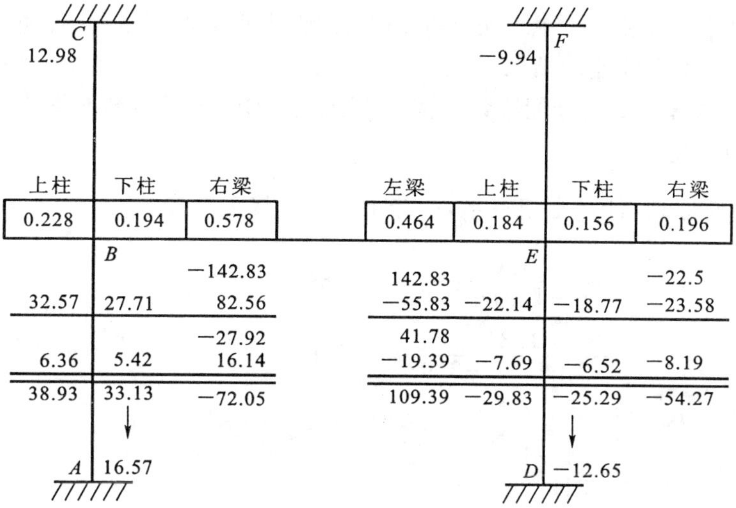

图 12.12　底层弯矩分配图(单位:kN·m)

(5) 对各层弯矩进行叠加

叠加后的最后弯矩图见图 12.13。

从图 12.13 可以看出,各节点的弯矩有不平衡情况,如有必要,可对各节点再进行一次分配。

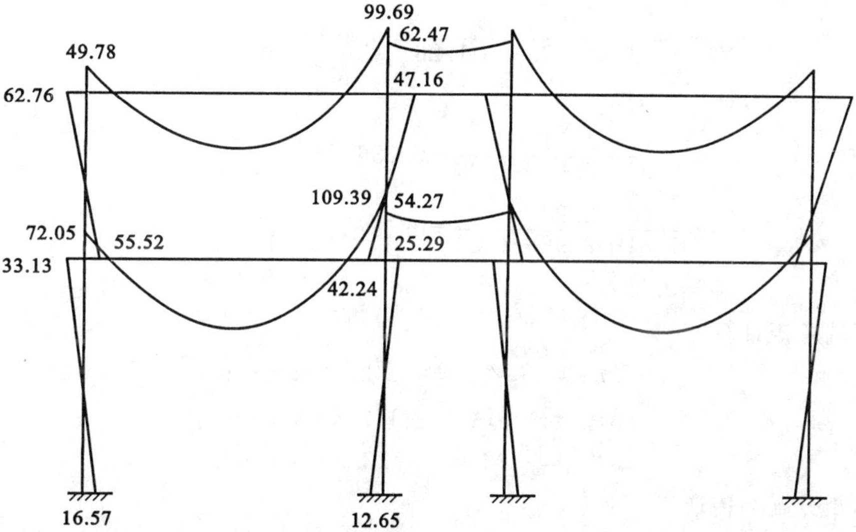

图 12.13　弯矩图(单位:kN·m)

(2) 弯矩二次分配法

弯矩二次分配法是弯矩分配法的一种简化计算方法,这种方法是将各节点的不平衡弯矩同时作分配和传递,并以两次分配为限,弯矩二次分配法所得结果与精确法相比较,相差甚小,其计算精度已满足工程设计要求,其具体计算步骤如下:

① 根据梁、柱的线刚度计算各节点杆件的弯矩分配系数;

② 计算各跨梁在竖向荷载作用下的固端弯矩;

③ 计算框架各节点的节点不平衡弯矩;

④ 将各个节点的节点不平衡弯矩同时进行分配，并向远端传递(传递系数均为0.5)，再在各节点分配一次而不再传递即结束。

【例 12.3】 用弯矩二次分配法计算例 12.2 框架弯矩，并绘制弯矩图。

【解】 (1) 计算分配系数

仍采用对称性原理，计算框架一半，中跨梁线刚度修正为$\frac{1}{2}$。

节点 B：

$$\mu_{BA}=\frac{1.0}{1.0+1.31+2.98}=0.189$$

$$\mu_{BC}=\frac{1.31}{1.0+1.31+2.98}=0.248$$

$$\mu_{BE}=0.563$$

节点 C：

$$\mu_{CB}=\frac{1.31}{1.31+2.98}=0.305$$

$$\mu_{CF}=\frac{2.98}{1.31+2.98}=0.695$$

节点 E：

$$\mu_{ED}=\frac{1}{1+1.31+2.98+1.26}=0.153$$

$$\mu_{EF}=\frac{1.31}{1+1.31+2.98+1.26}=0.200$$

$$\mu_{EB}=\frac{2.98}{1+1.31+2.98+1.26}=0.455$$

$$\mu_{EE'}=0.192$$

节点 F：

$$\mu_{FE}=\frac{1.31}{1.31+2.98+1.26}=0.236$$

$$\mu_{FC}=\frac{2.98}{1.31+2.98+1.26}=0.537$$

$$\mu_{FF'}=0.227$$

(2) 固端弯矩计算

$$M_{CF}=-M_{FC}=-142.83\ \text{kN}\cdot\text{m}$$

$$M_{BE}=-M_{EB}=-142.83\ \text{kN}\cdot\text{m}$$

$$M_{FF'}=-M_{EE'}=-22.5\ \text{kN}\cdot\text{m}$$

(3) 弯矩分配与传递

弯矩分配与传递过程见图 12.14。

(4) 绘弯矩图

弯矩图见图 12.15。

12.5.2 水平荷载作用下的内力计算

(1) 水平荷载下框架内力近似计算——反弯点法

作用于多层框架上的水平荷载主要是风荷载及地震荷载。计算内力时一般均将其化为节点集中荷载，其弯矩如图 12.16(a)所示。因无节间荷载，梁、柱的弯矩图都呈直线形，均有一个反弯点，如图 12.16(b)所示，若能求出各柱反弯点的位置及其剪力，则框架内力也易确定。

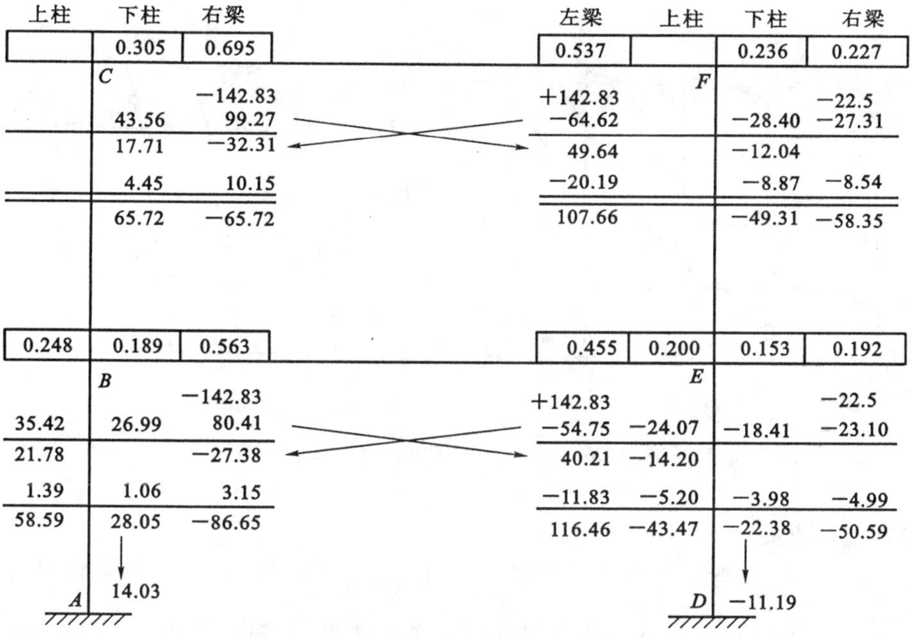

图 12.14　弯矩二次分配法(单位:kN · m)

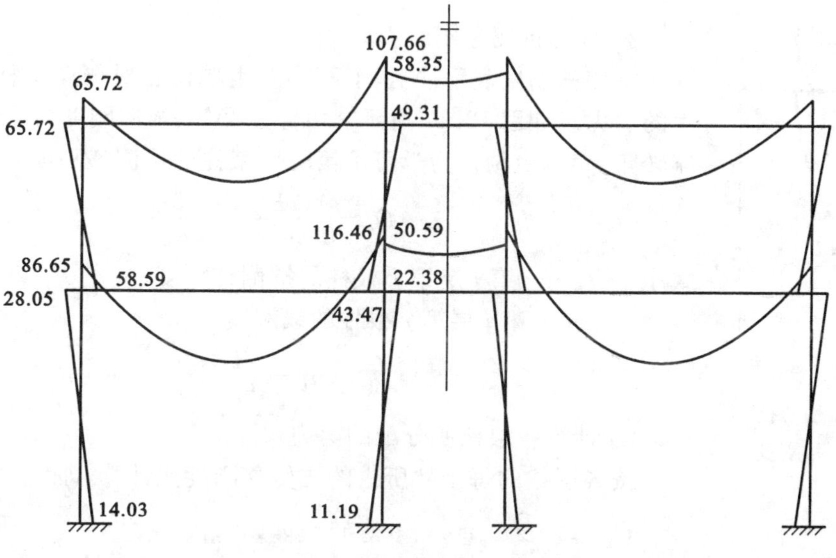

图 12.15　弯矩图(单位:kN · m)

为简化计算,反弯点法作如下假定:

① 在确定反弯点位置时,假定除底层以外的各层柱,受力后上、下两端的转角相等;

② 在求各柱剪力时,认为梁与柱的线刚度比为无限大 $\left(\dfrac{\sum i_b}{\sum i_c} \geqslant 5\right)$;

③ 梁端弯矩由节点平衡条件求出,按节点各梁的线刚度进行分配。

反弯点法计算要点:

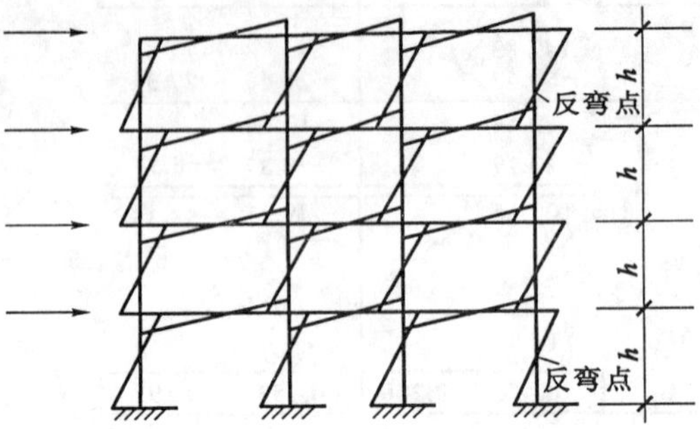

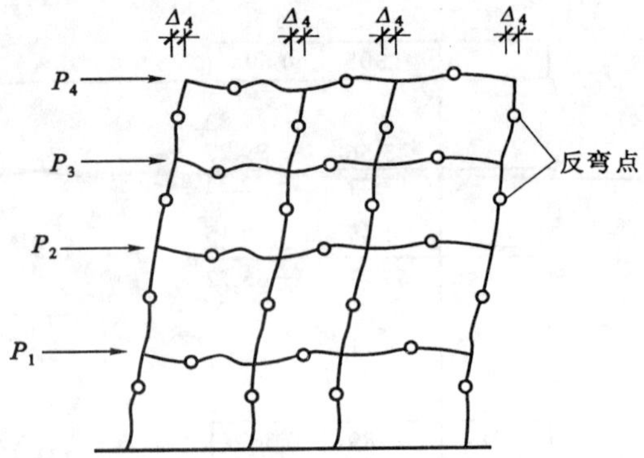

图 12.16　多层框架反弯点法计算示意图

① 确定反弯点高度

反弯点高度 $\bar{y}$ 指反弯点至柱下端的距离。由假定① 可知，对于上层各柱反弯点在柱中点，即 $\bar{y}_i=\dfrac{h_i}{2}$；对于底层柱，当柱脚固定时柱下端转角为 0，上端有转角，上端弯矩小于下端弯矩，反弯点将偏离柱中央上移，根据分析取 $\bar{y}_1=\dfrac{2h_1}{3}$（$h_1$ 为底层柱高）。

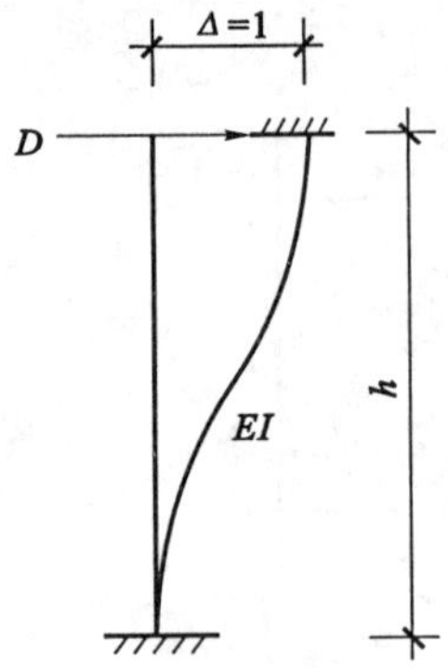

图 12.17　柱的抗侧移刚度

② 计算抗侧移刚度 D_{ij}

抗侧移刚度表示柱上、下两端发生单位相对侧向位移时在柱中产生的剪力。如图 12.17 所示。由假定②知，横向刚度为无限大，则各柱端转角为零，由结构力学可求第 n 层某柱的抗侧移刚度 D_{ij}。

$$D_{ij} = \frac{12EI_c}{h_{ij}^3} = \frac{12i_{ij}}{h_{ij}^2} \tag{12.4}$$

式中　D_{ij}——第 i 层第 j 根柱的抗侧移刚度；

i_{ij}——第 i 层第 j 根柱的线刚度。

$$i_{ij}=\frac{EI_c}{h_{ij}}$$

③ 计算各层柱所分配的剪力

按各层柱的每个柱所占的抗侧移刚度比计算，即

$$V_{ij} = \frac{D_{ij}}{\sum_{j=1}^{m} D_{ij}} V_i \quad (j = 1,2,3,\cdots,m) \tag{12.5}$$

式中　V_{ij}——第 i 层第 j 根柱的剪力，N；

m——第 i 层的柱子根数；

V_i——第 i 层的层间剪力，N，等于第 i 层以上所有水平力之和。

$$V_i = \sum_{i=1}^{n} F_i \quad (i = 1,2,3,\cdots,n)$$

其中　F_i——作用第 i 层顶节点的水平集中荷载，N。

④ 计算柱端弯矩

$$M_{ij下} = V_{ij}\bar{y}_i$$
$$M_{ij上} = V_{ij}(h_{ij} - \bar{y}_i) \tag{12.6}$$

式中　$M_{ij下}$、$M_{ij上}$——分别为第 i 层第 j 根柱下端和上端弯矩，N·mm；

$\bar{y}_i$——第 i 层柱的反弯点高度，mm。

⑤ 梁端弯矩计算

由节点平衡，可求出梁端弯矩，见图 12.18。

边节点(图 12.18(a))

$$M = M_上 + M_下$$

中间节点(图 12.18(b))

$$M_左 = (M_上 + M_下)\frac{i_左}{i_左 + i_右}$$

$$M_右 = (M_上 + M_下)\frac{i_右}{i_右 + i_左}$$

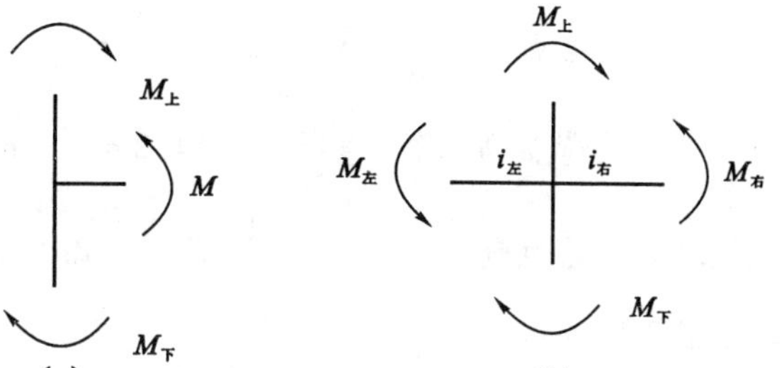

(a)　(b)

图 12.18　节点弯矩

反弯点法适用于梁、柱线刚度比 $\frac{\sum i_b}{\sum i_c}$ 较大 $\left(\frac{\sum i_b}{\sum i_c} > 3\right)$ 的规则框架。否则误差较大。

【例 12.4】　用反弯点法分析图 12.19(a)所示框架，并绘制其弯矩图(括号内为相对线刚度)。

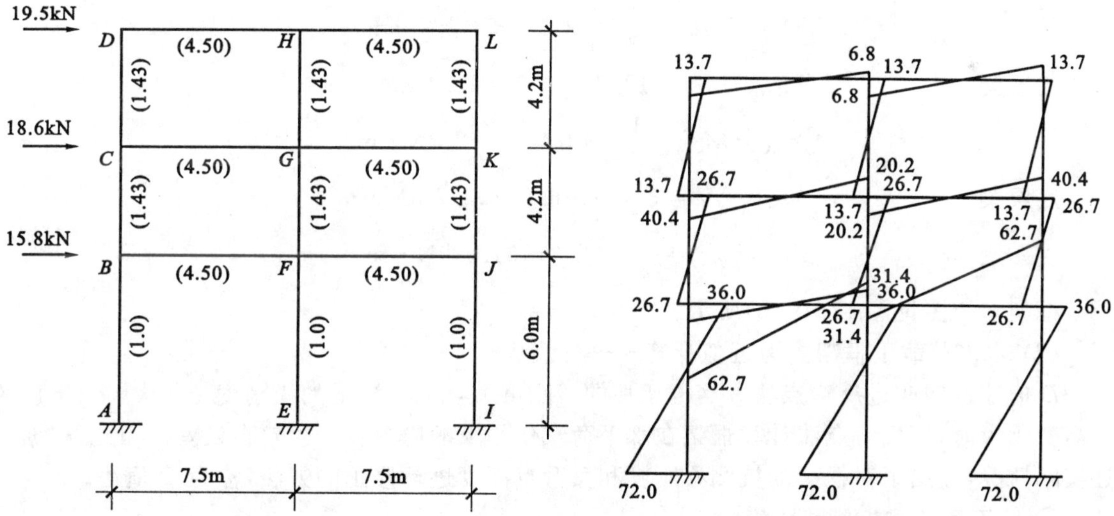

(a)　(b)

图 12.19　反弯点法(例 12.4 附图)

【解】　(1) 柱的剪力

底层　　$V_1 = 19.5 + 18.6 + 15.8 = 53.9$ kN

因各柱的 i_{ij} 相等，故

$$V_{11} = V_{12} = V_{13} = \frac{1}{3} \times 53.9 = 18.0 \text{ kN}$$

二层　$V_2=19.5+18.6=38.1\ \text{kN}$

$$V_{21}=V_{22}=V_{23}=\frac{1}{3}\times 38.1=12.7\ \text{kN}$$

顶层　$V_3=19.5\ \text{kN}$

$$V_{31}=V_{32}=V_{33}=\frac{1}{3}\times 19.5=6.5\ \text{kN}$$

(2) 各柱的弯矩

底层反弯点高　$\bar{y}_1=\frac{2}{3}\times 6=4.0\ \text{m}$

二层反弯点高　$\bar{y}_2=\frac{1}{2}\times 4.2=2.1\ \text{m}$

顶层反弯点高　$\bar{y}_3=\frac{1}{2}\times 4.2=2.1\ \text{m}$

则各层各柱的弯矩

底层柱　$M_{下}=\bar{y}_1 V_{1j}=4.0\times 18.0=72.0\ \text{kN}\cdot\text{m}$

$M_{上}=(6.0-\bar{y}_1)V_{1j}=2.0\times 18=36.0\ \text{kN}\cdot\text{m}$

二层柱　$M_{下}=\bar{y}_2\cdot V_{2j}=2.1\times 12.7=26.7\ \text{kN}\cdot\text{m}$

$M_{上}=M_{下}=26.7\ \text{kN}\cdot\text{m}$

顶层柱　$M_{上}=M_{下}=\bar{y}_3 V_{3j}=2.1\times 6.5=13.7\ \text{kN}\cdot\text{m}$

(3) 梁端弯矩

顶层梁　$M_{DH}=13.7\ \text{kN}\cdot\text{m}$　　$M_{LH}=13.7\ \text{kN}\cdot\text{m}$

$$M_{HD}=M_{HL}=\frac{1}{2}\times 13.7=6.8\ \text{kN}\cdot\text{m}$$

二层梁　$M_{CG}=M_{KG}=13.7+26.7=40.4\ \text{kN}\cdot\text{m}$

$$M_{GC}=M_{GK}=\frac{1}{2}\times 40.4=20.2\ \text{kN}\cdot\text{m}$$

底层梁　$M_{BF}=M_{JF}=36.0+26.7=62.7\ \text{kN}\cdot\text{m}$

$$M_{FB}=M_{FJ}=\frac{1}{2}\times 62.7=31.4\ \text{kN}\cdot\text{m}$$

框架弯矩图见图 12.19(b)所示。

(2) 水平荷载下框架内力近似计算——D 值法

D 值法也叫改进反弯点法。当框架柱的线刚度大,上、下层梁的线刚度变化大,上、下层的层高变化大时,用反弯点法计算框架在水平荷载作用下的内力将产生较大误差。因此,根据上述实际情况,提出了对框架的抗侧移刚度和反弯点高度进行修正的方法,称为 D 值法。

① 修正后的柱抗侧移刚度 D

柱的抗侧移刚度主要受到柱本身的线刚度 i_c 影响,还与上、下梁的线刚度 i_b 及上、下层柱的高度 h 有关,计算时对柱的抗侧移刚度加以修正,即

$$D=\alpha_c\frac{12i_c}{h_n^2} \tag{12.7}$$

式中　h_n——第 n 层柱的高度,mm;

α_c——柱抗侧移刚度 $\left(\frac{12i_c}{h_n^2}\right)$ 的修正系数,α_c 的具体计算见表 12.5。

表 12.5　节点转动影响系数 α_c

楼层	简图	$\overline{K}$	α_c
一般层	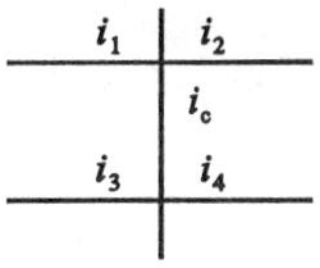	$\overline{K}=\frac{i_1+i_2+i_3+i_4}{2i_c}$	$\alpha_c=\frac{\overline{K}}{2+\overline{K}}$
底层 固接	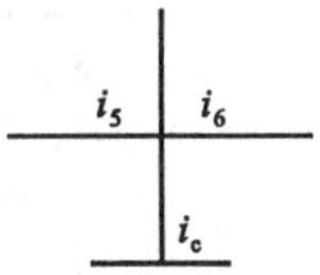	$\overline{K}=\frac{i_5+i_6}{i_c}$	$\alpha_c=\frac{0.5+\overline{K}}{2+\overline{K}}$
底层 铰接	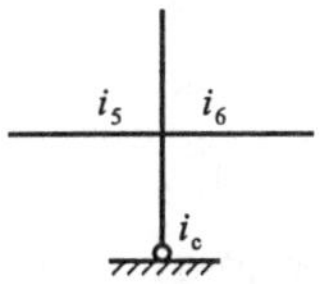	$\overline{K}=\frac{i_5+i_6}{i_c}$	$\alpha_c=\frac{0.5\,\overline{K}}{1+2\,\overline{K}}$

注：当为边柱时，取 i_1、i_3、i_5（或 i_2、i_4、i_6）为零即可。

② 柱反弯点高度 $\bar{y}$ 的修正

当梁线刚度与柱线刚度之比不很大时，柱的两端转角较大，尤其是最上层和最下几层更是如此。因此柱的反弯点位置不一定在柱的中点（底层不一定距柱脚 $\frac{2}{3}h_1$ 的高度处），而 $\bar{y}$ 取决于柱上、下两端的转角差，当下端转动大于上端转动时，反弯点偏于柱上端；反之，则偏于柱下端。柱端转角大小取决于下列因素：梁、柱线刚度比，上、下梁线刚度比，该柱所在楼层位置，上、下层层高的变化等。考虑上述影响因素，反弯点高度 $\bar{y}$ 值可按下式计算

$$\bar{y}=(\gamma_0+\gamma_1+\gamma_2+\gamma_3)h \tag{12.8}$$

式中　$\bar{y}$——反弯点高度，即柱反弯点至柱下端的距离，mm；

h——柱高，mm；

γ_0——标准反弯点高度；它是在各层等高梁、柱线刚度都不改变的多层规则框架在水平荷载作用下求得的反弯点高度比；均布水平荷载作用下的 γ_0 列于表 12.6，倒三角形荷载作用下的 γ_0 见表 12.7；

γ_1——上、下梁线刚度不同时柱反弯点高度比修正值，见图 12.20(a)：

当 $i_1+i_2<i_3+i_4$ 时，令 $\alpha_1=\frac{i_1+i_2}{i_3+i_4}$，根据 α_1 和 K 值查表 12.8 得 γ_1，这时反弯点上移，γ_1 取正值；

当 $i_1+i_2>i_3+i_4$ 时，令 $\alpha_1=\frac{i_3+i_4}{i_1+i_2}$，仍根据 α_1 和 K 值查表 12.8 得 γ_1，但此时反弯点向下移，γ_1 取负值；

对底层，不考虑 γ_1 修正值；

γ_2、γ_3——分别为上层高度 $h_上$ 与本层高度 h 不同、下层高度 $h_下$ 与本层高度 h 不同时的反弯点高度比修正值，见图 12.20(b)。γ_2、γ_3 值根据 $\overline{K}$ 与 α_2、α_3 查表 12.9 得。注意当 $\alpha_2=\dfrac{h_上}{h}>1$ 时，反弯点上移，γ_2 取正值，反之则取负值；当 $\alpha_3=\dfrac{h_下}{h}>1$ 时，反弯点下移，γ_3 取负值，反之则取正值。

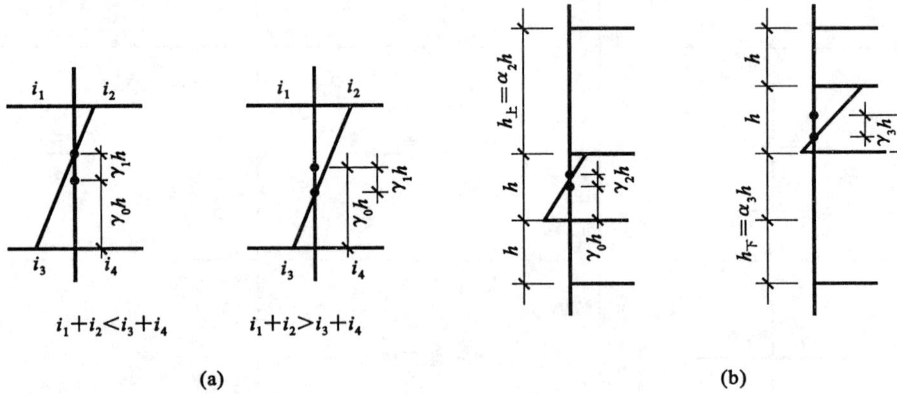

图 12.20　上、下梁线刚度不同时柱反弯点高度比修正值

(a) 上、下梁刚度变化时的反弯点高度比修正值 γ_1；(b) 上、下层高度变化时反弯点高度比修正值 γ_2 和 γ_3

表 12.6　规则框架承受均布水平力作用时标准反弯点的高度比 γ_0 值

m	n \ $\overline{K}$	0.1	0.2	0.3	0.4	0.5	0.6	0.7	0.8	0.9	1.0	2.0	3.0	4.0	5.0
1	1	0.80	0.75	0.70	0.65	0.65	0.60	0.60	0.60	0.60	0.55	0.55	0.55	0.55	0.55
2	2	0.45	0.40	0.35	0.35	0.35	0.35	0.40	0.40	0.40	0.40	0.45	0.45	0.45	0.45
	1	0.95	0.80	0.75	0.70	0.65	0.65	0.65	0.60	0.60	0.60	0.55	0.55	0.55	0.50
3	3	0.15	0.20	0.20	0.25	0.30	0.30	0.30	0.35	0.35	0.35	0.40	0.45	0.45	0.45
	2	0.55	0.50	0.45	0.45	0.45	0.45	0.45	0.45	0.45	0.45	0.45	0.50	0.50	0.50
	1	1.00	0.85	0.80	0.75	0.70	0.70	0.65	0.65	0.65	0.60	0.55	0.55	0.55	0.55
4	4	−0.05	0.05	0.15	0.20	0.25	0.30	0.30	0.35	0.35	0.35	0.40	0.45	0.45	0.45
	3	0.25	0.30	0.30	0.35	0.35	0.40	0.40	0.40	0.40	0.45	0.45	0.50	0.50	0.50
	2	0.65	0.55	0.50	0.50	0.45	0.45	0.45	0.45	0.45	0.45	0.50	0.50	0.50	0.50
	1	1.10	0.90	0.80	0.75	0.70	0.70	0.65	0.65	0.65	0.60	0.55	0.55	0.55	0.55
5	5	−0.20	0.00	0.15	0.20	0.25	0.30	0.30	0.30	0.35	0.35	0.40	0.45	0.45	0.45
	4	0.10	0.20	0.25	0.30	0.35	0.35	0.40	0.40	0.40	0.40	0.45	0.45	0.50	0.50
	3	0.40	0.40	0.40	0.40	0.40	0.45	0.45	0.45	0.45	0.45	0.50	0.50	0.50	0.50
	2	0.65	0.55	0.50	0.50	0.50	0.50	0.50	0.50	0.50	0.50	0.50	0.50	0.50	0.50
	1	1.20	0.95	0.80	0.75	0.75	0.70	0.70	0.65	0.65	0.65	0.55	0.50	0.55	0.55
6	6	−0.30	0.00	0.10	0.20	0.25	0.25	0.30	0.30	0.35	0.35	0.40	0.45	0.45	0.45
	5	0.00	0.20	0.25	0.30	0.35	0.35	0.40	0.40	0.40	0.40	0.45	0.45	0.50	0.50
	4	0.20	0.30	0.35	0.35	0.40	0.40	0.40	0.45	0.45	0.45	0.45	0.50	0.50	0.50
	3	0.40	0.40	0.40	0.45	0.45	0.45	0.45	0.45	0.45	0.45	0.50	0.50	0.50	0.50
	2	0.70	0.60	0.55	0.50	0.50	0.50	0.50	0.50	0.50	0.50	0.50	0.50	0.50	0.50
	1	1.20	0.95	0.85	0.80	0.75	0.70	0.70	0.65	0.65	0.65	0.55	0.55	0.55	0.55
7	7	−0.35	−0.05	0.10	0.20	0.20	0.25	0.30	0.30	0.35	0.35	0.40	0.45	0.45	0.45
	6	−0.10	0.15	0.25	0.30	0.35	0.35	0.35	0.40	0.40	0.40	0.45	0.45	0.50	0.50
	5	0.10	0.25	0.30	0.35	0.40	0.40	0.40	0.45	0.45	0.45	0.45	0.50	0.50	0.50
	4	0.30	0.35	0.40	0.40	0.40	0.45	0.45	0.45	0.45	0.45	0.50	0.50	0.50	0.50
	3	0.50	0.45	0.45	0.45	0.45	0.45	0.45	0.45	0.45	0.45	0.50	0.50	0.50	0.50
	2	0.75	0.60	0.55	0.50	0.50	0.50	0.50	0.50	0.50	0.50	0.50	0.50	0.50	0.50
	1	1.20	0.95	0.85	0.80	0.75	0.70	0.70	0.65	0.65	0.65	0.55	0.55	0.55	0.55
8	8	−0.35	−0.15	0.10	0.15	0.25	0.25	0.30	0.30	0.35	0.35	0.40	0.45	0.45	0.45
	7	−0.10	0.15	0.25	0.30	0.35	0.35	0.40	0.40	0.40	0.40	0.45	0.50	0.50	0.50
	6	0.05	0.25	0.30	0.35	0.40	0.40	0.40	0.45	0.45	0.45	0.45	0.50	0.50	0.50
	5	0.20	0.30	0.35	0.40	0.40	0.45	0.45	0.45	0.45	0.45	0.50	0.50	0.50	0.50
	4	0.35	0.40	0.40	0.45	0.45	0.45	0.45	0.45	0.45	0.45	0.50	0.50	0.50	0.50
	3	0.50	0.45	0.45	0.45	0.45	0.45	0.45	0.45	0.50	0.50	0.50	0.50	0.50	0.50
	2	0.75	0.60	0.55	0.55	0.50	0.50	0.50	0.50	0.50	0.50	0.50	0.50	0.50	0.50
	1	1.20	1.00	0.85	0.80	0.75	0.70	0.70	0.65	0.65	0.65	0.55	0.55	0.55	0.55

注：

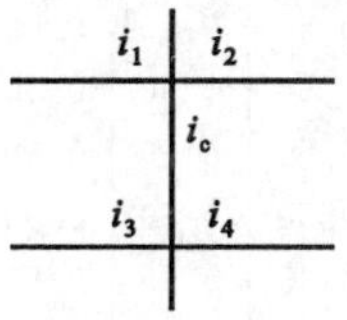

$$\overline{K}=\frac{i_1+i_2+i_3+i_4}{2i_c}$$

续表 12.6

m	n \ $\overline{K}$	0.1	0.2	0.3	0.4	0.5	0.6	0.7	0.8	0.9	1.0	2.0	3.0	4.0	5.0
9	9	−0.40	−0.05	0.10	0.20	0.25	0.25	0.30	0.30	0.35	0.35	0.45	0.45	0.45	0.45
	8	−0.15	0.15	0.25	0.30	0.35	0.35	0.35	0.40	0.40	0.40	0.45	0.45	0.50	0.50
	7	0.05	0.25	0.30	0.35	0.40	0.40	0.40	0.45	0.45	0.45	0.45	0.50	0.50	0.50
	6	0.15	0.30	0.35	0.40	0.40	0.45	0.45	0.45	0.45	0.45	0.50	0.50	0.50	0.50
	5	0.25	0.35	0.40	0.40	0.45	0.45	0.45	0.45	0.45	0.45	0.50	0.50	0.50	0.50
	4	0.40	0.40	0.40	0.45	0.45	0.45	0.45	0.45	0.45	0.45	0.50	0.50	0.50	0.50
	3	0.55	0.45	0.45	0.45	0.45	0.45	0.45	0.45	0.50	0.50	0.50	0.50	0.50	0.50
	2	0.80	0.65	0.55	0.55	0.50	0.50	0.50	0.50	0.50	0.50	0.50	0.50	0.50	0.50
	1	1.20	1.00	0.85	0.80	0.75	0.70	0.70	0.65	0.65	0.65	0.55	0.55	0.55	0.55
10	10	−0.40	−0.05	0.10	0.20	0.25	0.30	0.30	0.30	0.35	0.35	0.40	0.45	0.45	0.45
	9	−0.15	0.15	0.25	0.30	0.35	0.35	0.40	0.40	0.40	0.40	0.45	0.45	0.50	0.50
	8	0.00	0.25	0.30	0.35	0.40	0.40	0.40	0.45	0.45	0.45	0.45	0.50	0.50	0.50
	7	0.10	0.30	0.35	0.40	0.40	0.45	0.45	0.45	0.45	0.45	0.50	0.50	0.50	0.50
	6	0.20	0.35	0.40	0.40	0.45	0.45	0.45	0.45	0.45	0.45	0.50	0.50	0.50	0.50
	5	0.30	0.40	0.40	0.45	0.45	0.45	0.45	0.45	0.45	0.50	0.50	0.50	0.50	0.50
	4	0.40	0.40	0.45	0.45	0.45	0.45	0.45	0.45	0.45	0.50	0.50	0.50	0.50	0.50
	3	0.55	0.50	0.45	0.45	0.45	0.50	0.50	0.50	0.50	0.50	0.50	0.50	0.50	0.50
	2	0.80	0.65	0.55	0.55	0.55	0.50	0.50	0.50	0.50	0.50	0.50	0.50	0.50	0.50
	1	1.30	1.00	0.85	0.80	0.75	0.70	0.70	0.65	0.65	0.65	0.60	0.55	0.55	0.55
11	11	−0.40	0.05	0.10	0.20	0.25	0.30	0.30	0.30	0.35	0.35	0.40	0.45	0.45	0.45
	10	−0.15	0.15	0.25	0.30	0.35	0.35	0.40	0.40	0.40	0.40	0.45	0.45	0.50	0.50
	9	0.00	0.25	0.30	0.35	0.40	0.40	0.40	0.45	0.45	0.45	0.45	0.50	0.50	0.50
	8	0.10	0.30	0.35	0.40	0.40	0.45	0.45	0.45	0.45	0.45	0.50	0.50	0.50	0.50
	7	0.20	0.35	0.40	0.45	0.45	0.45	0.45	0.45	0.45	0.45	0.50	0.50	0.50	0.50
	6	0.25	0.35	0.40	0.45	0.45	0.45	0.45	0.45	0.45	0.45	0.50	0.50	0.50	0.50
	5	0.35	0.40	0.40	0.45	0.45	0.45	0.45	0.45	0.45	0.50	0.50	0.50	0.50	0.50
	4	0.40	0.45	0.45	0.45	0.45	0.45	0.50	0.50	0.50	0.50	0.50	0.50	0.50	0.50
	3	0.55	0.50	0.50	0.50	0.50	0.50	0.50	0.50	0.50	0.50	0.50	0.50	0.50	0.50
	2	0.80	0.65	0.60	0.55	0.55	0.50	0.50	0.50	0.50	0.50	0.50	0.50	0.50	0.50
	1	1.30	1.00	0.85	0.80	0.75	0.70	0.70	0.65	0.65	0.65	0.60	0.55	0.55	0.55
12以上	↓1	−0.40	−0.05	0.10	0.20	0.25	0.30	0.30	0.30	0.35	0.35	0.40	0.45	0.45	0.45
	2	−0.15	0.15	0.25	0.30	0.35	0.35	0.40	0.40	0.40	0.40	0.45	0.45	0.50	0.50
	3	0.00	0.25	0.30	0.35	0.40	0.40	0.40	0.45	0.45	0.45	0.50	0.50	0.50	0.50
	4	0.10	0.30	0.35	0.40	0.40	0.45	0.45	0.45	0.45	0.45	0.50	0.50	0.50	0.50
	5	0.20	0.35	0.40	0.40	0.45	0.45	0.45	0.45	0.45	0.45	0.50	0.50	0.50	0.50
	6	0.25	0.35	0.40	0.45	0.45	0.45	0.45	0.45	0.45	0.45	0.50	0.50	0.50	0.50
	7	0.30	0.40	0.40	0.45	0.45	0.45	0.45	0.45	0.50	0.50	0.50	0.50	0.50	0.50
	8	0.35	0.40	0.45	0.45	0.45	0.45	0.45	0.50	0.50	0.50	0.50	0.50	0.50	0.50
	中间	0.40	0.40	0.45	0.45	0.45	0.45	0.50	0.50	0.50	0.50	0.50	0.50	0.50	0.50
	4	0.45	0.45	0.45	0.45	0.50	0.50	0.50	0.50	0.50	0.50	0.50	0.50	0.50	0.50
	3	0.60	0.50	0.50	0.50	0.50	0.50	0.50	0.50	0.50	0.50	0.50	0.50	0.50	0.50
	2	0.80	0.65	0.60	0.55	0.55	0.50	0.50	0.50	0.50	0.50	0.50	0.50	0.50	0.50
	↑1	1.30	1.00	0.85	0.80	0.75	0.70	0.70	0.65	0.65	0.65	0.55	0.55	0.55	0.55

表 12.7　规则框架承受倒三角形分布水平力作用时标准反弯点的高度比 γ_0 值

m	n \ $\overline{K}$	0.1	0.2	0.3	0.4	0.5	0.6	0.7	0.8	0.9	1.0	2.0	3.0	4.0	5.0
1	1	0.80	0.75	0.70	0.65	0.65	0.60	0.60	0.60	0.60	0.55	0.55	0.55	0.55	0.55
2	2	0.50	0.45	0.40	0.40	0.40	0.40	0.40	0.40	0.40	0.45	0.45	0.45	0.45	0.50
	1	1.00	0.85	0.75	0.70	0.70	0.65	0.65	0.65	0.60	0.60	0.55	0.55	0.55	0.55
3	3	0.25	0.25	0.25	0.30	0.30	0.35	0.35	0.35	0.40	0.40	0.45	0.45	0.45	0.50
	2	0.60	0.50	0.50	0.50	0.50	0.45	0.45	0.45	0.45	0.45	0.50	0.50	0.50	0.50
	1	1.15	0.90	0.80	0.75	0.75	0.70	0.70	0.65	0.65	0.65	0.60	0.55	0.55	0.55
4	4	0.10	0.15	0.20	0.25	0.30	0.30	0.35	0.35	0.35	0.40	0.45	0.45	0.45	0.45
	3	0.35	0.35	0.35	0.40	0.40	0.40	0.40	0.45	0.45	0.45	0.45	0.50	0.50	0.50
	2	0.70	0.60	0.55	0.50	0.50	0.50	0.50	0.50	0.50	0.50	0.50	0.50	0.50	0.50
	1	1.20	0.95	0.85	0.80	0.75	0.70	0.70	0.70	0.65	0.65	0.55	0.55	0.55	0.55
5	5	−0.05	0.10	0.20	0.25	0.30	0.30	0.35	0.35	0.35	0.35	0.40	0.45	0.45	0.45
	4	0.20	0.25	0.35	0.35	0.40	0.40	0.40	0.40	0.40	0.45	0.45	0.50	0.50	0.50
	3	0.45	0.40	0.45	0.45	0.45	0.45	0.45	0.45	0.45	0.45	0.50	0.50	0.50	0.50
	2	0.75	0.60	0.55	0.55	0.50	0.50	0.50	0.50	0.50	0.50	0.50	0.50	0.50	0.50
	1	1.30	1.00	0.85	0.80	0.75	0.70	0.70	0.65	0.65	0.65	0.65	0.55	0.55	0.55
6	6	−0.15	0.05	0.15	0.20	0.25	0.30	0.30	0.35	0.35	0.35	0.40	0.45	0.45	0.45
	5	0.10	0.25	0.30	0.35	0.35	0.40	0.40	0.40	0.45	0.45	0.45	0.50	0.50	0.50
	4	0.30	0.35	0.40	0.40	0.45	0.45	0.45	0.45	0.45	0.45	0.50	0.50	0.50	0.50
	3	0.50	0.45	0.45	0.45	0.45	0.45	0.45	0.45	0.45	0.50	0.50	0.50	0.50	0.50
	2	0.80	0.65	0.55	0.55	0.55	0.55	0.50	0.50	0.50	0.50	0.50	0.50	0.50	0.50
	1	1.30	1.00	0.85	0.80	0.75	0.70	0.70	0.65	0.65	0.65	0.60	0.55	0.55	0.55
7	7	−0.20	0.05	0.15	0.20	0.25	0.30	0.30	0.35	0.35	0.35	0.45	0.45	0.45	0.45
	6	0.05	0.20	0.30	0.35	0.35	0.40	0.40	0.40	0.40	0.45	0.45	0.50	0.50	0.50
	5	0.20	0.30	0.35	0.40	0.40	0.45	0.45	0.45	0.45	0.45	0.50	0.50	0.50	0.50
	4	0.35	0.40	0.40	0.45	0.45	0.45	0.45	0.45	0.45	0.45	0.50	0.50	0.50	0.50
	3	0.55	0.50	0.50	0.50	0.50	0.50	0.50	0.50	0.50	0.50	0.50	0.50	0.50	0.50
	2	0.80	0.65	0.60	0.55	0.55	0.55	0.50	0.50	0.50	0.50	0.50	0.50	0.50	0.50
	1	1.30	1.00	0.90	0.80	0.75	0.70	0.70	0.70	0.65	0.65	0.60	0.55	0.55	0.55
8	8	−0.20	0.05	0.15	0.20	0.25	0.30	0.30	0.35	0.35	0.35	0.45	0.45	0.45	0.45
	7	0.00	0.20	0.30	0.35	0.35	0.40	0.40	0.40	0.40	0.45	0.45	0.50	0.50	0.50
	6	0.15	0.30	0.35	0.40	0.40	0.45	0.45	0.45	0.45	0.45	0.50	0.50	0.50	0.50
	5	0.30	0.45	0.40	0.45	0.45	0.45	0.45	0.45	0.45	0.45	0.50	0.50	0.50	0.50
	4	0.40	0.45	0.45	0.45	0.45	0.45	0.45	0.50	0.50	0.50	0.50	0.50	0.50	0.50
	3	0.60	0.50	0.50	0.50	0.50	0.50	0.50	0.50	0.50	0.50	0.50	0.50	0.50	0.50
	2	0.85	0.65	0.60	0.55	0.55	0.55	0.50	0.50	0.50	0.50	0.50	0.50	0.50	0.50
	1	1.30	1.00	0.90	0.80	0.75	0.70	0.70	0.70	0.65	0.65	0.60	0.55	0.55	0.55

续表 12.7

m	n \ $\overline{K}$	0.1	0.2	0.3	0.4	0.5	0.6	0.7	0.8	0.9	1.0	2.0	3.0	4.0	5.0
9	9	−0.25	0.00	0.15	0.20	0.25	0.30	0.30	0.35	0.35	0.40	0.45	0.45	0.45	0.45
	8	−0.05	0.20	0.30	0.35	0.35	0.40	0.40	0.40	0.40	0.45	0.45	0.50	0.50	0.50
	7	0.15	0.30	0.35	0.40	0.40	0.45	0.45	0.45	0.45	0.45	0.50	0.50	0.50	0.50
	6	0.25	0.35	0.40	0.40	0.45	0.45	0.45	0.45	0.45	0.50	0.50	0.50	0.50	0.50
	5	0.35	0.40	0.45	0.45	0.45	0.45	0.45	0.45	0.50	0.50	0.50	0.50	0.50	0.50
	4	0.45	0.45	0.45	0.45	0.45	0.50	0.50	0.50	0.50	0.50	0.50	0.50	0.50	0.50
	3	0.60	0.50	0.50	0.50	0.50	0.50	0.50	0.50	0.50	0.50	0.50	0.50	0.50	0.50
	2	0.85	0.65	0.60	0.55	0.55	0.55	0.55	0.50	0.50	0.50	0.50	0.50	0.50	0.50
	1	1.35	1.00	0.90	0.80	0.75	0.75	0.70	0.70	0.65	0.65	0.60	0.55	0.55	0.55
10	10	−0.25	0.00	0.15	0.20	0.25	0.30	0.30	0.35	0.35	0.40	0.45	0.45	0.45	0.45
	9	−0.05	0.20	0.30	0.35	0.35	0.40	0.40	0.40	0.40	0.45	0.45	0.50	0.50	0.50
	8	0.10	0.30	0.35	0.40	0.40	0.40	0.45	0.45	0.45	0.45	0.50	0.50	0.50	0.50
	7	0.20	0.35	0.40	0.40	0.45	0.45	0.45	0.45	0.45	0.50	0.50	0.50	0.50	0.50
	6	0.30	0.40	0.40	0.45	0.45	0.45	0.45	0.45	0.45	0.50	0.50	0.50	0.50	0.50
	5	0.40	0.45	0.45	0.45	0.45	0.45	0.45	0.50	0.50	0.50	0.50	0.50	0.50	0.50
	4	0.50	0.45	0.45	0.45	0.50	0.50	0.50	0.50	0.50	0.50	0.50	0.50	0.50	0.50
	3	0.60	0.55	0.50	0.50	0.50	0.50	0.50	0.50	0.50	0.50	0.50	0.50	0.50	0.50
	2	0.85	0.65	0.60	0.55	0.55	0.55	0.55	0.50	0.50	0.50	0.50	0.50	0.55	0.50
	1	1.35	1.00	0.90	0.80	0.75	0.75	0.70	0.70	0.65	0.65	0.60	0.55	0.55	0.55
11	11	−0.25	0.00	0.15	0.20	0.25	0.30	0.30	0.30	0.35	0.35	0.45	0.45	0.45	0.45
	10	−0.05	0.20	0.25	0.30	0.35	0.40	0.40	0.40	0.40	0.45	0.45	0.50	0.50	0.50
	9	0.10	0.30	0.35	0.40	0.40	0.40	0.45	0.45	0.45	0.45	0.50	0.50	0.50	0.50
	8	0.20	0.35	0.40	0.40	0.45	0.45	0.45	0.45	0.45	0.45	0.50	0.50	0.50	0.50
	7	0.25	0.40	0.40	0.45	0.45	0.45	0.45	0.45	0.45	0.50	0.50	0.50	0.50	0.50
	6	0.35	0.40	0.45	0.45	0.45	0.45	0.45	0.50	0.50	0.50	0.50	0.50	0.50	0.50
	5	0.40	0.45	0.45	0.45	0.45	0.50	0.50	0.50	0.50	0.50	0.50	0.50	0.50	0.50
	4	0.50	0.50	0.50	0.50	0.50	0.50	0.50	0.50	0.50	0.50	0.50	0.50	0.50	0.50
	3	0.65	0.55	0.50	0.50	0.50	0.50	0.50	0.50	0.50	0.50	0.50	0.50	0.50	0.50
	2	0.85	0.65	0.60	0.55	0.55	0.55	0.55	0.50	0.50	0.50	0.50	0.50	0.50	0.50
	1	1.35	1.05	0.90	0.80	0.75	0.75	0.70	0.70	0.65	0.65	0.60	0.55	0.55	0.55
12以上	↓1	−0.30	0.00	0.15	0.20	0.25	0.30	0.30	0.30	0.35	0.35	0.40	0.45	0.45	0.45
	2	−0.10	0.20	0.25	0.30	0.35	0.40	0.40	0.40	0.40	0.40	0.45	0.45	0.45	0.45
	3	0.05	0.25	0.35	0.40	0.40	0.45	0.45	0.45	0.45	0.45	0.45	0.50	0.50	0.50
	4	0.15	0.30	0.40	0.40	0.45	0.45	0.45	0.45	0.45	0.45	0.45	0.50	0.50	0.50
	5	0.25	0.35	0.50	0.45	0.45	0.45	0.45	0.45	0.45	0.45	0.45	0.50	0.50	0.50
	6	0.30	0.40	0.50	0.45	0.45	0.45	0.45	0.50	0.50	0.50	0.50	0.50	0.50	0.50
	7	0.35	0.40	0.55	0.45	0.45	0.50	0.50	0.45	0.50	0.50	0.50	0.50	0.50	0.50
	8	0.35	0.45	0.55	0.45	0.50	0.50	0.50	0.50	0.50	0.50	0.50	0.50	0.50	0.50
	中间	0.45	0.45	0.55	0.45	0.50	0.50	0.50	0.50	0.50	0.50	0.50	0.50	0.50	0.50
	4	0.55	0.50	0.50	0.50	0.50	0.50	0.50	0.50	0.50	0.50	0.50	0.50	0.50	0.50
	3	0.65	0.55	0.50	0.50	0.50	0.50	0.50	0.50	0.50	0.50	0.50	0.50	0.50	0.50
	2	0.70	0.70	0.60	0.55	0.55	0.55	0.50	0.50	0.50	0.50	0.50	0.50	0.50	0.50
	↑1	1.35	1.05	0.90	0.80	0.75	0.70	0.70	0.70	0.65	0.65	0.60	0.55	0.55	0.55

表 12.8　上、下层横梁线刚度比对 γ_0 的修正值 γ_1

α_1 \ $\overline{K}$	0.1	0.2	0.3	0.4	0.5	0.6	0.7	0.8	0.9	1.0	2.0	3.0	4.0	5.0
0.4	0.55	0.40	0.30	0.25	0.20	0.20	0.20	0.15	0.15	0.15	0.05	0.05	0.05	0.05
0.5	0.45	0.30	0.20	0.20	0.15	0.15	0.15	0.10	0.10	0.10	0.05	0.05	0.05	0.05
0.6	0.30	0.20	0.15	0.15	0.10	0.10	0.10	0.10	0.05	0.05	0.05	0.05	0	0
0.7	0.20	0.15	0.10	0.10	0.10	0.10	0.05	0.05	0.05	0.05	0.05	0	0	0
0.8	0.15	0.10	0.05	0.05	0.05	0.05	0.05	0.05	0.05	0	0	0	0	0
0.9	0.05	0.05	0.05	0.05	0	0	0	0	0	0	0	0	0	0

注：

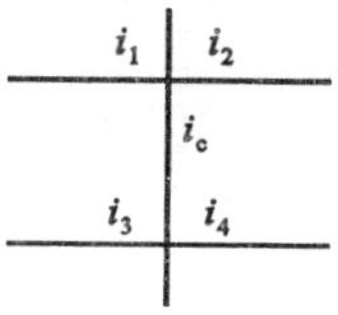

$\alpha_1=\dfrac{i_1+i_2}{i_3+i_4}$，当 $i_1+i_2>i_3+i_4$ 时，α_1 取倒数，即 $\alpha_1=\dfrac{i_3+i_4}{i_1+i_2}$，并且 γ_1 值取负号。

$\overline{K}=\dfrac{i_1+i_2+i_3+i_4}{2i_c}$

表 12.9　上、下层高变化对 γ_0 的修正值 γ_2 和 γ_3

α_2	α_3 \ $\overline{K}$	0.1	0.2	0.3	0.4	0.5	0.6	0.7	0.8	0.9	1.0	2.0	3.0	4.0	5.0
2.0		0.25	0.15	0.15	0.10	0.10	0.10	0.10	0.10	0.05	0.05	0.05	0.05	0.0	0.0
1.8		0.20	0.15	0.10	0.10	0.10	0.05	0.05	0.05	0.05	0.05	0.05	0.0	0.0	0.0
1.6	0.4	0.15	0.10	0.10	0.05	0.05	0.05	0.05	0.05	0.05	0.05	0.0	0.0	0.0	0.0
1.4	0.6	0.10	0.05	0.05	0.05	0.05	0.05	0.05	0.05	0.05	0.0	0.0	0.0	0.0	0.0
1.2	0.8	0.05	0.05	0.05	0.0	0.0	0.0	0.0	0.0	0.0	0.0	0.0	0.0	0.0	0.0
1.0	1.0	0.0	0.0	0.0	0.0	0.0	0.0	0.0	0.0	0.0	0.0	0.0	0.0	0.0	0.0
0.8	1.2	−0.05	−0.05	−0.05	0.0	0.0	0.0	0.0	0.0	0.0	0.0	0.0	0.0	0.0	0.0
0.6	1.4	−0.10	−0.05	−0.05	−0.05	−0.05	−0.05	−0.05	−0.05	−0.05	0.0	0.0	0.0	0.0	0.0
0.4	1.6	−0.15	−0.10	−0.10	−0.05	−0.05	−0.05	−0.05	−0.05	−0.05	−0.05	0.0	0.0	0.0	0.0
	1.8	−0.20	−0.15	−0.10	−0.10	−0.10	−0.05	−0.05	−0.05	−0.05	−0.05	−0.05	0.0	0.0	0.0
	2.0	−0.25	−0.15	−0.15	−0.10	−0.10	−0.10	−0.10	−0.10	−0.05	−0.05	−0.05	−0.05	0.0	0.0

注：

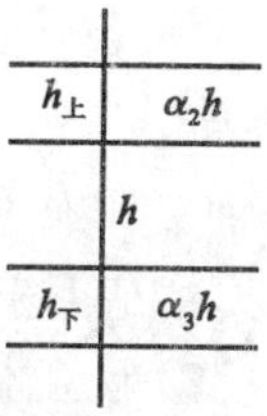

γ_2——按照 $\overline{K}$ 及 α_2 求得，上层较高时为正值；

γ_3——按照 $\overline{K}$ 及 α_3 求得。

【例 12.5】 用 D 值法求例 12.1 框架的弯矩。

【解】 (1) 求各柱的剪力值(见表 12.10);

(2) 求各柱的反弯点高度 $\bar{y}$(见表 12.11);

(3) 框架各柱的剪力、反弯点高度汇总于图 12.21;

(4) 弯矩计算。采用反弯点的方法计算,具体计算从略。

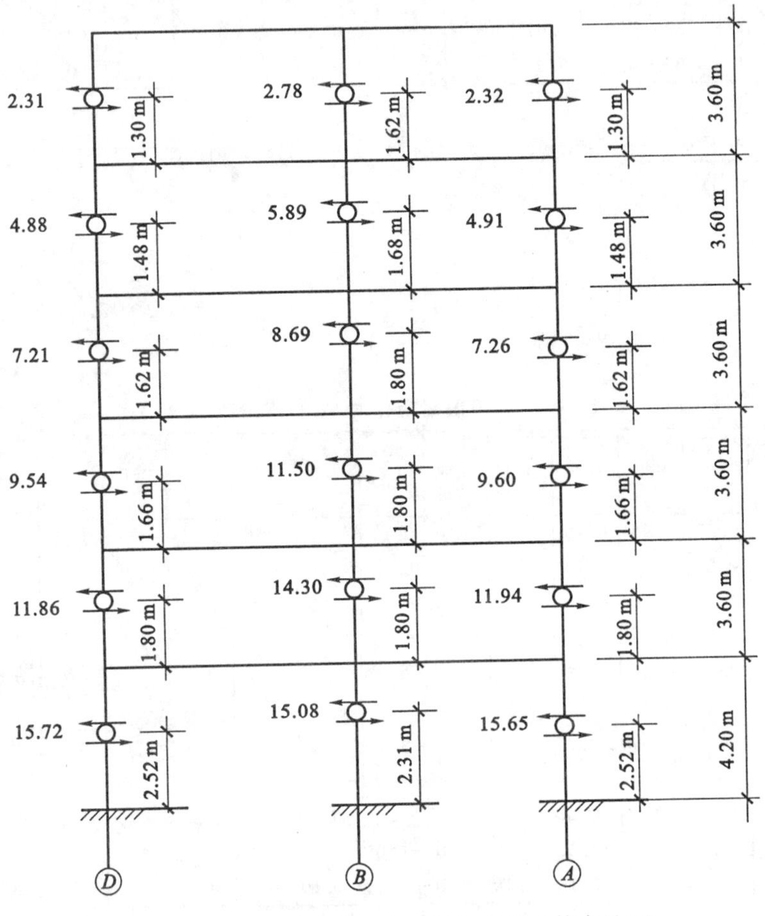

图 12.21 各柱反弯点分布及反弯点处的剪力(kN)

12.5.3 多层框架在水平荷载作用下的侧移计算

框架结构在水平荷载作用下的侧移由两部分组成,其一是梁、柱弯曲变形使框架侧移,侧移曲线与悬臂梁的剪切变形曲线相似,故称这种变形为总体剪切变形;其二是由于框架两侧柱的轴向变形引起的框变形,其侧移曲线与悬臂梁的弯曲变形曲线相似,故称为总体弯曲变形。

对于一般多层框架房屋,由柱轴向变形引起的侧移很小,可忽略不计,其侧移主要是由梁、柱弯曲形变所引起的,可用 D 值法进行计算。

(1) 用 D 值法计算框架在水平荷载下的侧移量

用 D 值法计算水平荷载作用下的侧移量时,需要算出任意柱的抗侧移刚度 D_{ij},则第 i 层各

表 12.10 各柱剪力值(单位:kN)

楼层	Ⓓ轴线各柱	Ⓑ轴线各柱	Ⓐ轴线各柱	$\sum D$
第六层	$\overline{K}=\frac{2\times1.673}{2\times1.372}=1.219$ $D=\frac{1.219}{2+1.219}\times1.372\times\left(\frac{12}{3.6^2}\right)$ $=0.520\times\left(\frac{12}{3.6^2}\right)$ $V=7.41\times\frac{0.520}{1.670}=2.31$	$\overline{K}=\frac{2\times1.673+2\times1.690}{2\times1.0}=3.363$ $D=\frac{3.363}{2+3.363}\times1\times\left(\frac{12}{3.6^2}\right)$ $=0.627\times\left(\frac{12}{3.6^2}\right)$ $V=7.41\times\frac{0.627}{1.670}=2.78$	$\overline{K}=\frac{2\times1.690}{2\times1.372}=1.232$ $D=\frac{1.232}{2+1.232}\times1.372\times\left(\frac{12}{3.6^2}\right)$ $=0.523\times\left(\frac{12}{3.6^2}\right)$ $V=7.41\times\frac{0.523}{1.670}=2.32$	$1.670\times\left(\frac{12}{3.6^2}\right)$
第五层	$V=(7.41+8.29)\times\frac{0.520}{1.670}$ $=15.7\times0.311=4.88$	$V=15.7\times\frac{0.627}{1.670}$ $=15.7\times0.375=5.89$	$V=15.7\times\frac{0.523}{1.670}$ $=15.7\times0.313=4.91$	$1.670\times\left(\frac{12}{3.6^2}\right)$
第四层	$V=(15.7+7.48)\times\frac{0.520}{1.670}$ $=23.18\times0.311=7.21$	$V=23.18\times0.375=8.69$	$V=23.18\times0.313=7.26$	$1.670\times\left(\frac{12}{3.6^2}\right)$
第三层	$V=(23.18+7.48)+\frac{0.520}{1.670}$ $=30.66\times0.311=9.54$	$V=30.66\times0.375=11.50$	$V=30.66\times0.313=9.60$	$1.670\times\left(\frac{12}{3.6^2}\right)$
第二层	$V=(30.66+7.48)\times\frac{0.520}{1.670}$ $=38.14\times0.311=11.86$	$V=38.14\times0.375=14.30$	$V=38.14\times0.313=11.94$	$1.670\times\left(\frac{12}{3.6^2}\right)$
第一层	$\overline{K}=\frac{1.673}{1.124}=1.488$ $D=\frac{0.5+1.488}{2+1.488}\times1.124\times\left(\frac{12}{4.2^2}\right)$ $=0.640\times\left(\frac{12}{4.2^2}\right)$ $V=(38.14+8.31)\times\frac{0.640}{1.900}$ $=46.45\times\frac{0.640}{1.900}=15.65$	$\overline{K}=\frac{1.673+1.690}{0.818}=4.111$ $D=\frac{0.5+4.111}{2+4.111}\times0.818\times\left(\frac{12}{4.2^2}\right)$ $=0.617\times\left(\frac{12}{4.2^2}\right)$ $V=46.45\times\frac{0.617}{1.900}=15.08$	$\overline{K}=\frac{1.69}{1.124}=1.504$ $D=\frac{0.5+1.504}{2+1.504}\times1.124\times\left(\frac{12}{4.2^2}\right)$ $=0.643\times\left(\frac{12}{4.2^2}\right)$ $V=46.45\times\frac{0.643}{1.900}=15.72$	$1.900\times\left(\frac{12}{4.2^2}\right)$

表 12.11　各柱的反弯点高度(单位:m)

楼层	Ⓓ轴线各柱	Ⓑ轴线各柱	Ⓐ轴线各柱
第六层	$\overline{K}=1.219$ $\gamma_0=0.361$ $\alpha_1=1.0\quad \gamma_1=0$ $\alpha_3=1.0\quad \gamma_3=0$ $\bar{y}=3.6\times(0.361+0+0)=1.30$	$\overline{K}=3.363$ $\gamma_0=0.450$ $\alpha_1=1.0\quad \gamma_1=0$ $\alpha_3=1.0\quad \gamma_3=0$ $\bar{y}=3.6\times(0.45+0+0)=1.62$	$\overline{K}=1.232$ $\gamma_0=0.362$ $\alpha_1=1.0\quad \gamma_1=1.0$ $\alpha_3=1.0\quad \gamma_3=0$ $\bar{y}=3.6\times(0.362+0+0)=1.30$
第五层	$\overline{K}=1.219$ $\gamma_0=0.411$ $\gamma_1=\gamma_2=\gamma_3=0$ $\bar{y}=0.411\times3.6=1.48$	$\overline{K}=3.363$ $\gamma_0=0.468$ $\gamma_1=\gamma_2=\gamma_3=0$ $\bar{y}=3.6\times0.468=1.68$	$\overline{K}=1.232$ $\gamma_0=0.412$ $\gamma_1=\gamma_2=\gamma_3=0$ $\bar{y}=3.6\times0.412=1.48$
第四层	$\overline{K}=1.219$ $\gamma_0=0.45$ $\gamma_1=\gamma_2=\gamma_3=0$ $\bar{y}=0.45\times3.6=1.62$	$\overline{K}=3.363$ $\gamma_0=0.50$ $\gamma_1=\gamma_2=\gamma_3=0$ $\bar{y}=3.6\times0.50=1.80$	$\overline{K}=1.232$ $\gamma_0=0.45$ $\gamma_1=\gamma_2=\gamma_3=0$ $\bar{y}=3.6\times0.45=1.62$
第三层	$\overline{K}=1.219$ $\gamma_0=0.461$ $\gamma_1=\gamma_2=\gamma_3=0$ $\bar{y}=3.6\times0.461=1.66$	$\overline{K}=3.363$ $\gamma_0=0.50$ $\gamma_1=\gamma_2=\gamma_3=0$ $\bar{y}=3.6\times0.50=1.80$	$\overline{K}=1.232$ $\gamma_0=0.462$ $\gamma_1=\gamma_2=\gamma_3=0$ $\bar{y}=3.6\times0.462=1.66$
第二层	$\overline{K}=1.219$ $\gamma_0=0.50$ $\gamma_1=\gamma_2=0$ $\alpha_3=\frac{4.2}{3.6}=1.167\quad \gamma_3=0$ $\bar{y}=3.6\times0.50=1.80$	$\overline{K}=3.363$ $\gamma_0=0.50$ $\gamma_1=\gamma_2=0$ $\alpha_3=1.167\quad \gamma_3=0$ $\bar{y}=3.6\times0.50=1.80$	$\overline{K}=1.232$ $\gamma_0=0.50$ $\gamma_1=\gamma_2=0$ $\alpha_3=1.167\quad \gamma_3=0$ $\bar{y}=3.6\times0.50=1.80$
第一层	$\overline{K}=1.488$ $\gamma_0=0.601$ $\gamma_1=\gamma_3=0$ $\alpha_2=\frac{3.6}{4.2}=0.857\quad \gamma_2=0$ $\bar{y}=4.2\times0.601=2.52$	$\overline{K}=4.111$ $\gamma_0=0.55$ $\gamma_1=\gamma_3=0$ $\alpha_2=0.857\quad \gamma_2=0$ $\bar{y}=4.2\times0.55=2.31$	$\overline{K}=1.504$ $\gamma_0=0.600$ $\gamma_1=\gamma_3=0$ $\alpha_2=0.857\quad \gamma_2=0$ $\bar{y}=4.2\times0.600=2.52$

柱抗侧移刚度之和为 $\sum_{j=1} D_{ij}$ ，由抗侧移刚度的定义知，第 i 层框架上、下节点的相对侧移 Δu_i 为

$$\Delta u_i = \frac{V_i}{\sum D_{ij}} \tag{12.9}$$

式中 Δu_i——按弹性方法计算的第 i 层楼层层间相对侧移量，mm；

V_i——第 i 层以上楼层剪力标准值之和，N。

框架顶点的总侧移量为各层相对侧移量之和，即

$$u = \sum_{i=1}^{n} \Delta u_i \tag{12.10}$$

(2) 框架结构侧移量限值

框架结构侧移量过大会给人以不安全感，影响房屋使用；层间侧移量过大会导致非结构构件如填充墙、饰面材料损坏等。因此，为满足正常使用要求，应控制框架结构的侧移量。

《钢筋混凝土高层建筑结构设计与施工规程》规定了房屋侧移量的限值，在风荷载标准值作用的要求：

① 顶点总侧移量 u

采用轻质隔墙时

$$u \leqslant \frac{H}{550} \tag{12.11}$$

采用砌体填充墙时

$$u \leqslant \frac{H}{650} \tag{12.12}$$

式中 H——房屋的总高度。

② 层间相对侧移量 Δu_i

采用轻质隔墙时

$$\Delta u_i \leqslant \frac{h}{450} \tag{12.13}$$

采用砌体填充墙时

$$\Delta u_i \leqslant \frac{h}{550} \tag{12.14}$$

式中 h——第 i 层的层高。

【例 12.6】 验算例 12.1 框架结构房屋在风荷载作用下的侧移量。

【解】 将例 12.5 的各层抗侧移刚度 D_i 和各层剪力 V_i(标准值)列入表 12.12，并求得各层间相对侧移量 Δu_i 和总侧移量 u。

计算结果表明，侧移量很小，层间最大相对侧移量为 1.48 mm<7.64 mm，顶点总侧移量 $u=4.56\ \text{mm}<\frac{22.2\times10^3}{650}=34.15\ \text{mm}$。满足要求。

根据设计经验，多层框架结构的梁、柱截面按本章要求确定，一般均可满足风荷载作用下的侧移要求。

表 12.12 例 12.6 附表

层数	层高 (m)	$D_i=\sum D_{ij}$ (kN·m)	V_i (kN)	$\Delta u_i=\frac{V_i}{D_i}$ (mm)	$\frac{h_i}{550}$ (mm)
6	3.6	$1.670\times\frac{12}{3.6^2}\times2.42\times10^4=3.74\times10^4$	7.41	0.20	6.54
5	3.6	3.74×10^4	15.70	0.42	6.54
4	3.6	3.74×10^4	23.18	0.62	6.54
3	3.6	3.74×10^4	30.66	0.82	6.54
2	3.6	3.74×10^4	38.14	1.02	6.54
1	4.2	$1.900\times\frac{12}{4.2^2}\times2.42\times10^4=3.13\times10^4$	46.45	1.48	7.64
				4.56	

12.6 多层框架的内力组合与构件设计

12.6.1 内力组合

框架结构内力组合的目的是为了确定构件的控制截面的最不利内力，以便进行框架梁、柱截面设计。

(1) 控制截面及最不利内力类型

① 框架梁的控制截面是支座截面和跨中截面。支座截面处，一般产生最大负弯矩和最大剪力或有可能出现的最大正弯矩；跨中截面则是最大正弯矩和有可能出现的负弯矩。

由于内力分析的结果是轴线位置处的内力，而梁支座截面的最不利位置应是柱边缘处，因此在确定该处的最不利内力时，应根据柱轴线处的弯矩和剪力计算出柱边缘截面的弯矩和剪力，如图 12.22，即

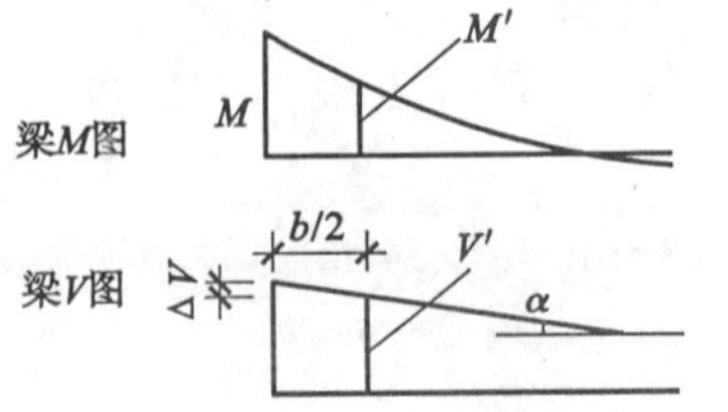

图 12.22 梁端控制截面的弯矩和剪力

$$M'=M-\frac{h}{2}V \tag{12.15}$$

$$V'=V-\Delta V \tag{12.16}$$

式中 M'、V'——柱边缘处梁截面的弯矩(N·mm)和剪力(N)；

M、V——柱轴线处梁截面的弯矩(N·mm)和剪力(N)；

h——柱截面高度，mm；

ΔV——在长度$\frac{h}{2}$范围内的剪力改变量，N。

② 由内力分析可知，框架柱弯矩最大值在柱的两端，剪力和轴力通常在一层内无变化或变化很小，因此框架柱的控制截面是柱的上、下端。

由于随着 M 和 V 的比值不同，柱的破坏形态将发生变化。在出现大偏心受压破坏时，M 愈大则柱越不利；而出现小偏心受压破坏时，N 愈大对柱越不利。此外，柱的正、负弯矩绝对

值也不相同，因此最不利内力组合有多种情况。但一般框架柱均采用对称配筋，因此只需选择绝对值最大的弯矩来考虑即可，从而柱的最不利内力组合可归结为如下几种类型：

① $|M|_{max}$及相应的 N、V；

② N_{max}及相应的 M、V；

③ N_{min}及相应的 M、V；

④ $|M|$比较大，而 N 比较大或比较小(但不是最大或最小)。这是因为，偏心受压柱的截面承载力不仅取决于 N 和 M 的大小，还与偏心距 $e_0=\dfrac{M}{N}$的大小有关。但对于多层框架，一般情况下只考虑前三种最不利内力已满足工程需要。

(2) 荷载组合

对于多层框架上的荷载，恒荷载不变，而活荷载的出现有各种可能，但同时达到各自最大值的概率极小，在计算各种荷载引起的结构最不利内力组合时，可将某些荷载适当降低，乘以小于 1 的组合系数。

对于非地震区的多层框架，有下列三种荷载组合方式：

① 恒荷载＋活荷载；

② 恒荷载＋风荷载；

③ 恒荷载＋0.9(活荷载＋风荷载)。

当进行框架梁、柱的正常使用极限状态验算时，应根据不同的设计要求，采用荷载的标准组合、频遇组合或准永久组合。

(3) 活荷载的最不利布置

活荷载其作用位置是可变的，有许多布置方式，应考虑各种最不利情况，取最不利内力进行设计。

在用计算机进行结构内力计算时，对于每一控制截面，直接由影响线确定其最不利的活荷载位置，然后进行内力分析；或采用将活荷载逐层逐跨单独作用在框架上，求出每种活荷载作用下的框架内力。然后，针对各控制截面最不利内力的几种类型，分别进行组合。

采用手算时，在满足设计精度的前提下，对于活荷载与恒荷载之比不大于 3 的情况，常采用下面简化计算法。

① 活荷载满跨布置法

当活荷载较小时，或活荷载与恒荷载之比不大于 1 时，它所产生的内力较小，可以采用活荷载满布法，而不考虑活荷载的最不利布置计算内力，与恒荷载计算的内力直接组合。但计算结果跨中弯矩偏低，为保证安全将所求跨中弯矩乘以 1.1～1.3 的提高系数。

② 活荷载分跨布置法

当活荷载不是太大，如活荷载设计值与恒荷载设计值之比不大于 3 时可采用分跨布置法。如图 12.23 所示 4 跨框架，最多只需考虑 4 种布置。对于 n 跨框架，活荷载的布置只有 n 种，从而大大减少计算工作量。但这样的布置方法其内力组合并非最不利。为弥补由此产生的不利影响，可不考虑活荷载的折减。

框架结构承受的水平荷载(风荷载或地震荷载)有向左和向右两个方向，考虑水平荷载作用的内力时，只能二者择一。

(4) 竖向荷载作用下的框架结构弯矩调幅及其塑性内力重分布

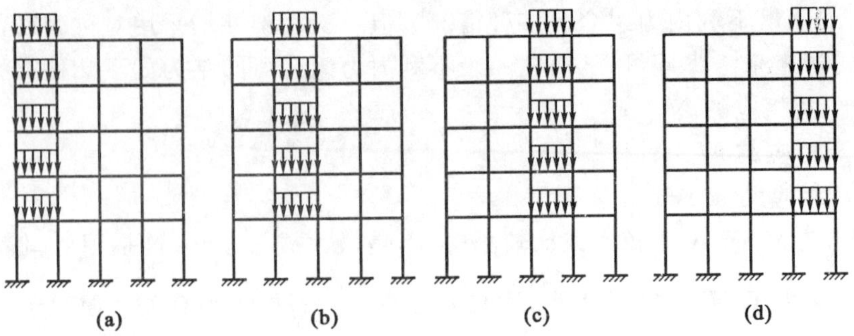

图 12.23　活荷载分跨布置

钢筋混凝土结构为弹塑性体，框架梁、柱节点非绝对刚接，框架中允许梁端出现塑性铰，因此在梁中可以考虑塑性内力重分布，通常是降低支座弯矩，也就是梁端负弯矩乘以调幅系数 β，《钢筋混凝土高层建筑结构设计与施工规程》规定：

装配整体式框架　　$\beta=0.7\sim0.8$；

现浇整体式框架　　$\beta=0.8\sim0.9$。

梁端负弯矩减少后，梁跨中正弯矩应按平衡条件相应增大。

另外梁端负弯矩减小有利于缓解框架支座截面负钢筋配置较拥挤的情况，同时也便于施工。

12.6.2　框架梁、柱截面设计要点

当求得框架梁、柱各控制截面最不利内力组合后，应进行截面配筋设计。

(1) 框架梁

① 框架梁的纵向受力钢筋应根据内力组合得到的支座及跨中弯矩设计值，按正截面受弯承载力计算。这时，截面的相对受压区高度 ξ 应符合 $\xi\leqslant\xi_b$。

② 当考虑框架梁端塑性内力重分布而对梁端负弯矩(由竖向荷载引起)进行调幅时，要求支座截面 $\xi\leqslant0.35$，以保证支座截面有一定的塑性转动能力。

③ 跨中及支座截面的纵向受拉钢筋配筋率不应小于最小配筋率 ρ_{min}。

④ 纵筋应满足裂缝宽度的要求，纵筋的弯起和截断位置，一般应根据弯矩包络图形用作材料图的方法进行。但当均布活荷载与恒荷载的比例不很大$\left(\frac{q}{g}\leqslant3\right)$或考虑塑性内力重分布对支座弯矩进行调幅时，可参照第 11 章梁板结构中次梁的做法，对框架梁的纵筋弯起和截断。

⑤ 梁沿全长箍筋的配箍率 $\rho_{sv}\geqslant\rho_{sv,min}$，其直径和间距应满足有关规定。同时，梁的最大剪力设计值 V 应不大于 $0.25\beta_c f_c bh_0$，此处 β_c 为混凝土强度影响系数。

(2) 框架柱

① 框架柱的计算长度按下述规定采用。

(a) 一般多层房屋

现浇楼盖：底层柱 $l_0=1.0\ H$，其余各层柱 $l_0=1.25\ H$。

装配式楼盖：底层柱 $l_0=1.25\ H$，其余各层柱 $l_0=1.5\ H$。

(b) 可按无侧移考虑的框架结构，如只有非轻质隔墙的多层房屋，当为三跨及三跨以上或

为两跨且房屋的总宽度不小于房屋总高度的三分之一时，其各层框架柱的计算长度如下：

现浇楼盖：$l_0=0.7\ H$；装配式楼盖：$l_0=1.0\ H$。其中：H 为层高，对底层柱，取基础顶面至一层楼盖顶面之间的距离。

② 柱的纵向受力钢筋宜采用对称配筋，配筋面积按偏心受压构件正截面承载力计算。全部纵向钢筋配筋率在不小于0.6%和 $0.9\dfrac{f_c}{f_y}$ 中取较大者，全部纵向钢筋配筋率不宜超过5%，纵向钢筋间距不应大于350 mm。

③ 框架柱除进行正截面受压承载力的计算外，还应进行斜截面抗剪承载力计算，同时应满足配箍筋的构造要求，对框架的边柱，若偏心距 $e_0>0.55\ h_0$ 时，尚应进行裂缝宽度验算。

④ 当柱截面短边大于400 mm，且各边纵向钢筋多于3根时，或当柱截面短边未超过400 mm，但各边纵向钢筋多于4根时，应设置复合箍筋。

12.6.3 多层框架连接构造

框架结构只有通过构件连接才能形成整体。构件连接是框架设计的一个重要组成部分。现浇框架的连接构造，主要是梁与柱、柱与柱之间的配筋构造。

(1) 梁与柱连接构造

现浇框架的梁柱连接节点应浇注成刚性节点。在节点处，柱的纵向钢筋应连续穿过，梁的纵向钢筋应有足够的锚固长度。

① 中间层楼面梁与柱的连接

中间层梁与柱的连接节点中，对于边柱节点，梁上部钢筋伸入节点内的锚固长度，按充分受拉考虑，应不小于 l_a，并且应通过节点中心线；当上部纵向钢筋在边节点水平锚固长度不够时，应沿柱节点外边向下弯折，但水平投影长度不应小于 $0.4l_a$，垂直投影长度不应小于 $15d$。下部纵筋伸入节点长度不小于 l_{as}。如需上弯时，则钢筋自柱边到上弯点的水平长度不应小于 $10d$，如图12.24(a)。

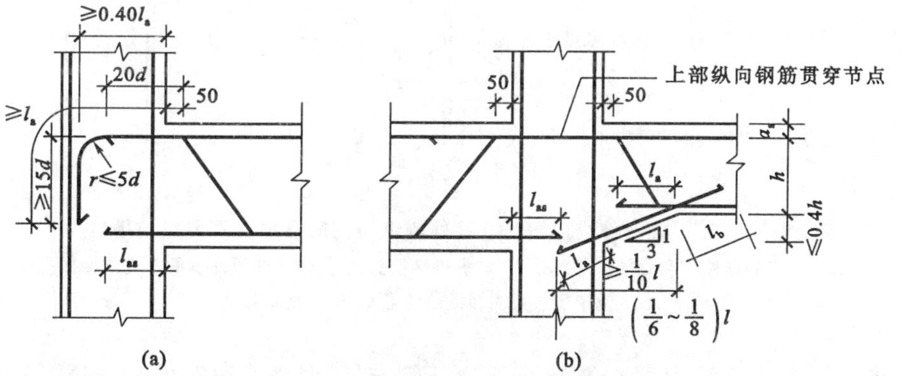

图12.24 梁中纵向钢筋在节点范围内的锚固

(a) 框架中间层端节点；(b) 框架中间节点

对于楼层中间节点，梁上部纵向钢筋应贯穿中间节点范围(图12.24(b))。当梁的截面尺寸较小而支座剪力又很大时，可在支座处加腋，其长度一般取跨度的1/6～1/8，但不小于1/10，而高度不大于梁高的0.4倍。斜向钢筋直径、根数与伸入支座的梁下部钢筋相同。

② 顶层楼面梁与柱的连接

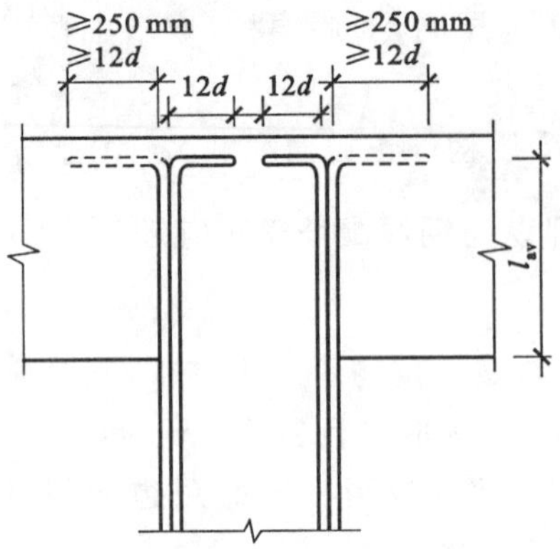

图 12.25　柱纵向钢筋在框架顶层中间节点中带 90°弯折的锚固

顶层中间节点的柱筋及顶层端节点内侧柱筋可用直线方式锚入顶层节点，其锚固长度应不小于 l_a，但柱筋必须伸至柱顶。当顶层节点处梁截面高度不足时，柱筋应伸至柱顶并向节点内水平弯折。当充分利用柱筋的抗拉强度时，其弯折前的垂直投影长度 l_{av} 不应小于 $0.44l_a$，弯折后的水平投影长度应不小于 $12d$。当楼盖为现浇，且板的混凝土强度等级不低于 C20 时，柱筋水平段亦可向外弯入框架梁和现浇板内，此时水平段端头伸出柱边尚不应小于 $12d$，且不应小于 250 mm(图 12.25)。

对于框架顶层端节点处，可将柱外侧纵向钢筋的柱在部分弯入梁内作梁上部纵向钢筋使用，也可将梁上部纵向钢筋和柱外侧纵向钢筋在顶层端节点及其邻近部位搭接。

(a) 搭接接头可沿顶层端节点外侧及梁端顶部布置，见图 12.26(a)。搭接长度应不小于 $1.5l_a$，伸入梁内的外侧柱筋截面面积不应小于外侧柱筋全部截面面积的 70%；其中不能伸入梁内的外侧柱筋应沿节点顶部伸至柱内边，向下弯折不小于 $8d$ 后截断，d 为该部分柱筋直径。当有现浇板且板厚不小于 80 mm，混凝土强度等级不低于 C20 时，不能伸入梁内的外侧柱筋亦可伸入现浇板内，其长度与伸入梁内的外侧柱筋相同。梁上部纵向钢筋应伸至节点外侧并向下弯折至梁下边缘高度，再向内弯折不小于 $8d$ 后截断；当梁上部纵向钢筋弯入节点外侧第二排时，其末端可不再向节点内弯折。当外侧梁筋配筋率超过 1.2%时，伸入梁内的外侧柱筋在满足以上规定的搭接长度后应分两批截断，其截断点之间的距离不宜小于 $20d$。

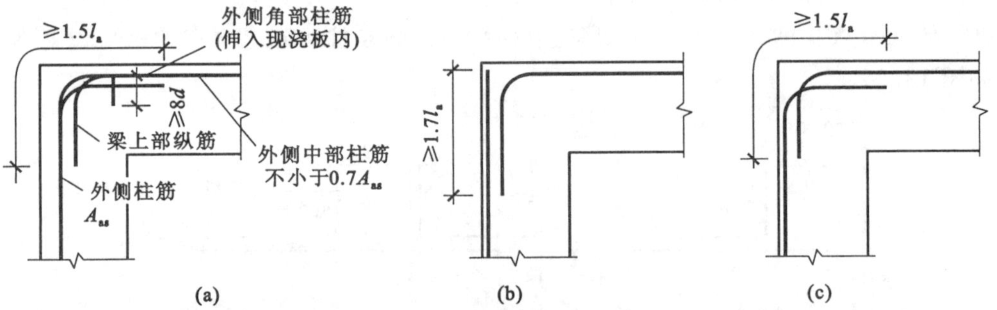

图 12.26　梁上部纵向钢筋与柱外侧纵向钢筋在顶层端节点的搭接

(a) 位于节点外侧和梁端顶部的带 90°弯折搭接接头；(b) 位于柱顶外侧的直线搭接接头；(c) 位于节点外侧和顶部的带 90°弯折搭接接头

(b) 搭接接头亦可沿顶层端节点及柱顶外侧布置，见图 12.26(b)。搭接长度应不小于 $1.7l_a$。当上部梁筋配筋率超过 1.2%时，弯入柱外侧的上部梁筋在满足以上规定的搭接长度后应分两批截断，其截断点之间的距离不宜小于 $20d$。

(c) 当节点尺寸较大，梁柱纵向钢筋直径不大时，搭接接头亦可只沿节点顶部及外侧布置，见图 12.26(c)。搭接长度应不小于 $1.5l_a$，且梁筋应沿节点外侧伸至梁底高度，柱筋应沿节点顶部伸至柱内侧，并分别向节点内弯折不小于 $8d$ 后截断。当梁筋弯入节点外侧第二排，柱筋弯入节点顶部第二排时，其末端可不再向节点内弯折。

③ 框架梁、柱连接的节点箍筋设置

非抗震设防的框架结构，虽然节点承受的剪力较小，但仍有必要配置适量的柱箍筋，约束柱的纵向钢筋和节点核心混凝土。箍筋的直径和肢数以及间距通常与柱中相同。

(2) 上、下柱连接

上、下柱的钢筋宜采用焊接，也采用搭接。一般在楼板面(对现浇楼板)或梁顶面(对装配式楼板)设置施工缝。下柱钢筋伸出搭接长度 l_l。当偏心距 $e_0 \leqslant 0.2h$ 时，l_l 按受压钢筋采用 $l_l = 0.85l_a$；当 $e_0 > 0.2h$ 时，l_l 按受拉钢筋采用 $l_l = 1.2l_a$。

在搭接长度范围内的箍筋除满足计算要求外，箍筋间距不应大于 $10d$(d 为纵向受力钢筋的最小直径)。柱每边钢筋不多于 4 根时，可在一个水平面搭接，见图 12.27(a)；柱每边钢筋为 5～8 根时，可在两个水平面上搭接，见图 12.27(b)；柱每边钢筋为 9～12 根时，可在三个平面上搭接，见图 12.27(c)。

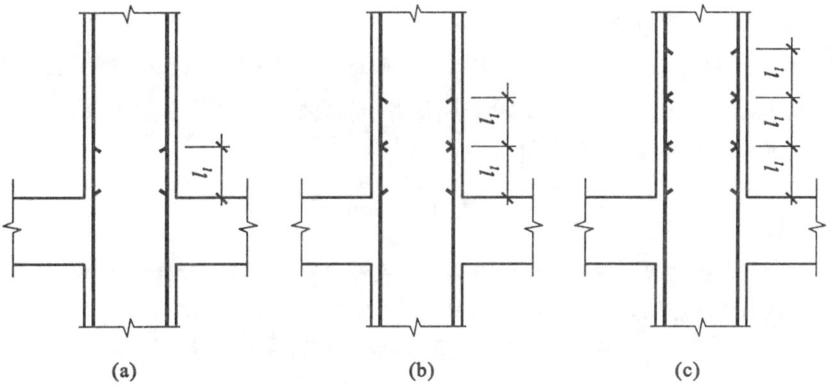

图 12.27　上、下柱钢筋接头

当上、下柱钢筋直径不同时，搭接长度 l_l 按上柱钢筋直径计算；当上、下柱截面高度不同时，若钢筋的折角不大于 1/6，钢筋可弯折伸入上柱搭接，见图 12.28(a)；当钢筋折角大于 1/6 且层高 $h \leqslant 2.5$ m 时，可直接将上柱钢筋锚固在下柱内，见图 12.28(b)；当折角大于 1/6 且 $h > 2.5$ m 时，应设置锚固在下柱内的插筋与上柱钢筋搭接，见图 12.28(c)。

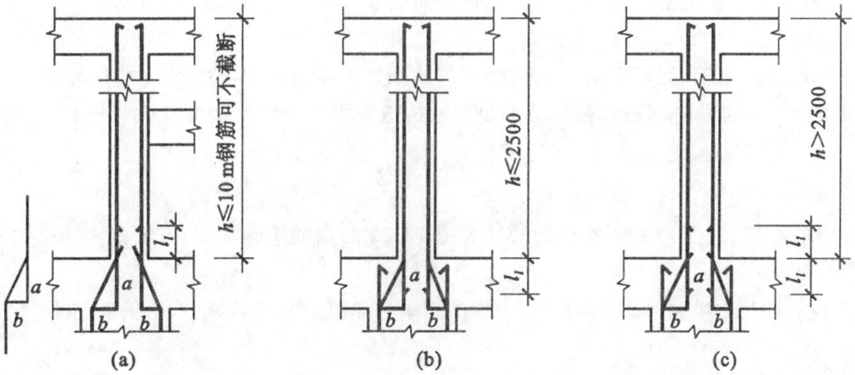

图 12.28　上、下柱变截面时的接头

小　结

(1) 多层房屋根据其性质(工业或民用)、层数、是否有吊车或在地震设防区,可采用混合结构或框架结构等。对于有大空间要求的多层房屋,特别是设有吊车的厂房和在地震区的多层房屋宜采用框架结构。

(2) 框架结构的设计步骤与单层工业厂房排架结构相似,首先是初定框架、柱截面尺寸,进行结构布置;然后对不同编号的框架进行结构计算(确定计算简图,内力分析及组合,梁、柱截面配筋计算);最后绘制结构施工图。

(3) 框架结构在竖向荷载作用下,其内力近似计算方法有分层法、力矩二次分配法和迭代法;框架在水平荷载作用下,其内力近似计算方法有反弯点法、D 值法和迭代法等,初步设计时常用分层法,而作施工图时则采用 D 值法。

(4) 现浇框架梁、柱的纵向钢筋和箍筋,除应满足计算要求外,还应满足钢筋直径、根数、间距、接头长度、弯起和截断位置以及节点配筋等构造要求。

(5) 第 10 章、第 11 章和第 12 章分别介绍了现浇框架结构、楼盖结构和装配式排架结构的设计方法和步骤。对于其它钢筋混凝土结构(如适用于高层的框架-剪力墙、剪力墙、筒体、框架-筒体结构,大跨度的薄壳结构,水池、水塔、烟囱等特种结构)以及地震力的计算方法和结构抗震的构造措施等,可参阅有关专著和资料。

复习思考题

12.1　框架结构在哪些情况下采用?现浇框架结构设计的主要内容和步骤是什么?

12.2　框架结构布置的原则是什么?有哪几种布置形式?各有什么优缺点?

12.3　如何确定多层框架的计算简图(包括初定框架梁、柱截面尺寸,各杆件的线刚度及框架几何尺寸等)?

12.4　框架梁、柱的内力有哪些?框架内力有哪些近似计算方法?各有什么使用条件?各有什么优缺点?

12.5　分层法、D 值法在计算中采用了哪些假定?

12.6　试叙述分层法、D 值法计算框架内力的步骤。

12.7　何谓柱的抗侧移刚度?

12.8　多层框架在水平荷载作用下,其变形有什么特点?其水平位移是怎样计算的?

12.9　怎样考虑多层框架的荷载效应组合和内力组合?怎样考虑楼面活荷载的最不利作用位置?手算时,实用的处理方法是怎样的?

12.10　竖向荷载作用下,梁端负弯矩为何要进行调幅?怎样调幅和考虑塑性内力重分布?

12.11　框架梁 、柱的纵向钢筋和箍筋应满足哪些构造要求?如何处理框架梁与柱、柱与柱的连接构造?

习　题

12.1　试分别用分层法及弯矩两次分配法计算图 12.29 所示框架的弯矩,并绘制 M 图(括号内数值为相对线刚度)。

12.2　用 D 值法计算图 12.30 所示框架的弯矩,并绘制 M 图(括号内数值为相对线刚度)。

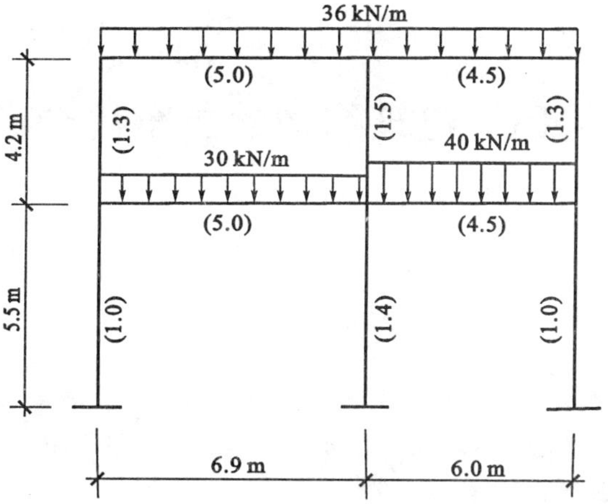

图 12.29　习题 12.1 图

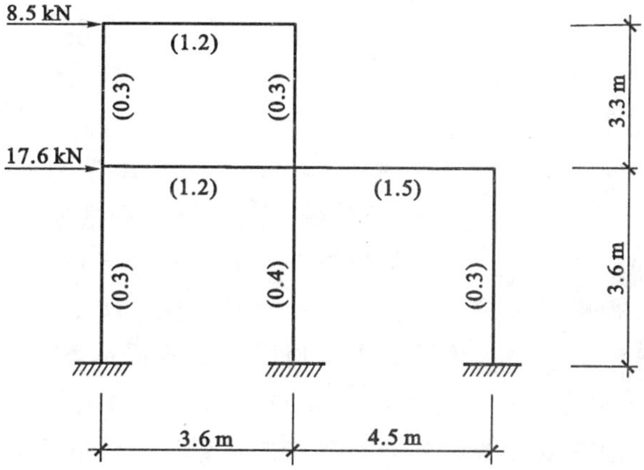

图 12.30　习题 12.2 图

13 建筑结构的抗震简介

本章提要

本章主要介绍了地震的成因、震级和烈度的划分，以及我国建筑结构抗震设计的策略、建筑场地的划分、地基基础的要求、多层砌体房屋、底部框架-抗震墙房屋、多高层钢筋混凝土结构房屋抗震设计方法与构造措施。

13.1 地震成因、震级和烈度

(1) 地震发生的成因

地震按其成因可划分为四种类型：构造地震、火山地震、陷落地震和诱发地震。在发生的各种地震中，其影响最大且次数最多的地震是由于地球地质构造所产生的构造地震。地球在不断的运动和发展过程中产生的巨大能量使最外层地壳和地幔产生很大的内应力，当这些应力积累超过某处岩层的强度极限时，岩层遭到破坏产生错动，从而将所积累的变形能量转化为波动能而引起振动。这种振动传到地面形成的地震就是构造地震。构造地震分布最广，危害最大。由于火山爆发，岩浆猛烈冲击地面而引起的地震叫火山地震。由于地表或地下岩层如石灰岩地区较大的地下溶洞或古旧矿坑等突然发生大规模的陷落和崩塌时所引起小范围内的地面震动叫陷落地震。这种地震很少造成破坏，其震级也较小。由于水库蓄水或深井注水等引起的地面震动叫诱发地震。地震引起的振动以波的形式从振源向各个方向传播并释放能量，这就是地震波，包含地球内部传播的体波（包括纵波和横波）和地球表面传播的面波。地震现象表明，纵波使建筑物产生上下颠簸，横波（剪切波）使建筑物产生水平方向摇晃。由于面波的能量要比体波的大，所以造成建筑物和地表破坏主要以面波为主。

(2) 地震强度

地震强度主要以震级和烈度来表示。

① 震级

地震的级别称为震级。它是表示某次地震所释放能量多少和地震强度大小的一个尺度。国际上比较通用的是里氏震级。它是用以标准地震仪所记录的最大水平位移（即振幅 A，以 μm 计）的常用对数值，来表示该次地震震级。并用 M 表示，即

$$M = \lg A$$

小于 2 级的地震，人们感觉不到，称为微震；2～4 级的地震，人们有所感觉，物体也有所晃动，称为有感地震；5 级以上的地震就能引起不同程度的破坏，故称为破坏性地震；7 级以上的地震为强烈地震或大地震；8 级以上的地震为特大地震。

② 烈度

地震烈度是指某一地区受到地震以后，地面及建筑受到地震影响的强弱大小程度。

对应于一次地震，表示地震大小的震级只有一个。然而，由于各个地区距震中远近不同以及地质情况等不同，所受到的影响也不同，因而烈度各异。一般地说，震中烈度最大，离震中越远则烈度越小。在一般震源深度(约15～20 km)情况下，震级 M 与震中烈度 I_0 的关系如下式

$$M = 0.58I_0 + 1.5$$

烈度是根据人的感觉、家具和物品的振动情况、建(构)筑物遭受破坏程度及地表破坏情况等的定性描述。目前我国使用的是12烈度表。4～5度为有感烈度；6度房屋出现裂缝；7度大多数房屋有轻微损坏；8～9度大多数房屋损坏或破坏，少数倒塌；10度许多房屋倒塌；11～12度房屋普遍损坏倒塌。震中烈度与震级的大致关系如表13.1所示。

表 13.1　震级与震中烈度大致的对应关系

震　级	3	4	5	6	7	8	9
震中烈度（度）	3	4～5	6～7	7～8	9～10	11	12

③ 基本烈度和设防烈度

基本烈度是指某一地区，今后一定时间内和一般的场地条件下，可能普遍遭遇到的最大地震烈度值。各地区的基本烈度，是根据当地的地质与地形条件和历史地震情况等，由中国国家地震局组织确定的。

抗震设防烈度是一个地区作为抗震设防依据的地震烈度，一般情况下采用国家地震局颁布的地震烈度区划图中规定的基本烈度。对有特殊要求的建筑，其抗震设防需专门研究考虑：一是不笼统提高设防烈度；二是根据不同的使用要求，提出不同的抗震标准；三是根据抗震要求，选用不同水准的设计地震参数；四是采用常规以外的特殊抗震方案、措施和验算方法。对少数在地震中破坏会造成次生灾害或重大经济、政治损失的重要工程，对全国的国计民生关系重大的工程，要适当提高其抗震要求。对次要建筑，则可降低抗震措施要求。

13.2　我国地震的特点与抗震策略

(1) 我国地震的特点

我国地处世界上最活跃的地震带，是世界上多震国家之一。地震的特点如下：震源浅、强度大，地震灾害大，地震活动分布范围广，城市较集中，人口又稠密，建筑物抗震能力差；强震的重演周期长，给人们造成对地震松弛与麻痹思想，对抗震防灾工作易被忽视。

(2) 减轻地震灾害的根本策略

抗震防灾工作最根本的措施是“地震预报”和“抗震防灾”。

地震预报，主要是根据地震地质构造、地震活动性能及地震前兆异常和环境因素等多方面的研究，作出可能发生地震的预报。

我国《建筑抗震设计规范》对新建工程抗震设防的指导思想为“小震不坏，中震(设防烈度)可修，大震不倒”。具体目标规定如下：

① 在遭受低于本地区设防烈度(基本烈度)的多遇地震时，建筑物一般不受损坏或不需修理仍可继续使用；

② 在遭受本地区规定的设防烈度地震影响时，建筑物(包括结构和非结构部分)可能有一

定损坏，但不致危及人民生命和生产设备的安全，经一般修理或不需修理仍可继续使用；

③ 在遭受高于本地区设防烈度的预估罕遇地震影响时，建筑物不致倒塌或发生危及生命的严重破坏。

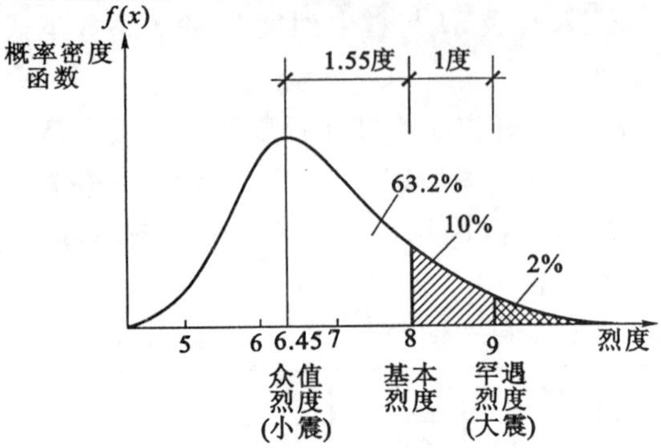

图 13.1　三种烈度关系示意图

基于上述抗震设防目标，建筑物在使用期间对不同强度的地震应具有不同的抵抗能力，这可以用 3 个地震烈度水准来考虑，即多遇烈度、基本烈度和罕遇烈度。从概率统计上来说，多遇地震烈度就是发生机会较多的地震，故可将其定义为烈度概率密度函数曲线峰值点所对应的烈度，即众值烈度(亦称多遇烈度或小震)时的地震，如图 13.1 所示。根据我国地震烈度的概率分布，当设计基准期为 50 年时，则 50 年内众值烈度的超越概率为 63.2%，这就是第一水准的烈度。50 年内超越概率约 10%的烈度大体上相当于现行地震区划图规定的基本烈度，将它定义为第二水准烈度。罕遇地震烈度(大震)是罕遇的地震，它所产生的烈度在 50 年内的超越概率为 2%，可作为第三水准烈度。由烈度概率分布分析可知，基本烈度与众值烈度相差约为 1.55 度，而基本烈度与罕遇烈度相差为 1 度。例如，当基本烈度为 8 度时，其众值烈度(多遇烈度)为 6.45 度左右，罕遇烈度为 9 度左右(图 13.1)。这样，遵照现行规范设计的建筑，在遭遇到多遇烈度(小震)作用时，建筑物基本上仍处于弹性阶段，一般不会损坏；在相应基本烈度的地震作用下，建筑物将进入弹塑性状态，但不至于发生严重破坏；在遭遇到罕遇地震(大震)时，建筑物将发生严重破坏，但不至于倒塌。

(3) 抗震设计方法

《建筑抗震设计规范》提出了二阶段设计方法以实现上述 3 个烈度水准的抗震设防要求。第一阶段设计是在方案布置符合抗震设计原则的前提下，按与基本烈度相对应的众值烈度(相当于小震)的地震参数，用弹性反应谱法求得结构在弹性状态下的地震作用标准值和相应的地震作用效应，然后与其它荷载效应按一定的组合系数进行组合，并对结构构件截面进行承载力验算，对于较高的建筑物还要进行变形验算，以控制侧向变形不要过大。这样，既满足了第一水准下必要的承载力可靠度，又满足了第二水准下的设防要求，然后再通过概念设计和构造措施来满足第三水准的设防要求。对于大多数结构，一般可只进行第一阶段的设计，但对于少数结构，如有特殊要求的建筑和地震时易倒塌的结构，除了应进行第一阶段的设计外，还要进行第二阶段的设计，即按与基本烈度相对应的罕遇烈度(相当于大震)验算结构的弹塑性层间变形是否满足规范要求，如有变形过大的薄弱层，则应修改设计或采取相应的构造措施，以使其能够满足第三水准的设防要求。

(4) 建筑物的抗震设防类别

建筑物的抗震设防类别按其使用功能的重要性分为甲类、乙类、丙类、丁类四个抗震设防类别。甲类建筑应属于重大建筑工程和地震时可能发生严重次生灾害的建筑，乙类建筑应属于地震时使用功能不能中断或需尽快恢复的建筑，丙类建筑应属于除甲、乙、丁类以外的一般建筑，丁类建筑应属于抗震次要建筑。建筑的抗震设防类别的划分，应符合《建筑抗震设防分类标准》(GB 50223)的规定。

各抗震设防类别建筑的抗震设防标准,应符合下列要求:

① 甲类建筑,地震作用应高于本地区抗震设防烈度的要求,其值应按批准的抗震安全性评价结果确定。抗震措施,当抗震设防烈度为6～8度时,应符合本地区抗震设防烈度提高一度的要求;当为9度时,应符合比9度抗震设防更高的要求。

② 乙类建筑,地震作用应符合本地区抗震设防烈度的要求。抗震措施,一般情况下,当抗震设防烈度为6～8度时,应符合本地区抗震设防烈度提高一度的要求;当为9度时,应符合比9度抗震设防烈度更高的要求。地基基础的抗震措施,应符合有关规定。对较小的乙类建筑,当其结构改用抗震性能较好的结构类型时,应允许仍按本地区抗震设防烈度的要求采取抗震措施。

③ 丙类建筑,地震作用和抗震措施均应符合本地区抗震设防烈度的要求。

④ 丁类建筑,一般情况下,地震作用仍应符合本地区抗震设防烈度的要求,抗震措施应允许比本地区抗震设防烈度的要求适当降低,但抗震设防烈度为6度时不应降低。

抗震设防烈度为6度时,除《建筑抗震设计规范》中有具体规定外,还规定对乙、丙、丁类建筑可不进行地震作用计算。

13.3 建筑场地、地基和基础

13.3.1 建筑场地的选择

要正确地选择建筑场地,就需要了解场地土的分类和工程性质。《建筑抗震设计规范》(GB 50011—2001)把场地土分为以下三类:

(1) 有利地段　稳定基岩、坚硬土或开阔平坦、密实均匀的中硬土等。建筑在坚硬土层上的建筑物在承受强烈地震时,一般很少因地基发生问题而使上部结构破坏。

(2) 不利地段　软弱土、液化土,条状突出的山嘴,高耸孤立的山丘,非岩质的陡坡,河岸和边坡的边缘,平面分布上成因、岩性、状态明显不均匀的土层(如故河道、疏散的断层破碎带、暗埋的塘浜沟谷和半填半挖地基)等。

(3) 危险地段　地震时可能发生滑坡、崩塌、地陷、地裂、泥石流等及地震断裂带可能发生地表错位的部位。

场地的类别划分应以土层等效剪切波速和场地覆盖层厚度为准。因此,进行场地岩土工程勘察,应根据实际需要划分对建筑有利、不利和危险的地段,提供建筑的场地类别和岩土地震稳定性(如滑坡、崩塌、液化和震陷特性等)评价,对需要采用时程分析法补充计算的建筑,尚应根据设计需要提供土层剖面、场地覆盖层厚度和有关的动力参数。

13.3.2 建筑场地土的类型及划分

(1) 建筑场地类型

根据场地土类型和场地覆盖层厚度划分为四类,见表13.2。当有充分依据时可适当调整。

(2) 场地土的类型划分

当为单一土层时,土的类型即为场地土类型;当为多层土时,场地土类型可根据地面下15 m且不深于场地覆盖层厚度范围内各土层类型和厚度综合评定。土的类型划分和剪切波速范围见表13.3。

表 13.2　各类建筑场地类型的覆盖层厚度

等效剪切波速(m/s)	场地类型			
	Ⅰ	Ⅱ	Ⅲ	Ⅳ
$v_{se}>500$	0			
$500\geqslant v_{se}>250$	<5	≥5		
$250\geqslant v_{se}>140$	<3	3～50	>50	
$v_{se}\leqslant 140$	<3	3～15	15～80	>80

表 13.3　土的类型划分和剪切波速范围

土的类型	岩土名称和性状	土层剪切波速范围(m/s)
坚硬土或岩石	稳定岩石、密实的碎石土	$v_s>500$
中硬土	中密、稍密的碎石土，密实、中密的砾、粗、中砂，$f_{ak}>200$ kPa 的粘性土和粉土、坚硬黄土	$500\geqslant v_s>250$
中软土	稍密的砾、粗、中砂，松散的细、粉砂，$f_{ak}\leqslant 200$ kPa 的粘性土和粉土，$f_{ak}\geqslant 130$ kPa 的填土、可塑黄土	$250\geqslant v_s>140$
软弱土	淤泥和淤泥质土，松散的砂，新近沉积的粘性土，$f_{ak}\leqslant 130$ kPa 的填土、流塑黄土	$v_s\leqslant 140$

注：f_{ak}为荷载试验等方法得到的地基静承载力特征值(kPa)，v_s 为岩土剪切波速。

场地内存在发生断裂时，应对断裂的工程影响进行评价，如不符合《建筑抗震设计规范》的规定，应避开主断裂带，其避让距离应符合《建筑抗震设计规范》的规定。

13.3.3　地基基础

(1) 不进行天然地基及基础抗震验算的建筑

根据我国多次强地震中建筑遭受破坏资料分析，下列天然地基上的各类建筑极少产生由于地基破坏而引起的结构破坏，故可不进行地基及基础抗震承载力验算。

① 砌体房屋；

② 地基主要受力层范围内不存在软弱粘性土层的一般厂房，单层空旷厂房和 8 层、高度 25 m 以下的一般民用框架房屋及与其基础荷载相当的多层框架厂房，其中软弱粘性土层主要是指地震设防烈度为 7 度、8 度和 9 度时，地基静承载力特征值分别小于 80 kPa、100 kPa 和 120 kPa 的土层；

③ 可不进行上部结构抗震验算的建筑。

(2) 天然地基在地震荷载作用下的抗震承载力验算

在进行天然地基的抗震承载力验算时，首先要确定地基土的抗震承载力，而地基在地震作用下的承载力与静承载力是有差别的。一般土的动承载力都要比静承载力高。我国《规范》规定地基抗震承载力应按下式计算

$$f_{ae}=\xi_a f_a \tag{13.1}$$

式中　f_{ae}——调整后的地基抗震承载力，N；

ξ_a——地基抗震承载力调整系数按表 13.4 采用；

f_a——深宽修正后的地基承载力特征值，应按国家标准《建筑地基基础设计规范》(GB 50007)采用。

表 13.4 地基土抗震承载力调整系数

岩土名称和性状	ξ_a
岩石、密实的碎石土，密实的砾、粗、中砂，$f_{ak}>300$ kPa 的粘性土和粉土	1.5
中密、稍密的碎石土，中密和稍密的砾、粗、中砂，密实和中密的细、粉砂，150 kPa$\leqslant f_{ak}\leqslant$300 kPa 的粘性土和粉土，坚硬黄土	1.3
稍密的细、粉砂，100 kPa$\leqslant f_{ak}\leqslant$150 kPa 的粘性土和粉土，可塑黄土	1.1
淤泥、淤泥质土，松散的砂，杂填土，新近沉积的黄土及流塑黄土	1.0

验算天然地基作用下的竖向承载力时，按地震作用效应标准组合的基础底面所产生的压力可认为是直线分布的。基础底面平均压力和边缘处最大压力应符合下列各式要求

$$P = f_{ae} \tag{13.2}$$

$$P_{max} \leqslant 1.2\ f_{ae} \tag{13.3}$$

式中 P——地震作用效应标准组合的基础底面平均压力，N；

P_{max}——地震作用效应标准组合的基础边缘的最大压力，N。

此外，对于高宽比大于 4 的高层建筑，在地震作用下基础底面不应出现拉应力，其它建筑基础底面与地基之间零应力区面积不应超过基础底面面积的 15%。

13.4 多层砌体房屋、底部框架-抗震墙房屋的抗震设计

13.4.1 抗震设计原则

抗震设计包括两个方面：一是进行概念设计，即对房屋平面形式、立面设计等做合理地选型，以及采取必要的构造措施；二是确定合理的计算简图和分析方法，对地震效应进行抗震设计、计算。

进行抗震设计的原则是：

(1) 要遵照“小震不坏，中震可修，大震不倒”的设计原则。

(2) 力求结构方案合理，促使抗震性能提高。房屋建筑平、立面布置应力求规则、对称，结构的质量分布和刚度变化宜均匀。要避免形体质量中心与刚度中心不一致而引起房屋发生扭转。结构体系力求受力明确，计算简图简明，地震作用传力路线合理。结构和构件宜加强延性，避免脆性破坏。要求框架的梁在端部先形成塑性铰，使框架柱的受剪承载力大于其框架梁的受弯承载力，做到“强柱弱梁”。并要求做到梁和柱的斜截面受剪承载力大于其正截面受弯承载力，即所谓“强剪弱弯”，使之可能发生的将是延性破坏而非脆性破坏。

13.4.2 结构方案与结构布置

(1) 建筑平面及结构布置

对于多层砌体房屋的结构体系应符合下列要求：应优先采用横墙承重或纵墙承重的结构

体系;纵横墙的布置宜均匀对称,沿平面内宜对齐,沿竖向应上下连续,同一轴线上窗间墙宽度宜均匀;地震设防烈度为7度、8度和9度时合理设置防震缝;楼梯间不宜设置在房屋的尽端和转角处;烟囱、风道、垃圾道等不应削弱墙体,当墙体被削弱时,应对墙体采取加强措施,这宜采用无竖向配筋的附墙烟囱及出屋面的烟囱;不宜采用无锚固的钢筋混凝土预制挑檐。

对于底部框架-抗震墙房屋的结构布置,应符合下列要求:底部框架房屋的底部应沿纵横两个方向对称布置一定数量的抗震墙。6度、7度且总层数不超过5层时,可采用嵌砌于框架之间的砌体墙,其余情况宜采用钢筋混凝土墙;底层框架-抗震墙房屋的纵横两个方向,第二层与底层侧移刚度的比值,6度、7度时不应大于2.5,8度、9度时不应大于2.0,且均不得小于1.0;底部两层框架-抗震墙房屋纵横两个方向,底层与底部第二层侧移刚度应接近,第三层与底部第二层侧移刚度的比值在6度、7度时不应大于2.0,8度、9度时不应大于1.5,且均不小于1.0。

(2) 多层房屋的总高度和层数限制

① 一般情况下房屋的层数和总高度不应超过表13.5的规定。

表13.5　房屋的层数和高度限制

房屋类别		最小厚度(mm)	烈度							
			6度		7度		8度		9度	
			高度(m)	层数	高度(m)	层数	高度(m)	层数	高度(m)	层数
多层砌体	实心粘土砖	240	24	8	21	7	18	6	12	4
	多孔砖	240	21	7	21	7	18	6	12	4
		190	21	7	18	6	15	5	—	—
	混凝土小砌块	190	21	7	21	7	18	6	12	4
底部框架-抗震墙		240	21	7	21	7	19	6	11	3
多排柱内框架		240	16	6	16	5	14	4	7	2

注:房屋的总高度指室外地面到檐口或屋面板顶的高度,半地下室可从地下室室内地面算起,全地下室和嵌固条件好的半地下室可从室外地面算起,带阁楼的坡屋面应算到山尖墙的1/2高度处。

② 对医院、教学楼等及横墙较少的多层砌体房屋总高度,应比表13.5的规定降低3 m,层数相应减少一层。各层横墙很少的多层砌体房屋,还应根据具体情况再适当降低总高度和减少层数。

③ 横墙较少(横墙少指同一层内开间大于4.2 m的房间占该层总面积的40%以上)的多层住宅楼,当按规定采取加强措施并满足抗震承载力要求时,其高度和层数可按表13.5采用。

④ 砖和砌块承重房屋的层高不应超过3.6 m;底部框架-抗震墙房屋的底部和内框架房屋的层高,不应超过4 m。

(3) 多层砌体房屋高宽比限制(见表13.6)

表13.6　房屋最大高宽比

烈度	6度	7度	8度	9度
最大高宽比	2.5	2.5	2.0	1.5

注:① 单面走廊房屋的总宽度不包括走廊宽度;

② 点式、墩式建筑的高宽比宜适当减小。

(4) 房屋抗震横墙的间距限制(见表 13.7)

表 13.7　房屋抗震横墙最大间距(m)

房屋类型		烈度			
		6 度	7 度	8 度	9 度
多层砌体	现浇或装配整体式钢筋混凝土	18	18	15	11
多层砌体	装配式钢筋混凝土	15	15	11	7
多层砌体	木	11	11	7	4
底部框架-抗震墙	上部各层	同多层砌体房屋			
底部框架-抗震墙	底部或底部两层	25	21	18	15
多排柱内框架		30	30	30	20

注:① 多层砌体房屋的顶层,最大横墙间距可适当放宽;

② 小砌块房屋不宜采用木楼(屋)盖。

(5) 房屋中砌体墙段的局部尺寸限值(见表 13.8)

表 13.8　房屋的局部尺寸限值(m)

部位	烈度			
	6 度	7 度	8 度	9 度
承重窗间墙最小宽度	1.0	1.0	1.2	1.5
承重外墙尽端至门窗洞边的最小距离	1.0	1.0	1.2	1.5
非承重外墙尽端至门窗洞边的最小距离	1.0	1.0	1.0	1.0
内墙阳角至门窗洞边的最小距离	1.0	1.0	1.5	2.0
无锚固女儿墙(非出入口处)的最大高度	0.5	0.5	0.0	0.0

注:① 局部尺寸不足时应采取局部加强措施弥补;

② 出入口处的女儿墙应有锚固。

13.4.3　多层砌体房屋抗震计算

对多层砌体房屋,一般只需验算房屋在横向和纵向水平地震力作用下,横墙和纵墙在其自身平面内的剪切强度。同时《抗震规范》规定,进行多层砌体房屋抗震强度验算时,可只选择承载面积较大或竖向压力较小的墙段进行截面抗震承载力验算。

(1) 计算简图　在确定多层砌体结构房屋计算简图时,主要有以下考虑:

① 将水平地震作用在建筑物两个主轴方向分别进行抗震验算;

② 地震作用下结构的变形为剪切型;

③ 房屋各层楼盖水平刚度无限大,仅做平移运动,因此各抗侧力构件在同一楼层标高处侧移相同。

在计算地震作用时,应以防震缝所划的结构单元作为计算单元,在计算单元中各楼层的集中质点设在楼、屋盖标高处,各楼层质点重力荷载(G_i)应包括楼、屋盖上的重力荷载代表值,墙体上、下层各半的重力荷载。图 13.2 为多层砌体房屋的计算简图。

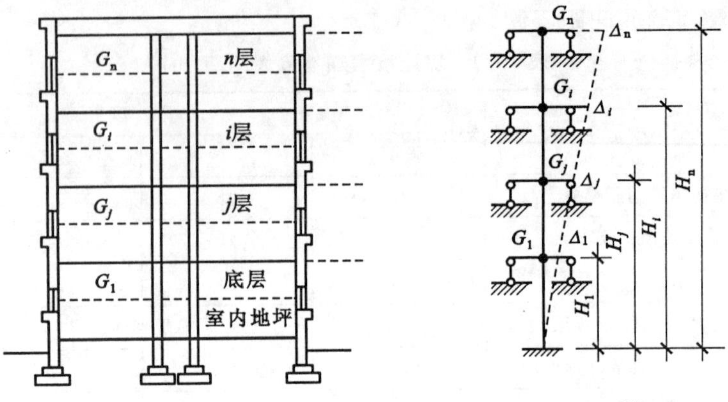

图 13.2　多层砌体房屋的计算简图

(a)多层砌体房屋；(b)计算简图

计算简图中结构底部固定端标高的取法：对于多层砌体结构房屋，当基础埋置较浅时，取为基础顶面；当基础埋置较深时，可取为室外地坪下 0.5 m 处；当设有整体刚度很大的全地下室时，则取为地下室顶板顶部；当地下室整体刚度较小或为半地下室时，则应取为地下室室内地坪处。

(2) 地震作用

多层砌体结构房屋可以按底部剪力法来确定其地震作用。结构底部总水平地震作用的标准值 F_{EK} 为

$$F_{EK} = \alpha_1 G_{ep} \tag{13.4}$$

《抗震规范》规定：对于多层砌体房屋确定水平地震作用时，采用 $\alpha_1 = \alpha_{max}$，α_{max} 为水平地震影响系数最大值。

计算质点 i 的水平地震作用标准值 F_i 时，地震作用采用倒三角形分布，并取 $\delta_n = 0$，则 F_i 的计算公式为(见图 13.2)

$$F_i = \frac{G_i H_i}{\sum_{j=1}^{\infty} G_j H_j} F_{EK} \tag{13.5}$$

作用在第 i 层的地震剪力 V_i 为 i 层以上各层地震作用之和，即

$$V_i = \sum_{i=1}^{n} F_i \tag{13.6}$$

采用底部剪力法时，对于突出屋面的屋顶间、女儿墙、烟囱等小建筑物的地震作用效应宜乘以增大系数 3，以考虑鞭梢效应。此增大部分的地震作用效应不往下层传递。

(3) 楼层地震剪力在墙体中的分配

楼层地震剪力 V_i 是作用在整个房屋某一楼层上的剪力。首先要把它分配到同一楼层的各道墙上去，进而再把每道墙上的地震剪力分配到同一道墙的某一墙段上。这样，当某一道墙或某一墙段的地震剪力已知后，才可能按砌体结构的方法对墙体的抗震承载力进行验算。

楼层地震剪力 V_i 在同一层各墙体间的分配主要取决于楼盖的水平刚度及各墙体的侧移刚度。

① 墙体侧移刚度《规范》规定

(a) 高宽比小于1时,只考虑剪切变形,有

$$K_{s}=\frac{Et}{3h/b} \tag{13.7}$$

式中 h——墙体、门间墙或窗间墙高度,mm;

b、t——墙体、墙段的宽度和厚度,mm;

E——砌体的弹性模量,N/mm^2。

(b) 高宽比不大于4且不小于1时,应同时考虑弯曲和剪切变形,即

$$K_{bs}=\frac{Et}{(h/b)[3+(h/b)^{2}]} \tag{13.8}$$

(c) 高宽比大于4时,由于侧移柔度值很大,可不考虑其刚度,即取 $K_s=0$。

② 楼层地震剪力 V_i 的分配原则

在抗震设计中,当抗震横墙间距不超过规定的限值时,则假定 V_i 由各层与 V_i 方向一致的抗震墙体共同承担,即横向地震作用全部由横墙承担,而不考虑纵墙作用。同样纵墙地震作用全部由纵墙承担,而不考虑横墙作用。

③ 横向楼层地震剪力 V_i 的分配

横向楼层地震剪力在横向各抗侧力墙体之间分配,不仅取决于每片墙体的层间抗侧力等效刚度,而且取决于楼盖的整体水平刚度。

(a) 刚性楼盖房屋

刚性楼盖房屋是指抗震横墙间距符合《规范》规定的现浇及装配整体式钢筋混凝土楼盖房屋。各墙所承受的地震剪力按各墙的侧移刚度比例进行分配。

第 i 层各抗震横墙所分担的地震剪力 V_{im} 之和即为该楼层总地震剪力 V_i

$$\sum_{m=1}^{s}V_{im}=V_{i}\quad(i=1,2,\cdots,n) \tag{13.9}$$

式中 V_{im}——第 i 层中第 m 道墙所分担的地震剪力,N。

$$V_{im}=\frac{K_{im}}{\sum_{m=1}^{s}K_{im}}V_{i} \tag{13.10}$$

当计算墙体在其平面内的侧移刚度 K_{im} 时,一般只考虑剪切变形的影响,即

$$K_{im}=\frac{A_{im}G_{im}}{\xi h_{im}}$$

式中 G_{im}——第 i 层第 m 道墙砌体的剪切模量,N/mm^2;

A_{im}——第 i 层第 m 道墙的净横截面面积,mm^2;

h_{im}——第 i 层第 m 道墙的高度,mm;

ξ——截面剪应力分布不均匀系数,对矩形截面取 $\xi=1.2$。

若各墙的高度 h_{im} 相同,材料相同,从而 G_{im} 相同,则

$$V_{im}=\frac{A_{im}}{\sum_{m=1}^{s}A_{im}}V_{i} \tag{13.11}$$

式中 $\sum_{m=1}^{s}A_{im}$——第 i 层各抗震横墙净横截面面积之和,mm^2。

(b) 柔性楼盖房屋

柔性楼盖房屋是指以木结构等柔性材料为楼盖的房屋。各横墙所承担的地震作用可按下式计算

$$V_{im}=\frac{G_{im}}{G_i}V_i \tag{13.12}$$

式中 G_i——第 i 层楼(屋)盖上所承担的总重力荷载代表值,N;

G_{im}——第 i 层楼(屋)盖上,第 m 道墙与左右两侧相邻横墙之间各一半楼(屋)盖面积上所承担的重力荷载代表值之和,N。

(c) 中等刚性楼盖房屋

装配式钢筋混凝土楼盖属于中等刚性楼盖。在一般多层砌体的设计中,对于中等刚性楼盖房屋,第 i 层第 m 片横墙所承担的地震剪力,可取刚性楼盖和柔性楼盖房屋两种计算结果的平均值

$$V_{im}=\frac{1}{2}\left(\frac{K_{im}}{\sum_{m=1}^{s}K_{im}}+\frac{G_{im}}{G_i}\right)V_i \tag{13.13}$$

对于一般房屋,当墙高 h_{im} 相同,所用材料相同,楼(屋)盖上重力荷载均匀分布时,V_{im} 也可为

$$V_{im}=\frac{1}{2}\left(\frac{A_{im}}{\sum_{m=1}^{s}A_{im}}+\frac{F_{im}}{F_i}\right)V_i \tag{13.14}$$

④ 纵向楼层地震剪力的分配,均可按刚性楼盖考虑,即纵向地震剪力可按纵墙的刚度比例进行分配。

⑤ 同一道墙上各墙段间地震剪力的分配

在同一道墙上,门窗洞口之间墙段所承担的地震剪力可按墙段的侧移刚度进行分配。由于各墙段的高宽比 h/b 不同,其地震剪力求法也不同。

(a) 各墙段高宽比 h/b 小于 1 时,第 r 墙段所分配的地震剪力为

$$V_{imr}=\frac{K_{imr}}{\sum_{r=1}^{s}K_{imr}}V_{im} \tag{13.15}$$

(b) 当各墙段高宽比相差较大时,各墙段地震剪力应按各墙段侧移刚度比例进行分配。

对于需同时考虑弯曲变形及剪切变形影响的墙段

$$V_{imb}=\frac{K_{bs}}{\sum K_{bs}+\sum K_s}V_{im} \tag{13.16}$$

对于仅需考虑剪切变形影响的墙段

$$V_{ims}=\frac{K_s}{\sum K_{bs}+\sum K_s}V_{im} \tag{13.17}$$

式中 V_{imb}——需同时考虑弯曲变形及剪切变形的影响的墙段所分配的地震剪力,N;

V_{ims}——仅需要考虑剪切变形的影响的墙段所分配的地震剪力,N;

K_{bs}——同时考虑弯曲变形及剪切变形影响的墙段的侧移刚度,N·mm;

K_s——仅需考虑剪切变形的影响的墙段的侧移刚度,N·mm;

V_{im}——第 i 层第 m 道墙段所分配到的地震剪力，N。

13.4.4 墙体抗震承载力验算

对于多层砌体房屋，可只选择承载面积较大或竖向应力较小的墙段进行截面抗震承载力验算。

各类砌体沿阶梯形截面破坏的抗震抗剪强度设计值，按式(13.18)计算

$$f_{VE}=\xi_N f_V \tag{13.18}$$

式中 f_{VE}——砌体沿阶梯形截面破坏的抗震抗剪强度设计值，N/mm^2；

f_V——非抗震设计的砌体抗剪强度设计值，N/mm^2，应按国家标准《砌体结构设计规范》(GB 50003)采用；

ξ_N——砌体强度的正应力影响系数，可按表 13.9 采用。

表 13.9 砌体强度的正应力影响系数

砌体类别	σ_0/f_V							
	0.0	1.0	3.0	5.0	7.0	10.0	15.0	20.0
粘土砖、多孔砖	0.80	1.00	1.28	1.50	1.70	1.95	2.32	—
混凝土小砌块	—	1.25	1.75	2.25	2.60	3.10	3.95	4.80

注：σ_0 为对应于重力荷载代表的砌体截面平均压应力。

粘土砖、多孔砖墙体的截面抗震承载力，应按下列规定验算：

① 一般情况下，应按式(13.19)进行验算

$$V\leqslant\frac{f_{VE}A}{\gamma_{RE}} \tag{13.19}$$

式中 V——墙体剪力设计值，N；

A——墙体横截面面积，mm^2，多孔砖取毛截面面积；

γ_{RE}——承载力抗震调整系数，按《规范》表 5.4.2 规定采用，自承载墙按 0.75 采用。

② 当按式(13.19)验算不满足要求时，可计入设置于墙段中部、截面不小于 240 mm×240 mm，且间距不大于 4 m，纵向钢筋配筋率不小于 0.60%的构造柱对承载力的提高作用，按下列简化方法验算

$$V\leqslant\frac{1}{\gamma_{RE}}[\eta_c f_{VE}(A-A_c)+\zeta f_t A_c+0.08f_y A_s] \tag{13.20}$$

式中 A_c——中部构造柱的横截面总面积，mm^2（$A_c>0.15A$ 时，取 $0.15A$）；

f_t——中部构造柱的混凝土抗压强度设计值，N/mm^2；

A_s——中部构造柱的纵向钢筋截面总面积，mm^2（配筋率大于 1.4%时，取 1.4%）；

f_y——钢筋抗拉强度设计值，N/mm^2；

ζ——构造柱参与工作系数，居中设一根时取 0.5，多于一根时取 0.4；

η_c——墙体约束修正系数，一般情况取 1.0，构造柱间距不大于 2.8 m 时取 1.1。

③ 水平配筋粘土砖，多孔砖墙体的截面抗震承载力，应按下式验算

$$V\leqslant\frac{1}{\gamma_{RE}}(f_{VE}A+\zeta_s f_y A_v) \tag{13.21}$$

式中　A——墙体横截面面积，mm^2，多孔砖取毛截面面积；

A_s——层间墙体竖向截面的钢筋总截面面积，mm^2，其配筋率应不小于0.07%且不大于0.17%；

ζ_s——钢筋参与工作系数，可按表13.10采用。

表13.10　钢筋参与工作系数

墙体高宽比	0.25	0.4	0.5	0.6	0.7	0.8	>1.0
ζ_s	0.07	0.10	0.11	0.12	0.14	0.15	0.15

④ 小砌块墙体的截面抗震受剪承载力，应按下式计算

$$V \leqslant \frac{1}{\gamma_{RE}}[f_{VE} + (0.3f_tA_c + 0.05f_yA_s)\xi_c] \tag{13.22}$$

式中　f_t——芯柱混凝土轴心抗压强度设计值，N/mm^2；

A_c——芯柱截面总面积，mm^2；

A_s——芯柱钢筋截面总面积，mm^2；

ξ_c——芯柱参与工作系数，可按表13.11采用。

表13.11　芯柱影响系数

填孔率ρ	$\rho<0.15$	$0.15\leqslant\rho<0.25$	$0.25\leqslant\rho<0.5$	$\rho\geqslant0.5$
ξ_c	0.0	1.0	1.10	1.15

注：填孔率指芯柱根数与孔洞总数之比。

13.4.5　底部框架-抗震墙房屋的抗震设计要点

底部框架-抗震墙房屋的抗震计算可采用底部剪力法。但对地震作用效应应进行调整，对底部框架-抗震墙房屋，底层的纵向和横向地震剪力设计值均应乘以增大系数，其值应允许根据第二层与底层侧向刚度比值的大小在1.2～1.5内选用。对底部两层框架-抗震墙房屋，底层和第二层的纵向和横向地震剪力设计值亦均应乘以增大系数，其值应允许根据侧向刚度比在1.2～1.5内选用。底层或底部两层的纵向和横向地震剪力设计值应全部由该方向的抗震墙承担，并按各抗震墙侧向刚度比例分配。框架房屋框架柱的地震作用效应，可按下列方法确定：

① 框架柱承担的地震剪力设计值，可按各抗侧力构件有效侧移刚度比例分配确定；有效侧移刚度的取值，框架不折减，混凝土墙可乘以折减系数0.30，粘土砖墙可乘以折减系数0.20。即

$$V_c = \frac{K_c}{\sum K_c + \sum K_w}V \tag{13.23}$$

式中　K_c——一根钢筋混凝土柱的侧移刚度，N·mm，$K_c = \alpha\dfrac{12EI_c}{h^3}$，即柱的$D$值；

K_w——片墙开裂后的抗侧移刚度，N·mm；

对钢筋混凝土墙

$$K_w = 0.3\times\frac{1}{\dfrac{1.2h}{GA}+\dfrac{h^3}{3EI}} \tag{13.24}$$

对粘土砖墙

$$K_w = 0.2 \times \frac{1}{\frac{1.2h}{GA} + \frac{h^3}{3EI}} \tag{13.25}$$

G——材料的剪切模量，N/mm^2，对钢筋混凝土取 $G=0.43E$，对砖砌体取 $G=0.4E$；

V——层间剪力，N。

② 框架柱的轴力应计入地震倾覆力矩引起的附加轴力，上部砖房可视为刚体，底部各轴线承受的地震倾覆力矩，可近似按底部抗震墙和框架的侧移刚度的比例分配确定。

一片抗震墙承担的倾覆力矩为

$$M_w = \frac{K_w'}{\overline{K}} M_l \tag{13.26}$$

一榀框架承担的倾覆力矩为

$$M_f = \frac{K_f'}{\overline{K}} M_l \tag{13.27}$$

$$\overline{K} = \sum K_w' + \sum K_f' \tag{13.28}$$

式中 M_l——作用于底层框架顶面的地震倾覆力矩，$N \cdot mm$，$M_l = \sum_{i=2}^{n} F_i h_i$；

F_i、h_i——第 i 层地震作用(N)、高度(mm)；

K_w'——地层一片抗震墙的平面内转动刚度，$N \cdot mm$，$K_w' = \frac{1}{\frac{h}{EI} + \frac{1}{C_\varphi I_\varphi}}$；

K_f'——一榀框架沿自身平面内转动刚度，$N \cdot mm$，$K_f' = \frac{1}{\frac{h}{E\sum A_i x_i^2} + \frac{1}{C_z \sum F'_i x_i^2}}$；

I、I_φ——抗震墙水平截面和基础底面积对形心轴的惯性矩，mm^4；

C_z、C_φ——地基抗压和抗弯刚度系数；

A_i、F_i'——一榀框架中第 i 根柱子水平截面面积和基础底面积，mm^2；

x_i——第 i 根柱子到所在框架中和轴的距离，mm。

当一榀框架所分担的倾覆力矩求出后，柱的附加轴力可近似取为 $N' = \pm \frac{M_f}{B}$，即假定附加轴力全部由最外边的两边柱承担，式中 B 为两边柱之间的距离；或者可考虑各柱均参加抗倾覆，此时，$N' = \pm \frac{M_f A_i x_i}{\sum A_i x_i^2}$。

③ 底部框架房屋的钢筋混凝土托墙梁在计算地震组合内力时，由竖向荷载产生的剪力不折减，由竖向荷载产生的弯矩要按下列方法确定：

(a) 当上部的砖墙不超过 4 层时，可计入全部墙体及其承担的重力荷载；

(b) 当上部的砖墙超过 4 层且在跨中 1/2 区段的墙体仅有一个洞口时，墙体及其承担的重力荷载可仅取 4 层计算。

④ 框架-抗震墙房屋中嵌砌于框架之间的粘土砖抗震墙，抗震验算应符合下列规定：

(a) 框架柱的轴向力和剪力，应计入砖抗震墙引起的附加轴向力和附加剪力，其值按式

(13.29)及式(13.30)确定

$$N_f = \frac{V_w H_f}{l} \tag{13.29}$$

$$V_f = V_w \tag{13.30}$$

式中 V_w——墙体承担剪力设计值,N,柱两侧有墙时可取两者的较大值;

N_f——框架柱的附加轴向力设计值,N;

V_f——框架柱的附加剪力设计值,N;

H_f、l——分别为框架的层高和跨度,mm。

(b) 嵌砌于框架之间的粘土砖抗震墙,其截面抗震承载力应按式(13.31)验算

$$V \leqslant \frac{1}{\gamma_{RE_C}} \sum (M_{yc}^u + M_{yc}^l)/H_0 + \frac{1}{\gamma_{RE_W}} \sum f_{ve} A_{w0} \tag{13.31}$$

式中 V——嵌砌粘土砖抗震墙剪力设计值,N;

A_{w0}——砖墙水平截面的计算面积,mm^2,无洞口时取实际截面的 1.25 倍,有洞口时取截面的净面积,但不计入宽度小于洞口高度 1/4 的墙肢截面面积;

M_{yc}^u、M_{yc}^l——分别为底层框架柱上、下端的正截面受弯承载力弯矩设计值,N·mm,可按现行国家标准《混凝土设计规范》非抗震设计的有关公式计算;

H_0——底层框架柱的计算高度,mm,两侧均有砖墙壁时取柱子净高的 2/3,其余情况取柱净高;

γ_{RE_C}——底层框架柱承载力抗震调整系数,可采用 0.8;

γ_{RE_W}——嵌砌粘土砖抗震墙承载力抗震调整系数,可采用 0.9。

13.5 多层砌体房屋的抗震构造措施

13.5.1 多层砖房构造措施

(1) 构造柱设置

设置钢筋混凝土构造柱可以明显改善多层砌体结构房屋的抗震性能,构造柱的设置部位一般情况下应符合表 13.12 的要求。

表 13.12 砖房构造柱设置要求

房 屋 层 数				设 置 部 位	
烈 度					
6 度	7 度	8 度	9 度		
4、5	3、4	2、3		外墙四角错层部位横墙与外纵墙交接处,较大洞口两侧,大房间内外墙交接处	7 度、8 度时,楼电梯间的四角,每隔 15 m 左右的横墙与外墙交接处
6、7	5	4	2		隔开间横墙(轴线)与外墙交接处,山墙与内纵墙交接处,7～9 度时,楼电梯间四角
8	6、7	5、6	3、4		内墙(轴线)与外墙交接处,内墙的局部较小墙垛处,7～9 度时,楼电梯间的四角,9°时内纵墙与横墙(轴线)交接处

另外，构造柱还应符合下列要求：

① 外廊式和单面走廊的多层房屋，应根据房屋增加一层后的层数，按表13.12的要求设置构造柱，且单面走廊两侧的纵墙均应按外墙处理。

② 教学楼、医院等横墙较少的房屋，应根据房屋增加一层后的层数，按表13.12的要求设置构造柱；当教学楼、医院等横墙较少的房屋为外廊式或单面走廊式时，应按要求设置构造柱，但6度不超过4层、7度不超过3层和8度不超过2层时，应按增加2层后的层数考虑。

③ 构造柱最小截面可采用240 mm×180 mm，纵向钢筋宜采用4Φ12，箍筋间距不宜大于250 mm，且在柱上、下端宜适当加密；7度时不超过6层、8度时不超过5层和9度时，构造柱纵向钢筋宜采用4Φ14，箍筋间距不应大于200 mm；房屋四角的构造柱可适当加大截面及配筋。

④ 钢筋混凝土构造柱必须先砌墙，后浇柱，构造柱与墙连接处宜砌成马牙槎，并应沿墙高每隔500 mm设2Φ6拉结钢筋，每边伸入墙内不宜小于1 m。

⑤ 构造柱应与圈梁连接，以增加构造柱的中间支点。构造柱与圈梁连接处，构造柱的纵筋应穿过圈梁的主筋，保证构造柱纵筋上下贯通。

⑥ 构造柱可不单独设置基础，但应深入室外地下面500 mm，或锚入浅于500 mm的基础圈梁内。

⑦ 房屋高度和层数接近表13.5的限值时，纵、横墙内构造柱间距尚应符合下列要求：

(a) 横墙内的构造柱间距不宜大于层高的2倍；下部1/3楼层的构造柱间距适当减小。

(b) 外纵墙的构造柱应每开间设置一柱，当开间大于3.9 m时，应另设加强措施。内纵墙的构造柱间距不宜大于4.2 m。

(2) 圈梁设置

圈梁对房屋抗震有重要的作用，是多层砌体结构房屋的一种经济有效的抗震措施，其主要功能为：加强房屋整体性；作为楼盖的边缘构件，提高了楼盖的水平刚度，同时箍住楼(屋)盖，增强楼盖的整体性；限制墙体倾斜缝的开展和延伸，使墙体倾斜缝仅在两道圈梁之间的墙段内发生，墙体抗剪强度得以充分发挥，同时提高了墙体的稳定性；减轻地震时地基不均匀沉降对房屋的影响；减轻和防止地震时的地表裂隙将房屋撕裂。

① 多层粘土砖、多空砖房的现浇混凝土圈梁设置应符合下列要求：

(a) 装配式钢筋混凝土楼、屋盖或木楼、屋盖的砖房，横墙承重时应按表13.13的要求设置圈梁；纵墙承重时每层均应设置圈梁，且抗震横墙上的圈梁间距应比表13.13内要求适当加密。

表13.13　砖房现浇钢筋混凝土圈梁设置要求

墙类	烈度		
	6度、7度	8度	9度
外墙和内纵墙	屋盖处及每层楼盖处	屋盖处及每层楼盖处	屋盖处及每层楼盖处
内横墙	屋盖处及每层楼盖处；屋盖处间距不应大于7 m；楼盖处间距不应大于15 m；构造柱对应部位	屋盖处及每层楼盖处；屋盖处沿所有横墙，且间距不应大于7 m；楼盖处间距不应大于7 m；构造柱对应部位	屋盖处及每层楼盖处；各层所有横墙

(b) 现浇或装配整体式钢筋混凝土楼、屋盖与墙体有可靠连接的房屋可不另设圈梁，但楼板沿墙体周边应加强配筋并应与相应的构造柱钢筋可靠连接。

② 多层粘土砖、多孔砖房屋的现浇混凝土圈梁构造，应符合下列要求：

(a) 圈梁应闭合，遇有洞口，圈梁应上、下搭接。圈梁宜与预制板设在同一标高或紧靠板底。

(b) 圈梁应在表 13.13 要求的间距内无横墙时，应利用梁或板缝中配筋替代圈梁。

(c) 圈梁的截面高度不应小于 120 mm，配筋应符合表 13.14 的要求；为加强基础整体和刚性而增设的基础圈梁，截面高度不应小于 180 mm，配筋不应少于 4ϕ12。

表 13.14 圈梁配筋要求

配　筋	烈　度		
	6 度、7 度	8 度	9 度
最小纵筋	4ϕ8	4ϕ10	4ϕ12
最大箍筋间距(mm)	250	200	150

(3) 楼(屋)盖结构及其连接

① 现浇钢筋混凝土楼板或屋面板伸进纵、横墙内的长度，不宜小于 120 mm。

② 装配式钢筋混凝土楼板或屋面板，当圈梁未设在板的同一标高时，板端伸进外墙的长度不应小于 120 mm，伸进内墙的长度不宜小于 100 mm，且不应小于 80 mm，在梁上不应小于 80 mm。

③ 当板的跨度大于 4.8 m 并与外墙平行时，靠外墙的预制板侧边应与墙或圈梁拉结。

④ 房屋端部大房间的楼盖，8 度时房屋的屋盖和 9 度时房屋的楼、屋盖，当圈梁设在板底时，钢筋混凝土预制板应相互拉结，并应与梁或圈梁拉结。

⑤ 楼、屋盖的钢筋混凝土梁或屋架应与墙、柱(包括构造柱)或圈梁可靠连接，梁与砖柱的连接不应削弱柱截面，各层独立砖柱顶部应在两个方向均有可靠连接。

⑥ 横墙较少的多层粘土转、多孔砖住宅楼的总高度和层数接近或达到表 13.5 规定限制，应采取下列加强措施：

(a) 房屋的最大开间尺寸不得大于 6.6 m。

(b) 一个结构单元内横墙错位数量不宜超过总墙数的 1/3 且连续错位不宜多余两道；错位的墙体交接处均应增设构造柱，且楼、屋面板应采用现浇钢筋混凝土板。

(c) 横墙和内纵墙上洞口的宽度不宜大于 1.5 m；外纵墙上洞口的宽度不宜大于 2.1 m 或开间尺寸的一半；内、外墙上的洞口位置不应影响外纵墙和横墙的整体连接。

(d) 所有纵、横墙均应在楼、屋盖标高处设置加强的现浇钢筋混凝土圈梁；圈梁的截面高度不宜小于 150 mm，上、下纵筋各不应少于 3ϕ10。

(e) 所有纵、横墙交接处及横墙的中部，均应增设满足下列要求的构造柱，在横墙内的柱距不宜大于层高，在纵墙内的柱距不宜大于 4.2 m，最小截面尺寸不宜小于 240 mm×240 mm，配筋宜符合表 13.15 的要求。

(f) 同一结构单元的楼、屋面板间应设置在同一标高处。

(g) 房屋底层和顶层的窗台标高处，宜设置沿纵墙通长的水平现浇钢筋混凝土带；其厚度为 60 mm，宽度不小于 240 mm，纵向钢筋不少于 3ϕ6。

表 13.15 增设构造柱的纵筋和箍筋设置要求

位 置	纵向钢筋(Q345 等级)			箍 筋		
	最大配筋率	最小配筋率	最小直径	加密区范围	加密区间距	最小直径
角 柱	1.8%	0.8%	ϕ14	全高	100	ϕ6
边 柱			ϕ14	上端 700 下端 500		
中 柱	1.4%	0.6%	ϕ14			

⑦ 7 度时层高超过 3.6 m 或长度大于 7.2 m 的大房间及 8 度和 9 度时外墙转角及内、外墙交接处,应沿墙每隔 500 mm 配置 2ϕ6 的拉结钢筋,并每边伸入墙内不宜小于 1 m。

⑧ 坡屋顶房屋的屋架应与顶层圈梁可靠连接,檩条或屋面板应与墙及屋架可靠连接,房屋出入口处的檐口瓦应与屋面构件锚固;8 度和 9 度时,顶层内纵墙顶宜增砌支撑山墙的踏步式墙垛。

⑨ 门窗洞处不应采用无筋砖过梁;过梁支撑长度,6～8 度时不应小于 240 mm,9 度时不应小于 360 mm。

⑩ 预制阳台应与圈梁和楼板的现浇带可靠连接。

(4) 对楼梯间的要求

① 8 度和 9 度时,顶层楼梯间横墙和外墙宜沿墙高每隔 500 mm 设 2ϕ6 通长钢筋,9 度时其它各层楼梯间可在休息平台或楼层半高处设置 60 mm 厚的配筋砂浆带,砂浆强度不宜低于 M7.5,钢筋不宜少于 2ϕ10。

② 8 度和 9 度时,楼梯间及门厅内墙阳角处的大梁支撑长度不应小于 500 mm,并应与圈梁连接。

③ 装配式楼梯段应与平台板的梁可靠连接;不应采用墙中悬挑式踏步或踏步竖肋插入墙体的楼梯,不应采用无筋砖砌拦板。

④ 突出屋顶的楼、电梯间,构造柱应伸到顶部,并与顶部圈梁连接,内、外墙交接处应沿墙高每隔 500 mm 设 2ϕ6 拉结钢筋,且每边伸入墙内不应小于 1 m。

13.5.2 底部框架-抗震墙房屋的抗震构造措施

(1) 构造柱的设置

底部框架房屋的上部应设置钢筋混凝土构造柱,并应符合下列要求:

① 钢筋混凝土构造柱的设置部位,应根据房屋的总层数按表 13.12 的规定设置。过渡层尚应在底部框架柱对应位置处设置构造柱。

② 构造柱的截面不宜小于 240 mm×240 mm;构造柱的纵向钢筋不宜少于 4ϕ14,箍筋间距不宜大于 200 mm;过渡层构造柱的纵向钢筋,7 度时不宜少于 4ϕ16,8 度和 9 度时不宜少于6ϕ16。一般情况下,纵向钢筋应锚入下部的框架柱内,当纵向钢筋锚固在框架梁内时,框架梁的相应位置应加强。

③ 构造柱应与每层圈梁连接,或与现浇楼板可靠拉结。

(2) 楼盖的构造要求

底部框架房屋的楼盖应符合下列要求:

① 过渡层的楼板应采用现浇钢筋混凝土板,板厚不宜小于 120 mm,并应少开洞、开小洞,

当洞口尺寸大于 800 mm 时,应设洞边梁。

② 其它楼层,采用装配式钢筋混凝土板时应设现浇圈梁;采用现浇钢筋混凝土楼板时可不另设圈梁,但楼板沿外墙周边应加强配筋并应与相应的构造柱可靠连接。

(3) 托墙梁的构造要求

底部框架房屋的钢筋混凝土托墙梁,其截面和构造应符合下列要求:

① 梁的截面宽度不宜小于 300 mm,梁截面高度不宜小于跨度的 1/10。

② 箍筋的直径不宜小于 8 mm,间距不应大于 200 mm;梁端在 1.5 倍梁高且不小于 1/5 梁净跨范围内,以及上部墙体的洞口处和洞口两侧各 500 mm 且不小于梁高的范围内,箍筋间距不应大于 100 mm。

③ 沿梁高应设腰筋,数量不应少于 2φ14,间距不应大于 200 mm。

④ 梁的主筋和腰筋应按受拉钢筋的要求锚固在柱内,且支座上部的纵向钢筋在柱内的锚固长度应符合钢筋混凝土框支梁的有关要求。至少有两根伸入柱内。

(4) 抗震墙的构造要求

底部的钢筋混凝土抗震墙截面和构造应符合以下要求:

① 抗震墙周边应设置梁(或暗梁)和边框柱(或框架柱)组成边框;边框梁的截面宽度不宜小于墙板厚度的 1.5 倍,截面高度不宜小于墙板厚度的 2.5 倍;边框柱的截面高度不宜小于墙板厚度的 2 倍。

② 抗震墙墙板的厚度不应小于 160 mm,且不应小于墙板净高的 1/20;抗震墙宜开设洞口形成若干墙段,各墙段的高宽比不宜小于 2。

③ 抗震墙的竖向和横向分布钢筋配筋率不应小于 0.25%,双排分布钢筋间拉筋的间距不应大于 600 mm,直径不应小于 6 mm。

(5) 底层框架房屋的底层采用粘土砖抗震墙时,其构造应符合下列要求:

① 墙厚不应小于 240 mm,砌筑砂浆强度等级不应低于 M7.5,应先砌墙后浇框架。

② 沿框架柱每隔 500 mm 配置 2φ6 拉结钢筋,并沿砖墙全长设置;在墙体半高处尚应设置与框架柱相连的钢筋混凝土水平系梁。

③ 墙长大于 5 m 时,应在墙内增设钢筋混凝土构造柱。

(6) 底部框架-抗震墙房屋的材料强度等级,应符合下列要求:

① 框架柱、抗震墙和托梁墙的混凝土强度等级,不应低于 C30;

② 过渡层墙体的砌筑砂浆强度等级,不应低于 M7.5。

13.6 多高层钢筋混凝土结构房屋抗震设计的一般要求

13.6.1 结构体系选择

(1) 最大高度

《抗震规范》在考虑抗震烈度、场地土、抗震性能、使用要求及经济效果等因素和总结地震经验的基础上,对地震区多高层房屋适用的最大高度给出了规定,如表 13.16。对平面和竖向均不规则的结构或Ⅳ类场地上的结构,适用的最大高度应适当降低。

(2) 基础形式及埋置深度

选择结构体系时，要注意选择合理的基础形式及埋置深度。我国《高层规程》规定：基础埋置深度，采用天然地基时，可不小于建筑高度的 1/12；采用桩基时，可不小于建筑高度的1/15，桩的长度不计入埋置深度内。当基础落在基岩上时，埋置深度可根据工程具体情况确定，可不设地下室，但应采用地锚等措施。房屋适用的最大高宽比不宜超过表 13.17 的规定。

表 13.16　现浇钢筋混凝土房屋适用的最大高度(m)

结构类型		烈度			
		6 度	7 度	8 度	9 度
框架结构		60	55	45	25
框架-抗震墙		130	120	100	50
抗震墙	全部落地抗震墙	140	120	100	60
	部分框支抗震墙	120	100	80	—
筒体	框架-核心筒	150	130	100	70
	筒中筒	180	150	120	80
板柱-抗震墙		40	35	30	—

注：① 房屋高度指室外地面到主要屋面板板顶的高度(不考虑局部突出屋顶部分)；
② 框架-核心筒结构指周边稀柱框架与核心筒组成的结构；
③ 部分框支抗震墙结构指首层或底部两层框支抗震墙结构；
④ 乙类建筑可按本地区抗震设防烈度确定适用的最大高度；
⑤ 超过表内高度的房屋结构，应根据专门研究，采取必要措施。

表 13.17　房屋的高宽比限值

结构类型	非抗震设计	设防烈度		
		6 度、7 度	8 度	9 度
框架、板柱-抗震墙	4	4	3	2
框架-抗震墙	5	5	4	3
剪力墙	6	6	5	4
筒体	6	6	5	4

注：当有大底盘时，计算高宽比的高度从大底盘顶部算起。

(3) 抗震等级

钢筋混凝土结构房屋应根据烈度、结构类型和房屋高度采用不同的抗震等级，并应符合相应的计算和构造要求。丙类建筑的抗震等级应按表 13.18 确定。

13.6.2　结构布置

多高层钢筋混凝土结构房屋结构布置的基本原则是：

① 结构平面应力求简单规则，结构的主要抗侧力构件应对称均匀布置，尽量使结构的刚心与质心重合，避免地震时引起结构扭转及局部应力集中；

② 结构的竖向布置，应使其质量沿高度方向均匀分布，避免结构刚度突变，并应尽可能降低建筑物的重心，以利结构的整体稳定性；

表 13.18　现浇钢筋混凝土结构房屋的抗震等级

<table>
<tr><th colspan="3" rowspan="2">结构类型</th><th colspan="6">烈　度</th></tr>
<tr><th colspan="2">6 度</th><th colspan="2">7 度</th><th colspan="2">8 度</th></tr>
<tr><td rowspan="3">框架结构</td><td colspan="2">高度(m)</td><td>≤30</td><td>>30</td><td>≤30</td><td>>30</td><td>≤30</td><td>>30</td></tr>
<tr><td colspan="2">框　架</td><td>四</td><td>三</td><td>三</td><td>二</td><td>二</td><td>一</td></tr>
<tr><td colspan="2">剧场、体育馆等大跨度公共建筑</td><td colspan="2">三</td><td colspan="2">二</td><td colspan="2">一</td></tr>
<tr><td rowspan="3">框架-抗震墙结构</td><td colspan="2">高度(m)</td><td>≤60</td><td>>60</td><td>≤60</td><td>>60</td><td>≤60</td><td>>60</td></tr>
<tr><td colspan="2">框　架</td><td>四</td><td>三</td><td>三</td><td>二</td><td>二</td><td>一</td></tr>
<tr><td colspan="2">抗震墙</td><td colspan="2">三</td><td colspan="2">二</td><td colspan="2">一</td></tr>
<tr><td rowspan="2">抗震墙结构</td><td colspan="2">高度(m)</td><td>≤80</td><td>>80</td><td>≤80</td><td>>80</td><td>≤80</td><td>>80</td></tr>
<tr><td colspan="2">抗震墙</td><td>四</td><td>三</td><td>三</td><td>二</td><td>二</td><td>一</td></tr>
<tr><td rowspan="2">部分框支抗震墙结构</td><td colspan="2">抗震墙</td><td>三</td><td>二</td><td colspan="2">二</td><td>一</td><td rowspan="2"></td></tr>
<tr><td colspan="2">框支层框架</td><td colspan="2">二</td><td>二</td><td>一</td><td>一</td></tr>
<tr><td rowspan="4">筒体结构</td><td rowspan="2">框架-核心筒</td><td>框　架</td><td colspan="2">三</td><td colspan="2">二</td><td colspan="2">一</td></tr>
<tr><td>核心筒</td><td colspan="2">二</td><td colspan="2">二</td><td colspan="2">一</td></tr>
<tr><td rowspan="2">筒中筒</td><td>外　筒</td><td colspan="2">三</td><td colspan="2">二</td><td colspan="2">一</td></tr>
<tr><td>内　筒</td><td colspan="2">三</td><td colspan="2">二</td><td colspan="2">一</td></tr>
<tr><td rowspan="2">板柱-抗震墙结构</td><td colspan="2">板柱的柱</td><td colspan="2">三</td><td colspan="2">二</td><td colspan="2">一</td></tr>
<tr><td colspan="2">抗震墙</td><td colspan="2">二</td><td colspan="2">二</td><td colspan="2">一</td></tr>
</table>

注：① 部分框支抗震墙结构中，抗震墙加强部位以上的一般部位，应允许按抗震墙结构确定其抗震等级；

② 建筑场地为 1 类时，除 6 度外可按降低一度对应的抗震等级采取构造措施，但相应的计算要求不降低；

③ 接近或等于高度分界时，应结合房屋不规则程度及场地、地基条件确定抗震等级。

③ 合理地设置变形缝；

④ 加强楼、屋盖的整体性；

⑤ 尽可能做到技术先进，经济合理。

(1) 框架结构布置

框架结构主要用于 10 层以下的住宅、办公楼及各类公共建筑与工业建筑。为抵抗不同方向的地震作用，承重框架宜双向设置。楼、电梯间不宜设在结构单元的两端及拐角处。

框架刚度沿高度不宜突变，以免造成薄弱层。同一结构单元宜将框架梁设置在统一标高处，尽可能不采取复式框架，避免出现错层和夹层，造成短柱破坏。出屋面小房间不要做成砖混结构，可将框架柱延伸上去或做钢木轻型结构，以防鞭端效应造成结构破坏。框架应设计成延性框架，遵守“强柱弱梁”、“强剪弱弯”、强节点、强锚固等设计原则。柱截面不宜过小，应满足结构侧移变形及轴压比的要求。梁与柱轴线宜重合，不能重合时其最大偏心距不宜大于柱宽的 1/4。

在确定框架结构的结构方案时，应初步确定框架梁柱的截面尺寸和材料强度等级。梁截面尺寸一般依挠度要求取 $h=\left(\frac{1}{14}\sim\frac{1}{18}\right)l, b=\left(\frac{1}{3}\sim\frac{1}{2}\right)h, \frac{b}{h}\geqslant\frac{1}{4}$ 且 b 不宜小于 200 mm，

也不宜小于$\frac{1}{2}$柱宽度。梁跨高比应满足$\frac{l_n}{h} \geqslant 4$。

采用宽扁梁时，楼板宜现浇；宽扁梁的截面尺寸应符合下列规定（并应满足挠度和裂缝宽度的要求）

$$b_b \leqslant 2b_c \qquad b_b \leqslant h_b + h_c \qquad b_b \geqslant 16d$$

式中　b_c、b_b、h_b——柱截面宽度（圆形截面取直径的0.8倍），梁截面的宽度、高度，mm；

d、h_c——柱纵筋直径，柱截面高度，mm，对圆形截面取直径的0.8倍。

框架柱的截面尺寸应符合下列要求：

① 柱截面的宽度和高度均不宜小于300 mm，圆柱直径不宜小于350 mm；

② 剪跨比宜大于2；

③ 截面长边与短边的边长比不宜大于3。

(2) 框架-抗震墙结构布置

框架-抗震墙结构布置的基本原则是：

① 抗震墙在结构平面的布置应对称均匀，避免结构刚度中心与质量中心有较大的偏移；

② 抗震墙应沿结构的纵、横设置，且纵、横向抗震墙宜相互联合组成T形、L形、十字形等刚度较大的截面，以提高抗震墙的效率；

③ 抗震墙与柱中线宜重合，当不能重合时，柱中线与抗震墙中线之间的偏心距不宜大于柱宽的1/4；

④ 抗震墙应尽可能靠近房屋平面的端部，但不宜布置在外墙；

⑤ 抗震墙应设置在墙面不需要开大洞口的位置，开洞口时应上下对齐，一、二级抗震墙的联肢墙的洞口不应采用弱连系梁；

⑥ 抗震墙宜贯通全高，沿竖向截面不宜有较大突变，以保证结构竖向的刚度基本均匀。

抗震墙的数量以能满足结构的侧移变形为原则，不宜过多；其间距应能保证楼、屋盖有效地传递地震剪力给抗震墙。《抗震规范》要求，框架-抗震墙结构和板柱-抗震墙结构中抗震墙之间无大洞口的楼、屋盖的长宽比不宜超过表13.19的规定，符合该规定的楼盖可近似按刚性楼盖考虑；超过上述规定时，应考虑楼盖平面内变形的影响。

表13.19　抗震墙之间楼、屋盖的长宽比

楼、屋盖类别	烈　度			
	6度	7度	8度	9度
现浇、叠合楼板	4	4	3	2
装配式楼盖	3	3	2.5	不宜采用
框支层和板柱-抗震墙的现浇楼板	2.5	2.5	2	不采宜用

框架-抗震墙采用装配式楼、屋盖时，应采取措施保证楼、屋盖的整体性及其与抗震墙的可靠连接。采用配筋整浇层时，厚度不宜小于50 mm。

框架-抗震墙结构中的抗震墙基础和部分框支抗震墙结构的落地抗震墙基础，应有良好的整体性和抗转动能力。

(3) 抗震缝布置

多高层钢筋混凝土结构房屋，宜选用合理的建筑结构方案而避免设置抗震缝。当建筑平面突出部分较长，结构刚度及荷载相差悬殊或房屋有较大错层时，可设置抗震缝。

设置抗震缝时，缝的最小宽度应符合有关要求。

13.6.3 多层框架结构水平地震作用计算

一般情况下，可在建筑结构的两个主轴方向分别考虑水平地震作用，各方向的水平地震作用全部由该方向抗侧力框架结构承担。

计算多层框架结构的水平地震作用时，一般应以防震缝所划分的结构单元作为计算单元，计算单元中各楼层重力荷载代表值的集中质点 G_i 设在楼、屋盖标高处。对于高度不超过40m、质量和刚度沿高度分布比较均匀的框架结构，可采用底部剪力法求单元的总水平地震作用标准值 F_{EK}、各层水平地震作用标准值 F_i 和顶部附加水平地震作用标准值 ΔF_n。

当已知第 j 层的水平地震作用标准值 F_j 和 ΔF_n，第 i 层的地震剪力 V_i 按下式计算

$$V_i = \sum_{j=i}^{n} F_j + \Delta F_n \tag{13.32}$$

求得第 i 层地震剪力 V_i 后，再按该层各柱的侧移刚度求其分担的水平地震剪力标准值。一般将砖填充墙仅作为非结构构件，不考虑其抗侧移作用。

13.6.4 水平地震作用下框架内力计算

在工程手算中，常采用反弯点法和 D 值法（改进反弯点法）进行水平地震作用下框架内力分析。反弯点法适用于层数较少、梁柱线刚度比大于3的情况，计算比较简单。D 值法近似地考虑了框架节点转动对侧移刚度和反弯点高度的影响，比较精确，应用比较广泛。

13.6.5 钢筋混凝土框架梁的设计

框架梁抗震设计的基本要求是：

① 梁形成塑性铰后仍有足够的受剪承载力；

② 梁筋屈服后，塑性铰区段应有较好的延性和耗能能力；

③ 妥善地解决梁筋锚固问题。

(1) 框架梁抗剪承载力验算

① 梁剪力设计值

《抗震规范》规定：对于抗震等级为一、二、三级的框架梁端剪力设计值，应按下式进行调整

$$V = \eta_{Vb}(M_b^l + M_b^r)/l_n + V_{Gb} \tag{13.33}$$

式中 l_n——梁的净跨，mm；

V_{Gb}——梁在重力荷载代表值作用下，按简支梁分析的梁的端截面剪力设计值，N；

M_b^l、M_b^r——梁左、右端反时针或顺时针方向组合的弯矩设计值，N·mm，当两端弯矩均为负弯矩时，绝对值较小一端的弯矩取零；

η_{Vb}——梁剪力增大系数，一级为1.3，二级为1.2，三级为1.1。

根据本条规定，对于抗震等级为一、二、三级的框架梁，当考虑地震荷载进行内力组合时，其剪力可不必组合，而设计剪力 V 可直接根据本条规定给出。

② 剪压比限值

剪压比是截面上平均剪应力与混凝土轴心抗压强度设计值的比值，以 $\dfrac{V}{f_c b h_0}$ 表示，用以说

明截面上承受名义剪应力的大小。

《规范》规定，对于跨高比 $l_0/h>2.5$ 的框架梁，其截面尺寸与剪力设计值应符合下式的要求

$$V\leqslant\frac{1}{\gamma_{RE}}(0.20f_c bh_0) \tag{13.34}$$

对于跨高比 $l_0/h\leqslant 2.5$ 的框架梁，其截面尺寸与剪力设计值应符合下式要求

$$V\leqslant\frac{1}{\gamma_{RE}}(0.15f_c bh_0) \tag{13.35}$$

③ 梁斜截面受剪承载力

与非抗震设计类似，梁的受剪承载力可归结为由混凝土和抗剪钢筋两部分组成。《混凝土结构设计规范》规定，对于矩形、T 形和 I 形截面的一般框架梁，斜截面受剪承载力应按下式验算

$$V_b\leqslant\frac{1}{\gamma_{RE}}\left(0.056f_c bh_0+1.2f_{yv}\frac{A_{sv}}{s}h_0\right) \tag{13.36}$$

式中　f_{yv}、A_{sv}——箍筋抗拉强度设计值（N/mm^2），同一截面箍筋各肢的全部截面面积（mm^2）；

γ_{RE}——承载力抗震调整系数，一般取 0.85；对于一、二级框架短梁，取 1.0。

(2) 提高梁延性的措施

对钢筋混凝土框架结构来说，构造设计的目的，主要在于保证结构在非弹性变形阶段有足够的延性，使之能吸收较多的地震能量。因此在设计中应注意防止结构发生剪切破坏或混凝土受压区脆性破坏。

试验和理论分析表明，影响梁截面延性的因数有梁的截面尺寸、纵向钢筋配筋率、剪压比、配箍率、钢筋和混凝土的强度等级等。

① 梁截面尺寸

在地震作用下，一般框架梁宽度不宜小于 200 mm，且不宜小于柱宽的 1/2。梁的高宽比不宜小于 4。梁净跨与截面高度之比不宜小于 4。

② 梁纵筋配筋率

《抗震规范》规定，截面相对受压区高度(可考虑受压钢筋影响)，一级框架梁不应大于 0.25，二、三级框架梁不应大于 0.35，且梁端纵向受拉钢筋的配筋率均不应大于 2.5%。在梁端箍筋加密区，受压钢筋面积和受拉钢筋面积的比值，一级不应小于 0.5，二、三级不应小于 0.3。在计算该截面受压区高度时，由于受压钢筋在梁铰形成时呈现不同程度的压曲失效，一般可按受压钢筋面积的 60%且不大于同截面受拉钢筋的 30%考虑。在梁顶面和梁底面应配置一定的通长钢筋，对于一、二级抗震等级不应小于 2ϕ14，且分别不应小于梁两端顶面和底面纵向配筋中较大截面面积的 1/4，三、四级不应小于 2ϕ12。

一、二级框架梁内贯通中柱节点的每根纵向钢筋直径，分别不宜大于柱在该方向截面尺寸的 1/25 和 1/20。

③ 梁端箍筋加密

在梁端加密箍筋，可以起到约束混凝土、提高混凝土变形能力的作用，梁端加密区的范围和构造要求见表 13.20。当梁端纵向受拉钢筋配筋率大于 2%时，表 13.20 中箍筋最小直径数值应增大 2 mm；加密区箍筋肢距，一级不宜大于 200 mm 和 20 倍箍筋直径的较大值，二、三级不宜大于 250 mm 和 20 倍箍筋直径的较大值，四级不应大于 300 mm。在梁端箍筋加密区内，一般不宜设置纵筋接头。

表 13.20 梁加密区的长度、箍筋的最大间距和最小直径

抗震等级	加密区长度(采用较大值)(mm)	箍筋最大间距(采用最小值)(mm)	箍筋最小直径(mm)
一	$2h_b$,500	$h_b/4$, $6d$,100	10
二	$1.5h_b$,500	$h_b/4$, $8d$,100	8
三	$1.5h_b$,500	$h_b/4$, $8d$,100	8
四	$1.5h_b$,500	$h_b/4$, $8d$,100	6

注:d 为纵向钢筋直径;h_b 为梁高。

13.6.6 框架柱截面设计

柱是框架结构中最主要的承重构件,即使是个别柱的失效,也可能导致结构全面倒塌,柱的设计应遵循以下设计原则:

① 强柱弱梁,使柱尽量不出现塑性铰;

② 在弯曲破坏之前不发生剪切破坏,使柱有足够的抗剪能力;

③ 控制柱的轴压比不要太大;

④ 加强约束,配制必要的约束箍筋。

(1) 强柱弱梁

"强柱弱梁"的概念要求在强烈的地震作用下,结构发生较大侧移进入非弹性阶段时,使框架保持足够的竖向承载能力,而免于倒塌。《抗震规范》规定,一、二、三级框架的梁柱节点处,除框架顶层和柱轴压比小于 0.15 外,柱端弯矩设计值应符合下式要求

$$\sum M_c = \eta_c \sum M_b \tag{13.37}$$

式中 $\sum M_c$—— 节点上、下柱端截面顺时针或逆时针方向组合的弯矩设计值之和,N·mm,上、下柱端的弯矩,一般情况可按弹性分析分配;

$\sum M_b$—— 节点左、右梁端截面顺时针或逆时针方向组合的弯矩设计值之和,N·mm,节点左、右梁端均为负弯矩时,绝对值较小一端的弯矩应取零;

η_c—— 强柱系数,一级为 1.4,二级为 1.2,三级为 1.1。

试验研究还表明,框架底层柱根部对整体框架延性起控制作用,注脚过早出现塑性铰将影响整个结构的变形及耗能能力。为适当加强底层柱的抗弯能力,《抗震规范》规定,一、二级框架结构的底层柱下端截面的弯矩设计值,应分别乘以增大系数 1.5 和 1.25。按两个主轴方向分别考虑地震作用时,一、二级框架结构的角柱按调整后的弯矩设计值乘以增大系数 1.30。

(2) 强剪弱弯

① 柱剪力设计值

为防止框架柱出现剪切破坏,《抗震规范》规定,对于抗震等级为一、二、三级的框架柱端剪力设计值,应按下式进行调整

$$V = \eta_{Vc}(M_c^t + M_c^b)/H_n \tag{13.38}$$

式中 H_n——柱的净高,mm;

η_{Vc}——柱剪力增大系数,一级为 1.4,二级为 1.2,三级为 1.1;

M_c^t、M_c^b——柱的上、下端顺时针或反时针方向截面组合的弯矩设计值,N·mm,应考虑

强柱弱梁系数及底层柱下端弯矩放大系数的影响。

《抗震规范》还规定，按两个主轴方向分别考虑地震作用时，一、二级框架结构的角柱调整后的剪力设计值宜乘以增大系数 1.30。

② 剪压比限值

剪压比是截面上平均剪应力与混凝土轴心抗压强度设计值的比值，以 $\dfrac{V}{f_c b h_0}$ 表示，用以说明截面上承受名义剪应力的大小。《规范》规定，对于剪跨比 $\lambda>2$ 的矩形截面框架柱，其截面尺寸与剪力设计值应符合下式要求

$$V \leqslant \frac{1}{\gamma_{RE}}(0.20 f_c b h_0) \tag{13.39}$$

对于剪跨比 $\lambda \leqslant 2$ 的框架短柱，其截面尺寸与剪力设计值应符合下式要求

$$V \leqslant \frac{1}{\gamma_{RE}}(0.15 f_c b h_0) \tag{13.40}$$

③ 柱斜截面受剪承载力

试验表明，在反复荷载下，框架柱的斜截面破坏有斜拉、斜压和剪压等几种破坏形态。当配箍率能满足一定要求时，可防止斜拉破坏；当截面尺寸满足一定要求时，可防止斜压破坏。而对于剪压破坏，应通过配筋计算来防止。

按《混凝土结构设计规范》规定，框架柱斜截面受剪承载力用下式计算

$$V_{col} \leqslant \frac{1}{\gamma_{RE}}\left(\frac{0.16}{\lambda+1.5} f_c b_c h_{co} + f_{yv}\frac{A_{sv}}{s} h_{co} + 0.056N\right) \tag{13.41}$$

当框架柱出现拉力时，其斜截面承载力按下式计算

$$V_{col} \leqslant \frac{1}{\gamma_{RE}}\left(\frac{0.16}{\lambda+1.5} f_c b_c h_{co} + f_{yv}\frac{A_{sv}}{s} h_{co} - 0.16N\right) \tag{13.42}$$

式中 λ——柱的计算剪跨比，$\lambda=\dfrac{H_n}{2h_{co}}$；当 $\lambda<1$ 时，取 $\lambda=1$；当 $\lambda>3$ 时，取 $\lambda=3$；

N——考虑地震作用组合的柱轴向压力或拉力设计值，N，当 $N>0.3f_c b_c h_c$ 时，取 $N=0.3f_c b_c h_c$；

γ_{RE}——承载力抗震调整系数，取 0.85；

A_{sv}、s——同一平截面内各肢水平箍筋的全部截面面积（mm^2）、箍筋间距（mm）。

(3) 柱的轴压比

柱的轴压比 μ_N 是柱组合的轴压力设计值与柱的全截面面积和混凝土轴心抗压强度设计值乘积之比值，以 $\dfrac{N}{0.3 f_c b_c h_c}$ 表示。轴压比是影响柱子破坏形态和延性的主要因素之一。因此，必须控制轴压比。对于考虑地震作用组合的各种轴压比限值见表 13.21。Ⅳ类场地上较高的高层建筑的柱轴压比限值应适当减小。

表 13.21 柱轴压比限值

类 别	抗震等级		
	一	二	三
框架结构	0.7	0.8	0.9
框架-抗震墙、板柱-抗震墙及筒体	0.75	0.85	0.95
部分框支抗震墙	0.6	0.7	—

注：① 表内限值适用于剪跨比 $\lambda > 2$，混凝土强度等级不高于 C60 的各类结构柱；剪跨比 $\lambda \leqslant 2$ 的柱轴压比限值应降低0.05；剪跨比 $\lambda \leqslant 1.5$ 的柱轴压比限值应专门研究并采取特殊构造措施。

② 沿柱全高采用井字复合箍且箍筋肢距不大于 200 mm、间距不大于 100 mm、直径不小于 12 mm，或沿柱全高采用复合螺旋箍、螺距不大于 100 mm、箍筋肢距不大于 200 mm、直径不小于 12 mm，或沿柱全高采用连续复合矩形螺旋箍、螺距不大于 80 mm、箍筋肢距不大于 200 mm、直径不小于 10 mm，轴压比限值均可增加 0.10，上述三种箍筋的配箍特征值均应按增大的轴压比由表 13.24 确定。

③ 柱轴压比不应大于 1.05。

(4) 柱内纵向钢筋的配置要求

为了避免地震作用下柱过早进入屈服，必须满足柱纵向钢筋的最小总配筋率要求（表 13.22）。同时每一侧配筋率不应小于 0.2%；对建造于Ⅳ类场地且较高的高层建筑，表中的数值应增加 0.1。混凝土强度等级高于 C60 时，表中的数值应增加 0.1，当采用 HRB400 级热轧钢筋时应允许减少 0.1。总配筋率按柱截面中全部纵向钢筋的面积与截面面积之比计算。柱纵向钢筋宜对称配置，截面尺寸大于 400 mm 的柱，纵向钢筋间距不宜大于 200 mm；框架柱纵向钢筋的最大总配筋率也应受到控制，总配筋率不应大于 5%；一级且剪跨比不大于 2 的柱，每侧纵向受拉钢筋配筋率不宜大于 1.2%，边柱、角柱及抗震墙端柱在抗震作用组合产生小偏心受拉时，柱内纵筋的总截面面积应比计算值增加 25%。柱纵向钢筋的绑扎接头应避开柱端的箍筋加密区。

表 13.22　柱纵向钢筋最小配筋率(%)

类　别	抗　震　等　级			
	一	二	三	四
框架中柱和边柱	1.0	0.8	0.9	0.6
框架角柱、框支柱	1.2	1.0	0.9	0.8

(5) 柱端箍筋加密要求

加密柱端箍筋有三方面作用：

① 承担柱子剪力；

② 约束混凝土，提高混凝土抗压强度及变形能力；

③ 防止纵筋侧向压曲。

柱端箍筋加密范围，应按下列规定采用：

① 柱端，取截面高度（圆柱直径）、柱净高的 1/6 和 500 mm 三者的最大值。

② 底层柱，柱根长不小于柱净高的 1/3；当有刚性地面时，除柱端外尚应取刚性地面上、下各 500 mm。

③ 剪跨比不大于 2 的柱和因设置填充墙等形成的柱净高与柱截面高度之比不大于 4 的柱、框支柱、一级及二级框架的角柱，取全高。

一般情况下，柱端箍筋加密区的箍筋间距和直径，应符合表 13.23 的要求。二级框架柱的箍筋直径不小于 10 mm 且箍筋肢距不大于 200 mm 时，最大间距可用 150 mm；三级框架柱的截面尺寸不大于 400 mm 时，箍筋最小直径可采用 6 mm；四级框架剪跨比不大于 2 时，箍筋直径不应小于 8 mm。框支柱和剪跨比不大于 2 的柱，箍筋间距不应大于 100 mm。

表 13.23 柱端加密区构造要求

抗震等级	加密区长度	箍筋最大间距(采用较小值)	箍筋最小直径
一	H_c、$H_n/6$、500 mm 取较大值	$6d$,100 mm	$\phi10$
二		$8d$,100 mm	$\phi8$
三		$8d$,150 mm(柱根 100)	$\phi8$
四		$8d$,150 mm(柱根 100)	$\phi6$(柱根 $\phi8$)

注:d 为柱纵筋最大直径;柱根指框架底层柱的嵌固部位。

柱箍筋加密区的箍筋肢距,一级不宜大于 200 mm 和 20 倍箍筋直径的较大值;二、三级不宜大于 250 mm 和 20 倍箍筋直径的较大值;四级不宜大于 300 mm。且至少每隔一根纵筋宜在两个方向有箍筋约束;采用拉筋组合箍筋时,拉筋应紧靠纵向钢筋并勾住封闭箍。

柱端箍筋加密区约束箍筋的体积配筋率应符合式(13.43)的要求

$$\rho_v = \frac{\lambda_v f_c}{f_{yv}} \tag{13.43}$$

式中 ρ_v——柱箍筋加密区的体积配箍率,一、二、三级分别不应小于 0.8%、0.6%和 0.4%,计算复合箍的体积箍筋率时,应扣除重叠部分的箍筋体积;

f_c——混凝土的抗压强度设计值,N/mm^2,强度低于 C35 时,取 C35 计算;

f_{yv}——箍筋或拉筋抗拉强度设计值,N/mm^2,超过 360 N/mm^2 时,应取 360 N/mm^2;

λ_v——最小配箍特征值,按表 13.24 采用。

表 13.24 柱端加密区箍筋最小配箍特征值

抗震等级	箍筋形式	柱轴压比								
		≤0.3	0.4	0.5	0.6	0.7	0.8	0.9	1.0	1.05
一	普通箍、复合箍	0.10	0.11	0.13	0.15	0.17	0.20	0.23		
	螺旋箍、复合或连续复合矩形螺旋箍	0.08	0.09	0.11	0.13	0.15	0.18	0.21		
二	普通箍、复合箍	0.08	0.09	0.11	0.13	0.15	0.17	0.19	0.22	0.24
	螺旋箍、复合或连续复合矩形螺旋箍	0.06	0.07	0.09	0.11	0.13	0.15	0.17	0.20	0.22
三	普通箍、复合箍	0.06	0.07	0.09	0.11	0.13	0.15	0.17	0.20	0.22
	螺旋箍、复合或连续复合矩形螺旋箍	0.05	0.06	0.07	0.09	0.11	0.13	0.15	0.18	0.20

注:① 普通箍指单个矩形箍和单个圆形箍;复合箍指由矩形、多边形、圆形箍或拉筋组成的箍筋;复合螺旋箍指由螺旋箍与矩形、多边形、圆形箍或拉筋组成的箍筋;连续复合矩形螺旋箍指全部螺旋箍为同一根钢筋加工而成的箍筋。

② 框支柱宜采用复合螺旋箍或井字复合箍,其最小配箍特征值应比表内数值增加 0.02,且体积配箍率不应小于 1.5%。

③ 剪跨比不大于 2 的柱宜采用复合螺旋箍或井字复合箍,其体积配箍率不应小于 1.2%;9 度时不应小于1.2%。

④ 计算复合螺旋箍的体积配箍率时,其非螺旋箍的箍筋体积应乘以换算系数 0.8。

柱箍筋非加密区的箍筋体积配箍率不宜小于加密区的 50%;箍筋间距,一、二级框架柱不应大于10倍纵向钢筋直径，三、四级框架柱不应大于15倍纵向钢筋直径。

13.6.7 框架节点抗震验算与构造要求

框架节点应按“强节点弱构件”的概念进行设计，设计的基本要求是：

① 节点的承载力不要低于其连接构件（梁、柱）的承载力。

② 多遇地震时，节点应在弹性范围内工作；罕遇地震时，节点承载力的降低不得危及竖向荷载的传递。

③ 梁柱纵筋在节点区应有可靠的锚固；节点配筋不应使施工过分困难。

进行框架节点设计主要是梁柱纵筋的锚固及节点抗剪承载力验算。

(1) 抗剪承载力验算

按《规范》规定，应根据不同的抗震等级进行验算，对一、二级框架的节点应按《规范》的计算方法求出剪力设计值、计算剪压比限值及核算受剪承载力；对三、四级框架的节点可不进行抗震验算，但节点的箍筋和梁柱纵筋的锚固应符合抗震构造措施的要求。

(2) 框架节点构造要求

为保证节点核心区的抗剪承载力，使框架梁、柱纵向钢筋有可靠的锚固条件，对节点核心区混凝土进行有效的约束是必要的。箍筋最大间距和最小直径宜按表13.23采用。一、二、三级框架节点核心区含箍特征值分别不宜小于0.12、0.10、0.08，且体积配箍率分别不宜小于0.6%、0.5%、0.4%。柱剪跨比不大于2的框架节点核心区，配箍特征值不宜小于核心区上、下柱端的较大配箍特征值。

此外，柱的纵筋间距不宜大于200 mm，还可以在节点核心两侧的梁高度范围内设置竖向剪力钢筋，形成笼状约束，这样，可提高节点的抗剪承载力。

封闭箍筋应有130°弯钩，弯钩末端直线延长段不宜小于10倍箍筋直径并锚入核心区混凝土内，箍筋的无支撑长度不得大于350 mm，否则应配置辅助拉条。

柱中的纵向受力钢筋，不宜在节点中切断。

梁筋的锚固方式一般有直线锚固和弯折锚固，在中柱常用直线锚固，在边柱常用90°弯折锚固。弯折锚固可分为水平锚固段和弯折锚固段两部分。根据试验结果《混凝土结构设计规范》规定，框架梁纵向钢筋在边柱节点的锚固长度l_{aE}应按下式确定

$$l_{aE}=l_a+\Delta l_a \tag{13.44}$$

式中 l_a——纵向受拉钢筋非抗震设计的最小锚固长度，mm；

Δl_a——附加锚固长度，mm，一级取$10d$，二级取$5d$，三、四级可不考虑。

除满足式(13.44)的要求外，梁筋尚应伸过节点中心线不少于$5d$，当梁筋在节点内水平锚固长度$l_h<l_{aE}$时，应沿柱外边弯折，并满足以下要求(图13.3)

$$l_h>0.45l_{aE} \quad 且 \quad l_h\geqslant 15d \tag{13.45}$$

在中柱，框架梁的上部钢筋应贯穿中柱节点。梁的下部钢筋伸入中柱节点的锚固长度也不应小于l_{aE}，且伸过柱中心线不应小于$5d$，当钢筋直径较大时可在梁筋端部沿45°弯起$6d$以改善锚固。

对框架顶层的边柱，除梁筋锚固外，还有柱纵向钢筋的锚固问题。对柱正弯矩钢筋，若所需锚固长度小于梁高，仍应伸到柱顶切断；若所需锚固长度大于梁高，则应在伸到柱顶后水平弯折并满足锚固长度要求。

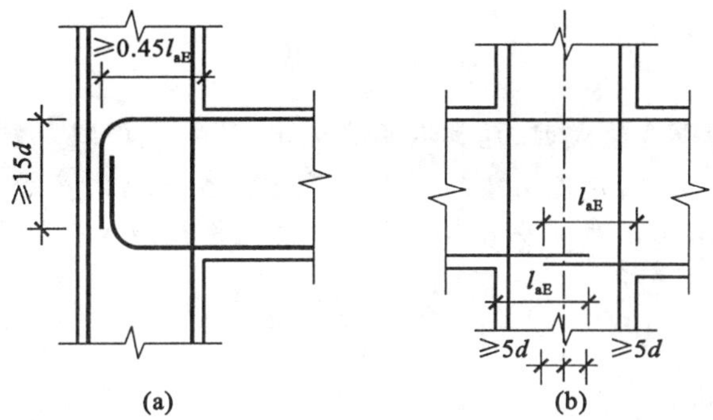

图 13.3　梁筋锚固

(a)边柱节点；(b)中柱节点

对于框架顶层边柱的梁、柱负弯矩钢筋如何搭接，可分别采用以下方式：

① 抗震等级为一、二级时，梁、柱负弯矩钢筋宜用“柱内梁内同时搭接”方案。即梁的负弯矩钢筋伸入柱内的截面面积不宜小于柱内钢筋截面面积的 60%，伸入柱内长度取 20 倍梁筋直径和 1.5 倍柱高两者中的较大者；柱的负弯矩钢筋伸入梁内的截面面积不宜小于梁内钢筋截面面积的 60%，伸入梁内长度取 20 倍柱筋直径和 1 倍梁高两者中的较大者，且不应大于此值；其余柱筋伸到柱顶，再水平弯折于柱内侧(图 13.4(a))。

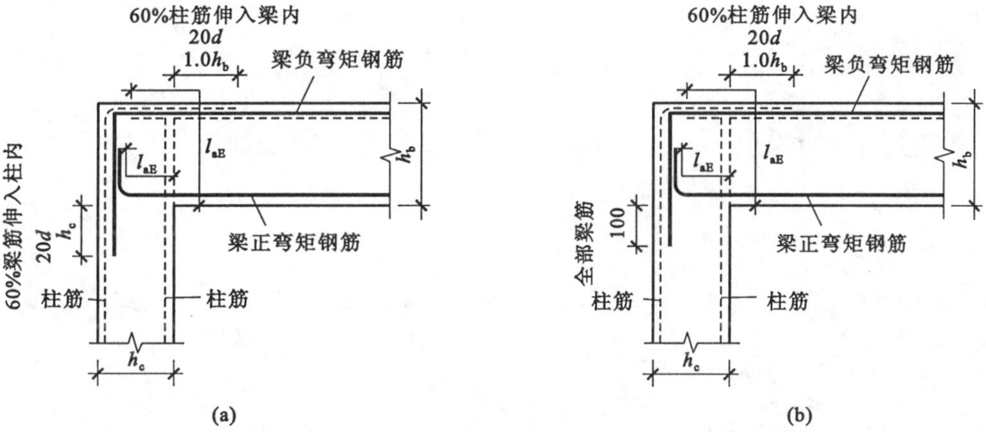

图 13.4　顶层边柱的梁、柱钢筋锚固

(a)柱内梁内同时搭接；(b)梁内搭接

② 抗震等级为三、四级时，梁、柱配筋率较低，宜采用“梁内搭接”方案。即柱负弯矩钢筋至少应有 60%伸入梁内，伸入长度取 20 倍的柱直径和 1 倍梁高两者中的较大者；梁的负弯矩应全部沿节点外侧伸到梁底下伸 100 mm 处(图 13.4(b))。

为施工方便，对于框架顶层边柱的梁、柱负弯矩钢筋，多采用“柱内搭接”的方案，要求梁内全部负钢筋伸入柱内，伸入长度从梁底算起应不小于 l_{aE}，柱内负钢筋伸至柱顶弯折至柱内侧，水平段长度不小于 15d。

小　　结

通过本章学习应对地震的成因、危害有正确认识，了解我国建筑结构抗震设计的策略，掌握我国各地抗震烈度的划分、建筑场地的分类。并能对多层砌体房屋、底部框架-抗震墙房屋进行抗震设计，熟悉其构造要求。对多高层钢筋混凝土结构抗震设计有初步了解。

复习思考题

13.1　什么叫震级、烈度？

13.2　我国减轻地震灾害的根本策略是什么？建筑抗震设防是如何分类的？

13.3　建筑场地土类型是如何划分的？

13.4　多层砌体结构房屋、底部框架-抗震墙房屋的结构布置原则是什么？对房屋的层数、高度、宽高比、墙段尺寸、抗震横墙间距有什么规定？

13.5　多层砌体房屋抗震计算步骤是什么？主要抗震构造措施有哪些？

13.6　底部框架-抗震墙房屋的主要抗震构造措施有哪些？梁与柱中配筋有何要求？

13.7　多、高层钢筋混凝土结构房屋抗震设计的基本要求是什么？其主要构造要求有哪些？

参考文献

1 沈蒲生，罗国强．钢筋混凝土结构．武汉：武汉工业大学出版社，1990

2 郑州工学院编．钢筋混凝土结构．郑州：河南科学技术出版社，1992

3 滕智明，朱金铨．混凝土结构及砌体结构．北京：中国建筑工业出版社，1994

4 汪霖祥．钢筋混凝土结构及砌体结构．北京：机械工业出版社，2001

5 中华人民共和国国家标准．混凝土结构设计规范（GB 50010—2002）．北京：中国建筑工业出版社，2002

6 滕智明，张惠英．混凝土结构及砌体结构（上册）．北京：中央广播电视大学出版社，1995

7 中国机械工业教育协会组编．钢筋混凝土及砌体结构．北京：机械工业出版社，2001

8 沈蒲生，罗国强．混凝土结构（上册）．武汉：武汉工业大学出版社，1994